五笔字型键盘字根总表（86版）

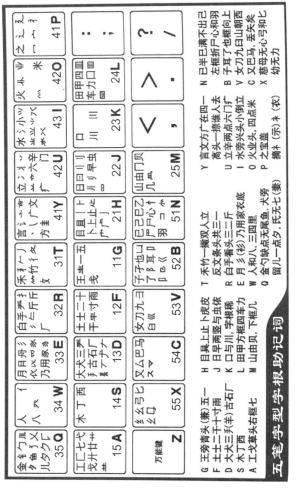

字根键（助记词）

G	王旁青头戋（兼）五一
F	土士二干十寸雨
D	大犬三（羊）古石厂
S	木丁西
A	工戈草头右框七
H	目具上止卜虎皮
J	日早两竖与虫依
K	口与川，字根稀
L	田甲方框四车力
M	山由贝，下框几

T	禾竹一撇双人立 反文条头共三一
R	白手看头三二斤
E	月彡（衫）乃用家衣底
W	人和八，三四里
Q	金勺缺点无尾鱼，犬旁留儿一点夕，氏无七（妻）

Y	言文方广在四一 高头一捺谁人去
U	立辛两点六门疒
I	水旁兴头小倒立
O	火业头，四点米
P	之宝盖，摘礻（示）衤（衣）

N	已半巳满不出己 左框折尸心和羽
B	子耳了也框向上
V	女刀九臼山朝西
C	又巴马，丢矢矣
X	慈母无心弓和匕 幼无力

五笔字型字根助记词

孔则吾 编著

五笔字型

汉语小字典

商务印书馆
The Commercial Press

2019 年 · 北京

图书在版编目（CIP）数据

五笔字型汉语小字典/孔则吾编著．—北京：商务印书馆，2019

ISBN 978-7-100-17043-7

Ⅰ．①五⋯ Ⅱ．①孔⋯ Ⅲ．①五笔字型输入法—字典 Ⅳ．① TP391.14-61

中国版本图书馆 CIP 数据核字（2019）第 010950 号

五笔字型汉语小字典

孔则吾　编著

商　务　印　书　馆　出　版
（北京王府井大街36号　邮政编码　100710）
商　务　印　书　馆　发　行
北京新华印刷有限公司印刷
ISBN　978 - 7 - 100 - 17043 - 7

2019 年 10 月第 1 版　　　开本 787×1092　1/32
2019 年 10 月北京第 1 次印刷　　印张 16¹/₂

定价：45.00 元

目 录

凡　例

一、正文

1. 本字典以 2013 年国务院公布的《通用规范汉字表》为收字基本依据，共收入包括《通用规范汉字表》一、二、三级字表在内的 8000 余字。

2. 本字典以字头后括号的形式收入国家规范认可的繁体字。繁体字与简体字不一一对应的，则字头分列，做到简繁体字义项完全对应，以方便读者查检。

3. 除作为姓氏、地名等特殊用途，被国家规范文件认可恢复使用的，异体字一律不收入字头，也不用括号的形式附于字头之后。本字典附录另附 1955 年国家发布的《第一批异体字整理表》备查。

4. 同声韵不同声调的字头排列在一起，不按声调排序，以便对照，并不标示相互"另见"。同声韵不同调，又有另读不同声韵的，在最后一个声调字释义末尾另起一行标注"另见"，但不注明页码。

5. 为了节约版面篇幅，减少冗余信息，在同声韵栏内，每个字头的声调以 1、2、3、4、5 五个数字分别表示阴平、阳平、上声、去声和轻声。个别字有多个声调、释义相近或相同的，不同声调数字标注在一个字头上，表示这个字有多个声调的读音。

6. 本字典以中等文化程度读者为读者对象,特别是文字工作者、公司文员、排版录入员、信息处理人员等为主要使用对象。针对这一阅读群体,字典释义力求简明扼要,方便实用。

7. 为了加深对字义的关联和理解,并具有更多的实用性、学习性和可读性,本字典略收入少量复音词条。

8. 义项的选列表述基于现代汉语标准语境,收入少量方言和古汉语常用义项。方言义项标注〈方〉,文言义项不做特别标注。

二、编码

本字典的五笔字型编码置于字头的声调后。有简码的仅标示简码。五笔字型检字表便于读者检索字头。由于五笔字型编码有不同的开发软件和多种版本,同一版本的编码还有容错功能,即容错码,因此,读者实际输入发现有误,可以多试几个相近编码。根据目前实际使用情况,本字典采用广泛使用的 86 版五笔字型编码。

由于《通用规范汉字表》三级字库收入了一批不常用的人名、地名和专有名词,其中大约有 200 个字在目前通用的五笔输入法版本中并不能输出汉字,或只能输出繁体字,读者可尝试用拼音或其他输入法输入,或通过造字软件输出汉字。字典中只能输出繁体字或暂不能输出汉字的编码,加括号标示。

目前国家汉字库标准主要有 GB 2312,收入 6763 个汉字;GBK 有 21003 个汉字;GB 18030-2000,收入 27533 个汉字,GB 18030-2005 有 70244 个汉字。每个电脑和输入法文字处理软件的字库配置都不一样。如一些输入法可以在设置中选择 GBK 字库或通用规范汉字字库新增汉字。读者如果有特殊需求,可以选择安装更大的字库和相应输入法。

本字典的五笔字型编码,虽经编著者反复斟酌,并请教了相关专家,但仍可能存在错误。敬请各位专家、读者指教。

三、附录

为了使读者进一步了解国家语言文字规范,本字典附录提供了国家发布的相关文字规范。读者在实际使用时以国家规范为准。由于一些规范文件发布时间较早,规范之间有一些历史调整,如一些异体字在最初发布后,又被重新恢复为规范字,请读者以新规范为准。

汉语拼音音节索引

说明:
1. 每个音节后为本音节例字,可由此寻找同声韵字。
2. 数字为字典正文音节栏所在页码。

pen	喷	222
peng	烹	223
pi	批	224
pian	偏	226
piao	飘	226
pie	撇	227
pin	拼	227
ping	乒	228
po	坡	229
pou	剖	230
pu	扑	230

	Q	
qi	七	232
qia	恰	235
qian	千	236
qiang	枪	238
qiao	敲	239
qie	切	240
qin	亲	241
qing	青	242
qiong	穷	243
qiu	秋	244
qu	区	245
quan	圈	247
que	缺	248
qun	群	248

	R	
ran	然	250
rang	嚷	250
rao	饶	251
re	热	251
ren	人	251
reng	扔	252
ri	日	252
rong	容	253
rou	柔	253
ru	如	254
ruan	软	255

rui	锐	255
run	润	255
ruo	弱	255

	S	
sa	撒	257
sai	赛	257
san	三	258
sang	桑	258
sao	搔	258
se	涩	259
sen	森	259
seng	僧	259
sha	杀	259
shai	筛	260
shan	山	261
shang	商	262
shao	烧	263
she	奢	264
shei	谁	265
shen	深	265
sheng	升	267
shi	诗	268
shou	收	272
shu	书	273
shua	刷	275
shuai	衰	275
shuan	闩	276
shuang	双	276
shui	水	276
shun	顺	277
shuo	说	277
si	思	277
song	松	279
sou	搜	280
su	苏	280
suan	酸	282
sui	虽	282
sun	孙	283
suo	梭	283

	T	
ta	他	285
tai	胎	286
tan	贪	287
tang	汤	289
tao	涛	290
te	特	291
teng	疼	292
ti	梯	292
tian	天	293
tiao	挑	294
tie	贴	295
ting	听	296
tong	通	297
tou	偷	298
tu	突	298
tuan	团	300
tui	推	300
tun	吞	301
tuo	拖	301

	W	
wa	挖	303
wai	歪	303
wan	弯	304
wang	汪	305
wei	危	306
wen	温	309
weng	翁	310
wo	窝	311
wu	污	311

	X	
xi	西	315
xia	虾	319
xian	先	320
xiang	香	322
xiao	消	324

xie	些	326
xin	心	328
xing	星	329
xiong	兄	330
xiu	休	331
xu	需	332
xuan	宣	334
xue	靴	335
xun	勋	336

	Y	
ya	呀	338
yan	烟	339
yang	央	343
yao	腰	344
ye	爷	346
yi	一	347
yin	音	352
ying	英	354
yo	唷	356
yong	拥	356
you	优	358
yu	于	360
yuan	渊	364
yue	约	366
yun	云	367

	Z	
za	匝	369
zai	栽	369
zan	赞	370
zang	脏	370
zao	糟	371
ze	则	372
zei	贼	372
zen	怎	372
zeng	增	372
zha	扎	373
zhai	摘	374
zhan	沾	375

部首目录

部首检字表

（字右边的号码指字典正文页码）

脂	299	（脸）	177	脊	129	歌	91	殷	8
腧	275	（脍）	162	（脅）	326	歉	238	（殺）	259
鹏	223	（胆）	52	能	212	（殴）	218	羧	97
䏝	35	膻	261	（肾）	267	歔	332	（殻）	158
腰	356	臁	177	膏	90	歓	265		240
腾	292	臆	352	膂	190		316	（發）	73
䐈	187	臃	357	（肤）	80	（欸）	360	彀	96
	190	（膳）	292	膺	355	（歓）	117	彀	98
腿	300	赢	356	臀	301			毂	298
（脑）	211	**十四画**		臂	12	**91**		毁	121
十画		**以上**			15	**风部**		殿	59
膜	206	臑	211	**89**		风	79	縠	98
膊	22	（脐）	233	**氏部**		飐	375	觳	98
膈	92	臌	292	氏	270	飑	17	（殻）	97
膀	9	（脏）	19		383	飒	257	（殴）	218
	221	赢	223	氐	56	飓	151	毅	351
膑	19	赢	193	昏	122	飔	278	（戠）	98
十一画		赢	172	**90**		飕	280	觳	115
膝	317	（胪）	188	**欠部**		飗	184		
膘	17	䐈	369	欠	238	飘	227	**93**	
膛	290	（胧）	186	**二至七画**		飙	18	**文部**	
（腰）	187	（腾）	292	次	44	**[91]**		文	309
	190	（赢）	356	欢	117	**風部**		刘	184
（膕）	104	（脏）	370	欤	360	（風）	79	齐	233
膝	292	（膛）	292	欧	218	（颭）	375	吝	182
膣	385	（赞）	369	软	255	（颮）	17	忞	204
（胶）	137	**[88]**		欣	328	（颱）	286	虔	237
十二画		**月部**		炊	42	（颯）	257	斋	374
（腻）	213	有	359	欷	315	（颶）	99	紊	310
膨	223	肖	324	欲	363	（颶）	151	斑	8
膪	40	肓	119	欸	2	（颸）	278	斐	77
膳	262	肯	159		71	（颼）	280	斌	19
䐄	292	肾	267	**八画以上**		（颻）	184	齑	127
膝	292	肴	345	款	162	（飄）	227	斓	168
膦	182	育	363	欺	232	（飆）	18	（斓）	168
膒	137	肩	133	歁	232	**92**		**94**	
赢	356	背	11		348	**殳部**		**方部**	
十三画		胃	309	欻	332	殳	273	方	75
臌	98	胄	389	歌	353	殴	218	邡	75
朦	200	胤	354	歇	326	殁	206	放	76
（胧）	216	胥	332	歃	260	段	66	于	312
臊	258			歆	328	殷	339		360
								353	房	76

裕	363	(襖)	4	羧	284	粟	281	糯	217
裤	161	襕	168	羞	374	粤	367	(糰)	300
裥	135	襪	283	(養)	344	粢	395	蘖	215
裙	248	褞	239	羯	141	粪	78	(糴)	56
襀	127	(褉)	21	羰	289	粞	315	糷	364
褾	18	襟	143	羱	365	粥	388	(糶)	295
褂	99	(褔)	53	(羹)	374	**七至十画**		**145 聿部**	
褚	40	(襝)	177	**[143] 羊部**		粲	25	聿	362
	390	襠	29	美	199	粳	145	肆	279
裸	193	(襪)	303	羑	359	粮	178	肄	352
裼	293	(襦)	168	姜	136	粱	178	肇	378
	317	褔	254	羔	90	精	145	**[145] 肀部**	
褊	15	襖	272	恙	344	粿	104	肃	281
	225	(襬)	8	盖	87	粼	181	(肅)	281
裾	149	(襯)	33		92	粹	46	**[145] 聿部**	
褯	68	(襴)	168	羡	344	粽	397	(盡)	143
九至十画		襻	221	羨	322	糁	258	**[145] 聿部**	
褡	49	**143 羊部**		(義)	350		266	(書)	273
褙	12	羊	343	羲	317	糊	114	(晝)	389
褐	111	羘	370	羹	93	楂	28	(畫)	117
(複)	84	善	262	**144 米部**		糇	113	**146 艮部**	
褓	10	群	249	米	201	糌	370	艮	93
褕	361	羸	172	**二至六画**		糍	44	良	178
褛	190	**[143] 䒑部**		籴	56	糈	333	艰	133
(褌)	165	羌	238	类	172	粲	254	垦	159
褊	16	差	27	籼	320	糒	12	恳	159
褪	300		28	籽	396	糙	26	(娘)	133
	301		43	娄	186	糢	245	**147 羽部**	
褥	120	养	344	屎	270	糖	289	羽	362
(褳)	178	殺	97	敉	202	糕	90	**三至八画**	
褥	254	羞	331	粉	78	**十一画 以上**		羿	351
襤	168	羓	6	料	180	糜	199	翅	37
褟	285	着	378	粑	6		201	翃	112
褫	36		380	粝	175	糟	371	翁	310
褙	142		394	粘	213	(糞)	78	扇	261
(褲)	161	羚	183		375	糠	157		
十一画 以上		羝	56	粗	45	(糁)	258		
(襀)	127	羥	239	粕	229		266		
(褛)	190	翔	323	粒	175	(糧)	178		
褶	379	(羥)	239	粜	295	糯	137		
(裥)	135					(糯)	175		

（鎦）	192	（鎛）	22	（鎬）	318	**十五画**	
（鎀）	123	（鍋）	92	（鏈）	50	**以上**	
（錞）	42	（鎮）	284	（鐔）	29	（鑠）	277
	67	（鎧）	156		288	（鑽）	386
（錇）	222	（鑴）	151		328	（鐒）	188
（鐂）	152	（鎳）	215	（鐱）	153	（鑪）	18
（鏠）	288	（鎢）	312	（鐐）	180	（鐵）	167
（鏼）	20	（鍛）	259	（鏷）	231	（鑢）	188
（錠）	62	（鋒）	209	（鐧）	155	鑫	328
（键）	135	（鎰）	310	（鐗）	134	（鐦）	168
（録）	188	（鎦）	184		135	（鑰）	346
（锯）	149	（鎬）	90	（鏕）	111		366
（锰）	201		109	（鐇）	74	（鑷）	29
（镉）	396	（鎊）	10	（鐓）	67	（鑲）	323
九画		（鎰）	352	（鐘）	387	（鑷）	214
（锲）	241	（鎵）	131	（鐠）	231	（鑹）	46
（锘）	49	（鎔）	253	（鏻）	182	（钁）	192
（锴）	156	鋬	356	（鐏）	399	（鑽）	398
（锎）	374	鎏	185	（鐩）	283		399
（锡）	343	**十一画**		（鐒）	170	（鑾）	191
（锶）	278	（鏨）	370	（鐲）	289	（鏨）	371
（锷）	71	（鏰）	394	（鐋）	239	（鑷）	290
（锸）	27	（鑛）	119	（鐟）	77	**[176]**	
（锹）	239	（鏒）	195	（鐙）	56	**钅部**	
（锺）	387	（鏗）	160	（鏺）	229	**一至二画**	
（锻）	66	（鏢）	17	**十三至**		钆	86
（锼）	280	（鏜）	289	**十四画**		钇	349
（锽）	119	（鏤）	187	（鐵）	295	针	380
（镞）	113	（鏝）	196	（钁）	124	钉	61
（锾）	118	（鏰）	13	（鐳）	172	钊	377
（镔）	1	（鏞）	357	（鐯）	34	钋	229
（镀）	65	（鏡）	147		53	钉	180
（镁）	199	（鏟）	30	（鐸）	68	**三画**	
（镃）	396	（鏑）	56	（鑲）	118	钍	300
（锝）	198	（鏃）	398	（鐲）	394	钐	350
鍪	207	（鏇）	335	（鐮）	177	钎	236
十画		（鏦）	227	（鐿）	352	钏	41
鏊	4	（鏻）	239	鐢	12	钐	261
（镈）	117	（鏐）	185	（鑒）	136	钓	60
（镆）	207	麀	4	（鐺）	391	钒	74
（镇）	381	**十二画**		（鑌）	19	钘	199
（链）	178	（鐃）	211	（鑔）	28	钕	217

锡	343
钗	28
四画	
钘	329
铁	81
钙	87
钚	23
钛	287
钜	151
钝	67
钞	32
钟	387
钡	11
钢	89
钠	209
铈	31
钘	142
钣	9
铊	192
钤	237
钥	346
	366
钦	241
钧	153
钨	312
钩	95
钪	157
钫	75
钬	124
钭	64
	298
钮	216
钯	7
	219
五画	
钰	362
钱	237
钲	382
钳	237
钴	97
钵	20
钶	275
钶	158

A a

a

吖 1·KUH 【吖嗪】有机化合物的一类。如吡啶、嘧啶等。

阿 1·BS 加在称呼上的词头:～三|～哥|～宝。
另见 ē。

【阿斗】三国蜀汉后主刘禅小名。为人庸碌,后比喻无能的人。

【阿芙蓉】"鸦片"的又称。

呵 12345·KSKG 叹词。同"啊"。
另见 hē。

啊 1·KB 叹词,表示赞叹或惊异:～,山真高哇!

啊 2·KB 叹词,表示追问:～,你说什么?

啊 3·KB 叹词,表示疑惑,惊讶:～,怎么搞的?

啊 4·KB 叹词,表示应诺、醒悟或赞叹:～,好吧|～,原来这样|～,亲爱的老师!

啊 5·KB 助词,用在句中、句末表示惊叹、肯定、嘱咐、疑问、停顿或用在举例事项之后。因前字韵尾的影响发生音变,也可写成"呀""哇""哪"。

锕(錒) 1·QBS 一种放射性元素,符号 Ac。

腌 1·EDJN 【腌臜】〈方〉不干净。
另见 yān。

嗄 2·KDHT 同"啊"(á)。
另见 shà。

ai

哎 1·KAQ 叹词,表示惊讶、不满或提醒:～呀|～,我想起一个人。

哀 1·YEU ①悲伤,悲痛:悲～。②悼念:默～。③怜悯,同情:～怜。

镱(鎄) 1·QYEY 一种人造放射性元素,符号 Es。

埃 1·FCT ①灰尘:尘～。②非法定计量单位,为一亿分之一厘米,常用来表示光波的长度。

挨 1·RCT ①依次:～家～户。②靠近:～着我坐。

挨 2·RCT ①遭受,忍受:～打。②拖延:～时间。③困难地度过:～日子。同"捱"。

唉 1·KCT 叹词,表示答应、叹息、惊讶等。

唉 4·KCT 叹词,表示伤感或惋惜。

嗳(噯) 1·KEP 同"哎"。

嗳（嗳）3·KEP 叹词，表示否定或不同意：～，不是他|～，别那样。

嗳（嗳）4·KEP 叹词，表示懊恼或悔恨：～，知道这样，就不叫你了。

皑（皚）2·RMNN 【皑皑】形容洁白，多用于雪：～白雪。

癌 2·UKK 恶性肿瘤。也叫癌瘤或癌肿。

毐 3·FXD 见于人名：嫪～（战国时秦国人）。

欸 3·CTDW 【欸乃】象声词，形容划船声和划船时唱歌声：～一声山水绿。
另见 ē，é，ě，è。

矮 3·TDTV ①短，与"高"相对。②等级低：～人一等。
【矮星】光度和体积小，密度大的恒星，如天狼星的伴星。

蔼（藹）3·AYJ 和气：和～。

霭（靄）3·FYJN 云气：云～|暮～。

艾 4·AQU ①多年生草本植物，叶有香气，可入药，点着后烟可驱蚊蝇。也叫艾蒿。②停止：方兴未～。③姓。
另见 yì。
【艾艾】形容口吃。
【艾绒】艾叶晒干后捣成的绒状物，用于针灸。

砹 4·DAQY 一种放射性非金属元素，符号 At。

爱（愛）4·EP ①对人或事物有深厚的感情。②喜欢。③容易出现某种情况和变化：～迟到|～哭。④爱惜，爱护。

嫒（嬡）4·VEPC 爱女。旧时敬称别人的女儿为令嫒。也作令爱。

瑷（璦）4·GEPC 【瑷珲】地名，在黑龙江。

靉（靉）4·FCEC 【靉靆】云气浓厚的样子：暮云～。

暧（曖）4·JEP ①日光昏暗。②含糊，不光明：态度～昧|关系～昧。

隘 4·BUW ①狭窄：狭～。②险要的地方：要～|～口。
【隘口】狭隘的山口。
【隘路】狭隘而险要的通道。

嗌 4·KUWL ①噎，食物堵住嗓子。②话语突然中断。
另见 yì。

碍（礙）4·DJG 妨碍，阻碍：～口|不～事|～手～脚。

an

厂 1·DGT 同"庵"，多用于人名。
另见 chǎng。

广 1·YYGT 同"庵"，多用于人名。
另见 guǎng。

安 1·PV ①安定，安心。②感到满足舒适：～于现状。③安全，平安。④安装，置：～电灯。⑤存着，怀着：不～好心。⑥疑问代词，哪里，怎么：～在|～得。⑦加上：～一个罪名。⑧安培，电流计量单位。
【安澜】①河流平静。②比喻太平。
【安谧】安宁，安静。谧（mì）

【安琪儿】天使。英语 angel。

垵 1·FPVG　用于地名:曾厝~(在福建)。

桉 3·FPVG　同"埯"。

桉 1·SPV　桉树,常绿乔木,树干高而直。树皮和叶均可入药。

氨 1·RNP　氨和氢的化合物,也叫阿摩尼亚或氨气。

鮟(鮟) 1·(QGPV)　【鮟鱇】海鱼名,前半部圆而扁平,尾部细小,无鳞。

鞍 1·AFP　鞍子:马~。

【鞍鞯】马鞍子和垫在马鞍子下的东西。

庵 1·YDJN　①尼姑住的佛寺。②小草屋,一说圆顶屋。

鹌(鶴) 1·DJNG　【鹌鹑】鸟名,头小尾短,羽毛赤褐色,不善飞。也叫鹑。

谙(諳) 1·YUJ　熟悉,精通:不~水性。

盒 1·WYNL　古代盛食物器具,似洗而腰大,有提襻。

铵(銨) 3·QPV　化学中的一种阳性复根,即铵离子,也叫铵根。

俺 3·WDJN　〈方〉我,我们。

埯 3·FDJN　①挖小坑点种瓜、豆等。②点种时挖的小坑。

唵 3·KDJN　①粉末或颗粒食物往嘴里塞:抓起炒面往嘴里~。②叹词,表示疑问:书放哪儿了,~? ③佛教咒语用字。

揞 3·RUJG　把药粉等敷在伤口上。

犴 4·QTFH　【狴犴】传说中的一种走兽。

另见 hān。

岸 4·MDFJ　①江、河、湖、海等水边的陆地。②高大:伟~。③高傲:傲~。

按 4·RPV　①用手或指压:~电铃。②压住,止住:~兵不动|~下此事不说。③依照:~此办理。④加按语:编者~。也作"案"。⑤考察,研求:有原文可~。

【按金】〈港〉押金,抵押金。

胺 4·EPV　氨的氢原子被烃基代替后的有机化合物。英语 amine。

案 4·PVS　①古代进食用的短足托盘:举~齐眉。②长条的桌子或架起来当桌子的长木板:条~|拍~叫绝|~板。③案卷,文书:档~|记录在~。④案子:破~。⑤提出计划、办法或建议的文件:方~|提~。⑥同"按"④:编者~。

【案秤】柜台上的秤,也叫台秤。

【案牍】旧指官府的公文案卷。

暗 4·JU　①黑暗,不亮。②不显露的,秘密的。③糊涂,不明白:偏听则~。

黯 4·LFOJ　①深黑,昏暗:~然|~淡。②沮丧的样子。

【黯然】①阴暗的样子:~失色。②情绪低落的样子:~泪下。

ang

肮(骯) 1·EYM　【肮脏】①脏,不干净。②卑鄙,丑恶。

卬 2·QBH ①代词,我。②姓。

昂 2·JQB ①仰:~首。②高涨:~贵|气~~。

盎 4·MDL ①古代的一种盆,腹大口小。②盛:兴趣~然。

【盎司】英美制重量单位,为一磅的十六分之一。旧称英两。

ao

凹 1·MMGD 比周围低:~陷|~面镜。

另见 wā。

熬 1·GQTO 把蔬菜等放在水里煮:~菜|~豆腐。

熬 2·GQTO ①久煮:~粥|~药。②忍受,艰苦支持:~夜。

敖 2·GQTY ①姓。②同"遨"。

【敖包】蒙古语,做路标或边界的堆子。用石、土、草等堆成。

赘 2·GQTM 【赘山】山名,分别在山东和广东。

邀 2·GQTP 游玩:~游。

嗷 2·KGQT 【嗷嗷】形容哀号或叫喊声:~待哺(饥饿时急于求食的样子)。

廒 2·YGQ 古代贮存粮食的仓库:仓~。

璈 2·GGQT 古代一种乐器,形状像云锣。

獒 2·GQTD 一种凶猛善斗的狗。体大善斗,可作猎狗。

聱 2·GQTB ①不听取意见。②文辞艰涩。

【聱牙】拗口:诘屈~。

螯 2·GQTJ 螃蟹等动物的第一对脚,形状像钳子,用以自卫或取食。

鳌(鰲) 2·GQTG 传说中海里的大鳖或大龟。

翱 2·RDFN 【翱翔】在空中回旋飞行。

麈 2·YNJQ 激烈地战斗:~战|赤壁~兵。

拗 3·RXL 〈方〉折:~断竹竿|~花|~矢折矛。

拗 4·RXL ①不服从:违~。②不顺口:~口|~令。

另见 niù。

袄(襖) 3·PUT 有里子的上衣:夹~|皮~|棉~。

媪 3·VJL 年老的妇人:翁~。

岙 4·TDM 山间平地,多用作地名。

坳 4·FXL 山间平地。

goujdef 4·DHDJ ①矫健有力。②用于地名:~村(在河南)。

傲 4·WGQT 骄傲,高傲:~慢|倨~。

【傲岸】高傲,自高自大。

骜(驁) 4·GQTC ①骏马。②马不驯良:桀~不驯。

鏊 4·GQTQ 一种铁制的平底锅,多用于烙饼。

奥 4·TMO ①深奥:~妙。②古时指房屋的深处:堂~。

薁 4·ATMD 有机化合物,萘的同分异构体,青色,有特殊气味,用作药物。

另见 yù。

澳 4·ITM ①可泊船的水湾,多用于地名。②特指澳门:港～。③指澳洲和澳大利亚。

懊 4·NTM 懊恼;悔恨:～丧｜～悔。

B b

ba

八 1·WTY　数目;序数。

【八仙】神话中的八位神仙,即汉钟离、张果老、吕洞宾、李铁拐、韩湘子、曹国舅、蓝采和、何仙姑。

扒 1·RWY　①抓着,把着:~栏杆。②刨开,挖:~口子。③剥,脱:~皮。
另见 pá。

叭 1·KWY　象声词:~的一声|~嗒。

机 1·SWY　无齿的耙子。

巴 1·CNH　①盼望:~望。②粘着的东西:锅~。③期望:~不得|朝~夜望。④挨着,靠近:前不~村,后不~店。⑤量词,旧压强单位,今作帕。⑥词尾:尾~|眨~眼|干~~。⑦古代国名,在今重庆一带。

芭 1·AC　【芭蕉】多年生草本植物,果实与香蕉相似。

吧 1·KC　①同"叭",象声词:~嗒|~唧|的一声,弦断了。②某些休闲场所:酒~|网~。

吧 5·KC　助词,也作"罢"。①表示允许:好~。②表示推测估计:这是你的~? ③表示命令、请求:来~! ④表示停顿或假设:去~,不好;不去~,也不好。

岜 1·MCB　石山:~关岭(地名,在广西)。

疤 1·UCV　①疤痕,伤口或创口愈后留下的痕迹。②器物上像疤的痕迹。

蚆 1·JCN　贝名。

【蚆蛸岛】岛名,在辽宁长海。

笆 1·TCB　用竹片和柳条编成的东西:篱~|门~|~斗。

【笆斗】柳条等编成的半圆形容器。

粑 1·UDCN　①干肉,泛指干制食品。②好品种的羊。

粑 1·OCN　〈方〉饼类食物:糍~|糖~|玉米~。

鲃(鲃) 1·QGCN　鱼名,侧扁或近圆筒形,口部有须,生活在淡水中。

捌 1·RKLJ　数目字"八"的大写。

拔 2·RDC　①拉出,抽出。②吸出:~毒|~火罐。③挑选,提升:选~。④超出:出类~萃。

茇 2·ADC　①草根。②在草野中住宿。

妭 2·VDCY　美丽的女子:蠢怪
于皿,～媚于宫。

肶 2·EDCY　大腿上的毛:尧舜
于是乎股无～,胫无毛。

莐 2·ARD　【菝葜】一种落叶藤
本植物,根茎可入药。俗称金
刚刺、金刚藤。

跋 2·KHDC　①翻山越岭:～山
涉水。②写在文章书籍后
面,多为评介内容的短文。

【跋扈】骄横强暴。

魃 2·RQCC　【旱魃】传说中的一
种造成旱灾的鬼怪。

把 3·RCN　①抓住,握住:～舵。
②看守:～门。③介词。④量
词。⑤表示数量接近:个～月。

把 4·RCN　物体上用于手拿的
部分,柄:刀～|扇～儿。

钯(鈀) 3·QCN　一种金属元
素,符号Pd,银白色,富
延展性。

另见pá。

靶 3·AFC　靶子,练习射箭或射
击用的目标:箭～|打～。

坝(壩) 4·FMY　拦水的建筑
物:堤～|水～。

坝(垻) 4·FMY　山地中的小
平原,常用于西南各省
地名:川西～。

爸 4·WQC　父亲:～～|阿～。

耙 4·DIC　①碎土平地农具:钉
齿～。②用耙碎土块。

另见pá。

罢(罷) 4·LFC　①停止:～工。
②免除:～免。③完
毕:吃～饭。

罢(罷) 5·LFC　助词,同"吧"。

鲅(鮁) 4·QGDC　一种海
鱼,也叫蓝点鲅、马
鲛鱼。

霸 4·FAF　①古代诸侯联盟的首
领:春秋五～。②依仗权势欺
压人民的人:恶～。③用强力独
占:～占。④姓。

灞 4·IFA　灞水,水名,在陕西。

掰 1·RWVR　用手把东西分开、
折断或剥下:～开|～玉米。

擘 1·NKUR　"掰"的异体字。
另见bò。

白 2·RRR　①白色。②清楚,明
白:真相大～。③空白的,没
有东西的:～卷。④无效,徒然:
说。⑤陈述:表～。⑥戏曲中唱腔
以外的话:独～。⑦无代价的:～
吃。⑧用白眼珠看人,表示轻蔑或
不满:～眼。⑨文字音形错误:
～字。

【白醭】酱油等表面长的白色的霉。

【白鳝】鳗鲡的通称。

【白铜】铜和镍的合金。

【白薯】甘薯的通称。

拜 2·RDFH　【拜拜】①再见。
②结束某种关系。英语bye-
bye。

拜 4·RDFH　①表示恭敬的礼
节,指下跪叩头或打躬作揖:
下～|叩～。②拜访,拜会:回～|
～客。③以礼祝贺:～年|～寿。
④以礼授官或结成某种关系:～
将|～师。⑤敬辞:～托|～读。

百 3·DJ　①数目:一～多。②引
申为众多:～发|～中。

佰 3·WDJ　数目字"百"的大写。

伯 3·WR　【大伯子】〈口〉丈夫的哥哥。
另见 bó。

柏 3·SRG　①柏树:松~。②姓。
另见 bó,bò。

捭 3·RRTF　分开:纵横~阖。

摆(擺) 3·RLF　①陈列,摆放。②摇动:~手。③摇动的东西:钟~。④显示,炫耀:~威风。⑤说,陈述:~事实。

摆(襬) 3·RLF　衣摆,衣裙的下边:下~。

呗(唄) 4·KMY　【梵呗】佛教徒念经的声音。
另见 bei。

败(敗) 4·MTY　①失败,打败。②搞坏:~事有余。③破旧,毁坏的:颓垣~壁。④腐烂,凋谢:~叶|花开不~。⑤消散:~火。

稗 4·TRTF　①稗子,一年生草本植物,像稻,果实像黍米。为稻田的主要杂草。②微小琐碎、非正统的:~史。
【稗史】记载逸闻趣事的书。

ban

扳 1·RRC　①拉,拨动:~闸|~枪机。②扭转:~回一局。

攽 1·WVTY　发给,分给。

颁(頒) 1·WVD　公布,颁布:~发|~行|~奖。

班 1·GYT　①为工作、学习等目的编成的组织。②军队编制单位。③班次:早~。④量词:一~车。⑤调回或调动:~师。
【班房】〈港〉教室。
【班导】〈港〉相当于班主任。

斑 1·GYG　①斑点或斑纹:红~|雀~。②有斑点或斑纹的:~竹。③颜色杂而不纯:~白。
【斑驳】多种颜色混杂。
【斑斓】灿烂多彩。
【斑竹】一种茎上带有紫褐色斑点的竹子,也叫湘妃竹。

癍 1·UGY　皮肤上生斑点的病。

般 1·TEM　种,样:这~|十八~武艺。

搬 1·RTE　①搬动:~运货物。②迁移:~家。③照样移用:照~|生~硬套。

瘢 1·UTEC　疤痫,创伤愈后留下的痕迹:~痕。

阪 3·BRCY　①旧同"坂"。②崎岖硗确的地方:~田。③用于地名:大~。

坂 3·FRC　山坡,斜坡:~上走丸(比喻迅速)。

板 3·SRC　①片状较硬的物体。②板状的:~楼。③黑板:~书。④音乐和戏曲中的节拍:鼓~。⑤不灵活:死~。

板(闆) 3·SRC　【老板】私营工商业的财产所有者,掌柜的。

贩(販) 3·JRCY　①大。②用于地名:~大(在江西)。

版 3·THGC　①上有图文供印刷用的底版:胶~。②书籍排印的次数:第二~。③报纸的一面:头~。④打土墙用的夹版:~筑。
【版图】原指户籍和版图,现泛指国

家疆域。

【版税】出版者按照出版物销售收入一定的比例付给作者的报酬。

【版心】书刊等每页排文字、图画的部分。也指版口。

钣（鈑）3·QRC　金属板：钢～。

舨3·TERC 【舢舨】用桨划的小船。也作舢板。

办（辦）4·LW ①处理：～公。②惩治：法～。③创办：～厂。④置备：～货。

半4·UF ①一半，中间。②不完全的：～脱产。

伴4·WUF ①同伴：伙～。②陪伴：～随｜～读。

【伴当】旧时跟随富人的仆役。

拌4·RUFH 搅和：～种｜～水泥｜～嘴。

绊（絆）4·XUF 行走时被东西挡住或缠住。

柈4·SUFH 【柈子】〈方〉大块的木柴。

鞥4·AFU 驾车时套在牲口后部的皮带。

扮4·RWV ①装扮，打扮：男～女装｜～鬼脸。②扮演。

浜4·IUOG 〈方〉①深泥，污泥。②用于地名：源～（在江西）。

瓣4·UR ①果实或球茎可以分开的小块：豆～｜蒜～。②花叶，叶片：花～｜叶～。③物体摔破成片状的部分：碗被摔成了几～。④量词：一～西瓜｜两～蒜。

bang

邦1·DTB 国：友～｜盟～｜～交｜～联。

帮（幫）1·DT ①帮助。②群，伙：一～人。③同伙，集团，帮会：茶～｜匪～｜青～。④从事雇佣劳动的：～短工。⑤物体的两边或周围部分：船～。⑥帮子：菜～子。

唪1·（KDTB）象声词，敲打木头等发出的声音。

梆1·SDT ①梆子。②象声词，敲打木头声。

浜1·IRGW 小河沟，多用于地名：沙家～。

绑（綁）3·XDT 捆绑：～匪｜～架｜～票｜～腿。

榜3·SUP 张贴的名单或公告：光荣～｜～落。

【榜文】古代指文告。

膀3·EUP ①肩膀。②鸟类的翅膀：鸭～。
另见 pāng，páng。

玤4·GDHH ①像玉的美石。②古地名，在今河南渑池。

蚌4·JDH 软体动物，生活在淡水中，可产珍珠。
另见 bèng。

棒4·SDW ①棍棒。②好，高强：真～｜～小伙子。

傍4·WUP 靠近，临近：依山～水｜～晚。

谤（謗）4·YUP ①公开指责：～议。②诽谤，毁谤，说别人的坏话：～书。

塝4·FUP 〈方〉田边土坡，沟渠或土埂的边，多用于地名：张家～（在湖北）。

捞4·RUPY 摇橹使船前进：～舟送人。
另见 péng。

蒡4·AUPY 【牛蒡】一种草本植物，根叶可作蔬菜，种子叫牛莠子或大力子,可入药。

磅 4·DUP ①英美重量单位,一磅为0.4536千克。②磅秤:过~|~体重。
另见 páng。

镑(鎊) 4·QUP 英国、埃及等国的货币单位:英~。

bao

包 1·QN ①包裹(东西)。②包儿:邮~。③袋子。④量词。⑤疙瘩:头上起个~。⑥包含。⑦包围:~抄。⑧包干,承包。⑨担保。⑩约定专用:~车。

苞 1·AQN ①花苞:含~欲放。②茂盛:竹~松茂。

孢 1·BQN 【孢子】某些低等动物和植物无性生殖所产生的生殖细胞,脱离母体后能直接发育成新的个体。

枹 1·SQNN 枹树,落叶乔木,叶互生,略倒卵形,种子可提取淀粉,树皮可制栲胶。
另见 fú。

胞 1·EQN ①胞衣,胎盘。②同胞的,嫡亲的:同~|~兄。

炮 1·OQ ①把肉等放在锅里用旺火急炒:~羊肉。②烘,烤:把衣服~干。
另见 páo,pào。

龅(齙) 1·HWBN 齿露唇外:~牙。

剥 1·VIJH 去掉外层(常用于口语):~皮|~花生。
另见 bō。

煲 1·WKSO ①壁较陡直的锅:瓦~|水~|电饭~。②用文火煮熟食物:~粥|~饭。

褒 1·YWK 赞扬,夸奖:~贬|~奖。

雹 2·FQN 冰雹,从云层降落的冰粒或冰块。
【雹子】冰雹的通称。

薄 2·AIG ①不厚。②淡:~酒。③冷淡:~情。④不肥沃:~地。
另见 bó,bò。

饱(飽) 3·QNQN ①吃足。②足,充分:~满。③满足:一~眼福。

宝(寶) 3·PGY ①珍贵之物:国~。②珍贵的:~剑。③敬辞:~号|~眷。

保 3·WK ①保卫。②维持:~温。③担保,保证。④旧时一种户籍单位:~甲。

葆 3·AWK ①保持:永~青春。②草木繁盛。

堡 3·WKSF 堡垒:城~|地~。
另见 bǔ,pù。

褓 3·PUWS 包婴儿的布或被子:襁~。

鸨(鴇) 3·XFQ ①一种像雁略大的鸟。②鸨母:老~。

报(報) 4·RB ①告诉,回答。②报答,报复。③报刊等信息载体:日~|电~|学~。

刨 4·QNJH ①刨子或刨床。②刨削:~木板|~光。
另见 páo。

抱 4·RQN ①用手臂围住:~儿子。②环绕:山环水~。③领养:这孩子是~的。④存有:怀~|~病。⑤孵卵:母鸡~窝|~小鸡。⑥量词,表示两臂合围的量:三~粗的大树|一~柴火。

鲍(鮑) 4·QGQ 姓。

【鲍鱼】①软体动物,有椭圆形贝壳,生活在海中。又称鳆。②古称咸鱼。

鲂 4·KHQY 跳跃。

【鲂突泉】泉名,在山东济南。

豹 4·EEQY 豹子。

【豹猫】一种形似猫的动物。也叫山猫、狸猫、狸子。

暴 4·JAW ①突然而猛烈:~风。②急躁:脾气~。③凶残:~行。④鼓出:青筋都~出来了。⑤糟蹋,残害:自~自弃。⑥显现:~露。

【暴戾】粗暴乖张,残酷凶狠。

瀑 4·IJA 瀑河,水名,在河北。另见 pù。

曝 4·JJA 【曝光】①使照相底片感光。②比喻隐秘的事被显露出来。也作暴光。另见 pù。

爆 4·OJA ①猛然破裂或迸出:~炸|~破|~火星|~竹。②突然发生:~发。③烹饪方法。

bei

陂 1·BHC ①池塘:~塘。②池塘岸。③山坡。另见 pí,pō。

杯 1·SGI ①杯子:茶~|碰~。②杯状的锦标:金~|世界~。

卑 1·RTFJ ①位置或地位低下:地势~|湿|出身~微。②品质

低劣,下流:~鄙无耻。③自称的谦辞:~职|~意。

椑 1·SRTF 【椑柿】柿子的一种,果实小,青黑色,汁可制漆。

碑 1·DRT 石碑:~额(碑的上端)。

【碑碣】碑。古代称圆顶的石碑为碣,长方形的为碑。

鹎(鵯) 1·RTFG 鸟类的一属,羽毛大部为黑褐色,脚短而细,吃果实和昆虫。

背 1·UXE 背负,负担:~柴|~枪|~责任|~债。

【背榜】旧指考试名列榜末。

背 4·UXE ①身体的背部。②反面,后部。③背向。④背诵。⑤违背:~约。⑥偏僻,冷淡:地方太~|~月。⑦听觉不好:耳~。⑧离开:~井离乡。⑨不顺利,倒霉:手气~。

悲 1·DJDN ①悲伤:乐极生~。②怜悯:慈~为怀。

北 3·UX ①北方。②战败:败~|连战皆~。

【北辰】古指斗星。

贝(貝) 4·MHNY ①有壳软体动物统称:海~|~壳。②古代用贝壳做的货币。③姓。

浿(浿) 4·(IMY) 用于地名:虎~(在福建)。

狈(狽) 4·QTMY 传说中像狼的兽:狼~为奸。

钡(鋇) 4·QMY 一种金属元素,符号 Ba,银白色,容易氧化。可做高级颜料。

孛 4·FPBF 古书上指彗星。

悖 4·NFPB ①相反，违反：~并行不~。②不合道理：~谬。

邶 4·UXB 周代诸侯国名，在今河南汤阴。

褙 4·PUUE 把纸布等层层粘合起来：裱~字画|~鞋帮。

备(備) 4·TLF ①齐全，具有：关怀~至|德才兼~。②准备，防备。③设备：装~。

惫(憊) 4·TLN 非常疲倦：疲~。

糒 4·OATE 干粮：令军士持二升~。

鞴 4·AFAE 把鞍辔等套在马身上：~马。

倍 4·WUK ①倍数：五~|十~。②加倍：~增。

棓 4·SUKG 【五棓子】盐肤木上的蚜虫刺激叶细胞形成的虫瘿，可入药。也作五倍子。

焙 4·OUK 用微火烘烤：~干|~茶叶|~药。

蓓 4·AWUK 【蓓蕾】花骨朵儿，未开的花。

碚 4·DUK 【北碚】地名，在重庆。

被 4·PUHC ①被子。②遭受：~灾。③介词：~狗咬了。④放在动词前表示受动：~批评。

鞁 4·AFHC 鞍和辔等马具的统称。

琲 4·GDJD 成串的珠子。

辈(輩) 4·DJDL ①辈分。②等，类：我～|无能之～。③辈子：后半～。

錾 4·NKUQ 把刀在布皮等上面摩擦使锋利：~刀布。

呗(唄) 5·KMY 语气助词。①表示事实或道理明显，不必多说：不懂就好好学～。②表示勉强或无所谓：你来～|不行就走～。
另见 bài。

臂 5·NKUE 【胳臂】上肢，肩膀以下手以上部分。
另见 bì。

奔 1·DFA ①跑，逃跑：~走|~逃。②紧赶：~丧。

奔 4·DFA ①直往，投向：投~。②为某事奔走：~材料。

锛(錛) 1·QDF ①砍平木料的一种工具。②用锛砍。

赍(賁) 1·FAM 姓。
另见 bì。
【虎赍】古代指勇士；武士。
【赍门】胃与食管相连部分。

栟 1·SUAH 【栟茶】地名，在江苏如东。
另见 bīng。

犇 1·RHRH ①"奔"的异体字。②用于人名或姓氏。

本 3·SG ①根：无~之木。②草茎或树干：草~植物|木~植物。③主要的：~部。④原本：~来。⑤本方：~单位。⑥现今的：~月。⑦根本：忘~。⑧根据：着这个精神。⑨本子；版本：笔记～|剧～|刻～。⑩量词。

苯 3·ASG 有机化合物。无色，液体，是重要化工原料。

畚 3·CDL ①簸箕，用竹、木等做的撮土工具。②用簸箕撮。

夯 4·DLB 同"笨"(见于明清白话小说)。
另见 hāng。

坌 4·WVFF ①灰尘。②聚集:~集。③粗劣。④用细末撒在物体上。⑤刨,翻土:~地。

俖 4·WDFA 【俖城】地名,在河北滦南。

笨 4·TSG ①愚蠢,笨拙:~蛋|~手~脚。②笨重,粗重:箱子太~|~活。

beng

祊 1·PYY 古代宗庙门内的祭祀,也指宗庙门内设祭之处。
【祊河】水名,在山东费县。

崩 1·MEE ①崩裂,破裂:山~地裂|谈~了。②〈口〉枪毙。③君主时代称帝王死:驾~。

嘣 1·KME 象声词,形容东西跳动或爆炸声:心~~跳。

绷(綳) 1·XEE ①拉紧:~紧绳子。②缝法,粗粗地缝上或用针别上:~被头。

绷(綳) 3·XEE ①板着:~着脸。②强忍住:~住劲|~不住笑。

甭 2·GIE 〈方〉不用:~说|~想着他。

琫 3·GDWH 古代刀鞘上端的装饰。

泵 4·DIU 吸排流体的机器:水~|油~|~房。

迸 4·UAP 爆开,溅射:火星乱~|~起一排浪花。

蚌 4·JDH 【蚌埠】地名,在安徽。
另见 bàng。

罋 4·FKUN 〈方〉瓮一类器皿,坛子:酒~|咸菜~。

镚(鏰) 4·QMEE 原指清代末期不带孔的小铜币,现指小的硬币:钢~儿。

蹦 4·KHME 两脚并着跳:欢~乱跳|一起半米高。

bi

逼 1·GKLP ①逼迫,强迫:~上梁山。②逼近:~真。
【逼仄】狭窄。

鳊(鯿) 1·QGGL 鱼名,体小侧扁,青褐色,生活于近海。

荸 2·AFPB 【荸荠】多年生水生草本植物,地下茎扁圆状,可食。又指其地下茎。有的地方叫地梨或地栗。

鼻 2·THL ①鼻子。②器物上凸出以供把握的部分:剑~。③孔:针~。④开创:~祖。

匕 3·XTN ①古指饭勺、汤勺类的东西。②指匕首,短剑。

比 3·XX ①比较,较量。②比划。③仿照:~着画。④比方。⑤比分,对比。⑥介词:他~我好。⑦靠近;比邻:~肩|鳞次栉~。
【比来】近来。
【比及】等到。
【比邻】①近邻,街坊。②邻近,又称毗邻。

芘 3·AXX 有机化合物,浅黄色棱形晶体,用于制造合成树脂和染料。
另见 pí。

吡 3·KXX

【吡啶】有机化合物，无色液体，可做溶剂和化学试剂。

【吡咯】有机化合物，无色液体，供制药品。

沘 3·IXXN　古水名，即今河南泌阳河及下游唐河。

【沘江】水名，在云南。

妣 3·VXX　称已死去的母亲：如丧考～。

秕 3·TXX　籽实不饱满或有壳无果实的谷子：～子｜～谷。

舭 3·TEX　船底和船侧之间的弯曲部分。

彼 3·THC　①那，那个：～岸｜～处｜～此。②对方：知己知～。

笔（筆） 3·TT　①书写工具。②写：～者｜代～。③笔法：工～｜伏～。④笔画。⑤像笔一样直：～挺。⑥量词：一～账｜一～钱。

俾 3·WRT　使：～便考查。

鄙 3·KFL　①低劣，浅薄：～陋｜～卑～。②轻视，看不起：～夷｜可～。③边远处：边～。④谦辞：～人。

币（幣） 4·TMH　钱币，货币：人民～｜金～｜纸～。

必 4·NT　①必定，必然：两者～居其一。②必须：寸土～争。

佖 4·WNTT　①威仪的样子：威仪～～。②辅满：骈衍～路。

郱 4·NTBH　①古地名，在今河南荥阳。②姓。

苾 4·ANTR　①芳香：与君子游，～乎如入兰芷之室。②用于地名：～村（在山东）。

咇 4·KNTT　用于地名：哈～嘎（在河北康保）。

泌 4·INT　涌出的泉水。
另见 mì。

【泌阳】地名，在河南。

珌 4·GNTT　刀鞘下端的装饰。

毖 4·XXNT　谨防，小心：惩前～后。

铋（鈊） 4·QNTT　一种金属元素，符号 Bi。银白色或粉红色合金，熔点低，用于做保险丝和安全塞等。

秘 4·TN　姓。
另见 mì。

【秘鲁】国名，在南美洲。

祕 4·TJNT　浓香：俎豆有～。

【祕馝】香气浓烈。

毕（畢） 4·XXF　①完结，终止：事～｜完｜～业。②完全：真相～露。③星宿名，二十八宿之一。④姓。

荜（蓽） 4·AXXF　同"筚"。

【荜拨】多年生藤本植物，果穗可入药。

哔（嗶） 4·KXXF　【哔叽】一种密度较小的斜纹纺织品。法语 Beige。

筚（篳） 4·TXXF　用荆条、竹子等编成的篱笆或其他遮拦物：蓬门～户蓬～生辉。

跸（蹕） 4·KHXF　①帝王出行时开路清道，禁止通行：出入警～。②帝王出行的车驾：驻～。

闭（閉） 4·UFT　①关闭，合上：～嘴｜～门。②堵塞：～气。③结束，停止：～会。

坒 4·XXFF　①列，层，相连。②用于地名：六～（在浙江）。

庇 4·YXX 遮蔽，掩护：包～｜～护。
【庇荫】①树木遮住阳光。②比喻包庇或祖护。

陛 4·BX 宫殿的台阶：～下（对君主的尊称）。

毙（斃） 4·XXGX ①杀死：～命｜枪～。②灭亡：多行不义必自～。

狴 4·QTXF 【狴犴】传说中的猛兽，古代常画于狱门，故代称监狱。

诐（詖） 4·（YHC） 偏颇，邪僻：以德正天下之～。

畀 4·LGJ 给与：分曹、卫之田以～宋人。

痹 4·ULGJ 中医指由风、寒、湿等引起的肢体疼痛麻木的病。

箅 4·TLG 有空隙能起间隔作用的器具：竹～子｜炉～子。

贲（賁） 4·FAM ①装饰得很美：～临（请人光临的敬辞）。②六十四卦之一。
另见 bēn。

革 4·ART 旧同“蓖”。

【革蓛】多年生草本植物，可入药。

庳 4·YRT ①低洼：堕高堙～。②矮，短。

婢 4·VRT 旧时有钱人家役使的女子，婢女：奴～｜奴颜～膝。

裨 4·PUR 益处，助补：大有～益｜无～于事。
另见 pí。

髀 4·MERF ①大腿：～肉复生。②大腿骨，股骨。
【髀胝】猴、猿臀部红色的坚皮。

敝 4·UMI ①破，旧：～衣｜～帚自珍。②谦辞，指与自己有关的：～姓｜～校。③衰败：百业凋～。④姓。

蔽 4·AUM ①遮盖：掩～｜衣～体。②概括：一言以～之。

弊 4·UMIA ①弊病：切中时～。②作假，欺骗：营私舞～。

皕 4·DJDJ 二百。

【皕宋楼】清陆心源藏书楼，因藏二百种宋版书得名，在今浙江湖州。

弼 4·XDJ ①辅助：辅～。②辅佐的人。③纠正。

赑（贔） 4·MMMU 【赑屃】传说中一种像龟的动物，旧时大石碑基座多雕刻此形。

愎 4·NTJT 乖戾，固执：刚～自用｜贪～喜利，则灭国。

蓖 4·ATL 【蓖麻】一年生或多年生草本植物，种子可榨油。用于医药轻泻剂和工业润滑油。

篦 4·TTLX ①齿很密的梳子。②用篦子梳：发短不胜～。

滗（潷） 4·ITT 挡住渣滓或泡沫把液体倒出。

辟 4·NKU ①古指君主：复～。②帝王召见并授予官职。③古通“避”。
另见 pì。

薜 4·ANK 【薜荔】常绿爬蔓灌木，果实球形，可做凉粉。

壁 4·NKUF ①墙；某些形状作用似墙的东西。②直立的山崖：峭～。③营垒：坚～清野。④星宿名，二十八宿之一。

避 4·NK 躲避：～暑｜～雨｜～难。

嬖 4·NKUV ①宠幸：～爱｜～人。②受宠爱的人。

臂 4·NKUE 胳膊，从肩到腕的部分：手～。

另见 bei。

【臂助】①帮助。②助手。

璧 4·NKUY　一种扁圆形玉器,中间有孔:完~归赵。

襞 4·NKUE　衣服的皱纹或某些器官上的褶子:皱~。

碧 4·GRD　青绿色:~草丨~玉丨金~辉煌。

觱 4·DGKE　【觱篥】古代从西域传入的管乐器,用竹做管,有九孔。也作筚篥。

濞 4·ITHJ　【漾濞】地名,在云南。

bian

边(邊) 1·LP　①边界;边缘。②同时进行:~吃~说。③表示方位:东~。④方面:双~会谈。

【边陲】边境。

【边塞】边疆地区的要塞。

笾(籩) 1·TLP　古代祭祀、宴会时盛果实等的竹器。

砭 1·DTP　①古代一种治病的石针。②用石针扎刺治病:针~(比喻指出人的过错,劝人改正)。③像用针刺:寒风~骨。

萹 1·AYNA　【萹蓄】一年生草本植物,叶略像竹,花小,全草入药。也叫扁竹。

编(編) 1·XYNA　①编织。②编组:~队。③编辑:~书。④创作:~歌。⑤捏造:瞎~。⑥成本的书或书的一部分:续~丨人手一~丨正~。⑦书中大于章的部分:上~丨下~。

【编派】〈方〉夸大或捏造别人的过错、缺点。

【编钟】由一系列挂钟组成的古乐器。

煸 1·OYNA　一种烹调方法,熬、炖之前用热油炒菜、肉等。

蝙 1·JYNA　【蝙蝠】一种能飞的哺乳动物,头和身体的样子像老鼠。俗称檐老鼠。

鳊(鯿) 1·QGYA　鳊鱼,体侧扁,为重要淡水鱼。

鞭 1·AFWQ　①鞭子;像鞭的东西:快马加~丨教~丨~炮。②古代兵器:钢~。③鞭打:~马。④某些哺乳动物的阴茎:鹿~。

贬(貶) 3·MTP　①给予不好的评价:褒~丨~低。②降低:~值丨~为平民。

【贬谪】古指官员降职,派到远离京城的地方。

窆 3·PWTP　埋葬。

扁 3·YNMA　物体平而薄。另见 piān。

匾 3·AYNA　①匾额,题字的横牌:金~。②竹编的扁平容器。

碥 3·DYNA　水流湍急、崖岸险峻的地方:蜀江自嘉州至荆门,水路有燕子~、阎王~,皆险地。

褊 3·PUYA　狭小,狭隘:~急丨~狭丨~小丨~促。

卞 4·YHU　①急躁:~急丨~躁。②动手搏斗。③姓。

抃 4·RYHY　鼓掌,表示欢欣:~舞丨~踊。

苄 4·AYH　【苄基】碳氢化合物的一种,又叫苯甲基。

汴 4·IYH　①汴州,古地名,在今河南开封。②开封的别称。

忭 4·NYHY 高兴,喜欢:欢~ | 不胜欣~之至。

弁 4·CAJ ①古时男人戴的帽子:皮~。②旧指低级武职:武~ | 马~。③姓

【弁言】序言,序文。

邠 4·(CAB) 姓

昇 4·JCAJ ①光明,明亮。②欢乐。

变(變) 4·YO ①事物的性质、状态等与原来不同。②能变的:~量。③变卖:~产。④重大的突变:事~ | ~乱。⑤指变文:目连~。

便 4·WGJ ①方便,便利:轻~ | ~宜行事。②简单,非正式的:~饭。③方便的时候:乘~过来。④大小便。⑤就,副词,连词。另见 pián。

【便当】〈港台〉盒饭。

【便览】总括说明:邮政~。

遍 4·YNM ①普遍,全面:~体鳞伤。②量词,次,回:一~。

辨 4·UYT 辨别,分辨,分析:明~是非 | 真伪莫~。

辩(辯) 4·UYU 说明是非或真假,辩解,辩论:~驳 | ~护 | 分~。

辫(辮) 4·UXU 辫子,像辫子的东西:发~ | 草帽~。

缏(緶) 4·XWGQ 用麻等编成的辫状物。

biao

杓 1·SQYY 古代指北斗星柄部的三颗星。

另见 sháo。

标(標) 1·SFI ①表面的:治~不治本。②标志,记号:商~。③用文字等表明:~价。④发给竞赛优胜者的奖品:锦~ | 夺~。⑤承包工程或买卖货物时各竞争者的出价:招~ | 中~。

飑(颮) 1·MQQN 气象学上指风向突然改变,风速急速增大的天气现象。

骉(驫) 1·CCCF 众马奔腾。

彪 1·HAME ①虎身斑纹,借喻文采:~炳。②小虎。③比喻身材高大:~形大汉。④量词:一~人马。⑤姓。

【彪炳】文采焕发,照耀:~千古。

蔈 1·ASFI ①开黄花的凌霄花。②白茅的花穗。③浮萍。

另见 piào。

幖 1·MHSI 用作标志的旗帜或其他物品。

骠(驃) 1·CSF 全身黄毛杂有白点的马,俗名黄骠马。

另见 piào。

膘 1·ESF 牲畜的肥肉:~满肉肥 | 这牛肉~很厚。

【膘情】牲畜生长的肥壮情况。

熛 1·OSFI ①火焰进飞:一家失~,百家皆烧。②闪光:海内云蒸,雷动电~。

镖(鏢) 1·QSF 一种投掷武器,状如矛头:飞~。

瘭 1·USF 【瘭疽】手指末节软组织急性化脓性病症。

飙(飈) 1·DDDQ 暴风;狂～。
【飙车】开快车。

僄 1·WYNO 【僄僄】①小步快走:～俟俟,或群或友。②众多的样子:汶水滔滔,行人～。

蔍 1·AYNO 蔍草,多年生草本植物,茎可用来编席或草鞋。

瀌 1·IYNO 【瀌瀌】雨雪大的样子。

镳(鑣) 1·QYNO ①马嚼子两头露出嘴面的部分:分道扬～。②同"镖"。

表 3·GE ①外部:～皮。②表示:～述。③中表:～亲。④表格。⑤一种古代奏章:出师～。⑥测量计时器具:电｜仪～。⑦古代测日的标杆:圭～。

表(錶) 3·GE 比钟小可携带的计时器具:怀～｜手～。

婊 3·VGEY 【婊子】妓女。

脿 3·EGEY 用于地名:法～(在云南)。

褾 3·PUGE ①褾褙,用纸、丝织品等物衬糊在书画下面,以修补或装饰书画:～画｜装～。②褾糊:～墙壁。

俵 4·WGEY 〈方〉分给:分～｜～给｜～散。

摽 4·RSFI ①紧紧捆住:用铁丝～住。②用胳膊紧紧钩住:几个人～着走路。③暗中较劲:～劲儿。④过分亲近:这几个人总～在一起。

鳔(鰾) 4·QGS 鱼的气囊:～胶(用鱼的鳔、猪皮等熬制的胶)。

bie

瘪(癟) 1·UTHX 【瘪三】〈方〉上海人指以乞讨或偷窃为生的游民。

瘪(癟) 3·UTHX 不饱满,凹下:干～｜肚子饿～了。

憋 1·UMIN ①气不通:～气。②忍住:心里～了许多意见。

鳖(鱉) 1·UMIG 也叫甲鱼或团鱼,俗称王八。

虮 2·RNN 用于地名:～藏(在甘肃积石山)。

别 2·KLJ ①分离:告～。②分辨:分门～类。③类别:性～。④另外的:～人｜～有用心｜～具一格。⑤不要:～来。⑥绷住或卡住:～花｜～枪。⑦掉转:～过身子。⑧表示揣测:他～是不来了吧? ⑨把字误写、误读:～字。⑩姓。

别(彆) 4·KLJ 【别扭】不顺,不融洽,意见不相投:心里～｜闹～。

蹩 2·UMIH 手腕或脚腕扭伤:手～了一下｜小心～了脚。
【蹩脚】〈方〉质量不好,本领不强。

bin

邠 1·WVBH ①古州名,县名,在今陕西。也作豳。今作彬州。②姓。

玢 1·GWV ①玉的纹理。②玉名。

另见 fēn。

宾(賓)
1·PR　①客人：～客｜外～。②姓。

【宾白】戏曲中的说白。

【宾服】服从。

傧(儐)
1·WPR　【傧相】①古称接引宾客的人，也指赞礼的人。②婚礼时陪伴新娘新郎的人。

滨(濱)
1·IPR　①水边，近水的地方：海～｜湖～。②靠近：～海｜～江。

缤(繽)
1·XPR　【缤纷】繁多而凌乱：五彩～。

槟(檳)
1·SPR　【槟子】苹果的一种，比苹果小，成熟时呈紫红色。

另见 bīng。

镔(鑌)
1·QPR　【镔铁】古代称精炼的铁：～刀。

彬
1·SSE　【彬彬】形容文雅的样子：～有礼｜文质～。

斌
1·YGA　同"彬"。

濒(瀕)
1·IHIM　①紧靠：东～大海｜～湖。②接近；将近：～临｜～死｜～危。

豳
1·EEMK　古地名，在今陕西旬邑、彬州一带。

摈(擯)
4·RPR　排除，抛弃：～除｜～斥｜～弃｜～诸门外｜～而不用。

殡(殯)
4·GQP　停放灵柩或把灵柩送到墓地去：出～｜～仪馆。

膑(臏)
4·EPR　同"髌"。

髌(髕)
4·MEPW　①髌骨，也叫膝盖骨。②古代削

去髌骨的酷刑。

鬓(鬢)
4·DEPW　脸旁靠近耳朵的部位，鬓角（也作鬓脚）：～发｜两～。

---

bing

冰
1·UI　①水在低温下凝结成的固体：～雪。②使感到寒冷：～手。③用冰降温：～汽水。④与冰有关的；像冰的：～箱｜～糖。⑤姓。

并
1·UA　①并州，古代九州之一，在今山西太原一带。②山西太原的别称。

并
4·UA　①合并：～厂。②一齐，并排：～列。③副词，表示否定语气和同样同时：～非｜～存。④连词，并且。

栟
1·SUAH～　【栟榈】古书上指棕榈。

另见 bēn。

兵
1·RGW　①武器：短～相接｜秣马厉～。②战士；军队：步～｜～种。③有关军事的：～法。

槟(檳)
1·SPR　【槟榔】常绿乔木，生长在热带、亚热带，果实也叫槟榔。

另见 bīn。

丙
3·GMW　天干的第三位，序数的第三：～子年｜甲乙～丁。

【丙丁】火的代称：信阅后，可付～。

【丙纶】合成纤维，用于制衣服和绳索、渔网等。

邴
3·GMWB　①古邑名，在今山东费南。②姓。

柄
3·SGM　①器物的把儿：刀～。②花、叶或果实跟枝茎相

连的部分:花～。③言行被人抓住的材料:笑～|把～。④执掌:～国。⑤权力:国～|权～。

昺 3·JGMW 明亮,光明:文彪～而备体。

炳 3·OGM ①光明:～如日月。②显著:使是非～然可知。③点燃:老而好学,如～烛之明。

蛃 3·JGMW 【蛃鱼】即蠹鱼。蛀蚀书籍衣物的小虫。

秉 3·TGV ①拿着,握着:～笔|～烛。②掌握,主持:～政。③古代容量单位,合十六斛。④姓。
【秉承】承受,接受。也作禀承。
【秉性】性格。

饼(餅) 3·QNU ①饼子。②像饼的东西:铁～。

屏 3·NUA ①抑制(呼吸):～气。②除去,排除:～弃|～除杂念。
另见 píng。

禀 3·YLKI ①禀报,禀告:～奏。②承受:～承。③天性所赋:～赋|～性聪明。

摒 4·RNUA 排除:～除。
【摒挡】料理,收拾:～行李。

病 4·UGM ①疾病。②弊病,错误:语～。③祸害:祸国～民。
【病笃】病重。

波 1·IHC ①水浪,水波:随～逐流。②振动传播过程:电～。③事情的意外变化:风～|轩然大～。④指流转如波的目光:暗送秋～|眼～。

玻 1·GHC 【玻璃】①一种硬、脆的透明体,用石英砂等制成:～板。②某些像玻璃的东西:～钢|～纸。

菠 1·AIH
【菠菜】常见蔬菜,原产波斯。
【菠萝】一种水果,多年生常绿草本,也叫凤梨。

砵 1·DSGG 用于地名:东～(在广东)|麻地～(在内蒙古)。

钵(鉢) 1·QSG ①钵头,盛饭菜、茶水的敞口器皿:饭～|茶～。②钵盂,梵语钵多罗之省,和尚用的饭碗。

哱 1·KFPB 【哱罗】①用于地名:西～寨(在山东)。②古代军中的一种号角。

馎(餺) 1·QNFB 【馎饦】〈方〉馒头或其他块状面食。也指糕点。

剥 1·VIJH ①脱落:～蚀|～离。②同剥(bāo),专用于合成词,如"剥削"等。
另见 bāo。

播 1·RTOL ①播种,撒种:春～。②传播:～音|广～。③流亡,迁徙:～迁。

𨨏(鈹) 1·(QIHC) 人造放射性元素,符号 Bh。

蕃 1·ATO 【吐蕃】中国古代民族,在今青藏高原,唐时曾建立政权。
另见 fān,fán。

---

bo

拨(撥) 1·RNT ①拨开,挑动。②调拨,分发:～款。③量词,成批的:一～人。

嶓 1·MTOL 【嶓冢】①古山名,在今甘肃成县。②古县名,在今陕西勉西。

伯 2·WR ①兄弟排行老大:~仲叔季(指兄弟排行)。②伯父。③对父辈亲友的通称:老~|世~。④我国古代爵位第三等:王者之制禄爵,公、侯、~、子、男,凡五等。⑤对擅长一艺之人的敬称:诗~|画~。⑥姓。
另见 bǎi。

【伯劳】鸟名:东飞~西飞燕,黄姑织女时相见。有的地区叫虎不拉。

【伯仲】指兄次第,亦喻不相上下:~之间。

帛 2·RMH 丝织品的总称:丝~|布~|玉~|书~|画。

【帛书】写在丝织物上的文字。

泊 2·IR ①船靠岸;停船:停~|~位。②停留:漂~。③恬静:~乎无为。
另见 pō。

柏 2·SRG ①姓。②译音用字:~林|~拉图。

柏 4·SRG 黄檗,也叫黄柏。
另见 bǎi。

铂(鉑) 2·QRG 一种金属元素,符号 Pt,俗称白金。银白色,富延展性,化学性质稳定。

舶 2·TER 航海的大船,也指一般的船:巨~|船~|来品。

【舶来品】进口商品,也指从海外引进的事物。

鲌(鮊) 2·QGRG 淡水鱼名,体侧扁,吻上翘。

箔 2·TIR ①苇子或秫秸编成的帘子:席~。②蚕箔,养蚕用的竹筛或席子,也叫蚕帘。③金属薄片或镀上金属的纸片:金~|锡~。

驳(駁) 2·CQQY ①批驳,反驳。②用小船转运旅客或货物:起~|~运。③驳船,用来运货或人的船:拖~。④色彩错杂不纯:色彩斑~。

勃 2·FPB ①突然:~然大怒。②旺盛:生气~~。

浡 2·IFPB ①兴起:~尔|~然。②涌出:鸿水~出。

脖 2·EFP ①脖子,颈项。②像脖子的:这瓶~子很长|脚~子。

鹁(鵓) 2·FPBG

【鹁鸪】鸽子。

【鹁鸪】鸟名,身体黑色,常在将雨或见晴时咕咕叫。通称水鹁鸪。

渤 2·IFP 渤海,在山东半岛和辽东半岛之间。

馞 2·TJFB 【馞馝】香气浓烈。

钹(鈸) 2·QDCY 一种铜质圆形打击乐器,中间凸起,两片相击发声。

亳 2·YPTA ①商代都邑,在今河南商丘。②古国名,在今安徽亳州。

【亳州】地名,在安徽。

袯(襏) 2·PUNY 【袯襫】古代蓑衣一类的雨具:首戴茅蒲,身衣~。襫(shì)。

艴 2·XJQC 生气;恼怒:~然而返。

博 2·FGE ①多,丰富:地大物~|~览群书。②知道得多:~古通今。③获取:~得。④古代的一种棋戏,后泛指赌博。

搏 2·RGEF ①对打:～斗丨肉～。②跳动:脉～。③扑上去抓:狮子～兔。

膊 2·EGEF 胳膊,膀子,近肩的部分:赤～上阵。

镈(鎛) 2·QGEF ①古代青铜打击乐器,似大钟。②古代锄类农具。

薄 2·AIG ①与"厚"相反,轻微:～礼丨单～。②不庄重:轻～。③看不起:菲～。④迫近:日～西山。⑤姓。

薄 4·AIG 【薄荷】多年生草本植物,茎叶有清凉香味,可入药或做食品。
另见 báo。

槽 2·SAIF 【槽栌】古代指斗拱,柱子上承托大梁的方木。

礴 2·DAI 【磅礴】①广大无边或气势盛大:气势～。②扩展,充满:～于全球。

僰 2·GMIW 中国古代西南的少数民族。

踣 2·KHUK ①跌倒:半步而～。②死亡。③灭亡,败亡。

跋 3·KHHC 瘸,走路身体不平衡:～脚丨一颠一～。

簸 3·TADC ①用簸箕扬去糠秕和尘土:～米。②颠动,摇动:颠～。

簸 4·TADC 【簸箕】①用竹、柳条等编成的器具,三面有边,一面开口,用来簸粮食或盛东西。②簸箕形的指纹。

檗 4·NKUS 檗木,也叫黄柏,一种落叶乔木。木质坚硬。

擘 4·NKUR ①同"掰",用手指将东西分开。②大拇指:巨～。

另见 bāi。

【巨擘】比喻杰出的人。

卜(蔔) 5·HHY 【萝卜】又叫莱菔,一二年生草本植物。普通蔬菜。
另见 bǔ。

啵 5·KIH 助词,同"吧",多见于早期白话文。

bu

逋 1·GEHP ①逃亡:～逃。②拖欠:～租丨～债。③拖延。

晡 1·JGEY 申时,即下午三时至五时。

醭 2·SGOY 酱油、醋等败坏后表面长的白霉。也指别的东西受潮后生的霉斑。

卜 3·HHY ①占卜:～问。②预测:凶吉未～。③选择(处所):～居。④姓。
另见 bo。

【卜课】用掐指或摇铜钱等方法占卜。

卟 3·KHY 【卟吩】一种有机化合物,是叶绿素、红蛋白等的重要组成部分。

补(補) 3·PUH ①修补,缝补。②补充。③补养:滋～。④补益,用处:于事无～。

捕 3·RGE 捉;逮:～获丨～鱼。

【捕快】捕役。

【捕头】巡捕的头领。

哺 3·KGE 喂:～育丨～乳丨～养丨乳孙～子。

鹋(鵏) ³·(GEHG)【地鹋】鸟名,羽毛灰白色,不善飞,又叫大鸨。

堡 ³·WKSF 堡子,带有围墙的村镇,多用于地名:瓦窑~|吴~(均在陕西)。
另见 bǎo,pù。

不 ⁴·I ①表示否定:~好。②无,没有:~才。③非,不是:无毒~丈夫。

钚(鈈) ⁴·QGIY 一种放射性元素,符号 Pu,可作为核工业燃料。

布 ⁴·DMH ①棉麻等织物的统称:棉~。②宣告:~告。③分布:星罗棋~。④布置,安排:~雷|~局。

怖 ⁴·NDM ①惧怕:恐~。②吓唬:诈~愚民。

步 ⁴·HI ①步子。②阶段,程序:~骤。③行走:~人后尘。

埗 ⁴·FHIT 同"埠",多用于地名:高~(在广东)|深水~(在香港)。

埔 ⁴·FGEY 【大埔】地名,在广东。
另见 pǔ。

部 ⁴·UK ①部位;部分:胸~|内~。②某些机关、单位的名称:外交~|门市~。③门类:经~|~首。④量词,用于书籍、电影、机器等。

瓿 ⁴·UKG 小瓮。

蔀 ⁴·AUKB ①遮蔽。②古代历法称七十六年为一蔀。③用于地名:蓁~(在浙江)。

埠 ⁴·FWN ①停船的码头:~头。②城市:外~|本~。

簿 ⁴·TIG 书写或登记用的本子:练习~|账~|~籍。

C c

ca

擦 1·RPWI ①摩擦:摩拳~掌。②抹,拭:~桌子。③搽,涂抹:~油。④贴近:~肩而过。

嚓 1·KPW 象声词,物体摩擦的声音:自行车~的一声停住了。
另见 chā。

礤 3·DAW 粗石。

【礤床】把瓜、萝卜等擦成丝的工具。

cai

偲 1·WLNY 有才能:其人美且~。
另见 sī。

猜 1·QTGE ①猜测,推想:~谜。②起疑心:两小无~。

才 2·FT ①能力:口~|~能。②有才能的人:天~。

才(纔) 2·FT 副词,表示不久,刚刚和仅仅等:~来|一元|~三天。

材 2·SFT ①木料,泛指材料:木~|钢~|药~|器~。②资料:素~|教~。③有一定能力的人:成~。④人的体形;资质:身~|因~施教。⑤棺材:寿~。

财(財) 2·MF 钱或物资:~富|生~有道|~产。

【财帛】钱财。古代以布帛作货币。

【财阀】垄断资本家。

裁 2·FAY ①用刀、剪分割。②去掉,削减:~员。③判定:~判。④控制,抑制:独~|制~。

采 3·ES ①采摘:~茶。②开采:~矿。③选取:~购。④精神,神色:兴高~烈。⑤同"彩"。

采 4·ES 【采邑】古代诸侯分封给卿大夫的田地。也叫采地、封地或食邑。

彩 3·ESE ①颜色:五~。②彩色的丝绸:张灯结~。③称赞的喊声:喝~。④流血:挂~。⑤赌博、竞赛等赢得的财物:中~。

【彩旦】传统戏曲中扮演女性的丑角。

【彩练】彩带:谁持~当空舞。

睬 3·HES 答理,理会:理~。

踩 3·KHES ①脚踏:~一脚泥。②用脚使劲蹬:~闸门。

【踩水】在水中成直立并能前进的游泳方法。

菜 4·AE ①蔬菜,可以做食物的草本植物。②菜肴:川~。③

专指油菜:～油|～籽。

蔡 4·AWF ①周代诸侯国名,在今河南上蔡和新蔡一带。②姓。

can

参(參) 1·CD ①加入,参加:～军。②参考:～阅。③进见:～谒|～拜。④弹劾:～他一本。
另见 cēn,shēn。

骖(驂) 1·CCD ①一车驾三马。②驾在车前两侧的马。

餐 1·HQ ①吃:会～|风～露宿。②饭食:早～|西～。③量词,顿,次:一日三～。

残(殘) 2·GQG ①残缺:断壁～垣。②剩余的:～敌。③伤害,破坏:摧～。④凶暴:～酷。⑤将尽的:～冬|～月。

蚕(蠶) 2·GDJ 家蚕、柞蚕等的统称:～食鲸吞。

惭(慚) 2·NL 惭愧:大言不～。

惨(慘) 3·NCD ①悲惨:～不忍睹。②严重,厉害:～败。③凶残:～无人道。

穄 3·TCD 穄子,草本植物,穗在顶端,籽实可食。

黪(黪) 3·LFOE 浅青黑色,暗色:～衣|灰～。
【黪黩】混浊不清的样子。

灿(燦) 4·OM 明亮,鲜明,耀眼:光辉～烂。

孱 4·NBB 【孱头】软弱无力的人。

另见 chán。

粲 4·HQCO ①明亮发光:天河漫漫北斗～。②鲜明,美好。
【粲然】①形容鲜明发光。②形容显著明白。③笑时露出牙齿的样子:～一笑。

璨 4·GHQ ①美玉。②同"粲"(鲜明的样子)。

掺(摻) 4·RCD 古代一种鼓曲:渔阳～。
另见 chān,shǎn。

cang

仓(倉) 1·WBB ①仓库:粮～|清～。②姓。
【仓廒】粮库。
【仓颉】也作苍颉。传说为黄帝的史官,汉字的创造者。
【仓廪】粮库。

伧(傖) 1·WWBN ①粗野:～俗|～夫。②粗俗的人。
另见 chen。

苍(蒼) 1·AWB ①青色(包括蓝和绿):～天|～松。②灰白色:～老|～白。③指天空:上～。④姓。
【苍苍】①灰白色:白发～。②茂盛的样子:郁郁～|蒹葭～,白露为霜。③深青色。
【苍生】古指老百姓。

沧(滄) 1·IWB (水)暗绿色:～海。

鸧(鶬) 1·WBQG 【鸧鹒】黄鹂。也作仓庚。

舱(艙) 1·TEW 船或飞机的内部空间:货～|客～。

藏 2·ADNT ①隐藏:躲~。②收存,储存:~书。
另见 zàng。

cao

操 1·RKK ①拿,使:~刀。②从事:重~旧业。③使用某种语言或方言:口~东北方言。④操练:体~。⑤掌握,控制:稳~胜券。⑥品行:~行|节~。⑦姓。

糙 1·OTF ①糙米,粗米,脱壳未去皮的米。②粗糙,不细致:~纸|做事毛~。

曹 2·GMA ①等,辈:吾~。②古代分科办事的官署:部~|功~。③姓。

嘈 2·KGMJ 杂乱(多指声音):人声~杂。

漕 2·IGMJ ①从水路运输粮食:~运|~河。②古邑名,在今河南滑县。

槽 2·SGMJ ①一种盛饲料或液体的容器:马~|酒~。②物体像槽的部分:河~|牙~。

磲 2·(DGMJ) 用于地名:矴~(在湖南)。

螬 2·JGMJ 【蛴螬】金龟子的幼虫,俗称地蚕。吃农作物的根和茎。

艚 2·TEGJ 【艚子】一种载货的木船,货舱前有住人的木房。

草 3·AJJ ①多指非栽培的草本植物。②特指一些用作燃料、饲料等的作物茎叶:稻~|~帽。③草率:~~了事。④草稿,文稿:起~。⑤雌性的(家禽或家畜):~鸡。

ce

册 4·MM ①成编的竹简。②帝王封臣下:~封。③本子:表~|名~。④量词,用于书本等。

厕(厠) 4·DMJK ①厕所:男~|茅~。②参与,混杂:~身其间。

侧(側) 4·WMJ ①旁边:两~|右~。②斜着:~身而入。
另见 zè,zhāi。

测(測) 4·IMJ ①测量;考查:~绘|~试。②推测,估量:居心叵~。

恻(惻) 4·NMJ ①悲痛:~然|凄~|悲~。②诚恳。③同情,怜悯:仁心~饥寒。
【恻隐】对别人的痛苦和不幸表示同情。

策 4·TGM ①计谋,办法:妙~|决~。②古代一种马鞭。③鞭打:~马。④编好的竹简:简~。⑤古代考试文体:~论|对~。

cen

参(參) 1·CD 【参差】长短不齐:~错落。
另见 cān,shēn。

岑 2·MWYN ①小而高的山。②姓。
【岑寂】寂静,寂寞。

涔 2·IMW ①连续下雨,积水成涝。②汗水、泪水等不住地往下流:汗～～。

ceng

噌 1·KUL 象声词,短而快的声音:猫～的一声跳到了围墙上。

层(層) 2·NFC ①重叠:～峦叠嶂。②重复:～出不穷。③重叠的事物或其中的一部分:云～|基～。④量词:两～楼|一～意思。

曾 2·UL 曾经,以前经历过:似～相识。
另见 zēng。

嶒 2·MULJ 【崚嶒】山高而险峻。

蹭 4·KHUJ ①沾上:～了一身油。②摩擦:～破一块皮。③慢吞吞地行动:磨～|一步步往前～。

cha

叉 1·CYI ①叉子:鱼～。②用叉子刺:～鱼。③交错:～手。④叉形符号,多表示错误或作废:画～儿。

叉 2·CYI 〈方〉挡住,卡住:车把路口～住了|～着门不让进。

叉 3·CYI 分开,张开成叉形:～开腿站着。

叉 4·CYI 【劈叉】体操动作。两腿向相反方向分开,臀部着地。

杈 1·SCYY 用于挑(tiǎo)柴草的农具,头上有略弯的长齿。

杈 4·SCYY 杈子,植物的分枝:树～|打棉～。

插 1·RTF ①扎入,栽入:～秧|～花。②由中间加入:～班。

锸(鍤) 1·QTFV ①一种铁锹。②一种长针,做衣服时插在四周,使保持平直。

差 1·UDA ①差别:～异。②错误:～错。③差数,两数相减的余数。

差 4·UDA ①不相同,不相合:～得远。②缺少:～一个人。③不好:成绩～。④错误:说～了。
另见 chāi,cī。

喳 1·KSJ 形容小声说话的声音:喊喊～～。
另见 zhā。

馇(餷) 1·QNS 拌煮猪、狗的食料。

嚓 1·KPW 象声词:咔～(折断的声音)。
另见 cā。

垞 2·FPTA 小土山,多用于地名:～城(在江苏)。

茬 2·ADHF ①庄稼收割后的茎根,也指收割后的田地:麦～|重～。②种植或收割的次数:二～菜。③短而硬的头发、胡子:头发～。④同"碴儿":找～。⑤提到的事或说过的话:接～|话～。

茶 2·AWS ①茶树,茶叶。②用茶叶沏成的饮料。③某些饮料的名称:奶～。④油茶树:～油。

搽 2·RAWS 涂抹:～油|～脂抹粉|～药膏。

查 2·SJ ①检查。②调查。③查看:～字典。
另见 zhā。

嵖 2·MSJG 【嵖岈】山名，又名嵯峨山，在河南遂平。

猹 2·QTS 一种獾类野兽，喜欢吃瓜（见于鲁迅小说《故乡》）。

楂 2·SSJ ①短而硬的胡子或头发。②同"茬"。
另见 zhā。

碴 2·DSJ ①小碎块：玻璃～。②器物上的破口：碗～。③皮肉被碎片碰破：碎玻璃～了手。④能引起争吵的事由：找～儿。

糌 2·(OSJG 【糌子】〈方〉玉米等磨成的碎粒。

槎 2·SUDA ①木筏。②同"茬"。③树的枝杈。

察 2·PWFI ①仔细看：观～。②调查研究：考～｜明～｜暗访。

檫 2·SPWI 檫树，落叶乔木，木质坚韧，可供造船等之用。

裎 3·PUC 【裤裎】贴身短裤：三角～。

裎 4·PUC 衣裙两边开口的地方：开～｜～口。

蹅 3·KHSG 在泥水里踩，踏：～了一脚泥。

镲(鑔) 3·QPWI 小钹，一种打击乐器。或称铰子。

汊 4·ICYY 河流的分叉：河～｜湖～｜百～清泉两岸花。

岔 4·WVMJ ①由主干道分出的：～道。②转移话题：打～。③互相错开：～开时间。④事故，乱子：出不了～。

佗 4·WPTA 【佗傺】形容失意的样子。傺(chì)。

诧(詫) 4·YPTA 惊讶，奇怪：惊～｜～异｜～为奇事。

姹 4·VPT 美丽，娇艳：～丽｜～紫嫣红｜桃夭杏～。

刹 4·QSJ ①寺庙：古～｜宝～。②佛塔：列～相望。梵语刹多罗之省。
另见 shā。
【刹那】一瞬间：一～。梵语音译。

---

chai

拆 1·RRY ①把在一起的东西分开来：～信。②毁坏：～墙脚。

钗(釵) 1·QCY ①妇女发髻上的首饰，用两股簪子合成：金～｜荆～布裙。②借指妇女：金陵十二～。

差 1·UDA ①差遣；差事：鬼使神～｜出～。②旧指被派遣的人，差役：听～。
另见 chā、chà、cī。

侪(儕) 2·WYJ 同辈，同类的人：吾～｜～辈｜同～。

柴 2·HXS ①柴火：～米油盐｜～草｜木～。②姓。
【柴门】用荆条、树枝做成的门，比喻贫苦人家。

豺 2·EEF 一种像狼的野兽，比狼小，耳朵短而圆。贪食，残暴，常成群围攻家畜：～狼虎豹。也叫豺狗。

茝 3·AAHH 古书上说的一种香草，即蘼芜。

蚕(蠆) 4·DNJU ①古书上说的蝎子类毒虫。②比喻女子的卷发。

瘥 4·UUDA 病愈：久病初～｜贱恙渐～。

另见 cuó。

chan

辿 1·MPK ①缓步:～步走。② 用于地名:龙王～(在山西)。

觇(覘) 1·HKM 看,窥视:～ 标(一种测量标志)。

梴 1·STHP 树干很高的样子: 松桷有～,旅楹有闲。

掺(摻) 1·RCD 混合:～和|～兑|～杂。

另见 càn,shǎn。

搀(攙) 1·RQKU ①扶:～扶 老人。②同"掺"。

襜(襜) 1·PUQY 围裙:终朝采蓝,不 盈一～。

【襜褕】古代一种单衣。

单(單) 2·UJFJ 【单于】古称 匈奴的君主。

另见 dān,shàn。

婵(嬋) 2·VUJ 【婵娟】① (姿态)美好。②缠 绵。③指美女。④指月亮:千里 共～。

禅(禪) 2·PYUF ①静坐默 念,静思,梵语禅那的 省称:坐～|～语。②关于佛教的: ～师|～杖。

另见 shàn。

【禅房】僧人居住的房屋,泛指寺院: ～花木深。

【禅林】指寺院。

【禅宗】佛教的一派,以静坐默念为 修行方法。

蝉(蟬) 2·JUJF 知了,昆虫。 雄性腹部能连续发声。 幼虫生活在土里。

【蝉联】连续相承:～冠军。

【蝉蜕】蝉蜕化留下的壳,可入药。

谗(讒) 2·YQK 说别人的坏 话:～言|～害忠良。

馋(饞) 2·QNQU ①贪吃: 嘴～。② 贪,羡慕: 眼～。

傮(傮) 2·WQKY ①杂乱不齐。②相 貌丑恶:～ 妇厌贫夫,常怀相 弃心。

巉(巉) 2·MQKY 山势险峻:～岩| ～峻。

镵(鑱) 2·QQKY ①锋利。② 古代铁质刨土工具。 ③刺:～血脉,投毒药。④凿,刻。

屡 2·NBB ①弱小,怯弱:～弱。 ②低劣,浅薄:～才。

另见 càn。

潺 2·INBB 溪水、泉水流动的声 音:～～流水。

缠(纏) 2·XYJ ①绕:～线。 ②纠缠:琐事～身。

【缠绵】①(病或感情)纠缠不能解 脱。②宛转动人:歌声～。

廛 2·YJF ①古代一户平民之 居:愿受一～ 而为氓。②量 词,通"缠",束:不稼不穑,胡取禾 三百～兮?

瀍 2·(IYJF) 瀍河,水名,在河南 洛阳。

躔 2·KHYF ①行迹,足迹。② 经历。③天体的运行。

澶 2·IYLG 【澶渊】古地名,在今 河南濮阳一带。

镡(鐔) 2·QSJH 姓。 另见 tán,xín。

蟾 2·JQD ①蟾蜍,两栖动物,俗 称癞蛤蟆。②月亮的代称。 传说月中有蟾蜍:～宫|～光。

【蟾酥】蟾蜍表皮的分泌物,有毒。

产(產) 3·U ①产子:～妇l～卵。②生产,出产:增～l～粮。③物品,财富:特～l财～。④产量:超～。⑤产业:地～。

浐(滻) 3·IUTT 【浐河】水名,在陕西西安。

铲(鏟) 3·QUT ①铲子。②用铲子铲。③古兵器,形似铲。④消灭:～除。

刬(剗) 3·GJH 旧同"铲",用铲子铲。

刬(剗) 4·GJH 【一刬】〈方〉①一概,全部:～新。②一味,总是:～地忍让。

昌 3·JMJ ①日光照耀。②用于地名:～冲(在安徽)。

谄(諂) 3·YQVG 巴结,奉承:～媚l～上欺下。

啴(嘽) 3·KUJF 宽舒:～缓。另见 tān。

阐(闡) 3·UUJ ①开辟:～并天下。②讲明,表明:～述。③春秋鲁国地名。

焯(燀) 3·(OUJF) ①烧火煮饭。②燃烧。③炽热。

辗(辗) 3·UJFE 笑的样子:～然而笑。

薕(薕) 3·ADMT 完成,解决:～事。

骧(驏) 3·CNB 骑马不配鞍辔:～骑烈马。

忏(懺) 4·NTFH ①忏悔。②僧道为人拜祷忏悔:拜～。③拜忏时念的经文。

颤(顫) 4·YLKM 振动,发抖:～动。

另见 zhàn。

【颤悠】形容摆动、摇晃的样子。

羼 4·NUDD 掺杂,加进去:～入l～杂。

鞯 4·AFQY 放在马鞍下遮挡泥土的东西:鞍～。

chang

伥(倀) 1·WTA 伥鬼,传说中被老虎吃掉,又助老虎伤人的鬼:为虎作～。

昌 1·JJ ①兴盛,旺盛:繁荣～盛l～明。②姓。

【昌明】政治、文化等兴盛发达。

菖 1·AJJF 【菖蒲】多年生草本植物,有香气。端午节常与艾一起束于门前。

猖 1·QTJJ 凶猛,放肆:～狂反扑l～獗一时。

闛(闛) 1·UJJD 【闛阖】神话传说中的天门。

娼 1·VJJ 妓女:～妓l暗～l男盗女～。

鲳(鯧) 1·QGJJ 一种海水鱼,身体短而侧扁。

长(長) 2·TA ①长度,两点之间距离大。②久远,永远:细水～流。③长处,擅长:一技之～l～于民乐。
另见 zhǎng。

【长庚】金星,也叫太白星。傍晚出现在西方叫长庚,凌晨出现在东方叫启明。

【长随】旧时官吏身边的仆役,也叫跟班。

【长缨】长带子,长绳子。

【长物】原指多余的东西,后也指像

样儿的东西。

【长生果】〈方〉花生。

苌(萇) ²·ATA 姓。

【苌楚】古代植物名,果实可食用。也叫羊桃。

场(場) ²·FNRT ①场院:打麦~。②集市:赶~。③量词,用于事情的经过:一~雨|朋友一~。

场(場) ³·FNRT ①较宽广的特定场所:会~|广~|市~。②舞台:上~。③戏剧的分段:第一~。④物质存在的一种基本形式,具有能量、质量、动量:电~。

肠(腸) ²·ENR ①肠子,也叫肠管。②肠衣塞入鱼肉制成的食品:香~|鱼~。③心思情怀:衷~。

【肠痈】中医指阑尾炎。

尝(嘗) ²·IPF ①辨别滋味:吃。②曾经:未~。

偿(償) ²·WIP ①归还,抵补:无~援助|~还|补~。②满足,实现:如愿以~。

鳝(鱨) ²·QGIC ①黄鳝鱼,又名黄颊鱼。②毛鳝鱼,一种个体较大的海水鱼,石首鱼科。

倘 ²·WIM 【倘佯】徘徊,闲游,安闲自在地散步。也作徜徉。
另见 tǎng。

徜 ²·TIM 【徜徉】同"倘佯"。

常 ²·IPKH ①长久,经常,时常:~绿|~来~往。②普通,平常:~识。

嫦 ²·VIPH 【嫦娥】传说为后羿之妻,因偷吃长生药飞到月亮成为仙女。

裳 ²·IPKE 古代指裙子,下衣:绿衣黄~。
另见 shang。

厂(廠) ³·DGT ①工厂:钢~。②明代的一种特务机关:东~|西~|~卫。
另见 ān。

铤(鋹) ³·(QTA) 锋利。

昶 ³·YNIJ ①白天时间长。②舒畅,畅通。③姓。

惝 ³·NIM 【惝恍】①失意,不高兴。②迷迷糊糊。
又读 tǎng。

敞 ³·IMKT ①宽绰,没有遮拦:宽~|~门人场。②张开,打开:~露胸怀|~开。

氅 ³·IMKN 外套:大~(大衣)。

怅(悵) ⁴·NTA 不如意:~惘|倀。

【怅怅】失意,不痛快。

【怅恨】惆怅恼恨。

【怅然】形容失意的样子。

畅(暢) ⁴·JHNR ①通畅,不停滞:~达。②痛快,尽情:~谈。③姓。

倡 ⁴·WJJG 首先提出,带头发动:提~|~议|~导|~言。

唱 ⁴·KJJ ①歌唱:~歌|~戏。②大声叫:~票|~名。③歌曲:~本。

【唱和】应答别人的诗词。

【唱喏】旧时一种礼节。给人作揖并出声致敬。喏(rě)。

鬯 ⁴·QOBX ①古代祭祀用的一种酒。②郁金草的别称。

chao

抄 1·RIT ①誊写,抄写。②抄袭:~人家的文章。③搜查而没收:~家。④走近路:~小道。

【抄手】〈方〉馄饨。

【抄本】抄写的书,与印本相区别。

吵 1·KI 【吵吵】〈方〉吵嚷。

吵 3·KI ①声音杂乱扰人:~人|~闹。②争吵,口角:~架。

钞(鈔) 1·QIT ①纸币:~票|现~。②同"抄":诗~。

怊 1·NVK 悲哀,伤心:~怅|~乎若婴儿之失其母也。

弨 1·XVKG ①弓弦松弛的样子。②弓。

超 1·FHV ①超过:~越。②不寻常:~人。③在某种范围以外,不受限制:~自然。

绰(綽) 1·XHJ ①抓取:~起棍子。②同"焯"。

另见 chuò。

焯 1·OHJ 蔬菜放在水里稍微煮一下:~芹菜。

另见 zhuō。

剿 1·VJSJ 【剿袭】同"抄袭"。

另见 jiǎo。

晁 2·JIQB 姓。

巢 2·VJS ①巢穴,鸟、蚂蚁、蜂等的窝:鸟~。②姓。

朝 2·FJE ①面向:~前。②朝廷:上~。③朝代:清~。④朝见,朝拜:~圣。

另见 zhāo。

【朝仪】古代帝王临朝的典礼。后也称大臣朝拜君王的礼仪。

【朝觐】①朝见。②宗教徒拜谒圣像、圣地等。

嘲 2·KFJ 嘲笑:冷~热讽|~弄|~讽。

另见 zhāo。

潮 2·IFJ ①潮汐,潮水。②似潮水的:思~。③潮湿:~气。④技艺和成色低劣:~金|手艺~。

炒 3·OI ①烹调方法:~面|~菜。②指炒作:~地皮|~新闻。③解雇:被老板~了。

耖 4·DIIT ①似耙的农具,用于弄碎土块。②用耖整地。

che

车(車) 1·LG ①一种运输工具。②利用轮轴旋转的工具:纺~。③切削:~零件。④用水车打水:~水。⑤姓。

另见 jū。

砗(硨) 1·DLH 【砗磲】软体动物。壳略呈三角形,长可达一米,生活在热带海底。

尺 3·NYI 我国传统乐谱记号,相当于简谱的"2"。

另见 chǐ。

扯 3·RHG ①拉:拉~。②撕:~布。③闲谈:东拉西~。

彻(徹) 4·TAVN ①通、透:底|寒风~骨。②全:~夜。

坼 4·FRY 裂开:天寒地~|龟~|~裂。

掣 4·RMHR ①拖,拉:~后腿。②一闪而过:风驰电~。③

抽:～签|～剑。

【掣肘】拉住胳膊。比喻牵制、阻挠。

撤 4·RYC ①除去，免除:～职|～销。②撤退，收回:～兵。

澈 4·IYCT 水纯净透明:河水清～见底。

瞰 4·JYCT 明亮。

chen

抻 1·RJH 拉，扯:～面|把袖子～出来|把衣服～～。

郴 1·SSB 【郴州】地名，在湖南。

綝(綝) 1·（XSS）①善良。②止。

棽 1·SSWN "棽"（shēn）的又读。

琛 1·GPW 珍宝，也指玉。

嗔 1·KFHW ①发怒，生气:～怒。②抱怨，责怪:～怪。

瞋 1·HFHW ①睁大眼睛:～目而视。②发怒，生气。

臣 2·AHN ①君主时代的官吏，也作官吏对君主的自称。②役使:～天下。③有特殊功劳的人:人民功～。④姓。

尘(塵) 2·IFF ①尘土:灰～。②脚印，踪迹:步后～。③佛、道称现实世界:红～。

【尘寰】指现实世界。

【尘嚣】人多喧闹。

辰 2·DFE ①地支的第五位。②辰时，上午七时至九时。③日月星的统称:星～。④时日，时间:

诞～|时～。

宸 2·PDFE ①深邃的屋宇。②旧指帝王住的地方，也指帝王、王位:～居|～章|～旨|登～。

晨 2·JD 早晨，有时也指半夜到中午这段时间。

【晨曦】晨光，早晨的阳光。

【晨星】①清晨稀疏的星:寥若～。②黎明时在东方的金星或水星。

沈 2·IPQ 旧同"沉"。另见 shěn。

忱 2·NP 真实、诚恳的情意:满腔热～|谢～。

沉 2·IPM ①沉没:破釜～舟。②陷落，下降:～陷。③沉溺，沉迷:～于国事|学者～于所闻。④分量重:～重。⑤程度深:～思|～痛。

【沉疴】久治难愈的病，也比喻难改的坏习惯。

陈(陳) 2·BA ①陈列，陈设:～兵百万。②陈述:慷慨～词。③陈旧:～酒。④周代诸侯国，在今河南淮阳。⑤南北朝时南朝之一。

梣 2·SMWN 又读 qín，落叶乔木，通称白蜡树，树皮入药称秦皮。

谌(諶) 2·YADN ①相信。②的确，诚然。③姓（也有读 shèn 的）。

煁 2·OAD 古代一种可移动的火炉。

碜(磣) 3·DCD ①食物杂有沙土。②丑，难看:寒～。

衬(襯) 4·PUF ①在里面托上一层:～纸。②衬在里面的:～衣。③对照，搭配:

映~。

疢(疢) 4·UOI 热病,也泛指疾病:~毒丨~疾。

龀(齔) 4·HWBX 小孩换牙。

称(稱) 4·TQ 适合,相当:~心丨~职丨相~丨对~。

另见 chēng,chèng。

趁 4·FHWE 利用时间、机会:~热打铁丨~便丨~势丨~墒。

榇(櫬) 4·SUSY ①棺材。②梧桐的别称。

谶(讖) 4·YWWG 预示凶吉的隐语:~语丨~纬。

【谶纬】西汉末年和东汉时期盛行的神学,利用天上星象的变化预示凶吉。

【谶语】迷信指将来会应验的话。

伧(傖) 5·WWBN 【寒伧】旧同"寒碜"。

另见 cāng。

cheng

柽(檉) 1·SCFG 柽柳,也叫红柳,落叶小乔木。沙荒、盐碱地造林树种,枝叶可入药。

蛏(蟶) 1·JCFG 蛏子,软体动物,生活在近岸的海中。

玎 1·(GQVH) 形容玉器碰击声、琴声或流水声:泉水~~。

称(稱) 1·TQ ①测重量。②称呼:~兄道弟。③名称:简~。④称赞,颂扬:~快丨~许。⑤声誉:美~。⑥说,声称:~病。⑦举起:~觞祝寿。

称(稱) 4·TQ 旧同"秤"。

另见 chèn。

铛(鐺) 1·QIV ①烙饼用的平底锅。②温器:酒~丨茶~。

另见 dāng。

俑 1·WEMF ①用于人名,宋代有王禹~。②姓。

赪(赬) 1·FOHM 红色。

撑 1·RIP ①抵住,支持:支~。②用篙使船前进:~船。③张开:~伞。④充满,饱胀:别~破了丨别吃~了。

瞠 1·HIP 瞠着眼看:~目结舌丨~乎其后。

成 2·DN ①完成;帮助实现:~功丨~人之美。②变成:百炼~钢。③成果;成功:一事无~。④生物生长到成熟定型阶段:~虫丨~人。⑤十分之一:五~。⑥已定的:~规丨~见。⑦表示整数或数量多:~天丨~批生产丨~千上万。⑧可以,能:不~。

诚(誠) 2·YDN ①真心实意:真~。②确实:~然。

城 2·FD ①城市,都市:~乡。②城墙:万里长~。

【城池】城墙和护城河。也指城市。

【城关】①城外靠近城门的地区。②小县城的城区。

【城府】比喻待人接物的心机。

【城郭】内城和外城。泛指城市。

【城厢】城内和城门外附近的地方。

宬 2·PDN 古代藏书处,后专指皇家藏书之地。

珹 2·GDNT 玉名,也指美丽的珠宝。

盛 2·DNNL ①把东西放进器具里:~水丨~饭。②容纳;装:

柜子太小，～不了这么多东西。
另见 shèng。

铖（鋮） 2·QDN 人名用字。明代有阮大铖。

丞 2·BIG ①帮助帝王或主要官员做事的官吏：～相丨府丨县～。②辅佐：～辅。

呈 2·KG ①呈现，露出：龙凤～祥丨杂念纷～。②恭敬地送上去：送～。③旧指下级报告上级的文件：～文丨辞～。

埕 2·FKG ①蛏埕，饲养蛏类的田。②〈方〉酒瓮。

珵 2·GKGG 一种美玉：览察草木其犹未得兮，岂～美之能当。

晟 2·JDN 姓。
另见 shèng。

程 2·TKGG ①规章，法式：章～丨～式。②路途：计～丨前～。③次序：议～。④进度，期限：～序丨历～丨日～。⑤度量，计量：计日～功。⑥一段路：陪你一～。

裎 2·PUK ①脱衣露体。②系玉佩的带子。

酲 2·SGKG 醉后神志不清的状态：解～丨忧心如～。

枨（棖） 2·STAY ①古时门两边的木柱，泛指支柱。②用东西触动：～触。

承 2·BD ①承受，接受：～情丨多～关照。②承担：～包。③承续：师～丨继～。

乘 2·TUX ①骑、坐（交通工具）：～车。②趁着，就：～便。③乘法，运算方法：～除。④佛教的教义：大～。
另见 shèng。

惩（懲） 2·TGHN ①处罚：严～。②警戒：～前

毖后。

滕 2·EUDF 田间土埂：田～。

澂 2·ITMT ①用于人名，吴大澂，清代文字学家。②"澄"（chéng）的异体字。

澄 2·IWGU 水清澈而平静：～清丨～澈。
另见 dèng。

憕 2·NWGU 平，平均。

橙 2·SWGU ①橙树，橙子：～汁。②橙色，红和黄合成色：～黄。

逞 3·KGP ①显示，放纵：～能丨～性子。②实现，达到：得～。

骋（騁） 3·CMG ①奔跑：纵横驰～。②放开，放任：～目丨～望丨～怀。

庱 3·YFWT ①古地名，在今江苏丹阳。②姓。

秤 4·TGU 测定物体重量的器具：磅～丨公～。

㧟 4·IPKT ①斜柱：加～。②桌椅等腿中间的横木。

吃 1·KTN ①咀嚼后咽下，靠某种事物谋生：～饭丨～药丨～食堂丨靠山～山。②吸收：这纸～水性好。③感到；遭受：～惊丨～批评。④领会：～透文件精神。⑤承受，支持：～重丨～不住这一拳。

哧 1·KFO 象声词，形容笑声和撕裂声等：～～笑。

蚩 1·BHGJ ①无知，傻。②古通"媸"（面貌丑）。③古通"嗤"（讥笑）。

嗤 1·KBHJ 讥笑:～之以鼻｜为众人所～。

媸 1·VBH 面貌丑:今花虽新我未识,未信与旧谁妍。

鸱(鴟) 1·QAYG 古代指鹞鹰。

【鸱鸮】像猫头鹰一类的鸟。

绨(綈) 1·(XQDH) 古代指细葛布。

瓻 1·QDMN 古代一种陶制酒器。

眵 1·HQQY 眼屎:眼～。

笞 1·TCK 用鞭子、棍子或竹板打:鞭～。

摛 1·RYB ①舒展,铺陈:～藻｜～辞｜～章绘句。②散布,传扬:英名远～。

螭 1·JYBC ①传说中的一种无角龙。②同"魑"。

魑 1·RQCC 【魑魅】传说中山林里害人的妖怪:～魅魍魉(指各种各样的坏人)。

痴 1·UTDK ①呆傻:～子｜发～。②极度迷恋:～情｜书～。

池 2·IB ①水塘:一～春水。②像池塘的处所:乐～｜便～｜砚～。③护城河:城～｜金城汤～。

弛 2·XB 放松,解除:纪律松～｜一张一～｜～缓｜～禁。

【弛禁】开放禁令。

驰(馳) 2·CBN ①(车马)快跑:汽车飞～而过。②传播:～名。③向往:心～神往。

【驰骋】奔驰:～文坛。

【驰骛】奔驰,奔走。

迟(遲) 2·NYP ①慢,缓慢:～～不决｜姗姗来～。②晚,时间靠后:～到。③迟疑,犹豫:琵琶声停欲语～。④姓。

坻 2·FQA 水中的小块陆地:宛在水中～。

另见 dǐ。

茬 2·AWFF 【茌平】地名,在山东。

持 2·RF ①拿,握:～枪。②支持,保持:～久。③掌握,料理:～家。④对抗:相～不下。

匙 2·JGHX 匙子,舀汤用的小勺,也叫调羹:汤～。

另见 shi。

漦 2·FITI 口水,涎沫。

墀 2·FNI 台阶上面的空地,又指台阶:青琐丹～。

踟 2·KHTK 【踟蹰】迟疑,徘徊,要走不走的样子。也作踟躇。

篪 2·TRHM ①竹名。②古代竹管乐器。

尺 3·NYI ①我国市制长度单位。②尺子,量器:市～｜戒～。③像尺的东西:镇～。

另见 chě。

齿(齒) 3·HWB ①牙齿。②像齿的东西:锯～。③带齿的:～轮｜～条。④年龄:没～不忘。⑤提到,说起:不足挂～｜天下所不～。

侈 3·WQQ ①浪费:奢～｜～靡。②夸大,过分:～谈。

胣 3·ETB 剖开腹部掏肠子。

耻 3·BH ①羞愧:可～｜寡廉鲜～。②耻辱:奇～大辱｜雪～。

豉 3·GKUC 豆豉,大豆煮熟发酵制成的食品,多供调味。

褫 3·PURM 剥夺:～职｜～夺政治权力。

彳 4·TTTH 【彳亍】慢慢走路的样子:独自～。亍(chù)。

叱 4·KXN 大声责骂:呵～|～敌|~咤风云。

斥 4·RYI ①斥责:怒～|申～。②使离开:排～。③多:充～。

赤 4·FO ①比朱红稍浅的颜色。②泛指红色:～豆。③忠诚:~胆忠心。④象征革命:～卫军。⑤光着:~脚|~身。⑥空:~手空拳|~贫。⑦纯:金无足~。

【赤地】因旱灾、虫灾寸草不长的地面:~千里。

【赤金】纯金。

【赤县】指中国。

饬(飭) 4·QNTL ①整治:整~学风。②饬令,上级命令下级:~其遵办。

炽(熾) 4·OK ①火旺:～焰。②热烈,旺盛:~热|烈|~燥|~盛。

翅 4·FCN ①翅膀:鸡～。②某些鱼类的鳍:鱼～。

敕 4·GKIT 皇帝的诏令:～命|~封|~撰。

痓 4·UGCF 中医指抽风、痉挛。

啻 4·UPMK 但,仅:故园不~三千里,新雁才闻一两声。

傺 4·WWFI 【侘傺】形容失意的样子。

瘳 4·UDHN 【瘳疚】中医指痉挛的症状。也叫抽风。疚(zòng)。

---

chong

冲 1·UKH ①用开水等浇:~茶|~鸡蛋。②冲洗,用水等

冲(衝) 4·UKH ①对,向:~南。②猛烈:~劲|说话太~。③冲压:~床。④凭,根据:~你这种态度就不行。

激击:~决堤坝。③互相抵消:~账。④相忌相克:子午相~。⑤幼小:~年。⑥〈方〉山区的平地:韶山～。⑦姓。

冲(衝) 1·UKH ①大道,要道:要～。②向前闯,向上钻:~锋|~人云霄。③猛烈地撞击:~撞|~突。

忡 1·NKH 【忡忡】忧愁的样子:忧心~。

翀 1·NKHH 鸟向上直飞:鹍飞举万里,一飞~昊苍。

充 1·YC ①满,足:~分。②装满,填满:~塞。③担任:~当。④假装:~内行。⑤补足:~数。

流 1·IYCQ ①小泉流下。②流水声。

茺 1·AYC 【茺蔚】即益母草。一年生或二年生草本植物,全草供药用,有活血调经功能。种子叫茺蔚子,有利尿作用。

琉 1·GYCQ 【琉耳】古代冠冕上用来塞耳避听的玉饰。

涌 1·ICEH 〈方〉河汊,多用于地名:虾~(在广东)。另见 yǒng。

舂 1·DWV 把东西放在臼里捣去外壳或捣碎:~米。

椿 1·RDWV 冲撞

憧 1·NUJF 心意不定。

【憧憧】摇曳,往来不定:人影～。
【憧憬】对美好事物的向往。

艟 1·TEUF 【艨艟】古代战船:以～战舰扼其中流。

虫(蟲) 2·JHNY ①虫子,昆虫或类似昆虫的小动物。②称具有某种特点的人:书～|网～|可怜～。
【虫草】冬虫夏草的简称。
【虫豸】虫子。豸(zhì)。

种 2·TKH 姓。
另见 zhǒng,zhòng。

重 2·TGJ ①重复,再:～逢。②层:万～山。
另见 zhòng。

崇 2·MPF ①高:～山峻岭。②重视,尊敬:～敬|推～。

漴 2·IMPI 漴河,水名,在安徽五河。
另见 shuāng。
【漴漴】象声词,形容水声。

宠(寵) 3·PDX ①偏爱;纵容:小孩不能太～|～信。②指妾:纳～|内～。
【宠幸】地位高的人对地位低的人宠爱。
【宠信】宠爱偏信。

铳(銃) 4·QYC ①一种旧式火枪:鸟～|火～。②铳子,一种金属打眼工具。

chou

抽 1·RM ①从中提取:～调人力。②长出:～芽。③吸:～水|～烟。④抽打:～了一鞭。⑤收缩:衣服洗完～了不少。

瘳 1·UNWE ①病愈:病～。②减损。

犨 1·WYWH ①牛喘息声。②突出:南家之墙～于前而不直。③用于地名:～河(在河南)。

仇 2·WVN ①仇恨:血海深～。②敌人:反目成～。
另见 qiú。

俦(儔) 2·WDTF ①同伴,伴侣:草木为我～|～侣。②同类:同～。

帱(幬) 2·MHDF ①帐子。②车帏。
另见 dào。

畴(疇) 2·LDT ①田地:田～|平～。②种类:范～。

筹(籌) 2·TDTF ①计数用具:～子|～码。②谋划,筹措:统～|自～经费。

踌(躊) 2·KHDF 【踌躇】①犹豫不定。②形容得意:～满志。

惆 2·NMF 【惆怅】失意,伤感。

绸(綢) 2·XMF 薄而软的丝织品:纺～|丝～。
【绸缪】①缠绵:情意～。②修补:未雨～。

椆 2·SMFK 用于地名:～树塘(在湖南)。

稠 2·TMFK ①多而密:人口～密|～人广众。②浓:粥很～。

酬 2·SGYH ①报答,报酬:按劳付～。②交往:应～|～答。
【酬唱】用诗词相互赠答。
【酬酢】宾主相互敬酒。泛指应酬。酬:主人向客人敬酒。酢:客人向主人敬酒。

愁 2·TONU ①烦恼,忧虑:～眉苦脸。②惨淡的:～云惨雾。

雠（讎）　2·WYY　①校对文字：校～｜～勘。②"仇"（～恨）的异体字。

丑　3·NFD　①地支的第二位。②丑时,夜里一点到三点。③戏剧角色:小～。

丑（醜）　3·NFD　①相貌难看：～陋。②可恶,可耻:～态｜出～。

杻　3·SNF　古代刑具,类似于手铐。另见niǔ。

侴　3·WGNJ　姓。

瞅　3·HTO　〈方〉看：～了一眼｜东～西～。

臭　4·THDU　①臭味。②恶狠狠地:～骂。③使人讨厌的:～名远扬｜～架子。④拙劣的:～棋。
另见xiù。

chu

出　1·BM　①出去:～国。②来到:～场。③超出,离开:～线｜～轨。④出产,产生:～煤｜～事。⑤显露:～名。⑥出版:～书。⑦在动词后表示趋向和效果:提～意见｜做～成绩。
【出阁】出嫁。
【出粜】卖出粮食。粜(tiào)。

出（齣）　1·BM　杂剧的一折,也指戏曲中一个独立的剧目:一～戏。

邮　1·BMB　用于地名:～江(在四川)。

初　1·PUV　①开始的,第一的:～春｜～试。②原来的:当～。

③低级的:～等。④姓。

捇　1·RFFN　【捇蒱】古代博戏名,类似于后代的掷色子。

樗　1·SFFN　樗树,即臭椿树。落叶乔木,有臭味。根皮有止血作用。

刍（芻）　2·QVF　①喂牲口的草:反～｜②割草:～牧。③谦称自己的见解等:～言。
【刍议】谦辞。粗浅的意见。
【刍秣】喂牲口的草料。

雏（雛）　2·QVW　①小鸡,也泛指幼小的动物:鸡～｜鸭～。②幼小的(多指鸟类):～鸡｜～燕。

除　2·BWT　①除掉:～害。②不计算在内:～外。③算术方法:～法。④台阶:庭～。

滁　2·IBW　【滁州】地名,在安徽。

蜍　2·JWT　【蟾蜍】两栖动物,俗称癞蛤蟆。蟾(chán)。

厨　2·DGKF　①厨房:下～。②厨师:名～。

橱　2·SDGF　一种家具:衣～｜书～｜碗～。

踌　2·KHDF　【踌躇】徘徊,犹豫。

锄（鋤）　2·QEGL　①锄头。②用锄松土除草。③铲除:～奸。

踽　2·KHAJ　【踽踽】①犹豫不定。②形容得意:～满志。

处（處）　3·TH　①居住:穴居野～。②相处,交往:～得来。③存,居:～心积虑｜设身～地。④处置,办理:～分｜～理。
【处士】有德才而隐居不愿做官的人。后泛指未做过官的读书人。

【处子】处女。

处(處) 4·TH ①地方:住~ | 长~ | 好~。②机关或部门:~室。

杵 3·STFH ①舂米或捣衣的木棒:木~ | 砧~。②用细长的东西捅或戳:用手指~一下。

础(礎) 3·DBM 垫在柱下的石礅:基~ | ~石。

楮 3·SFTJ ①楮树,落叶乔木,树皮是造纸原料。②纸的代称:~墨。

储(儲) 3·WYF ①储存:~蓄。②确定继承皇位、王位的人:~君 | 王~。③姓。

【储君】帝王的亲属中已经确定为继位的人。

褚 3·PUFJ 姓。
另见 zhǔ。

楚 3·SSN ①牡荆,落叶灌木。②痛苦:苦~。③清晰:清~。④楚国:四面~歌。⑤湖南和湖北,特指湖北。⑥姓。

漴 3·ISSH 古水名,在今山东。见于人名。

齼(齼) 3·(HBWH) 吃酸味食物牙齿发酸不适。

亍 4·FHK 【彳亍】慢慢走路的样子。

怵 4·NSY 恐惧:~惕 | 发~。

绌(絀) 4·XBM 不足:相形见~ | 资金短~。

黜 4·LFOM 降职或罢免:~退 | ~职 | 废~。

枳 4·SKQN 用于人名。李枳,唐哀帝。
另见 zhù。

俶 4·WHIC ①开始:~始 | ~载。②整理:~装。

琡 4·GHIC 一种玉器,即八寸的璋。

畜 4·YXL 禽兽,多指家畜:牲~ | 六~ | 耕~。
另见 xù。

搐 4·RYXL 牵动,抽搐:~动(肌肉等不自主地收缩)。

触(觸) 4·QEJY 碰到,遇到:一~即发。

【触媒】即催化剂。

屬 4·RLQJ 见于人名,战国时齐国有颜屬。

憷 4·NSS 害怕,畏缩:发~ | ~见生人。

矗 4·FHFH 直立,高耸:~立。

chuai

揣 1·RMD 藏在衣服里:~在怀里 | ~手 | ~进衣兜里。

揣 3·RMD ①估量,忖度:~摩 | ~度 | ~测。②姓。

揣 4·RMD 【挣揣】挣扎。

搋 1·RRHM ①用拳头揉压:~面 | ~衣服。②用搋子疏通下水道。

【搋子】疏通下水道的工具,一般由橡胶碗和木柄做成。

啜 4·KCCC 姓。宋代有啜佶。
另见 chuò。

踹 4·KHMJ ①用脚底踢:~门。②踏,踩:一不小心~在了泥坑里。

嘬 4·KJB ①叮,咬。②吞食。
另见 zuō。

膗 4·EUPK 【囊膗】猪的胸腹部肥而松软的肉。

chuan

川　1·KTHH　①河流:高山大～。②平原,平地:一马平～。

氚　1·RNKJ　氢的同位素,有放射性,用于热核反应。

穿　1·PWAT　①把衣物套在身上:～衣。②穿过,透过:～针引线|～透。③透彻:看～了。④暴露:拆～。
【穿梭】像织布时梭子来回穿过,形容来往不停。
【穿凿】牵强附会地解释。

传(傳)　2·WFNY　①流传,传递。②传授。③传播:宣～。④传导:～电。⑤表达,显示:～神|～真。⑥命令人来:～讯。⑦传染。
另见 zhuàn。

舡　2·TEA　①古同"船"。②姓。

船　2·TEMK　船只,船舶。

遄　2·MDM　①往来频繁。②迅速:～返。

椽　2·SXE　椽子,安在檩上支架屋面和瓦片的木条。

舛　3·QAH　①错误,错乱:～错|～误|讹。②违背:～驰。

喘　3·KMD　急促地呼吸:跑得直～|气～吁吁|吴牛～月。

串　4·KKH　①连贯:贯～|～讲。②勾结:～供|～联。③错误地连接:～行。④扮演:客～。⑤活动,走动:～门。⑥因混杂而改变:～味。⑦量词,用于成串的东西:一～项链。

钏(釧)　4·QKH　①镯子:玉～|金～。②姓。

chuang

创(創)　1·WBJ　①伤,外伤:刀～。②伤害:重～敌舰。

创(創)　4·WBJ　开始,开始做:开～|～造|～刊。

疮(瘡)　1·UWB　①皮肤肿烂溃疡的病:口～。②通"创",外伤,伤口:金～|口。

窗　1·PWT　窗户:～明几净。

床　2·YSI　①床铺。②像床的东西:机～|河～。③器物架子:琴～|笔～。④量词:一～被。

噇　2·KUJF　①〈方〉狂吃狂喝。②用于地名:～口(在江苏)。

幢　2·MHU　①古代旗子一类的东西。②刻着佛号或经咒的柱子:经～|石～。
另见 zhuàng。

闯(闖)　3·UCD　①猛冲:～入|～将。②四处奔波:走南～北。③为目的而奔走:～出一条路子来。④引起,惹出:～祸。

怆(愴)　4·NWB　悲伤:～然泪下|悲～|凄～。

chui

吹　1·KQW　①吹气。②空气流动:风～雨打。③说大话:自

～自搐。④事情失败:对象～了。
⑤吹捧:～～拍拍。

炊 1·OQW　烧火做饭:～具|～
事员|野～|～帚。

垂 2·TGA　①耷拉,下挂:～柳|
～头丧气。②流传:永～不
朽。③快,将:功败～成|～死挣
扎|～暮之年。

棰 2·WTGF　见于人名。

陲 2·BTGF　边疆,边境:边～。

捶 2·RTGF　敲打:～胸顿足|～
背|～衣。

棰 2·STG　①短棍子;用棰打。
②鞭子;鞭打。

锤(錘) 2·QTGF　①锤子:铁
～。②秤锤。③古代
兵器:流星～。④锤打:千～百
炼。⑤古代重量单位,八铢为
一锤。

椎 2·SWYG　①同"槌":木～。
②同"捶":～打。
另见 zhuī。

圌 2·LMDJ　圌山,山名,在江苏
镇江。

槌 2·SWN　①敲打用的棒:棒
～|鼓～。②通"捶",敲打。

chun

春 1·DW　①春天。②男女情欲:
少女怀～。③比喻生命力旺
盛:枯木逢～。
【春宫】①封建时代太子居住的宫
室。②淫秽的图画,也叫春画。
【春汛】也叫桃花汛,初春桃花盛开
时发生的河水暴涨。

【春晖】春天的太阳,喻父母恩德。

塅 1·FDWJ　用于地名:～坪(在
山西)。

瑃 1·GDWJ　玉名。

椿 1·SDWJ　①香椿,也叫红
椿,落叶乔木,嫩叶可做菜。
②椿树,即臭椿,也叫樗树,落叶乔
木,木材较优。

蠢 1·JDWJ　蠢象,同"椿象",俗
称放屁虫。

鲼(鰆) 1·QGDJ　海鱼名,通
称马鲛鱼。

纯(純) 2·XGB　①纯净:～
金。②单一,纯粹:成
分不～|单～。③纯熟:功夫
不～。

莼(蒓) 2·AXG　莼菜,一种水
草,嫩叶可做汤。

唇 2·DFEK　①嘴唇:～齿相依。
②边:薄如钱～。

淳 2·IYB　淳朴,淳厚。

【淳于】姓。

錞(錞) 2·(QYBG)　古代一
种铜制乐器,又作
錞于。
另见 duì。

鹑(鶉) 2·YBQ　【鹌鹑】鸟
名,头小尾短,毛赤褐
色,不善飞。

醇 2·SGYB　①酒味浓纯:～酒。
②同"淳":～厚|～儒。③有
机化合物的一类:乙～。
【醇化】使更纯粹,达到美好圆满
的境界。

蠢 3·DWJJ　①愚笨:～货。②
虫类爬动的样子:～动。

chuo

逴 1·HJPK　远，超越。

踔 1·KHHJ　①踏，踢。②跳:～腾。③超越。
【踔绝】极高超。

戳 1·NWYA　①用尖端戳刺。②因猛触硬物受伤:打球～伤了手指。③竖立。④印章:邮～。

齪(齪)　4·HWBH　【龌龊】脏，不干净。

啜 4·KCCC　①喝，吃:～茗｜～粥。②抽噎的样子:～泣。
另见 chuài。

惙 4·NCCC　①忧愁:忧心～～。②疲乏:气力恒～。

辍(輟)　4·LCCC　停止:～学｜～笔｜～演。

绰(綽)　4·XHJ　宽裕:～～有余｜宽～。
另见 chāo。
【绰约】形容女子体态优美:～多姿。

ci

刺 1·GMI　象声词:～棱｜～溜｜～～地冒火星。

刺 4·GMI　①尖利的东西:鱼～。②刺入，刺穿。③刺激:～耳。④暗杀:～客｜遇～。⑤侦探，打听:～探。⑥〈书〉名片。

呲 1·KHXN　申斥，斥责:～他几句就哭了起来。
另见 zī。

玼 1·GHXN　玉上的斑点，比喻缺点:不以记过见～为责。

玼 3·GHXN　玉色明亮:～兮～兮，其之翟也。

疵 1·UHX　小毛病:吹毛求～｜瑕～。

跐 1·KHHX　脚没踏稳而滑动:蹬～了。

跐 3·KHHX　①踩，踏:脚～两只船。②跐:～起脚向外看。

差 1·UDA　【参差】长短不齐:～不齐。
另见 chā，chà，chāi。

词(詞)　2·YNGK　①语言中最小的能自由运用的单位。②语句，语言:义正～严｜歌～。③古韵文体:宋～。
【词讼】诉讼。也作辞讼。
【词话】①词的评论文章。②散文中间杂韵文的说唱形式。起于宋元，明代也指夹有词曲的章回小说:《金瓶梅～》。

祠 2·PYNK　神庙;祖庙;祠堂:神～｜宗～｜武侯～。

茈 2·AHX　【凫茈】一种草本植物，又叫荸荠。凫(fú)。
另见 zǐ。

雌 2·HXW　雌性的。
【雌黄】一种矿物，可供做颜料和退色剂，古代抄书用以涂改错字。后称不顾事实，随口乱说为"信口雌黄"。

茨 2·AUQW　①用茅或苇盖房。②蒺藜。③堆积。

瓷 2·UQWN　用高岭土烧制成的精致的陶器:～器｜陶～。
【瓷实】结实，坚固:地基～。
【瓷土】烧制瓷器用的高岭土。

兹 2·UXXU　【龟兹】古代西域国名，在今新疆库车一带。龟

（qiū）。

另见 zǐ。

慈 2·UXXN ①慈爱，和善：心～手软。②指母亲：家～。③姓。

【慈航】佛教语。认为佛和菩萨以大慈悲救度众生离开尘世苦海，有如舟航。

磁 2·DU ①磁性：～铁。②旧同"瓷"。

鹚（鶿） 2·UXXG 【鸬鹚】一种鸟，善于潜水捕食鱼类。也叫鱼鹰。

糍 2·OUX 一种用糯米做成的食品：～粑|～饭团。

辞（辭） 2·TDUH ①辞赋。古代一种介于诗与散文之间的文体：楚～。②古体诗的一种：《木兰～》。③语言文词：修～|～藻。④告别：～行。⑤辞职；辞退。⑥躲避；推托：不～辛劳。

【辞令】也作词令。交际场合应对的言词：外交～。

【辞章】也作词章。诗文的总称。

【辞藻】诗文中华丽工整的词句，常指引用的典故和古诗的现成词语。

此 3·HX ①这，这个。②这里。③这样，这般。

泚 3·IHXN ①清澈：灵泉有～，其深无底。②流汗：六月田夫汗流～|～额|～颜。③用笔蘸墨：赋诗聊～笔。

鲝（鮆） 3·HXQG 鱼名，体侧扁，生活在近海。

次 4·UQW ①次序：依～。②第二：～日。③质量较差的：～品。④量词：一～。⑤外出行时停留的处所：舟～|途～。⑥姓。

【次第】①次序。②挨个：～入座。

【次生】再次生成；间接造成的；派生的：～林|～油藏|～灾害。

【次声】频率低于可听范围的声波。

【次大陆】小于洲，在地理和政治上有相对独立性的区域：印巴～。

伙 4·（WUQW）帮助

伺 4·WNG 【伺候】①旧指侍奉或役使。②照料。

另见 sì。

莿 4·AGMJ 用于地名：～桐（在台湾）。

赐（賜） 4·MJQ ①赐与，赏赐：恩～。②敬称别人的指示、光顾、答复等：～教|～顾|～复。

匆 1·QRY 急促：～忙|急～～|～促。

【匆遽】急忙。

【匆猝】匆忙。

葱 1·AQRN ①普通蔬菜：小～。②青色的，翠绿的：～竹。

【葱茏】青翠茂盛。

【葱郁】葱茏。

【葱头】指洋葱的鳞茎。

【葱绿】浅绿而微黄的颜色。

苁（蓯） 1·AWWU 【苁蓉】草苁蓉和肉苁蓉的统称。

枞（樅） 1·SWW 枞木，即冷杉，为优良用材树，多产于高寒地带。

另见 zōng。

囱 1·TLQI 烟囱。

骢(驄) 1·CTL 青白色的马。

璁 1·GTL 像玉的石头。

熜 1·OTLN ①微火。②热气。

聪(聰) 1·BUKN ①听觉;听觉灵敏:失~|耳~目明。②聪明:~慧|~颖。

从(從) 2·WW ①自,由:~小。②跟从;跟从的人:愿~其后|仆~。③顺从:言听计~。④从事:~政。⑤从来:~未吃过。⑥堂房的:~兄弟。⑦次要的:主~关系。⑧采取某种原则和方法:~速|~重。⑨姓。

丛(叢) 2·WWG ①聚集:树木~生|~集。②聚生的草木或人、物:草~|人~|论~。③姓。

【丛刊】即丛书。多用于丛书的名称:四部~。

【丛脞】细碎,烦琐。脞(cuǒ)。

【丛杂】多而杂乱。

淙 2·IPFI 流水声:流水~~。

悰 2·NPFI ①快乐:出入无~为乐哉。②心情。

琮 2·GPF 古时的一种玉器,外边八角形,中间有圆孔。

cou

凑 4·UDW ①聚集:~钱。②接近:~上来。③碰上,赶上:~巧|~热闹。

【凑合】①聚集:~在一起唱歌。②拼凑:临时~。③将就:~着用。

辏(輳) 4·LDW 车轮的辐聚集到中心:辐~。

腠 4·EDW 【腠理】中医指肌肤上的纹理和皮下肌肉之间的空隙。

cu

粗 1·OE ①粗大。②粗糙。③粗鲁,粗心。④略微:~通医学。⑤大致:~具规模。

徂 2·TEGG ①往:自西~东。②过去,消逝:岁月其~。③开始:六月~暑。④同"殂"。

殂 2·GQE 死亡:先帝创业未半,而中道崩~。

卒 4·YWWF 同"猝",突然。
另见 zú。

猝 4·QTYF 猝然,忽然:~不及防|~生变化。

促 4·WKH ①时间短,迫切:急~|仓~。②催促,推动:督~|~进。③靠近:~膝谈心。

【促织】蟋蟀。

酢 4·SGTF ①"醋"的本字。②酢浆草,多年生草本植物。全草入药。
另见 zuò。

醋 4·SGA ①调味品。②比喻嫉妒(多指男女关系上):~意。

蔟 4·AYT 蚕蔟,用麦秆等做成,供蚕做茧:上~。

簇 4·TYT 丛聚,聚成一团:~拥|一~鲜花|花团锦~。

蹙 4·DHIH ①紧迫:穷~。②皱,收缩:~眉。

蹴 4·KHYN ①踢:～鞠。②踏:一～而就l一～即至。

cuan

氽 1·TYIU 把食物放在沸水里微煮一下:～汤l～肉丸。

撺(攛) 1·RPWH ①抛掷。②发怒:他一听就～了。
【撺掇】从旁鼓动人,怂恿:他总是～我学书法。

镩(鑹) 1·QPW 冰镩,一种铁制的凿冰器具。

蹿(躥) 1·KHPH 向上或向前跳:～房越脊。

攒(攢) 2·RTFM 聚,凑集:～凑l～钱。
另见 zǎn。

窜(竄) 4·PWK ①乱跑,乱跳:东跑西～。②放逐,驱逐。③改动文字:～改l～点。

篡 4·THDC 夺取,多指篡位:～权夺位。

爨 4·WFMO ①烧火做饭:分～l分居异～。②灶。③姓。

cui

衰 1·YKGE 古同"缞"。
另见 shuāi。
【等衰】等次。

缞(縗) 1·XYKE 古代用粗麻布制成的丧服。

榱 1·SYK 椽子的古称。

崔 1·MWY 姓。

【崔嵬】也作崔巍,(山、建筑物等)高大雄伟。嵬(wéi)。

催 1·WMW ①催促:快～一下。②使加快进程:～肥l～眠。
【催青】用人工方法促使蚕卵孵化。

摧 1·RMW 折断,破坏:～折l～毁l～残l～坏。

漼 3·IMWY ①水深的样子。②眼泪流下的样子。③古水名,即淮水,在湖南。

璀 3·GMWY 【璀璨】形容玉的光泽鲜艳。

脆 4·EQD ①易破碎、断裂:这纸太～。②声音响亮:清～。

萃 4·AYW ①聚集:荟～。②聚集的人或物:出类拔～。③姓。

啐 4·KYW 用力吐:～了一口痰。

淬 4·IYWF 淬火,工件热处理方法。也称蘸火。

悴 4·NYWF 【憔悴】形容人瘦弱,面色不好看。

瘁 4·UYW 过度劳累:鞠躬尽～l心力交～。

粹 4·OYW ①纯粹:～白l～而不杂。②精粹,精华:国～。

翠 4·NYWF ①青绿色:青松～柏l～竹。②指翡翠鸟:点～。③翡翠,一种硬玉:珠～。

毳 4·TFNN ①鸟兽的细毛。②指丝绒。

cun

邨 1·GBNB ①"村"的异体字。②用于人名。

村 1·SF ①乡村,村庄。②城市新建的住宅区:东园新～。③粗俗:～野。

【村塾】农村中的私塾，也叫村学。

皴 1·CWTC ①皮肤粗糙或受冻开裂：手～了。②中国画显示山石纹理和阴阳面的技法。③〈方〉皮肤上的积垢：满身是～。

存 2·DHB ①存在，活着：生～。②保留，保存：～根。③积存：～款。④寄存：～车。⑤结存：库～。⑥心里怀着：～心。

【存照】①保存契约等以备查考。②保存的备查契约。

【存执】存根。

蹲 2·KHUF 〈方〉脚、腿猛然落地受伤：～了脚。

另见 dūn。

忖 3·NFY 揣度：～度｜思～｜自～。

寸 4·FGHY ①长度单位。②形容极短或极小：～步难行。

【寸断】断成许多小段：肝肠～（形容极度悲伤）。

【寸口】中医指手腕上可按到脉搏的地方。

【寸阴】形容很短的时间。

【寸心】①心里，心中：得失～知。②一点心意：略表～。

cuo

搓 1·RUD 摩擦，揉搓：～手｜～绳｜～衣服。

瑳 1·GUDA 玉色洁白明亮：～兮～兮，其之展也。泛指颜色洁白。

磋 1·DUD ①把象牙加工成器：切～。②研究商量：～商｜

～磨。

蹉 1·KHUA 【蹉跎】时间白白地浪费：～岁月。

撮 1·RJB ①聚合，归拢：把土～起来。②用手指捏取细碎物：～盐。③摘取资料：～要。④量词：一～盐。

另见 zuǒ。

【撮合】从中说合。

【撮弄】①捉弄。②教唆，煽动。

嵯 2·MUD 【嵯峨】山势高峻。

瘥 2·UUDA 疫病。

另见 chài。

鹺(鹾) 2·HLQA ①咸味。②盐。

脞 2·TDW 身材矮小：～子。

痤 2·UWW 痤疮，一种皮肤病，多生于青年人的面部，通常为小红疙瘩。

酂(酇) 2·TFQB ①古地名，在今河南永城。②用于地名：～阳｜～城（均在河南永城）。

另见 zàn。

脞 3·EWW 【丛脞】细碎而又烦琐。

挫 4·RWW ①挫折，失败：受～。②压下，降低：抑扬顿～。③打击：力～群雄。

莝 4·AWWF ①铡碎的草。②铡草。

锉(銼) 4·QWW ①锉刀；用锉刀挫。②古同"挫"。

厝 4·DAJ ①放置：～火积薪。②停柩：暂～｜浮～。

措 4·RAJ　①安排，处置：～施。②筹划：筹～款项。

楷 4·SAJG　①树皮粗皱。②用于地名：～树园（在湖南）。

错（錯） 4·QAJ　①镶嵌，涂上：～金。②打磨玉石的石头：它山之石，可以为～。③磨：不琢不～。④交叉：盘根～节|纵横交～。⑤错误，过失。⑥坏、差：这东西不～。⑦岔开：～开。⑧失去：～过机会。

D d

da

聋 ¹·DBF　耳朵大。

【聋拉】下垂:~着头。

哒(噠) ¹·KDP　象声词,形容枪声等:~~枪声。

搭 ¹·RAWK　①支,架:~桥。②附挂:毛巾~在肩上。③连接:两根线~上了。④乘,坐:~车。⑤加上;配合:再~上一个人帮忙|两种材料~着用。

嗒 ¹·KAWK　象声词,形容马蹄声和枪声等。
另见 tǎ。

铩(鎝) ¹·(QAWK)　铁铩,翻土工具。

褡 ¹·PUA　【褡裢】①一种中间开口、两头装物的长口袋。②摔跤运动员穿的上衣。

答 ¹·TW　同"答"dá,用于口语"答应""答理"等词。

答 ²·TW　①回答,回复:~题。②还报:~谢。

打 ²·RS　量词。十二个为一打:一~铅笔。英语 dozen。

打 ³·RS　①击,敲:~鼓。②某种动作:~鱼|~水|~电话|~包|~毛线|~伞。③打碎:鸡飞蛋~。④发生与人交涉的行为:~官司。⑤定出:~主意。⑥买:~油。⑦采取某种方式:~官腔|~比喻。⑧定(某种罪名):~成右派。⑨自从:~那以后。

【打诨】演戏时演员即兴讲笑话逗乐。

【打醮】道士设祭坛做法事。

【打烊】〈方〉商店关门停止营业。

【打秋风】旧时指假借各种名义向别人索取财物。也叫打抽丰。

【打油诗】一种语言通俗、格律随便的诗,传说为唐人张打油所创。

【打摆子】患疟疾。

达(達) ²·DP　①通,到:四通八~。②达到,实现:目的已~|~成意向。③告知:传~。④懂得透彻:通~事理。⑤位高权重:~官贵人。

【达人】①通达情理或达观的人。②在某方面精通的人,高手。

【达观】乐观,对事情看得开。

莲(蓬) ²·ADPU　【䓹莲菜】草本植物,叶子菱形,嫩叶可食。

䃶(磜) ²·(DDP)　①卵石,用于地名:~石(在广东)。②古代石筑水利工程。
另见 tǎ。

铋(鏣) 2·(QDP) 人造放射性金属元素,符号 Ds。

鞑(韃) 2·AFDP 【鞑靼】①我国古代对北方少数民族的统称。②俄罗斯联邦的民族之一。

沓 2·LJF 量词,叠:一~信纸|三~钞票。
另见 tà。

怛 2·NJG ①忧伤,痛苦:~伤|痛~。②畏惧。③惊吓。

妲 2·VJG 【妲己】商纣王的妃子。

炟 2·OJGG ①光辉照耀。②用于人名,东汉章帝名刘炟。

笪 2·TJGF ①用于晾晒的粗竹席。②拉船用的竹索。③姓。

靼 2·AFJG 【鞑靼】①我国古代对北方少数民族的统称。②俄罗斯联邦的民族之一。

瘩 2·UAW 【瘩背】中医称生在背上的痈。

瘩 5·UAW 【疙瘩】①皮肤上或肌肉上生长的块状物。②小球形或块状的东西。③不易解决的问题。

大 4·DD ①与"小"相对。②程度深:~红|~好。③敬辞:~作。④年长或排行第一:~伯。⑤〈方〉父亲或叔伯。⑥再:~后天。⑦古同"太"或"泰"。⑧在时令或节日前表示强调:~清早|~年初一。⑨不很准确翔实:~概。
另见 dài。

【大内】皇宫。

【大示】尊称朋友的来信:~读悉。

【大观】形容事物丰富多彩:洋洋~|蔚为~。

【大建】农历的大月。也叫大尽。

【大班】旧指洋行经理。

【大篆】①籀文。②泛指小篆以前的各种古文字。

【大藏经】佛教经典的总称。

墶(墶) 5·FDPY 【圪墶】①同"疙瘩"。②小山丘:山~。

跶(蹉) 5·KHDP 【蹦跶】蹦跳:别~了。

呆 1·KS ①愚蠢:痴~。②不灵活,死板。③同"待"(dāi)。

呔 1·KDYY 叹词,突然大喝一声,使人注意:~!住口!
另见 tǎi。

待 1·TFFY 停留:~一会|在杭州~了一年。也作"呆"。

待 4·TFFY ①等候,等待:~命。②招待,对待。③将要:~要出去。

歹 3·GQI ①坏,恶:~徒|好~。②坏事:为非作~。

逮 3·VIP 捉,捕,在口语中单用:~蝗虫|~老鼠。

逮 4·VIP ①到,及:力有未~。②逮捕,捉拿。

傣 3·WDW 傣族,我国少数民族。主要分布在云南。

大 4·DD 义同"大"(dà)。用于大夫、大王(山~)等。
另见 dà。

轪(軑) 4·LDY 古代车毂上包的铁帽,也指车轮。

代 4·WAY ①代替,代理:~办|~县长。②时代:古~。③辈次:老一~。④地质分期的第二

级:新生~。⑤朝代:清~。

垡 4·WAFF 用于地名:~湾(在江苏)。

岱 4·WAMJ 泰山的别称。也叫岱宗、岱岳。

玳 4·GWA 【玳瑁】爬行动物。形状像龟,长可达一米多。背壳角质可制饰品。

贷(貸) 4·WAM ①借入或借出:~款。②推卸:责无旁~。③宽恕:严惩不~。

袋 4·WAYE ①袋子,口袋。②量词:一~米。

黛 4·WAL ①青黑色的颜料,古代妇女用来画眉:粉~｜~眉。②青黑色。

甙 4·AAFD 糖苷,一种有机化合物,现称"苷"(gān)。多存于甘草、陈皮等植物体中。

迨 4·CKP ①等到:~明日来议。②趁着:~其未毕而击之。

骀(駘) 4·CCK 【骀荡】①柔和,舒畅:春风~。②放荡。

另见 tái。

绐(給) 4·XCK 欺哄。

殆 4·GQC ①几乎:伤亡～尽。②危险:百战不～｜危～。

怠 4·CKN ①懒惰,松懈:懈~｜~工。②轻慢:~慢。③疲倦:倦~无力。

带(帶) 4·GKP ①带子。②区域:江浙一~。③携带,捎带。④带领。⑤附带,连带,带有。⑥轮胎:车~。⑦白带:~下。

埭 4·FVI 土坝,多用于地名:石~(在安徽)。

靆(靆) 4·FCVP 【叆靆】云彩很厚的样子:乌云~。

戴 4·FALW ①穿戴:~帽子。②拥护,尊敬:爱~｜拥~。③感激:感恩~德。④姓。

---

dan

丹 1·MYD ①丹砂,又叫朱砂。②朱红色:~心｜~枫。③中成药剂型:灵~妙药。

【丹青】红和青色的颜料。借指绘画。

【丹田】指人体脐下一寸半或三寸的地方。

【丹桂】桂花的一种,花橘红色。

担(擔) 1·RJG ①挑:~水。②承担:勇~重任。

【担待】①原谅。②承担。

担(擔) 4·RJG ①担子:货郎~。②重量单位,一担等于一百斤。③量词:一~水。

单(單) 1·UJFJ ①一个,单个。②奇数的:~数。③薄的,单层的:~衣。④单纯的:~一。⑤仅:~~一人。⑥单子:床~｜账~。

另见 chán,shàn。

【单方】民间流传的药方。

郸(鄲) 1·UJFB 【郸城】地名,在河南。

殚(殫) 1·GQU 竭尽:~力｜~思极虑。

瘅(癉) 1·UUJF 【瘅疟】中医指疟疾的一种。

瘅(癉) 4·UUJF ①因劳累造成的病:下民卒~。②憎恨:彰善~恶。

箪(簞) 1·TUJF 古代盛饭的竹器:~食壶浆(百姓用箪壶盛饭和汤劳军)。

眈 1·HPQ 【眈眈】形容眼睛注视:虎视~~。

耽 1·BPQ ①迟延:~搁。②沉溺,入迷:~乐|~于幻想。③耳大下垂:夸父~耳。

聃 1·BMFG 用于人名:老~(老子的名字)。

儋 1·WQD 姓。

【儋州】地名,在海南。

统(統) 3·(XPQ) 古代冠冕上用来系(塞耳)玉坠的带子。

胆(膽) 3·EJ ①胆囊。②胆量。③似胆的东西:瓶~。

疸 3·UJG 人体症状,又叫黄疸或黄病,由血液中胆红素增高引起。

掸(撣) 3·RUJF 用掸子掸:~灰|~衣服。

另见 shàn。

赕(賧) 3·MOO 〈傣语〉奉献:~佛。

亶 3·YLKG ①实在,诚信:~厚|~信。②姓,汉代有董诵。

石 4·DGTG ①旧容量单位,1石为10斗。②古代重量单位,120斤为1石。

另见 shí。

旦 4·JGF ①天亮:通宵达~。②日,天:毁于一~。③旧戏曲中扮演妇女的角色:老~|花~。

但 4·WJG ①只:~愿如此|不~这样。②连词,但是。③姓。

蜑 4·NHJG 【蜑民】旧时广东、广西、福建一带以船为家的居民。

诞(誕) 4·YTHP ①诞生;生日:~辰|华~|寿~。②荒唐:怪~|虚~。

僤(僤) 4·(WUJF) 盛,大:我生不辰,逢天~怒。

惮(憚) 4·NUJ 怕,畏惧:肆无忌~。

弹(彈) 4·XUJ ①弹子,弹丸:铁~子。②内装爆炸物,具有破坏和杀伤力的东西:枪~|炮~|~导~。

另见 tán。

菡 4·AQVF 【菡萏】荷花的别称。萏(hàn)。

啖 4·KOO ①吃:~饭。②以利诱人:~以重利。

淡 4·IO ①稀薄,不浓;不咸。②色浅:~黄。③冷淡:~然处之。④不旺:~季。

【淡泊】不追求名利:~明志。也作澹泊。

【淡竹】竹子的一种,茎高节长。

氮 4·RNO 氮气,一种气体原素,符号 N。可制氮肥。

蛋 4·NHJ ①鸟、龟、蛇等所生的卵。②像蛋的东西:山药~。

澹 4·IQDY 安静:恬~|~然|~泊。

另见 tán。

憺 4·NQDY ①安定,恬静:羌声色兮娱人,观者~兮忘归。②忧愁,畏惧:~畏。

当(當) 1·IV ①充当,担任,承担。②掌管:~家。

③相称:相~。④应当:~断不断。⑤面对:~面。⑥正在那时候或那地方:~时|~场。⑦指器物的顶部:瓦~。

当(噹)　1·IV　象声词,金属撞击声:铃儿响叮~。

当(當)　4·IV　①合适:恰~。②抵得上:以一~十。③作为:~作|安步~车。④以为:我~你走了。⑤事情发生的同时:~天。⑥抵押借钱:~铺。

珰(璫)　1·GIVG　①耳坠,妇女戴在耳垂上的饰品。②汉代宦官帽上饰品,后指宦官。

铛(鐺)　1·QIV　象声词,金属撞击声。
另见 chēng。

裆(襠)　1·PUIV　①两条裤筒相连之处:横~|直~|开~裤。②两腿的中间:胯~。

笒(簹)　1·TIVF　【筼笒】①一种生长在水边的大竹子。②湖名,在福建厦门。③用于地名:~街(在福建)。

挡(擋)　3·RIV　①阻拦,遮蔽:~住|~风。②遮挡的东西:炉~。

挡(擋)　4·RIV　【摒挡】收拾,料理:~一切|~行李。

党(黨)　3·IPK　①政党。②因私利结成的小集团:结~营私。③旧指亲属:父~|母~|妻~。④古代乡里组织,五百家为党:乡~。⑤偏袒:~同伐异。⑥姓。

谠(讜)　3·YIP　正直的(言论):~言|忠规~论。

榶(檔)　3·(SIPQ)　乔木,又叫食茱萸,有刺,果实可入药。

凼(IBK)　4·IBK　塘;水坑;田地里沤肥的小池子:水~|~肥。

垱(壋)　4·FIVG　〈方〉①横筑在河中或低洼田地中以挡水的堤:筑~|挖塘。②用于地名:绳湾~(在江西)。

档(檔)　4·SI　①存放档案用的带格子的橱:归~。②档案:存~。③档儿:床~儿|桌子横~儿。④等级:上~次。⑤〈方〉货摊,摊档:鱼~|大排~。⑥量词,件,桩:一~子事。

砀(碭)　4·DNR　带花纹的石头。
【砀山】地名,在安徽:~梨。

荡(蕩)　4·AIN　①摇动:~桨|动~|~秋千。②洗涤,清除:涤~。③放纵:放~。④浅水湖:芦花~。⑤闲逛:游~。

璗(鐺)　4·INRY　①黄金的别名。②一种玉。

宕(PDF)　4·PDF　①放纵,不受拘束:流~|跌~|豪~。②拖延:延~|推~。③石矿:石~。

莙(APD)　4·APD　【莨莙】多年生草本植物。全株有黏性腺毛和特殊臭气。全草可入药。莨(làng)。

dao

刀　1·VN　①刀子,形状像刀的东西。②量词,纸张单位,通常一刀为100张。③姓。④量词,美元 dollar 的俗称。

【刀俎】比喻宰割者或迫害者:人为～,我为鱼肉。俎:砧板。

【刀锯】古代刑具,用于割刑和刖刑。泛指刑罚。

【刀笔】①旧指有关公文案卷的事。②旧指写状子,判案文字的事。

叨 1·KVN 另见 tāo。

【叨叨】没完没了地说:～不休。

【叨唠】①翻腾:把衣服～出来晒晒。②旧事重提:过去的事还～什么。

忉 1·NVN 【忉忉】形容忧愁的样子:忧国意～。

舠 1·TEVN 古代一种像刀的小船:河不容～。

鱽(魛) 1·QGVN 形状像刀的鱼,通常指带鱼或鲚鱼。

氘 1·RNJ 氢的同位素之一,符号 D。用于热核反应。

捯 2·RGCJ 〈方〉①双手替换着把线或绳子拉回或绕好:～线。②追溯,追究:～老账。

导(導) 3·NF ①带领,指导:～游|～读。②传导:～热。③向导:前～。④疏通:～淮入海|疏～人流。

岛(島) 3·QYNM 海、洋、河、江、湖中四面环水的陆地。

捣(搗) 3·RQYM ①舂:～米。②捶打:～衣。③搅扰:～乱。④撞击,冲击:直～敌营。

倒 3·WGC ①倒下,倒塌。②垮台:～闭。③调换,转换:～班。④倒买倒卖:～汇。

【倒嚼】反刍的通称。也作"倒噍"。

【倒茬】作物轮作。在同一块土地上接种另一种作物。

【倒板】导板,戏曲唱腔板式的一种,一般用在成套唱腔的开头。

倒 4·WGC ①颠倒:本末～置。②反面的,相反的:～彩|～算|～找钱。③倾倒:～垃圾。④后退:～车。⑤相反:这样～好。

祷(禱) 3·PYD ①向神祷告求福:祈～。②写信时表示请求或盼望的套语:盼～|为～|是所至～。

蹈 3·KHEV ①跳动,顿脚踏地:手舞足～。②践踏:赴汤～火。

到 4·GC ①到达。②往:～家去。③周到:照顾不～。④表示结果:见～。

帱(幬) 4·MHD 覆盖:如天之无不～也。
另见 chóu。

焘(燾) 4·DTFO 同"帱"。
另见 tāo。

盗 4·UQWL ①偷:～窃|掩耳～铃。②强盗:海～。

【盗汗】因病睡眠时出汗。

悼 4·NHJH 悼念:哀～|追～|～亡。

道 4·UTHP ①路,方向,途径:～路|志同～合。②道理。③说,讲:能说会～。④道德。⑤技艺,技术:花～|茶～。⑥属于道教的,也指道教徒:～士|老～。⑦某些封建迷信组织:一贯～。⑧我国历史上行政区划名称。⑨细长的痕迹或线条。⑩量词:一～题|一～门|一～命令|一～手续。

【道行】僧道修行的功夫。比喻技能本领。行(heng)。

【道情】曲艺一类，以唱为主。有的地方也叫渔鼓。

【道林纸】高级胶版纸和书写纸的通称，美国道林公司最初制造。

稻 4·TEV　水稻，重要粮食作物：～米｜～草｜～谷。

纛 4·GXF　①古代军队或仪仗队的大旗。②皇帝车上用的一种装饰物。

de

嘚 1·KTJF　马蹄踏地声。

得 2·TJ　①得到。②适合：～体｜～当。③得意：怡然自～。④可以，能：不～无礼。⑤表示同意、无奈的语气：～，就这样吧。

得 5·TJ　助词①表示可能或许可：吃～下｜做不～。②表示结果和程度：写～好｜好～很。
另见 děi。

锝（鍀）2·QJGF　第一个人造放射性元素，符号 Tc。

德 2·TFL　①道德，品德。②心意：同心同～。③恩惠：恩～。

地 5·F　助词：合理～安排工作｜慢慢～走。
另见 dì。

的 5·R　助词①表示修饰和所属关系：好～书｜我～车。②组成的字结构：读书～。③表示肯定：他是新来～。
另见 dī,dí,dì。

底 5·YQA　助词：旧同"的"：我～家。
另见 dǐ。

dei

得 3·TJ　①必须：你～去。②估计必然如此：落后就～挨打。
另见 dé,de。

den

扽 4·RGBN　用力拉：绳子～断了。

deng

灯（燈）1·OS　①用来照明发光或加热的器具：电～｜酒精～。②灯彩：看～｜张～结彩。③指电子管：五～收音机。

登 1·WGKU　①上；升：～山｜～陆。②刊登；记载：～报｜～录。③同"蹬"：～三轮车。④谷物成熟：五谷丰～。

噔 1·KWGU　象声词，重物撞击声。

璒 1·GWGU　一种像玉的石头。

簦 1·TWGU　古代有柄的笠，类似雨伞。

蹬 1·KHWU　①踩，践踏：～三轮车｜～他一脚。②穿（鞋）：脚～长筒靴。

蹬 4·KHWU　【蹭蹬】遭遇挫折，不得意。

等 3·TFFU　①等同：大小不～。②等级：特～。③等候：～一下。④表示多数或举例未尽。

戥 3·JTGA ①一种称量药品、金银等用的小秤。②用戥子称。

邓(鄧) 4·CB 姓。

【邓林】古代神话传说中的树林。

凳 4·WGKM 凳子,没有靠背的坐具:方~|板~。

嶝 4·MWGU 山上可攀登的小路:云萦九折~,风卷万里波。

澄 4·IWGU 使液体的杂质沉淀:水~清了。

另见 chéng。

磴 4·DWGU ①石头台阶。②量词,用于台阶或楼梯的层级。

瞪 4·HWG ①瞪眼,睁大眼睛注视:眼睛一~。②(眼睛)发愣:目~口呆。

镫(鐙) 4·QWGU 马鞍两边供踏脚之物:马~。

---

di

氐 1·QAY ①我国古代少数民族,曾建十六国中的前秦与后凉。②星宿名,二十八宿之一。

氐 3·QAY 根本:尹氏大师,维周之~。

低 1·WQA ①跟高相反:房子~|~声|觉悟~|~价。②俯,头向下垂:~头。

的 1·R 的士,英语 taxi 的读音,出租运营车辆:打~|~哥。

的 2·R 真实,实在:~确|~当|~证。

的 4·R 箭靶的中心:目~|有~放矢。

另见 de。

瓶 1·UDQ 公羊:~羊触藩(公羊的角缠在篱笆上不得脱身,比喻进退两难)。

堤 1·FJGH 沿河或沿海修筑的防水建筑物:~岸|~坝。

提 1·RJ 用于"提防""提溜"等词。

另见 tí。

【提溜】用手提着着:~着一篮菜。

碑(碀) 1·(DUJF) ①古代染缯用的黑石。②用于人名,汉代有金日(mì)碑。

鞮 1·AFJH ①古代的一种皮鞋。②姓。

滴 1·IUM ①滴落。②滴落的液体:水~。③量词:一~水。

【滴沥】象声词,雨水下滴的声音。

【滴水】①瓦背向下的滴水瓦的瓦头。②房屋之间为房檐雨水落下而留的空隙。

镝(鏑) 1·QUM 稀土金属元素,符号 Dy。

镝(鏑) 2·QUM ①箭头:锋~。②箭:鸣~。

狄 2·QTOY ①我国古代对北方少数民族的统称。②姓。

荻 2·AQTO 类似芦苇的草本植物,多生在路旁和水边。

迪 2·MP 开导,引导:启~。

頔(頔) 2·(MDMY) 美好。

笛 2·TMF ①笛子。②响声宏亮的发音器:汽~。

籴(糴) 2·TYO 买进粮食:日~|太仓五升米。

敌(敵) 2·TDT ①仇敌。②抵挡:所向无~|寡不~

众。③相当:势均力～。

涤(滌) 2·ITS ①洗:洗～。②除,清除:～荡|～除。

觌(覿) 2·FNUQ 相见:～面。

髢 2·DEBB 假发。

嘀 2·KUM 【嘀咕】①小声说;私下里说。②猜疑,犹疑:心里有点～。

嫡 2·VUM ①封建宗法制度中称正妻,与"庶"相对:～子。②血统最近的:～亲兄弟。③正宗的,正统的:～系|～传。

蹢 2·KHUD 蹄子。
另见 zhí。

翟 2·NWYF ①长尾巴的野鸡。②古代思想家墨子名"翟"。③我国古代民族名。同"狄"。④姓。
另见 zhái。

邸 3·QAYB ①旧指高级官员的住所:官～|私～。②姓。

诋(詆) 3·YQAY 毁谤,诬蔑:～毁他人名誉。

坻 3·FQA 【宝坻】地名,在天津。
另见 chí。

抵 3·RQA ①支撑:把门～住。②抗拒:～制。③顶替;相当:～消|收支相～。④到达:～达。⑤牛羊等用角顶、触。
【抵牾】抵触,矛盾。
【抵死】拼死。

芪 3·AQAY 有机化合物,可用于制染料等。
另见 zhǐ。

底 3·YQA ①底部,末尾:海～|年～。②事情的根源或内情:

摸～。③底子,根底:家～|打～|寻根究～。④底子,图案的衬托面:白～红花。
另见 de。

砥 3·SQA 树根:根深～固|～固则生长。

砥 3·DQAY ①细的磨刀石:厉利剑者必以柔～。②磨:缮甲～兵。
【砥砺】①磨炼:～意志。②勉励:相互～。
【砥柱】山名,也叫三门山、底柱山,在河南三门峡:中流～。

骶 3·MEQY 身体腰和尾骨之间的部位。

地 4·F ①地球,地壳;土地,田地。②地区,地点。③境地,位置:置于死～|设身处～。④底子,图案的衬托面:黑～白花。⑤路程:一里～。
另见 de。
【地支】子、丑、寅、卯、辰、巳、午、未、申、酉、戌、亥十二支的总称。
【地黄】多年生草本植物。根入药。

玓 4·GQYY 【玓瓅】形容珠光闪耀。瓅(lì)。

茋 4·ARQY ①莲子。②用于地名:～茨塘(在湖南)。

枤 4·SDY 树木孤高独立的样子:有～之杜,其叶湑湑。
另见 duò。

弟 4·UXH ①弟弟:胞～。②同辈比自己小的男性。③男性朋友间的谦称。④姓。

递(遞) 4·UXHP ①传递,传送:投～。②顺次:增～|～降。

娣 4·VUX ①古时姐姐称妹妹为娣。②古代妇女称丈夫的弟

媳为娣，称丈夫的嫂子为姒。③旧
指同夫的诸妾。年长为姒，年幼为
娣。④姓。

睇 4·HUXT　斜着眼看:斜～。

第 4·TX　①次序:次～|品～|门
～。②词头:～一。③封建社
会官僚和贵族的大宅子:府～|宅
～。④科第:及～|落～。

帝 4·UP　①宗教或神话中称宇
宙的创造者和主宰者:上～|
玉皇大～。②君主，皇帝:三皇五
～。③帝国主义的简称:反～反
封建。

谛(諦) 4·YUPH　①仔细:～
听|～视|～观。②意
义，道理:真～|妙～。

蒂 4·AUP　花或瓜果与枝相连
的部分:并～莲|瓜熟～落。

婙 4·VUPH　古书上指主管茅厕
的神。

缔(締) 4·XUP　①结合，订
立:～结|～交|～约。
②建构，构筑:～造|～构。③关
闭:取～。

琋 4·(GUPH)　[玛琋脂]用沥青
填充充材料制成的黏合材料。

褅 4·PYUH　古代一种祭祀。

碲 4·DUPH　一种非金属元素。
银白色结晶或棕色粉末。符
号 Te。

棣 4·SVI　①树名，也叫棠棣。
落叶乔木，果实似李而小，味
酸甜可吃。②姓。③同"弟"，旧多
用于书信:贤～。

蝃(蝀) 4·(JGKH)　【蝃蝀】
古书上指虹。

蹀 4·KHJH　踢;踏。

---

dia

嗲 3·KWQ　〈方〉形容撒娇的声
音或态度:～声～气。

dian

掂 1·RYH　用手托着东西估量
轻重:～量|～斤两。
【掂掇】估计;斟酌。掇(duō)。

滇 1·IFHW　①古国名，在今云
南滇池附近。②云南的别称:
～剧。

颠(顛) 1·FHWM　①顶:树
～|山～。②跌倒:～
覆|七～八倒。③颠簸:车～得很
④古同"癫"，发狂。
【颠连】①困苦。②形容连绵不断。
也作"巅连"。

巅(巔) 1·MFH　山顶:高山
之～。

癫(癲) 1·UFHM　精神错乱:
～狂|疯～。

典 3·MAW　①标准，法则:～范|
法～。②典范性书籍:字～。
③典故:出～。④典礼:开国大～。
⑤典押，典当。⑥主持:～狱长|～
试。⑦姓。

碘 3·DMA　一种非金属元素，符
号 I。紫黑色结晶。用于医药
和染料工业。

点(點) 3·HKO　①小的水滴;
小的痕迹;少量的。②
位置;地点;标志。③表示某些动
作:指指～～|～头。④部分,方
面:特～|重～。⑤指点:～化。⑥

查对,指定:～数｜～菜。⑦更点,钟点。古代一夜分五更,一更分五点。现指一小时。⑧规定的时间:到～了。⑨汉字笔画。⑩点心:早～。

【点卯】旧时官厅卯时查点上班人员。现常比喻上班或敷衍应景。

【点化】原指神仙运用法术使物体产生变化。现比喻用语言使人悟道。

踮 3·KHYK 抬起脚跟,脚尖着地:～着脚向里看。

电(電) 4·JN ①电流:发～。②闪电:雷～交加。③触电:被～了一下。④电报,发电报:通～｜～贺。

佃 4·WL 租种土地:租～｜了三亩地。
另见 tián。

甸 4·QL ①古代都城外百里之内称郊,郊外称甸。②甸子,放牧的草地,多用于地名:草～子。

钿(鈿) 4·QLG ①镶嵌金属、宝石、螺壳等的器物:宝～｜螺～。②古代用金翠珠宝等做成的花朵形首饰。
另见 tián。

阽 4·BHKG 临近:～危｜穷困之人,或～于死亡。
另见 yán。

坫 4·FHKG ①古人室内放粮食等的土台。②屏障。

玷 4·GHK ①玉上面的斑点:白圭之～。②弄脏,污损:～污。

店 4·YNHK 门闩。

店 4·YHK ①商店:书～。②旅馆,客店:住～。

惦 4·NYH 挂念:～记｜～念｜心里总～着你。

垫(墊) 4·RVYF ①衬托,铺垫:～高。②垫子:鞋～。③暂时代人支付:～钱。

淀 4·IPGH 浅的湖泊:白洋～｜荷花～。

淀(澱) 4·IPGH 沉淀:～粉。

琔 4·GPGH 玉色。

靛 4·GEPH ①靛蓝,一种蓝色染料。②深蓝色。
【靛青】深蓝色

奠 4·USGD ①用祭品向死者致敬:祭～。②建立:～定｜～基｜～都。

殿 4·NAW ①高大的房屋,特指供奉神佛或帝王受朝理事的房屋:佛～。②在最后:～后｜～军。

癜 4·UNA 皮肤上长白色或紫色斑点的病:白～风｜紫～风。

簟 4·TSJ 竹席:枕～｜晒～｜冰～银床梦不成。

diao

刁 1·NGD ①狡猾,奸诈:放～｜奸～｜～难。②挑剔:嘴～。③姓。
【刁悍】狡猾凶狠。
【刁钻】狡猾,奸诈:～古怪。

叼 1·KNG 用嘴衔住:老鹰～小鸡｜～着烟｜狼～走了小羊。

汈 1·INGG 【汈汊】湖名,在湖北汉川。

凋 1·UMF 枯萎,脱落:草木～零|～谢|～落。

碉 1·DMF 碉堡,军事上防御用的建筑物。俗称炮楼。
【碉楼】用来防守和瞭望的建筑物。

雕 1·MFKY ①一种凶猛的鸟,也叫鹫。②雕刻,雕件:～花|石～。③用彩画装饰的,雕刻着花纹的:～梁画栋|～墙。
【雕镂】雕刻。
【雕漆】在铜或木胎上涂多层漆,并雕各种花纹。我国特有工艺品。

鲷(鯛) 1·QGM 鲷科鱼类的总称,生活在海中。有真鲷、黑鲷、黄鲷等。

貂 1·EEV 哺乳动物,鼬科。身体细长,皮毛珍贵。

吊 4·KMH ①悬挂:～灯。②吊唁:～丧。③用绳子上提或下放:～水。④旧时钱币单位,一千制钱为一吊。⑤收回发出去的证件:～销执照。

锦(錦) 4·QKMH 【钌锦】扣住门窗等的铁片。

钓(釣) 4·QQYY ①钓鱼。②钓钩:下～。③用手段取得(名利):沽名～誉。

窎(窵) 4·PWQG ①深远:归来山路～|～远。②用于地名:～沟(在青海)。

调(調) 4·YMF ①调换,调动:～房|～工作。②调查:外～。③曲调,调式,声调:西皮～|C大～|～类。④论调:陈词滥～。⑤腔调:南腔北～。⑥才能风格:情～。
另见 tiáo。

掉 4·RHJ ①落;落后:～下|～队。②遗失,遗漏:～东西了|～了一句。③回转:～头。④摆动:尾大不～。⑤在动词后表示结果:把它吃～。
【掉书袋】讥讽人爱引用古书词句,卖弄才学。

铫(銚) 4·QIQ 铫子,烧开水或煎药器具,似较高的壶,砂土或金属制成:药～儿|沙～儿。
另见 yáo。

---

die

爹 1·WQQQ 父亲:～娘|孩子他～。

跌 1·KHR ①失足摔倒:～了一跤。②下降:～价|～落。③顿足:～脚。
【跌宕】也作跌荡。①放纵,不受拘束。②抑扬顿挫,富于变化。
【跌水】①突然下降的水流。②为突然下降的水流设置的台阶。

迭 2·RWP ①轮流,更换:人事更～|～为宾主。②屡次:次～起|～有发现。③及;止:忙个不～|后悔不～。
【迭次】多次。

昳 2·JRW 午后太阳偏西。
另见 yì。

瓞 2·RCYW 小瓜:瓜～|秋～。

垤 2·FGC 小土堆:丘～|蚁～(蚁封,蚂蚁洞口的小土堆)。

绖(絰) 2·XGCF 古代丧服用的麻布带子:孔子之

丧,二三子皆~以出。

耋 2·FTXF 七八十岁的年纪,泛指老年:耄~之年。

谍(諜) 2·YAN ①刺探,侦察:~报活动。②进行谍报活动的人:间~。

堞 2·FAN 城上的齿状矮墙,也叫雉堞、女墙:城~。

喋 2·KANS 另见 zhá。

【喋喋】说话说完没了:~不休。

【喋血】指战争中死伤很多,血流满地。

楪 2·SANS 用于地名:~村(在广东)。

牒 2·THGS ①简扎,古时用于书写的小木片或小竹片。②文书证件:通~。③簿籍,谱牒:图~|家~|宗谱。

碟 2·DAN 碟子,盛食物的浅小盘子:酱油~。

蝶 2·JAN 蝴蝶;似蝶的:采茶扑~|~泳|~骨。

【蝶骨】头骨之一,形状像蝴蝶。

蹀 2·KHAS 蹈,顿足:足~阳阿之舞。

【蹀躞】①小步走路的样子。②颤动,颤抖:花枝~。

鰈(鰈) 2·QGA 比目鱼的一类。形体扁薄,两眼都在右侧。

嵽(嵽) 2·(MGKH) 【嵽嵲】山高的样子。

叠 2·CCCG ①重复,一层压一层:重~|~床架屋。②折叠:~被子。③乐曲的叠奏:阳关三~。④量词,用于片状物:一~稿纸。

【叠韵】韵母相同的两个及两个以上的字相连:双声~。

【叠嶂】重叠的山峰:层峦~。

ding

丁 1·SGH ①天干的第四位,常用于顺序的第四。②人口:人~兴旺。③成年男子:壮~。④从事某种劳动的人:园~。⑤小块的东西:肉~。⑥象声词:~当。⑦碰到,遭逢:~兹盛世|~忧。⑧姓。
另见 zhēng。

仃 1·WSH 【伶仃】孤独,没有依靠:孤苦~的老人。

叮 1·KSH ①蚊子等用针形口器吸食。②再三嘱咐,追问:~嘱|~问。

【叮咛】反复嘱咐。也作丁宁。

玎 1·GSH 【玎玲】象声词,多指玉石撞击声。

盯 1·HS 集中视力看,注视:快~住他|~梢。

町 1·LSH 【畹町】地名,在云南瑞丽。
另见 tǐng。

钉(釘) 1·QS ①钉子。②紧跟着:~住对方。③督促,催问:~问。

钉(釘) 4·QS ①用钉子钉:~木板。②缝:~扣子。

疔 1·USK 疔疮,有毒的小疮,常发于脸部及四肢。

耵 1·BSH 【耵聍】耳垢,俗称耳屎:若有干~,耳无闻也。

酊 1·SGS 酊剂的简称:碘~|橙皮~。

【酊剂】生药或其他化学药物浸溶在

酒精里制成的药剂。

酊 3·SGS 【酩酊】形容大醉:遇酒即~,君知我为谁? | 喝得~大醉。

顶(頂) 3·SDM ①头顶,最高的部分:秃~ | 山~。②用头支承:~ 天立地。③抵住,支撑,顶着:~ 门 | ~ 得住 | ~ 风。④用头撞击:~ 球。⑤顶撞:~ 嘴。⑥代替:~ 替。⑦相当:一个~俩。⑧最:~ 好。⑨旧指转让和取得企业经营权或房屋租赁权:把厂子~ 了。⑩量词,用于有顶的东西:一~ 帽。

鼎 3·HND ①古代煮东西的炊具,三足两耳。②正当,正在:~ 盛。③〈方〉锅。

【鼎鼎】盛大:~ 大名。

【鼎革】除旧布新。指改朝换代。

【鼎新】革新:革故~。

【鼎峙】三方对峙。

订(訂) 4·YS ①订立:~ 约。②约定:~ 报。③改正:~ 正 | 修~。④装订:~ 书。

定 4·PG ①安定。②决定,确定。③确定的,规定的:~ 论。④约定:~ 单 | ~ 货。⑤一定,必然。

【定鼎】古指帝王定都。引申为建立王朝。

【定弦】调整琴弦。比喻打定主意。

莛 4·APGH 用于地名:茄~ 乡(在台湾)。

啶 4·KPGH 【嘧啶】一种有机化合物。无色液体,有臭味。

腚 4·EPG 〈方〉屁股:光~。

碇 4·DPGH 古代船停泊时沉落水中用来稳定船身的石块,作用如锚:起~ | 船已下~。

锭(錠) 4·QP ①锭子,纺纱机上绕线的机件:纱~。②做成块状的金属或药物:钢~ | 万应~。③量词,用于成锭的东西:一~ 墨。

diu

丢 1·TFC ①遗失:~ 钱。②扔:~ 掉。③搁置,放:~ 在一边。

铥(銩) 1·QTFC 稀土金属元素,符号 Tm。可用来制 X 射线源等。

dong

东(東) 1·AI ①东方:远~。②主人(古时主位在东,宾位在西):房~ | 股~ | ~ 道主:做~。③东主:做~。

【东宫】太子居住之处,借指太子。

【东瀛】①东海。②指日本。

崬(崬) 1·MAI 【崬罗】地名,在广西。今作"东罗"。

鸫(鶇) 1·AIQ 鸟类的一科。嘴细长而侧扁,叫声动听。为农林益鸟。

蝀(蝀) 1·(JAI) 【蝀蝀】古书上指虹。

冬 1·TUU ①冬天,冬季。②姓。

鼕(鼕) 1·TUU 象声词,形容击鼓、敲门声。

咚 1·KTUY 象声词,重物落下声或鼓声、敲门声。

氡 1·RNTU　一种放射性气体元素,符号 Rn。由镭衰变而成。

董 3·ATG　①监督管理:～理|～其成。②董事:校～。

懂 3·NAT　知道,了解:～事|～外语|一点不～道理。

动(動) 4·FCL　①移动,变动。②动作:举～。③使用:～笔|～脑筋。④感动,触动:～人|～情。⑤始作:～工。⑥往往,每每:～以百万计。

冻(凍) 4·UAI　①冰冻。②受冷,感到冷:～脚。③凝结的汤汁:肉～。

栋(棟) 4·SAI　①正梁:雕梁画～。②量词,计量房屋的单位:一～房子。

胨(腖) 4·EAI　蛋白胨,一种有机化合物。可供培养微生物。

侗 4·WMGK　侗族,我国少数民族。主要分布在贵州、湖南和广西。
另见 tóng,tǒng。

垌 4·FMG　田地,多用于地名:田～|儒～(在广东)|合伞～(在贵州)。
另见 tóng。

峒 4·MMGK　①通"洞",山洞,石洞,多用于地名:～中(在广东)。②旧时我国西南少数民族的泛称:苗～。
另见 tóng。

洞 4·IMGK　①洞穴,孔穴:山～。②透彻,清楚:～晓|～察。③在某些场合说数字时用以替代"0"。
【洞达】很明了。

【洞天】道教称神仙居住的地方。

【洞箫】即箫。因不封底而得名。

恫 4·NMG　恐惧:～吓|国大乱,百姓～恐。
另见 tōng。

胴 4·EMG　①躯干:～体(整个身体除头和四肢以外的部分)。②大肠。

硐 4·DMG　山洞、窑洞或矿坑:矿～。

dou

都 1·FTJB　①全,完全:～是。②表示加重语气:连你～来了。③已经:他～走了。
另见 dū。

兜 1·QRNQ　①口袋或袋一类的东西:裤～|网～|肚～。②做成兜形把东西拢住:用毛巾～核桃。③绕:～圈子。④招揽:～生意。⑤承担,包揽:出了事情我～着。⑥揭露:～底。⑦同"篼"。

蔸 1·AQRQ　〈方〉①某些植物的根和靠近根的茎:禾～|树～|～距。②量词,棵,丛:一～白菜|三～草。

篼 1·TQRQ　用竹、藤、柳条等做成的盛器:背～。
【篼子】竹椅捆在竹竿上做成的交通工具。似轿子。

斗 3·UFK　①古代盛酒器:玉～一双。②量粮食的器具,口大底小,成方形或鼓形。③容量单位,一斗等于十升。④像斗的东西:熨～|漏～。⑤星宿名,二十八宿之一,通称南斗。⑥北斗星的简称:～柄。⑦圆形的指纹。

【斗室】形容非常狭小的屋子。

斗(鬥) 4·UFK ①斗争,战斗。②对打:械～。③争胜:～智|～嘴。④使动物斗:～鸡。⑤凑合,接合:～榫。

抖 3·RUFH ①颤动;振动:发～|～掉灰尘。②鼓起;振作:～起精神。③全部倒出;彻底揭露:把这事儿全～出来。④指因为有钱有地位而得意:有了一点钱就～起来了。

【抖擞】振作,奋发:精神～。

钭(鈄) 3·QUF 古代酒器。另见 tǒu。

蚪 3·JUFH 【蝌蚪】蛙或蟾蜍的幼体,黑色,像小鱼。发育后长出四肢,尾消失。

陡 3·BFH ①斜度大:～坡|～立。②突然:天气～变|～然。

豆 4·GKU ①豆子。②像豆的东西:花生～。③古代盛食物的器具,形似高足盘。④姓。

【豆蔻】①多年生草本植物。形似芭蕉,种子似石榴。也称这种植物的种子和果实。②比喻少女:～年华。

逗 4·GKUP ①停留:～留。②引逗:～笑。③招引:～人喜欢。④同“读”(dòu):句～|～号。

痘 4·UGKU ①天花,一种急性传染病。②痘苗:种～。③出天花时或接种痘苗后,皮肤上出的豆状疱疹。

读(讀) 4·YFN 句读,句中的停顿。

另见 dú。

窦(竇) 4·PWFD ①孔洞:鼻～|疑～。②姓。

du

厾 1·NFCI ①〈方〉丢:～脱|～落。②用手指、棍棒等轻击轻点:～一个点儿。

【点厾】画家随意点染。

都 1·FTJB ①首都:建～。②大城市:～市|～会|通～大邑。③姓。

另见 dōu。

【都会】都市:大～。

【都督】我国古代军事长官。民国初年为省的最高军政官职。

阇(闍) 1·UFTJ 城门上的台:～台|城～。

另见 shé。

嘟 1·KFTB ①象声词,形容喇叭等声音。②〈方〉噘着(嘴)。

【嘟噜】①量词,用于连成一簇的东西:一～葡萄|一～钥匙。②舌或小舌连续颤动发声:打～。

【嘟囔】不断小声自语,也作嘟哝。

督 1·HICH 监督,指挥:～战|～促|～师。

【督抚】总督和巡抚,明清两朝的最高地方长官。

【督军】民国初年省的最高军事长官。

【督学】教育行政机关负责视察、监督学校工作的官职。

毒 2·GXGU ①对生物体有害的物质。②毒品:吸～。③毒杀,毒害。④毒辣,凶狠:下～手|心肠真～。

独(獨) 2·QTJ ①单一,独自:～木桥|～唱。②唯独:～他没有。③年老无子

的人。

顿(頓) 2·GBNM 【冒顿】汉初匈奴君主名。冒(mò)。
另见 dùn。

读(讀) 2·YFN ①念:朗~。②阅读:~书。③上学:~高中。
另见 dòu。

渎(瀆) 2·IFND ①小水渠:沟~。②轻慢,不敬:~职|亵~|冒~。

椟(櫝) 2·SFN ①柜子。②匣子:买~还珠。③棺木:棺~。

犊(犢) 2·TRFD 小牛:初生牛~|舐~之爱。

牍(牘) 2·THGD ①古代写字用的木简。②公文,书信:文~|尺~|案~|函~。

黩(黷) 2·LFOD ①污浊。②贪污:私~。③轻率,滥用:穷兵~武|~武主义。

髑 2·MEL 【髑髅】死人头骨,骷髅。

肚 3·EFG 肚子(动物的胃):猪~子|牛~|炒~片。

肚 4·EFG ①肚子,人与动物的腹部:挺胸凸~。②像肚子的东西:腿~子。

笃(篤) 3·TCF ①忠实,专心:~信。②深厚,很,甚:情爱甚~|~好。③病重:病~|危~。④〈方〉安稳,确定:~定|~好。

堵 3·FFT ①堵塞:①郁闷:心~得慌。③墙:观者如~。④量词,用于墙:一~墙。⑤姓。

赌(賭) 3·MFTJ ①赌博。②泛指争输赢:打~。

睹 3·HFT 看见:熟视无~|耳闻目~。

芏 4·AFF 【茳芏】多年生草本植物。茎可编席。

杜 4·SFG ①杜梨树。果子叫杜梨,也叫棠梨。②堵塞,闭:~绝|防微~渐|~门不出。③姓。

【杜康】即少康,夏朝帝王。传说发明酿酒。后作酒的别名。

【杜鹃】①一种益鸟。初夏时常昼夜鸣叫。又叫杜宇、布谷、子规。②常绿或落叶灌木。又叫映山红。

【杜蘅】多年生草本植物,开紫色小花。根茎可入药。

【杜仲】落叶乔木。树皮可入药,有滋补和镇静作用。

妒 4·VYNT 嫉妒:嫉贤~能|~能害贤。

度 4·YA ①计量长短的标准,尺码:~量衡。②达到的程度:热~|温~|浓~。③计量单位:弧~|北纬 20 ~。④次,回:几~春秋|再~出国。⑤限度:过~|高~。⑥器量:气~不凡。⑦仪表,风采:风~。⑧过,度过:~假。⑨章程,准则:法~|制~。⑩量词,次:再~|一~。⑪打算,计较:置之~外。
另见 duó。

渡 4·IYA ①过渡,渡过:横~长江。②渡口,渡头:野~无人舟自横。

𨧀(𨨏) 4·(QSF) 人造放射性元素,符号 Db。

镀(鍍) 4·QYA 用电解或其他化学方法,使金属附着在别的金属或物体上:电~。

蠹 4·GKHJ 蛀虫;蛀蚀:书~|~鱼|户枢不~。

duan

耑 1·MDMJ ①"端"的古字。②姓。

端 1·UMDJ ①端正:~坐|行为不~。②头,开头:末~|开~。③平举着拿:~茶。④项目,方面:举其一一|变化多~。⑤姓。

【端的】多见于早期白话。①果然,的确:~是好。②底细,详情:不知~的。③究竟,到底:这人~是谁。

【端倪】①事情的眉目;头绪;边际:略有~。②推测事物的始末:不可~。

【端委】事情的经过、底细。

【端砚】广东高要端溪所产的砚台。

短 3·TDG ①短小,不长。②短缺,短少:~斤缺两。③缺点:揭~|护~。

段 4·WDM ①事物划分成的段落:地~|阶~。②量词,截:一~木头|一~路。③围棋棋手的等级,最高为九段。④工矿企业的行政单位:工~|电务~。

塅 4·FWDC 面积较大的平坦地区,多用于地名:中~(在福建)。

缎(緞) 4·XWD 缎子,一种质地厚密,一面有光彩的丝织品:绸~|锦~。

瑖 4·GWDC 一种像玉的石头。

椴 4·SWD 椴树,落叶乔木。木材用途广泛,树皮可制绳。

煅 4·OWD ①同"锻"。②中药制法,把药放在火中烧:~龙骨。

锻(鍛) 4·QWD 打铁,锻造:~铁|~工|~压。

断(斷) 4·ON ①断开。②隔断,中断。③断定,判定:诊~。④绝对:~无此理|~然拒绝|~不能信。

簖(籪) 4·TONR 捕鱼虾的竹栅栏:鱼~。

dui

堆 1·FWY ①堆积。②堆积物:草~。③量词,用于成堆的人或物。④土墩,沙墩。也指水中的礁石。

【堆栈】临时堆存货物的地方。

【堆肥】草木、粪便、垃圾等堆积发酵成的肥料。

队(隊) 4·BW ①行列:排~。②有组织的集体:球~。③量词,用于成群的人或事物:一~人马|一~渔船。

对(對) 4·CF ①回答:无言以~。②向着:面~。③对面的,敌对的:~门|~手。④跟,和。⑤互相:~调。⑥对于:事不~人。⑦对待。⑧核对:~笔迹。⑨适合:~劲。⑩正确。⑪成双的:~联。⑫掺和:~水。⑬对子。⑭量词,双。

怼(懟) 4·CFN ①怨恨:怨~。②凶狠:~妻狠妾。

兑 4·UKQB ①交换:~换|汇~|~现|用鸡蛋~油。②八卦之一,代表沼泽。③相拼:把车~了。④掺和:往酒里~水。

祋 4·PYMC ①一种古代兵器,即殳,用竹木制成,无金属刃,八棱而尖。②姓。

敦 4·YBT 古时盛黍稷的青铜器,有三短足,腹圆。
另见 dūn。

镎(錞) 4·(QYBG) 矛戟柄端的平底金属套。
另见 chún。

憝 4·YBTN ①怨恨,憎恨。②坏,恶:元凶大~。

镦(鐓) 4·QYB 古代矛戟柄末的金属箍。
另见 dūn。

碓 4·DWYG 舂米的器具,由杵和石臼组成。由水作动力的碓叫水碓。
【碓房】舂米的作坊。

dun

吨(噸) 1·KGB ①公制重量单位,一吨为 1000 公斤。②计算船只容积的单位,登记吨的简称,一吨等于 2.83 立方米。

惇 1·NYBG ①敦厚,诚实:~朴|世~俗厚。②勤勉:奉~学不仕。

敦 1·YBT ①敦厚,厚道。②诚心,诚意:~请。③姓。
另见 duì。
【敦睦】使和睦:~邦交。
【敦聘】诚恳地聘请。

墩 1·FYB ①土堆:土~。②墩子:门~|桥~|石~|树~。③如墩的坐具:锦~。

礅 1·DYB ①厚而粗的石头:石~。②柱下石:磉~。

镦(鐓) 1·QYB ①冲压金属板:热~|冷~。②阉割牲畜的睾丸。
另见 duì。

蹾 1·KHYT 重重地往下放:箱子里有碗,别~。

蹲 1·KHUF ①屈腿似坐:~下|~着说。②待着或闲居:~在家里不上班。
另见 cún。

旽 3·HGB 很短时间的睡眠:打~儿。

趸(躉) 3·DNK ①整批:~批。②整批买进:~货|~买~卖。

囤 4·LGB 用竹篾、荆条等编成的贮粮器具:粮~。
另见 tún。

沌 4·IGB 【混沌】①传说中天地尚未形成前模糊一团的景象。②形容蒙昧无知,模糊不清。
另见 zhuàn。

炖 4·OGBN ①把物品放在器皿里再放入水中加热:~酒|~药。②烹调方法,用文火久煮使烂:~肉。

砘 4·DGB ①砘子,耕地后压实松土的石磙子。②用砘子把松土压实。

钝(鈍) 4·QGBN ①不锋利:~刀。②笨拙,不灵活:迟~|顽~|头脑鲁~。

顿(頓) 4·GBNM ①略停:~了一下|抑扬~挫。②忽然,立刻:~时|~止。③叩,跺:~首|~脚。④处理,安排:整~|安~。⑤疲乏:困~|劳~。⑥量词,用于某些行为次数:一~饭。

⑦姓。

另见 dú。

盾 4·RFH　①盾牌。②盾形的东西:金～。③印尼、越南等国货币名。

遁 4·RFHP　①逃避:～去|逃～。②六十四卦之一。
【遁词】指推托应付的话。

duo

多 1·QQ　①不少;数量大。②超过;有余:～了两人|十～个。③表示相差的程度大:比过去好～了。④过分的,不必要的:～心|～嘴。⑤副词,多少,多么。用于疑问句和感叹句:～大|～好。

哆 1·KQQ　【哆嗦】受到刺激后身体颤动,发抖:浑身直～。

咄 1·KBM　呵叱声:～嗟。
【咄咄逼人】气势汹汹,使人害怕。

剟 1·CCCJ　①刺、击。②削,删除。

掇 1·RCC　①拾取;采取:拾～。②〈方〉用手端(椅子等)。

墆 1·(FCCC)　用于地名:塘～(在广东)。

褡 1·PUCC　缝补破衣:补～。
【直裰】古代士大夫穿的一种便服。也指道袍和僧袍。

夺(奪) 2·DF　①抢取。②争取得到:～高产。③确定:定～。④使失去:剥～。⑤冲:～门而出。⑥胜过,超过:巧～天工|先声～人。

度 2·YA　推测,估计:揣～|忖～|审时～势。
另见 dù。

踱 2·KHYC　慢慢地走:～来～去|～方步。

铎(鐸) 2·QCF　古代宣布政令或有战事时用的大铃:鼓～|振～。

朵 3·MS　①花或苞:花～|骨～。②量词,用于花朵或花朵状物:一～花|一～白云。

垛 3·FMS　墙上向外或向上凸出的部分:门～子|城墙～口。

垜 4·FMS　①整齐地堆:～稻草。②垛成的堆:麦～|砖～。

哚 3·KMS　【吲哚】一种有机化合物,供做香料和化学试剂。

躲 3·TMDS　躲避,躲藏:～雨|～闪|～着他。

埵 3·FTGF　①坚土。②土堆:取净干盆,置灶～上。③堤防。④古代冶铸风箱的出风铁管。

弾(襢) 3·YBUF　下垂:钗横鬓～|柳～|拂窗条。

驮(馱) 4·CDY　【驮子】①牲口驮着的成捆货物:把～卸下来。②驮着货物的牲口:马～。
另见 tuó。

杕 4·SDY　古同"舵"。
另见 dì。

剁 4·MSJ　用刀向下砍:～手|碎～|～肉。

跢 4·KHM　顿足,脚用力踏:～脚|～掉鞋上的泥。

铏(飿) 4·QNBM　【馉铏】古时一种面食。

柁 4·SPX　同"舵"。
另见 tuó。

舵 4·TEPX　船或飞机等控制方向的装置:掌~。

堕(墮) 4·BDEF　掉下来:~入海中 | 如 ~ 五里雾中。

惰 4·NDA　①懒,懈怠:懒~ | 息~。②不易变动:~性气体。

E e

e

阿 1·BS ①大的丘陵:我陵我~丨顺～而下。②弯曲的地方:山～。③曲从,迎合,偏袒:～谀逢迎丨刚正不～丨～其所好。④山东东阿县:～胶。

另见 ā。

【阿附】逢迎附和。

【阿谀】用好听的话奉承别人。

【阿弥陀佛】①梵语译音,简称弥陀。也译作无量寿佛或无量光佛。后世所谓念佛,多指念阿弥陀佛名号。②信佛之人表示祈祷感谢神灵等意思。

屙 1·NBS 排泄(大小便):～屎丨～尿。

婀 1·VBS 【婀娜】姿态柔美的样子:杨柳～多姿。娜(nuó)。

讹(訛) 2·YWXN ①错误:以～传～。②讹诈:～人。

俄 2·WTR ①一会儿,短时间:～而丨～顷。②俄罗斯的简称。

莪 2·ATR 【莪蒿】多年生蒿类植物。生在水边,嫩叶可食。

哦 2·KTR 低声念,吟咏:诗成只独～丨哦～。

另见 ó,ò。

峨 2·MTR 高:巍～丨～冠。

【峨嵋】山名,在四川。也作峨眉。

涐 2·ITR 古水名,即今大渡河。

娥 2·VTR 【娥眉】①指美女细长而弯的眉毛:皓齿～。②指美人。也作蛾眉。

锇(鋨) 2·QTRT 一种金属元素,符号 Os。质地坚硬,是比重最大的金属元素。

鹅(鵝) 2·TRNG 家禽。

【鹅口疮】由霉菌感染的口腔炎症,多见于婴儿。

蛾 2·JTR ①蛾子,昆虫:飞～。②蛾眉的省称。古又同“蚁”(yǐ)。

额(額) 2·PTKM ①额头,脑门子:～角。②规定的数量:名～丨超～。③匾额:横～。

恶(惡) 3·GOGN 【恶心】①想要呕吐。②厌恶到难以忍受。

恶(惡) 4·GOGN ①坏,恶劣:～习。②凶恶:～霸。③恶劣的行为,罪行:无～不作。

另见 wū, wù。

厄 4·DBV ①灾难，困苦：～运｜困～。②险要的地方：险～。③受阻：～于风涛。

扼 4·RDB ①掐：～死｜力能～虎。② 把守，控制：～守｜～制。

苊 4·ADB 碳氢化合物的一类。无色针状结晶，可作媒染剂。

呃 4·KDB 呃逆，通称打嗝。

轭(軛) 4·LDB 驾车时搁在牛颈上的人字形曲木。

垩(堊) 4·GOGF ①供涂饰的白土。② 用白土涂饰。

噁(噁) 4·(KGHN)【二噁英】含氯强致癌有机化合物。"噁"另见 ě"恶"（恶心）的繁体字。

姶 4·VWGK ①美好的样子。②见于人名：婤～（东周时卫襄公的宠妾）。③姓。

饿(餓) 4·QNT ①饥饿：肚子～了。②使饥饿。

鄂 4·KKFB ①边际，界限。②湖北的别称：湘～。③姓。

谔(諤) 4·YKKN 言语正直：忠～。
【谔谔】直言争辩的样子。

蓴 4·AKKN 花萼，萼片，环在花最外面一轮的叶状薄片。

崿 4·MKKN 山崖：危岩峭～。

愕 4·NKK 惊讶：～然｜惊～。

腭 4·EKK 口腔的上腔，前部称硬腭，后部叫软腭。

碍 4·(DKKN) 用于地名：～嘉（在云南）。

鹗(鶚) 4·KKFG 鸟名，通称鱼鹰。性凶猛，吃鱼类。

锷(鍔) 4·QKKN 刀剑的刃：加之砥砺，摩其锋～｜刺破青天～未残。

颚(顎) 4·KKFM ①某些节肢动物摄食的器官：上～｜下～。②同"腭"。

鳄(鱷) 4·QGKN 一种凶猛的爬行动物，俗称鳄鱼。

堨 4·FJQN〈方〉堤坝，多用于地名：富～（在安徽）。

遏 4·JQWP 阻止，抑制：～止｜怒不可～。

噩 4·GKKK 惊人的，可怕的：～梦｜～耗。

诶(誒) 1234·YCT 叹词。表示招呼、惊讶、同意、不以为然等。

欸 1234·CTDW 叹词，同"诶"，表示招呼、诧异、不以为然、答应或同意。
另见 ǎi。

恩 1·LDN ①恩惠，好处：小～小惠。②亲爱：相～相爱。

蒽 1·ALDN 一种有机化合物。无色结晶，不溶于水。发青色萤光，可制染料。

摁 4·RLD 用手按：～门铃｜～电钮。

er

儿(兒) 2·QT ①小孩子:托~所。②儿子。③年轻的人:健~。④词尾:鱼~|玩~。

【儿马】公马。

【儿曹】儿辈,孩子们。

而 2·DMJ ①你,你的。②连词:大~全。③助词,在句末表示感叹。

【而立】《论语·为政》:"三十而立。"后因称三十岁为而立之年。

陑 2·BDMJ ①古山名,在今山西。②用于地名:雷~(在福建)。

髵 2·DMJE ①两颊的胡须。②姓。

另见 nài。

鸸(鴯) 2·DMJG 【鸸鹋】形状像鸵鸟的一种鸟。翅膀退化,腿长善走。产于大洋洲。

鲕(鮞) 2·QGDJ ①鱼苗。②鱼名:鱼之美者,洞庭之鱄,东海之~。

尔(爾) 3·QIU ①你:~曹。②如此,这样:果~。③那,这:~日|~时。④词尾:莞~|偶~。⑤助词,而已,罢了:无他,但手熟~。

迩(邇) 3·QIP 近:遐~闻名。

耳 3·BGH ①耳朵。②像耳朵的东西:木~|~房。③文言助词,罢了:戏言~。

饵(餌) 3·QNBG ①糕饼:果~。②鱼饵:钓~。③药饵。④引诱:~敌。

洱 3·IBG 【洱海】湖名,在云南大理。湖形如耳。

珥 3·GBG ①珠玉耳环。②剑鼻。③日月周围的光晕。

铒(鉺) 3·QBG 一种稀土金属元素,符号 Er。

二 4·FG ①数目,序数。②次等的:~把刀(形容技术较差)。③两样:不~价。

贰(貳) 4·AFM 数目字"二"的大写。

【贰臣】旧指前朝大臣投降新朝。

佴 4·WBG ①置,停留。②相次,相随。③姓。

另见 nài。

咡 4·KBG ①口旁,两颊。②用于地名:咪~(在云南)。

F f

fa

发（發） ¹·V ①送出，交付：~货。②放射：~炮。③产生，生长：~芽。④发表，表达：~言。⑤扩大；使胀大：~展｜~面。⑥散发；挥~。⑦揭露；打开：揭~｜~掘。⑧显现，流露：~怒。⑨开始行动：~起。⑩量词：一~子弹。

【发凡】①也称凡例，说明全书体例的文字。②对某一学科的概论，常作书名。

【发轫】拿掉支住车轮的木头，使车前进。比喻开端。轫：支住车轮的木头。

【发痧】〈方〉中暑。

【发蒙】旧时指教少年儿童开始识字读书。

【发祥地】原指帝王出身或创业的地方，现泛指民族、文化、革命的发源地。

发（髮） ⁴·V 头发：理~。

【发妻】结发夫妻。

【发指】极度愤怒，使人头发竖起。

乏 ²·TPI ①缺乏：~味。②疲倦，疲乏：困～。③无能，无用：~人｜~话。

伐 ²·WAT ①砍伐：~木。②攻打，讨伐：征~｜北～。

垡 ²·WAFF 〈方〉①耕地，翻土。②量词，相当于"次"。

阀（閥） ²·UWA ①在某一方面有支配势力的家族、人物或集团：军～｜财～｜学～。②阀门：水～。

筏 ²·TWA 筏子：木～｜皮～。

罚（罰） ²·LY 处罚，惩处：~款｜赏～分明。

法 ³·IF ①法律，法令，制度。②方法，方式。③效法：~其遗志。④佛教的教义：现身说～。⑤法术：斗～｜作～。⑥规范的：~帖｜~书。⑦电容单位法拉的简称。⑧姓。

【法帖】供人临摹或欣赏的书法拓本或印本。法：标准。

【法门】佛教称修行者入门的路径。后借指窍门等。

【法师】对和尚或道士的尊称。

砝 ³·DFCY 【砝码】在天平上测定重量的物体，通常为金属块或金属片。

珐 ⁴·GFC 【珐琅】①用石英、长石、硝石和纯碱等烧制成的像釉的物质，用作防护和装饰，如搪瓷和景泰蓝的表层。②珐琅制品的简称。

fan

帆 1·MHM ①风帆:扬～|云～。②帆船:千～竞发|征～。

番 1·TOL ①种;次:回三～五次。②倍:翻～。③古代指我国西部和西南部的少数民族,也泛指国外的、外族的:～邦|昭君和～|～饼|～茄。
另见 pān。
【番号】部队的编号。

蕃 1·ATO 同"番"③:～邦|～兵。

蕃 2·ATO ①茂盛:～盛|～衍。②多。③繁殖,增多。
另见 bō。

幡 1·MHTL 一种垂直悬挂的长条旗子。

藩 1·AITL ①篱笆:～篱。②诸侯的封国或属地:～镇|～属。

翻 1·TOLN ①反转,倒下:～箱倒柜|船～了。②推翻原来的:～案|～供。③越过:～山。④翻译。⑤成倍地增加:～番。⑥翻脸:闹～了。
【翻然】形容很快地转变:～然悔悟。也作幡然。
【翻茬】农作物收割后将根茬浅耕翻入土中。

凡 2·MY ①平常的:平～|～人。②总共:全书～ 30 卷。③凡是。④人世间:～世|下～。⑤大概,要旨:大～|发～。⑥我国古代

乐谱记号,相当于简谱的"4"。
【凡例】说明图书编辑体例的文字。
【凡响】平凡的音乐:不同～。
【凡士林】石蜡与重油的混合物。工业上用作防锈和润滑,医药上用以制油膏。英语 vaseline。

矾(礬) 2·DMY 某些金属硫酸盐的含水结晶:明～|胆～|绿～。

钒(釩) 2·QMYY 一种金属元素,符号 V。银白色,在常温下不易氧化。

氾 2·IBN 姓。

烦(煩) 2·ODM ①烦闷,厌烦。②琐细,繁杂:～杂|～冗。③烦劳:～请帮忙。

墦 2·FTOL 坟墓:～冢。

璠 2·GTO 美玉:有斐君子,如珪如～。

燔 2·OTO ①焚烧:～烧。②炙烤:～肉。

镭(鐇) 2·(QTOL) 古代的一种铲子,也指铲除。

鹴(鷭) 2·(TOLG) 骨顶鸡,头颈黑色,生活在河流沼泽。

蹯 2·KHTL 兽足:熊～。

樊 2·SQQD ①篱笆:～篱|～笼。②姓。

繁 2·TXGI ①繁多,复杂:～杂|～星。②茂盛:花木～茂。③繁殖:～育。
另见 pó。

蘩 2·ATXI 白蒿,草本植物,可入药。

反 3·RC ①与"正"相对。②反抗,反对。③翻转:～复。④

回,还:~击|~问。⑤反而:~被诬告。⑥通"返":拨乱~正。

【反刍】倒嚼。

【反坐】以诬告别人的罪名对诬告者治罪。

返 3·RCP 回,返回:往~|~航。

犯 4·QTBN ①违反:~规。②罪犯:战~|逃~。③发作,发生:~病|~错误。④侵犯:冒~。

范(範) 4·AIB ①模子:钱~。②模范:示~|典~。③界限:~围|就~。④限制:防~疾病传播。

范 4·AIB 姓。

饭(飯) 4·QNR ①煮熟的谷类食物,多指米饭。②每天定时吃的食物:早~。

贩(販) 4·MR ①贩卖:~运。②贩子:小~|摊~。

畈 4·LRC 〈方〉①成片的田地,多用于村镇名。②量词,多用于大片的田:一~田。

泛 4·ITP ①漂浮:~舟。②透出,冒出:~红。③广泛:~论。④泛滥:黄~区。

梵 4·SSM ①关于古印度的:~语。②关于佛教的:~宫。

【梵呗】佛教念经的声音。

fang

方 1·YY ①正方形。②正直:品行~正。③方向,方面:四面八~。④办法:领导有~。⑤地点;地区:远~|~言。⑥方圆,周围:地~数千里。⑦数学上自乘的积:平~。⑧正在,方才:~兴未艾|年~十八。⑨方子:药~。⑩量词,用于方形物体:一~印章。

邡 1·YBH 【什邡】地名,在四川。

坊 1·FYN ①里巷:清河~。②牌坊:节义~。③店铺:茶~|~间。④官署名:典书~。

【坊间】街市上(旧时多指书坊)。

【坊本】书坊刻印的版本。

坊 2·FYN 作坊:油~|磨~。

芳 1·AY ①芳香,花草的香味:~草|~香。②美好的,美名:~名|流~百世。③花:群~竞艳。

【芳菲】①花草芳香艳丽。②花草。

【芳泽】①古代妇女润发用的一种有香气的油。泛指香气。②借指妇女的。③泛指容貌。

枋 1·SYN ①古书上指檀木。②方柱形木材,枋子。

牻 1·TRYN 古代称单峰驼。

蚄 1·JYN 【蚄蚄】蝗虫,一种害虫。

钫(鈁) 1·QYN ①一种放射性金属元素,符号Fr。②古代一种方口形壶。

防 2·BY ①防备,防止:预~|~病。②防守:国~。③堤,挡水的建筑物。④姓。

妨 2·VY 妨害,阻碍:不~|何~。

肪 2·EYN 【脂肪】有机化合物,存在于人体和动物的皮下组织及植物体中。

房 2·YNY ①房子，房间。②家族的一支：长(zhǎng)~|远兄弟。③旧指妻妾：填~|偏~。④星宿名，二十八宿之一。⑤姓。

鲂(魴) 2·QGYN 淡水鱼。形似鳊鱼，背部隆起。

仿 3·WYN ①仿效：~造。②类似，像：相~。③临摹字帖写的字：判~|写了一张~。

访(訪) 3·YYN ①访问。②调查，探访：采~|察~。

彷 3·TYN 【彷佛】同"仿佛"。另见 páng。

纺(紡) 3·XYT ①把纤维制成纱或线：~织。②比绸子稀疏而轻薄的丝织品：~绸|杭~。

昉 3·JYN ①明亮。②起始：~于今日。

舫 3·TEYN 船：游~|画~。

放 4·YT ①解除限制；结束：~行|~学。②发出：~电。③扩展：~大。④搁，置。⑤点燃：爆竹。⑥放牧：~羊。⑦借贷，发放：~债|~款|~粮。⑧开放：百花齐~。⑨发射：~枪。

【放青】让牲畜在青草地上吃草。

【放淤】引泥水到地里淤积使增加肥力或扩大耕地面积。

---

fei

飞(飛) 1·NUI ①飞行，飞舞。②形容快；非常：~驰|~快。③无根据的：流言~语。

妃 1·VNN 皇帝的妾，太子、王、侯的妻：贵~|嫔|王~。

【妃色】淡红色。

非 1·DJD ①错误，不对：是~。②不，不是：~同小可。③反对，责备：~议。④不合于：~法。⑤表示必须：~我不可。⑥非洲的简称。

【非笑】讥笑：受人~。

菲 1·ADJ ①花草茂盛：芳~。②从煤焦油中提取的有机化合物，可制染料、炸药。

菲 3·ADJ ①古指萝卜一类的菜。②微，薄：~礼|~食薄衣。

【菲薄】①微薄，量少质次。②瞧不起：妄自~。

【菲仪】谦辞，菲薄的礼。

啡 1·KDJ 【咖啡】用咖啡豆粉末制成的饮料。

骓(騑) 1·(CDJD) 古代指驾在车辕两边的马，又叫骖。

绯(緋) 1·XDJD 红色：两颊~红|~闻。

扉 1·YNDD ①门扇：柴~|心~。②指书籍正文前的书名或插画：~页|~画。

蜚 1·DJDJ ①古同"飞"。②无根据的：流言~语。

【蜚声】扬名：~文坛。

蜚 3·DJDJ 【蜚蠊】蟑螂的别称。

霏 1·FDJD 飘扬：烟~云敛|雨雪~~。

【霏霏】雨、雪、烟、云等很盛的样子：淫雨~。

【霏微】雾、细雨等弥漫的样子。

鲱(鲱) 1·QGDD 一种海鱼，身体侧扁而长，为重要的经济鱼类。

肥 2·EC ①含脂肪多的，不瘦的。②肥沃，使肥沃。③肥料。④肥大:裤子很~。

淝 2·IEC 【淝水】水名,在安徽,又称肥河。

腓 2·EDJD ①腿肚子。②病;枯萎:百卉俱~。

【腓骨】小腿外侧的骨头。

【腓肠肌】胫骨后面的一块肌肉,俗叫腿肚子。

胐 3·EBMH ①新月开始发光:月~星堕。②用于地名:~头(在福建)。

匪 3·ADJD ①强盗:土~。②不,非:受益~浅。

诽(誹) 3·YDJ 毁谤,说别人坏话:~谤。

悱 3·NDJD 想说又说不出来。

【悱恻】形容内心悲伤:缠绵~。

棐 3·DJDS ①辅助。②通"榧",木名,即香榧。

斐 3·DJDY 【斐然】①有文采:~成章。②显著:成绩~。

榧 3·SADD 也叫香榧,常绿乔木,种子有硬壳,仁可食用。

翡 3·DJDN 【翡翠】①一种珍贵的绿色硬玉。②一种鸟,羽毛蓝绿色,可作饰品。

筐 3·TADD 古代一种圆形竹筐。

茀 4·AGM 【蔽茀】形容树干及树叶小。
另见 fú。

肺 4·EGM 肺脏,人和高等动物的呼吸器官。

吠 4·KDY 狗叫:狂~丨鸡鸣狗~。

狒 4·QTX 【狒狒】猿一类的动物。面形像狗,身体像猴。

沸 4·IXJ 沸腾:~点。

费(費) 4·XJM ①费用:学~。②花费,耗费:~钱丨~力。③姓。

镄(鐨) 4·QXJ 一种人造放射性元素,符号Fm。

废(廢) 4·YNTY ①停止:半途而~。②废止:作~。③无用或无效的:~纸丨~话。

刖 4·DJDJ 古代砍掉脚的酷刑。

痱 4·UDJD 痱子,夏天易发的皮肤小疹。

fen

分 1·WV ①分开。②分配,分派。③分辨。④分支,部分。⑤成数:七~成绩,三~错误。⑥分数:通~。⑦计量单位名称。

【分袂】离别,分手。袂(mèi):衣袖。

【分阴】日影移动一分的时间,形容极短的时间。

分 4·WV ①成分:水~。②工作和职责的范围:本~。③分寸,界限:恰如其~。④同"份"。

芬 1·AWV 香,花草的香气:清~丨~芳(花草的香气)。

吩 1·KWV 【吩咐】口头指派或命令,嘱咐。也作分付。

纷(紛) 1·XWV 众多,杂乱:众说~纭丨大雪~飞。

【纷争】纠纷争执。

【纷披】散乱张开的样子:枝叶~。

【纷纶】多而乱。

玢 1·GWV "玢"(bīn)的又读。

【赛璐玢】一种玻璃纸,多用于包装。

氛　1·RNW　气氛,情景:欢乐的～围|战～。

拚　1·NWV　【拚拚】形容鸟飞的样子。

菜　1·AWVS　一种有香气的树。

酚　1·SGW　有机化合物的一类,由羟基与芳香环连接而成。

坟(墳)　2·FY　①高出地面的土堆。②坟墓:祖～。
【坟茔】坟墓,坟地。

汾　2·IWV　【汾河】水名,在山西。

棼　2·SSW　①麻布。②纷乱:治丝益～(理丝越理越乱,比喻将事情越搞越糟)。

翙　2·VNUV　翙鼠,也叫盲鼠。专吃植物的根、地下茎和嫩芽,对农作物有害。

焚　2·SSO　烧:～书坑儒|玉石俱～。
【焚风】气流沿山坡下降而形成的热风,易引发森林火灾。

渍(漬)　2·(IFAM)　①水边,河边高地。②水名,汝水支流。

羳(羳)　2·EFAM　①阉割过的猪。②公猪,也泛指雄性牲畜。

粉　3·OW　①粉末。②特指化妆用的粉末:涂脂抹～。③浅红色:～色的花。④淀粉制品:凉～|～丝。⑤白色或带白粉末的:～蝶。⑥粉刷:～墙。
【粉黛】化妆用的白粉和青黑色颜料,借指妇女:六宫～。
【粉刺】痤疮。

份　4·WWV　①一部分:股～。②量词,用于成件的东西:一～报纸。③表示划分的单位:省～|月～。
【份子】①集体送礼时个人分摊的钱:出～。②泛指作礼物的现金。

坋　4·FWV　①尘土:皎然不染～埃。②用于地名:古～(在福建)|石～(在广东)。

忿　4·WVNU　生气,恨:～～不平|～怒|～恨。
【忿詈】因愤怒而骂。詈(lì)。

奋(奮)　4·DLF　①振作:振～|～起直追。②举起,挥动:～臂高呼|～笔疾书。

偾(僨)　4·WFA　①仆倒:一～一起。②毁坏,败坏:～事。③紧张,激动:～兴。

愤(憤)　4·NFA　愤怒,怨恨:悲～|气～|公～。
【愤懑】气愤,抑郁不平。

鲼(鱝)　4·QGFM　鱼名。身体扁平,尾部像鞭子,生活在热带和亚热带海洋。

粪(糞)　4·OAWU　①屎:猪～。②扫除:～除。

漬　4·IOL　①水从地下喷出漫溢。②古水名,在今陕西和山西。

feng

丰　1·DHK　相貌、姿态好看:～采|～韵|～姿。

丰(豐)　1·DHK　①盛多,丰富:～收|～盛|～衣足食。②大:～功伟绩|～碑。③丰收:～年。④六十四卦之一。⑤古都名。丰与镐都是西周国都。
【丰登】丰收:五谷～。登:成熟。

【丰盈】①身体丰满。②富裕。

【丰腴】身体丰满,丰盈。

【丰赡】丰富充足。

沣(澧) 1·IDH

【沣河】河流名,在陕西。

【沣水】地名,在山东。

风(風) 1·MQ

①空气流动的现象。②借风力吹:~干。③景象:~光。④风气,风俗:古~|土~。⑤态度,作风:学~。⑥传说,无根据的:~言~语。⑦民谣,民歌:国~|采~。⑧病名:羊痫~。⑨风声,消息:闻~而动。⑩像风一样普遍流行:~尚|~行。⑪姓。

沨(渢) 1·IMQY

【沨沨】象声词,形容水声、风声等。

枫(楓) 1·SMQ

枫树,也叫枫香树,落叶乔木。深秋叶变红,俗称红叶。

砜(碸) 1·DMQY

硫酰基和烃基结合成的一种有机化合物,用于制塑料、药物等。

疯(瘋) 1·UMQ

①神经错乱:~子。②作物旺长枝叶不结果实:~杈。

封 1·FFFY

①封闭:大雪~山。②限制,局限:固步自~|~锁。③分封:~王。④封藏:~存|密~。⑤封起来的或用来封东西的物品:~套|信~|护~。⑥量词,用于封缄物:一~信。⑦大:~狐|~豕长蛇(比喻贪暴侵略者)。⑧姓。

【封泥】也叫泥封。古时公私信札上的黏土封记,上盖有印章。

【封禅】古代帝王祭祀泰山的典礼。在泰山上祭天叫封,在山南梁父山祭地叫禅。

葑 1·AFFF

即蔓菁。也叫芜菁、大头菜。

莑 4·AFFF

菰根,古书上指茭白根:四面湖泽,皆是菰~。

崶 1·MFFF

用于地名:~源庄(在河北)。

峰 1·MTD

①山峰:~峦。②似峰的东西:驼~|洪~。③量词,用于骆驼。

烽 1·OT

烽火:~燧。

【烽火】①古代边防报警所烧的烟火。②比喻战争和战火。

【烽烟】烽火。据说古代烧狼粪报警,故又叫狼烟。

【烽燧】烽火。古代边防报警,晚上点的火叫烽,白天放的烟叫燧。

锋(鋒) 1·QTD

①刀剑等锐利或尖端的部分:刀~|针~相对。②在前面带头的:先~。

【锋镝】泛指兵器,也比喻战争。锋:刀刃。镝:箭头。

蜂 1·JTD

①膜翅类昆虫,种类很多。多成群生活。②特指蜜蜂。③比喻成群地:~拥而至。

酆 1·DHDB

①古地名。在今陕西户县东。②姓。

【酆都】旧县名,今作丰都,在重庆。

冯(馮) 2·UC

姓。

逢 2·TDH

①遇见,遇到。②迎合,讨好:~迎。③姓。

淬 2·ITDH

用于地名:杨家~|田~(均在湖北)。

缝(縫) 2·XTDP　用针线连缀:~衣|~补。

缝(縫) 4·XTDP　①缝合或接合的地方:接~|衣~。②缝隙,空隙:门~|石~。

讽(諷) 3·YMQ　①用含蓄的话指责或讽刺:讥~|借古~今。②诵读:~诵。

【讽诵】抑扬顿挫地诵读。

【讽喻】修辞手段。用说故事等方式含蓄婉转地说明事理:~诗。

唪 3·KDW　佛教徒、道教徒高声念经文:~诵。

凤(鳳) 4·MC　①凤凰。传说中的百鸟之王。雄的叫凤,雌的叫凰。②姓。

【凤梨】菠萝。凤梨科草本植物。也称凤梨、黄梨。

奉 4·DWF　①恭敬地送给或接受:~送|~上|~命。②尊重,信仰:崇~|信~。③供养,伺候:供~|侍~。④敬辞:~告|~陪。

【奉祀】祭祀。

【奉为圭臬】把某些事物奉为唯一的准则。圭:日圭。臬:靶子。圭臬:比喻事物的准则。

俸 4·WDWH　①薪俸,旧称官吏的薪金:~禄|年~。②姓。

赗(賵) 4·MJHG　①用车马等财物帮助丧家办丧事。②送办丧事人家的财物。

fo

佛 2·WXJ　①佛教徒称修行圆满的人。②特指释迦牟尼。③佛像:铜~。④佛教:~家。梵语译音"佛陀"的简称。
另见 fú。

fou

缶 3·RMK　①古代盛酒用的一种口小腹大的瓦器。②古代打水的瓦器。③瓦质的打击乐器:击~。

否 3·GIK　①否定:~决。②不,不是。③用在句末表示疑问:是~。
另见 pǐ。

fu

夫 1·FW　①丈夫。②成年男子:匹~|一~当关,万~莫开。③旧称从事某种体力劳动的人:挑~|渔~。④旧称服劳役的人:~役|拉~。⑤姓。

夫 2·FW　①文言指代词,这,那:~人不言,言必有中。②文言助词,用于句首、句末,表示语气:~战,勇气也|莫我知也~。

呋 1·KFW　【呋喃】有机化合物,供制药,也是重要化工原料。

珸 1·GFWY　【珸珸】像玉的石块。

肤(膚) 1·EFW　①皮肤:肌~。②表面的:~浅。

【肤泛】浮浅空泛:~之论。

【肤廓】内容空洞浮泛。

砆 1·DFW　用于地名:~石(在湖南)。

【斌砆】同"斌玞"，像玉的石块。

木芙蓉。

铁(鐡) 1·（QFW） 铡刀：
~锤。

蚨 2·JFW 【青蚨】传说中的虫名，常借指钱。

麸(麩) 1·GQFW 麸子，小麦磨碎后的皮和碎屑。也叫麸皮。

弗 2·XJK 不：~去｜许｜自愧~如。

佛 2·WXJ 【仿佛】好像，类似。也作彷佛。
另见 fó。

趺 1·KHF 脚背，同"跗"：~坐（佛教徒盘腿端坐的姿势）。

拂 2·RXJH ①轻轻擦过：春风~面。②掸去：~尘。③甩动：~袖而去。④违背：~意。

跗 1·KHWF 脚背：~骨。也作"趺"。

莆 2·AXJJ ①杂草多，阻碍通行：道～不可行。②除（草）：~厥丰草，种之黄茂。③福气：尔受命长矣，~禄尔康矣。

稃 1·TEBG 小麦等植物花外包的硬壳：内～l外～。

怫 2·NXJ 忧郁或愤怒的样子：~郁｜～然作色。

孵 1·QYTB 孵化，孵育：~小鸡。

绋(紼) 2·XXJ 大绳，特指牵引灵柩的大绳。

鄜
1·YNJB 姓。

【鄜县】旧地名，现改为富县，在陕西。

氟 2·RNX 一种化学元素，符号F。腐蚀性强，剧毒。

敷 1·GEHT ①涂上，搽上：~药。②展开，铺开：~陈｜~设。③够，足：入不~出。④姓。

鲉 2·XJQ 鲉 bó 的又读。

【敷陈】详细叙述。

伏 2·WDY ①趴着：~案。②屈服，认罪：~罪。③低下去：此起彼~。④伏天：三~。⑤隐藏：~击｜潜～。⑥电压单位伏特的简称：电压 220 ～。

【敷衍】①叙述发挥：~成文。②做事待人不认真，应付：~塞责。

扶 2·RFW ①搀扶，支持：~老携幼。②把着，按：~着栏杆。③帮助，扶持：救死~伤。④姓。

茯 2·AWD 【茯苓】菌类植物。多寄生在松树根上，可入药，有利尿、镇静作用。

【扶桑】①落叶小灌木。花有红、白等多种。供观赏。②古代神话中海外的大桑树，据说太阳从这里出来。③旧指日本。

洑 2·IWDY ①漩涡：川多湍~。②水在地下潜流：水~地过河。③用于地名：~东（在江苏）。④姓。

【扶疏】枝叶茂盛，高低疏密有致。

【扶摇】自下而上的旋风。

【扶掖】搀扶，扶助。

浗 4·IWDY 在水里游：跑路~水。

芙 2·AFWU

【芙蕖】荷花的别称。

袱 2·PUWD 包裹或覆盖东西用的布单：包～。

【芙蓉】①荷花的别称。②木芙蓉，落叶灌木。

【芙蓉国】借指湖南省。因湖南盛产

凫（鳬）2·QYNM ①水鸟。俗称野鸭。② 游水：～水。

苻 2·AGM 草木茂盛。
另见 fèi。

苤 2·AGIU 用于地名：～兰岩（在山西）。

【苤苢】车前子，草本植物：采采～，薄言采之。

罘 2·LGI 一种捕兽的网。

【罘罳】屋檐下防鸟雀的网。也作罦罳。

孚 2·EBF ①诚信：成王之～。②使人信服：深～众望。

俘 2·WEB 俘虏：～获｜生～敌军一连｜战～。

郛 2·EBB 古代城圈外围的大城。

垺 2·FEBG ①同"郛"，外城。②用于地名：南仁～（在天津）。

莩 2·AEBF 芦苇茎里面的薄膜。
另见 piǎo。

浮 2·IEB ①漂浮。②表面的：～土。③空虚，不切实：～名｜～夸。④超过，多余：～额｜人～于事。⑤暂时的，不固定的：～支｜～财。

琈 2·GEBG 玉的色彩。

桴 2·SEBG ①小木筏、小竹筏：道不行，乘～浮于海。②鼓槌：～鼓相应。③房屋的小梁。

蜉 2·JEB 【蜉蝣】一种昆虫。幼虫生活在水中，成虫在水面飞行。寿命只有几小时到几天。

苻 2·AWFU ①同"莩"(fú)，芦苇茎里面的薄膜。②姓。

符 2·TWF ①符节，古代用来作凭证的东西，用竹、木、玉、铜等制成，上刻文字，分为两半，双方各执一半，合之以验真假：兵～｜虎～。②标记，符号：音～。③符合：相～。④道士画的驱鬼神的东西：护身～。⑤姓。

【符节】古代派遣使者或调兵时用作凭证的东西。

【符咒】道教的符和咒语。

服 2·EB ①衣服。②承担：～兵役。③服从，信服。④适应：水土不～。⑤吃：～药。⑥丧服：有～在身。⑦姓。

【服膺】牢记在心，非常信服。膺：胸。

服 4·EB 量词，中药一剂叫一服。也作"付"。

菔 2·AEBC 【莱菔】萝卜。

绂（紱）2·XDC ①古代系印章的丝带。②同"韨"。

韨（韍）2·FNHC 古代祭服的护膝围裙。

袚 2·PYDC ①古代一种除灾求福的祭祀。②清除。

黻 2·OGUC 古代礼服上半青半黑的亚形花纹。

枹 2·SQNN 用于地名：～罕（在甘肃）。
另见 bāo。

匐 2·QGK 【匍匐】爬行：～前行。

幅 2·MHG ①布匹、呢绒等的宽度：～面。②泛指宽度：～度｜振～｜～员。③量词，用于布匹、纸张、书画等。

【幅员】领土面积。幅：宽度。员：周围。

辐（輻）2·LGK 连接车轴和轮圈的木条或钢条。

福 2·PYG ①幸福,福气:鸿~。②幸福的:~地。③祭祀用的酒肉:~物。④指福建省。⑤姓。

【福地】①道教指神仙居住的地方。②幸福的地方。

【福音】①基督教徒指基督和他的门徒说的教义。②好消息。

蝠 2·JGKL 【蝙蝠】哺乳动物。头和身体像老鼠,四肢和尾之间有翼膜同身体相连。

涪 2·IUK 【涪江】水名,发源于四川,流入嘉陵江。

榑 2·SGEF 【榑桑】传说中海外的神树,日出之处:朝发~,日入于落棠。也作扶桑。

幞 2·MHOY ①幞头,古代男子用的头巾。后演变成官吏的乌纱帽。②同"袱",包被,包帕:被~。

父 3·WQU ①从事某种劳作的老年人:田~|渔~。②同"甫",古代加在男子名字后面的美称。

父 4·WQU ①父亲:~亲|~母。②对男性长辈的称呼:叔~。

叹 3·KWQY 【叹咀】①中医指把药物弄碎或切片,以便煎服。②咀嚼。

斧 3·WQR ①斧子:班门弄~。②古代兵器。

釜 3·WQF ①古代的锅:~底抽薪|破~沉舟。②古代容量单位。六斗四升为一釜。

滏 3·IWQU 【滏阳河】水名,在河北。

抚(撫) 3·RFQ ①轻轻地按着:~摩。②安慰,慰问:~恤。③保护:~养。

甫 3·GEH ①古代男子名字下的美称,后指人的表字:台~。②刚刚:年~二十。

【台甫】旧时询问别人名号的用语。

辅(輔) 3·LGEY ①加在车轮外的两根直木,增加轮辐承受力。②颊骨,面颊:~车相依。③辅助:~弼。

脯 3·EGE ①肉干:兔~。②果脯,蜜饯果干:杏~。
另见 pú。

簠 3·TGEL 古代祭祀或宴饮时盛放谷物的器具,长方形,有盖和耳:~簋俎豆,制度文章,礼之器也。

黼 3·OGUY 古代礼服上半黑半白的斧形花纹:~衣|~巾。

拊 3·RWF 拍,也作"抚":~掌大笑。

府 3·YWF ①储藏文书或财物的地方:天~|书~|~库。②政府机构或官吏办公的地方:总统~|~官。③官僚贵族的住宅:王~。④尊称对方的家:~上。⑤唐至清代高于县一级的行政区划:开封~。⑥聚集之处:乐~|学~。⑦古同"腑"。

【府库】旧时官府收藏文书或财物的地方。

【府君】旧时子孙对其先世或人们对神的敬称。

俯 3·WYW ①低头,向下,与"仰"相对:~视。②称对方行动的敬辞。多用于公文、书信:~念|~就|~允。

腑 3·EYW 中医称人体胃、胆、三焦、大肠、小肠、膀胱为六腑,心、肝、脾、肺、肾为五脏:五脏六~。

腐 3·YWFW ①腐烂。②豆腐：~竹|~乳。

频(頻) 3·(IQDM) ①见于人名,如元代书画家赵孟~。②"俯"的异体字。

讣(訃) 4·YHY 报告丧事：~闻|~告。

【讣闻】也作讣文。旧时报丧的通知。一般附死者生卒年月和经历,以及祭丧的时间地点。

洑 4·IWQY ①洑水,在水里游。②用于地名：湖~(在江苏)。

赴 4·FHH ①往,到：~任|亲~。②投入:全力以~。

付 4·WFY ①交,给：~款|~印。②量词,同"副"。③用于成对配套的东西,同"服"(fù)：一~药。

附 4·BWF ①附加的：~件。②依从：~庸。③靠近:交头~耳|~近。④依附:魂不~体。

【附议】对别人的意见表示同意。

【附丽】依附：~权贵。

【附庸】①我国古代附属于诸侯大国的小国。②受宗主国统治的国家。③泛指依附某一事物而存在的事物:六艺~。

咐 4·KWF 【吩咐】口头指派或命令。

驸(駙) 4·CWF 古代几匹马拉车,在驾辕之外的马。

【驸马】皇帝的女婿。

鲋(鮒) 4·QGW 古代指鲫鱼:涸辙之~。

负(負) 4·QM ①背负：~荆请罪。②担任：~责任。③遭受：~伤。④依仗:~隅顽抗。⑤享有:久~盛名。⑥背弃:忘恩~义。⑦欠:~债。⑧失败:胜~。⑨坏的,消极的:~面。⑩指得到电子的(与"正"相对)：~极。⑪小于零的(与"正"相对)：~数。

妇(婦) 4·VV ①已婚女子:少~。②通称女子:~科。③妻子:夫~。④古指儿媳:媳~。

【妇道】①妇女：~人家。②旧时指为妇之道。

【妇孺】妇女和儿童:~皆知。

阜 4·WNNF ①土山:山~。②盛,多:物~民丰。

复(復) 4·TJT ①转过去或转回来:反~无常|往~。②回答:~信|电~。③恢复:~课|光~。④报复:~仇。⑤再,又:~发|无以~加。⑥六十四卦之一。⑦姓。

复(複) 4·TJT ①夹衣。②重复:~写|~制。③繁复:~杂|~姓|~分数|~音词|山重水~。

【复方】①中医指两个以上成方配成的方子。②西医指成药中含有两种以上药品的:~阿司匹林。

腹 4·ETJ ①肚子。②壶、瓶等中空部分。③指内心:满~牢骚。

【腹诽】嘴上不说而心里不以为然。也作腹非。

蝮 4·JTJT 【蝮蛇】毒蛇的一种,头部呈三角形。

鳆(鰒) 4·QGTT 鳆鱼,俗称鲍鱼,海洋软体动物。

覆 4·STT ①覆盖:天～地载。②翻,翻倒:～舟。③覆灭:～没。④同"复":反～|回～。

馥 4·TJTT 香气:～郁(形容香气浓厚)。

副 4·GKL ①居次的,第二的:～品|～手。②辅助的职务:连～|大～。③符合:名～其实。④附带的:～作用|～产品|～业。⑤量词,用于成对、成套的东西:一～担子|一～眼镜。

富 4·PGK ①富裕。②资产,财产:财～。③丰富:～饶|～于感情。④姓

赋(賦) 4·MGA ①给:～予。②古代文体:汉～。③作(诗):～诗。④税:田～。

傅 4·WGE ①负责传导技艺的人:师～。②辅助,教导:～之以德艺。③附着,加上:～脂粉。④姓。

缚(縛) 4·XGE 捆绑:束～|手无～鸡之力。

赙(賻) 4·MGE 赠送钱财礼物给办丧事的人家:～金|～仪。

G g

ga

夹(夾) 1·GUW 【夹肢窝】腋下。也作胳肢窝。
另见 jiā, jiá。

旮 1·VJF 【旮旯】〈方〉①角落：墙～。②偏僻的地方：山～。旯(lá)。

伽 1·WLK 【伽马射线】即丙种射线，由镭等放射性元素放出的射线。是波长极短的电磁波，能穿透极厚的钢板，工业和医学用途广泛。
另见 jiā, qié。

咖 1·KLK 【咖喱】调味品，用胡椒、姜黄、番椒、茴香等的粉末制成。
另见 kā。

呷 1·KLH 【呷呷】形容鸭子、大雁等的叫声。同"嘎嘎"。
另见 xiā。

戛 1·DHA 用于译音：～纳（法国城市）。
另见 jiá。

嘎 1·KDH 象声词，形容短促而响亮的声音：～叭 l～吱 l汽车～的一声停住了。
【嘎嘎】形容鸭子、大雁等的叫声。

也作呷呷。

嘎 2·KDH 【嘎嘎】一种两头尖、中间粗的玩具。也作尜尜。

嘎 3·KDH 〈方〉①乖僻。②调皮：～小子。

轧(軋) 2·LNN 〈方〉①挤：～车。②核对：～账。③结交：～朋友。
另见 yà, zhá。

钆(釓) 2·QNN 一种金属元素，符号 Gd。原子能工业用作反应堆的材料。

尜 2·IDI 【尜尜】一种玩具，两头尖，中间粗。也作嘎嘎。

噶 2·KAJ

【噶伦】藏语。原西藏地方政府的主要官员。

【噶厦】原西藏地方政府名称。

尕 3·EIU 〈方〉小，表示亲爱的意思：～娃 l～李。

尴 4·DNW 【尴尬】①处境困难或事情棘手。②神色、态度不正常或不自然。

gai

该(該) 1·YYNW ①应当。②理应如此：活～。③

那个:~单位。④欠:~你两元钱。⑤加强感叹语气:那~多好啊!

陔 1·BYNW ①台阶。②层、级。③田埂:循彼南~。

垓 1·FYNW ①古数目词,指一亿,泛指数量极多。②不长草木的山。③通"陔"。
【垓下】古地名,在安徽灵璧。项羽被刘邦击败于此。

荄 1·AYNW ①草根:根~。②用于地名:花~(在四川)。

晐 1·JYNW 兼备,完备。

赅(賅) 1·MYN ①完备,齐全:言简意~ | ~备。②包括:举一~百。

改 3·NTY ①更改:~名。②修改:~作文。③改正:~邪归正 | 有错必~。④姓。
【改元】皇帝改换年号。
【改锥】螺丝刀。

丐 4·GHN ①乞求:~养。②乞丐:~帮。③给予,施予:以钱~君。

钙(鈣) 4·QGH 一种金属元素,符号Ca。石灰石、石膏等都是钙的化合物。人体缺钙会引起佝偻病、手足抽搐等。

芥 4·AWJ 【芥菜】一种蔬菜,叶子多皱纹。也作盖菜。
另见jiè。

隑(隑) 4·(BMNN 〈方〉①斜靠,倚靠。②依仗。

盖(蓋) 4·UGL ①盖子,器物上作遮蔽的东西:杯~ | 锅~。②动物背部的甲壳:乌龟~儿。③古代称伞:华~。④遮掩:~土。⑤修造:~房。⑥打上:

~印。⑦超过,压倒:气~山河。⑧大概:与会者~千人。⑨古同"盍"。⑩姓。
另见gě。

溉 4·IVC 浇灌:灌~。

概 4·SVC ①大概,总括:~况 | ~述。②一律:~不负责。③气度神情:气~。

戤 4·ECLA 〈方〉①冒牌图利:~影~(仿造商标) | ~牌(冒用商标)。②同"隑"。倚靠,依仗。

gan

干 1·FGGH ①盾牌:~戈。②冒犯:~犯。③牵连,涉及:~连 | ~涉 | 与我无~。④追求(职位、俸禄等):~禄。⑤天干:~支。⑥水边:江~。⑦量词,伙:一~人。⑧姓。

干(乾) 1·FGGH ①干燥。②干制食品:饼~。③空,虚:外强中~。④只具形式的:~笑。⑤拜认的:~妈。⑥徒然,白白地:~瞪眼。
【干支】天干和地支。
【干政】干预政事:宦官~。
【干城】干:盾牌。城:城墙。比喻保护国家的战士。
【干谒】有所请求而拜见人。

干(幹) 4·FGGH ①事物的主体或重要部分:树~ | ~线。②做,办事:~活。③干部:提~。④能干的,有才能的:~才 | 精明~练。

玕 1·GFH 【琅玕】①似珠的美玉。②指竹:窗外~弄翠影。

杆 1·SFH 细长的木棍或类似的东西:旗~|栏~。

杆 3·SFH ①较小的杆子:笔~|枪~|秤~。②量词:一~枪。

肝 1·EF 肝脏,有分泌胆汁、解毒以及储存养料等功能。

矸 1·DFH 【矸子】也叫矸石,夹杂在矿石中的废石,也指在煤里的石块。

虾 1·JFH 干犯,冒犯:白虹~日,连阴不雨。
另见 hán。

竿 1·TFJ ①竹竿:爬~|立~见影。②指垂钓:投~|垂~。③通"杆":旗~|帆~。

酐 1·SGFH 【酸酐】一种酸性氧化物:硫~|醋~。

甘 1·AFD ①甜:~泉|~苦。②情愿:不~落后。③姓。
【甘霖】久旱后下的雨。

坩 1·FAFG 盛物陶器、瓦锅:红莲饭熟出破甔,菊花酿美开新~。
【坩埚】熔化金属或其他物质的器皿。

苷 1·AAF 甘草或糖苷的简称。也叫甙(dài)。
【糖苷】糖和某些有机化合物缩合的产物。

泔 1·IAF 【泔水】淘米、洗菜、涮碗等用过的水。

柑 1·SAF 常绿灌木或小乔木,果实似橘子而大。有的地区也叫柑子。

疳 1·UAF 疾病名称:~积|牙~|下~。
【疳积】中医指儿童消化不良、营养失调的慢性病,通常为面黄肌瘦,腹部膨大等症状。

尴(尲) 1·DNJL 【尴尬】①处境困难或事情棘手。②神色、态度不正常或不自然。

秆 3·TFH 某些植物的茎:麦~|稻~|高粱~。

赶(趕) 3·FHFK ①追赶。②驱赶。③抓紧时间行动:~路。④碰上:正好~上吃饭。⑤等到:~明天再来。

擀 3·RFJF 用棍棒来回碾轧:~面条|~饺子皮。

敢 3·NB ①勇敢,大胆。②自谦冒昧之词:~烦。③表示有把握做某种判断:我不~说他能来。
【敢情】〈方〉①表示发现原来没有发现的情况:~他是你妹妹。②表示情理明显无疑:那~好!

澉 3·INB 【澉浦】地名,在浙江海盐。

橄 3·SNB 【橄榄】①常绿乔木,果实也称青果。②油橄榄的通称,枝叶在西方象征和平。

感 3·DGKN ①感受,情感:有~|好~。②内心受触动:~人。③感谢:~激|恩铭~于心。④感受风寒:外~。
【感戴】感激而拥护。
【感喟】有所感触而叹息。

鳡(鱤) 3·QGDN 淡水鱼名,青黄色,体圆筒形,嘴尖,又称黄钻、竿鱼。

旰 4·JFH 天色晚,晚上:~食宵衣(形容勤于政务)。

绀(紺) 4·XAF 一种深青带红的颜色:~青|~紫。

淦 4·IQG 姓。
【淦水】水名,在江西。

赣（贛）4·UJT　江西省的别称。
【赣江】水名,在江西。

gang

冈（岡）1·MQI　较低而平的山脊:景阳～。也作"岗"。

刚（剛）1·MQJ　①坚强;坚硬:～强丨以柔克～。②恰好:～合适。③仅仅:～能看清。④不久以前:～来。⑤姓。
【刚玉】矿物名,硬度仅次于金刚石。也叫刚石。

岗（崗）1·MMQ　同"冈"。山脊:山～丨～岭。

岗（崗）3·MMQ　①高起的土坡:黄土～。②平面上鼓起的长道子:抽得背上一道道血～子。③岗位:门～丨站～。

纲（綱）1·XM　①纲绳。②事物的最主要部分:提～。③古代指大批运输货物的组织:花石～。④生物分类的一个层次。纲以上为门,以下为目。
【纲目】大纲和细目。
【纲纪】社会秩序和社会法纪。
【纲常】三纲五常的简称。

枫（楓）1·SMQY　①青枫,落叶乔木。②用于地名:青～坡(在贵州)。

钢（鋼）1·QMQ　铁和碳的合金,含碳量在0.2%～1.7%之间。比熟铁坚硬。

钢（鋼）4·QMQ　①把刀放在布、皮上磨:～一～刀。②在刀口加钢。

江 1·UAG　姓。

扛 1·RAG　①双手举物:力能～鼎。②〈方〉抬东西。
另见 káng。

肛 1·EA　肛门和肛管的总称。

矼 1·DAG　①石桥:竹伞遮云径,藤鞋踏藓～。②用于地名:大～(在浙江)。

缸 1·RMA　盛器,一般口大底小,深于盆。用陶、瓷、搪瓷、玻璃等制成。

罡 1·LGH
【天罡】指北斗星。
【罡风】道家称天空极高处的风,也指强烈的风。

堽 1·FLGH　①堤坝。②用于地名:～城镇(在山东)。

港 3·IAWN　①江河支流:～汊。②港口。③指香港:～币。
【港纸】〈港台〉港币的俗称。

杠 4·SAG　①较粗的棍子:竹～。②体育器械:单～丨～铃。③批阅时所画的直线:打上红～。

烽 4·(FTAH)　〈方〉山冈,多用于地名:浮亭～(在浙江)。

篢 4·TGJQ　【篢口】地名,在湖南。

戆（戆）4·UJTN　〈方〉鲁莽:～头～脑。
另见 zhuàng。

gao

皋 1·RDFJ　①水边的高地:江～。②沼泽:鹤鸣于九～。③

水田:耕东~之沃壤分。④姓。

槔 1·SRD 【桔槔】一种井上提水工具。在杠杆一端系重物使水桶起落。桔(jié)。

高 1·YM ①上下距离大。②高度。③在一般标准和程度之上。④敬辞:~见。

【高汤】肉骨头或鸡等经过长时间熬煮而成的汤,烹调常用辅料。

【高祖】曾祖的父亲。

膏 1·YPK ①肥肉;脂肪;油:~粱|~腴|春雨如~。②糊状的东西:牙~。③中成药剂型。

【膏火】灯火。指夜间读书工作的费用。膏:灯油。

【膏肓】人体心与膈膜间的部分。古人认为膏肓之疾为药力所不能及:病入~|~之疾。

【膏腴】肥沃的土地。腴(yú):肥。

【膏粱】肥肉和细粮,泛指精美的食物:~子弟(泛指富家子弟)。

膏 4·YPK ①加油脂润滑:~油|~车。②蘸墨掭匀:~笔。

篙 1·TYMK 篙子,撑船用的竹竿或木杆:竹~。

羔 1·UGO ①小羊,羔子:羊~。②某些动物的崽子:鹿~。

糕 1·OUGO 用米粉等制成的块状食品:年~|蛋~。

睾 1·TLFF 【睾丸】男子或某些雄性哺乳动物生殖器官的一部分。能产生精子。

杲 3·JSU ①明亮,光明:~~日出|~日。②姓。

搞 3·RYM 做,干,办,弄:~研究|~活动|~小动作。

缟(縞) 3·XYM ①一种白色的丝织品。②白色:~

裳|~衣|~素(白衣服,指丧服)。

槁 3·SYMK 干枯:禾苗枯~|木死灰|形如~木。

镐(鎬) 3·QYM 刨土的工具:十字~。

另见 hào。

稿 3·TYM ①谷类植物的茎秆。②稿子:草~|手~|定~。

藁 3·AYMS 藁城,地名,在河北。

【藁本】多年生草本植物。夏秋开花,果实有锐棱。根茎入药。

告 4·TFKF ①用话或文字说明:~知。②控告,检举:~状|~发。③请求:~饶|~假。④表明:~辞|自~奋勇。⑤宣布,宣告:大功~成。

郜 4·TFKB ①古国名,在今山东成武。②姓。

诰(誥) 4·YTFK ①古代一种告诫性文章。②帝王对臣子的命令:~封|~命。

【诰命】①帝王对臣子的命令。②封建时代指受过封号的妇女。

锆(鋯) 4·QTFK 一种金属元素,符号 Zr,用于原子能工业及冶炼耐腐蚀合金。

答 4·TTFK ①卜具。②用于地名:~杯岛(在福建)。

ge

戈 1·AGNT ①古代兵器,横刃长柄:同室操~。②姓。

【戈壁】沙砾覆盖的沙漠。

仡 1·WTN 仡佬族,我国少数民族。主要分布在贵州。

另见 yì。

圪 1·FTN 【圪垯】①同"疙瘩"。②小山丘:山～。

纥(紇) 1·XTNN 【纥繨】绳线等打成的结:线～。
另见 hé。

疙 1·UTN 【疙瘩】①皮肤或肌肉上生长的块状物。②小球形或块状的东西:面～。③不易解决的问题:心里的～解不开。

咯 1·KTK 象声词,形容笑、鸡叫、走路等声音:～～|～噔|～吱。
另见 kǎ,lo。

饹(餎) 1·QNTK 【饹馇】绿豆面做的饼。
另见 le。

胳 1·ETK 【胳膊】上肢,肩膀以下手腕以上部分。也叫胳臂。

胳 2·ETK 【胳肢】〈方〉抓挠使发痒。

袼 1·PUTK 【袼褙】用纸或布裱糊成的厚片,用来做纸盒、布鞋等。

搁(擱) 1·RUT ①放,搁置:把书～下|耽～|～浅。②加进:再～一点盐。

搁(擱) 2·RUT 承受,禁受:～不住这么沉|心里～不住气。

哥 1·SKS ①兄。②同辈亲戚年长的男子:表～。③对年纪相仿或稍长男子的敬称:老～。

歌 1·SKSW ①唱:高～一曲。②歌曲。③歌颂:～功颂德。

鸽(鴿) 1·WGKG 鸽子。经训练可用以送信。常用作和平的象征。

割 1·PDHJ ①切断:～草。②分割,割舍:～地赔款|～爱。

革 2·AF ①皮革:西装～履。②改变:～新。③开除,撤除:～职。④姓。
另见 jí。

蛤 2·JW 蛤蜊、文蛤等瓣腮类软体动物。
另见 há。

【蛤蜊】软体动物,壳卵圆形,生活在浅海底。

【蛤蚧】爬行动物,似壁虎而大。吃蚊、蝇等小虫。中医用作强壮剂。

颌(頜) 2·WGKM ①"颌"(hé)的又读。②姓。
另见 hé。

阁(閣) 2·UTK ①类似楼房的建筑,四至八角,多建在高处:亭台楼～。②闺房:出～。③内阁:组～|～员。④放东西的架子:束之高～。

格 2·ST ①格子。②阻碍,限制:～于成例。③标准,格式:合～|不拘一～。④打:～斗|～杀。⑤研究,推求:～物。⑥姓。

【格木】常绿乔木,木材坚硬耐湿,可用造船等。

【格物】探求事物的道理。

【格致】清末讲西学的人对物理、化学等自然科学的总称。

骼 2·MET 【骨骼】人和动物体内或体外坚硬的组织,通常指内骨骼。

鬲 2·GKMH 【鬲津】古水名,发源于河北,流入山东。
另见 lì。

隔 2·BGK ①遮断,阻隔:～山～水。②间隔:～两天。

塥 2·FGK 〈方〉沙地。多用于地名:青草～(在安徽)。

嗝 2·KGKH 打嗝:打饱～。

潖 2·IGKH 【潖湖】地名,在江苏。

瓣 2·RWGR 〈方〉①两手合抱。②结交:~朋友。

膈 2·EGK 膈膜,也叫横膈膜,胸腹之间的膜状肌肉,用于收缩胸腔。

镉(鎘) 2·QGKH 一种金属元素,符号 Cd。用于核工业,与锡等合金可做保险丝。

葛 2·AJQ ①葛麻,多年生草本植物。茎叶可做饲料,块茎含淀粉。茎皮可制葛布。可供食用和药用。②用丝、棉等交织,表面有花纹的织物。

葛 3·AJQ 姓。

个(個) 3·WH 用于口语:自~儿(又作自各儿)。

个(個) 4·WH ①量词:一~。②单独的:~人。③词缀:这些~东西。

【个中】其中:~滋味。

【个子】①身材、身体的大小。②某些捆在一起的条状物:谷~。

合 3·WGK ①量词,十分之一升。②量粮食的器具,容量为一合。
另见 hé。

各 3·TK 〈方〉性格特别:这人挺~。

各 4·TK 每个,彼此不同的:~个|~种|~不相同。

舸 3·LKSK 可嘉,可称赞的:~矣富阡陌,哀哉此无粮。

舸 3·TES 大船:百~争流。

盖(蓋) 3·UGL 姓。
另见 gài。

硌 4·DTK 触到突起的硬东西感到难受或损伤:~脚|~牙。
另见 luò。

铬(鉻) 4·QTK 金属元素,符号 Cr。用于电镀或制不锈钢和高强度耐腐蚀合金钢。

虼 4·JTN 【虼蚤】即跳蚤。

gei

给(給) 3·XW ①给予,交付:~他钱。②为,替:~他干活。③让,使:不~他吃饭。④被:~人打伤了。
另见 jǐ。

gen

根 1·SVE ①植物的根子。②物体的基部:墙~。③事物的本源:祸~。④彻底地:~治。⑤方根的简称。⑥代数方程的解。⑦化学指带电的基:氨~。⑧量词:一~绳。

【根茎】也叫根状茎。横生土中,有节,节上有退化的鳞叶。如芦苇的地下茎。

【根由】来历,缘由。

跟 1·KHV ①脚跟。②跟随。③连词,和:我~他。④介词,向,对:~他说了。

哏 2·KVE ①滑稽,可笑:这话真~。②滑稽的话或表情:捧~|逗~。

艮 3·VEI 〈方〉①脾气倔或说话生硬。②食物韧而不脆。

艮 4·VEI ①八卦之一，代表山。②姓。

亘 4·GJG 空间或时间上连续不断：～古及今|绵～数十里。

茛 4·AVE 【毛茛】多年生草本植物。全草有毒，可作外用药。

geng

更 1·GJQ ①改变；变换：～改|～名。②经历：少不～事。③旧时夜间计时单位，一夜分为五更：打～|三～半夜。④〈港〉班次，班：换～。

【更番】轮流替换。

【更生】①重新得到生命，比喻复兴。②再生：～布|～纸。

【更张】调节琴弦，比喻变革。

更 4·GJQ ①更加：～好。②再，又：～上一层楼。

浭 1·IGJQ 【浭水】古水名，在今河北。

庚 1·YVW ①天干的第七位。②年龄：同～|年～。③伏天的代称：～暑。④姓。

【庚帖】也叫八字帖。旧时订婚男女双方互换的帖子，上写有姓名、生辰八字、籍贯、祖宗三代等。

赓(賡) 1·YVWM ①继续，连续：～续不断。②抵偿，补偿。

鹒(鶊) 1·YVWG 【鸧鹒】黄鹂，也作仓庚。

耕 1·DIF ①犁田：机～。②以某种手段谋生：笔～。

羹 1·UGOD 蒸煮做成糊状食品：蛋～|豆腐～|水果～。

埂 3·FGJ ①田埂，田塍：～塍。②土堤：土～。③地势高起的长条地方。

哽 3·KGJ ①声气阻塞：～咽。②食物不能下咽：～噎。

绠(綆) 3·XGJ ①汲水用的绳子：～短汲深（比喻力不胜任）。②泛指绳索。

梗 3·SGJQ ①植物的枝或茎：高粱～|菜～。②直：～着脖子。③阻碍：作～。④强硬：强～。⑤直爽：～直。⑥阻塞：～塞。⑦顽固：顽～不化。

【梗死】也叫梗塞。局部动脉堵塞，组织因缺血坏死。

鲠(鯁) 3·QGGQ ①鱼骨，针刺：如～在喉。②骨头卡在嗓子里。③正直：～直。

耿 3·BO ①光明：山头孤月～犹在。②正直：～直|～介。③姓。

【耿耿】①明亮：星河～。②形容忠诚：忠心～。③内心不安的样子：～于怀。

【耿介】正直，不同流合污。

颈(頸) 3·CAD 用于口语：脖～儿。

另见 jǐng。

硱 3·（DHE） 用于地名：石～（在广东）。

喹 4·JNGG 晒。多见于人名。

gong

工 1·A ①工人。②工作。③工日，工作量。④精致：～笔。⑤善长：～于心计。⑥我国传统乐谱记号，相当于简谱的"3"。⑦工业：化～。⑧工程：竣～。⑨功夫，技术：做～|唱～很好。

【工部】我国古代中央行政机构六部之一,掌管工程、水利、交通和屯田等。

【工尺谱】我国传统记谱法之一。包括:合、四、一、上、尺、工、凡、六、五、乙。尺(chě)。

功 1·AL ①功劳。②成效:事半~倍。③功夫:基本~。④物理学指度量能量转换的量:做~。

红(紅) 1·XA 【女红】旧指女子所做的纺织、缝纫、刺绣等工作。
另见 hóng。

攻 1·AT ①攻打,攻击。②学习,钻研:~读。③治疗:以毒~毒。④加工:他山之石,可以~玉。⑤姓。

【攻讦】揭发,攻击别人的隐私、丑事。讦(jié)。

【攻错】原指琢磨。现比喻借鉴别人的长处,改正自己的缺点。错:磨石。攻:加工。

弓 1·XNG ①射箭或发射弹丸的器具:~箭。②像弓的器具:琴~。③弯曲:~着腰。④旧时丈量土地的器具,似弓,一弓为五尺。⑤姓。

躬 1·TMDX ①身体:鞠~。②亲自:~耕。③弯曲身体:~身。

公 1·WC ①公家,公众的,与"私"相对。②公平,公道:~买~卖|~允。③公事:办~。④让大家知道:~告。⑤雄性的:~鸡。⑥用于称呼:外~|~~。⑦公爵。⑧属于国际的:~海。⑨公制的:~斤。⑩丈夫的父亲:~婆。⑪对年长男子的尊称:诸~。

【公案】①官吏审案使用的桌子。②旧指情节复杂的疑难案件。③泛指社会上有争执的案件。④话本戏曲小说分类之一:~传奇。

【公廨】官署的别称。

【公堂】①官吏审案之处。②祠堂。

【公帑】公款:糜费~。帑(tǎng)。

【公卿】三公九卿。泛指朝廷高级官员。

蚣 1·JWC 【蜈蚣】节肢动物。体长而扁,能分泌毒液。可药用。

供 1·WAW ①供给,供应:~不应求。②提供某种需要的条件:~参考|~休息。③按期还贷:月~|~房。

供 4·WAW ①供奉,祭献:~神。②祭祀时奉献的物品:上~|斋~|果。③招供:~认。④受审者交待的话:口~|录~。

龚(龔) 1·DXA 姓。

肱 1·EDC 从肩到肘的部分,泛指胳膊:曲~|股~。

【股肱】大腿和胳膊,比喻得力助手。

宫 1·PK ①皇宫:~殿。②神仙居住的房屋;庙宇的名称:月~|雍和~。③古指一般房屋。④某些文化娱乐处所的名称:文化~。⑤古称学校:学~。⑥古代五音之一,相当于简谱的"1"。⑦子宫:~颈。⑧姓。

【宫娥】宫女。

【宫阙】宫殿。

【宫闱】宫廷。

【宫调】中国古乐曲的调式。

恭 1·AWNU 恭敬:~贺|~听|~候|前倨后~。

觥 1·QEI 古代饮酒器皿:~筹交错。

【觥觥】正直。

巩（鞏）³·AMY ①牢固：～
其门户|～固。②姓。

汞 ³·AIU 通称水银。金属元
素，符号 Hg。银灰色液体。
有毒。

拱 ³·RAW ①拱手，两手在胸前
相合，表示恭敬。②环绕：众
星～月。③建筑物成弧形的：～
桥。④推，顶起：芽儿～出土了|
门|猪～土。

【拱券】桥梁、门窗等上的弧形
部分。

珙 ³·GAW 大玉璧。

【珙县】地名，在四川。

碤 ³·DAWY 用于地名：～池
（在山西）。

共 ⁴·AW ①相同的，共同的：～
性。②一齐：～读。③总共：
～一百人。④共产党简称：中～。

贡（貢）⁴·AM ①进贡，贡品：
～奉|进～。②封建时
代称选拔人才，推荐给朝廷：～生|
～院。③姓。

【贡生】明清两代科举制度中，由府、
州、县推荐到京师国子监学习
的人。

【贡税】古代臣民向皇室缴纳的金钱
实物，也叫贡赋。

【贡院】科举时代举行乡试或会试的
场所。

唝（嗊）³·KAMY 推动，向上
或向前推进：八戒～嘴
着道|千里巨鱼身，仰～大海水。

唝（嗊）⁴·KAMY 【唝吥】地
名，在柬埔寨。今作
贡布。

另见 hǒng。

gou

勾 ¹·QCI ①抹掉，取消：一笔～
销。②勾画：～图。③抹墙
缝，描线条：～墙缝。④直角三角
形较短的直边。⑤招引：～引|～
魂。⑥勾结：～搭。⑦古同"钩"。

【勾栏】①栏杆。②宋元时指演出杂
剧、百戏的场所。后指妓院。也作
勾阑。

【勾留】停留，耽搁。

【勾芡】做菜时加芡粉使汤汁变稠。

勾 ⁴·QCI 姓。

【勾当】事情，多指坏事或背地里做
的事。

沟（溝）¹·IQC ①水沟：溪
～|～渠。②浅槽或像
沟的东西：瓦～。

【沟壑】坑谷，山沟。壑（hè）。

钩（鈎）¹·QQCY ①钩子。②
汉字笔画；钩形符号。
③用钩子钩。④编织：～袋子。⑤
缝纫方法：～贴边。

【钩虫】寄生虫，由皮肤进入小肠吸
人血，引起丘疹、贫血等症。

【钩稽】考查；核算。也叫勾稽。

句 ¹·QKD ①"勾"的本字。
②姓。

另见 jù。

【句践】春秋时越王名。

佝 ¹·WQK 【佝偻】背向前弯曲。

枸 ¹·SQK 弯曲。

【枸橘】即"枳"。灌木或小乔木。有
粗刺，常作绿篱和柑橘砧木。

枸 3·SQK 【枸杞】落叶灌木。果实叫枸杞子,有滋补作用。另见 jǔ。

缑(緱) 1·XWND ①刀剑柄上所缠的绳。②姓。

篝 1·TFJF 竹笼,竹篓。

【篝火】原指用笼子罩着的火,现指在野外或空旷的地方架起的火堆。

鞲 1·AFFF 【鞲鞴】活塞的旧称。鞴(bèi)。

苟 3·AQKF ①马虎,随便:一丝不~|不~言笑。②假如:~非其人。③苟且:~活。④姓。

峋 3·MQK 【峋嵝】山名,即衡山。在湖南衡阳北。

狗 3·QTQ ①家畜。②比喻依附权势、帮助主子干坏事的人。

【狗宝】狗的胆囊、肾或膀胱结石,入药可治痈疮等。

【狗尾草】一年生草本植物。叶子细长,穗有毛。也叫"莠"。

耇 3·FTQK 年老,长寿:其年逮~。

笱 3·TQK 竹制的捕鱼笼,颈部有逆向竹片,鱼进而不得出。

构(構) 4·SQ ①建立,架屋:肇~|筑土~木。②组合:~词|~图。③结成:~怨|~衅。④作品:佳~。⑤构树,落叶乔木,树皮可造纸。也叫楮或榖。

【构陷】罗织罪名陷害他人。

购(購) 4·MQC 买:~物|选~|采~|销~|置~。

诟(詬) 4·YRG ①耻辱:行莫丑于辱先,~莫大于宫刑。②辱骂:当众~骂。

【诟病】指责,嘲骂:为世~。

垢 4·FR ①污秽,肮脏:蓬头~面。②粘在物体上的脏东西:油~。③耻辱:含~偷生。

姤 4·VRGK ①善,美好:其人夷~。②六十四卦之一。

够 4·QKQQ ①足,足够:~多了。②达到某种程度:~朋友|~格。

雊 4·QKWY 野鸡鸣叫:雉~麦苗秀,蚕眠桑叶稀。

遘 4·FJGP 相遇,碰上。

媾 4·VFJ ①结为婚姻:婚~。②交好:~和。③交配:交~。

觏(覯) 4·FJGQ 遇见:罕~。

彀 4·FPGC ①同"够"。②使劲张弓:~中。

【彀中】箭能射到的范围,后比喻牢笼、圈套。

gu

估 1·WD 估计,揣测:~价|一~重量。

咕 1·KDG 象声词,母鸡、斑鸠、鸽子等的叫声。

沽 1·IDG ①买:~酒|~名钓誉。②卖:待价而~。③塘沽(大沽口)的简称:津~。

姑 1·VD ①姑母,父亲的姐妹。②丈夫的姐妹:~嫂。③姑且。④丈夫的母亲:翁~。

轱(軲) 1·LDG 【轱辘】也作轱辂。①车轮:车~。②滚动:油桶~远了。

鸪(鴣) 1·DQYG 【鹧鸪】鸟的一种,有眼纹白斑。

菇 1·AVD 蘑菇,菌类:香~|鲜~|草~|冬~。

蛄 1·JDG 【蝼蛄】一种生活在泥土中的害虫。俗称土狗子。

辜 1·DUJ ①罪过:无~|死有余~。②背弃,违反:~负。③姓。

酤 1·SGDG 古指买卖(酒),后作"沽"。

呱 1·KRC 【呱呱】象声词,形容小孩哭声:~坠地。
另见 guā,guǎ。

孤 1·BR ①孤儿:遗~。②单独:~雁。③古代王侯谦称。

菰 1·ABR ①茭白,一种蔬菜。②"菇"的异体字。

觚 1·QER ①古代酒具。细腰大口,高圈足:尧舜千钟,孔子百~。②古代写字用的木简。③剑柄。

骨 1·ME 【骨朵】没有开放的花朵。

骨 3·ME ①人或动物的骨骼。②物体的骨架:伞~。③品质,气概:~气|侠~。

蕈 1·AMEF 【蕈葵】骨朵儿,花蕾。

箍 1·TRA ①竹篾或金属做的圈:金~。②用箍束物:~桶。

古 3·DGH ①古代:远~。②经历多年的,古代的:~长城。③古代的事物。④古体诗:五~|七~。⑤姓。

诂(詁) 3·YDG ①用通行的话解释古汉语或方言字:训~。②字词的意义:释~。

牯 3·TRDG 母牛,也指阉过的公牛。泛指牛。

胐 3·（EDG） 用于地名:宋~(在山西)。

罟 3·LDF ①渔网。②用网捕捉。

钴(鈷) 3·QDG 一种金属元素,符号 Co。是制造耐热合金和磁性合金的重要原料。放射性钴能治疗恶性肿瘤。

嘏 3·DNH ①福;祝~。②大。又读 jiǎ。

谷 3·WWK ①山谷,谷地,两山之间的夹道或流水道。②姓。

谷(穀) 3·WWK ①谷类作物的总称:五~。②稻,稻的子实。③谷子,粟。
另见 yù。

汩 3·IJG 【汩汩】流水的声音或样子。

股 3·EMC ①大腿:~肱|~骨。②机关团体的部门;业务:~份:人|~东。④量词:一~线|一~冷气|一~土匪。⑤直角三角形较长的直角边:勾~定理。

【股肱】大腿和手臂。比喻左右得力的助手。肱(gōng):泛指手臂。

馉(餶) 3·QNME 【馉饳】古代一种面食。

鹘(鶻) 3·MEQ 【鹘鸼】古指一种候鸟。羽毛青黑色,尾巴短,又名鹘鸼。
另见 hú。

贾(賈) 3·SMU ①商人:商~。②卖:余勇可~。③买:~马。④做买卖:长袖善舞,多钱善~。⑤招致:~祸。
另见 jiǎ。

羖 3·UDMC 黑色公羊。

蛊(蠱) 3·JLF ①人腹中的寄生虫。②传说中人

工培育的毒虫,许多毒虫放在一起,相互吞食,最后不死的叫蛊。③诱惑人:~惑|~世。④六十四卦之一。

鹄(鵠) 3·TFKG ①射箭的目标,箭靶子:中~。②目的,目标。
另见 hú。

鼓 3·FKUC ①一种打击乐器。②振作:~舞|~起勇气。③凸起:~起个包。④拍打:~掌。⑤饱满:肚子~~的。

臌 3·EFKC 鼓胀,中医称由水、气、瘀血、寄生虫等引起的腹部鼓胀病。也作鼓。

瞽 3·FKUH ①眼瞎:~者。②瞎子。③古为乐官的代称。

毂(轂) 3·FPL ①车轮中心插轴的窟窿。②指车轮。

榖 3·FPTC 构树,又称榖树、楮树。落叶乔木,树皮可造纸,"楮"因以为纸的代称,楮墨借指书画或诗文。

榖 3·FPGC ①美、善:~旦(吉利的日子)|不~(古代诸侯自称之辞)。②养育:求百姓之饥寒者收~之。③活着:~则异室,死则同穴。④俸禄。⑤"谷"(谷子)的繁体字。

【榖梁】复姓,战国有榖梁赤,作《春秋榖梁传》,为儒家经典。

瀔 3·IFPC 古水名,即今谷水,在河南。

故 4·DTY ①事故:变~。②缘故,原因:无~。③故意:明知~犯。④旧的,过去的,过去的事物:~居|吐~纳新。⑤老朋友,旧交:沾亲带~。⑥死亡:病~。⑦

连词,所以。

固 4·LDD ①牢固。②坚硬:~体。③坚持,坚决:~守|~请。④本来:~有。⑤固然。⑥姓。

堌 4·FLDG ①土堡:筑~以居。②河堤,多用于地名:龙~(在山东)。

崮 4·MLD 四周陡峭,顶上较平的山,多用于地名:孟良~(在山东)。

锢(錮) 4·QLDG ①熔化金属以堵塞空隙:~漏锅。②禁锢:~党。

痼 4·ULD 经久难治、难改的病:引申为积弊:重~|~疾|~习。

鲴(鯝) 4·QGLD 淡水鱼类的一属,体长侧扁,口小。

顾(顧) 4·DB ①看:环~|相~一笑。②注意,照顾:兼~|奋不~身。③顾客:主~。④拜访:三~茅庐。

梏 4·STFK 古代拘住罪犯两手的刑具:桎~。

牿 4·TRTK ①绑在牛角使不能抵人的横木。②养牛马的圈。

雇 4·YNWY ①雇佣:~工。②租赁:~车。

gua

瓜 1·RCY ①葫芦科蔬菜的总称:种~得~|黄~。②姓。

【瓜葛】瓜和葛均蔓生,缠绕别的物体。比喻辗转相连的社会关系,也指事情互相牵连的关系。

呱 1·KRC ①形容鸭子、乌鸦、青蛙等的叫声:~哒|~~叫。②表示好:顶~~。

呱 3·KRC 【拉呱儿】〈方〉聊天:大家在一起~。
另见 gū。

胍 1·ERC 一种有机化合物,制药工业的重要原料。

刮 1·TDJH ①用刀刮:~脸。②榨取:搜~。③涂抹:~糨子。

刮(颳) 1·TDJH 吹:~风|~倒了一棵树。

栝 1·STDG 古指桧树。

【栝楼】多年生草本植物,中医用来镇咳祛痰。

鸹(鴰) 1·TDQ 【老鸹】乌鸦的俗称。

剐(剮) 3·KMWJ ①古代一种酷刑,即凌迟:千刀万~。②划破:手上~了个口子。

寡 3·PDE ①少,缺少:~言|~欢|~助。②妇女死了丈夫。③古代君主自称:~人。

抓 4·FRCY 土堆,山坡。
另见 wā。

卦 4·FFHY 旧时占卜的符号:八~|占~。

诖(詿) 4·YFFG ①欺骗。②牵连。③失误:~误。

挂 4·RFFG ①悬挂,吊。②钩住,牵连:钉子~住了衣服|~车。③惦念:牵~。④登记:~号|~失。⑤打(电话),挂断(电话):~电话给我|别~电话。⑥量词,用于成串物品:一~鞭炮。

裰 4·PUFH 裰子,一种上身单衣:大~|短~|马~。

guai

乖 1·TFUX ①小孩听话。②伶俐,机灵:~巧。③性情、行为荒谬反常:~谬|有~情理|~僻。

掴(摑) 1·RLGY 用巴掌打。又读 guó。

拐 3·RKL ①拐弯。②瘸:一~一~地走路。③拐杖:挂~。④拐骗:~卖。⑤说数字时,某些场合替代"7"。

夬 4·NWI ①坚决,果断:刚~。②六十四卦之一。

怪 4·NC ①奇怪,惊奇。②很:~不好意思的。③怪物:妖~。④责怪:谁也不~。

guan

关(關) 1·UD ①关闭,关住。②倒闭。③关口,隘口。④海关:~税。⑤重要的转折点或不易度过的时机:难~。⑥牵连,涉及:与你无~。⑦起转折关联作用的部分:~节。⑧领取,发放:~双饷。⑨禀告,通知:~白。⑩拘禁:~押。⑪特指山海关:外|~东。⑫姓。

【关隘】险要的关口。

【关山】关塞和山岳。

【关厢】城门外大街和附近的地区。

观(觀) 1·CM ①看:走马~花。②景象:壮~|奇~。③观点:人生~。

观(觀) 4·CM ①道教的庙宇:道~|寺~。②楼

台之类高大建筑:台~|楼~。③姓。

纶(綸) 1·XWX 【纶巾】古代配有青丝带的头巾:羽扇~。
另见lún。

官 1·PN ①官员。②旧指属于政府的,官办的:~方|~费。③器官:感~。

【官网】公开团体主办的具有权威的专用网站。

倌 1·WPN ①负责饲养家畜的人:牛~|猪~。②堂倌。③〈方〉对男性的称谓:老~。

棺 1·SPN 棺材:~木。

冠 1·PFQF ①帽子:衣~|免~照。②像帽子的东西:鸡~子。

冠 4·PFQF ①戴帽。②居第一位:~军。③加以某种称号:~以诗人的桂冠。④姓。

蔻 4·APFF 有机化合物,针状晶体,淡黄色。

矜 1·CBTN 古通“鳏”。无妻的老人。
另见jīn,qín。

鳏(鰥) 1·QGLI ①无妻或丧妻的:~夫。②鱼名。一种大鱼。

莞 1·APFQ 莞草,俗称水葱、席草,可用于编席。

莞 3·APFQ 【东莞】地名,在广东。
另见wǎn。

筦 3·TPFQ ①姓。②“管”的异体字。

馆(館) 3·QNP ①某些房屋、处所、商店名称:宾~|使~|饭~|图书~。②私塾教书的地方:坐~。

琯 3·GPN 古代玉制管乐器,六孔似笛。

管 3·TP ①管子。②形状像管子的电器件:晶体~。③吹奏乐器:~弦乐。④古指钥匙:东门之~。⑤管理,管辖。⑥负责。⑦过问,管教。⑧包管:~饭。⑨量词,用于管状物:一~笔。⑩介词,把:~他叫先生。⑪姓。

鳤(鱹) 3·QGTN 淡水鱼名,身体长筒形。

毌 4·XFK ①姓。②“贯”的异体字。

贯(貫) 4·XFM ①穿通:~穿|白虹~日。②连贯:鱼~而行。③古代币制,一千钱为一贯:万~家私。④贯通:学~中西。⑤出生地:籍~。⑥姓。

掼(摜) 4·RXF 〈方〉①扔,掷。②跌,摔:~跟斗。

惯(慣) 4·NXF ①习惯:~例。②纵容:娇生~养。

涫 4·IPN 沸:寡人念其如此,肠如~汤。

祼 4·PYJS 古代祭祀时以酒浇地的礼节,又叫灌祭。

盥 4·QGI ①洗手;洗脸:~洗室。②盥洗用的器皿。

灌 4·IAK ①浇灌:机~。②灌装,注入:~水。③录音:~唱片。④姓。

【灌木】矮小而丛生的木本植物。

瓘 4·GAKY 一种玉名。

爟 4·OAKY ①古代祭祀时举火以祓除不祥。②古代祭祀用的火炬。③烽火:~烽不息。

鹳(鸛) 4·AKKG 一种生活在水边的鸟，为大型涉禽类。形状像鹤，吃鱼虾等。

罐 4·RMAY 罐子。

【罐笼】矿井里的升降机。

guang

光 1·IQ ①光线。②明亮。③光荣，荣誉：争～。④景物，光景：观～|湖～山色。⑤光滑：～洁。⑥露着：～脚。⑦尽：吃～。⑧只：～讲不做。⑨敬辞：～临|～顾。

【光洋】银元。

珖 1·(FIQN) ①田间小路。②用于地名：上～（在北京）。

咣 1·KIQ 象声词，形容撞击震动声：～的一声门关上了。

珖 1·GIQN 一种玉名。

桄 1·SIQN 【桄榔】棕榈科常绿大乔木。花序的汁可制糖，茎髓可制淀粉，叶柄纤维可制绳。

桄 4·SIQN ①绕线的器具：线～子。②量词，用于线。

洸 1·IIQN 用于地名：洸～（在广东）。

輄(輄) 1·(LIQN) 车下横木。

胱 1·EIQ 【膀胱】人或高等动物体内储存尿的器官。

广(廣) 3·YYGT ①宽阔：～大。②宽度：～五十米|～袤。③多：大庭～众。④扩大，推广：以～流传。⑤姓。
另见 ān。

【广表】土地的长和宽：～千里。广：东西长度。袤(mào)：南北长度。

【广漠】广大空旷。

犷(獷) 3·QTYT ①粗野：粗～。②凶猛，强悍：～悍无理。

逛 4·QTGP 游览，闲逛：～马路|～商店|～公园。

gui

归(歸) 1·JV ①返回：～国。②归还：完璧～赵。③集中，归拢：殊途同～|～总。④由，属于：他～你管。⑤珠算中称一位数的除法。⑥姓。

【归宁】旧指已婚妇女回娘家省亲。

【归省】指回家探望父母。

圭 1·FFF ①古代帝王、诸侯举行典礼时拿的一种玉器。长条形，上尖下方。②古代测日影的仪器。③古代容量单位，一升的十万分之一。④姓。

【圭表】我国古代天文仪器，由表和圭组成。根据测定的日影长短确定节气和一年时间的长短。

【圭臬】古时测日影的器具。比喻准则，法度：奉为～。

邽 1·FFBH ①秦汉古地名，在今甘肃天水。②用于地名：上～（在甘肃）|下～（在陕西）。③姓，春秋时有邽巽。

闺(閨) 1·UFFD ①上圆下方的小门。②宫中小门。③旧指女子居住的内室：～房|深～。

珪 1·GFFG ①圭的古字，瑞玉。②姓。

硅 1·DFF 非金属元素,符号Si。用来制硅钢等合金。纯净的硅为重要半导体材料。旧称矽。

鲑(鮭) 1·QGFF 鱼的一科,如大马哈鱼等。

龟(龜) 1·QJN 爬行动物的一科:乌~。
另见 jūn,qiū。

妫(嬀) 1·VYL ①妫河,水名,在北京。②姓。

规(規) 1·FWM ①画圆的工具:圆~。②法则,章程:常~|成~。③相劝:~劝。④计划,谋划:~划。
【规谏】忠言劝谏。

鬶(鬹) 1·FWMH 古代陶制炊具,有空心三足、嘴和把柄。

皈 1·RRCY 【皈依】也作归依。①佛教的入教仪式。②泛指全心全意地信奉佛教或参加其他宗教组织。

庽 1·YRQC 古山名,在今河南洛阳。
另见 wěi。

瑰 1·GRQC ①美石:琼~玉佩。②奇特,珍奇:~丽|~宝。

氿 3·IVN 氿泉,从侧面喷出的泉。
另见 jiǔ。

宄 3·PVB 犯法作乱的坏人:奸~。

轨(軌) 3·LV ①两车轮之间的距离:车同~,书同文。②车辙,轨道,特指铁轨:出~。③比喻法度、次序、规则等:正~|越~。

匦(匭) 3·ALV 箱子,匣子:票~。

皮 3·YFC ①放东西的架子。②搁置,收藏:~藏。

诡(詭) 3·YQD ①奸滑;欺诈:~计|~诈。②奇异:~异|~形|~观。
【诡谲】①奇异多变。②离奇古怪:言语~。③狡诈多端:为人~。谲(jué)。

娪 3·VQDB 【娪媪】形容女子文静美好:既~于幽静兮,又婆娑乎人间。

鬼 3·RQC ①鬼魂。②骂人的话:烟~|赌~|胆小~。③躲躲闪闪,不光明:~头~脑。④不可告人的目的:捣~。⑤恶劣,糟糕:~天气。⑥机灵:这孩子真~。⑦星宿名,二十八宿之一。

癸 3·WGD 天干的第十位,表示顺序的第十。

暑 3·JTHK ①日影,比喻时间:日无暇~。②日晷,也作规,古代测定时刻的仪器。

篹 3·TVEL 古代盛食物的器具。青铜或陶制。圆口圈足双耳。

柜(櫃) 4·SAN ①柜子,柜台。②四周高起的蓄水处;柜田:积水为~。③柜房:交~。
另见 jǔ。

昃 4·JOU 姓。
另见 jiǒng。

劌(劌) 4·MQJH ①刺伤,割伤。②通"会",交会:天地相对,日月相~。

刽(劊) 4·WFCJ ①斩杀,砍断:~子手。②剖开。

桧(檜) 4·SWF 常绿乔木,即桧柏,也叫圆柏。木材细致,有香气。

另见 huì。

贵(貴) 4·KHGM ①价格高,价值大。②珍贵:宝~。③以某种情况为可贵:人~有自知之明。④地位优越的:~妇。⑤敬辞:~姓。

【贵庚】敬辞,问人年龄。

【贵胄】贵族的后代。

桂 4·SFF ①桂花树,也叫木犀。②肉桂树,常绿乔木,树皮即桂皮或称肉桂,有香味,可入药和做调料。③月桂,樟科常绿乔木,希腊人用月桂叶编织"桂冠"。④广西的别称,以旧省会桂林得名。⑤姓。

笔 4·TFFF 【笔竹】古书上说的一种竹子。

跪 4·KHQB 屈膝,用膝盖着地:下~|~拜(磕头)。

鳜(鱖) 4·QGDW 鳜鱼,也作桂鱼,我国特有淡水鱼:桃花流水~鱼肥。

gun

衮 3·UCEU 古代君王的礼服。

【衮衮】连续不断,众多:~可听。

滚 3·IUC ①滚动,翻转。②走开:~ 开。③沸腾:水~ 了。④极,特:~圆|~烫。

磙 3·DUC ①磙子,石头做的压轧用器具。②用磙子滚压。

绲(緄) 3·XJX ①织成的带子。②绳子。③一种缝纫方法,俗称滚边。

辊(輥) 3·LJ 机器上圆筒状的旋转物:~ 轴 |

轧~。

鲧(鮌) 3·QGTI ①古书上说的一种大鱼。②古人名,传说是禹的父亲。

棍 4·SJX ①棍子,棍棒:铁~。②指无赖,坏人:恶~|赌~。

guo

过(過) 1·FP 姓。

过(過) 4·FP ①经过,使经过:~江|~磅。②超越,超出:超~|~期。③错误,过失:功~。④助词:说~。⑤转移:~户。⑥过分:~奖。

【过付】双方交易经中人交付货款或货物。

呙(咼) 1·KMWU 姓。

埚(堝) 1·FKM 【坩埚】熔化金属或其他材料的耐火容器。

涡(渦) 1·IKM 【涡河】淮河支流。发源于河南,流入安徽。

另见 wō。

锅(鍋) 1·QKM ①一种炊事用具:铁~|沙~。②某些加热液体的器具:火 ~ |~炉。

郭 1·YBB ①城外的城墙:城~。②姓。

崞 1·MYB 【崞县】旧县名,在山西。现改原平市。

蝈(蟈) 1·JLG 【蝈蝈儿】一种像蝗虫的昆虫,雄的前翅有发声器,对植物有害。

聒 1·BTD　声音嘈杂,使人厌烦:~噪।~耳。

国(國) 2·L　①国家。②代表国家的:~旗。③属于本国的:~产。④地域:北~风光。⑤有国家水平的:~手。

掴(摑) 2·RLGY　用巴掌打:~耳光。
又读 guāi。

涸(漍) 2·(ILGY)　用于地名:北~(在江苏)。

腘(膕) 2·ELGY　膝部的后面:~窝。

帼(幗) 2·MHL　古代妇女盖于发上的饰物:巾~英雄。

虢 2·EFHM　①周代诸侯国名,在今陕西、河南一带。②姓。

馘 2·UTHG　古代战争中割取敌人左耳计数献功。也指被割下的耳朵。

果 3·JS　①果子,果实。②结局,结果:成~।后~।未~。③饱,充实:食不~腹。④果断:~敢。⑤果然:~不出意料。⑥姓。

馃(餜) 3·QNJS　馃子,一种油炸面食。

蜾 3·JJS　【蜾蠃】一种蜂类昆虫,即细腰蜂。常用泥土做窝,捕螟蛉蛾的幼虫喂自己的幼虫。古人误以为收养螟蛉幼虫,故把抱养的孩子称为"螟蛉子"。蠃(luǒ)。

裹 3·YJSE　①包裹,包扎。②夹杂在其他人或物里:~在人群里混了出去。

粿 3·OJSY　用米粉、面粉等制成的一种食品。

猓 3·QTJS　【猓然】长尾猿:猿共~啼。

椁 3·SYB　套在棺材外面的大棺材。

H h

ha

哈 1·KWG ①张口呼气:～了一口气。②象声词,形容笑声:～～。③叹词,表示满意或得意:～,又打中了。④弯下:点头～腰。

【哈喇】食油或含油脂食物变味。

哈 3·KWG ①〈方〉斥责:～他一顿。②姓。

【哈达】一种长条形丝巾或纱巾,藏族和部分蒙古人表示敬意和祝愿。

【哈巴狗】狗的一种,体小,毛长,腿短。也叫狮子狗或叭儿狗。常比喻驯顺的奴才。

哈 4·KWG 【哈什蚂】即中国林蛙,为我国特产。

铪(鉿) 1·QWGK 一种金属元素,符号Hf。熔点高,用作X射线管的阴极,也用于核工业。

虾(蝦) 2·JGHY 【虾蟆】同"蛤蟆"。
另见 xiā。

蛤 2·JW 【蛤蟆】青蛙和蟾蜍的统称。
另见 gé。

hai

咍 1·KCK ①讥笑:为人所～。②欢笑:自～。③叹词,表示惊异、感叹等。

咳 1·KYNW ①叹息:～声叹气。②叹词,表示伤感、后悔或惊异。
另见 ké。

嗨 1·KITU 同"咳"。
另见 hēi。

还(還) 2·GIP ①仍然。②再,又。③更。④尚且:～好。⑤用来表示反问语气:你～有理呢。
另见 huán。

孩 2·BYNW 儿童,子女:小～|男～。

【孩提】幼儿,儿童,幼儿时期。

骸 2·MEY ①骸骨,人的骨头:遗～。②指身体:尸～|残～。

胲 3·EYNW 有机化合物的一类。是羟胺的烃基衍生物统称。

海 3·ITX ①靠近大陆,比洋小的水域。②大的湖泊:青～。③形容数量多、容量大:人山人～|

~量。④古指海外来的：～棠。

醢 3·SGDL ①古代用肉、鱼制成的酱。②古代把人杀死后剁成肉酱的酷刑。

亥 4·YNTW ①地支第十二位。②亥时，晚上九时到十一时。

骇（駭） 4·CYNW 害怕，震惊：惊～｜～人听闻。

氦 4·RNYW 惰性气体元素，符号 He。可充填灯泡、潜水服，也用于原子工业。

害 4·PD ①祸害，害处。②有害的。③使受损害。④杀害：被～。⑤染，患：～病。⑥引起不安的情绪：～怕。

嗐 4·KPDK 叹词，表示惋惜、感伤、悔恨等。

han

犴 1·QTFH 驼鹿，也称坎达犴。另见 àn。

颔（頷） 1·FDMY 〈方〉粗：脖子～｜绳子太～。

鼾 1·THLF 打鼾：～声如雷。

蚶 1·JAF 蚶子，软体动物，生活在海边泥沙中，贝壳有凸起的瓦楞体，贝壳俗称瓦楞子。

酣 1·SGAF 饮酒尽兴，泛指尽兴，畅快：～饮｜～睡｜～畅。

【酣战】剧烈的战斗。

憨 1·NBTN ①傻，痴呆：～笑。②朴实：～厚｜～直。

邗 2·FBH 春秋时吴地，在今江苏扬州。

【邗江】地名，在江苏扬州。

汗 2·IFH 【可汗】古代鲜卑、突厥、蒙古等族君主的称号。

汗 4·IFH ①汗液。②出汗，使出汗：～马功劳｜～牛充栋。

【汗漫】广泛，不着边际：～之言。

【汗青】古时在竹简上刻写字须先烤出水分，后称竹简为汗青。泛指书籍史册。

犴 2·JFH 孑孓，蚊子的幼虫。另见 gān。

邯 2·AFB 【邯郸】①地名，在河北。②战国时赵国国都，在今河北：～梦｜～学步。

含 2·WYNK ①口含。②包含：～着眼泪。③思想、感情不完全表露出来：～笑｜～恨。

浛 2·IWYK 古水名，即广东的连江。

【浛洸】地名，在广东英德。

珨 2·GWYK 古代让死者口含的珠玉等。

晗 2·JWYK 天将明。

焓 2·OWY 热力学中表示单位质量物质所含的全部热能。

函 2·BIB ①匣，套子：石～｜镜～｜书～。②信件：公～｜便～。③姓。

涵 2·IBI ①包含，包容：包～｜海～｜～蕴。②道路、堤坝等下面的排水通道：～洞。

峆 2·MBIB 古地名，即函谷，在今河南灵宝。

韩（韓） 2·FJFH 周朝诸侯国名，战国七雄之一。在今河南中部和山西东南部。

崄 2·MDGT 【岚崄】古山名。

寒 2·PFJ ①寒冷。②穷困，贫寒：清～｜微～｜～酸。③害

怕:胆～心颤。④谦辞:～门|～舍。

罕 3·PWF ①稀少:～见|人迹～至。②古代一种捕鸟的长柄网。③姓。

喊 3·KDGT ①大声叫:呼～。②叫,招呼:～他来。③称呼:我～他二爷。

阚(闞) 3·UNB ①虎发怒的样子,吼叫。②口大张的样子。
另见 kàn。

嗷(嘷) 3·(KUNT) 虎吼声。同"阚"。

汉(漢) 4·IC ①汉族,汉语。②成年男子:老～。③指银河:气冲霄～。④汉口或武汉的简称:京～铁路。⑤朝代名:西～。

【汉学】①旧称研究经、史、名物、训诂、考据之学。②外国人研究中国语言文化的学问。

【汉白玉】一种白色的大理石。

扞 4·RFH "捍"的异体字,保卫,抵御。

【扞格】相互抵触:～不入。

旱 4·JFJ ①干旱:抗～。②陆地;无水的:～路|～稻|～伞。

【旱魃】传说中引起旱灾的怪物。

【旱獭】也叫土拨鼠,皮可制衣帽。能传播鼠疫。

埠 4·FJFH 小堤,多用于地名:中～(在安徽)。

捍 4·RJF 保卫,防御:～卫|～御。

悍 4·NJF ①勇猛:强～。②凶狠,蛮横:凶～。

焊 4·OJF 焊接,用熔化的金属连接或修补器物:电～|

气～。

蒢 4·AOJF 【蒢菜】一年生草本植物,茎叶可食,全草入药。又读 hàn。

菡 4·ABIB 【菡萏】荷花的别称。萏(dàn)。

颔(頷) 4·WYNM ①下巴。②点头:～首微笑。

撖 4·RNBT 姓。

嘆 4·JAKW ①干枯:中谷有蓷,～其干矣。②曝晒:～地。③干旱:维时清秋～,老龙犹泥蟠。

撼 4·RDGN 摇动:摇～|～树|震～人心。

憾 4·NDGN 失望,不满足:～事|抱～。

翰 4·FJW 古指写字的羽毛,后借指毛笔、文字、书信等:挥～|尺～|文～。

【翰墨】笔和墨,借指文章书画。

【翰林】唐以后皇帝的文学侍从官。明清两代从进士中选拔。

瀚 4·IFJN 广大:浩～的沙漠。

hang

夯 1·DLB ①砸实地基用的工具:打～。②用夯砸:～土。
另见 bèn。

行 2·TF ①行列:杨柳成～。②行业:各～各业。③某些营业性单位:银～。④排行:您几?⑤量词,用于成行的东西:两～诗。
另见 héng,xíng。

【行伍】泛指军队。古代军队五人为伍,二十五人为行。

【行栈】代存货物并介绍生意之处。

绗(緔) 2·XTFH　缝纫法,用针线固定棉褥、棉被、棉衣等:~棉衣|~被子。

吭 2·KYM　嗓子:引~高歌。
另见 kēng。

杭 2·SYM　①指杭州:苏~。②通“航”,渡河。③姓。

航 2·TEY　①船。②航行,行驶或飞行:导~|返~。

颃(頏) 2·YMDM　【颉颃】鸟上下飞,比喻不相上下。颉(xié)。

沆 4·IYM　①大水。②云气。

【沆瀣一气】唐朝有个主考官崔沆录取了门生崔瀣,当时有人嘲笑他们:座主门生,沆瀣一气。后比喻臭味相投的人勾结在一起。

巷 4·AWN　【巷道】矿下用于运输和排水的通道。
另见 xiàng。

hao

蒿 1·AYM　【蒿子】一种草本植物。有某种特殊气味。

嚆 1·KAY　呼叫。

【嚆矢】带响声的箭。比喻事物的开端或先行者。

薅 1·AVDF　除去:~草|~下几根白发。

号(號) 2·KGN　①呼喊:~叫。②大声哭:哀~。

号(號) 4·KGN　①名称,标志:国~|记~。②编号:挂~。③命令:发~施令。④铜管乐器的通称:小~。⑤商店:商~。⑥类、种:病~|那一~人。⑦人在名、字以外的别号。⑧量词,用于人数:百十一人。

蚝 2·JTF　牡蛎:~油。

毫 2·YPT　①细长而尖的毛:狼~。②指毛笔:挥~。③一点儿:一丝一~。④市制重量单位,十丝等于一毫,十毫等于一厘。⑤市制长度单位,十毫为一厘。⑥货币单位,银元和港币的角。⑦秤或戥子上的提绳:头~|二~。

嗥 2·KRD　野兽吼叫:鬼哭狼~。

貉 2·EETK　同“貉”(hé),用于“貉子”“貉绒”等。
另见 hé,mò。

豪 2·YPEU　①具有杰出才能的人:英~|文~。②有气魄:~放|~举|~言壮语。③强横的,有势力的:强取~夺|~门。④光荣:引以为~。

壕 2·FYP　①护城河:城~。②沟:~沟|战~。

嚎 2·KYP　①大声叫:狼~。②同“号”:~啕。

濠 2·IYP　同“壕”,护城河。

【濠河】水名,在安徽。

好 3·VB　①优点多,使人满意的。②友爱,和睦:友~。③健康,痊愈:身体~了。④容易,便于:小曲~唱口难开。⑤完成:吃~了饭。⑥很,非常:你~坏!⑦语气词,表示赞同、肯定、结束和不满意等。

好 4·VB　①爱,喜欢:~学。②容易:小孩~哭。

郝 ³·FOB 姓。

昊 ⁴·JGD ①广大:～天。②指天。

淏 ⁴·IJGD 水清的样子。

耗 ⁴·DITN ①损失,耗费,拖延:消～｜～时间。②坏的信息或消息:噩～。

浩 ⁴·ITFK ①浩大,广大:～劫。②多:～如烟海。③姓。

皓 ⁴·RTFK 洁白,明亮:～齿｜～月当空。

鄗 ⁴·YMKB 古县名,在今河北柏乡。

镐(鎬) ⁴·QYM 西周的国都,在今陕西西安。

另见 gǎo。

皞 ⁴·RRDF 洁白明亮:残霞殿雨,～气入窗扉。

颢(顥) ⁴·JYIM ①白的样子。②同"昊":～穹。

灏(灝) ⁴·LJYM 通"浩",水势广大:秋水连天～。

he

诃(訶) ¹·YSK ①用于古代人名、地名,唐代有李诃内。②同"呵",大声斥责:～斥。

【诃子】常绿乔木。果实像橄榄。

呵 ¹·KSK ①呼气:一气～成｜～气。②叹词,可读成不同的声调表示惊讶等。③象声词,表示笑声:笑～～。

另见 ā,á,ǎ,à,a。

【呵斥】大声斥责。也作呵叱。

【呵欠】哈欠。

【呵责】呵斥。

喝 ¹·KJQ ①饮:～水｜吃～玩乐。②特指喝酒:～醉了。

喝 ⁴·KJQ 大声喊:～令｜大～一声。

嗬 ¹·KAWK 叹词,表示惊讶或赞叹:～,你真能干!

禾 ²·TTT ①谷类植物的统称。②古指粟。③特指稻。④姓。

和 ²·T ①温和:～风。②协调:～谐。③和好:讲～。④连带着:～衣而睡。⑤不分胜败的:～棋。⑥介词,跟,与,对。⑦连词,与,或者。⑧和数:两数之～。⑨指日本,同"倭":～服。⑩姓。

和 ⁴·T ①和谐地跟着唱:一唱百～。②依照别人诗词的题材、体裁作诗词:奉～一首。

另见 hú,huó,huò。

盉 ²·TLF 古代青铜盛酒器,似壶有足。

龢 ²·WGKT ①用于人名:翁同～。②"和"的异体字。

合 ²·WGK ①闭合:～眼。②结合,集合:～力。③折合:一元～十角。④符合,相当:～身。⑤匹配,男女结合:天作之～。⑥总计。⑦量词,旧小说中指回合。⑧我国民族音乐音阶的一级,相当于简谱的"5"。⑨姓。

另见 gě。

合(閤) ²·WGK 总共,全部:～家。

郃 ²·(WGKB) ①【郃阳】地名,在陕西。今作合阳。②姓。

饸(飴) ²·QNWK 【饸饹】北方用荞麦或高粱面制成的一种面条。也作合饹、河漏。

犵 2·(AHTK) 牙齿咬合。

盒 2·WGKL 盒子:文具~。

颌(頜) 2·WGKM 构成口腔上下部的组织:上~｜下~。

另见 gé。

纥(紇) 2·XTNN 【回纥】我国古代民族名。

另见 gē。

龁(齕) 2·HWBN 咬。

何 2·WSK ①疑问代词,什么,为什么,怎么样,哪里:~人｜~往。②表示反问:~足挂齿。

【何啻】表示反问,何止。

【何首乌】多年生草本植物。根块入药,有滋补、安神作用。

河 2·ISK ①河流。②指银河系:～外星系。③特指黄河:～套。

【河槽】河床。

【河汉】银河。

荷 2·AWSK ①莲。多年生水生草本植物:~花。②指荷兰。

荷 4·AWSK ①背,扛:~锄。②负担:负~。③承受恩惠,在书信里表示感谢:为~。

蚵 2·JSK 【蝲蚵】虫名。蜥蜴类。

菏 2·AIS 【菏泽】市名,在山东。

劾 2·YNTL 揭发罪状:弹~｜奏~。

阂(閡) 2·UYN 阻隔:消除隔~。

核 2·SYNW ①果核。②像核的物体:细胞～。③指核武器、

原子能、原子核。④仔细地对照,考核:审～｜～对。

另见 hú。

曷 2·JQWN ①怎么。②何,为什么。③难道。④通"盍",何不。

鹖(鶡) 2·JQWG 古书上说一种善斗的鸟。

鞨 2·AFJN 【靺鞨】我国古代东北的一个民族。

盍 2·FCLF ①何不:～往观之。②怎么,为何。③姓。

阖(闔) 2·UFC ①全,总共:～家。②关闭,合拢:～口｜～眼｜纵横捭～。

涸 2·ILD ①水干:干～。②使干枯:～泽而渔。

貉 2·EETK 哺乳动物,外形似狐。通称貉(háo)子,也叫狸:一丘之～。

另见 háo,mò。

翮 2·GKMN ①鸟羽的翎管。②翅膀。

吓(嚇) 4·KGH ①恫吓,恐吓:威～。②叹词,表示不满:～,怎能这样!

另见 xià。

垎 4·FTKG ①土干燥坚硬:坚～。②用于地名:～塔埠(在山东)。

贺(賀) 4·LKM ①庆祝,庆贺:～电｜～喜。②姓。

隺 4·PWYD ①鸟往高处飞。②同"鹤"。

鹤(鶴) 4·PWY 涉禽类鸟。生活在水边,吃鱼虾等。常见的有白鹤、灰鹤等。

【鹤驾】旧指仙人驾鹤升天,常在挽词中讳称"死"。

褐 4·PUJN ①粗布或粗布衣服:短~。②黑黄色:~煤。

赫 4·FOFO ①显明,盛大:显~|煊~。②量词,赫兹(物体振动频率)的简称。③姓。

【赫然】①形容令人惊讶的事物突然出现的样子:~在目。②形容大怒:~而怒。

熇 4·OYMK 火热,炽盛:多将~~,不可救药。

鹝 4·NYMK 【鹝鹝】形容羽毛洁白润泽。

壑 4·HPG ①水沟:沟~。②山谷:千山万~。

黑 1·LFO ①黑色,黑暗。②秘密,不公开的:~市|~话。③坏,狠毒:~心。④象征罪恶、反动的:~帮。⑤姓。

【黑管】即单簧管。通常为黑色。

嘿 1·KLF ①叹词,表示得意、招呼、提示和惊异。②象声词,形容笑声。又作嗨。
另见 mò。

镖(鏍) 1·(QLFO) 人造放射性金属元素,符号 Hs。

嗨 1·KITU 同"嘿"。
另见 hāi。

痕 2·UVE 痕迹:泪~|刀~|疤~|伤~|弹~。

很 3·TVE 表示程度相当高:~好|~幸福。

狠 3·QTV ①凶狠。②下狠心,下决心。③坚决,全力:~抓生产。

恨 4·NV ①仇恨,怨恨:~之入骨|深仇大~。②悔恨:~事。

亨 1·YBJ 通达,顺利:万事~通。

哼 1·KYB ①哼声,用鼻子发声:一声不~。②哼唱:~着小曲。
另见 hng。

恒 2·NGJ ①永久,不变:永~。②通常,平常:人之~情|~态。③恒心:持之以~。④姓。

姮 2·VGJG 【姮娥】嫦娥的原名,因避讳汉文帝刘恒而改。

行 2·TF 【道行】僧道修行的功夫,也比喻技能本领。
另见 háng、xíng。

珩 2·GTF 古代佩饰上的横玉。

【珩磨】金属高精度打磨法。

桁 2·STFH 屋上托住椽子的横木。也叫檩。

鸻(鴴) 2·TFHG 鸟名,体小嘴短,生活在水边。

衡 2·TQDH ①秤杆,量器。②掂量:~量|权~。③平,不倾斜:平~|均~。④姓。

蘅 2·ATQH 【蘅芜】一种香草。

横 2·SAM ①与"直、竖、纵"相对。②纵横杂乱:蔓草~生。③蛮横:~行霸道。④汉字笔画。

横 4·SAM ①凶暴;不讲理:强
~|蛮~无理。②意外的;不
吉利的:~祸|~事。

塈 4·FFFF 用于地名:~店(在
湖南)|大~上(在天津)。

hng

哼 5·KYB 叹词,表示不满或轻
视:~,我不稀罕!
另见 hēng。

hong

吽 1·KRHH 佛教咒语用字。

轰(轟) 1·LCC ①象声词,形
容巨大的响声。②炮
击,爆炸:炮~|~炸。③驱赶:~
牲口。

哄 1·KAW ①象声词,形容众多
笑声和喧哗声。②许多人同
时发出声音:~传|~笑。

哄 3·KAW ①哄骗:~人。②引
逗:~小孩玩。

哄 4·KAW 许多人吵闹,开玩
笑:一~而散|瞎起~。

烘 1·OAW ①用火、电等烤:~
手|~白薯|~干。②衬托:~
云托月|~托。

訇 1·QYD 象声词,形容大的声
音:洞天石扇,~然中开。

薨 1·ALPX 古代称诸侯或大官
死亡。

弘 2·XCY ①大,广大:~愿|~
论。②光大:恢~士气。③姓。

泓 2·IXCY ①水深广的样子:极
~量而海运。②潭,深水:~

下亦龙吟。③量词,用于清水:一
~清泉。

红(紅) 2·XA ①鲜血般的颜
色。②象征顺利、成功、
喜庆:开门~|~运|办~事。③象
征革命:~军。④红利:分~。⑤
形容受宠,重用:~人。⑥姓。
另见 gōng。
【红花】一年生草本植物,可入药。

荭(葒) 2·AXA 【荭草】一种
供观赏的草本植物,一
年生。全草可入药。

玒 2·GAG 玉名。

虹 2·JA ①彩虹,分主虹、副
虹,副虹称"霓":霓~灯。②
比喻桥。
另见 jiàng。

鸿(鴻) 2·IAQG ①鸿雁,大
雁的一种。②古指书
信:来~。③大:一展~图|~儒。
【鸿沟】古代运河名,为楚汉时两军
分界线。后比喻明显的界线。

闳(閎) 2·UDC ①里巷门。②
宏大,宽广:~达。

宏 2·PDC ①宏大,广博:~伟|
宽~|~才大略。②姓。

铉(鋐) 2·(QPDC) 声音宏大。

竑 2·UDCY ①度量:故~其辐
广,以为之弱。②广大:正言
~议。

纮(紘) 2·XDCY 古代帽子
上的带子。

翃 2·DCNG 飞。

鉷(鉷) 2·(QAWY) 弩弓上
射箭的装置。

洪 2·IAW ①大:~钟|~炉|~
福。②指洪水:~峰|山~|

【洪福】大福气:~齐天。

【洪荒】混沌蒙昧的状态。借指太古时代。

馃 2·WWKW 大的山谷。

【鲁馃山】山名和地名,都在安徽。

薚 2·ADAW 【雪里薚】也作雪里红,一种蔬菜。多用来腌制咸菜。

薚 4·ADAW ①茂盛。②某些蔬菜的长茎:菜~。

簧(簧) 2·IPA 古代学校。

唝(嗊) 3·KAMY 【啰唝曲】唐曲调名。因金陵陈后主建啰唝楼得名。又名望夫歌。
另见 gǒng, gòng。

讧(訌) 4·YAG 争吵混乱:外阻内~。

hou

鮔 1·THLK ①鼾声:~声。②吃太咸或太甜食物嗓子不舒服。③非常:~咸|~冷。

侯 2·WNT ①侯爵,古代爵位的第二等。②做大官的人:~门。③姓。

侯 4·WNT 【闽侯】地名,在福建。

喉 2·KWN 喉头,在咽和气管之间:咽~|歌~。

猴 2·QTW ①猴子。②像猴子那样蹲着:~下身去。③〈方〉顽皮,机灵:这孩子真~。

镞(鍭) 2·(QWND) 箭名。

篌 2·UWN 疣的通称。由病毒感染在皮肤上长出的小疙瘩。

篌 2·TWN 【箜篌】古代拨弦乐器,外形似瑟而小。

糇 2·OWN 干粮:~粮。

骺 2·MER 【骨骺】长形骨两端的凸起部分。

吼 3·KBN ①大声叫,吼叫。②风、大炮等发出很大的声响。

后 4·RG ①帝王的妻子:皇后|~妃。②上古称君主:商之先~。③姓。

后(後) 4·RG ①在背面的:身~。②未来的,较晚的:~代|~来者。③靠近末尾的:~排。④子孙,后辈:绝~|名门之~。

郈 4·RGKB ①古邑名,今山东东平。②姓。春秋鲁有郈昭伯。

垕 4·RGKF 【神垕】地名,在河南禹州。

逅 4·RGKP 【邂逅】不期而遇。

鲘(鮜) 4·QGRK 【鲘门】地名,在广东海丰。

厚 4·DJB ①与"薄"相对。②厚度:一寸~。③深厚:深情~意。④厚道:忠~。⑤优待,重视:~此薄彼。

候 4·WHN ①等待。②问候,问好:致~。③时节:季~。④事物变化的情况或程度:火~。⑤古代称五天为一候。

後 4·TXT ①"后"(前~|~代)的繁体字。②姓。

堠 4·FWND 古代望敌情的土堡。

鲎(鱟) 4·IPQG ①一种节肢动物。俗称鲎鱼,生活在海中,可食用。②〈方〉虹。

hu

乎 1·TUH ①文言助词,相当于"吗""呢""吧"。②动词后缀,相当于"于"。③形容词或副词后缀:洋洋～大观|确～重要。④叹词,相当于"啊"。

呼 1·KT ①呼气:～吸。②大声喊:大声疾～。③叫,呼唤:直～其名|～之即来。④象声词,形容风声:风～～地吹着。⑤姓。

轷(軤) 1·LTUH 姓。

烀 1·OTU 半煮半蒸,把食物焖熟:～白薯。

滹 1·IHAH 【滹沱河】水名,源出山西,流入河北。

昒 1·JQRT 天将亮未亮之时,拂晓:～昕。

忽 1·QRN ①不注意:～略|～视。②忽而,忽然:～好～坏|狂风～至。③古代计量单位,10忽等于1丝。

嘝 1·KQRN 【嘝哨】口哨。用手指放在口中吹的哨声。

潫 1·IQRN ①水流出的声音。②〈方〉洗澡:～浴。

恍 1·NQR 【恍惚】①形容精神不集中或神志不清:精神～。②不清楚:～记得。也作恍忽。

糊 1·ODE 用泥涂抹缝隙、窟窿:～板缝。

糊 2·ODE ①粘,黏合:～信封。②厚粥。③不清楚的:迷～。

④同"煳":烤～了。

糊 4·ODE 粥样食物:面～|芝麻～。

【糊弄】欺骗,蒙混,将就,敷衍。

囫 2·LQR 【囫囵】整个的,完整无缺:～吞枣。

和 2·T 打麻将牌时,某一人的牌达到规定要求而获胜:连～两盘。
另见 hé,hè,huó,huò。

狐 2·QTR ①狐狸:兔死～悲|～皮大衣。②姓。

【狐媚】用诌媚的手段迷惑人。

【狐肷】狐狸胸腹和腋下的皮毛。

弧 2·XRC ①圆弧,弧线:括～。②古代指弓。③姓。

胡 2·DE ①我国古代泛指西北部少数民族:～人。②外族或外国的:～椒|～琴|～桃。③无道理,任意乱来:～说|～闹。④为何:不稼不穑,～取禾三百廛兮。

胡(鬍) 2·DE 胡须:络腮～|大～子。

葫 2·ADEF 【葫芦】一年生草本植物。果实也称葫芦,可供用、药用和制盛器。

猢 2·QTDE 【猢狲】猴子的别称:树倒～散。

湖 2·IDE 湖泊,陆地上大面积聚水的地方。

【湖笔】浙江湖州出产的毛笔。

【湖色】淡绿色。

瑚 2·GDE 古代盛黍稷的祭器和食器。

【珊瑚】珊瑚虫分泌的石灰质骨骼堆积成的树状物体。

煳 2·ODEG 烧得焦黑:馒头烤～了|饭～了|衣服烤～了。

鹕(鶘) 2·DEQ 【鹈鹕】一种水鸟,生活在沿海湖沼地带。食鱼虾等。

蝴 2·JDE 【蝴蝶】昆虫，吸食花蜜，幼虫有害花植物，有粉蝶、蛱蝶多种。

醐 2·SGDE 【醍醐】古时指从牛奶中提炼出来的精华，佛教比喻最高的佛法：如饮～｜～灌顶。

壶(壺) 2·FPO ①有嘴，有提梁或把手的盛液体容器：茶～。②姓。

核 2·SYNW 果核，像果核的东西，用在某些口语里：杏～儿｜煤～儿。
另见 hé。

斛 2·QEU 量器名，口小底大，方形。古时以十斗为斛，后改为五斗。

槲 2·SQEF 落叶乔木或灌木。叶可养柞蚕，树皮可制栲胶、染料，叶子、果实可入药。

鹄(鵠) 2·TFKG 水鸟名，俗叫天鹅：燕雀安知鸿～之志哉。
另见 gǔ。

【鹄立】直立。

【鹄望】直立而望，形容盼望期待。

鹳(鸇) 2·MEQ 隼，一种凶猛的鸟。驯养后可帮助打猎。
另见 gǔ。

觳 2·FPGC 古代量器。

【觳觫】因恐惧而发抖的样子。

虎 3·HA ①老虎：狐假～威。②比喻勇猛威武：～将。③姓。

【虎贲】古指勇士；武士。贲(bēn)。

【虎帐】古指将军的营帐。

【虎符】古代调兵用的凭证。

唬 3·KHAM 虚张声势威吓或蒙混人：吓～｜～人。
另见 xià。

琥 3·GHA 【琥珀】古代松脂的化石。用作饰品，也可入药。

浒(滸) 3·IYTF 水边：水～。
另见 xǔ。

互 4·GX 互相，彼此：～助组｜～教～学。

冱 4·UGX ①因寒冷而冻结：～寒｜清泉～而不流。②闭塞：～穷～。

户 4·YNE ①门：夜不闭～。②人家，住户。③户头：账～。④量词：一～人家。

护(護) 4·RYN ①保卫，保护：防～。②掩蔽，包庇：袒～。③护理：养～。

沪(滬) 4·IYN ①捕鱼的竹栅。②上海的别称：沪剧｜杭～公路。

旷 4·JYNT ①文采的样子：五彩杂～。②分明，清楚：～分殊事。

戽 4·YNU ①戽斗，灌田汲水用的农具：风～。②汲水：～水。

扈 4·YNKC ①随从：～从。②姓。

【跋扈】专横暴戾：飞扬～。

【扈从】帝王或官的随从。

岵 4·MDG 多草木的山。

怙 4·NDG ①依靠，仗恃：失～。②坚持：～恶不悛(坚持作恶，不思改悔)。

祜 4·PYDG ①福气，福运。②【拉祜族】我国少数民族，主要分布在云南。

笏 4·TQR　古代大臣上朝时拿着的手板，用玉、象牙或竹片制成，上面可以记事。

瓠 4·DFNY　瓠子，即瓠瓜，一种蔬菜，果实细长圆形。短颈大腹者称"葫芦"。

鄠 4·FFNB　【鄠县】地名，在陕西，今作户县。

嫭 4·VHAH　①美好：朱唇皓齿，~以姱只。②美女：众~。

鹱(鸌) 4·QYNC　一种大型海鸟。体大食鱼。

鳠(鱯) 4·QGAC　淡水鱼名，身体细长，无鳞，口部有须。

hua

化 1·WX　同"花"⑥：~钱|~费|~了很多精力。

化 4·WX　①改变，变化：~险为夷。②转变，感化：教~|潜移默~。③熔化，消化：焚化。④死：坐~|羽~。⑤僧道向人募集钱财：~缘|~斋。⑥消除：~痰止咳。⑦化学，化学的：数理~|~肥。⑧词缀：工业~。⑨姓。

【化缘】僧、尼、道士向人求布施。意为布施的人可以与神佛结缘。

【化募】也叫募化。①让人捐钱办公益事业。②化缘。

【化境】技艺达到绝高的境界。

哗(嘩) 1·KWX　象声词，形容流水声等：水~~地流。

哗(嘩) 2·KWX　吵闹，喧闹：喧~|~取宠|~然。

花 1·AWX　①花朵；花木；花草。②像花的东西：雪~。③用花或花纹装饰的：~灯|~轿。④颜色或种类错杂的：~猫|~~绿绿。⑤模糊：眼~。⑥用，耗费：~钱。⑦比喻美女或女子，也指妓女：校~|姐妹~|寻~问柳。⑧迷惑人的，不真实的：言巧语|~招。⑨幼嫩细微的东西：蚕~|鱼~。⑩指棉花：轧~。⑪比喻事业的精华：文艺之~。⑫姓。

【花旦】传统戏曲的角色，扮演天真活泼或放荡泼辣的年轻女子。

【花卉】花和草的统称。

砉 1·DHDF　象声词，形容动作迅速：鸟儿~的一声飞走了。另见 xū。

划(劃) 2·AJ　①锐器从表面割开：~玻璃。②擦过，拭抹：~火柴|把桌上的叶子~掉。

划 2·AJ　①拨水前进：~船。②合算：~得来。

【划子】用桨划行的小船。

划(劃) 4·AJ　①划分：~界。②划拨：~账。③计划，筹谋：出谋~策。④同"画"③④。

华(華) 2·WXF　①中国；汉语：~侨|~文。②光彩好看：~丽。③繁盛：荣~。④精华：英~。⑤不扎实的，表面好看的：~而不实。⑥称美之词：~诞|~章|~翰。⑦时光：韶~。

华(華) 4·WXF　①华山，五岳之一。在陕西。②姓。

骅(驊) 2·CWX　【骅骝】赤色的骏马：~开道路，鹰隼出风尘。

铧(鏵) 2·QWX 安装在犁上的三角铁器:双～犁。

猾 2·QTM ①狡猾,奸诈:老奸巨～。②扰乱。

滑 2·IME ①光滑,滑溜:柔～｜路很～。②滑动:～雪。③油滑,狡诈:油嘴～舌。④姓。

桦(樺) 4·SWX 落叶乔木或灌木,有白桦、黑桦、红桦等。

画(畫) 4·GL ①图画:国～。②绘画,用画装饰的:～图｜～屏。③汉字的一笔,书法称横笔。④签署,做标记:～押｜～到｜～线。⑤姓。

【画舫】装饰华美的游船。

婳(嫿) 4·VGLB 【婳婳】形容女子娴静美好。

话(話) 4·YTD ①语言:普通～。②说:～旧｜～家常。

【话本】宋元时期民间艺人说唱的底本,为后起白话小说之祖。

觟 4·QEFF ①有角的母羊。②姓。

huai

怀(懷) 2·NG ①胸前:～揣宝书。②想念:～旧。③心怀,心意;心存:襟～｜正中下～｜不～好意。④怀孕:～头胎。⑤姓。

徊 2·TLK 【徘徊】①来回地走。②犹豫不定。

淮 2·IWY 淮河,我国大河之一。发源于河南,经安徽注入江苏

洪泽湖。

槐 2·SRQ 槐树,落叶乔木。木质坚硬,花蕾可作染料。

踝 2·KHJS 踝子骨,脚腕两边凸起的骨头。

坏(壞) 4·FGI ①不好的。②破坏,损坏。③表示程度深:饿～了。④坏主意:使～。

huan

欢(歡) 1·CQW ①欢快,高兴:～乐。②起劲,活跃:玩得～｜雨下得正～。③喜爱的人:新～。

獾 1·QTAY 野兽名。又称猪獾。灰色,头部有白色纵纹。

还(還) 2·GIP ①返回:往～。②还原:返老～童。③回报:～手。④归还。⑤姓。
另见 hái。

环(環) 2·GGI ①圆环:铁～。②围绕:～线｜～球。③环节:重要的一～。④射击中靶环数。⑤姓。

郇 2·QJB 姓。
另见 xún。

萱 2·AGJG 多年生草本植物,根茎粗壮,叶心形,花淡紫色,全草入药。

峘 2·MGJG 高过大山的小山。

洹 2·IGJ 【洹河】水名,又叫安阳河,在河南安阳。

桓 2·SGJG ①建筑物旁做标志的柱子,后称华表。②姓。

貆 2·EEGG ①幼小的貉:不狩不猎,胡瞻尔庭有悬～兮。②

豪猪。也作狟。古同貆(huān)。

综(綜) 2·(XPFQ) 古代一种测风仪。

崔 2·AWYF 古书上指芦苇一类的植物。

锾(鍰) 2·QEFC ①古代重量和货币单位，1锾等于6两。②指罚金:罚~。

圜 2·LLG 围绕:有悬水三十仞,~流九十里。
另见 yuán。

澴 2·ILGE ①水回旋涌起的样子:激石云洄,~波怒溢。②澴河,水名,在湖北。

寰 2·PLG 广大的地域:~球|尘~|惨绝人~。

嬛 2·VLGE 女子人名用字:甄~(小说人名)。
【嫏嬛】神话中天帝藏书的地方,用作对藏书室的美称:深锁~饱蠹鱼。
另见 xuān。

缳(繯) 2·XLGE ①绳套,绞索:投~而死(自缢)。②绞杀:~首。

璎(瓃) 2·(GFMD) 古代一种玉圭。

鹮(鸛) 2·LGKG 鸟名。嘴细长,腿长,生活在水边:朱~|白~。

镮(鐶) 2·QLGE 圆圈形的东西,环。

鬟 2·DEL ①古时妇女梳的环形发髻:云~。②丫鬟:小丫~。

缓(緩) 3·XEF ①迟缓:~~而行。②延缓:~办。③缓和:~冲。④恢复:~过气来。

幻 4·XNN ①虚幻:~想|空~。②奇异地变化:变~莫测。

奂 4·QMD ①盛大,众多的样子:德业巍~。②文采鲜明:美哉~焉。③姓。

换 4·RQ ①换取:交~。②变换,更换:~汤不~药。③兑换。

唤 4·KQM ①大声叫:千呼万~|~醒|呼风~雨。②召唤。

涣 4·IQMD ①消散,散开:纪律~散。②六十四卦之一。
【涣涣】形容水势盛大。
【涣然】形容嫌隙、疑虑、误会等完全消失:~冰释。

焕 4·OQM 鲜明,光亮:~然一新|精神~发。

痪 4·UQM 【瘫痪】因神经机能障碍肢体不能活动。也比喻机构不能正常工作。

宦 4·PAH ①官:名~。②做官:仕~。③宦官,太监。④姓。

浣 4·IPFQ ①洗:~纱。②唐代官吏每十日休息沐浴一次,每月分为上浣、中浣、下浣。后作上、中、下旬的别称。

鲩(鯇) 4·QGP 鲩鱼,又名草鱼,淡水鱼,体形圆长。

患 4·KKHN ①祸害:水~。②忧虑:~得~失。③害:~病。

漶 4·IKKN 【漫漶】文字图像等磨灭,模糊。

逭 4·PNHP 逃避:~暑|罪无可~。

豢 4·UDE ①喂养牲畜:~养(常比喻收买,利用)。②食谷的牲畜。

攌 4·RLGE ①穿:～甲执兵。②通"揎",捋起(衣袖)。

huang

肓 1·YNEF 古人称心尖脂肪为膏,膈膜为肓,膏肓之间是药力达不到之处:病入膏～(比喻疾病已到无法医治的地步)。

荒 1·AYNQ ①荒芜,荒凉。②荒歉:～年|备～。③荒地:开～。④荒疏:手艺～了多年。⑤严重缺乏:粮～。⑥迷乱,放纵:～淫。⑦不合情理:～谬。
【荒歉】作物无收成或收成很坏。

慌 1·NAY ①慌张:～忙。②恐惧不安:心～意乱。③表示难以忍受:闷得～。

皇 2·RGF ①皇帝,君主:三～五帝。②盛大,大:～～巨著|冠冕堂～。③姓。
【皇储】已确定继承皇位的人。

凰 2·MRGD 【凤凰】传说中的百鸟之王,雄的叫凤,雌的叫凰。

隍 2·BRG 没有水的护城壕:城～。

喤 2·KRGG 【喤喤】形容钟鼓声或小孩哭声。

遑 2·RGP 〈书〉闲暇:不～。
【遑遑】匆忙。也作皇皇。

徨 2·TRG 【彷徨】走来走去,犹疑不决:～歧途。

湟 2·IRGG 【湟河】水名,发源于青海,流入甘肃。

惶 2·NRGG 恐惧不安:人心～～|～恐|惊～。

媓 2·VRGG ①母亲。②传说中舜的妻子。

瑝 2·GRGG 形容玉碰撞声。

煌 2·OR 明亮:明星～～|灯火辉～。

锽(鍠) 2·QRGG 古代一种像钺的兵器。

艎 2·TERG 【艅艎】古代大船名。

蝗 2·JR 蝗虫,一种害虫,主要危害禾本科植物。也叫蚂蚱。

篁 2·TRGF 竹林,泛指竹子:修～(长竹子)。

鳇(鰉) 2·QGR 鱼名。体形似鲟鱼。在江河产卵,海中生长,长可达二米。

黄 2·AMW ①黄色。②色情的:扫～。③失败,未成:买卖～了。④黄帝的简称:炎～子孙。⑤指黄河:治～。
【黄莺】即黄鹂。
【黄忠】三国时一位勇猛善战的老将。俗以老黄忠喻老当益壮。

潢 2·IAM ①积水池。②染纸:装～。
【装潢】①装裱。古代书画用黄檗汁染的纸,故名。②房屋器物的装饰。也作装璜。

璜 2·GAMW 半璧形的玉。

磺 2·DAM 硫黄,旧也作硫磺。

镤(鐄) 2·(QAMW) ①大钟。②锁簧。也作簧。

癀 2·UAM 〈方〉癀病,牛、马、猪、羊等家畜的炭疽病。

蟥 2·JAM 【蚂蟥】一种水蛭科动物，能刺伤皮肤吸食血液。又叫蛭、水蛭。

簧 2·TAMW ①乐器中的发声簧片。②器物上的弹性器件：弹~。

恍 3·NIQ ①模糊不清：~惚。②仿佛，好像：~如梦境。③忽然：~然大悟。

晃 3·JI ①闪耀：明~~｜~眼。②闪过：一~不见｜虚~一枪。

晃 4·JI 摇动，摆动：摇~。

幌 3·MHJQ 帐幔，帘帷。

【幌子】①商店外的标志。②假借的名义。

谎(謊) 3·YAY 假话，不真实的：弥天大~｜~言。

恍 4·(RIQN) 中医指因气血虚少而面部发白的病症。

滉 4·LJIQ 水深而广：~漾。

hui

灰 1·DO ①灰烬：草木~。②灰尘。③石灰：油~。④灰色。⑤消沉，失望：心~意懒。

【灰质】脑和脊髓的灰色部分，主要由神经细胞组成。

【灰口铁】断面呈灰色的生铁。易于切削，多用于铸造。也叫灰铁。

诙(詼) 1·YDO ①戏谑。②嘲笑。

【诙谐】说话有趣，引人发笑。

咴 1·KDO 象声词，形容马叫声。

恢 1·NDO ①广大，宽广：~弘｜天网~~。②收复：~复失地｜就西粤~中原。

【恢弘】也作恢宏。①宽阔，广大：气度~。②发扬：~士气。

挥(撝) 1·(RYL) ①指挥，挥动。②谦逊。

挥(揮) 1·RPL ①挥舞：~刀。②用手抹泪和汗水等：~泪｜~汗大干。③散发：~发。④指挥：~师北上。

珲(琿) 1·GPL 【瑷珲】地名，在黑龙江。

另见 hún。

晖(暉) 1·JPLH ①阳光：朝~｜斜~｜谁言寸草心，报得三春~。②同"辉"。

辉(輝) 1·IQPL ①闪耀的光彩：光~。②照耀：~映星月交~。③明亮：~煌。

虺 1·GQJI 【虺虺】疲劳生病，多用于马。也作虺隤。

虺 3·GQJI 古书上说的一种毒蛇：维熊维罴，维~维蛇。

【虺虺】形容打雷的声音。

翚(翬) 1·NPLJ ①飞翔。②古代一种五彩羽毛野鸡。

褘(褘) 1·PUFH 王后的祭服。

麾 1·YSSN ①古代指挥用的旗子：望~而进。②指挥：~军。

【麾下】①部下。②对将帅的敬称。

徽 1·TMGT ①标志，符号：国~｜~章｜帽~。②美好：~音。③指安徽徽州：~墨。④安徽省的简称：~商。

【徽号】美称。

【徽墨】安徽旧徽州府歙县出产的墨。历史悠久，闻名全国。

隳 1·BDAN 毁坏：~人之城郭。

回 2·LKD ①还,返:~家。②调转方向:~头。③答复,回报:~电|~禀。④量词,表示动作和事情。⑤章回小说的一章。⑥回族。⑦姓。

回(迴) 2·LKD 曲折,环绕:巡~|迂~|~形针|峰~路转。

茴 2·ALKF 【茴香】多年生草本植物,果实为调味香料。

洄 2·ILK 水流回旋。

【洄游】海洋生物按一定的规律往返迁移。也叫回游。

蛔 2·JLK 蛔虫。寄生于人畜肠道的害虫。

烔 2·ODEG 光,光辉。

悔 3·NTX 后悔,悔悟:~改|忏~|~婚。

毁 3·VA ①毁坏;销~。②烧掉:焚~。③诽谤:~谤|诋~。

卉 4·FAJ 草的总称:花~|奇花异~。

汇(匯) 4·IAN ①河流汇合:百川所~。②汇款:③外汇:创~。

汇(彙) 4·IAN ①聚合:~报|~总|~集。②类聚的东西:字~。

会(會) 4·WF ①聚合:~诊。②主要的城市:都~|省~。③某种团体组织:工~。④熟习;能够:~写|~来。⑤理解:误~|意~。⑥付钱:~账。⑦时机:适逢其~。⑧见面:~客。⑨一小段时间:一~儿。⑩可能,一定:不~不来|长风破浪~有时。

另见 kuài。

【会元】科举会试录取的第一名。

【会试】明清时各省举人参加京城科举考试。

【会盟】诸侯或君王会面结盟。

荟(薈) 4·AWFC ①草木繁盛的样子:~郁。②会聚:人才~萃|~集。

浍(澮) 4·IWFC 【浍河】水名,源于河南,流入安徽。

另见 kuài。

绘(繪) 4·XWF 描,绘画:~图|~画|描~|~声~色(形容叙述或描绘生动形象)。

桧(檜) 4·SWF 用于人名:秦~(南宋奸臣)。

另见 guì。

烩(燴) 4·OWF ①烹调方法,炒菜后加水和芡粉煮:~豆腐。②烹调方法,把饭和菜等混在一起煮,或多种菜混在一起煮:~饭|~饼|~杂。

讳(諱) 4·YFNH ①忌讳:直言不~。②忌讳的事情:犯了大~。③旧时对帝王将相或尊长不敢直称其名,叫讳。也指所讳的名字:名~。

【讳言】因有所忌讳而不敢说。

诲(誨) 4·YTX 教导,劝说:~人不倦|教~|训~。

晦 4·JTX ①昏暗:风雨~冥。②不明显:~涩。③黑夜:风雨如~。④农历每月最后一天:朝菌不知~朔。⑤不吉利:~气。

恚 4·FFNU 恨,怒:忿~|~怒。

贿(賄) 4·MDE ①贿赂:行~受~。②财物:货~。

彗 4·DHDV 扫帚。

【彗星】绕太阳旋转的一种星体,通常拖有一条长尾。俗称扫帚星。

慧 4·DHDN 聪明,智慧:～心｜聪～。

【慧眼】佛教指能认识过去未来的眼力,后指敏锐的眼力:～眼识君。

【慧黠】聪明而狡黠。

错 4·(QDHV) 鼎的一种。又读wèi。

哕(噦) 4·KMQ 鸟鸣:候禽谁使～。

另见yuě。

【哕哕】象声词,铃声。

砳 4·DQDB 【石砳】地名,在安徽芜湖。

秽(穢) 4·TMQ ①肮脏:污～。②田中多草:芜～。③丑恶;丑陋:～行｜自惭形～。④淫乱:淫～。

翙(翽) 4·MQNG 【翙翙】鸟飞的声音:凤凰于飞,～其羽。

惠 4·GJH ①给予或得到好处;恩惠:小恩小～｜施～。②敬辞,用于对方对自己的行为:～赠｜～临｜～顾｜～存。

【惠存】敬辞,请保存。多用于送人相片、书籍等纪念品时。

譓(譓) 4·(YGJN) ①辨察。②顺服。

蕙 4·AGJ ①蕙兰,叶似春兰而稍细长,香味比春兰淡。②蕙草。也叫熏草,俗称佩兰,古人用于避疫。

樌 4·SGJN 古书说的一种树。

蟪 4·JGJN 【蟪蛄】蝉的一种,体较小,为害林木。

喙 4·KXE ①鸟兽的嘴:长～鸟。②借指人的嘴:毋庸置～。

溃(潰) 4·IKH (疮)溃烂:～脓。

另见kuì。

绩(績) 4·XKH ①成匹布帛的头尾。②同"绘":画～之事,杂五色。

hun

昏 1·QAJF ①黄昏,天刚黑的时候。②黑暗,模糊:～暗｜～花。③糊涂,神志不清:～头～脑。④失去知觉,昏厥:～倒了。

【昏聩】眼花耳聋。比喻头脑糊涂,不明是非。

【昏星】我国古代指日落以后出现在西方的金星或水星。

惛 1·NQAJ 糊涂。

阍(閽) 1·UQA ①宫门:叩～。②看门:～者。

婚 1·VQ 结婚,婚姻:求～｜～书(旧指结婚证书)。

碐 1·DQAJ 〈方〉一种似涵洞而小的排水设施,多用于地名:赵家～(在湖南)。

荤(葷) 1·APLJ ①荤腥的:～菜。②佛教徒称葱蒜等有异味的菜:五～。③粗俗下流的:～话。

浑(渾) 2·IPL ①浑浊。②糊涂,不明事理:～话。③天然的:～朴｜～厚｜～金璞玉。④全,满:～身｜～似。⑤姓。

【浑家】妻子。多见于早期白话。

【浑朴】浑厚朴实。

【浑然】形容完整不可分割：～一体。

珲（**琿**）2·GPL 【珲春】地名，在吉林。
另见 huī。

馄（**餛**）2·QNJX 【馄饨】一种面食。

混 2·IJX 同"浑"。①混浊。②糊涂，不明事理：～话｜～蛋。

混 4·IJX ①掺杂：～杂。②冒充：～充。③苟且地：～日子。④胡乱：～乱。

【混沌】①我国传说中天地尚未形成前模糊一团的景象。②形容蒙昧无知。

魂 2·FCR ①灵魂。②借指精神或情绪：梦～萦绕｜神～颠倒。③特指崇高的精神：国～｜忠～。

诨（**諢**）4·YPL ①开玩笑的话：打～。②开玩笑的，逗趣的：～号｜～名（外号）。

溷 4·ILEY ①肮脏：～浊。②厕所：～厕。③猪圈：猪～。

huo

耠 1·DIW ①耠子，一种开沟松土的农具。②用耠子松土。

䶀（**䶀**）1·CDHD 形容以刀剖物的声音：奏刀～然。

锪（**鍃**）1·QQRN 一种金属加工方法。用专门的刀具对工件上已有的孔进行加工。

劐 1·AWYJ 用刀插入物体，顺势划开：～开鱼肚子。

嚄 1·KAWC 表示赞叹或惊讶：～，好大的船！

豁 1·PDHK ①残缺，裂开：～口｜～嘴。②舍弃，付出代价：～出去了。

豁 4·PDHK ①取消，免除：～免。②开阔，通达：～达｜～然开朗。

撺 1·RFWY ①把堆在一起的东西倒到另一处：～土。②翻手：感君三尺铁，挥～鬼神惊。

和 2·T ①粉粒状物掺和在一起，或加水搅拌使粘在一起：～面｜～水泥。

和 4·T ①掺和粉粒状物或加水搅拌：～药｜～稀泥。②量词，次：一～药｜衣服洗了两～。
另见 hé、hè、hú。

佸 2·WTD 相会，相聚：君子于役，不日不月，曷其有～。

活 2·ITD ①生存；有生命的。②活动；灵活；活跃：～期｜塞～｜～水｜～血。③工作：干～。④产品：出～。⑤简直，真正：～像｜～灵～现｜～受罪。

火 3·OOO ①燃烧发出的光焰。②枪炮弹药：～器｜～力。③火一样的颜色：～红｜～腿｜～鸡。④中医指热症：上～。⑤发怒，气：冒～｜～性。⑥比喻紧急：～速。⑦指战争：停～｜～协议。⑧五行之一。⑨中医指发炎、红肿等症的病因：上～｜败～。⑩姓。

【火镰】一种像镰刀的取火用具，用以打火石点火。

【火漆】用松脂、石蜡加染料制成，用来封瓶口和信封。

【火绒】用火镰和火石引火时点火的东西，用艾草等蘸硝做成。

伙 3·WO 集体办的伙食：起～｜搭～｜包～。

伙（夥）3·WO　①同伴:同～。②由同伴组成的集体:结～。③共同,联合:～同|～办|～耕。④旧指被雇用的人:店～。⑤量词,用于成群的人:一～人。

钬（鈥）3·QOY　一种金属元素,符号 Ho。可作真空管的吸气剂和磁性材料。

潌3·IYBB　用于地名:～县(在北京通州)。

夥3·JSQ　①多:获益甚～。②"伙"(同～)的繁体。

或4·AK　①或许,或者:同意～反对|～可赶到。②有的,有的人:～燕燕居息,～尽瘁事国。③稍有:不可～缺。

惑4·AKGN　①疑惑,迷惑:大～不解。②欺骗:诱～|蛊～。

货（貨）4·WXM　①货币:通～。②货物,商品:百～|年～。③指人(骂人时用):贱～|宝～|懒～。④买卖:～羊。

【货贿】金钱财物。也作货赂。

【货殖】古代指经营工矿或商贸。

获（獲）4·AQT　①捕住:俘～|猎～。②得到,取得:查～|～奖。③能够:不～前来。

获（穫）4·AQT　收割庄稼,收获:春耕,夏耘,秋～,冬藏。

祸（禍）4·PYKW　①灾祸:大～|车～。②损害:～国殃民|～害。

霍4·FWYF　①迅速:～然病愈。②象声词,形容磨刀声:磨刀～～。③姓。

藿4·AFWY　①豆叶,嫩时可食:皎皎白驹,食我场～。②指藿香,多年生草本植物。茎叶可提取芳香油,可入药。

【藿食】以豆叶为食,即粗食:～者(指在野之人)。

嚯4·KFWY　①叹词,表示惊讶或赞叹。②象声词,形容笑声。

爧4·OFWY　形容火光闪烁。

潅4·IAWC　①雨水从屋檐流下的样子。②煮:维叶莫莫,是刈是～。③姓。

镬（鑊）4·QAWC　①〈方〉锅。②古代的大锅:鼎～。

蠖4·JAWC　【尺蠖】一种害虫,爬行时身体向上弯曲成弧状。

J j

ji

几 1·MT 小桌子:茶~|窗明~净。

几(幾) 1·MT 几乎,差一点:~不可及。

几(幾) 3·MT ①询问数目:~天。②表示不定的数目:十~岁。③表示数量不多:所剩无~。

讥(譏) 1·YMN 讽刺,挖苦:~笑|~讽|反唇相~。

叽(嘰) 1·KMN ①象声词,形容小鸟等鸣叫声。②译音用字:咔~。

饥(饑) 1·QNM 庄稼收成不好或无收成:~馑。

饥(飢) 1·QNM 饿:~饿|~不择食|画饼充~。

玑(璣) 1·GMN ①不圆的珠子:珠~。②古代一种天文仪。

机(機) 1·SM ①机器。②飞机。③事物的关键或重要环节:生~|转~。④机会:时~。⑤生活机能,生命:有~物。⑥心思,打算:心~|动~。⑦重要的:~密。⑧灵巧:~智。

【机杼】①指织布机。②写文章的构思、布局:自出~。

【机宜】适合时机的策略、办法:面授~。

肌 1·EM 肌肉:胸~。

矶(磯) 1·DMN 水边突出的小石山或石滩:燕子~|采石~。

击(擊) 1·FMK ①打;敲:~鼓。②攻打:袭~。③碰;撞:冲~|撞~。④触及:目~。

【击节】打拍子。多表示称赏。

圾 1·FE 【垃圾】脏物及扔掉的废物。

芨 1·AEY 【白芨】多年生草本植物。地下茎块入药,有止血作用。

【芨芨草】多年生草本植物,叶子狭而长,可编织筐、篓、席等。

乩 1·HKN 扶乩,占卜问疑。求神示凶吉的一种方法,由二人扶一丁字形木架在沙盘上画字。

鸡(鷄) 1·CQY 家禽:鹤立~群|~毛|~蛋。

【鸡胸】由佝偻病引起的胸部突出的症状。

【鸡头】茨,一年生草本植物。种子

叫芡实，也叫鸡头米，可食用。

【鸡毛店】旧时最简陋的小客店。没有被褥，垫鸡毛取暖。

【鸡内金】鸡肫的内皮，可治消化不良、呕吐等。

【鸡尾酒】用几种酒加果汁、香料等混合起来的酒。

枅 1·SGAH　古代指柱上或门上所垫的方形横木；短者以为朱儒～栌。

笄 1·TGAJ　古代盘头发用的簪子：及～（指女子可以盘发插笄的年龄）。

奇 1·DSKF　①单数，与"偶"相反：～数。②零数：～零丨三十有～。
另见 qí。

踦 1·KHDK　单只，奇数：思子不见，～然独舞。
另见 qī、yǐ。

剞 1·DSKJ　【剞劂】雕刻用的刀，借指雕版刻书。

觭 1·TRD　【觭角】①兽角：牛～。②角落：墙～。③棱角：桌子～。

畸 1·LDS　①不正常，不规则的：～形。②偏：～轻丨～重。③残余，零星：～零。

觭 1·QEDK　①偏向，侧重：～重。②通"奇"，单的，不成对：匹马～轮无反者。

唭 1·KFKG　①象声词，同"叽"，形容小鸟叫声。②〈港〉卡片，证件：电话～。

隮（隮） 1·（BYJH）①登上：由宾阶～。②上升：日月之在天，～于东而行于西。

跻（躋） 1·KHYJ　登，上升：～身世界先进科学之林。

唭 1·KVCB　①用水射击：～筒。②象声词：～咕。

【唭咕】同"叽咕"，小声说话。

【唭唭】①私语声：～私语。②细小的虫鸣或鸟鸣声：虫声～。③织机声：～复～，木兰当户织。

积（積） 1·TKW　①聚，堆积。②积蓄，积累。③中医指消化不良：食～。④诸数相乘的结果。

【积年】多年。

屐 1·NTFC　①木头鞋：木～。②泛指鞋：～履。

姬 1·VAH　①古代对妇女的美称，也指美女。②古称妾。③旧称以歌舞为业的女子：歌～。④姓。

基 1·AD　①基础：地～。②最低层的；基本的：～层丨～数丨～金。③化合物的分子中所含的一部分原子，被看作一个单位时就叫基：羟～丨氨～。④根据：～于。

【基音】复音中频率最低的部分，是决定音高的主要组成部分。

期 1·ADWE　一整年，一整月：～年丨～月。
另见 qī。

鐖（鐖） 1·（QADW）【鐖鐖】古代的锄头。

箕 1·TAD　①簸箕。②不成圆形的指纹。③星宿名，二十八宿之一。

銈（銈） 1·（QFFG）金圭。

赍（賫） 1·FWW　①怀抱着，带着：～志而没。②送物与人：～酒。

嵇 1·TDNM　姓。

稽 1·TDNJ ①考查:~查|无~之谈。②计较,争辩:反唇相~。③停留:~留。④姓。

另见 qǐ。

缉(緝) 1·XKB ①把麻析成丝搓成线。②搜捕,捉拿:通~|~拿|侦~。

另见 qī。

禋(禨) 1·(PUGM) 衣裙上的褶皱。

齑(齏) 1·YDJJ ①捣碎的姜蒜等调味品。②细,碎:化为~粉(细粉,碎屑)。

畿 1·XXA ①国都附近的地方:京~。②门内,门槛。

墼 1·GJFF 【土墼】未烧的砖坯:打~。

激 1·IRY ①冲激,飞溅:一石~起千层浪。②使发作,使感情冲动:刺~|~将法。③急剧:~战|~切。④姓。

羁(羈) 1·LAF ①马笼头:无~之马。②束缚:放荡不~。③停留:~旅。

【羁绊】束缚。

【羁留】①在外地停留。②羁押。

【羁旅】长久寄居异乡。

【羁押】拘留,拘押。

及 2·EY ①到达:力所能~。②赶上,比得上:望尘莫~。③介词,趁,趁着:~早。④连词:学生~教师。

伋 2·WEY 见于人名:孔~(孔子的孙子,字子思)。

岌 2·MEYU 山高的样子。

【岌岌】形容十分危险的样子:~可危。

汲 2·IEY ①从井里打水:~水。②吸收:~取营养。③姓。

【汲引】比喻提拔。

【汲汲】急切的样子:~于功名。

级(級) 2·XE ①台阶:石~。②等级:特~。③学校编制名称:年~|班~。④量词,层:三十~台阶。

极(極) 2·SE ①顶点,尽头。②地球的两极:~地。③达到顶点;用尽:物~必反|~力。④副词,表示程度最深。

【极乐鸟】也叫风鸟。一种观赏鸟,鸣声悦耳。

【极乐世界】又称净土、西天。佛教所称的光明、清静、快乐的世界。

笈 2·TEYU 书箱:负~。

吉 2·FK ①吉利,吉祥:凶多~少|万事大~。②姓。

【吉人天相】好人终有上天保佑。吉人:好人。相:帮助。

佶 2·WFKG 健壮。

【佶屈聱牙】文句不顺口,别扭。佶屈:曲折。聱牙:拗口。也作诘屈聱牙。

诘(詰) 2·YFK 【诘屈聱牙】文句不顺口,别扭。同"佶屈聱牙"。

另见 jié。

姞 2·VFKG 姓。

即 2·VCB ①靠近,接触:可望而不可~。②就,便:说完~走。③就是:非此~彼。④当下,当地:~日|胜利在~|~景生情。⑤即使。

塈 2·VCBF ①烧土为砖。②烛灰。

嗀 2·BKC 急切:~待解决|~需。

另见 qì。

殪 2·GQB 杀死:～鲧于羽山｜雷～。

革 2·AF 急:病～(病危)。
另见 gé。

急 2·QVN ①着急。②急躁。③急促。④急迫,紧急:～事。⑤紧急事态:告～。

洤 2·IQVN 水流得很急的样子,多用于地名:～滩(在河南)。

疾 2·UTD ①疾病,痛苦:积劳成～｜～苦。②痛恨:～恶如仇。③急速:～风｜奋笔～书。④猛烈:大声～呼。
【疾风】猛烈的风:～劲草。

蒺 2·AUT 【蒺藜】一年生草本植物,茎平卧。果实入药。

嫉 2·VUT ①妒忌:～贤妒能。②憎恨:～恶如仇｜愤世～俗。

棘 2·GMII ①酸枣树,茎上多刺。②通称带刺草木:荆～。
【棘手】形容事情难办,像荆棘刺手。

集 2·WYS ①集合,聚集:调～。②集市:赶～。③集子,书籍、影视作品等的段落或部分。④古代图书四部分类之一:经史子～。

楫 2·SKB ①划船用的桨:舟～｜中流击～。②划船。

辑(輯) 2·LKB ①和睦:～睦。②安抚,安定:存抚天下,～安中国。③纂集,编辑:④整套书或资料的一部分:丛书第一～。⑤以某项内容为中心而编辑的一期刊物、一组文章或单册的书:专～｜特～。

戢 2·KBNT ①聚藏兵器:～弓矢而散牛马。②收敛,收藏:

～翼。③停止:～怒。

蕺 2·AKBT 【蕺菜】又叫鱼腥草,茎叶有腥味,可入药。

嶯 2·MIW 山脊。

瘠 2·UIW ①身体瘦弱:瘦～。②土地不肥沃:～田｜～薄。

鸐(鸐) 2·IWEG 【鸐鸪】鸟名。头黑额白,尾巴较长,生活在水边。

踖 2·KHIE 小步走:～步｜～促。

耤 2·DIAJ 用于地名:～口(在甘肃)｜～河(水名,在甘肃)。

藉 2·ADI ①践踏,凌辱。②盛,多:名声～甚。③姓。
另见 jiè。
【狼藉】乱七八糟:杯盘～｜名声～。

籍 2·TDIJ ①书籍:典～｜古～。②籍贯:祖～。③个人对国家或组织的隶属关系:国～｜学～。

虮(蟣) 3·JMN 虱子的卵。

麂 3·YNJM 兽名。像鹿,比鹿小,皮为高级制革原料:～皮。

己 3·NNG ①自己:利～主义｜先人后～。②天干的第六位。

纪(紀) 3·XN 姓。

纪(紀) 4·XN ①记载:～要。②古代以十二年为一纪。现指更长的时间:世～。③纪律;制度:法～｜违法乱～。④地质年代划分的第三级单位:寒武～。⑤史书体裁:本～。⑥通"记":事｜～行。
【纪纲】法度。
【纪年】①以年月顺序为中心编写历

史的一种方法。②记载年代,如干支纪年,公元纪年。

【纪元】历史上纪年的起算年代。我国历代皇帝都立年号纪元。公元纪年以传说耶稣降生年为元年。

鱾(魢) 3·QGNN 鱼名。身体侧扁,头小,口小,生活在海底岩石间。

挤(擠) 3·RYJ ①相互推拥,排开:人多～不进。②用压力排出:～牙膏。③拥挤:车子很～。

济(濟) 3·IYJ 济水,古水名,发源于河南,流经山东入海。今河南济源,山东济南、济宁、济阳都从此得名。

【济济】形容人多:人才～。

济(濟) 4·IYJ ①过渡:同舟共～。②救济:～困扶危。③帮助,补益:无～于事|假公～私|刚柔相～。

给(給) 3·XW ①供应:～养|补～。②充裕:家～人足。
另见 gěi。

脊 3·IWE ①脊梁骨。②中间高起的部分:屋～|山～。

掎 3·RDS ①拖住,拉住。②通"倚",支撑。

戟 3·FJA 古兵器的一种,头上有枪尖,旁边有月牙形刃刀。

计(計) 4·YF ①计算:～量。②计谋:献～|献策。③测量仪器:温度～。④姓。

记(記) 4·YN ①记忆:忘～。②记录,记载:～账。③记事的文字:日～。④标志,符号:印～|暗～。⑤印章:图～。⑥量词,用于某些动作:一～耳光。

忌 4·NNU ①忌妒。②怕:顾～。③忌讳:～嘴。④戒除:～酒。

【忌惮】畏惧:肆无～。

跽 4·KHNN 长跪,挺着上身,双膝着地。

伎 4·WFCY ①同"技",技巧,技艺。②手段,花招:故～重演。③古代指专门表演歌舞的女子。

【伎俩】不正当手段。

技 4·RFC 本领,手艺:一～之长|黔驴～穷。

芰 4·AFCU 古代指菱,水生植物。

【芰荷】荷叶或荷花:折～以为衣兮,集芙蓉以为裳。

妓 4·VFC ①歌舞女艺人:歌～。②妓女,卖淫的女人:狎～。

系(繫) 4·TXI 打结,系上:～鞋带|～领带。
另见 xì。

际(際) 4·BF ①边际:一望无～。②中间,里面:脑～。③彼此之间:人～关系。④时候:胜利之～。⑤遭遇,逢:遭～|～此盛会。

季 4·TB ①兄弟中排行最小的:伯仲叔～|～弟。②季节。③季度。④一个时期的末尾:～春。

悸 4·NTB 因害怕而心跳:心有余～|惊～。

剂(劑) 4·YJJH ①调和,调配:调～。②配制的药:汤～|方～。③量词,用于中药的汤剂。

荠(薺) 4·AYJJ 荠菜,一种野菜。

另见 qí。

唠（嚌） 4·KYJ 尝（滋味）。

【唠唠嘈嘈】象声词，形容说话声又急又乱。

霁（霽） 4·FYJ ①雨雪后天放晴：大雪初～｜光风～月。②怒气消除：色～｜～颜。

鲚（鱭） 4·QGYJ 鱼名。尾尖而细，有凤鲚（俗称凤尾鱼）、刀鲚（俗称刀鱼）等多种。生活在沿海。

垍 4·FTHG 坚硬的土。

洎 4·ITHG ①往锅里添水。②肉汁。③到，及：自古～今。

迹 4·YOP ①脚印，痕迹：足～｜笔～。②前人留下的事物：遗～｜古～。

既 4·VCA ①已经：～往不咎｜～得利益。②既然：～要做，就要做好。③连词：～快又好。④终了，尽：食～。

暨 4·VCAG ①和，及：浙江省～杭州市。②到：～今。③姓。

鱀（鱀） 4·（VCAG） 【白鱀豚】哺乳动物，生活在淡水中，比鲸小，为我国特有珍稀动物。

勣（勣） 4·（GML） ①用于人名，如李勣（唐初大将）。②"绩"的异体字。

绩（績） 4·XGM ①把麻或其他纤维捻绳或线：纺～｜麻。②功业，成果：成～｜战～。

觊（覬） 4·MNMQ 希望，企图：希～。

【觊觎】非分的希望或企图。

继（繼） 4·XO ①继续，接续：夜以～日。②继承：～往开来。③后来的：～父。④姓。

【继嗣】①过继。②继承者。

【继室】元配死后续娶的妻子。

偈 4·WJGJ 偈佗的简称，佛经中的唱词。

另见 jié。

寄 4·PDS ①托付：～售。②依附于别人：～居。③邮寄，递送：～信。④相认的（亲属）：～爹｜～父｜～女儿。

祭 4·WFI ①对死者表示悼念的仪式：～奠。②用供品供奉祖宗或神佛：～祀｜～天。

滐 4·IWFI ①水边。多用于地名：大～（在浙江）。②瀑布：百丈～（在浙江文成）。

稯 4·TWFI 稷子，一种谷物，又叫糜子，似黍而不黏。

鰶（鰶） 4·（QGWI） 海鱼名，身体侧扁，银灰色。

寂 4·PH ①寂静，没声音：沉～。②寂寞：孤～。

惎 4·ADWN ①憎恨：赵襄子由是～知伯。②毒害：～害。③教导：人～之谋。

蓟（薊） 4·AQGJ 多年生草本植物，分大蓟和小蓟，都可入药。

稷 4·TLW ①古指黍、粟一类的粮食作物。②古代以稷为谷神：社～（土神和谷神，代指国家）。③古代主管农事的官。

鲗（鯽） 4·QGVB 鲫鱼。我国重要食用淡水鱼。

髻 4·DEFK 盘束在头顶或脑后各种形状的发结：发～。

冀 4·UXL ①希望：～望｜～～。②河北的别称。③古代九州之一。④姓。

骥（驥） 4·CUX ①好马:老~伏枥,志在千里。②比喻贤能的人。

劂 4·LDO 用毛做成的毡子一类的东西。

灟 4·ILDJ 泉水涌出的样子。

---

jia

加 1·LK ①相加,增加,添加。②给予,加以:施~｜压力｜严~管教。③加法。④姓。

伽 1·WLK 译音用字:~利略｜~倻琴(朝鲜弦乐器,像我国的筝)。
另见 gā,qié。

茄 1·ALKF 【雪茄】用烟叶卷成的烟,较粗长。也叫卷烟。英语 cigar。
另见 qié。

泇 1·ILKG ①泇河,水名,源于山东,流经江苏。②用于地名:~口村(在江苏)。

迦 1·LKP 译音用字,也用于专名:释~牟尼。

珈 1·GLK 古代妇女簪发首饰:君子偕老,副笄六~。

枷 1·SLK 古代套在脖子上的刑具:披~带锁｜~锁。

痂 1·ULKD 伤口或疮口凝结成的硬块,愈后脱落:伤口结~。

笳 1·TLKF 胡笳,一种古代乐器,类似笛子:胡~十八拍。

袈 1·LKY 【袈裟】僧人披在外面的法衣。

跏 1·KHLK 【跏趺】佛教徒的一种坐法。双足交叠,脚背放在

股上。

嘉 1·FKUK ①美好:~宾｜~酿｜～言懿行。②赞美:~许｜精神可~｜~勉。③姓。

夹（夾） 1·GUW ①在两边用力夹住物体②夹在胳膊下:他~着书走了。③从两旁的,在两旁的:~攻｜~道。④夹子:皮~。⑤掺杂:~生。

夹（夾） 2·GUW 双层的:~裤｜~被｜~袄。
另见 gā。

浃（浹） 1·IGU ①湿透:汗流~背。②融洽:~洽。

梜（梜） 1·(SGUW) ①保护书籍的夹板。②筷子。

佳 1·WFFG 美,好:最~｜~丽｜~看｜~节｜~欠。
【佳人】①美女。②美好的人,指君子。

家 1·PE ①家庭,家里的。②专家,行家:科学~。③学术流派:儒~。④从事某种行业的人:船~｜店~。⑤人工饲养的,家养的:~畜｜~禽。⑥量词,用于家庭或企业等。⑦谦辞:~兄｜~严。⑧姓。
另见 jie。
【家严】对别人谦称自己的父亲。
【家慈】对别人谦称自己的母亲。

家（傢） 1·PE 用于"家伙""家具""家什"等。

家 5·PE 后缀,用于口语。①用在某些名词后面,表示属于哪一类人:女人~｜孩子~｜姑娘~｜学生~｜老人~｜妇道人~。②用在男人的名字或排行后面,指他的妻子:大泉~｜老二~。

镓（鎵） 1·QPE 一种金属元素,符号 Ga。银白

色,质软,沸点高。可以制合金,也可制测高温的温度计。

葭 1·ANHC ①初生的芦苇:蒹~苍苍,白露为霜。②通"笳",一种乐器,类似笛子。

郏(郟) 2·GUWB ①古邑名,春秋时郑地。②地名,在河南。③山名,在河南洛阳市北。④姓。

荚(莢) 2·AGUW 豆类植物的长形果实:豆~。

铗(鋏) 2·QGUW ①冶铸用的钳:火~ㅣ铁~。②剑:长~。一说为剑柄。

颊(頰) 2·GUWM 面颊,脸的两侧从眼到下颌的部分,俗称脸蛋。

蛱(蛺) 2·JGU 【蛱蝶】蝴蝶的一类,有害农作物。

恝 2·DHVN 无忧愁,淡然:~置(淡然置之,不加理会)。

戛 2·DHA 轻轻地敲打。
另见 gā。

【戛然】①形容鸟鸣声:~长鸣。②声音突然中止:~而止。

甲 3·LHNH ①爬行动物和节肢动物的硬壳:龟~。②指甲。③围护装置:盔~ㅣ装~车。④天干的第一位;第一:~等。⑤旧时的户口单位:保~。⑥姓。

【甲胄】盔甲。

岬 3·MLH ①岬角,突入海中的陆地尖角。②两山之间:山~。

胛 3·ELH 肩胛,脊背上部与胳膊相连的部分。

钾(鉀) 3·QLH 金属元素,符号 K。化学用途广泛。

贾(賈) 3·SMU ①姓。②古同"价"(价格)。

另见 gǔ。

槚(檟) 3·SSMY ①楸树的别称。②茶树的古称。

假 3·WNH ①不是真的。②假设,假如:~使。③假借,利用:~公济私。④凭借,依靠:狐~虎威。

假 4·WNH 假期:放~ㅣ休~ㅣ国定~ㅣ寒~。

瘕 3·UNH 肚子里结块的病。

斝 3·KKPF 古代盛酒器,圆口三足有把:洗爵奠~ㅣ走~传觞。

价(價) 4·WWJ ①价格。②价值;等~交换。③化合价:原子~。
另见 jiè,jie。

驾(駕) 4·LKC ①使牲口拉(车或农具)。②操纵,驾驶:~车ㅣ~机。③指车辆,借用对人的敬辞:大~光临。④特指皇帝的车,借指皇帝:接~。

架 4·LKS ①架子:书~。②搀扶:~着人走。③架起:~桥。④争吵,殴打:打~。⑤招架:~不住这一击。⑥绑架:被土匪~走了。⑦捏造:~词诬控。⑧量词,用于有支架或有机械的东西:一~飞机。

【架子车】人力推拉的两轮车。

【架子猪】已经长大但尚未养肥的猪。也叫壳郎猪。

嫁 4·VPE ①出嫁:~妆。②转移:转~ㅣ~接ㅣ~祸于人。

稼 4·TPE ①种植:耕~ㅣ不~不穑。②谷物:庄~ㅣ禾~。

【稼穑】泛指农业生产活动。穑(sè):收割谷物。

jian

戋(戔) 1·GGGT 【戋戋】细微;小:～微物丨为数～。

浅(淺) 1·IGT 【浅浅】①湍急。②象声词,形容流水声。
另见 qiǎn。

笺(箋) 1·TGR ①注释:～注丨郑～。②小幅的纸:便～。③信札:手～。
【笺注】古书的注释。

溅(濺) 1·IMGT 【溅溅】同"浅浅"。①湍急。②象声词,形容流水声。

溅(濺) 4·IMGT 液体受冲激向外迸射:水花四～。

镂(鏤) 1·TQGR 姓。

尖 1·ID ①物体细小锐利的一端,细小锐利的。②感觉灵敏:耳朵～。③声音高而细:～嗓子。④出类拔萃的人物:～子生。

奸 1·VFH ①狡诈,虚伪:～计丨～笑。②邪恶的和背叛投敌的人:内～丨汉～。③自私,取巧:这人真～丨耍～。④坏事,奸计:笑里藏～丨狼狈为～。⑤男女间不正当的性行为:通～。

歼(殲) 1·GQT 消灭:～灭丨战丨围～丨全～丨聚～。

坚(堅) 1·JCF ①坚实,坚硬:～冰丨无～不摧。②坚定:～信。③坚固的东西:攻～。

鲣(鰹) 1·QGJF 鱼名,头大嘴尖,身体纺锤形。产于热带海洋。

间(間) 1·UJ ①中间:相互～。②指一定的空间或时间:田～丨晚～。③房间,房子:车～丨里～。④量词,用于房间、房屋。

间(間) 4·UJ ①空隙:亲密无～。②间断,间隔:黑白相～。③离间,挑拨:反～计。④拔去或锄去(多余的苗):～苗。

肩 1·YNED ①肩膀:并～战斗。②负担:身～大任。

艰(艱) 1·CV ①困难:～苦丨～辛。②艰深晦涩:～晦丨～涩(文字深奥难懂)。

监(監) 1·JTYL ①监视,监督:～察丨～考。②看守,囚禁:～守丨～禁。③监狱。
【监国】君主外出时,太子或亲王留守代管国事。

监(監) 4·JTYL ①古代官府名:国子～。②太监。
【监生】国子监生员的简称,取得国子监读书资格的可参加乡试。

兼 1·UVO ①同时进行几件事或具有几样东西:～任丨～课丨～听则明丨～得丨～备。②加倍:日夜～程。
【兼毫】羊毫、狼毫一起做成的笔。
【兼祧】一男子兼作两房继承人。

搛 1·RUVO 用筷子夹:～菜。

蒹 1·AUV 古书上指没长穗的芦苇:～葭苍苍,白露为霜。

缣(縑) 1·XUV 双丝织成的细绢,多用于赏赠酬谢,也用作货币和书写:～帛(一种细薄的绢织品)。

鳒(鰜) 1·QGUO 鱼名,体侧扁,两眼长于一侧,主产于中国南海。

鹣(鶼) 1·UVOG 【鹣鹣】传说中的比翼鸟。

菅 1·APNN ①多年生草本植物,叶子细长,开绿花:草~人命(把人命看得像野草一样)。②姓。

渐(漸) 1·IL ①浸:~染。②流入:东~于海。

渐(漸) 4·IL ①逐步,渐渐:天气~热1~入佳境。②六十四卦之一。

犍 1·TRV ①犍牛,阉割过的公牛。②阉割。
另见 qián。

韃 1·AFVP 马上盛弓箭的器具。

湔 1·IUE ①洗:~洗。②清除,洗雪:欲张挞伐,以~国耻。

煎 1·UEJO ①用油煎:~饼1~鱼。②熬:~药。③量词,用于中药汤剂:头~1二~。

缄(緘) 1·XDG ①封,闭:~口不语。②为书信封口,常用于信封寄信人后:李~1东方公司~。③书信:信~。

鞯(韉) 1·AFA 垫马鞍的东西:鞍~。

囝 3·LBD 〈方〉①儿子。②女儿。
另见 nān。

拣(揀) 3·RANW ①挑选:挑~。②同"捡":~破烂。

枧(梘) 3·SMQN ①同"笕"。檐下或田间引水的长

竹管。②〈方〉肥皂。

笕(筧) 3·TMQB 引水长管,安装在檐下或田间。

茧(繭) 3·AJU ①某些昆虫变蛹前吐丝做成的壳:蚕~。②同"趼":手上长了~。

柬 3·GLI 信件、名片、帖子等的统称:书~1请~。

暕 3·JGL 明亮。

俭(儉) 3·WWGI 俭省:节~1勤~1省吃~用。

捡(撿) 3·RWGI 拾取:~柴火1~便宜。

检(檢) 3·SW ①查:~字表1~验。②约束,检点:行为失~1~束。③姓。

硷(鹼) 3·DWGI 旧同"碱"。

睑(瞼) 3·HWGI 眼睑,眼皮:~垂覆目,不得视。

趼 3·KHGA 趼子,又作老趼、老茧,手和脚掌上的厚皮。

减 3·UDG ①减去:~少。②下降,衰退:消~。③少于,差于:风度不~当年。④减法。⑤姓。

碱 3·DDG ①含氢氧根的化合物的通称。②指纯碱。③被盐碱侵蚀:那堵墙全~了。

剪 3·UEJV ①剪刀。②像剪刀的用具:火~1夹~。③用剪刀剪。④除掉:~除1~灭。

谫(謭) 3·YUE 浅薄:能薄而材~1学识~陋。

翦 3·UEJN ①姓。②同"剪"。

锏(鐗) 3·QUJG 古兵器,长条有四棱,下端有柄:

撒手~(也作杀手锏)。

铜(鐧) 4·QUJG 嵌在车轴上的铁条,用来减少车毂与轴的摩擦。

裥(襇) 3·PUUJ 衣服上打的褶子:打~。

简(簡) 3·TUJ ①简单:~要。②简化:精兵~政。③竹简:~册。④信件:书~。⑤选拔,选择:~任|~拔。

戬 3·GOGA ①剪除,剪灭。②福,吉祥。

蹇 3·PFJH ①跛,行走困难:~驴。②迟钝,不顺利:~涩|~滞。③指驽马,劣马,也指跛驴。

謇 3·PFJY ①口吃,言辞不畅:~因~而徐言。②正直,忠诚。

见(見) 4·MQB ①看见。②接触,遇到:这种病不能~光。③显示:~效。④见解:高~。⑤参见。⑥被;受到:~笑|~教。⑦姓。
另见 xiàn。
【见罪】怪罪,见怪。

舰(艦) 4·TEMQ 大型战船,军舰:护卫~|~艇。

件 4·WRH ①文件:批~。②论件的事物:工~|机~|零~。③量词,用于衣服,事物。

㟃 4·WAR ①用木柱子支撑倾斜的房屋:打~|拨正。②一种用土石堆成的挡水设施。

涧(澗) 4·IUJG 夹在两山间的水沟:九溪十八~|山~。

诶(誃) 4·(YGT) 善于言辞。

饯(餞) 4·QNGT ①用酒饭给人送行,饯行:~别。

②用蜜或糖汁浸渍:蜜~海棠。③浸渍过的果品:蜜~。

贱(賤) 4·MGT ①价钱低:~卖。②地位低,卑贱:贫~。③谦辞,称有关自己的事物:~躯。

践(踐) 4·KHG ①踩:~踏。②实行,履行:实~|~约|~祚(皇帝即位)。

建 4·VFHP ①建筑:~房|营~。②建立,创立:组~|~军。③倾倒:高屋~瓴。④提出,首创:~议。⑤指福建:~兰。

健 4·WVF ①强壮:强~。②使强壮:~身|~胃。③善于:~谈。④姓。

楗 4·SVFP 插门的小木棍。

毽 4·TFNP 【毽子】一种脚踢的玩具:踢~。

腱 4·EVFP ①肌腱,连接肌肉和骨骼的组织。②指牛蹄筋。

键(鍵) 4·QVFP ①连接固定轴和轴承的销子。②门闩。③琴键及类似的机件:~盘。

踺 4·KHVP 【踺子】一种体操翻身动作:打一个~。

荐(薦) 4·ADH ①推荐,举荐:引~。②动物吃的草。③草垫子:草~。

剑(劍) 4·WGI 一种兵器:击~|宝~|刀光~影。
【剑拔弩张】比喻形势非常紧张,一触即发。弩:用机械射箭的弓。

槛(檻) 4·SJT ①栏杆,栏板。②圈兽类的栅栏;囚笼:兽~|~车。③牢房:破~而出。
另见 kǎn。

鉴（鑒）4·JTYQ ①铜镜,镜子:以铜为～,可正衣冠。②照;细看;审察:水清可～|～别。③作为教训的事:引以为～|前车之～。④书信用语,表示请人看信:台～|惠～。

谏（諫）4·YGL ①直言规劝改正错误,用于下对上:进～|～净。②挽回:往者不可～,来者犹可追。③姓。

僭 4·WAQJ 超越本分,冒用在上者的职权、名义、器物等:～越|～用|～称|～号。

箭 4·TUE ①一种兵器:弓～|射～|～拔弩张。②与箭相似的:令～|火～。

【箭猪】即豪猪。

【箭镞】箭头。

【箭楼】城墙上的楼,周围有供射箭的小窗。

jiang

江 1·IA ①大河:翻～倒海。②特指长江:～南|～淮。

【江干】江边。

【江米】即糯米:～酒。

【江左】古称长江下游南岸和长江部分中游东南岸。也称江东。

【江珧】软体动物,略呈三角形,壳内的肉柱干制品称江珧柱,通称干贝。珧(yáo)。

【江猪】江豚的俗称。

【江米酒】糯米加曲酿成的食品。有的地方也叫酒酿、醪糟。

茳 1·AIA 【茳芏】一种咸水草,可用来改良盐碱地,茎可用于编席。芏(dù)。

豇 1·GKUA 【豇豆】蔓生植物,嫩荚和种子为常见蔬菜。

将（將）1·UQF ①将要。②把,拿:～功折罪。③下棋时攻击对方的将帅,比喻出难题为难人:～他一军。④带领,搀扶:挈妇～雏。⑤做:慎重～事。⑥休养,调养:～息。⑦又,且:～信～疑。⑧姓。

【将次】将要,快要。

将（將）4·UQF ①将官,将领:大～。②带领,率领:～兵。③指勇敢的人:闯～。

浆（漿）1·UQI ①较浓的液体:血～|纸～|豆～。②用米汤、粉浆等浸湿纱布或衣服等,使干后硬挺:～衣服。

浆（漿）4·UQI 同"糨":～糊。

鲜（鱮）1·QGUF 淡水鱼,头扁平,口小,腹部突出。

姜 1·UGV 姓。

姜（薑）1·UGV 多年生草本植物,根茎可作调味品和药用:生～。

僵 1·WGL ①僵硬:冻～|～化。②相持不下,难以处理:～局。

缰（繮）1·XGL 缰绳,牵牲口的绳子:脱～的野马。

礓 1·DGL 碎石,砾石。

【砂礓】土壤中的石灰质结核体,可以代替砖和石做建筑材料。

疆 1·XFG ①边界,疆界:边～。②极限,止境:万寿无～。

讲（講）3·YFJ ①说;解释;说明。②商议:～条件。

③讲求:～卫生。④论:～成绩,他比你好。

奖(奬) 3·UQD ①奖励,表扬:夸～。②奖励的荣誉或财物:发～。③彩金:中～。

【奖掖】奖励提拔。也作奖挹。

桨(槳) 3·UQS 船和飞机等前进的装置:船～|螺旋～。

蒋(蔣) 3·AUQ 姓。

膙 3·EXKJ 【膙子】茧子。

耩 3·DIFF 用耧车播种:～地|～棉花。

匠 4·AR ①工匠:木～|能工巧～。②在某方面有突出成就的人:文坛巨～。

【匠心】巧妙的构思:独具～。

【匠人】旧指工匠。

降 4·BT ①落下,降低:下～|～职。②降生:不拘一格～人才。③姓。
　另见 xiáng。

浆 4·ITA 河水泛滥:～水(洪水)。

绛(絳) 4·XTAH 深红色:～紫色。

虹 4·JA 义同"虹"(hóng),限于单用。
　另见 hóng。

酱(醬) 4·UQSG ①用发酵后的豆、麦加上盐做成的调味品:豆瓣～。②像酱的糊状物:花生～。③用酱或酱油腌制的:～瓜。

【酱色】深赭色。

【酱紫】即绛紫,暗紫中略带红色。

【酱豆腐】豆腐乳。

弶 4·XYIY ①一种捕鸟兽工具。②用弶捕捉。

强 4·XK 固执,任性:倔～|～嘴。
　另见 qiáng,qiǎng。

犟 4·XKJH 同"强"(jiàng)。倔强,任性:～脾气|～劲。

糨 4·OXK ①很稠的液体:米～水。②稠,浓:粥太～了|糊。

---

jiao

艽 1·AVB 【秦艽】一种草本植物,可入药。也叫大叶龙胆。

交 1·UQ ①交给,交付。②交错:春夏之～。③交往,交结。④互相:～谈。⑤交配:杂～。⑥同时:风雨～加。⑦同"跤":跌～。⑧朋友:故～。⑨交接,接合:～界。

【交割】①双方结清手续(多用于商业):货款已经～。②移交;交待。

【交椅】①古指一种脚交叉的折叠椅。②〈方〉一种有扶手的椅子。

郊 1·UQB 市郊,郊区,城市周围的地区:荒～野外。

茭 1·AUQU 【茭白】一种蔬菜。

峧 1·MUQY 用于地名:～头(在浙江)|西～(在河北)。

姣 1·VUQ 形容相貌美:～好。

胶(膠) 1·EU ①黏合剂:强力～。②黏合:～合。③胶质药品:阿～。④橡胶:～鞋。

鹪(鷦) 1·UQQG 【鹪鹩】古书上说的一种长腿

水鸟。

蛟 1·JUQ 蛟龙,古代传说中的一种龙,能发洪水:~龙得水。

跤 1·KHUQ 跟头,身体失去平衡而摔倒:摔~|跌了一~。

鲛(鮫) 1·QGUQ 鲨鱼。

浇(澆) 1·IAT ①流体灌注,淋:大雨~身|混凝土。②灌溉:~地。③浇铸:版|~铸。

娇(嬌) 1·VTDJ ①美丽可爱:江山如此多~。②宠爱:~生惯养。③娇柔:~气。

骄(驕) 1·CTDJ ①骄傲:戒~戒躁。②猛烈:~阳似火。③傲视,轻视:~敌。

【骄矜】骄傲自大。

教 1·FTBT 传授(知识技能等):~书|~体操|~学。

教 4·FTBT ①教导,指导:~育|言传身~。②令,指使:唆。③宗教:佛~|传~。④姓。

椒 1·SHI 指某些果实或种子有辛辣味的植物:胡~|花~|~盐。

焦 1·WYO ①东西烧成炭样:饭烧~了。②干燥:唇~口燥|草木枯~。③焦炭:炼~。④着急:心~|~虑。⑤能量、功、热等单位名,焦耳的简称。符号J。⑥姓。

僬 1·WWYO 【僬侥】古代传说中的矮人。侥(yáo)。

蕉 1·AWY 某些有像芭蕉那样大叶的植物:美人~|香~。

【蕉麻】多年生草本植物,叶子与芭蕉相似,也叫马尼拉麻。

【蕉藕】亦称姜芋。美人蕉科草本植

物,块茎可制淀粉。

燋 1·OWYO 用来引火的柴。

礁 1·DWY 礁石:暗~|触~。

鹪(鷦) 1·WYOG 【鹪鹩】一种小鸟。因善于做窠,也叫"巧妇鸟"。

矫(矯) 2·TDTJ 【矫情】①强词夺理,掩饰真情。②故意违反常情,表示高超或与众不同。

矫(矯) 3·TDTJ ①把弯曲的弄直,矫正:~枉过正。②强壮勇敢:~健。③假托:~命|~饰。

嚼 2·KEL ①咀嚼:味同~蜡。②玩味:咬文~字。

嚼 4·KEL 【倒嚼】反刍。牛羊把吃下去的东西倒回嘴里细嚼。

另见jué。

角 3·QE ①牛、羊、鹿、犀等头上或吻上长的尖硬物。②形状像角的,物体边缘相接的部分。③由一点发出的两条射线夹成的图形:锐~。④角落:东北~。⑤古时军中吹的乐器:号~|鼓~齐鸣。⑥星宿名,二十八宿之一。

另见jué。

【角楼】建在城墙角上的望楼。

【角门】建筑物靠近角上的小门,泛指小的边门。也作脚门。

【角黍】粽子。

侥(僥) 3·WATQ 【侥幸】偶然碰上好事或躲过灾祸:~心理。

另见yáo。

佼 3·WUQ 美好。

【佼佼】胜于一般水平的:~者。

狡 3·QTU ①古代传说中的兽。《山海经》:"有兽焉,其状如犬而豹纹,其角如牛,其名曰~。"②奸猾:~黠丨~诈。

饺(餃) 3·QNUQ 饺子,一种包有馅的月牙形面食:水~丨煎~。

侥 3·NUQY 聪慧。另见 xiào。

绞(絞) 3·XUQ ①扭,拧:~干毛巾。②勒死:~刑。③转动:~动轮子。④费心思:~尽脑汁。⑤量词,用于成绞的物品:一~毛线。

【绞痛】由某些内脏病变引起的剧烈疼痛:心~。

【绞车】也叫卷扬机。

铰(鉸) 3·QUQ ①剪:用剪刀~丨~头发。②用铰刀切削:~孔。

皎 3·RUQ ①洁白明亮:~洁丨~月。②姓。

【皎皎】很白很亮:~月光。

挢(撟) 3·RTDJ ①举;翘:舌~然而不下丨~首高视。②通"矫",纠正:~邪防非。

脚 3·EFCB ①人或动物腿下端用以接触地面的部分:~底板。②物体的最下部:墙~。③废料,渣滓:泔~。④与搬运劳动有关的:~夫丨~行。另见 jué。

【脚炉】冬天烘脚用的小铜炉,以炭墼、砻糠等为燃料。

【脚注】加在页末的注解。

【脚钱】旧指付给搬运工的工钱。

搅(攪) 3·RIPQ ①扰乱:胡~蛮缠。②搅拌;掺和。

【搅局】扰乱别人安排好的事。

湫 3·ITOY 低洼。另见 qiū。

敫 3·RYTY 姓。

缴(繳) 3·XRY ①交纳,交付:~税。②收缴,迫使交出:~械丨追~。另见 zhuó。

璬 3·GRYT 玉佩。

曒 3·RRYT ①洁白,明亮:谓予不信,有如~日。②清晰,分明。

剿 3·VJSJ 讨伐,剿灭:围~丨追~丨~匪。另见 chāo。

徼 3·TRY 【徼倖】旧同"侥幸"。

徼 4·TRY ①边界:边~。②巡察。

薎 4·ARRR 【薎头】即薤。

叫 4·KN ①呼叫。②动物发出较大的声音。③召唤:~你过来。④称呼,称为。⑤使;命令;让:不~你来。⑥被:~人看见不好。⑦让人送所需物品:~一个菜。

峤(嶠) 4·MTDJ 山道。另见 qiáo。

轿(轎) 4·LTD 轿子,由人抬的交通工具:上~丨花~。

觉(覺) 4·IPMQ ①睡眠:睡懒~。②量词:睡一~。另见 jué。

校 4·SUQ ①订正:~对丨~勘。②同"较",比较,较量:~场。

另见 xiào。

【校雠】校勘。雠(chóu)。

【校场】旧称操练和比试的地方。

较(較) 4·LU ①比较:~去年好。②〈书〉明显:~然不同。③计较:锱铢必~。

潎 4·IFTT 用于地名:东~(在广东)。同"滘"。

酵 4·SGFB 发酵:~母。

窖 4·PWTK ①地窖,收藏东西的坑或洞。②把东西放在窖里:~冰。

滘 4·IPWK 河道分支或汇合的地方,多用于地名:北~(在广东)。

斠 4·FJGF ①量谷物时刮平斗斛的用具。②校正:~订。

噍 4·KWYO 嚼,吃食。

【噍类】能饮食的动物,特指活的人。

醮 4·SGWO ①出嫁,特指妇女再嫁:再~。②僧道为除灾祟设的道场:打~。

皭 4·RELF 洁白,干净。

jie

节(節) 1·AB 【节骨眼】〈方〉比喻关键的时刻。

节(節) 2·AB ①物体各段间相连处:关~|竹~。②段落:小~|音~。③时令,节日:季~|国庆~。④节操:变~。⑤节省:开源~流。⑥删节:~选。⑦一种古乐器:汉女击~。⑧节拍:~奏。⑨航海速度单位,每小时一海里为一节。⑩量词,段:一

~课|一~车厢。⑪事项:情~|细~。⑫姓。

疖(癤) 1·UBK 疖子,皮肤或皮下组织局部性的化脓性炎症,易发生于头和颈部。

阶(階) 1·BWJ ①台阶:~梯|石~。②等级:军~。③段落:~段。

皆 1·XXR 都,都是:四海之内~兄弟|全民~兵。

喈 1·KXXR 风雨疾速的样子:北风其~,雨雪其霏。

【喈喈】①鸟鸣声:风雨凄凄,鸡鸣~。②乐器声:钟鼓~。

湝 1·IXXR 水流的样子:淮水~~。

楷 1·SX 楷树,也叫黄连木,落叶乔木。种子可榨油,叶子可作黑色染料。
另见 kǎi。

结(結) 1·XF 孕育;长出:开花~果。

【结实】牢固,强壮。

结(結) 2·XF ①打结或编结。②打成的结:蝴蝶~。③问题的关键:症~。④结交,结合:~交朋友|~社。⑤了结:~账。⑥指负责保证的字据:具~。

秸 1·TFKG 农作物脱粒后的茎秆:麦~。

接 1·RUV ①连接:衔~。②碰触;接近:短兵相~|~壤。③连续;接替:~下去干|~班。④承接;收受:~球|~信。⑤迎接:~客人。⑥姓。

揭 1·RJQ ①揭去,掀开:~盖子。②揭露:~短。③高举:~竿而起。

嗟 1·KUDA 叹息:~叹。

【嗟来之食】泛指带有侮辱性的施舍。

街 1·TFFH ①街道:逛~|大~。②〈方〉集市:赶~。③姓。

子 2·BNHG 单独,孤独:~然一身|茕茕~立,形影相吊。

讦(訐) 2·YFH 斥责或揭发别人的短处:互相攻~。

劫 2·FCLN ①抢劫:打家~舍。②灾难:浩~|~后余生。

蝚 2·JFCL 【石蝚】甲壳类动物。也叫龟足,生活在海边岩缝。

峊 2·CMJ 山的转弯处。多用于地名:白~(在陕西)。

劼 2·FKL ①谨慎。②努力。

诘(詰) 2·YFK 追问,责问:反~|盘~。
另见 jí。

拮 2·RFK 【拮据】经济条件不好,境况窘迫:手头~。

洁(潔) 2·IFK ①清洁:~白。②纯洁:廉~。

桔 2·SFK

【桔槔】一种井上提水工具,在杠杆一端系重物使水桶起落。
另见 jú。

颉(頡) 2·FKDM 【仓颉】黄帝时人名,相传创造了汉字:~造字。
另见 xié。

鲒(鮚) 2·QGFK 古书上说的一种蚌。

杰 2·SO ①才华出众的人:俊~|豪~。②杰出的:~作。

桀 2·QAHS ①木桩。②凶暴。③古人名,夏朝末代君主。

【桀骜】倔强:~不驯。

絜 2·DHVV 同"洁",多用于人名。

絜 2·DHVI ①古同"洁"。②姓。
另见 xié。

捷 2·RGV ①快:敏~|迅~|~足先登。②战胜:~报|大~。

婕 2·VGV 【婕妤】古代宫中妃嫔的称号。

睫 2·HGV 睫毛:迫在眉~|目不交~。

偈 2·WJQ ①勇武。②跑得快,急驰的样子。
另见 jì。

碣 2·DJQ 圆顶的石碑:墓~|残碑断~。

竭 2·UJQN ①干涸:~泽而渔。②尽:枯~|诚~|声嘶力~。

羯 2·UDJN ①羊,特指骟过的公羊。②我国古代北部民族,为匈奴的一个别支。东晋时曾建立后赵政权。

截 2·FAW ①切断。②阻拦:拦~。③量词,段:一~铅笔。

姐 3·VEG ①姐姐。②亲戚中年纪比自己大的同辈女子:表~。③称呼年轻女子:空~。

解 3·QEV ①剖开:~剖|支~。②松开,解开:~带子。③解除,消除:~职|~愁。④解释:~答。⑤排泄:大~|小~。⑥明白:令人费~。⑦演算:~方程。⑧代数方程中未知数的值。

解 4·QEV 押送:~款|押~|~送。

另见 xiè。

【解元】明清两代科举制度称乡试录取的第一名。

榍 3·SQEH 榍树,一种木质像松的树:～叶落山路,枳花明驿墙。

介 4·WJ ①在中间:中～。②介绍:简～。③存留;放在心里:～意。④甲:～虫。⑤古同"个":一～书生。⑥戏曲术语,指示演员表演的某种动作:起～。

价 4·WWJ 旧称被派遣传送东西或传达事情的人:来～。

价(價) 5·WWJ 助词,相当于"地":震天～响|成天～忙个不停。
另见 jià。

芥 4·AWJ ①蔬菜名,芥菜:～末(芥菜子研成的粉末,味辣)。②小草,比喻轻微细小的事物:草～|尘～。
另见 gài。

玠 4·GWJH 大圭,古代礼器。

界 4·LWJ ①界限,相交的地方。②指某种范围:眼～。③生物分类的最高一级,其下为"门":动物～|植物～。④地质学分类第二级:古生～。⑤职业、性别等相同的社会成员总体:文艺～|妇女～。

【界尺】画直线用的无刻度木条。

疥 4·UWJ 一种皮肤病:～疮|～癣。

【疥虫】一种引起疥疮的寄生虫。

蚧 4·JWJ 【蛤蚧】一种类似壁虎的爬行动物。

骱 4·MEW 〈方〉骨节间相衔接的地方:脱～(脱臼)。

戒 4·AAK ①戒备,防备:～心。②戒除:～烟。③戒条:犯～|受～。④教训:引以为～。⑤佛教的戒律:五～。

诚(誠) 4·YAAH ①警告,劝告:告～|劝～。②警戒:引以为～。③古代一种文体。

愖 4·NAAH 警戒。

届 4·NM ①到:～时|时～|初春。②量词,期,次:上～毕业|五～人大。

借 4·WAJ 借用,借出:～书|～钱给人|告～|挪～|出～。

借(藉) 4·WAJ ①假托:～故|～口。②凭借:～机。

藉 4·ADI ①垫在下面的东西:以茅草为～。②垫,衬:枕～|～地而坐。③"借"(～口|凭～)的繁体。
另见 jí。

【慰藉】安慰。

褯 4·PUYH 【褯子】〈方〉婴儿的尿布。

家 5·PE 助词,同"价"(jie),相当于"地":整天～响。
另见 jiā。

巾 1·MHK 用来擦抹、包裹、围盖的成块织物:毛～|～头。

【巾帼】古代妇女的头巾和发饰,后指妇女:～英雄。

斤 1·RTT ①市制重量单位。②古代砍树的工具:斧～。

斸(斸) 1·(QRH) ①古同"斤",砍树工具:斧

~。②古代金属重量单位和货币单位。

今 1·WYNB ①现在,现代:当｜古～。②当前的:～天｜～秋。

衿 1·PUWN ①衣襟:青～。②系衣裳的带子。

矜 1·CBTN ①怜悯,怜惜:～恤。②自尊自大:～才使气｜～功伐能。③慎重拘谨:～持。另见 guān,qín。

金 1·QQQ ①金子。②金属:钣～｜冶～。③钱:奖～。④古指用金属制的打击乐器:鸣～收兵｜～鼓齐鸣。⑤朝代名。

【金榜】科举时代称殿试录取的榜:～题名。

【金石】古代遗留下来的金属器皿铸文和石碑刻字。

【金銮殿】旧指皇帝召见群臣议事的大殿。

津 1·IVFH ①唾液:望梅生～。②渡口:要～｜无人问～。③润泽:～润｜润叶～茎。④指天津。

珒 1·GVF 玉名。

筋 1·TELB ①肌腱或骨头上的韧带:伤～动骨。②皮肤下看得见的静脉血管:青～暴起。③像筋的东西:钢～｜橡皮～。④肌肉:～骨。

禁 1·SSF ①禁受,耐:弱不～风。②忍住:不～｜情不自～。

禁 4·SSF ①禁止。②监禁:～闭。③法令或习俗所不允许的事:犯～。④皇帝住的地方:～宫。

【禁军】保卫京城或宫廷的军队。

【禁苑】帝王的园林。

【禁锢】①束缚,限制。②关押,监禁。

【禁脔】比喻独自占有而不容别人分享的东西:视为～。脔(luán):切成小块的肉。

襟 1·PUS ①衣服胸前的部分,也指背后部分:衣～｜大～｜对～｜后～｜前～后裾。②姐妹的丈夫之间的关系:～兄｜连～。

仪(儀) 3·WCY 才,只:～供参考｜～～｜绝无｜有。

仪(儀) 4·WCY 将近,几乎:～士卒～万人。

尽(儘) 3·NYU ①竭尽;尽量:～力｜～早。②老是,总是:这些天～刮风。③尽先:～着客人住。④最:～东头。⑤表示以某个范围为极限,不得超过:～着这些钱用。

尽(盡) 4·NYU ①完:用～。②竭尽:～力｜～心。③都,全:～是水。④达到极限:～善｜～美。⑤死:自～。⑥姓。

叠 3·BIGB 一个匏瓜制成的两个瓢,古代结婚时用作酒器。

【合叠】结婚仪式,成婚。

紧(緊) 3·JC ①与"松"相对:拉紧,拧。②非常接近:～接着｜～靠。③紧急:迫。④不宽裕:手头较～。

堇 3·AKGF 【堇菜】多年生草本植物,也叫堇堇菜,旱芹。

谨(謹) 3·YAK ①谨慎,小心:拘～｜防假冒。②郑重:～启｜～致谢意。

馑(饉) 3·QNAG 原指蔬菜歉收,泛指饥荒:饥～。

厪 3·YAKG ①旧同"仅"。才，只:其次～得舍人。②小屋。
另见 qín。

瑾 3·GAKG ①美玉。②比喻美德:怀～握瑜。

槿 3·SAK 【木槿】一种落叶灌木，可供观赏。

锦(錦) 3·QRM ①有彩色花纹的丝织品:云～|蜀～。②色彩鲜艳华丽:～霞|～鸡|～绣。
【锦标】授给竞赛中优胜者的奖品，如锦旗、金杯等。

荩(藎) 4·ANYU ①荩草，草本植物，茎叶可作黄色染料，也用于编织器物。②忠诚:王之～臣。

浕(濜) 4·INYU 浕水，水名。①又名沙河，在湖北。②即白马河，在陕西。

赆(贐) 4·MNY ①临别所赠路费或礼物。②进贡的财物:纳～。

烬(燼) 4·ONY 灰烬:独照碧窗久，欲随寒～灭。

进(進) 4·FJ ①前进，进入。②呈上，送上:～言|贡|～香|～奉。③收入，买入:～账|～货。④进餐:～食。⑤量词，同一院子的前后各排房子:第一～房子|三～宅院。

珒 4·GFJP 一种像玉的石头。

近 4·RP ①与"远"相对。②接近;亲近:年～花甲|平易～人。③不深奥:浅～。

靳 4·AFR ①吝惜:～而不予。②姓。

妗 4·VWY ①舅母:舅～。②妻兄、妻弟的妻子:大～子。

劲(勁) 4·CAL ①力气，力量:使～。②精神，情绪:起～|高兴～儿。③兴趣:真没～。
另见 jìng。

晋 4·GOGJ ①周代诸侯国名:三家分～(三家指韩、赵、魏)。②朝代名:西～|东～。③朝代名，五代之一，后晋。④山西的别称:～煤。⑤进:～见|～京观光。⑥升:～级|加官～爵。⑦姓。
【晋见】下级会见上级。

溍 4·(IGOJ) 古水名。

缙(縉) 4·XGOJ 赤色的丝织品。
【缙绅】古指官僚或做过官的人。

璡 4·(GGOJ) 一种像玉的石头。

浸 4·IVP ①浸泡:～渍。②渗入;露水～湿了衣服。③逐渐:～渐|友情～厚|～染。

祲 4·PYVC 古代指天空中不祥之气。

嚍 4·KSSI ①闭口不作声:～若寒蝉。②因寒冷而哆嗦:寒～。

墐 4·FAKG 用泥涂塞:塞向～户。

觐(覲) 4·AKGQ 朝见君王或朝拜圣地:～见|朝～。

殣 4·GQAG ①饿死:道无～者。②掩埋。

jing

茎(莖) 1·ACA ①植物主干。②像茎的东西:阴～|

刀~（刀把）。③量词，根：数~
白发。

泾（涇）1·ICA 【泾河】水
名，在陕西，是渭河的
支流：~渭分明。

经（經）1·X ①织物上纵向
的线。②经度：东~。
③经营：~商。④正常：不~之谈。
⑤经典：圣~｜十三~。⑥月经：~
血。⑦中医指脉络：~络｜~脉。
⑧途经，经过，经历：~上海回家｜
~手｜年累月｜身~百战。⑨禁
受：~不起打。

【经幢】刻有佛号或经文的石柱子。
【经纶】①整理蚕丝。比喻治理国
家。②借指才能或抱负：满腹~。
【经见】亲眼看到：未曾~。
【经籍】经书，也泛指图书。

京 1·YIU ①首都：~城｜~师。
②北京的简称：~广线。③古
代数目，指一千万。④姓。
【京畿】国都及附近的地方。
【京华】国都。
【京师】国都。

狳 1·QTYI 【黄狳】黄麛。

惊（驚）1·NYIY ①奇怪，惊
异：~世骇俗。②惊
动：打草~蛇。③惊恐：心~肉跳。
④骡马因害怕狂奔不受控制：马
~了。

【惊悸】因吃惊而心跳。
【惊惶】惊慌。
【惊愕】吃惊发愣。
【惊厥】因意外刺激而昏过去。

鲸（鯨）1·QGY 俗称鲸鱼，生
活在海洋中的哺乳
动物。

麖 1·YNJI 古书上说的一种鹿。

荆 1·AGA ①落叶灌木，枝条可
编筐：披~斩棘。②用荆条做
成的刑杖：负~请罪。③贫寒
的，朴素的：~妻｜~钗布裙。④古
代楚国的别称。⑤姓。
【荆棘】泛指带刺的小灌木。

菁 1·AGEF 古指蔓菁，也叫芜
菁，二年生草本植物，块根可
作蔬菜。
【菁华】精华。
【菁菁】草木茂盛。

腈 1·EGEG 一种有机化合物：
~纶丝｜涤~。

睛 1·HG 眼珠：目不转~｜火眼
金~。

鹝（鶄）1·GEQQ 【鸧鹝】古
书上说的一种长腿
水鸟。

精 1·OGE ①经过挑选或提炼
的：~矿。②提炼出来的精
华：酒~｜香~。③完美：~益求
~。④精细：~巧｜~致。⑤机灵：
~明。⑥精通：~于数学。⑦精
神，精力：聚~会神。⑧精子：受
~。⑨妖怪：妖~｜~怪。⑩很：输
得~光｜淋得~湿。

鼱 1·VNUE 【鼩鼱】一种像老鼠
的哺乳动物，嘴长而尖，生活
在山林。

旌 1·YTTG ①古代用羽毛装饰
的旗子，泛指一般的旗子：~
旗。②表扬：~表。

晶 1·JJJ ①光亮，明净：~莹｜亮
~~。②晶体：结~。③指水
晶：墨~。

粳 1·OGJ 粳稻，稻米的一种。
米质黏性较强。

兢 1·DQD 【兢兢】谨慎；勤恳：
战战~｜~业业。

井 3·FJK ①水井或像井的。②古代八家为一井,后泛指乡里或人口聚居之处:背～离乡|市～。③星宿名,二十八宿之一。④姓。

阱 3·BFJ 陷阱,捕野兽用的陷坑。

洴 3·IFJH 用于地名:～洲(在广东)。

胼 3·EFJ 有机化合物,有毒,可作药物原料或火箭燃料。

刭(剄) 3·CAJH 用刀割脖子:自～。

颈(頸) 3·CAD ①脖子:刎～|延～|伫望。②器物像颈的部分:瓶～。
另见 gěng。

景 3·JY ①风景,景致:山～|盆～。②情形,情况:～况|远～。③敬仰:～慕。④背景:布～|外～。⑤场景:第三幕第二～。⑥姓。⑦古通"影"。
【景泰蓝】我国传统工艺品。用铜胎焊上铜丝掐成的花纹,涂上珐琅彩釉烧制而成。盛产始于明景泰年间。

憬 3·NJY 觉悟:闻之～然|～悟。
【憧憬】向往。

璟 3·GJYI 玉的光彩。

儆 3·WAQT 让人警醒而不犯错误:杀一～百|～戒。

璥 3·GAQT 玉名。

警 3·AQKY ①戒备:～戒。②危急的情况:火～。③警告:杀一～百。④敏锐:机～|～觉。

劲(勁) 4·CAL 坚强有力:～旅|～敌|刚～有力|疾风知～草。
另见 jìn。

径(徑) 4·TCA ①小路:曲～通幽|山～。②直接:～回上海。③直径:口～|半～。

迳(逕) 4·CAPD ①"径"(路～|～直)的异体字。②用于地名:～头(在广东)。

胫(脛) 4·ECA 小腿,从膝盖到脚的部分:～骨。

痉(痙) 4·UCA 【痉挛】一种病状,指骨骼肌、平滑肌等局部紧张,较长时间收缩:胃～|腓肠肌～。

弪 4·XCAG 弧度的旧称。

净 4·UQV ①清洁,使清洁:洁～|～手。②没有剩余:吃～。③只,都:～是水。④纯:～重。⑤戏剧角色,俗称花脸。

竫 4·UQVH ①静,安静:～立安坐。②编造:～言。

静 4·GEQ ①静止,安静:风平浪～|夜深人～。②使安静:～下心来。③安详:娴～。④姓。
【静谧】安静。谧(mì)。

倞 4·WYI 强劲。
另见 liàng。

竞(競) 4·UKQB ①竞争,竞赛:～走|～技。②争先:～相传告。

竟 4·UJQ ①完毕:未～之业。②从头到尾,全:～日～夜。③终于:有志者事～成。④表示意外:～然。⑤姓。

境 4·FUJ ①边界:边～。②地方、区域:无人之～。③境况,境地:家～|事过～迁。

…

猄 4·QTUQ 传说中一种像虎豹的兽，生下来就吃它的母兽。

镜(鏡) 4·QUJ ①镜子。②利用光学原理做成的器具：望远～。③姓。

婧 4·VGE 女子有才能：～女。

靓(靚) 4·GEM 妆饰，打扮：～妆。
另见 liàng。

靖 4·UGE ①安静，平安。②平定：～乱|绥～。③姓。

敬 4·AQK ①尊敬，恭敬。②有礼貌地送上：～酒。③姓。

jiong

坰 1·FMK 远离城市的郊野。

驹(駉) 1·(CMK) ①肥壮：～～牡马。②骏马。

扃 1·YNMK ①从外面关门的闩、钩、环等。②关门：～户。

迥 3·MKP 差得很远，大不相同：态度～异|～然不同。

泂 3·IMKG ①远。②水深广的样子。

绢(絅) 3·(XMK) 〈方〉罩在外面的单衣。

冋 3·(MWK) ①光。②明亮：～～秋月明。

炯 3·OMK 光明，明亮：～烛|～然|目光～～|～有神。

炅 3·JOU ①明亮。②火光，日光。③热。
另见 guì。

颎(熲) 3·XODM 火光：蝉冕～以灼灼兮。

窘 3·PWVK ①穷困：～迫|生活～困。②尴尬；为难：～态|别～他了。

jiu

纠(糾) 1·XNH ①缠绕：～缠。②集合：～合|～集。③纠正：～偏。

赳 1·FHNH 【赳赳】健壮威武的样子：雄～|～～武夫。

鸠(鳩) 1·VQYG ①鸽子一类鸟的统称：斑～|山～。②聚合：～集|～工|～合（同"纠合"）。

究 1·PWV ①仔细推求，追查：研～|追～|盘根～底。②究竟：～为不妥|～应如何。

阄(鬮) 1·UQJ 决定事情或胜负的纸团：抓～|拈～。

揪 1·RTO 紧抓，拉住：～住绳子|～住他|～耳朵。

啾 1·KTO 【啾啾】象声词，常指虫、小鸟等细小叫声。

鬏 1·DETO 头发盘成的结。

九 3·VT ①数目词。②表示多：～死一生。③从冬至起每九天为一个"九"：三～|寒冬。
【九州】①传说中我国上古行政区划，即：冀州、兖州、青州、徐州、扬州、荆州、豫州、梁州、雍州。后成为中国的代称。②日本的第三大岛。
【九宫格】练习书法用的方格纸，在一个大格里再分九个小格。

氿 3·IVN 用于湖名：西～|东～（均在江苏）。

另见 guǐ。

久 3·QY ①时间长久:年长月~|~远。②时间的长短:多~了|三年之~。

玖 3·GQY ①像玉的浅黑色石头:贻我佩~。②数目"九"的大写。③姓。

灸 3·QYO 中医治疗方法,用艾绒熏烤穴位:针~。

韭 3·DJDG 韭菜,多年生草本植物:~黄|~芽。

酒 3·ISGG ①含酒精的饮料:烧~|黄~|酗~。②姓。

【酒保】旧称饭店、酒店伙计。现香港仍沿称。

【酒花】啤酒花,多年生草本植物。果穗是制啤酒的原料。

【酒母】酒曲。

【酒望】酒店的幌子。也叫酒望子、酒帘。

【酒酿】江米酒。也叫酒娘。

旧(舊) 4·HJ ①与"新"相对的。②过去的,过时的:~居|~脑筋。③老交情,老朋友:怀~|故~。

臼 4·VTH ①舂米的器具:石~。②形状像臼的:~齿。

柏 4·SVG 乌桕树,落叶乔木,种子外的蜡层可制肥皂。

舅 4·VL ①母亲的兄弟。②妻子的兄弟:小~子。③旧称丈夫的父亲。

咎 4·THK ①过失,罪过:~由自取|引~辞职|~归。②责备:既往不~。③凶,灾祸:休~(吉凶)。

疚 4·UQY 对自己的错误感到痛苦:内~|负~。

柩 4·SAQY 装着尸体的棺材:灵~|移~。

救 4·FIYT 抢救,救护,援助:~命|~火|~灾。

厩 4·DVC 马棚,泛指牲口棚:~肥|马~。

就 4·YI ①凑近,靠近:避重~轻。②到;开始从事:各~各位|~业。③完成:功成名~。④依照:~事论事。⑤立刻:~去。⑥趁着:~便|~近。⑦搭着吃:以肉~酒。⑧早已:本来~不多。⑨只:~他好。⑩加强语气:我~不信。⑪连词:来了~好。

僦 4·WYI ①租赁:~牛输谷|~屋。②雇用:~匠佣工。

崤 4·MYIN ①古山名。②用于地名:~峪(在陕西)。

鹫(鷲) 4·YIDG 鹫鸟,一种大型猛禽:秃~|兀~。

ju

俱 1·WHW 姓。

俱 4·WHW 都,全:面面~到|两败~伤|声泪~下。

车(車) 1·LG 象棋棋子的一种:~马炮。

另见 chē。

且 1·EG ①文言助词,相当于"啊":狂童之狂也~。②用于人名:范~。

另见 qiě。

沮 1·IEG ①沮水,古水名。②姓。

沮 3·IEG ①阻止:~遏。②沮丧;败坏:气~|~色。

沮 4·IEG

【沮洳】低湿地带。

【沮泽】水草丛生的地方。

苴 1·AEG　【苴麻】大麻的雌株。开花后结实,也叫种麻。

岨 1·MEGG　带土的石山:登彼列仙~,采此秋兰芳。

狙 1·QTEG　①古指猕猴。②窥伺:~击。

【狙击】暗中埋伏袭击。

砠 1·DEGG　有薄土的石山。

疽 1·UEG　中医指一种毒疮,症状为局部皮肤肿胀坚硬而皮色不变。

趄 1·FHE　【趔趄】形容踌躇不前,欲行即止:~不前。趄(zī)另见 qiè。

雎 1·EGW　【雎鸠】一种水鸟,也叫鱼鹰:关关~,在河之洲。

拘 1·RQK　①拘捕:~押。②拘束,死板:无~无束|~泥。③限制:不~多少。

沟 1·IQKG　沟河,水名,发源河北,流经北京、天津。

驹(駒) 1·CQK　①少壮的马:千里~。②小马,又指小驴、骡等:小马~。

鮈(鮈) 1·(QGGK)　鱼名,身体小,生活在温热带淡水。

居 1·ND　①居住,居所。②处于:~中。③当,任:以功臣自~。④占据:二者必~其一。⑤存,怀着:~心不良。⑥姓。⑦储存:奇货可~。⑧停留:岁月不~。

【居士】①隐居的人。②在家信佛的人。

据 1·RND　【拮据】经济境况不好,缺少钱。

据(據) 4·RND　①占据:割~。②凭借,依靠:~点。③按照:~理力争。④凭据:收~|查无实~。

崌 1·MNDG　【崌山】山名,在四川。

琚 1·GND　①佩带的一种玉:投我以木瓜,报之以琼~。②姓。

椐 1·SND　古代指一种可做拐杖的小树。也叫灵寿木,树干多肿节。

腒 1·ENDG　腌后晾干的鸟肉,也泛指干肉。

锯(鋸) 1·QND　同"锔"。用锔子补接陶瓷器等:~碗|~锅。

锯(鋸) 4·QND　①锯子;用锯切割:钢~|~木头。②古代断足的刑具:刀~。

裾 1·PUND　①衣服的大襟。②衣服的前后部分。

掬 1·RQO　用两手捧:笑容可~|~水洗面。

鞠 1·AFQ　①抚养,养育:~养|~育。②弯曲:~躬。③古代的一种用来游戏的球:蹴~。④姓。

【鞠躬】①弯身行礼。②小心谨慎的样子:~尽瘁。

嫯 1·VBCY　姓。

【嫯訾】星名。

锔(鋦) 1·QNNK　①锔子,两头弯曲的钉子,用于补器物裂缝。②用锔子补物:~碗。

锔(鋦) 2·QNNK　一种人造的放射性金属元素,符号 Cm。用于航天工业的热电源。

鞫 1·AFQY　①审问:~问|~讯|~审。②穷困。③姓。

局 2·NNK ①棋盘。②下棋或其他比赛的一次:一～棋|平～。③机关单位的名称:教育～|书～。④形势,情况:时～|战～。⑤某些聚会:饭～。⑥圈套:骗～。⑦拘束:～促|～限。⑧部分:～部。

焗 2·ONNK ①在密封容器中用蒸汽使食物熟烂:盐～鸡。②【焗油】一种染发、护发方法。

桔 2·SFK "橘"的通俗写法。另见 jié。

菊 2·AQO ①菊花:春兰秋～。②姓。

【菊芋】多年生草本植物,块茎可吃,通称洋姜。

鹝(鶪) 2·HDQ 古书上指伯劳,一种鸟。

橘 2·SCBK 橘子,俗作桔子:柑～|蜜～。

弄 3·FCAJ 收藏,保藏:藏～。

柜 3·SAN 柜柳,一种落叶乔木,也叫枫杨。木材可做火柴杆。

另见 guì。

矩 3·TDA ①画几何图形的曲尺:～尺。②法度,规则:循规蹈～|规行～步。

咀 3·KEG 嚼,品味:～嚼|含英～华。

另见 zuǐ。

龃(齟) 3·HWBG 【龃龉】上下牙齿不齐。比喻意见不合。龉(yǔ)。

莒 3·AKKF ①芋头。②周代诸侯国名,在今山东莒县。

【莒县】地名,在山东。

筥 3·TKKF ①圆形竹制盛器:方曰筐,圆曰～。②古代量

词,手握禾一把为一秉,四秉为一筥。

枸 3·SQK 枸橼,常绿乔木,也叫香橼,果实可入药。橼(yuán)。

另见 gōu,gǒu。

蒟 3·AUQK 【蒟酱】蒌叶,藤本植物,果实有辣味,可制调味品。

【蒟蒻】魔芋。

举(舉) 3·IWF ①往上托或伸:～手。②动作:一～一动。③兴起:～事|～义。④推选:选～|公～。⑤提出:～例。⑥全:～国同庆|～家。

【举凡】凡是。

【举哀】①进行哀悼活动。②丧礼用语,指高声号哭。

榉(欅) 3·SIW 榉树,落叶乔木,榆科,木质坚硬,可造船。

【山毛榉】落叶乔木,山毛榉科,为优良木材。

踽 3·KHTY 【踽踽】形容单身走路孤独的样子:～独行。

巨 4·AND ①大,巨大:～响|～人。②姓。

【巨擘】大拇指。比喻某一方面的大家:学界～。擘(bò)。

讵(詎) 4·YANG 岂,怎,表示反问:～料|～知。

拒 4·RAN ①抵抗:～敌。②拒绝:～之门外。

苣 4·AAN ①一种蔬菜,即莴苣,也作莴笋。②苇秆扎成的火炬,后作"炬"。

另见 qǔ。

岠 4·MANG ①大山。②用于地名:东～岛(在浙江)。

炬 4·OAN ①火把:火～。②焚烧:付之一～。③烛:蜡～成灰泪始干。

钜(鉅) 4·QAN ①硬铁。②钩子。③"巨"(～大)的异体字。

秬 4·TANG 黑黍子:诞降嘉种,维～维秬。

距 4·KHA ①距离:行～|～城十里。②雄鸡、雄等的爪后面突出像脚趾的部分。

句 4·QKD ①句子。②量词,用于语言:一～话。
另见 gōu。

具 4·HW ①用具:家～。②具有:～备。③备办:谨～薄礼。④量词:一～尸体。⑤写:～名。

【具结】旧时对官署提出表示负责的文件:～完案|～领回失物。

【具保】旧指找担保人。

【具文】徒有形式而无实际作用的规章制度:一纸～。

惧(懼) 4·NHW 害怕,恐惧:无所畏～|临危不～。

犋 4·TRHW 牵引犁、耙等农具的畜力单位。能拉动一张犁或一张耙的畜力叫一犋。

飓(颶) 4·MQHW 飓风,发生在海洋上的强烈风暴。

倨 4·WND ①傲慢:前～后恭。②直而曲折。

剧(劇) 4·NDJ ①戏剧:话～|越～。②猛烈:～烈|～变|～痛。③姓。

踞 4·KHND ①蹲或坐:龙蟠虎～。②非法占据:盘～|窃～。

聚 4·BCT 聚合,会合:～集|～精会神。

【聚敛】用重税等搜刮民财。

窭(窶) 4·PWO 贫穷,贫困:终～且贫,莫知我艰。

屦(屨) 4·NTOV 古时用麻、葛等制成的一种鞋,也泛指鞋子。

遽 4·HAE ①急速;匆忙:物价～增|～变。②害怕:惶～。③遂,就:～下结论。

【遽然】突然。

【遽尔】匆忙地。

濾 4·IHAE 濾水,水名,在陕西。

醵 4·SGHE ①凑钱喝酒。②聚集,凑(钱):～资|～金。

juan

捐 1·RKE ①舍弃,抛弃:细大不～。②捐助,献出:～献|～款。③税:苛～杂税。

涓 1·IKE 细小的流水:～滴|～埃(细小的水流和尘埃。比喻极其微小)。

娟 1·VKE 秀丽,美好:风姿～秀|婵～。

焆 1·OKEG 明亮。

鹃(鵑) 1·KEQ 【杜鹃】①鸟名,又叫杜宇、子规、布谷。②杜鹃花,也叫映山红。

圈 1·LUD 关闭:～养|把小鸡～起来。

圈 4·LUD ①养牲畜的棚和栅栏:猪～。②姓。
另见 quān。

镌(鐫) 1·QWYE ①雕刻:～刻。②削职,降职:流贬~废。

蠲 1·UWLJ ①除去,免除:~除|~免。②积存。

卷(捲) 3·UDBB ①把东西收弄成圆桶形。②圈成桶形的东西:烟~儿|行李~。③裹住,卷走:风~残云。④量词,用于成卷的东西:一~纸。

卷 4·UDBB ①书本:开~有益。②试卷:阅~。③分类的文件:~宗。④书的一部分:第一~。⑤量词,用于书本:读书破万~。⑥可以舒卷的书画:长~。

锩(錈) 3·QUDB 刀剑卷刃。

倦 4·WUD ①疲乏:疲~。②厌倦:诲人不~。

桊 4·UDS 穿在牛鼻上的小铁环或小木棍。

眷 4·UDHF ①亲属:~属|家~。②关心,挂念:~念|~恋。

隽 4·WYEB ①鸟肉肥美:~永(言论文章意味深长)。②姓。另见 jùn。

狷 4·QTKE ①胸襟狭窄,急躁:~急|~隘。②耿直:~介。

绢(絹) 4·XKE 一种薄而坚韧的丝织品:~花|~画。

鄄 4·SFB 春秋时卫国的城邑,在今山东。
【鄄城】地名,在山东。

jue

撅 1·RDUW ①翘起:~尾巴。②折:一~两断。

噘 1·KDU 翘起(嘴唇):~嘴。

孑 2·BYI 【孑孓】蚊子的幼虫。孑(jié)。

决 2·UN ①决口:溃~。②确定,决定:裁~。③一定:~不。④处死:枪~。⑤解决:速战速~。

诀(訣) 2·YNWY ①窍门,方法:~窍|秘~。②简短顺口好记的语句:口~。③分别(多指不再相见):~别|永~。

抉 2·RNWY 【抉择】挑选,选择:历史的~。

玦 2·GNWY 环形有缺口的佩玉。

驶(駃) 2·(CNWY) 【驶骡】驴骡。马和驴交配所生。

砄 2·DNWY ①石头。②用于地名:石~(在吉林)。

觖 2·QEN 不满足。
【觖望】因不满足而怨恨。

角 2·QE ①竞赛:~斗|~逐。②角色,演员:丑~。③古代酒器,形状像爵。④古代五音之一,相当于简谱的"3"。另见 jiǎo。

桷 2·SQE 方形的椽子:宫~。

珏 2·GGY 合在一起的两块玉。

觉(覺) 2·IPMQ ①感觉,觉悟:~察|~味|自~自愿。②睡醒:一梦初~。另见 jiào。

绝(絕) 2·XQC ①断绝:~交。②制止:杜~。③尽,完:弹尽粮~。④走不通的,没有生路的:~境。⑤独特

的,特别出色的:拍案叫～。⑥完全,一定:～不相信|～不可以。⑦极,最:～大多数|～密。⑧绝句:七～。

倔 2·WNB 【倔强】固执,强硬不屈:性情～|～的性格。

倔 4·WNB 言语生硬粗直,态度不好:这老头真～|～头～脑。

掘 2·RNBM 挖,挖掘:～地|～井|采～|开～运河。

崛 2·MNBM 突起,兴起:山峰～起|新兴产业不断～起。

脚 2·EFCB 同"角"②(jué):～色|名～。
另见jiǎo。

厥 2·DUBW ①晕厥:惊～|他气得～过去了。②相当于文言虚词"其":～后|大放～词。

劂 2·DUBJ 【剞劂】雕刻用的刀凿,借指雕版刻书。

蕨 2·ADU 多年生草本植物。俗称蕨菜,嫩叶可食。

獗 2·QTDW 【猖獗】凶猛而放肆:～一时。

潏 2·IDUW 潏水,水名,在湖北。

橛 2·SDU ①橛子,小木桩。②植物的残根:树～。③量词,段:一小～木头。

镢(鐝) 2·QDUW 镢头,掘土的工具。

蹶 2·KHDW 跌倒。比喻失败或挫折:一～不振。

蹶 3·KHDW 【尥蹶子】骡、马等跳起后蹄向后踢。

催 2·WPWY 见于人名,李催,东汉末人。

谲(譎) 2·YCBK ①欺诈,玩弄手段:诡～|险～|多

端。②怪异:情节奇～。

噱 2·KHAE 大笑:相看一～|散千忧。
另见xué。

爵 2·ELV ①古代酒器。②爵位:公～|～禄。

嚼 2·KEL 义同"嚼"(jiáo),用于某些复合词:咀(jǔ)～。
另见jiáo、jiào。

爝 2·OEL 火把;小火:一～之火|～火。

矍 2·HHW 惊慌四顾的样子:睡眼忽惊～,繁灯闹河塘。
【矍铄】形容老年人精神好。

攫 2·RHH ①抓取:老鹰～小鸡。②掠夺:～取|～夺。

玃 2·QTHC 大猕猴,也泛指猴子。

jun

军(軍) 1·PL ①军队:陆～。②军队编制单位:～长。

皲(皸) 1·PLH 【皲裂】皮肤因寒冷或干燥裂开:～裂。也作龟裂。

均 1·FQU ①均匀,相等:平～|～分。②全,都:～是|已做好。

钧(鈞) 1·QQUG ①古代重量单位,一钧为三十斤:千～一发|洪钟万～。②旧对上级或尊长的敬辞:～座|～谕。③制陶器用的转轮:陶～。

筠 1·TFQU 【筠连】地名,在四川。
另见yún。

龟(龜) 1·QJN 【龟裂】①同"皲裂"。②裂开许多缝隙:田地~。
另见 guī, qiū。

君 1·VTKD ①君主,国王,皇帝。②对人的尊称:李~。

莙 1·AVTK 【莙荙菜】二年生草本植物,又叫牛皮菜,叶大而厚,用作蔬菜。

鲲(鯤) 1·QGVK 一种海鱼,身体侧扁,口大而斜。

菌 1·ALT ①隐花植物的一大类,没有根茎叶的区别,不会光合作用,寄生在其他植物上。②特指能使人生病的病原菌。

菌 4·ALT 蕈,伞菌类高等菌类植物,如蘑菇、香菇等。

麇 1·YNJT 古书里指獐子。
另见 qún。

俊 4·WCW ①才智过人的:~杰。②容貌美丽:英~。
【俊秀】①美丽清秀。②才智过人。

峻 4·MCWT ①山高大而陡:崇山~岭。②严厉:严刑~法。
【峻刻】严峻刻薄。
【峻直】正直。
【峻急】①水流急。②性情严厉急躁。

浚 4·ICWT 疏通,挖深:~河|修~|疏~。
另见 xùn。

骏(駿) 4·CCW 骏马,好马:八~日行三万里。

晙 4·JCWT ①早晨。②明亮。

焌 4·OCWT 用火烧。
另见 qū。

莜 4·AWCT 通"峻"。大。
另见 suǒ。

畯 4·LCWT 古代掌管农事的官:田~。

竣 4·UCW 完毕:~工|~事|工程告~。

郡 4·VTKB 古代行政区域:秦分天下为三十六~|~县。

捃 4·RVT 拾取;收集:~撷|~拾。

珺 4·GVTK 美玉。多见于人名。

隽 4·WYEB 同"俊"①:~杰|~士。
另见 juàn。

腒 4·ELT ①隆起的肌肉。②腹部积聚的脂肪。

K k

另见 gē,lo。

ka

咔 1·KHHY 象声词,形容器物撞击或断裂声:~嚓|~的一声给铐上了。

咔 3·KHHY 【咔叽】一种质地厚实的斜纹布。

咖 1·KLK 【咖啡】常绿灌木或小乔木。浆果深红色,有兴奋作用。
另见 gā。

喀 1·KPT ①吐:~血。②象声词,形容呕吐、咳嗽等声音:~嚓|~吧|~哒。③译音用字:~秋莎|~斯特。
【喀斯特】岩溶的旧称。
【喀秋莎】火箭炮的一种,能成排发射。俄语译音。

卡 3·HHU 译音用字:~车|~片|~路里。
另见 qiǎ。

佧 3·WHH 【佧佤族】佤族的旧称。

胩 3·EHH 有机化合物一类,又称异腈。无色液体,有恶臭,剧毒。

咯 3·KTK 用力咳出嗓子里的东西:~血|~痰。

kai

开(開) 1·GA ①打开,放开。②开始:~工。③开掘:~山。④创办,建立:~厂。⑤发动,操纵:~炮|~车。⑥列出,写出:~方子|~发票。⑦沸:水~了。⑧发给,支付:~支|~饷。⑨溶化:河~了|~冻。⑩切割:~刀|~西瓜。⑪整张纸的分割比例,书的开本:32~。⑫黄金纯度单位:24~金。
【开罪】得罪。
【开颜】脸上露出高兴的样子。

锎(鐦) 1·QUGA 人造放射性金属元素,符号 Cf。

揩 1·RXXR 擦,拭:把桌子~干净|~油|~汗。

剀(剴) 3·MNJ 【剀切】符合事理,切实:~教导。

凯(凱) 3·MNM ①军队打胜仗所奏的乐曲:~歌|~旋。②姓。

垲(塏) 3·FMN 地势高而干燥。

闿(闓) 3·UMNV 打开,开启:今欲与汉~大关。

恺(愷) 3·NMN 快乐,和乐:~悌。

铠(鎧) 3·QMN 铠甲,古代的战衣:铁~|首~。

蒈 3·AXXR 一种有机化合物,是莰的同分异构体。天然的蒈尚未发现。

楷 3·SX ①典范,模范:~模|~式。②楷书:正~。
另见 jiē。

锴(鍇) 3·QXX 好铁。多用于人名。

慨 3·NVC ①气愤:愤~。②感慨:~叹。③慷慨:~允。

【慨然】①大方地,不吝惜地:~相赠。②感叹地:~长叹。

忾(愾) 4·NRN 愤怒,愤恨:同仇敌~。

炌 4·OWJH 明火。

kan

刊 1·FJH ①修订,删改:~误|~谬补缺。②刻:~刻|~石。③排版印刷:~行|创~。④出版物,多指期刊:月~|专~。⑤刊登:~载。

看 1·RHF ①守护,监视:~护|~家。②监管:~守|~押。

看 4·RHF ①瞧,望,观察。②认为:你~如何。③看待:小~人。④诊治:~病。⑤访问:~朋友。⑥照料:照~。⑦助词,表示试一试:等等~|试一天~。⑧指具有某种趋势:形势~好。

勘 1·ADWL ①校订,核对:~误。②调查,探测:~探|~查。

堪 1·FAD ①经得起,忍得住:不~其忧|难~。②能够,可以:~称模范|不~设想。

【堪舆】①天地。②风水。

嵁 1·MADN 【嵁岩】高峻的山岩。

戡 1·ADWA 用武力平定:~乱|~平叛乱。

龛(龕) 1·WGKX 供奉神佛的小阁子:佛~。

坎 3·FQW ①八卦之一,代表水。②地面高起像台阶的地方:土~|田~。③坑:~查。

【坎肩】不带袖子的上衣。

【坎儿井】新疆地区一种水利设施。在坡上打一连串水井,井底有暗渠相连。

【坎土曼】新疆地区一种锄地农具。

砍 3·DQW ①用力劈,剁:~柴。②削减,去掉:~掉一些项目。

莰 3·AFQW 一种有机化合物,白色晶体,有樟脑香味。

侃 3·WKQ ①刚直。②和乐的样子。③〈方〉闲谈:~大山。

【侃侃】形容说话理直气壮,从容不迫:~而谈。

槛(檻) 3·SJT 门槛,门限。
另见 jiàn。

衎 4·TFFH ①快乐。②刚直。③姓。

崁 4·MFQW 【赤崁】地名,在台湾。

墈 4·FADL ①险陡的堤岸。②高坡,高岗。多用于地名。

磡 4·DADL ①山崖。②堤岸。③山岩。多用于地名。

阚(闞) 4·UNB 姓。
另见 hǎn。

瞰 4·HNB ①俯视:鸟～l俯～。②窥看。

---

kang

康 1·YVI ①健康,安乐:～复l～乐。②丰富,充足:～年。③宽广:～庄大道。

堒 1·(FYVI) 用于地名:盛～(在湖北)。

阆(閬) 1·UYMV 【阆阆】〈方〉建筑物中空廊的部分。

阆(閬) 4·UYMV 高大的样子。

慷 1·NYV 【慷慨】①大方,不吝惜。②充满正气,情绪激昂:～陈词。

糠 1·OYVI ①稻、谷子等籽实碾下的皮或壳。②发空,松而不实:萝卜～了。

鱇(鱇) 1·(QGYI) 【鮟鱇】海鱼名。前半部圆而扁平,尾部细长。

扛 2·RAG 用肩膀承担物体:～枪l～木头。
另见 gāng。

亢 4·YMB ①高:高～。②高傲:不卑不～。③过度,极度:～奋。③星宿名,二十八宿之一。

伉 4·WYM ①对等,相称:～俪(夫妻)。②高大。③正直:～行l～直。④姓。

抗 4·RYMN ①抵御,抵抗:～洪l～暴。②匹敌:～衡l分庭～礼。③拒绝:～婚。

炕 4·OYM 北方用火取暖的床,火炕:热～头l土～。

钪(鈧) 4·QYMN 一种稀土金属元素,符号 Sc。

银白色,质软,可制特种玻璃和耐高温合金。

---

kao

尻 1·NVV 屁股:～骨。

考 3·FTG ①测验,检查:～试l～勤。②研究,思索:～古。③死去的父亲:显～l如丧～妣。

拷 3·RFT ①打:～打l～问。②指拷绸:云香～。

洘 3·IFTN ①水干。②用于地名:～溪(在广东)。

栲 3·SFTN 栲树。常绿乔木,树皮可提取栲胶和染料。

【栲栳】也叫笆斗,用竹篾或柳条编成的圆筐。

烤 3·OFT ①用火烘干、烘熟:～面包。②靠近火取暖:～火。

铐(銬) 4·QFTN 手铐,用手铐铐:镣～l～起来。

犒 4·TRYK 用酒食或财物慰劳,奖励:～劳l～赏。

靠 4·TFKD ①倚,紧挨着。②凭借,依仗:投～。③接近:～山吃山。④可信:这人～得住。

熇 4·OTFD 鱼肉等加入调料在文火中煮:大～肉。

---

ke

坷 1·FSK 【坷垃】〈方〉土块:土～l钉～。垃(la)。

坷 3·FSK 【坎坷】①不平坦:道路～。②不顺利:命运～。

苛 1·AS ①琐碎,繁重:～捐杂税。②苛刻,过分严厉:～求|～政。

珂 1·GSK ①像玉的石头:～佩。②马笼头上的饰品。③古书上说的一种贝类。

柯 1·SSK ①一种常绿乔木。②斧子的柄。③树枝:枝～。④姓。

轲(軻) 1·LSK ①两木相接的车轴。②用于人名:孟～(孟子)。

泂 1·NHDK 系船的木桩。

【牂泂】古郡名,在今贵州。

钶(鈳) 1·QSK 一种化学元素,铌的旧称。

疴 1·USKD 病:重～|染～|养～|沉～|顿愈。

匠 1·AWGK ①古代一种缭绕的头巾。②用于地名:～河(在山西)。

科 1·TU ①动植物的分类:猫～|豆～。②学术或业务类别:文～|外～。③机构名称:供销～。④判定(处罚):～以罚金。⑤古典戏曲里表示角色表演动作时的用语:打～|笑～。⑥条文,条目:～目|照本宣～。⑦法令,法律:作奸犯～。

蝌 1·JTU 【蝌蚪】蛙类动物的幼体。

棵 1·SJS 量词,多用于植物:一～树|一～菜|一～秧苗。

稞 1·TJSY 青稞,麦的一种,粒大皮薄。

窠 1·PWJ 鸟兽昆虫的窝:狗～|蜂～|鸟在树上做～。

【窠臼】现成格式,老套子。

颗(顆) 1·JSD 量词,用于粒状的东西:一～花生。

髁 1·MEJ ①大腿骨。②骨端上的突起部分。

颏(頦) 1·YNTM 脸的最下部分,通称下巴。

颏(頦) 2·YNTM 鸟名:红点～|蓝点～。

磕 1·DFC 碰,撞:～碰|头～破了皮|～头。

瞌 1·HFCL 困倦想睡:打～睡。

壳(殼) 2·FPM 坚硬的外皮:外～|弹～。

另见 qiào。

咳 2·KYNW 咳嗽:干～|～出血来了。

另见 hāi。

可 3·SK ①可以,可能,能够。②值得:～爱|～看。③可是。④表示强调:太阳～大啦。⑤表示疑问:你～愿意。⑥大约:年～四十。⑦适合:～口|～人意。⑧姓。

【可人】①有长处可取的人,也指意中人。②使人满意:风味～。

【可卡因】从古柯树叶中提取的一种药物,有收缩血管和麻醉作用。也叫古柯碱。

可 4·SK 【可汗】古代鲜卑等族君主的称号。

岢 3·MSK 【岢岚】①地名,在山西。②山名,在山西。

炣 3·OSKG 火。

渴 3·IJQ ①口渴:饥～。②迫切地:～念|～求。

克 4·DQ ①能:～勤～俭|鲜～有终。②公制重量或质量单

位。③藏族地区容量单位和地积单位,1 克青稞约为 25 市斤,1 克酥油约为 8 市斤。播种 1 克(约 25 市斤)种子的土地约为 1 亩,称为一克地。④姓。

克(剋) 4·DQ ①攻下,战胜:攻无不~。②克制,制服:~己奉公 | ~服。③限定:~日完成。④克扣:~斤扣两。⑤消化:~食 | ~化。
"剋"另见 kēi。

氪 4·RNDQ 一种气体元素,符号 Kr。能吸收 X 射线,可作 X 射线的屏蔽材料,也用来填充灯泡。

刻 4·YNT ①雕刻。②计时单位,即 15 分钟。古代用漏壶计时,一昼夜为一百刻。③短时间:即 | 此~。④形容程度深:深~ | 苦~ | ~意。⑤刻薄:尖~ | ~毒。⑥通"克"③:~日决战。

恪 4·NTKG 谨慎而恭敬:~守 | ~遵。

客 4·PTK ①客人,旅客,顾客。②寄居在外地的:~居 | ~籍。③从事某种活动的人:政~ | 说~。④过去的:~岁 | ~冬。⑤量词,用于论份供应的食品:一~饭。
【客岁】去年。

课(課) 4·YJS ①教学的科目,内容和时间单位;教材的段落:语文~ | 一节~ | 第一~。②征收:~税。③旧指赋税:国~。④单位的机构名称:行政~。⑤占卜的一种:起~。

骒(騍) 4·CJS 雌性的骡马。

锞(錁) 4·QJS 【锞子】旧时用作货币的小块金银锭。

缂(緙) 4·XAFH 【缂丝】一种将图文织入丝织品的工艺品。

嗑 4·KFCL 用上门下门牙咬有壳的或较硬的东西:~瓜子。

溘 4·IFCL 突然:朝露~至,握手何言 | ~逝。

kei

剋 1·DQJK 〈方〉①打(人)。②责骂,训斥:~他一顿。
另见 kè"克"。

ken

肯 3·HE ①附着在骨头上的肉:中~ | ~綮。②同意,愿意:首~ | 不~。
【肯綮】筋骨结合的地方,比喻最重要的关键。綮(qìng)。

啃 3·KHE ①一点一点地咬:~骨头。②形容攻读,钻研:~书本。

垦(墾) 3·VEF 翻土,开垦:~地 | ~荒 | 围~。

恳(懇) 3·VENU ①真诚,诚恳:~请 | ~谈。②请求:敬~ | ~转。

龈(齦) 3·HWBE "啃"的异体字。
另见 yín。

裉 4·PUVE 衣服腋下的接缝部分:开~ | 抬~ | 煞~。

keng

坑 1·FYM ①洼下去的地方:水~。②活埋人:焚书~儒。③坑害:~人|~骗。④地道,地洞:~道|矿~。

吭 1·KYM 出声,说话:不~声|一声不~。
另见 háng。

硁(硜) 1·DCAG 形容敲击石头的声音。
【硁硁】固执的样子:言必信,行必果,~然小人哉。

铿(鏗) 1·QJC 形容金属碰击声:~锵有力。

kong

空 1·PW ①没有东西的,空白的,空洞的。②天空:高~。③没有结果地,白白地:~忙。④姓。
【空灵】灵妙难以捉摸:~的笔触。
【空蒙】迷茫:山色~。
【空心菜】即蕹菜。

空 4·PW ①使空:~出。②闲的时间和空间:~房|抽~。③欠,缺:亏~。

埪 1·FPWA ①龛,供奉佛像的龛子。②用于地名:庙~(在广东)。

崆 1·MPW 【崆峒】①山名,在甘肃。②岛名,在山东。

碒 1·DPWA 形容石头撞击声。

碒 4·DPWA 用于地名:~南(在广东)。

箜 1·TPW 【箜篌】古代弹拨乐器。分竖、卧和手持式三类。竖式箜篌类似竖琴。

孔 3·BNN ①洞,窟窿。②量词,用于窑洞:一~窑洞。

恐 3·AMYN ①害怕:~惧。②恐怕:唯~不好。

倥 3·WPWA 【倥偬】事情紧迫,匆忙:戎马~。

控 4·RPW ①控告:指~。②控制:失~|遥~。

kou

抠(摳) 1·RAQ ①用手指或细小的东西挖:~耳朵。②吝啬,小气:~门儿。③往狭窄的方向深究:死~字眼。

弧(彄) 1·(XAQ 弓弩两端系弦的地方。

眍(瞘) 1·HAQY 眼珠深陷:眼睛~进去了。

苀 1·ABN 古时对葱的别称。
【苀脉】中医称一种如葱管中空无力的脉象。

口 3·KKKK ①嘴。②出入的地方:海~|门~。③容器通外面的地方,裂口:瓶~|衣服破了个~。④骡马等的年龄:六岁~。⑤指人:拖家带~。⑥刀刃:镰~|刀还没有开~。⑦量词,用于有口的器物,也用于人或畜:一~人|一井|一~猪。
【口轻】①菜的味淡。②(驴马等)年龄小的。也作口小。
【口惠】口头上给人家好处。

叩 4·KBH ①敲打:~门。②磕头:~拜|~首|~谢。

扣 4·RK ①套住;搭上:~上衣纽丨~上门。②减去:~钱。③倒过来罩:把碗~在桌子上丨用箩筐~住小鸡。④安上,加上:~大帽子。⑤用力击:~球。⑥结子:死~。⑦扣子:衣~。⑧螺纹:螺丝~。

筘 4·TRK 织布机的主要机件。也叫"杼"。

寇 4·PFQC ①强盗,入侵者:海~丨敌~。②侵犯:入~。③姓。

蔻 4·APFC 【豆蔻】①多年生草本植物,形似芭蕉,果实和种子可入药。②比喻少女:~年华。

ku

矻 1·DTNN 【矻矻】勤奋不懈:孜孜~丨终日~。

刳 1·DFNJ ①剖开挖空:~木为舟。②杀,割。

枯 1·SD ①干,干枯:~萎丨~井。②枯燥:~坐丨~寂。
【枯槁】①(草木)干枯。②憔悴。
【枯涩】枯燥不流畅:文字~。
【枯肠】比喻写作时思路贫乏:搜索~,不成一句。

骷 1·MEDG 【骷髅】干枯的头骨或全副骨骼。

哭 1·KKDU 因痛苦、悲哀、激动而流泪。

圐 1·LLYV 【圐圙】蒙古语指围起来的草场,多用于地名:马家~(在内蒙古)。也作库伦。圙(lüè)。

窟 1·PWN ①洞穴:石~。②聚集处:匪~丨贫民~。

堀 1·FNBM ①同"窟"。②穿穴,挖洞。

苦 3·ADF ①苦味。②难受,痛苦:吃~耐劳。③苦于:~夏。④艰辛,刻苦:劳~丨~读。⑤耐心尽力地:~劝丨~求。

库(庫) 4·YLK 储存大量东西的建筑:仓~丨油~。
【库仑】单位电荷量名称,符号C,简称"库"。

裤(褲) 4·PUY 裤子。

绔(絝) 4·XDF 旧同"裤",古指无裆的套裤。
【纨绔】古代富家子弟所穿的绸裤,引申为富家子弟。也作纨袴。

訾(謺) 4·IPT 传说中的上古帝王名。

酷 4·SGTK ①残酷:~刑。②非常,程度深的:~热丨~爱。③形容潇洒英俊或表情冷峻。英语 cool。

kua

夸(誇) 1·DFN ①夸大:~口。②夸奖:人人都~。

姱 1·VDFN ①美好:~丽。②夸耀:以相~尚。

侉 3·WDF 〈方〉①说话与本地语音不合。②粗大,土气。

垮 3·FDFN ①倒塌:房子震~了。②失败,垮台,破坏:打~敌人。

挎 4·RDFN ①把东西挂在臂、肩等处:~着枪丨~着书包。②胳膊弯起来挂住:两个人~着胳臂走。

胯 4·EDF 腰侧和大腿之间部分:~骨。

跨 4·KHD ①迈步越过。②骑:
~上战马。③超越:~年度|
~地区。④附在旁边的:~院。

kuai

扛(攟) 3·RIA 〈方〉①用指
甲搔:~痒痒。②用
胳膊挎着:~着个篮子。③舀:
~水。

蒯 3·AEEJ 蒯草,多年生草本植
物,茎可用来编席。②姓。

会(會) 4·WF 总计:~计|
财~。
另见 huì。

侩(儈) 4·WWFC 旧指拉拢
买卖双方从中渔利为
职业的人:市~|牙~。

郐(鄶) 4·WFCB 周朝国
名,在今河南新密。

哙(噲) 4·KWFC ①鸟兽的
嘴。②咽下去。

狯(獪) 4·QTWC 【狡狯】狡
猾。

浍(澮) 4·IWFC 田间水沟。
另见 huì。

脍(膾) 4·EWFC ①切细的
鱼或肉:~不厌细。②
切成薄片:~肉|~切。

鲙(鱠) 4·QGWC 鲙鱼,即
鳊鱼。

块(塊) 4·FNW ①成块的东
西:糖~。②量词,用
于块状和片状物品:一~糕|一~
钱|一~布。

快 4·NNW ①快速,与"慢"相
对。②快要,将要:~来了。
③敏捷:眼疾手~。④爽快,痛快:
~人~语。⑤愉快,高兴:欢~。
⑥锋利:~刀。

筷 4·TNN 筷子:竹~|木~|火
~子。

kuan

宽(寬) 1·PA ①宽广,宽阔。
②宽度。③放宽,宽
松:~心|~限。④宽容:坦白从
~。⑤松开,解开:~衣解带。⑥
宽慰:~心。⑦宽裕:手头不~。
⑧姓。

髋(髖) 1·MEPQ 髋骨,组成
骨盆的大骨,由髂骨、
坐骨和耻骨合成,俗称胯骨。

款 3·FFI ①钱,经费:拨~。②
法律、规章、条约条文下的项
目:条~。③盛情,亲切:~待|~
洽。④书画、信件上的题名:落~|
上~。⑤缓慢:~步。

kuang

匡 1·AGD ①纠正:~正|~谬。
②帮助:~救|~助|~时救
世。③估计:~算。④姓。

诳(誑) 1·YAGG 欺骗,哄
骗:~骗|~人。

哐 1·KAG 象声词,形容撞击震
动声:~啷。

洭 1·IAGG 洭水,古水名,在今
广东省。

筐 1·TAG ①用竹篾、柳条等编
成的方形盛器:箩~|竹~。
②量词:一~李。

狂 2·QTG ①精神失常:疯~。②狂妄:~徒。③放荡不羁:~放|~欢。④急剧,猛烈:风|~澜。⑤急速地:~奔。

迸(誆) 2·YQT 欺骗:~语|~话。

鵟(鵟) 2·(QTGG) 鸟名。外形像鹰,吃鼠类,是益鸟。

夼 3·DKJ 〈方〉洼地,多用于地名:刘家~|马草~(均在山东)。

邝(鄺) 4·YBH 姓。

圹(壙) 4·FYT ①墓穴:~穴|打~。②旷野:~埌。

纩(纊) 4·XYT 丝绵絮。

旷(曠) 4·JYT ①空而宽阔:空~|~野。②心境开阔:心~神怡。③荒废,耽搁:~课|~日持久。④姓。

【旷废】耽误荒废。

【旷费】浪费。

【旷世】当代没能相比的:~英雄

矿(礦) 4·DYT ①矿体,矿石。②采矿的:~工。③开采矿物的场所:厂~。

况 4·UKQ ①情况,情形:状~。②比方:以古~今|比~。③表示进一步:~且|~何。④姓。

贶(貺) 4·MKQ 赠送,赏赐:~赠|厚~。

框 4·SAGG ①门窗、器物四周的架子:门~|镜~。②文字、图画周围的线条。③约束,限制:~得太死。

眶 4·HAG 眼眶:热泪盈~。

kui

亏(虧) 1·FNV ①欠,缺:~空。②损失:~本|吃~。③虚弱:体~。④亏得,幸亏:多~|~你帮助。⑤枉做:~你还是老师。⑥亏负:~心。

岿(巋) 1·MJV 高大,高而挺立的:~然不动。

悝 1·NJFG ①嘲讽,诙谐。②人名用字:李~(战国时期的政治家)。

另见lǐ。

盔 1·DOL ①盔子,像瓦盆而略深的盛器:瓦~。②头盔:~甲。

窥(窺) 1·PWFQ 从小孔、缝隙或隐蔽处看:~视。

奎 2·DFFF ①星宿名,二十八宿之一。②姓。

【奎宁】药名,疟疾的特效药。也叫金鸡纳霜。

喹 2·KDFF 【喹啉】一种有机化合物,可制药和染料。

蝰 2·JDFF 蝰蛇,毒蛇的一种。

逵 2·FWFP 四通八达的大道。

馗 2·VUTH 同"逵"。

隗 2·BRQ 姓。

另见wěi。

魁 2·RQCF ①首领,头子,为首的人或事:罪~祸首|党~。②(身体)高大:~梧|~伟。③第一名:~首|夺~。

【魁星】①北斗星构成斗的四星。②我国神话中主管文运的星。

【魁岸】魁梧。

【魁伟】魁梧。

櫆 2·SRQF 北斗星

揆 2·RWGD ①估量，揣测：~情度理。②道理，准则。

葵 2·AWG ①冬葵，一年或二年生草本植物，嫩叶可作蔬菜。②指向日葵。③指蒲葵：~扇。

骙(騤) 2·CWGD 【骙骙】马强壮的样子：四牡~。

睽 2·JWGD 同"睽"，隔开，违背：~离丨~违。

戣 2·WGDA 古代戟一类兵器。

睽 2·HWGD ①违背：~异。②分离。

【睽睽】注视：众目~。

夔 2·UHTT 传说中像龙的一足动物。

【夔州】古地名，在今重庆奉节。

颏(頍) 3·(FCDM) 古代束发固冠的发饰。

傀 3·WRQ 【傀儡】木头人，也比喻受人控制操纵的人或组织。

跬 3·KHFF 半步，一举足的距离：不积~步，无以至千里。

煃 3·ODFF 火燃烧的样子。

匮(匱) 4·AKH ①缺乏：~乏丨民穷财~。②通"篑"，盛土的竹筐。

蒉(蕢) 4·AKHM 草编的盛土筐：荷~而过。

馈(饋) 4·QNK ①送食物给人吃。②赠送：~赠。

溃(潰) 4·IKH ①决堤：~决。②突破：~围而出。③溃败：~不成军。④腐烂：~烂。

另见 huì。

愦(憒) 4·NKHM 糊涂，昏乱：昏~丨迂腐。

聩(聵) 4·BKH ①耳聋：发聋振~。②昏昧，糊涂：昏~无能。

篑(簣) 4·TKHM 盛土的筐：功亏一~。

喟 4·KLEG 叹气，叹息：~叹丨感~不已。

【喟然】叹气的样子：~长叹。

愧 4·NRQ 惭愧：问心无~丨羞~。

kun

坤 1·FJHH ①八卦之一，代表地：乾~。②称女性的：~角丨~包丨~车。

昆 1·JX ①哥：~弟丨~仲。②成群的，很多的：~虫。③后代子孙：后~。

【昆仑】山名，在新疆、西藏和青海。

焜 1·DGJX 明亮：~耀丨~煌。

媉 1·VJXX 用于女子人名。

琨 1·GJX 一种美玉。

鹍(鵾) 1·JXXG 【鹍鸡】古代指一种似鹤而大的鸟。

锟(錕) 1·QJX 【锟铻】古代宝剑名。

醌 1·SGJX 有机化合物的一类，含有两个羰基。

鲲(鯤) 1·QGJX 【鲲鹏】古代传说中的大鱼和大鸟。也指鲲化成的大鹏鸟。

堃 1·YYFF ①"坤"的异体字。②姓。

裈(褌) 1·PUPL 满裆裤：人宁可使妇无～邪?

髡 1·DEGQ 古代剃去头发的刑罚。

捆 3·RLS ①捆绑,捆扎。②量词,用于成捆的东西。

阃(閫) 3·ULS ①门槛:送迎不越～。②闺房:～闺。③妇女的:～范|～德。

悃 3·NLS 诚实,诚心:聊表谢～。

困 4·LS ①陷于艰难和痛苦之中:为洪水所～。②围困:～守。③疲乏:～乏|～顿|～惫。

困(睏) 4·LS ①困乏想睡:～了就先睡。②〈方〉睡。

kuo

扩(擴) 4·RY 扩大,放大:～展|～音|～张|～军。

括 4·RTD ①包括:概～。②扎,束:～囊。

蛞 4·JTDG

【蛞蝓】蛞蝓的别称。

【蛞蝓】一种软体动物,像蜗牛,无壳。吃植物叶子的害虫。又称"鼻涕虫""蜒蚰"。

阔(闊) 4·UIT ①宽广:开～|辽～。②阔绰,阔气:～起来|～佬。

廓 4·YYBB ①广大,空阔:寥～。②物体的外缘:轮～。③扩大:～张。④清除,澄清:～清。

【廓落】空阔寂静的样子。

【廓张】扩张。

【廓清】澄清,肃清,清除。

L l

la

垃 1·FUG 【垃圾】①扔掉的脏物和废物。②指被社会唾弃的人或事物。

拉 1·RU ①牵引,扯,拽。②排泄粪便。③用车载运:～家具。④演奏:～琴。⑤闲谈:～家常。⑥招揽:～生意。

拉 2·RU 割,划开:～下一块肉|被刀～破了皮。

啦 1·KRU 象声词:哩哩～～。

啦 5·KRU 助词。"了"和"啊"的合音,也表示惊讶和感叹的语气:你来～|这东西可好～。

邋 1·VLQP 【邋遢】〈方〉不利落,不整洁。遢(tā)。

旯 2·JVB 【旮旯】〈方〉角落,偏僻的地方:墙～。旮(gā)。

硊 2·DUG 【硊子】〈方〉大石块,多用于地名:红石～。

剌 2·GKIJ 同"拉"(lá),割开,划开。

剌 4·GKIJ 乖戾,违背常情:～谬|无乖～之心。

喇 2·KGK 【哈喇子】〈方〉流出来的口水。

喇 3·KGK
【喇叭】一种管乐器,也指扬声器。
【喇嘛】藏传佛教的僧人。原为一种尊称,即"师傅、上人"之意。

瘌 4·UGKJ 【瘌痢】〈方〉黄癣,生在头部,愈后不生毛发。

蜊 4·JGKJ
【蜊蛄】甲壳动物,似龙虾而小,是肺吸虫中间宿主。
【蜊蜊蛄】即蝲蛄。

鯻(鯻) 4·(QGGJ) 鱼名。体侧扁,有黑色条纹,口小,生活在热带、亚热带近海。

落 4·AIT ①遗忘,遗失,丢下:丢三～四|～了一个字。②落后:被～在后面。
另见 lào,luò。

腊(臘) 4·EAJ ①腊月:～八粥。②鱼、肉等在腊月或冬天腌制后风干或熏干的:～肉。
另见 xī。
【腊月】农历十二月。古代十二月举行腊祭。
【腊八粥】农历十二月初八相传为释迦牟尼得道日,寺院逢此日煮粥供佛,民间也相沿成习,在这一天喝粥,并称之为腊八粥。

蜡（蠟）4·JAJ ①从某些动植物或矿物中提炼的油质:蜂~|白~|石~。②蜡烛。③像黄蜡色的:~梅|~黄。

另见 zhà。

辣 4·UGK ①辣味,受辣味刺激。②狠毒,凶狠:下~手|心狠手~。

【辣子】〈口〉辣椒。

镴（鑞）4·QVLN 锡铅合金,熔点低,用作焊接金属和制作器皿。

靰 5·AFRU 【靰鞡】东北冬天穿内垫靰鞡草的皮鞋。也作乌拉。鞡(wù)。

---

lai

来（來）2·GO ①与"去"相反的。②将来:~日方长|~年。③做某个动作或做某件事:~一盘棋|~想办法|吃饭~了。④表示约数:十~个。⑤用作衬字:正月里~是新春|说~话长。⑥某时以来:别~无恙。⑦表示举例:一~去买书,二~去吃饭。⑧姓。

【来苏】消毒剂。也作"来沙尔"。英语 lysol。

俫（倈）2·WGOY ①元代称供使唤的小厮。②元曲中扮演童仆的角色。

莱（萊）2·AGO 藜,嫩叶可吃。

【莱菔】萝卜。

崃（崍）2·MGO 【邛崃】山名,地名,均在四川。邛(qióng)。

徕（徠）2·TGO 【招徕】招揽,把人招来:~顾客。

涞（淶）2·IGO 涞水,古水名,即今拒马河。

【涞源】地名,在河北。

梾（棶）2·SGOY 落叶乔木,种子可榨油或制肥皂。

铼（錸）2·QGOY 一种稀有金属元素,符号 Re。高强度、耐高温、耐腐蚀。用于制灯丝和航天工业。

赉（賚）4·GOM 赏赐,给:赏~|厚~。

睐（睞）4·HGOY 看,向旁边看:明眸善~。

【青睐】指对人喜欢或重视。

赖（賴）4·GKIM ①依赖:有~于大家。②抵赖。③诬赖:~人作贼。④责怪:不能~谁。⑤留着不走:~在这里等饭吃。⑥不好:好~|不~。⑦姓。

濑（瀨）4·IGKM 流得很急的水:平阳江~。

癞（癩）4·UGKM ①癞病,中医称麻风病。②黄癣,因生癣而毛发脱落的病。③像生了癞的:~蛤蟆。

籁（籟）4·TGKM ①古代一种箫,后称排箫。②泛指声音:万~俱寂。

---

lan

兰（蘭）2·UFF ①兰花。②兰草,多年生草本植物。③古书上指木兰:~舟。

【兰谱】旧时结拜兄弟交换的帖子,上写姓名年龄和家庭谱系。

拦(攔) 2·RUF ①阻挡,阻拦:~住|~截。②拦隔:把房间一~开。

栏(欄) 2·SUF ①栏杆。②牲口圈:牛~。③报刊版面的部分:~目。④张贴布告、广告等的地方:布告~。⑤表格栏目:备注~。

岚(嵐) 2·MMQU 山中的雾气:晓~|山~|~气。

婪 2·SSV 贪食,贪心:~酣|贪~。

阑(闌) 2·UGLI ①同"栏":~杆。②将尽:夜~人静|岁~。

【阑干】参差错落:星斗~。

【阑珊】将尽,衰落:春意~。

谰(讕) 2·YUG 抵赖,诬陷:无耻~言。

澜(瀾) 2·IUGI 大浪:波~壮阔|力挽狂~。

斓 2·YUGI 【斑斓】灿烂多彩:色彩~。

镧(鑭) 2·QUGI 稀土金属元素,符号 La。色银白,质软,易氧化。用作制作光学玻璃和高温超导体。

襕(襴) 2·PUUI 古代上衣下衣相连的长袍。

蓝(藍) 2·AJT ①蓝色。②蓼蓝,草本植物,可制染料:青出于~而胜于~。③姓。

【蓝本】著作所根据的底本。

【蓝靛】靛蓝的通称,有的地方叫靛青。

【蓝青官话】旧称方言区人说的不纯正的普通话。蓝青:喻不纯粹。

褴(襤) 2·PUJL 【褴褛】衣服破烂:衣衫~。也作蓝缕。褛(lǚ)

篮(籃) 2·TJTL ①篮子。②篮球架的框和网:投~。

览(覽) 3·JTYQ 看:游~|阅~|展~|一~无余。

揽(攬) 3·RJT ①采摘:~芝|~撷。②把持:大权独~。③搂抱:~在怀里。④拉:~生意。⑤延揽:广~英才。

碄(礛) 2·(DJTQ 用于地名:干~(在浙江舟山)。

缆(纜) 3·XJT ①缆绳:钢~。②像缆绳的东西:电~。③拴:~舟|~好牲口。

榄(欖) 3·SJTQ 【橄榄】①常绿乔木,果实有的地区也叫青果。②油橄榄的通称。

罱 3·LFM ①捕鱼或捞河泥、水草的工具。②用罱捞:~河泥。

溇 3·ISSV ①用盐腌。②〈方〉用热水或石灰水泡柿子去涩味。

懒(懶) 3·NGKM ①懒惰。②疲倦无力:慵~思睡。

烂(爛) 4·OUFG ①熟透,稀软:~泥|~饭。②腐烂,破碎:桃子|破~衣服。③灿烂:~如日月之光辉。④混乱:~摊子。

滥(濫) 4·IJT ①流水满溢,泛滥。②过度,无节制:~用权力|宁缺毋~。③不切实:陈词~调。

【滥觞】江河发源的地方水很浅,只能浮起酒杯,后指事物的开端或起源。觞(shāng):酒杯。

lang

嘟 1·KYVB 【当嘟】象声词，形容金属碰击声。

郎 2·YVCB ①称年轻男子或女子：周～｜女～。②妻子称丈夫。③古代官名：员外～。④旧指从事某种职业者：放牛～。⑤姓。

【郎中】①〈方〉指中医医生，也泛指医生。②古代官职。汉代为宫廷近侍。唐以后六部均设郎中，是尚书、侍郎、丞以下的官员。

郎 4·YVCB 【屎壳郎】蜣螂的俗称，一种黑色昆虫，吃动物的尸体和粪便。

廊 2·YYV ①走廊，廊子：画～｜长～。②廊檐，屋檐伸出部分。

嫏 2·VYVB 【嫏嬛】神话中天帝藏书的地方，用作对藏书室的美称：深锁～饱蠹鱼。

榔 2·SYV

【榔头】锤子。
【榔榆】落叶乔木，木质坚硬，可以制车轮。

螂 2·JYVB

【蟑螂】昆虫，体扁平。也叫蜚蠊。
【螳螂】昆虫，前腿呈镰刀状。捕食害虫。

狼 2·QTY 性凶残的犬科动物，昼伏夜出，常聚集成群。

【狼毫】用黄鼠狼的毛做成的毛笔。
【狼藉】杂乱不堪，乱七八糟：声名～｜杯盘～。
【狼烟】古代边防常用狼粪燃烧生烟报警。后用狼烟指战乱。

【狼牙棒】古兵器名，其上钉满铁钉，形似狼牙。

琅 2·GYV 【琅琅】象声词，形容金石相击声、响亮的读书声。

根 2·SYVE ①高大的树木。②捕鱼时敲击船舷驱鱼入网的长木棒。

锒（鋃） 2·QYVE 【锒铛】①铁锁链：～入狱。②形容金属的声音：铁索～。

稂 2·TYV 古书上指狼尾草，一种像禾的杂草：～莠不分。

筤 2·TYVE 幼竹：～叶。

【苍筤】青色，青竹的颜色，也指青竹。

朗 3·YVC ①明亮，光亮：明～｜晴～｜开～。②声音清楚、响亮：～读。

莔 3·(AYVE 沼泽或滩涂。多用于地名：南～(在广东)。

望 3·YVCF ①〈方〉江湖边的洼地。②地名用字：河～(在广东)。

槊 3·(YVCS) 用于地名：～梨(在湖南)。

烺 3·OYVE 明朗。多见于人名。

垠 4·FYVE 【圹垠】广阔无边的样子：～之野。

莨 4·AYV 【莨菪】多年生草本植物，叶和种子可供药用。菪(dàng)。
另见 liáng。

崀 4·MYVE 用于地名：～山(在湖南)｜大～(在广东)。

阆（閬） 4·UYV 【阆中】地名，在四川。

浪 4·IYVE ①波浪；像波浪起伏的：海～｜声～。②放纵，没有约束:放～。③游荡:～人。

【浪人】①到处流浪的人。②日本古代失去禄位到处流浪的武士。

哴 4·JYVE 〈方〉晾;晒:和风庭院～新丝。

蒗 4·AIYE

【蒗荡渠】古运河名,在今河南。

【宁蒗】县名,在云南。

lao

捞(撈) 1·RAP ①从水中或液体中取东西。②用不正当的手段取得:～外快。

劳(勞) 2·APL ①劳动:多～多得。②劳动者:～资关系。③辛劳,疲劳:～而无功|以逸待～。④慰劳:～军。⑤功劳:汗马之～。⑥烦劳:～驾。

【劳顿】劳累疲倦。

塝 2·(FAPL) 【圪塝】〈方〉角落。多用于地名:周家～(在陕西)。

唠(嘮) 2·KAP 【唠叨】说起来没完:～老半天。

唠(嘮) 4·KAP 〈方〉说,谈,闲谈:有话慢慢～。

嵝(嶗) 2·MAP 【嵝山】山名,在山东。

锘(鎶) 2·QAP 一种人造放射性元素,符号 Lr。

痨(癆) 2·UAPL 痨病,结核病,多指肺结核:肺～。

牢 2·PRH ①养牲畜的圈:亡羊补～。②监狱:坐～。③牢固,坚固。④古指祭祀用的牲畜:太～(牛)|少～(羊)。

醪 2·SGNE ①汁渣混合的米酒,也泛称酒。②醇酒。

【醪糟】江米酒。

老 3·FTX ①年岁大的,经历长,时间久。②老年人,对老年人的尊称:扶～携幼|郭～。③死的讳称。④原来的:～地方。⑤陈旧过时的:～屋|～式。⑥总是:～不来。⑦很:～远。⑧不嫩:～黄瓜|～豆腐。⑨词头:～师|～二|～虎。⑩排行末尾的:～妹子。⑪姓。

【老衲】老和尚的自称。

【老妪】老年妇女。

【老千】〈港台〉骗子。

【老生】传统戏曲中扮演中老年男子的角色。

佬 3·WFT 对人带轻视的称呼:阔～|乡巴～|外国～。

茡 3·AFTX 一种藤本植物。

【茡浓溪】水名,在台湾。

姥 3·VFT 【姥姥】外祖母。也作"老老"。
另见 mǔ。

栳 3·SFTX 【栲栳】用柳条、竹编成的容器。也叫笆斗。

铑(銠) 3·QFTX 一种金属元素,符号 Rh。可作反光镜的镀层,也用于高温仪器。

潦 3·IDUI ①雨水大。②路上的流水、积水。
另见 liáo。

络(絡) 4·XTK 【络子】①根据所装物品的形状结成的网状袋子。②绕线、纱的器具。
另见 luò。

烙 4·OTK ①用烧热的器物烫:～铁|～印。②放在铛或锅里

加热使熟：～饼。
另见 luò。

落 4·AIT 同"落"(luò)，用于口语：～炕|～枕|～色|～架。
【落子】曲艺"莲花落"的俗称。
另见 là,luò。

酪 4·SGTK ①奶酪，用动物的乳汁做成的半凝固食品。②用果子、果仁做成的糊状食品。

涝(潦) 4·IAP ①雨水过多，淹没田地庄稼。②田地积水：抗～|排～。

耢(耮) 4·DIAL ①一种与耙相似的平整土地的农具。②用耢平地。

嫪 4·VNWE ①留恋。②姓。战国时有嫪毐。

le

肋 1·EL 【肋脦】〈方〉(衣服)不整洁，不利落。(脦 de，又读 te)。
另见 lèi。

仂 4·WLN 古称余数：三年之～。
【仂语】词组的旧称。

叻 4·KLN 【石叻】我国侨民称新加坡：～币。

泐 4·IBL ①石头被水冲成的纹理。②铭刻，书写：手～。

勒 4·AFL ①套在牲口头上带有嚼子的笼头。②拉紧或收住缰绳：悬崖～马。③强制，强迫：～索|～令。④雕刻：～石|～碑。⑤姓。
另见 lēi。

簕 4·TAFL 【簕竹】一种枝上有硬刺的竹子。

鳓(鰳) 4·QGAL 鳓鱼，一种海鱼。体侧扁，银白色。

乐(樂) 4·QI ①快乐；乐于：～不可支|此不疲。②笑：逗～。③姓。
另见 yuè。

了 5·B 助词，表示完成和肯定等语气：做完～。
另见 liǎo。

饹(餄) 5·QNTK 【饸饹】北方用荞麦或高粱面制成的一种面条，也作合饹或河漏。
另见 gē。

lei

勒 1·AFL 用绳子捆住或套住再拉紧：～死敌人|～紧裤带|把柴捆子再～一下。
另见 lè。

累(纍) 2·LX 缠绕，捆绑。
【累累】连续成串：果实～。
【累赘】多余，麻烦，负担重。

累(纍) 3·LX ①重叠，堆积：～石|成年～月。②连续：～建战功。

累 3·LX 牵连：连～|～及。

累 4·LX ①疲乏，过劳：太～了。②操劳：～了一天。

嫘 2·VLX 【嫘祖】传说中黄帝的正妃，发明养蚕。

缧(縲) 2·XLXI 【缧绁】捆绑犯人的绳索。绁(xiè)。

雷 2·FLF ①雷电。②炸弹：水～。③像雷一样的：～厉风行|掌声～动。④姓。

擂 2·RFL ①研磨:~钵|~成粉末。②打击,敲打:~他一拳|自吹自~|~鼓。

擂 4·RFL 擂台:打~|摆~。

檑 2·SFL 檑木,滚木,古代守城用的大木头,作战时从高处推下打击敌人。

礌 2·DFLG 礌石,古代从高处推下打击敌人的大石头。

镭(鐳) 2·QFL 一种放射性金属元素,符号 Ra。可用于杀菌、治疗肿瘤或皮肤病。

羸 2·YNKY 瘦:身体~弱|身病体~。

罍 2·LLLM 古代一种似壶的盛酒器具。

耒 3·DII 【耒耜】古代耕地的农具,似木叉。耒为扶手把柄,耜为铲状部件。也作农具的统称。

诔(誄) 3·YDIY 哀悼死者的文字:芙蓉女儿~。

垒(壘) 3·CCCF ①垒砌:~墙。②军事防守建筑:堡~|壁~。③姓。

【垒球】一种与棒球相似的运动。

磊 3·DDD

【磊磊】石头众多的样子。

【磊落】心地正大光明:光明~|心胸~。

蕾 3·AFLF 花蕾,没有开放的花:蓓~|~铃(棉花的花蕾和棉铃)。

瘤 3·UFLD 皮肤上起的小疙瘩。

儡 3·WLL 【傀儡】木偶。比喻受人控制操纵的人或组织。

蘲 3·ALLL ①葛类蔓草名:绵绵葛~,在河之浒。②缠绕:萦~。

肋 4·EL 胸部两侧:~骨|两~|左~|鸡~。
另见 lē。

泪 4·IHG 眼泪:~花|~汪汪。

类(類) 4·OD ①种类:人~|分~。② 类似:~人猿。

【类书】古代以一定分类收集图书、资料、文献编成的大型丛书:如《太平御览》《永乐大典》《古今图书集成》《佩文韵府》等。

酹 4·SGE 把酒洒在地上表示祭奠:人生如梦,一樽还~江月。

嘞 5·KAF 助词,与"喽"相似,用在句末表示提醒、肯定的语气:走~|我才不是~。

leng

塄 2·FLY 〈方〉田地边上的坡子,也叫地塄。

楞 2·SL 同"棱"(léng)。

【楞场】堆存、转运木材的场所。

崚 2·MFWT 【崚嶒】山势高峻。

棱 2·SFW ①棱角:三~镜|桌子~儿。②物体表面凸起的长条:瓦~|眉~。
另见 líng。

冷 3·UWYC ①寒冷,冷却。②冷清,冷僻。③意料之外的,暗中的:~不防|~枪。④冷淡:~言~语|~漠。⑤姓。

【冷峭】寒气逼人。比喻语言尖刻。

【冷锋】较强冷空气插入暖空气下面的前锋。冷锋经过,常有大风和雨雪,气温下降。

埰 4·FFWT 用于地名:长~(在江西)|~底下(在陕西)。

愣 4·NLY ①呆:发~|~了一~。②鲁莽:~头~脑|~干。

li

哩 1·KJFG 【哩哩啦啦】形容零散断续的样子:~洒了一地|雨~的,下个没完。

哩 3·KJFG 英里的旧称。1英里为1.6093公里。

哩 5·KJFG 〈方〉助词。①同"呢",用于非疑问句:他技术可好~。②表示举例,同"啦":纸~,笔~,都带来了。

丽(麗) 2·GMY

【丽水】地名,在浙江。

【高丽】朝鲜半岛历史上的王朝。

丽(麗) 4·GMY ①好看:美~|~人。②附着:附~。

骊(驪) 2·CGM ①纯黑色的马。②并列:~驾。

鹂(鸝) 2·GMYG 【黄鹂】鸟名,又名黄莺,叫声悦耳:两个~鸣翠柳,一行白鹭上青天。

鲡(鱺) 2·QGGY 【鳗鲡】鱼名,又叫白鳝、白鳗。生活在淡水中。

厘 2·DJFD ①旧市制长度单位。十厘为一分。②地积单位。十厘为一分,十分为一亩。③重量单位,十毫为一厘,十厘为一分。④计算利息的单位:年息一~。⑤改正,整理:~正|~定。⑥姓。

喱 2·KDJF 【咖喱】一种调味品。用胡椒、黄姜和茴香制成。

狸 2·QTJF 狸猫,也称狸子或山猫。形似家猫,性凶猛,吃鸟、鼠、蛙等小动物。

离(離) 2·YB ①距离:~这里很远。②离开,背离:~任|~题。③八卦之一,代表火。④古同"罹",遭遇:~难。⑤缺少:这儿~不了你。

蓠(蘺) 2·AYBC 【江蓠】红藻的一种,生在浅海湾。可制琼胶。

漓 2·IYBC 【淋漓】①湿淋淋往下滴:大汗~。②形容畅快:~尽致。

漓(灕) 2·IYBC 【漓江】水名,在广西。

缡(縭) 2·XYB ①古代女子身前的佩巾:结~。②带子。

篱(籬) 2·TYB 篱笆,用竹、木等编成的围墙或屏障。

醨 2·SGYC 薄酒。

梨 2·TJS 梨树及其果实:鸭~|砀山~|三花~。

【梨园】原为唐玄宗训练歌舞艺人之处,后指梨园或戏曲界。

【梨枣】古时刻书多用梨木或枣木,故以此代称书版:付之~。

犁 2·TJR ①耕田用的农具:~田|~地。②姓。

嫠 2·FIT 寡妇:~妇。

黎 2·TQT ①众多:~庶｜~民。②黑色:~黑。③黎族。我国少数民族,主要分布在海南。④姓。

【黎元】旧指老百姓。

【黎民】又称黎庶,古代泛指民众:~百姓。

藜 2·ATQI 一年生草本植物,嫩叶可吃。也叫灰菜。

檬 2·STQI 【檬檬】常绿小乔木,又叫广东柠檬,枝有刺,叶椭圆形。

黧 2·TQTO 黑;黑里带黄的颜色:~黑(也作黎黑)。

罹 2·LNW ①忧患,苦难:逢此百~。②遭受(不幸的事):难｜~病。

蠡 2·XEJJ 贝壳做的瓢:以管窥天,以~测海。

蠡 3·XEJJ 用于人名:范~(春秋时人)。

【蠡县】地名,在河北。

礼(禮) 3·PYNN ①礼节,礼仪,仪式。②表示尊敬的动作:敬~。③礼品:送~。

【礼佛】拜佛。

李 3·SB ①李子树,落叶乔木,花白色。②姓。

里 3·JFD ①街坊:邻~｜~弄。②家乡:故~。③古代五家为邻,五邻为里。④旧时乡以下行政单位。⑤市制长度单位,合500米。

里(裏) 3·JFD ①里面,内部:屋~。②里子:被~儿。③方位助词:这~。

俚 3·WJF ①鄙俗,不雅:鄙~。②民间的;通俗的:~歌｜~俗｜~语。

浬 3·IJFG ①海里的旧称,1浬合1852米。②用于地名:~浦(在浙江)。

悝 3·NJFG 忧愁,悲伤:悠悠我~。

另见 kuī。

娌 3·VJFG 【妯娌】兄弟的妻子的合称:她俩是~。妯(zhóu)。

理 3·GJ ①物体的条纹:木~｜肌~。②条理:有条有｜井井有~。③道理,规律。④特指自然科学和物理学:~科｜数~化。⑤管理,整理:~财｜~发。⑥答理:~睬。

【理疗】用光、电、热、机械刺激等方法治病。

锂(鋰) 3·QJF 一种比重最轻的金属,符号Li。质软,用于原子反应堆及制合金、特种玻璃、电池等。

鲤(鯉) 3·QGJF 鲤鱼,我国重要淡水鱼之一。

逦(邐) 3·GMYP 【迤逦】曲折连绵的样子:众山~。迤(yǐ)。

澧 3·IMA 澧水,河流名,在湖南,流入洞庭湖。

醴 3·SGMU ①甜酒。②甜美的泉水。③甜美的:~泉。

鳢(鱧) 3·QGMU 鱼名,也叫黑鱼、乌鳢。淡水鱼,体筒形。

力 4·LT ①气力,力量。②效能:药~。③尽力,努力:~争。

枥 4·SLN ①木的纹理。②古县名,在今山东商河。③姓。

荔 4·ALL 【荔枝】常绿乔木。果实外壳有瘤状突起,肉多汁,味甜。为我国特产。

瑢 4·GLLL 蚌、蛤类动物,古代用其贝壳做刀剑鞘装饰。

历(歷) 4·DL ①经历,经过:来~|~时一年。②过去的各个或各次:~年|~次。③普遍,逐一:~览|~访。

历(曆) 4·DL ①历法:阴~|阳~。②记录年月日节气的书、表等:年~|挂~。

坜(壢) 4·FDL 坑,常用于地名:中~(在台湾)。

苈(藶) 4·ADL 【葶苈】一年生草本植物,花黄色。果子可入药。

呖(嚦) 4·KDL 象声词,形容鸟鸣声清脆悦耳:莺声~~。

沥(瀝) 4·IDL ①液体一滴滴地落下:滴~。②滴下的物体。

岹(嶧) 4·(MDL) 【峄崱】山名,在江西。

枥(櫪) 4·SDL ①马槽:老骥伏~,志在千里。②同"栎",木名。

疬(癧) 4·UDL 【瘰疬】中医称淋巴结核,一种疾病。瘰(luǒ)

雳(靂) 4·FDLB 【霹雳】响声很大的雷,是云和地面发生的雷电现象,也叫落地雷。

厉(厲) 4·DDN ①严格:~禁。②严厉,严肃:正言~色。③凶猛,迅疾:~害|~鬼|雷~风行。④磨砺:~兵秣马。⑤姓。

【厉鬼】恶鬼,鬼怪。

励(勵) 4·DDNL ①劝勉:鼓~|奖~|激~。②振

作:~精图治。③姓。

砺(礪) 4·DDDN ①粗磨刀石:金就~则利。②磨快:砥~|~剑。

蛎(蠣) 4·JDD 【牡蛎】一种软体动物,也叫蚝或海蛎子。可供食用或制蚝油。

粝(糲) 4·ODD 糙米,粗粮:~饭菜羹|布衣~食。

疠(癘) 4·UDNV ①瘟疫:疫~横行。②恶疮。③杀。

立 4·UU ①站立;竖立。②直立的:~轴。③建立,制定,建树:~法|~功|~规矩。④旧指君主即位和确定继承地位。⑤存在,生存:自~|独~。⑥立刻:~见奇效。⑦姓。

莅 4·AWUF ①来到,亲临:~临|~会。②临视,治理:~事者。

笠 4·TUF 用竹或草编成的帽子:斗~|竹~。

粒 4·OUG ①颗粒:米~。②量词,用于粒状的东西:一~米。

吏 4·GKQ ①旧时没有品级的小公务员:胥~。②旧泛指官吏:酷~。

郦(酈) 4·GMYB 姓。

俪(儷) 4·WGMY ①并列的,对偶的:~句。②指夫妇:~影|伉~。

利 4·TJH ①锋利,锐利。②利益;使有利:~弊|国~民。③顺利;吉利:便~|大吉大~。④利润;利息。⑤姓。

【利市】①古称利润。②〈方〉生意顺利的吉兆;吉利。

俐　4·WTJ　【伶俐】灵活,乖巧:
～的小姑娘|手脚～。

莉　4·ATJ　【茉莉】常绿灌木,花
可制花茶或提取芳香油。

猁　4·QTT　【猞猁】一种像猫的
动物,凶猛善爬树,行动敏捷。

㳠　4·ITJH　用于地名:～源(在
广东)。
另见 liàn。
【㳠江】水名,在广东和平。

痢　4·UTJ　【痢疾】一种肠道传染
病:赤～|白～。

例　4·WGQ　①比照:以古～今。
②例子,例证:举～|援～。③
按成规进行的:～会|～行公事。
④规则:条～。

戾　4·YNDI　①罪过:罪～。②凶
残,乖张:性情暴～|乖～。③
至,到达:其飞～天。

唳　4·KYND　鹤鸣,也泛指鸟鸣:
风声鹤～。

隶(隸)　4·VII　①附属:～属|
直～。②奴隶。③差
役,衙役:皂～|～卒。④隶书。

琍(瓈)　4·(GAI)　【玓琍】形
容珠光闪耀。

栎(櫟)　4·SQI　落叶乔木,也
叫麻栎或橡,通称柞
树。果实叫橡子,富含淀粉,树皮
可制染料,叶可喂柞蚕,木质坚硬。
另见 yuè。

轹(轢)　4·LQI　①车轮碾压。
②欺压:陵～。

砾(礫)　4·DQI　小石,碎石:
沙～|瓦～|飞沙走～。
【砾石】经水流冲击磨光的碎石。

跞(躒)　4·KHQI　走动:骐骥
一～,不能千里。
另见 luò。

鬲　4·GKMH　①古代炊具,似
鼎,圆口,三足中空。②古代
丧礼用的瓦瓶。
另见 gé。

栗　4·SSU　①栗树及其果实,也
叫板栗。②发抖:不寒而～。

傈　4·WSS　【傈僳族】我国少数
民族,分布在云南、四川。

凓　4·USSY　寒冷:～洌(极为寒
冷)。

溧　4·ISSY　【溧水】①古水名,
在今江苏溧阳,也称陵水,又
名永阳江。②地名,在江苏。

篥　4·TSS　竹的一种。
【觱篥】古代一种簧管乐器。

罍　4·LYF　罍:忿～|乃使勇士往
～齐王。

蜊　5·JTJ　【蛤蜊】一种软体动
物,壳卵圆形,生活在浅海。

璃　5·GYB　【玻璃】①一种硬而
脆的透明体:～窗。②某些像
玻璃的东西:～丝袜。

lia

俩(倆)　3·WGM　①两个:兄
弟～|夫妻～。②不
多,几个:就这么～钱。
另见 liǎng。

lian

奁(奩)　2·DAQ　①古代妇女
盛梳妆用品的器具:妆
～。②精致而轻巧的盒子:印～。
③嫁妆:嫁～|陪～。

连(連) 2·LPK ①连接,连续:~成一片|~年丰收。②包括:~你五人。③连队。④表示强调:~你也来了。⑤即使:~话都不会说。⑥姓。

莲(蓮) 2·ALP 多年生草本植物,地下茎叫藕,种子叫莲子,花叫莲花或荷花。

涟(漣) 2·ILP ①风吹起的小波纹。②流泪不断的样子:泣涕~~。③涟水,水名,在湖南。

【涟漪】细小的波纹。

桃(梄) 2·SLPH

【榴桃】常绿乔木,果实球形。

【桃枷】脱粒用的农具。

鲢(鰱) 2·QGLP 鲢鱼。也叫白鲢。体侧扁,鳞细,我国重要淡水鱼。

怜(憐) 2·NWYC ①怜悯:可~。②爱:爱~。

帘 2·PWM 旧时商店做标志的旗帜:青~|认酒家|酒~。

帘(簾) 2·PWM ①帘子:窗~|竹~|门~。②像帘的东西:眼~。

联(聯) 2·BU ①连接,结合:~贯|~合|~防|~名。②对联:春~|挽~。

廉 2·YUVO ①廉洁:清~。②廉价:价~物美。③姓。

濂 2·IYU 姓。

【濂江】水名,在江西。

臁 2·EYU 小腿两侧:外~|~骨。

碄 1·DUVO 一种磨刀石。
另见 qiān。

镰(鐮) 2·QYUO 镰刀,收割谷物和割草用具。

蠊 2·JYU 【蜚蠊】即蟑螂。蜚(fěi)

琏(璉) 3·GLP 古代宗庙盛黍稷的祭器和食具:黍稷之器,夏曰瑚,殷曰~。

敛(斂) 3·WGIT ①收起;收集:秋~冬藏|横征暴~|聚~。②约束:~迹|收~。

脸(臉) 3·EW ①脸部,面孔。②某些物体的前部:门~。③表情;面子:嬉皮笑~|丢~。

裣(襝) 3·PUWI 【裣衽】原指整一整衣袖,后专指妇女行礼。也作敛衽。

薇(薇) 3·AWGT 多年生蔓生藤本植物,叶子多而细,有白薇、赤薇等。根可入药。

练(練) 4·XAN ①白色的绢:江平如~。②煮生丝使柔软洁白。③练习,训练。④经验多,成熟:老~|熟~。⑤姓。

【练达】阅历丰富,通晓事理。

炼(煉) 4·OANW ①熔炼,冶炼:~钢。②磨炼,锻炼:~好身体。③使词句精练:~句|~词。④姓。

恋(戀) 4·YON ①恋爱:热~。②留恋不舍:~家。

浰 4·ITJH 【浰浰】地名,在江苏宜兴。
另见 lì。

殓(殮) 4·GQW 装殓,把尸体装进棺材:大~|入~。

漖(漖) 4·IWGT 【漖滟】形容水势浩大或水波相

连的样子:水光~。

链(鏈) 4·QLP ①链子:铁~。②英美长度单位,1链等于20.116 8米。③海洋距离单位,1链等于十分之一海里。

琏 4·GGLI 玉名。

楝 4·SGL 楝树,落叶乔木,果及根皮可供药用。也叫苦楝。

鲢(鰱) 4·(QGGI) 鲢。一种海鱼,身体侧扁而长。

裢(褳) 5·PULP 【褡裢】一种中间开口,两头装东西的口袋。

liang

良 2·YV ①良好,美好:~友|~辰美景。②好人:从~|除暴安~。③很:用心~苦|~多。④和悦,和善:性情温~。⑤姓。
【良人】古代妻子对丈夫的称呼。

俍 2·WYV 善;完美:~乎人者。

莨 2·AYV 【薯莨】多年生草本植物。块茎含有胶质,可用来涂染丝棉麻织品。
另见 làng。

粮(糧) 2·OYV ①谷物,粮食。②田赋,作为赋税的谷物:纳~。
【粮秣】军用的粮草。

踉 2·KHYE 【跳踉】同"跳梁",跳跃。

踉 4·KHYE 【踉跄】跌跌撞撞,走路不稳的样子:~而逃。

凉 2·UYIY ①温度低。②比喻灰心失望,凄凉:悲~|怆~。③十六国时期国名:西~。④姓。

凉 4·UYIY 把热的东西放一会,使温度降低:把茶~一下。

绫(綾) 2·(XYIY) 古代帽子上的丝带。

椋 2·SYIY 椋子木,树名。俗称灯台树。

辌(輬) 2·LYIY 【辒辌】古代可以卧的车,也用作丧车。

梁 2·IVW ①房梁:画栋雕~。②物体中间隆起的长条部分:山~|鼻~。③桥:桥~|津~。④战国魏迁都大梁(开封)后改称梁。⑤南朝之一。⑥五代后梁。

粱 2·IVWO ①高粱:黍稷稻~。②精美的饭食:膏~。

墚 2·FIV 西北地区称条状黄土岗。顶面平缓,两侧深陡。

量 2·JG ①丈量;测量:~尺寸|~体温。②估量:打~|思~。

量 4·JG ①量器,如斗、升等。②限度:酒~。③数量:流~。④衡量:~力而行|~才录用。

两(兩) 3·GMWW ①数词。②成双的,双方:~姓|~全其美。③重量单位。十钱为一两,市制十两为一市斤,旧制十六两为一斤。④表示不定数:过~天再说。

俩(倆) 3·WGM 【伎俩】花招,手段:骗人的~|鬼蜮~。
另见 liǎ。

蒗(蒗) 3·(AGMW) 〈方〉靠近水的平缓高地,多用于地名:~塘(在广东)。

魉(魎) 3·RQCW 【魑魅魉】传说中的鬼怪:魑魅~~。

亮 4·YPM ①明亮;发亮。②响亮:洪~。③明朗,清楚:心明眼~。④显露:~相。

谅(諒) 4·YYI ①相信:母也天只,不~人只。②诚信,诚实。③原谅:体~|见~。④料想:~他不敢。

倞 4·WYIY 求索。
另见 jìng。

晾 4·JYIY ①把东西放在通风或阴凉的地方使干。②晒:~衣服。③同"凉"(liàng)。

悢 4·NYVE ①惆怅,悲伤:~然|怆~。②眷念:天之于汉,~~无已。

辆(輛) 4·LGM 量词,用于车:三~汽车。

靓(靚) 4·GEM 〈方〉漂亮,好看:~女|~崽|这姑娘好~。
另见 jìng。

---

liao

撩 1·RDU ①提,掀起:把裙子~起来。②用手洒水:先~点水再扫。

撩 2·RDU 挑弄,引逗:春色~人|~拨。

蹽 1·KHDI 〈方〉大步快走,跑:一气~了好多里。

辽(遼) 2·BP ①远:~远|~阔。②朝代名。

疗(療) 2·UBK 医治:医~|诊~|理~|~养|

~伤。

聊 2·BQT ①闲谈:闲~。②姑且:~以自慰。③凭借,依靠:民不~生|百无~赖。④略微:~胜于无|~胜一筹。
【聊赖】精神上或生活上的寄托:百无~。
【聊且】姑且。

僚 2·WDU ①官吏:官~。②同一官署的官吏:同~|~属。
【僚属】旧称下属的官吏。
【僚机】编队飞行中跟随长机的飞机。
【僚佐】旧时官署中的助理人员。

嘹 2·KDUI 【嘹亮】声音清晰响亮:~的歌声。

獠 2·QTDI 面貌凶恶:~面|青面~牙(露在嘴外的长牙)。

潦 2·IDUI 【潦倒】颓丧,失意:穷困~。
另见 lǎo。

寮 2·PDU 〈方〉小屋:茅~|茶~酒肆。

嫽 2·VDUI 美好:貌~妙以妖蛊兮。

缭(繚) 2·XDU ①缠绕:炊烟~绕|~乱。②用针斜着缝缀:~缝|~上几针。

橑 2·SDUI ①屋檐。②用于地名:太平~(在福建)。

燎 2·ODUI 延烧:星火~原|~原之势。

燋 3·ODUI 挨近火而烧焦:把头发~了|心急火~|烟熏火~。

憭 3·NDUI 明白,明了。

鹩(鷯) 2·DUJG 【鹪鹩】鸣禽类鸟。也叫巧妇鸟。

簝 2·TDUI　古代祭祀时盛肉的竹器。

澟 2·INWE　①水清而深:～乎其清也。②流通:降通～水以导河。

寥 2·PNW　①稀少:～若晨星|～～无几。②寂静:寂～。③空虚,空旷:～廓|～无人烟。

【寥廓】高远空旷:～的天空。

【寥落】①稀少,冷落:疏星～。②冷落,冷清:荒园～。

飂 2·MENE　骨节之间的缝隙,常指穴位。

了(瞭) 3·B　明白:明～|一目～然|～解。"瞭"另见liào。

了 3·B　①完毕:～结|不～～之。②与"得、不"连用,表示可能性:做得～|做不～。③完全:～无惧色。
另见le。

釕(釕) 3·QBH　一种金属元素,符号Ru。质硬而脆,可用来制饰品、合金等。

釕(釕) 4·QBH　【釕锅儿】扣住门窗等的铁片。

蓼 3·ANW　一年生草本植物,生长在水边,茎叶有辣味,全草入药,有解毒、消肿、止痛痒等作用。

烮 4·DNQ　【烮蹶子】骡马等跳起来用后蹄向后踢。

料 4·OU　①原材料:木～。②喂牲口的谷草:草～。③预料:不～。④料器:用玻璃原料加颜料制成的手工艺品:～货。⑤量词,用于中医配置丸药,处方规定剂量的全份为一料。⑥处理,照看:～理|照～。

摺 4·RLT　①放,搁:～下。②弄倒,打倒:～倒了几个鬼子。

嶚 4·(FNWE)　用于地名:圪～(在山西)。

廖 4·YNW　姓。

瞭 4·HDUI　瞭望,远望:～望台|《～望》周刊。
另见liǎo。

镣(鐐) 4·QDU　脚镣:～铐(脚镣和手铐)。

lie

咧 1·KGQ

【咧咧】(liēlie)用于"大大～""骂骂～"等。

【咧咧】(liēlie):〈方〉乱说:瞎～。

咧 3·KGQ　嘴角向两边伸展:龇牙～嘴|～着嘴笑。

咧 5·KGQ　〈方〉助词,相当于"了""啦":好～|来～。

列 4·GQ　①排列,行列:～队|前～。②摆出,安排:～入日程。③各,众:～位|～岛。④量词,用于成列的事物:一～火车。⑤类:不在此～。⑥姓。

冽 4·UGQ　寒冷:寒风凛～|山高风～。

峢 4·MGQJ　用于地名:～屿(在福建)。

洌 4·IGQ　清:河水清～|泉香而酒～。

烈 4·GQJO　①强烈,猛烈:～火|～酒。②刚直,严正:～性|刚～。③烈士:先～|英～。④事业,功绩:鸿～|千秋功～。

鴷(鴷) 4·GQJG 啄木鸟。

裂 4·GQJE 破裂:~开|四分五~|~缝。

【裂化】石油分馏加工方法,用于生产汽油及化工原料。

趔 4·FHGJ 【趔趄】身体歪斜,脚步不稳的样子:打了个~。

劣 4·ITL 坏,不好:恶~|低~|~势|卑~。

【劣弧】小于半圆的弧。

埒 4·FEF ①矮墙,界域。②同等:才力相~|富~王侯。

脟 4·EEFY 禽兽肋骨上的肉。

捩 4·RYND ①扭转:转~点。②拗折:凌风~桂花|~指。

猎(獵) 4·QTA ①捕猎:狩~|渔~。②打猎的:~狗。

躐 4·KHVN ①超越:~等|~进。②踩,践踏。

【躐等】超越等级。

【躐进】不依次序擢升。

鱲(鱲) 4·QGVN 鱼名。又称桃花鱼,生活在淡水中。

鬣 4·DEVN 兽、畜颈上的长毛:马~。

lin

拎 1·RWYC 〈方〉①提:~包。②概括:把主要意思~出来。

邻(鄰) 2·WYCB ①邻居:四~。②邻近的,靠近:~国|~海|~坐。③周代制度,五家为邻,五邻为里。

林 2·SS ①林子。②林业。③聚集在一起的同类人或事物:儒~|碑~。

【林苑】古代专供统治者打猎玩乐的园林。

【林檎】落叶乔木,也叫花红、沙果。

啉 2·KSS 【喹啉】一种有机化合物,可制药和染料。

淋 2·ISS 浇:~雨|~浴|~水。

【淋漓】①湿淋淋往下滴:鲜血~。②形容畅快:~尽致。

潾 4·ISS ①过滤:~盐。②淋病,性病的一种。

琳 2·GSS 美玉:碧~|~珉。

箖 2·TSSU ①古书上指一种竹子。②用于地名:白~(在广东)。

霖 2·FSS ①久下不停的雨,霖雨:秋~。②干旱时所需的大雨:甘~。

临(臨) 2·JTY ①来到:光~|喜~门。②对着,接近:居高~下|~近。③临摹:~帖。

【临池】指练习书法。

【临安】①地名,在浙江。②古县名,在今杭州市西。③古府名,即今杭州市,南宋时建都。

【临蓐】孕妇临产前一段时间。

粼 2·OQAB 【粼粼】形容水清石明:水波~|白石~。

嶙 2·MOQ 【嶙峋】①山石重叠起伏:怪石~。②形容人瘦削:瘦骨~。③比喻人气节高尚:风骨~。

遴 2·OQA 谨慎选择:~选人才。

骊（驎）2·COQH 〈文〉身上有鳞状斑纹的马。

璘 2·GOQH 玉的光彩。

潾 2·IOQ 【潾潾】①水清的样子:泗水~。②波光闪动的样子:月圆波动碎~。

辚（轔）2·LOQ 【辚辚】车行走时的声音:车~,马萧萧。

磷 2·DOQ 非金属元素,符号P。用于制磷肥、农药、火柴等。

膦 2·HOQ 注视,瞪着眼睛看:鹰~鹗视。

鳞（鏻）2·（QOQH）有机化合物的一类,含磷。

翷 2·OQAN 飞的样子。

鳞（鱗）2·QGO ①鳞片:鱼~。②像鱼鳞的:~茎|遍体~伤。

麟 2·YNJH 传说中像鹿的动物,独角,有鳞,也称麒麟。

凛 3·UYL ①寒冷:寒风~冽。②严肃,严厉:威风~~|~若冰霜。

廪 3·YYLI 粮仓,也指储藏的粮食:仓~实则知礼节。

【廪生】明清两代由官府给予钱粮补助的生员。

懔 3·NYL 畏惧,警惕:~然。

檩 3·SYL 屋上托住椽子的横木。也称桁条。

吝 4·YKF 吝啬,小气:不~赐教|鄙~。

赁（賃）4·WTFM 租用:租~|~车。

蔺（藺）4·AUW ①灯芯草:蒲蔺~席。②马蔺,多年生草本植物,根可制刷,花和种可入药。也叫马莲。③姓。

躏（躪）4·KHAY 践踏:蹂~。

膦 4·EOQ 有机化合物的一类。

ling

令 2·WYC 【令狐】①古地名,在今山西临猗。②复姓。

令 3·WYC 量词,纸张的计量单位,五百张为一令纸。

令 4·WYC ①命令,号令。②使:~人高兴。③时令:夏~。④酒令:猜拳行~。⑤古代官名:县~|中书~。⑥美好:~德|~闻。⑦敬辞,用于对方的亲属或有关系的人:~妹|~亲。⑧小令(多用于词调、曲调名):如梦~。

【令尹】春秋战国时楚国官名,掌管军政大权。

【令名】美名,好名声。

伶 2·WWYC 旧时称戏曲演员:优~|~人|坤~。

【伶仃】也作零丁,孤独的样子。

【伶俜】形容孤独:~无依。

坽 2·FWYC ①陡峭的崖岸。②用于地名:~头(在广东)。

苓 2·AWYC 【茯苓】菌类植物,入药有利尿、镇静作用。

图 2·LWY 【囹圄】古代称监狱:身陷~圄。圄(yǔ)。

泠 2·IWYC ①轻妙的样子。②清凉:~风。③姓。

妗 2·VWYC 女子聪明伶俐。

玲 2·GWY 【玲珑】①精巧细致:小巧~|~剔透(形容器物结构新奇、精巧美观)。②明彻:晶莹~。③灵活敏捷:活泼~。

柃 2·SWYC ①柃木,常绿灌木或小乔木,枝叶可入药,果实可做染料。②栏杆的横木。

呤 2·JWYC 【呤眬】古代指日光。

瓴 2·WYCN ①盛水的瓦器:瓮~。②仰盖的瓦,瓦沟。

铃(鈴) 2·QWYC ①铃铛:电~。②铃状物:棉~|哑~。

鸰(鴒) 2·WYCG 【鹡鸰】鸟名。常见头黑额白,尾巴较长。

聆 2·BWYC 细听:~听|~教。

蛉 2·JWYC 【白蛉】昆虫,比蚊子小,吸植物汁液和人、畜的血。

舲 2·TEWC ①有窗户的船。②小船。③用于地名:~舫(在湖南)。

翎 2·WYCN ①鸟类翅膀和尾部的长羽毛:雁~。②翎子,清代官员帽上用来区别品级的翎毛:花~。

羚 2·UDWC 羚羊。形似山羊,角为珍贵的药材。

【羚牛】一种像水牛的动物,生活在高山上。也叫扭角羚。

零 2·FWYC ①下雨:~雨。②像雨一般落下:感激涕~。③凋落:凋~|~落。④部分的;细碎的:~件|~售。⑤数的空位。⑥表示没有数量:~距离。⑦温度表上的零度:~下五度。

【零丁】同"伶丁",孤独的样子。

龄(齡) 2·HWBC ①岁数:高~。②年数:教~。

澪 2·IFWC ①古水名。②用于地名:浒~(在江苏)。

灵(靈) 2·VO ①灵验。②聪明;灵敏:~活|耳朵很~。③神仙或关于神仙的:神~|~怪。④灵柩或关于死人的:守~|~位。⑤灵活:周转不~。

【灵犀】古代传说犀牛角上有白纹通向大脑,感应灵敏,故称犀牛角为灵犀。

棂(欞) 2·SVO 阑杆上或窗户上的格子:窗~。

凌 2·UFW ①冰块:冰~。②侵犯,欺压:盛气~人|~辱。③升高:~空。④逼近:~晨|~云。

【凌霄】落叶藤本植物,攀援茎,花、茎、叶都可入药。

陵 2·BFW ①丘陵,大的土山:山~|丘~|~谷变迁。②陵墓:中山~|十三~。

菱 2·AFWT 一年生水生草本植物,果实叫菱或菱角,可食。

悷 2·NFWT 哀怜;惊恐。

绫(綾) 2·XFW 一种薄而有光泽的丝织品:~罗绸缎。

棱 2·SFW 【穆棱】地名,在黑龙江。

另见 léng。

掕 2·PYFT 神灵的威福。

鲮(鯪) 2·QGFT 鲮鱼,淡水鱼,体侧扁,银灰色,嘴边有短须两对。

酃 2·FKKB 【酃县】旧县名,在湖南。现称炎陵县。

岭(嶺) 3·MWYC ①山岭,顶上有路可行的山:崇山峻~。②高大的山脉:南~。

【岭南】大庾岭等五岭以南的广东、广西地区。

领(領) 3·WYCM ①颈:引~而望。②衣领。③大纲,要领:提纲挈~。④带领:~队。⑤领有的,管辖的:~土。⑥接受,取得:~教。⑦了解,明白:~会。⑧量词:一~席。

另 4·KL 另外,别的:~议|一~件衣服。

吟 4·KWYC 【嘌吟】有机化合物。人体内嘌吟氧化成尿酸,尿酸过高会引起痛风。嘌(piào)。

liu

溜 1·IQYL ①滑行,往下滑:~冰。②光滑:光~。③偷偷地走开:~走。④同“熘”:~肉片。

溜 4·IQYL ①迅速的水流:大~。②房顶上流下的水:檐~|承~。③檐沟:水~。④排,条:一~三间房。

熘 1·OQYL 一种烹调法,与炒相似,作料中加芡粉:~肉片。

刘(劉) 2·YJ ①斧钺一类兵器:执~。②诛杀。③姓。

浏(瀏) 2·IYJH 水流清亮。

【浏览】泛泛地阅读。

留 2·QYVL ①停留;留住。②留学:~洋。③挽留;保留。④收留;留下;遗留。⑤姓。

馏(餾) 2·QNQL 蒸馏,液体加热气化再凝成纯净的液体:蒸~水。

馏(餾) 4·QNQL 凉的食物再蒸热:把冷饭~一~。

骝(騮) 2·CQYL ①黑鬣黑尾的红马。②骏马。

榴 2·SQY 石榴。

【榴火】以石榴花借指火红的颜色。

【榴莲】常绿乔木,果实球形,表面多硬刺,原产马来群岛。

飗(飀) 2·MQQL 【飗飗】微风吹动的样子。

镏(鎦) 2·QQYL 我国特有的镀金法,把溶解在水银里的金子涂在器物表面:~金。

镏(鎦) 4·QQYL 【镏子】〈方〉戒指。

鹠(鶹) 2·QYVG 【鸺鹠】一种像猫头鹰的鸟,捕食鼠、兔等。

瘤 2·UQYL 瘤子:肿~|骨~。

流 2·IYC ①流动,移动。②水道,河流:支~。③像水流的东西:暖~|电~。④流传,传播:~芳万世。⑤品类;等级:三教九~。

琉 2·GYC 【琉璃】①天然半透明有色宝石。②一种用铝和钠的硅酸盐化合物烧成的釉料:~瓦。

硫 2·DYC 一种非金属元素,符号 S。可制硫酸、火药、火柴等。

【硫黄】硫的通称。

鎏 2·IYCY 古代帝王冠冕前后悬垂的玉串。

旈 2·YTYQ ①旗子上的飘带。②皇帝礼帽上悬垂的玉串。

鎏 2·IYCQ ①成色好的金子。②同"镏":~金。

嘧 2·LNWE 用于地名:后~(在江苏)。

镠(鏐) 2·(QNWE) 成色好的金子。

琊 3·GQTB 一种有光泽的美石。

柳 3·SQT ①柳树。②星宿名,二十八宿之一。③姓。

绺(綹) 3·XTH 量词,许多细的东西顺着聚在一起叫一绺:一~头发。

铥(銩) 3·QYCQ 金属冶炼中产生的金属硫化物的互熔体。铥中含有贵重金属。

罶 3·LQYL 捕鱼的竹篓,鱼进而不得出。

六 4·UY ①数目字。②工尺谱记音符号之一,相当于简谱的"5"。

【六艺】①古指礼、乐、射、御、书、数六种技艺,曾列入孔子的教学课程。②六经。

【六甲】①古时以天干地支配成六十组干支,其中以甲字起头的有甲子、甲戌、甲申、甲午、甲辰、甲寅六组,称为六甲。因笔画比较简单,多为儿童学字用。②古代术数的一种。③古指妇女怀孕。

【六合】古指天地和东南西北。也泛指宇宙。

【六经】即《易》《礼》《乐》《诗》《书》《春秋》的统称。也叫六艺。

陆(陸) 4·BFM 数目字"六"的大写。
另见 lù。

碌 4·DVI 【碌碡】一种石制农具,圆柱形,用来脱粒或碾轧。碡(zhou)。
另见 lù。

遛 4·QYVP ①散步,慢慢走:~大街。②牵着牲畜或拎着鸟笼慢慢走:~马|~鸟。

鷚(鷚) 4·NWEG 一种鸣禽,体小,嘴细长,为益鸟。

lo

咯 5·KTK 语气助词,同"了""啦",表示肯定语气:那倒好~|当然~。
另见 gē,kǎ。

long

龙(龍) 2·DX ①我国传说中的神异动物。②帝王的象征:~袍。③古生物学指古代一些巨大的爬行动物:恐~。④古同"垄"。⑤形状像龙或有龙图案的东西:~舟|~灯。⑥姓。

茏(蘢) 2·ADX 【茏葱】草木青翠茂盛的样子:群山~。又作葱茏。

咙(嚨) 2·KDX 【喉咙】咽部和喉部的统称。

泷(瀧) 2·IDX 急流的水,多用于地名:七里~(在浙江)。

另见 shuāng。

珑(瓏) 2·GDX 【玲珑】精巧细致:~剔透(形容器物结构新奇、精巧美观)。

栊(櫳) 2·SDX ①窗:窗~。②养兽的栅栏笼架。

昽(曨) 2·JDXN
【昤昽】古代指日光。
【曚昽】日光不明。
【曈昽】天将亮的样子。

眬(矓) 2·EDX 【朦眬】①月光不明:月色~。②模糊不清:暮色~。

砻(礱) 2·DXD ①去稻壳的工具,形状像磨。②用砻磨去稻壳:~谷。

眬(矓) 2·(HDX) 【蒙眬】两眼半闭,视物模糊。

聋(聾) 2·DXB 耳朵听不见,听觉不灵:又~又哑。

笼(籠) 2·TDX ①笼子。②像笼的器物:灯~|筷~|③笼屉:蒸~。

笼(籠) 3·TDX ①笼罩:烟~雾罩。②用竹、藤编成的盛衣物器具:箱~。

隆 2·BTG ①盛大:~重。②兴盛:兴~。③深厚,程度深:~情厚意|~冬。④凸起:~起。

瀧 2·IBTG 用于地名:永~(在湖北)。

癃 2·UBTG ①年老衰弱多病。②中医指小便不利:~闭。

窿 2·PWB ①高:~然。②〈方〉煤矿坑道:清理废~。

陇(隴) 3·BDX ①通"垄",田地土埂。②甘肃的别

称:~西|~海铁路。

拢(攏) 3·RDX ①合上:合不~。②靠近:~岸|拉~。③总共:~共|~总。④梳理:~一~头发。⑤收束,收拢:~紧|~住。

垄(壟) 3·DXF ①田地分界的埂子:田~。②农作物的行或行间空地。③像垄的东西:瓦~。

垅(壠) 3·FDX 同"垄"。

箓(籙) 3·(TAMU) 用于地名:织~(在广东)。

弄 4·GAJ 〈方〉小巷,胡同:~堂|里~。
另见 nòng。

哢 4·KGAH ①鸟鸣声。②用于地名:~村(在广东)。

lou

搂(摟) 1·RO ①用手或工具把东西聚拢:~柴火。②搜刮:~钱。③用手指往里扳:~枪机。

搂(摟) 3·RO 搂抱:把孩子~在怀里。

䁖(瞜) 1·HOV 〈方〉看:~一眼。

刌 2·GKUJ ①〈方〉堤坝下面的水口,水道。②用于地名:河~(在湖北)。

娄(婁) 2·OV ①星宿名,二十八宿之一。②姓。
【娄子】乱子,纠纷,祸事。

偻(僂) 2·WOV 【佝偻病】俗称小儿软骨病,症状为

头大、鸡胸、驼背、发育迟缓。佝偻:背脊向前弯曲。
另见lǚ。

娄(塿) 2·(FOV) 疏松的土壤。

蒌(蔞) 2·AOV 【蒌蒿】即白蒿,多年生草本植物,通称艾蒿,可作艾的代用品。

喽(嘍) 2·KOV 【喽啰】也作偻儸。旧指盗匪头目的爪牙,现也比喻帮凶或仆从。

喽(嘍) 5·KOV 助词,"了""哟"的合音,相当于"啦":别想~|走~。

溇(漊) 2·IOVG 溇水,水名,在湖南。

楼(樓) 2·SOV ①楼房。②楼房的一层:一~。③旧指妓院、茶肆、酒店等场所:青~。

腰(膢) 2·(EOV) 古代祭祀名。

耧(耬) 2·DIO 一种播种用的农具,同时完成开沟、下种和覆土。

蝼(螻) 2·JOV 【蝼蛄】一种害虫,生活在泥土中,昼伏夜出,吃作物的嫩茎。俗称土狗子。

髅(髏) 2·MEO 【骷髅】干枯的头骨或全副骨骼。

嵝(嶁) 3·MOV 【岣嵝】南岳衡山的主峰名,也用以称衡山。在湖南。

篓(簍) 3·TOV 篓子,用竹条、柳条等编成的盛器:竹~|字纸~。

陋 4·BGM ①丑,坏:丑~|~习。②狭小,简陋:~室。③

(见闻)少,简略:浅~|孤~|寡闻|~室。

镂(鏤) 4·QOV 雕刻:~花|~刻|~空|~骨铭心。

瘘(瘺) 4·UOV 【瘘管】体内病变向外溃破形成的体表与脏器之间的管道,病灶分泌物由此流出。

漏 4·INFY ①物体从孔缝透过或滴下。②泄露:走~消息。③遗漏:~掉。④漏壶:~尽更深。

【漏疮】肛瘘的通称。

【漏壶】古代利用水滴漏计时器具。也有用沙的漏壶。简称漏。

【漏夜】深夜。

露 4·FKHK 同"露"(lù,显露,表现),用于口语:~马脚|~底|~白|~面|~馅|~头。
另见lù。

lu

撸(擼) 1·RQG 〈方〉①捋:把衣袖~上去。②撤职:职务被~了。③训斥:挨了~。

【撸子】〈方〉小手枪。

噜(嚕) 1·KQG 〈方〉【噜苏】啰唆。

卢(盧) 2·HN ①黑色。②姓。

垆(壚) 2·FHNT ①黑色坚硬的土。②酒店里安放酒瓮的土台子,借指酒店:酒~。

泸(瀘) 2·IHN

【泸水】古水名,今金沙江上游一段,泸州由此得名。②古水名,即今怒江。

【泸县】县名,在云南。

栌(櫨) 2·SHNT 【黄栌】落叶灌木,木材可制染料。

胪(臚) 2·EHNT 陈列,陈述:~列丨~陈(陈述)。

鸬(鸕) 2·HNQ 【鸬鹚】一种水鸟,通称鱼鹰,我国南方饲养帮助捕鱼。

铲(鑪) 2·(QHN) 人工放射性金属元素,符号为 Rf。

颅(顱) 2·HNDM 头的上部,也指头:~骨丨头~。

舻(艫) 2·TEH 船,船头。

【舳舻】指首尾相接的船只:~相继丨~千里。

鲈(鱸) 2·QGHN 鲈鱼。嘴大,体侧扁。生活在近海,秋末到河口产卵。

芦(蘆) 2·AYNR ①芦苇。多年生草本植物。又叫苇或苇子。②姓。

【芦笙】我国苗、瑶、侗等民族的一种管簧乐器,用多根竹芦管制成。

庐(廬) 2·YYNE ①简陋的房屋:茅~丨~舍。②指庐州,旧府名,府治在今合肥。

炉(爐) 2·OYN 炉子:电~丨煤~丨锅~。

【炉甘石】中医指菱锌矿,可外用治眼疾和皮肤病等。

【炉箅子】炉膛炉底之间的铁篦子。

卤(鹵) 3·HL ①卤水,浓汁:盐~。②咸汁:肉~丨鱼~。③用盐、酱油等浓汁煮:~鸭丨~味。

【盐卤】制盐时剩下的黑色汁液,味苦有毒,可使豆浆凝结成豆腐。

虏(虜) 3·HALV ①俘获:~获。②俘虏:抓~。③古代指奴隶。④古时对敌人,特别是对外族敌人的蔑称:强~。

掳(擄) 3·RHAL ①抢取:烧杀~掠。②俘获。

鲁(魯) 3·QGJ ①迟钝,愚笨:愚~。②莽撞,粗野:~莽丨粗~。③周代诸侯国名,在今山东南部。④山东的别称。

【鲁钝】笨拙。

【鲁鱼亥豕】把"鲁""亥"误为"鱼""豕"。比喻传抄和刊印错误。

潞(潞) 3·(IQGJ) 用于地名:~港(在安徽)。

橹(櫓) 3·SQG ①使船前进的工具,比桨大且长:摇~。②大盾,古代兵器。

镥(鑥) 3·QQGJ 金属元素,符号 Lu,可用于核工业。

甪 4·TEK 传说中的兽名。

【甪里】①古村名,在江苏苏州。②复姓。

【甪直】古镇名,在江苏苏州。

陆(陸) 4·BFM 陆地:大~丨水~。
另见 liù。

录(録) 4·VI ①记载,记录,抄写。②记载言行、事物的书刊文章:回忆~。③采纳任用:~取。

【录事】旧称机关里缮写文件的

职员。

蓤 4·AVIU ①荬草:叙言情未尽,采一已盈筐。②用于地名:梅~(在广东)。

渌 4·IVI ①清澈:~波。②渌水,水名,源于江西,流入湖南。

逯 4·VIPI ①随意行走:~然而来。②姓。

骏(騄) 4·(CVIY)【骏駬】古代骏马名。也作騄耳。

绿(绿) 4·XV 【绿林】西汉末年,王匡、王凤等聚众起义,占据绿林山。后以"绿林"泛指聚集山林,反抗官府或抢劫财物的团伙。
另见 lǜ。

球 4·GVIY 一种玉名。

禄 4·PYV ①福。②古代官吏的俸给:高官厚~。

碌 4·DVI ①平凡:庸庸~~。②繁忙:忙~。
另见 liù。

箓(籙) 4·TVIU ①簿籍,文书。②符箓,道教的秘文。

辂(輅) 4·LTKG ①古代车前用来牵引车子的横木。②古代的一种大车。

赂(賂) 4·MTK ①赠送财物,用财物买通别人。②财物,特指赠送的财物。

鹿 4·YNJ ①哺乳动物反刍类的一科,雄性头上有角。②姓。
【鹿茸】雄鹿的嫩角,为贵重的滋补强壮中药。
【鹿砦】用树枝交叉设置的军事障碍。也作鹿寨、鹿角。砦(zhài)。

漉 4·IYNX ①水慢慢地渗下,过滤:~油丨~网。②湿润:湿~~。

辘(轆) 4·LYN
【辘轳】井上绞起水桶的工具,也指机械上的绞盘。
【辘辘】形容车轮等的滚动声:饥肠~。

簏 4·TYNX 竹箱或竹篓:书~丨字纸~。

麓 4·SSYX ①山脚下:泰山北~。②古代管理山林、苑囿的小官。

路 4·KHT ①道路。②路程。③途径,门路:生~丨活~。④地区;方面:外~人丨各~兵马。⑤纹理;条理:纹~丨思~。⑥线路:四~电车。⑦种类;等次:哪一~病丨三~货。⑧宋元时的行政区域名,相当于明清的省或府。⑨姓。
【路堑】在高地上挖的低于原地面的路基。

蕗 4·AKHK 甘草的别名。

潞 4·IKHK 姓。
【潞河】水名,在北京通州。

璐 4·GKHK 美玉。

鹭(鷺) 4·KHTG 涉禽类鸟,如白鹭、苍鹭等。
【鹭鸶】即白鹭。

露 4·FKHK ①露水。②没有遮蔽;露天:~营。③用花叶或果子蒸馏成的饮料:果子~丨玫瑰~。④显露,表现:揭~丨暴~。⑤姓。

另见 lòu。

【露布】①古代不封口的诏书或奏章。②古指檄文、捷报等。

稑 4·TFWF　古代指后种先熟，生长期短的谷物。

僇 4·WNW　①侮辱：~辱。②同"戮"。

勠 4·NWEL　【勠力】合力，并力：~同心。

戮 4·NWE　①杀：杀~。②旧通"勠"。

轳(轤) 5·LHNT　【辘轳】井上绞起水桶的工具，也指机械上的绞盘。

氌(氌) 5·TFNJ　【氆氌】藏区出产的一种毛织品。

lǘ

驴(驢) 2·CYN　一种家畜，像马而小，长耳朵长脸。

闾(閭) 2·UKKD　①里门，巷口的门。②古代二十五家为一闾。

榈(櫚) 2·SUK

【棕榈】常绿乔木，棕衣可制绳索。

【花榈木】常绿乔木，木材坚硬。花纹美丽，也叫花梨木。

膢(膢) 2·(EOV　"膢"(lóu)的又读。

吕 3·KK　①我国音乐十二律中的阴律，有六种，总称六吕。②古代诸侯国名，在今河南南阳。

侣 3·WKK　同伴：伴~|情~|俦~|旧~。

梠 3·SKKG　屋檐：梁~。

铝(鋁) 3·QKK　一种金属元素，符号 Al。

稆 3·TKK　谷物等不种自生：~生。也作旅。

捋 3·REFY　用手指顺着抹过去，整理：~胡子。

另见 luō。

旅 3·YTEY　①旅行，在外作客居住：~居|羁~。②军事编制单位，亦泛指军队：~长|军~生活。③共同：~进|~退。④同"稆"：~生。

膂 3·YTEE　脊梁骨：同心共~。

【膂力】体力，筋力。

偻(僂) 3·WOV　①脊背弯曲：伛~。②迅速：~售|不能~指。

另见 lóu。

屡(屢) 3·NO　一次又一次地：~次|~教不改。

缕(縷) 3·XOV　①线：千丝万~|不绝如~。②详尽细致：条分~析。③量词，用于线形的东西：一~头发。

褛(褸) 3·PUO　【褴褛】衣服破烂。也作蓝缕。

履 3·NTT　①鞋：削足适~|西装革~。②踩，走过：如~薄冰。③脚步：步~。④实践：~行。

塯 4·FVFH　土坯子。

律 4·TVFH　①法律，规则：遵纪守~|规~。②约束：严于~己。③律诗的简称：七~。④古代审定乐音高低的标准，把音乐分为六律和六吕，合称十二律。

葎 4·ATVH　【葎草】一年或多年生草本植物，花黄绿，可入药。

虑(慮) 4·HAN ①思考:深谋远~。②担忧:焦~。

滤(濾) 4·IHA 过滤:~清|~纸|~液。

率 4·YX 两个相关数在一定条件下的比值:效~|速~|汇~|圆周~。
另见 shuài。

绿(綠) 4·XV 绿色。
另见 lù。

氯 4·RNV 一种气体元素,符号Cl。可用来消毒、漂白等。

luan

峦(巒) 2·YOM 小而尖的山,多指连绵的山:峰~。

孪(孿) 2·YOB 双生:~生兄弟|~生子。

娈(孌) 2·YOV 相貌美好:~童|姿容婉~。

栾(欒) 2·YOS ①栾树,落叶乔木,又称灯笼树。果实像灯笼,花叶可做染料,种子可榨油。②姓。

挛(攣) 2·YOR 蜷曲不能伸直:痉~|~缩|拘~。

鸾(鸞) 2·YOQ 传说中凤凰一类的鸟。
【鸾凤】鸾鸟与凤凰,比喻贤士或夫妻。
【鸾舆】天子的坐车,代指皇帝。
【鸾翔凤集】比喻人才会聚。

裔(臠) 2·YOMW 切成小块的肉:尝鼎一~。
【裔割】分割,切碎。

滦(灤) 2·IYOS 滦河,水名,在河北。

銮(鑾) 2·YOQF ①一种铃铛,特指皇帝车上的铃。②指皇帝车驾:迎~。

卵 3·QYT ①卵子。②动物的蛋:鸟~。
【卵翼】鸟以翼护卵。比喻养育或庇护:~天下。

乱(亂) 4·TDN ①紊乱,无秩序。②战乱,战祸。③扰乱,混淆:以假~真。④不安宁:心烦意~。⑤任意,随便:~吃东西|~说~动。

lüe

砮 4·DHVD 锋利。

掠 4·RYIY ①夺取:~夺|~美。②轻轻擦过或拂过:~过头顶|嘴角上~过一丝微笑。

略 4·LTK ①简单;略微:大~|~知一二。②简单扼要地叙述:史~|节~。③夺取:攻城~地。④计谋;计划:谋~|雄才大~。⑤省去:~去一些内容。

锊(鋝) 4·QEF 古代重量单位。一锊约合六两。

圙 4·LWDD 【圙圙】蒙古语指围起来的草场,多用于地名:马家~(在内蒙古)。也作库伦。圙(kū)。

lun

抡(掄) 1·RWX 手臂用力旋动:~刀|~拳。

抡(掄) 2·RWX 选择:~材。

仑（侖）2·WXB 伦理,次序。

伦（倫）2·WWX ①人伦,伦理,人与人之间的道德关系,特指长幼尊卑的关系:～常｜天～之乐。②同类,同等:不～不类｜无与～比。③条理,次序:语无～次。④姓。

【伦巴】拉丁舞的一种,原为古巴黑人的舞蹈。

论（論）2·YWX 【论语】书名,主要记载孔子及他的弟子的言行。

论（論）4·YWX ①谈论,议论。②评定,衡量:按质～价。③判定,看待:～罪｜相提并～。④按照:～件卖。⑤姓。

囵（圇）2·LWXV 【囫囵】整个,完整不缺:～吞枣。

沦（淪）2·IWX ①微波,小波:河水清且～猗。②沉没:～落。③没落,陷入:～陷。

纶（綸）2·XWX ①古代系印用的青丝带子。②较粗的丝线,特指钓鱼的丝线。③指某些合成纤维:涤～。

另见 guān。

轮（輪）2·LWX ①车辆或机械上能够旋转的圆形部件:齿～｜滑～。②像轮子的东西:月～｜年～。③轮船:渔～。④轮流:～训｜～班。⑤量词,用于红日、明月和循环的事物:一～红日｜第二～培训。

铹（鐒）2·(QWX) 人造放射性金属元素,符号 Rg。

坮（塿）3·(FWX) 〈方〉田中的土垄。

luo

捋 1·REFY 用手握着东西顺着一端移动:～起袖子。

另见 lǚ。

啰（囉）1·KLQY 【啰唆】也作啰嗦,说话絮絮叨叨,办事让人感到厌烦。

啰（囉）2·KLQY 【啰唣】吵闹。

啰（囉）5·KLQY 助词,相当于"了":你去就行～。

罗（羅）2·LQ ①捕鸟的网;张网捕捉:天～地网｜门可～雀。②网集,收集:收～｜网～。③陈列:～列｜星～棋布。④一种细密的筛子:铜丝～。⑤用罗筛:～面。⑥质地稀疏的丝织品:～衣｜～扇｜轻～｜绫～绸缎。⑦量词,十二打为一罗。

萝（蘿）2·ALQ 指某些爬蔓植物:藤～｜女～｜松～。

【萝芙木】常绿灌木,根可入药,治高血压。也叫蛇根草。

逻（邏）2·LQP 巡查:巡～。

【逻辑】①思维的规律:不合～。②客观规律。③逻辑学。

猡（玀）2·QTLQ 【猪猡】〈方〉猪。

椤（欏）2·SLQ 【桫椤】蕨类植物。茎高而直,含淀粉。桫(suō)～。

锣（鑼）2·QLQ 打击乐器,铜制,状如盘,有大锣、小锣、堂锣、云锣等:鸣～开道。

箩(籮) 2·TLQ　竹制盛器,大多口圆底方:~筐。

胴(腡) 2·EKM　手指纹。俗称螺纹。

骡(騾) 2·CLX　一种家畜,由公驴母马交配而生。

螺 2·JLX　①具有回旋形贝壳的软体动物。②通"腡",手指纹。

倮 3·WJS　通"裸"。

【倮㑩】地名,在云南。

裸 3·PUJS　露出,没有遮盖:~露|~体。

蓏 3·ARCY　古书上指草本植物的果实:在木曰果,在草曰~。

瘰 3·ULX　【瘰疬】中医称淋巴结核。俗称疬子病。

蠃 3·YNKY　【蜾蠃】蜂类的一种。即细腰蜂。

泺(濼) 4·IQI　【泺水】水名,在山东。
另见 pō。

跞 4·KHQI　【卓跞】卓绝:才华~。也作卓荦。
另见 lì。

荦(犖) 4·APR　明显,分明:卓~|~~大端。

洛 4·ITK　①洛阳的简称。②姓。

【洛河】水名,一在陕西,亦称北洛河。一在河南,为黄河大支流,古时作"雒"。

骆(駱) 4·CTK　①古书上指黑鬃的马。②姓。

【骆驼刺】落叶灌木。生在沙地上,是骆驼的牧草。也叫骆驼草。

络(絡) 4·XTK　①网状的东西:丝瓜~|网~。②人体的脉络:经~。③缠绕:~纱|~丝。
另见 lào。

珞 4·GTK　【珞巴族】我国少数民族,分布在西藏。

烙 4·OTK　【炮烙】古代的一种酷刑。
另见 lào。

硌 4·DTK　山上的大石:~石。
另见 gè。

落 4·AIT　①掉下,下降。②衰败:衰~|零~|破~。③停留:~脚|~户。④聚居的地方:村~。⑤遗留在后面:~选|~伍。⑥归属:~到别人手中。⑦用笔写:~款。⑧古代宫室建成时的祭礼,后称建筑完工为落成。
另见 là、lào。

【落发】指出家当和尚或尼姑。

【落拓】也作落魄。①性情放浪,行为散漫:~不羁。②穷困潦倒:~文人。

雒 4·TKWY　姓。

【雒南】地名,在陕西。今作洛南。

摞 4·RLX　①把东西重叠地往上放:~砖块。②量词,用于重叠的东西:一~书。

漯 4·ILX　【漯河】地名,在河南。
另见 tà。

M m

m

呒(嘸) 2·KFQ 〈方〉没有,没有什么:~啥。

嗳 2·KXGU 叹词,表示疑问:~,我的笔呢?

嗳 4·KXGU 叹词,表示答应、赞赏等:~,你放心吧。

ma

孖 1·BBG 双生子。

妈(媽) 1·VC ①母亲。②对长一辈或年长已婚妇女的尊称:姑~|大~。

蚂(螞) 1·JCG 【蚂螂】〈方〉蜻蜓。

蚂(螞) 3·JCG

【蚂蚁】一种昆虫。
【蚂蟥】又叫水蛭。环节动物,生活在沼泽或水池中,吸人畜的血液。

蚂(螞) 4·JCG 【蚂蚱】蝗虫的俗名。有害农作物。

抹 1·RGSY ①擦:~桌子|~布。②用手按着并向下移动;

拉,放:~下帽子|~下脸来。
另见 mǒ,mò。

摩 1·YSSR 【摩挲】用手轻轻按着,一下一下移动。
另见 mó。

吗(嗎) 2·KCG 什么:干~?

吗(嗎) 3·KCG 【吗啡】镇痛药的一种,由鸦片制成。

吗(嗎) 5·KCG 助词。①表示疑问和含蓄的语气:你明白~?②用于句子停顿处:你~,就算了。

麻 2·YSS ①麻类植物,有大麻、亚麻、苎麻、黄麻等多种。②芝麻的简称:~油。③麻木:手发~。④表面不光滑:~玻璃。

马(馬) 3·CN ①力畜之一。②形容大:~蜂|~勺。
【马扎】可折叠携带的小型坐具。
【马弁】军阀时代军官的护兵。

犸(獁) 3·QTCG 【猛犸】一种古脊椎动物。与象相似,亦称毛象。

玛(瑪) 3·GCG 【玛瑙】矿物名,主要成分二氧化硅,产于火山岩中。硬度大,可作仪器轴承和首饰。

码(碼) 3·DCG ①数码:页～ǀ号～。②计数的用具:砝～ǀ筹～。③英美制长度单位,1码等于3英尺。④量词,用于事情:一～事。⑤摞,堆叠:～砖头。

枅(榪) 4·SCG 【枅头】床两头或门上下端的横木。

祃(禡) 4·PYCG 古代军队在驻扎地举行的祭礼。

骂(罵) 4·KKC ①用粗野或恶意的话侮辱人:～街ǀ谩～。②斥责。

么 5·TC 旧同"吗""嘛"。另见me,yāo。

嘛 5·KY 助词。①表示显而易见:有话就当面讲～。②表示提醒、建议:你快去～。③用于句中停顿,引出下文。

蟆 5·JAJD 【蛤蟆】青蛙和蟾蜍的统称。

mai

埋 2·FJF ①盖住;掩盖;隐藏:～土ǀ～名ǀ～伏ǀ～在心里的话。②埋葬。③低下:～头一看ǀ～头拉车。另见mán。

霾 2·FEEF 阴霾,烟尘过多造成空气浑浊的现象。

买(買) 3·NUDU 购买,收买:～菜ǀ～卖。
【买椟还珠】《韩非子·外储》记载:楚人去郑国卖珠,郑国人买了漂亮的珠盒而退还了珍珠。比喻取舍不当。

荬(蕒) 3·ANUD 【苣荬菜】多年生草本植物。嫩茎可食。

劢(勱) 4·DNL 努力,勉力。

迈(邁) 4·DNP ①迈步,跨:～进。②老:年～ǀ朽～。③英里,用于机动车行驶速度。也用于称公里。英语mile。

麦(麥) 4·GTU 麦子:大～ǀ小～ǀ燕～。
【麦冬】多年生草本植物。块根供药用。
【麦粒肿】眼病。俗称针眼。

唛(嘜) 4·KGT 译音词。标记,商标,牌子:～头ǀ骆驼～。英语mark。
【唛头】用文字、图形、记号等区别不同货物的标记。

铸(鎝) 4·(QGT) 人工放射性金属元素,符号Mt。

卖(賣) 4·FNUD ①用物品换钱。②出卖:～国。③不吝惜:～力。④显示,炫耀:弄ǀ～乖。

脉 4·EYNI ①动脉,静脉:血～。②脉搏:号～。③像血管的东西:叶～ǀ山～ǀ矿～。另见mò。
【脉息】脉搏。
【脉案】中医对病症的诊断语。
【脉象】中医指脉搏所呈现的各种情状。

man

嫚 1·VJLC 〈方〉女孩子。

嫚 4·VJLC 轻视,侮辱:～侮ǀ～骂。

颟(顢) 1·AGMM 【颟顸】糊涂马虎,不明事理:~从事。顸(hān)。

埋 2·FJF 【埋怨】责怪,抱怨。另见 mái。

蛮(蠻) 2·YOJ ①野蛮,不通情理:~横|~不讲理。②我国古代称南方的民族和部落。③〈方〉很,挺:~好。

谩(謾) 2·YJL 欺骗,蒙蔽。

谩(謾) 4·YJL 轻慢,没有礼貌:~骂。

蔓 2·AJL 【蔓菁】即芜菁。二年生草本植物。块根扁圆形,可作蔬菜。

蔓 4·AJL ①蔓生植物的枝叶,木本叫藤,草本叫蔓:~草|~葛。②滋长:~发。另见 wàn。

馒(饅) 2·QNJC 【馒头】①一种实心发面食品。②〈方〉包子。

鳗(鰻) 2·QGJC 鳗鲡的简称。也叫白鳝、白鳗、鳗鱼。

鬘 2·DEJC 形容头发美:愁妆云作~,巧笑玉为瑳。

瞒(瞞) 2·HAGW 隐瞒:~天过海。

鞔 2·AFQQ ①把布蒙在鞋帮上:~鞋。②以皮蒙鼓。

满(滿) 3·IAGW ①达到限度:客~。②十分,完全:~不在乎|~头大汗。③满足,骄傲:心~意足|自~。

螨(蟎) 3·JAGW 螨虫。节肢动物的一类。形体微小。有的寄生于人畜吸取血液,有的危害农作物。

茴(蔄) 4·(AUKF) 用于地名:~山镇(在山东)。

曼 4·JLC ①延长:~声而歌。②柔美:轻歌~舞。

墁 4·FJL ①同"镘",瓦刀,涂墙工具。②用砖或石块铺饰地面:花砖~地。③涂饰墙壁

幔 4·MHJC 挂在屋内的帐幕:布~|窗~|床~|帷~|~帐。

漫 4·IJLC ①溢出。②到处都是,遍:~山遍野|风雪~天。③不受约束,随便:~谈|散~。

【漫漶】文字、图画等受水浸或风化而模糊不清。

慢 4·NJ ①速度低:~走。②从缓:且~。③无礼:傲~|怠~。

缦(縵) 4·XJL ①没有彩色花纹的丝织品。②弦索。

熳 4·OJL 【烂熳】同"烂漫"。

镘(鏝) 4·QJL 瓦刀,抹墙工具。

mang

牤 1·TRYN 【牤牛】〈方〉公牛。也作牻子。

邙 2·YNB 【邙山】山名,在河南。

芒 2·AYN ①多年生草本植物。叶子条形,秋天生穗。②某些禾本植物果实外的针刺:麦~。③像芒的东西:光~|锋~。

【芒硝】无机化合物。多种工业原料。医学上作泻药。也作硭硝。

忙 2·NYNN ①繁忙,无空闲。②急促:慌~。

杜 2·SYNN 【杜果】常绿乔木,果实也叫杜果。也作芒果。

盲 2·YNH ①瞎:~人。②不能辨认:文~。③盲目:~动。

氓 2·YNNA 【流氓】原指无业游民,后指不务正业、为非作歹的人。
另见 méng。

茫 2·AIY ①广阔辽远,看不清楚:渺~。②无所知,不知所措:~然|~无头绪。

硭 2·DAY 硭硝,即芒硝。

尨 2·DNE ①长毛狗。②杂色:~眉皓发|~裘金玦。
另见 méng。

厖 2·DDN ①大;厚重:~臣~辅|~大|隆~。②姓。

牻 2·TRDE 毛色黑白相间的牛。

莽 3·ADA ①密生的草:草~。②粗鲁,冒失:~汉|~撞。
【莽苍】形容草原一望无际,草木迷茫的景象。
【莽莽】①形容草木茂盛。②形容广阔无边。

漭 3·IADA 【漭漭】形容水域广阔无边。

蟒 3·JADA ①蟒蛇,蛇类中最大的一种。②指蟒袍。
【蟒袍】明清时大臣所穿绣有蟒蛇图案的礼服。

mao

猫 1·QTAL ①一种家畜。②〈方〉躲藏:~在家里。

【猫腰】〈方〉弯腰。

毛 2·TFN ①毛发;羽毛。②霉:长~。③粗糙,没有加工的:~坯。④不纯净的:~利|~重。⑤小:~孩子。⑥做事粗心:~手~脚。⑦惊慌:心里发~。⑧角,货币单位。
【毛茛】多年生草本植物。植株有毒,可入药。
【毛瑟枪】通称英国毛瑟公司生产的枪支。特指该公司的步枪。

牦 2·TRTN 牦牛,全身有长毛,是青藏高原的主要畜力。

旄 2·YTTN 古代在旗杆头上用牦牛尾装饰的旗子。

髦 2·DETN 幼儿垂在前额的短发。
【时髦】时兴的。

矛 2·CBT 古代刺杀性的兵器:以子之~,陷子之盾。

茅 2·ACBT ①茅草,又称白茅。②姓。

蝥 2·CBTJ 【斑蝥】一种昆虫。危害农作物。中医可入药。

蟊 2·CBTJ 吃苗根的害虫。
【蟊贼】危害人民或国家的人。

茆 2·AQTB ①同"茅"。白茅。②姓。

锚(錨) 2·QAL 铁制的停船设备:抛~|~泊|~地(专供锚泊的水域)。

卯 3·QTBH ①地支的第四位。②卯时,早上五点到七点。③卯眼,器物接榫的部位。

峁 3·MQT 〈方〉小山包。

泖 3·IQT 平静的小湖。

昴 3·JQT 星宿名,二十八宿之一。

铆(鉚) 3·QQT 用铆钉固定金属:～接|～焊。
【铆劲儿】集中力气一下子使出。

芼 4·ATFN 摘取,拔取:参差荇菜,左右～之。

眊 4·HTF ①眼睛昏花,胸中不正,则眸子～焉。②昏乱,糊涂。

耄 4·FTXN 年老,八九十岁的年纪:老～|～耋之年。耋(dié)。

貌 4·EERQ ①面貌,长相:郎才女～。②外表:～合神离。

茂 4·ADN ①茂盛:～密。②丰富精美:图文并～|声情并～。

冒 4·JHF ①向外透,往上升:～烟。②不顾:～险。③假冒。④冒失:～进。⑤姓。
另见 mò。

帽 4·MHJ 帽子;像帽的东西:礼～|笔～。

瑁 4·GJHG 【玳瑁】爬行动物,似龟。甲壳可做饰品。

贸(貿) 4·QYV 交易,买卖:外～|～粮～。
【贸然】轻率地,不加考虑地。

袤 4·YCBE 南北的距离:广～千里。

楙 4·SCBS ①"茂"的古字。②木瓜。

瞀 4·CBTH ①眼花,看不清楚。②心绪烦乱:闷～。③愚昧。

懋 4·SCBN ①勤勉。②盛大:～绩。③喜悦。④姓。

鄭 4·AJDB 【鄭州】地名,在河北。

么(麽) 5·TC ①词缀:这～。②语气助词,表示含蓄,用在前半句末:你来～,我们欢迎。
另见 ma,yāo。

没 2·IM ①没有,无。②不及:我～他高。③未:活～干完。
另见 mò。

玫 2·GT ①玫瑰:广～|红～。②美玉。

枚 2·STY ①树干。②量词,与"个"相近,多用于形体小的东西:一～针|一～铜板。③一一,逐个:不胜～举。④姓。

眉 2·NHD ①眉毛:～笔|浓～大眼。②书眉:～批。

郿 2·NHBH 【郿县】地名,在陕西。今作眉县。

嵋 2·MNH 【峨嵋】山名,在四川。也作峨眉。

猸 2·QTNH 猸子,一种哺乳动物,生活在水边,皮毛珍贵。也叫山獾。

湄 2·INH 河岸,水滨:所谓伊人,在水之～。

瑂 2·GNHG 像玉的美石。

楣 2·SNH 门框上的横木:门～。

镅(鎇) 2·QNH 一种人造放射性元素,符号 Am。

鹛(鶥) 2·NHQ 鸟名,通常指画鹛,鸣声婉转动听。

莓 2·ATX 植物名,果实生在花托上,种类很多,如草莓、蛇莓、木莓等。

梅 2·STX ①落叶乔木,早春开花,果实味酸。②腊梅,冬天开花的落叶灌木,供观赏。③指黄梅天:入~|~雨。④姓。

酶 2·SGTU 一种生物催化剂。是动植物、微生物分泌的具有催化能力的蛋白质。

霉(黴) 2·FTXU 霉菌。

霉 2·FTXU 发霉:~变|发~。

媒 2·VAF ①媒介:触~|虫~。②媒人:~妁。

煤 2·OA 煤炭:~矿。

糜 2·YSSO 【糜子】和黍同类的谷物。
另见 mí。

每 3·TXG ①每个,每次:~战必胜。②往往:~一干就没完。

美 3·UGDU ①美丽,美好。②品质好:~德。③满意,得意:把他~的。④美好的事物,赞美:成人之~|~言。⑤指美洲:南~。⑥指美国:~元。⑦姓。

渼 3·IUGD ①水波。②用于地名:小水~(在云南)。③姓。

媄 3·VUGD 女子美丽。多见于人名。

镁(鎂) 3·QUG 一种金属元素,符号 Mg。质轻色白易燃。铝镁合金可制飞机。

【镁光】镁粉燃烧所发的强光:~灯。

浼 3·IQK ①污染。②请托:央~大哥帮忙。

妹 4·VFI ①妹妹。②同辈亲属中年纪较小的女子。

昧 4·JFI ①糊涂,不明白:愚~|蒙~|素~生平。②隐瞒:拾金不~。③贪图:~利忘义。

【昧心】违背良心。

【昧旦】黎明,拂晓。

寐 4·PNHI 睡,睡着:夜不能~。

魅 4·RQCI 传说中的鬼怪:魑~。

袂 4·PUN 衣袖:连~(聚在一起)|分~(分别)|奋~而起。

媚 4·VNH ①美好,可爱:妩~|明~。②巴结,奉承:谄~|崇洋~外。

men

闷(悶) 1·UNI ①密闭,不透气:~热|~在家里。②声音不响亮:~声~气。

闷(悶) 4·UNI 心情不舒畅:烦~|~~不乐。

门(門) 2·UYH ①门户,大门,像门的东西:大~|闸~。②宗教或学术派别:~派。③家或家族:满~|豪~。④门径:法~|窍~。⑤事物的分类:分~别类。⑥生物学分类,门以下为纲。⑦量词,用于炮、功课、技术等。⑧多指引起公众关注的负面事件:学历~。⑨姓。

扪(捫) 2·RUN 按,摸:~心自问。

钔(鍆) 2·QUN 人造放射性金属元素,符号 Md。

璊（璊） 2·（GAGW） 赤色的玉。

杏 4·IKF ①〈方〉水从地下冒出。②用于地名：～塘（在广西）。
另见 qǐ。

焖（燜） 4·OUN 盖紧锅盖用文火煮饭菜：～饭｜油～笋。

懑（懣） 4·IAGN 烦闷；愤慨：愤～｜怨～之情。

们（們） 5·WU 用于代词后表示复数：我～｜咱～｜孩子～。

meng

蒙 1·APG 昏迷：头发～｜～头转向｜打～了。

蒙（矇） 1·APG ①欺骗：～人。②胡乱猜测：～对了。

蒙 2·APG ①遮盖：～眼。②蒙蔽：～哄。③受：～难。④蒙昧：～童。⑤姓。

蒙（濛） 2·APG 形容雨点很细小：～～细雨。

蒙（矇） 2·APG ①眼失明；有眸子而无见曰～。②昏暗不明：～然未见形容。

蒙（懞） 2·APG 敦厚朴实：敦～。

蒙 3·APG 蒙古族：～医。

龙 2·DNE 【龙茸】蓬松杂乱。
另见 máng。

氓 2·YNNA 古代指"民"，多指外来的。
另见 máng。

虻 2·JYN 昆虫的一科。雄的吸植物的汁液或花蜜，雌的吸人和动物的血液。如牛虻。

郋（郳） 2·（KJNB） 古地名，在今河南罗山。

萌 2·AJE ①开始发芽：草木～动。②事物的发生：～发。

盟 2·JEL ①宣誓缔约：结～｜联～。②发（誓）：～个誓。③结拜：～兄｜～弟。④内蒙古自治区相当于自治州一级的行政区域。

嶏 2·MAPE 古山名。

幪 2·MHAE 头巾。

【帡幪】古代指覆盖用的帐幕等东西。

檬 2·SAP 【柠檬】常绿小乔木。果淡黄色，汁极酸。

朦 2·EAP 【朦胧】①月光不明。②模糊不清。

鹲（鸏） 2·APGG 鸟名，身体大，嘴大而直，生活在热带海洋。又称热带鸟。

礞 2·DAP 矿石名。可入药，有祛痰、消食和镇惊等作用。

艨 2·TEAE 【艨艟】古代一种战船。形狭长，用于冲突敌船。艟（chōng）。

甍 2·ALPN 屋脊：雕～｜～宇。

瞢 2·ALPH ①目不明：目光～然。②烦闷。③羞惭。

勐 3·BLL ①勇敢。②傣语称小块平地。常用作地名。

猛 3·QTBL ①凶猛：～兽。②猛烈，勇猛：～士。③忽然：～回头｜～不防。④集中用力：

~击。

锰（錳）3·QBL 一种金属元素,符号 Mn。质硬而脆,主要用于冶炼锰钢等合金。

蜢3·JBL【蚱蜢】一种像蝗虫的害虫,吃稻叶等。

艋3·TEBL【舴艋】小船:～舟。

獴3·QTAE 哺乳动物,体长脚短嘴尖,捕食蛇蟹等。

蠓3·JAP 蠓虫,一种昆虫,比蚊子小。能吸食人畜血液,传染疾病。

懵3·NAL【懵懂】糊涂,不明事理:～一时。

孟4·BLF ①每季首月:～春。②兄弟姐妹的老大:～兄。③姓。

梦（夢）4·SSQ ①睡眠时脑中的表象活动。②比喻虚幻:～想 | ～幻。③愿望,理想:大学～ | 中国～。

mi

咪1·KOY【咪咪】象声词,形容猫叫声。

眯1·HO ①眼皮微微合上:～着眼。②〈方〉小睡:～一会儿。

眯2·HO 尘土入眼,使睁不开眼:沙子～了眼。

弥（彌）2·XQI ①填补:～补。②更加:欲盖～彰。

弥（瀰）2·XQI 遍,满:～漫 | ～天。

【弥漫】布满、充满(烟尘、水、雾气

等):烟雾～。

祢（禰）2·PYQ 姓。

猕（獼）2·QTXI【猕猴】猴的一种。面部红色无毛,腰以下毛橙黄。产于我国南部及印度等地。

迷2·OP ①辨认不清:～路。②入迷,迷恋。③入迷的人:球～。④使迷惑,陶醉:～人。

谜（謎）2·YOPY ①谜语:灯～ | 哑～ | 字～。②比喻难以弄明白的事物:世界之～。

醚2·SGO 有机化合物的一类,多为液体:乙～(常用麻醉剂)。

糜2·YSSO ①粥:肉～。②烂:～烂。③浪费:侈～ | ～费。④姓。
另见 méi。

縻2·YSSI ①牛缰绳。②系,捆,拴:羁～(笼络)。

靡2·YSSD 浪费:奢～ | ～费(浪费)。

靡3·YSSD ①无:～日不思。②随风倒下:望风披～ | 风～一时。③华丽:～丽。

蘪2·AYSD【蘪芜】古指芎䓖的苗:上山采～,下山逢故夫。

醿2·SGYO【酴醿】古书上指重酿的酒。

麋2·YNJO 麋鹿,也叫四不像,稀有珍贵动物。原产我国。

米3·OY ①稻米或类似的东西:小～ | 大～ | 花生～ | 虾～。②公制长度单位。旧称公尺或米突。③姓。

【米兰】① 花卉名。花细小如米粒,有浓香。②意大利的城市名。

【米珠薪桂】米贵得像珍珠,柴贵得像桂木。形容价格昂贵。

洣 3·IOY 洣水,水名,湘江支流,也称泥水,又名茶陵江。在湖南东南部。

脒 3·EOY 有机化合物的一类,如磺胺脒。

敉 3·OTY 安抚,安定:～平叛乱|～宁。

芈 3·GJGH ①羊叫声。②姓。春秋时楚国祖先的族姓。

弭 3·XBG ①平息,消灭:～谤|～患|～兵。②姓。

汨 4·IJG

【汨罗江】水名,发源于江西,流入湖南。

【汨罗】地名,在湖南。

觅(覓) 4·EMQ 寻找:寻～|寻寻～～|～食。

泌 4·INT 分泌:～尿|～乳量。
另见 bì。

宓 4·PNTR ①安静。②姓。

祕 4·PYNT 姓。

秘 4·TN ①秘密的,不公开的:～室|～方。②保密:～而不宣。
另见 bì。

密 4·PNT ①稠密。②亲密:～友。③秘密:～码。④精细:精～|细～。⑤姓。

【密云不雨】比喻事情已经成熟而尚未发生。

谧(謐) 4·YNTL 安静:安～|静～。

嘧 4·KPN 【嘧啶】一种有机化合物。

蜜 4·PNTJ ①蜂蜜。②甜的,甜美的:～饯|甜言～语。

幂 4·PJD ①覆盖食器的巾。②覆盖。③表示一个数自乘若干次的形式。

蓂 4·APJU 【蒾蓂】遏蓝菜,叶可作蔬菜,种子可榨油,全草可入药。
另见 míng。

mian

眠 2·HNA ①睡眠:不～之夜。②某些动物在一段时间内不吃不动的现象:冬～|蚕～。

绵(綿) 2·XR ①丝绵。②柔软:～软。③绵延:亘|连～。④微薄:～力|～薄。

【绵亘】(山脉等)绵延。

【绵密】细致周密。

【绵薄】谦指自己能力微弱。

【绵力】微薄的力量。

【绵绵】连续不断的样子:秋雨～。

棉 2·SRM ①草棉和木棉的通称。多指草棉。②棉花:皮～。③像棉花的东西:石～。

丏 3·GHNN 遮蔽,看不见。

沔 3·IGH 沔水,水名,在陕西。为汉水上游。

免 3·QKQ ①免除:～职。②避免:～灾。③不可,不要:～开尊口|闲人～入。

勉 3·QKQL ①努力:～力|勤～。②勉励:互～|嘉～。③勉强:～为其难。

娩 3·VQK 生小孩;生幼畜:分～|～出。

冕 3·JQKQ　皇帝的礼帽:加~丨冠~。

鮸(鮸) 3·（QGQQ）　海鱼名,身体侧扁而长。

勔 3·DMJL　勤勉,勉励:~自强而不息。

偭 3·WDMD　①向,面向。②背,违背:~规越矩。

湎 3·IDM　沉迷,贪恋:沉~于酒色。

愐 3·NDMG　①思,想。②勤勉。

缅(緬) 3·XDMD　①遥远:~怀丨~想。②指缅甸。

腼 3·EDMD　【腼腆】难为情,不自然的样子。

渑(澠) 3·IKJ　【渑池】地名,在河南。
另见 shéng。

黾 3·KJN　同"渑"。
另见 mǐn。

面 4·DM　①脸:~孔。②当面:~谈。③对,向:~对丨~南。④方面:四~八方。⑤表面:桌~。⑥全面:~上的工作丨~俱到。⑦方位词后缀:上~。⑧量词,用于平而薄的东西:一~旗。⑨〈港台〉量词,用于奖牌、奖章等。

面(麵) 4·DM　①粮食或其他东西磨成的粉:白~丨玉米~。②面条:肉丝~。③食物柔软少纤维:这瓜很~。

眄 4·HGH　眄视,斜着眼看:左~右盼。

miao

喵 1·KAL　象声词,形容猫的叫声。

苗 2·ALF　①初生的动植物:鱼~。②疫苗:卡介~。③形状像苗的:火~。④某些初生的饲养动物代称:鱼丨~裔。
【苗裔】后代。

描 2·RAL　①照样画:~图。②在色淡或需要改动的地方重复地涂:~红丨~眉。

鹋(鶓) 2·ALQG　【鸸鹋】鸵鸟的一种。产于大洋洲。

瞄 2·HAL　①集中视力于一点:~准。②瞥视:~了一眼。

杪 3·SIT　①树枝的细梢。②末尾,末端:岁~丨月~丨秋~。

眇 3·HIT　①原指瞎了一只眼睛,后也指两只眼睛瞎:~目。②细小,微小。

秒 3·TI　时间、弧、角、经纬度的计量单位名称。

渺 3·IHIT　①渺茫,遥远:~无人烟。②形容水大:烟波浩~。③渺小:~不足道。

缈(緲) 3·XHI　隐隐约约,若有若无的样子:虚无缥~丨~茫。

淼 3·IIIU　①"渺"的异体字(渺茫,水大):浩~丨~茫。②用于地名:~泉(在江苏)。③姓。

藐 3·AEE　①微小:~小。②小看:战略上要~视敌人丨言者谆谆,听者~~。

邈 3·EERP　远,遥远:~远丨~不可见。

妙 4·VIT　①巧妙,美好:~不可言丨~品。②神奇,奥妙:莫名其~。③姓。

庙(廟) 4·YMD　供奉祖先、神佛或先贤的处所。

【庙号】死去的皇帝的名号。如高祖、太宗。

缪(繆) 4·XNW　姓。
另见 miù,móu。

mie

乜 1·NNV 【乜斜】①斜着眼睛看。②因困倦而睁不开眼:~睡眼。
另见 niè。

咩 1·KUD　象声词,形容羊的叫声。

灭(滅) 4·GOI　①熄灭,消灭。②淹没:~顶之灾。③暗:明~。

蔑 4·ALDT　①轻视:~视丨轻~。②无,没有:~以复加。

蠛(衊) 4·ALDT　①污血。②以血涂染,引申为毁谤:诬~。

篾 4·TLDT　竹子劈成的薄片:竹~丨~席。

蠛 4·JAL 【蠛蠓】一种昆虫。

min

民 2·N　①人民。②指某种人:农~。③非现役军人,非军事的:~用。④民间的:~歌。

苠 2·ANA　庄稼生长期较长,成熟较晚:~高粱。

岷 2·MNA 【岷山】山名,在四川。

珉 2·GNA　像玉的石头。

缗(緡) 2·XNA　①古代穿铜钱用的绳。②量词,用于成串的铜钱,一千文为一缗。

玟 2·GYY　同"珉",像玉的美石。
另见 wén。

旻 2·JYU　①天空:苍~丨~天。②秋天:~云。

忞 2·YNU　自强,勉力。

皿 3·LHN　盘、盂、杯一类用具:器~。

闵(閔) 3·UYI　①同"悯"。②姓。

悯(憫) 3·NUY　①哀怜:怜~丨其情可~。②忧愁。

闽(閩) 3·UJI　福建的别称:~南丨~语。

抿 3·RNA　①稍稍合拢,收敛:~着嘴笑。②嘴唇轻轻地沾一下碗或杯子,略微喝一点:~一口酒。③轻抹:~一~头发。

泯 3·INA　消灭,丧失:~灭丨良心未~丨~除成见。

渑 3·INAJ　古代谥号用字,如春秋齐渑公、鲁渑公。

愍 3·NATN　同"悯",忧愁,悲伤。

黾(黽) 3·KJN 【黾勉】努力,勉力:~同心丨~从事。
另见 miǎn。

敏 3·TXGT　①灵敏,敏捷:~感丨~锐丨~而好学。②姓。

鳘(鰵) 3·TXGG　①古书上称鳕鱼。俗名米鱼。②鳕鱼的俗称。

ming

名 2·QK ①名字,名称。②名义:师出有~。③名声,名誉。④有名的。⑤说出:莫~其妙|不可~状。⑥量词,用于人和名次:代表两～|第一～。

茗 2·AQKF ①茶的嫩叶。②泛指茶:品～|香～。

铭(銘) 2·QQK ①指刻在器物、碑石上记叙生平、事迹或用于告诫自己的文字:墓志～|座右～。②在器物上刻字表示纪念。比喻深刻记住:～功|～心刻骨。

明 2·JE ①明亮:~月。②明白,清楚:说~。③公开:~码标价。④眼力好,看得清:耳聪目~。⑤视觉:双目失~。⑥了解:深~大义。⑦次于今天、今年的:~天|~年。⑧朝代名。⑨姓。

鸣(鳴) 2·KQY ①鸣叫,发声:~笛|雷~。②表达意见等:百家争~。
【鸣镝】古代一种带响声的箭。

冥 2·PJU ①昏暗;幽~|晦~。②糊涂,愚昧:~顽。③迷信的人称人死后进入的境界,阴间:~府|~钞|~衣。④深奥,深沉:~想|~思苦索。
【冥器】即明器。古代陪葬的器物。
【冥顽】昏庸顽钝:~不灵。
【冥想】深沉的思考和想象。

蓂 2·APJU 【蓂荚】传说中尧时的一种瑞草。
另见 mì。

溟 2·IPJU 海:东~。

暝 2·JPJU ①日落天黑:日将～|天已～。②昏暗。

瞑 2·HPJ 闭眼:天大雾昼～|死不～目。

螟 2·JPJ
【螟虫】水稻、玉米等作物的主要害虫:二化~|~蛾。
【螟蛉】一种小虫。《诗经》:"螟蛉有子,蜾蠃负之。"蜾蠃是一种寄生蜂,常捕捉螟蛉放在窝里喂养它的幼虫。古人误认为蜾蠃养螟蛉为子,称养子为螟蛉。

酩 3·SGQK 【酩酊】醉得迷迷糊糊的:喝得~大醉。

命 4·WGKB ①生命,寿命。②命运。③命令。④给予:~名|~题。⑤认为:自~不凡。

miu

谬(謬) 4·YNWE ①荒诞的,不合理的:~论。②错误,差错:失之毫厘,~以千里。

缪(繆) 4·XNW 【纰缪】错误。另见 miào,móu。

mo

摸 1·RAJD ①触摸,抚摸。②探取:~鱼|~钱。③探索:~底。④在黑暗中行进:~黑儿。

谟(謨) 2·YAJ 计谋,计划:宏~。

馍(饃) 2·QNAD 〈方〉馒头,也叫馍馍:白面~。

嫫 2·VAJD 【嫫母】传说中的丑妇。

摹 2·AJDR 照着样子写或画,模仿:临~|~本|~写|~刻。

模 2·SAJ ①法式,规范:~型|~范。②仿效:~拟。③模范:劳~。
另见 mú。

膜 2·EAJD ①生物体内像薄皮的组织:肋~|耳~|竹~。②像膜的东西:橡皮~。

麽 2·YSSC ①姓。②细小:幺~。
另见 me。

嬷 2·VYS 【嬷嬷】①旧称奶妈。②〈方〉老年妇女。

摩 2·YSSR ①摩擦,接触:~拳擦掌|~天大楼。②研究切磋:观~|揣~。
另见 mā。

藦 2·AYSR 【萝藦】多年生草本植物。蔓生,叶心形,可入药。

磨 2·YSSD ①摩擦,研磨。②折磨,纠缠:~难|~人。③消灭,磨灭:百世不~。④消耗时间,拖延:~洋工|~工夫。

【磨砺】磨炼。

【磨灭】经历长久逐渐消失:功勋不可~|碑文~不清。

磨 4·YSSD ①磨粉的工具:~盘|石~。②用磨碾:~面。

蘑 2·AYS 【蘑菇】①供食用的菌类:鲜~|口~|白~|松~。②故意纠缠;行动迟缓。

魔 2·YSSC ①魔鬼:恶~。②神奇的:~力|~术。

【魔芋】多年生草本植物。地下茎可食,也可制淀粉。

抹 3·RGS ①涂抹:~药。②擦:~眼泪。③除去:~煞。④量词,用于云、霞等。

抹 4·RGS ①涂平,涂抹:~石灰|~墙。②紧挨着绕过:转弯~角。
另见 mā。

万 4·DNV 【万俟】复姓。俟(qí)。
另见 wàn。

末 4·GS ①梢,尖端:秋毫之~。②最终:周~。③粉末:药~。④戏曲里老生的一种角色:正~。⑤不重要的:本~倒置。

【末叶】世纪或王朝的最后一段。

茉 4·AGS 【茉莉】常绿灌木,花白色,香浓,供观赏和制茶。

沫 4·IGS 泡沫:唾~|肥皂~|口吐白~。

秣 4·TGS ①饲料:粮~。②喂牲口:~马厉兵。

鞨 4·AFGS 【鞨鞨】我国古代东北方少数民族。

没 4·IM ①沉下,沉没:太阳~入地平线。②漫过:水~脚背。③隐藏:出~。④没收:抄~。⑤终了:~世|~齿。
另见 méi。

殁 4·GQMC 死:病~|~于异乡。也作没。

陌 4·BDJ 田间小路:阡~纵横|~头杨柳。

【陌路】路上碰到的陌生人。

貊 4·EED 我国古代称东北方的民族。也作貉。

冒 4·JHF 【冒顿】古代匈奴君主名。顿(dú)。

另见 mào。

脉 4·EYNI 【脉脉】默默地用眼神表达情意:~含情。

另见 mài。

莫 4·AJD ①没有谁;没有什么:~不喜欢|~大于天。②不,不要,不能:爱~能助|~去。③表示揣测:~不是他?|~非。④姓。

蓦(驀) 4·AJDC 突然:~地站起来|~然回首。

漠 4·IAJ ①沙漠:大~|风尘|~北。②冷漠:~不关心|~视。

寞 4·PAJ ①冷清,寂静:寂~|~然。②冷落:落~。

镆(鏌) 4·QAJD 【镆铘】古代宝剑名。也作莫邪。

瘼 4·UAJD ①疾苦:民~(人民的疾苦)。②弊病。

貘 4·EEA 一种哺乳动物,略像犀,多生活在热带丛林。

嘿 4·KLF ①古同"默"。②唛头的另译。

另见 hēi。

墨 4·LFOF ①书画用品,用煤烟或松烟制成:一锭~。②泛指书画或印刷用的某种颜料:红~水|油~。③字画:~宝|遗~。④黑色:~镜。⑤指墨家。⑥贪污:贪~|~史。⑦古代在脸上刺刻涂墨的刑罚,也叫"黥"。⑧姓。

默 4·LFOD ①沉默,不出声:~读|~不作声。②默写:~字。

缥(繆) 4·(XLFF) 绳索。

樆 4·DIY 一种平地用的农具,用藤条或荆条编成,长方形。也叫"耢"。

哞 1·KCR 象声词,形容牛叫声。

牟 2·CR ①谋取:~取暴利。②姓。

另见 mù。

侔 2·WCR 相等,齐:相~。

眸 2·HCR 眼中瞳仁。泛指眼睛:明~皓齿|紧闭双~。

蛑 2·JCR 【蝤蛑】一种海蟹,即梭子蟹。

谋(謀) 2·YAF ①主意,计谋:足智多~。②谋求:~生。③商量:不~而合。

缪(繆) 2·XNW 【绸缪】①缠绵:情意~。②修补:未雨~。

另见 miào,miù。

鍪 2·CBTQ ①古代的一种锅。②古代的一种头盔:兜~。

某 3·AFS ①不明确指示代词:~人。②加在姓后表示自称,有时叠用。

毪 2·TFNH 毪子,西藏产的一种毛织品,可做床毯、衣服等。也叫氆氇。

模 2·SAJ ①模样,形状:一~一样。②模子:~具。

另见 mó。

母 3·XGU ①母亲。②家族和亲戚中的长辈女子:祖~|姑~。

③(禽畜)雌性的:～鸡。④能产生其他东西能力的:～校丨～机。⑤一凹一凸的凹件:螺～丨子～扣。⑥姓。

拇 3·RXG 拇指。

姆 3·VX 【保姆】①受雇为人照管儿童或从事家务的妇女。②保育员的旧称。

锔(鎓) 3·(QXGU)【钴锔】古代指熨斗。

踇 3·(KHXU)脚拇指。

牡 3·TRFG 雄性的:～牛丨～马。
【牡蛎】软体动物,也叫蚝或海蛎子。

亩(畝) 3·YLF 土地面积单位。15亩为1公顷。

姥 3·VFT 老年的妇女:逸民里～。
另见 lǎo。

木 4·SSSS ①树木,木头。②棺材:棺～丨行将就～。③麻木:手冻～了。④五行之一。
【木讷】朴实迟钝,不善言辞。

沐 4·ISY ①洗头:栉风～雨。②蒙受:～恩。③姓。

目 4·HHHH ①眼睛。②看:一～了然。③大项中的小项或细节:项～。④目录:简～。⑤生物分类,在纲和科之间。⑥计算围棋比赛输赢的单位。

苜 4·AHF 【苜蓿】多年生草本植物,花紫色,结荚果。为优质饲料和绿肥作物。

钼(鉬) 4·QHG 一种金属元素,符号 Mo。用作无线电材料和制作高温材料。

仫 4·WTCY 【仫佬族】我国少数民族,分布在广西。

牟 4·CR 姓。
【牟平】地名,在山东。
另见 móu。

牧 4·TRT ①放牧:～羊。②古代一州的军政长官:荆州～。③姓。

募 4·AJDL 招募,募集:～兵丨～捐丨招～丨～款。
【募化】僧人请求施舍。

墓 4·AJDF 古指不堆土的墓葬,泛指坟墓:公～。

幕 4·AJDH ①覆盖或垂挂的大块布、绸等:帐～丨银～。②话剧、歌剧等的段落:第一～。
【幕僚】古代幕府中的参谋、书记,后指官署中任官职的辅佐人员。
【幕友】明清官府中无官职的辅佐人员,俗称师爷。

慕 4·AJDN ①羡慕,仰慕,依恋:爱～丨～名丨思～。②姓。
【慕容】复姓。

暮 4·AJDJ ①傍晚:～色。②晚,(时间)将尽:岁～丨～年。
【暮霭】傍晚的云雾。

睦 4·HF 和睦,亲近:～邻关系丨兄弟不～。

穆 4·TRI ①恭敬:肃～丨静～。②温和:～如清风。

N n

na

那 1·VFB 姓。

那 4·VFB ①指示代词,那个:~人|~是谁。②连词,承接上文,说明不应有的结果:~就这样吧。
另见 nèi。

南 1·FM 【南无】佛教用语,表示对佛尊敬或皈依。无(mó)。
另见 nán。

拿 2·WGKR ①用手抓取,搬动。②取,捉:捉~。③用,把:~这个例子来说。④装出:~架子。⑤把握:~定主意。⑥刁难:~不住人。⑦介词,把,用:~你当朋友。

镎(鎿) 2·QWGR 一种放射性金属元素,符号 Np。

媷 3·BXGU ①〈方〉母的,雌:鸡~。②用于地名:大姑~(在广东)。

哪 3·KV ①代词。a. 用于疑问:~儿。b. 用于虚指:~天有空过来。c. 用于任指:~个工人都行。②表示反问:我~有你好。

哪 5·KV 助词"啊"受前字韵尾影响的变音:加油干~!|天~!
另见 né,něi。

菢 4·(AVFB) 用于地名:~拔林(在台湾)。
另见 nuó。

娜 4·VVF 用于人名或译音。
另见 nuó。

呐 4·KMW 【呐喊】大声叫喊:摇旗~。

纳(納) 4·XMW ①收入;放进;接受:出~|~入|采~。②交付:~税|交~公粮。③缝纫方法,针脚紧密地缝:~鞋底。④姓。
【纳罕】惊异。

肭 4·EMW
【膃肭】肥胖。
【膃肭兽】通称海狗。膃(wà)。

钠(鈉) 4·QMW 一种金属元素,符号 Na。在空气中极易氧化。在工业上用途广泛。

衲 4·PUMW ①僧衣。②僧人:老~。③同"纳",补缀,缝补:百~衣|百~本。

捺 4·RDFI ①抑制,压下:按~不住。②汉字笔画:一撇一~。

nai

乃 3·ETN ①是。②于是。③才。④竟:~至如此。⑤你,你的:~翁。

芀 3·AEB 【芋芀】多年生草本植物。块茎含淀粉,供食用。通称芋头。

奶 3·VE ①乳房;乳汁。②喂奶:~孩子。

氖 3·RNE 氖气,一种气体元素,符号 Ne。可用于制造霓虹灯。

迺 3·SPD ①姓。②"乃"的异体字。

奈 4·DFI 奈何;怎么办:无~|怎~。

柰 4·SFIU 柰子,落叶小乔木,花白色,果实小,像苹果。又称沙果,俗名花红。

萘 4·ADFI 有机化合物。用于合成染料、树脂及制卫生球等。

俹 4·WBG 姓。
另见 èr。

耐 4·DMJF 禁受得住:~高温|吃苦~劳。

耏 4·DMJE 古代剃除面颊胡须的刑罚。
另见 ér。

鼐 4·EHN 大鼎。

nan

囝 1·LBD 〈方〉小孩儿。
另见 jiǎn。

囝 1·LVD 〈方〉小孩儿。

男 2·LL ①男性。②儿子:长~。③爵位,古代爵位五等之末。

南 2·FM ①南方:~山。②姓。
另见 nā。

【南曲】宋元以来南方戏曲、散曲所用各种曲调的统称。

【南戏】宋元时用南曲演唱的戏曲。也叫戏文。

喃 2·KFM 【喃喃】象声词,形容小声说话:~自语。

楠 2·SFM 楠木,常绿大乔木,为优质木材。

难(難) 2·CW ①不容易的,困难的。②不好:~看。

难(難) 4·CW ①不幸的遭遇,灾难:大~|~民。②质问:非~|质~。

赧 3·FOBC 因羞愧而脸红:~颜|~然|羞~。

腩 3·EFM 牛腩,牛肚子近肋处松软的肉。

蝻 3·JFM 蝗虫的幼小阶段。常成群吃农作物。

嫚 4·VFMF ①容貌美丽。②微胖。

nang

囊 1·GKH 【囊膪】猪的胸腹部肥而松软的肉。膪(chuài)。

囊 2·GKH ①口袋;像口袋之物:探~取物|胆~。②用袋子装:~沙|~括。

囔 1·KGKE 【囔囔】小声说话。

馕(饢) 2·QNGE 维吾尔语称一种主食烤面饼。

馕(饢) 3·QNGE 拼命地往嘴里塞食物。

曩 3·JYK 从前的,过去的:~日|~者|~时|~年。

攮 3·RGKE 用刀刺。

【攮子】一种短小的尖刀。即匕首。

齉 4·THLE 鼻子堵塞,发音不清。

nao

孬 1·GIV 〈方〉①不好。②怯懦,没有勇气:~种。

呶 2·KVC 喧哗:纷~的叫声。

【呶呶】没完没了地唠叨:~不休。

挠(撓) 2·RATQ ①抓,搔:~痒痒|抓耳~腮。②弯曲,屈服:不屈不~|百折不~。③阻碍,扰乱:阻~|~乱。

铙(鐃) 2·QAT ①一种像钹的打击乐器,中间隆起较小。②古代军中一种像铃铛的乐器。

蛲(蟯) 2·JATQ 【蛲虫】一种人体寄生虫。寄生在人的小肠下部和大肠中。

猀 2·QTNM 用于地名:狍~(在山东)。

硇 2·DTL

【硇砂】一种矿物,氯化铵的天然产物。

【硇洲】岛名,在广东湛江附近海中。

猱 2·QTCS 古书上说的一种猴。体轻捷,善攀援。

垴 3·FYBH 〈方〉圆顶像脑袋的小山丘,常用于地名。

恼(惱) 3·NYB ①生气:~恨。②烦恼:苦~。

脑(腦) 3·EYB ①脑袋,大脑。②脑筋:人人动~。③从物体中提炼出来的精华:樟~。④形状像脑的东西:豆腐~儿。

瑙 3·GVT 【玛瑙】一种以二氧化硅为主要成分的矿物。硬度大,可做轴承和首饰。

闹(鬧) 4·UYM ①喧闹:热~。②吵闹,扰乱:打~|无理取~。③发生,发作:~病|~鬼。④发作,发泄:~情绪|~意见。⑤搞,弄:~革命|~清楚。

淖 4·IHJ 烂泥:~沼|泥~。

臑 4·EFDJ ①牲畜前肢。②中医指肩至肘前侧靠近腋部隆起的肌肉。

ne

哪 2·KV 【哪吒】我国古代神话人名。

另见 nǎ,na,něi。

讷(訥) 4·YMW 语言迟钝,不善讲话:木~|口~|~~|言敏行。

呢 5·KNX 助词。①表示疑问:是谁~?②表示肯定语气:天气可冷~。③表示行为持续:他吃饭~。④表示句中停顿:不同意~,就别去。

另见 ní。

nei

哪 ³·KV "哪"（nǎ）的口语音，"哪"（nǎ）和"一"的合音。另见 nǎ, na, né。

馁（餒） ³·QNE ①饥饿：冻~。②失掉勇气：气~。

内 ⁴·MW ①里面：~部。②妻或妻的亲属：~人|~弟。

【内讧】也作内哄。集团内部因夺权争利而自相冲突倾轧。

【内宅】旧指宅内妇女的住处。

那 ⁴·VFB "那"（nà）的口语音。另见 nā, nà。

nen

恁 ⁴·WTFN 〈方〉代词。①那，那么，那样：~时。②这么，这样。

嫩 ⁴·VGK ①初生而柔弱的，娇嫩。②食物烧得不老。③色浅淡：~黄。④轻微的，不老练的：~寒|小伙子还很~。

neng

能 ²·CE ①能力，才干，有能力的。②能量：热~。③能够。④会：他~来吗? ⑤应该：不~这样说。

n／ng

唔 ²·KGKG 同"嗯"（ńg）。也作ń。

另见 wú。

嗯 ²·KLDN 叹词，表示疑问：~? 你干什么? 也作ń。

嗯 ³·KLDN 叹词，表示不以为然或意外：~! 你怎么能这样? 也作ň。

嗯 ⁴·KLDN 叹词，表示答应：他~了一声就走了。也作ǹ。

ni

妮 ¹·VNX 〈方〉女孩子。

尼 ²·NX 梵语"比丘尼"的省称：僧~|~庵。

伲 ²·WNX 姓。

伲 ⁴·WNX 〈方〉我，我们。

坭 ²·FNX ①同"泥"，用于"红毛坭"（水泥）。②用于地名：白~（在广东）。

呢 ²·KNX 一种较厚的毛织品：~子|~绒|~大衣。另见 ne。

【呢喃】形容燕子的叫声。

泥 ²·INX ①半固体的土。②像泥的东西：印~|枣~。

【泥金】金属粉末制成的金色颜料。

【泥淖】烂泥，泥坑。淖（nào）。

泥 ⁴·INX ①涂抹：~墙。②固执，死板：拘~。

怩 ²·NNX 【忸怩】不好意思，羞答答的样子：~作态。

铌（鈮） ²·QNX 一种金属元素，符号 Nb。用来制耐高温合金、电子管等。有良好的吸气性、超导性。

倪 2·WVQ ①端,边际:端~。②姓。③〈方〉我。

猊 2·QTVQ 【狻猊】传说中一种像狮子的猛兽。狻(suān)。

辗(輗) 2·(LVQ) 大车车辕前端,与车衡相连接的部分。

齯(齯) 2·(HWBQ) 指老人牙齿落尽又长出的细齿,古代作为长寿的象征。

霓 2·FVQ 虹的一种,亦称副虹,颜色比虹淡:~虹灯。

鲵(鯢) 2·QGVQ 大鲵、小鲵的统称,俗称娃娃鱼。

麑 2·YNJQ 小鹿。

拟(擬) 3·RNY ①起草,设计:~稿|~定计划。②打算:~于明天开会。

你 3·WQ 第二人称代词。

旎 3·YTNX 【旖旎】柔和美丽:风光~。旖(yǐ)。

蘝 3·AXTH 形容茂盛:或耘或籽,黍稷~~。

昵 4·JNX 亲近:亲~|狎~。

逆 4·UBT ①逆向:~风|~行。②背叛:叛~。③事先:~料。④抵触,不顺从:忤~|悖~。

匿 4·AADK 隐藏:~名|隐~|销声~迹。

垸 4·FVQN 【埤垸】城上有孔的矮墙,又叫女墙。

睨 4·HVQ 斜着眼睛看:睥~|~视。

腻(膩) 4·EAF ①油腻:~人|茶能去~。②厌烦:听~了|~味。③细致:细~。

④污垢:尘~。⑤黏:~手。

溺 4·IXU ①淹没:~水|~死。②沉迷;过分:沉~|~爱。
另见 niào。

nian

拈 1·RHKG 用两三个手指拿:~阄|~轻怕重。

蔫 1·AGHO ①植物失水枯萎:枯~。②精神不振。③性子慢,不活泼。

年 2·RH ①地球绕太阳一周的时间。②岁数:青~。③年节;有关年节的:新~|~货。④时期;时代:近~|清代初~。⑤一年中庄稼的收成:~成。⑥姓。

粘 2·OH ①旧同"黏"。②姓。
另见 zhān。

鲇(鮎) 2·QGHK 鲇鱼,一种淡水鱼,头有须,体有黏液,无鳞。

黏 2·TWIK 似糨糊或胶水等能粘(zhān)物的属性:~米|~液。

捻 3·RWYN ①用手指搓转:~线。②捻子:药~|纸~|灯~。
【捻子】用纸搓成的条状东西。

辇(輦) 3·FWFL 古代皇室坐的车子:龙车凤~。

撵(攆) 3·RFWL ①驱逐:把他~走。②追赶:快~上去。

碾 3·DNA ①碾子:石~。②用碾子碾:~米|~药。

廿 4·AGHG 二十。

念 4·WYNN ①读。②指上学：～小学。③想念：惦～。④念头：意～。⑤姓。⑥"廿"的大写。

埝 4·FWYN 用土筑成的小堤或副堤：堤～|子～（堤顶上加筑的小堤）。

niang

娘 2·VYV ①称母亲。②对长一辈或年长已婚妇女的尊称：大～。③称年轻女子：姑～|新～。

酿（釀）4·SGYE ①酿造。②蜜蜂做蜜：～蜜。③逐步形成：～成灾祸。④酒：佳～。

niao

鸟（鳥）3·QYNG ①飞禽的统称。②星宿名，指南方朱鸟七宿。
【鸟瞰】①从高处俯视。②概括的描述。

茑（蔦）3·AQYG 落叶小乔木。茎能攀缘生长，果实球形。
【茑萝】一年生草本植物。茎随物缠绕，花供观赏。

袅（裊）3·QYNE 细长柔弱：～娜（形容树木柔软细长和女子姿态优美）。

嬲 3·LLVL ①戏弄。②纠缠。

尿 4·NII ①小便：～检。②解小便：～尿。
另见 suī。

脲 4·ENI 尿素。有机化合物，用作肥料和饲料。

溺 4·IXU 同"尿"。
另见 nì。

nie

捏 1·RJFG ①用手指夹：～田螺|～铅笔。②用手指把软物弄成一定形状：～泥人|～饺子。③假造事实：～造。

乜 4·NNV 姓。
另见 miē。

陧 4·BJF 【杌陧】动荡不安定：邦之～，曰由一人。

涅 4·IJFG ①可做黑色染料的矾石。②染黑：～齿。
【涅白】不透明白色。

聂（聶）4·BCCU 姓。

嗫（囁）4·KBC 附耳小语。
【嗫嚅】形容吞吞吐吐，欲说又止的样子。

镊（鑷）4·QBC ①镊子。②用镊子夹。

颞（顳）4·BCCM
【颞颥】头部两侧靠近耳朵上方的部位。颥（rú）。
【颞骨】颞颥部的骨头。

蹑（躡）4·KHB ①踩：～足其间（指参与到里面去）。②放轻脚步：～手～脚|～着脚走了。③追随：～踪|我军～其后。④穿（鞋）。

臬 4·THSU ①射箭的靶子。②古代测日影的标杆。③法度，标准。
【臬兀】不安定。

嶭 4·MTHS 山石高耸突出：或乱若抽笋，或～若注灸。

阒（闃）4·（UTHS）①门槛，竖立在两扇门中间的短木。②城门。

镍（鎳）4·QTH 一种金属元素，符号Ni。用于电镀、制不锈钢等。

蒣 4·AWYN【地蒣】多年生草本植物，叶倒卵形，花紫红色，全草入药。也叫铺地锦和地石榴。

啮（嚙）4·KHWB 咬：虫咬鼠～｜～齿目。

孽 4·AWNB ①古指庶子。②坏事，罪恶：造～｜罪～。③邪恶：妖～。④忤逆，不孝：～子。

蘖 4·AWNS 树木砍去后再长的新芽：～枝。
【分蘖】稻麦等根部分枝。

蘖 4·AWNO ①酒曲。②麦、豆等长出的芽。

nin

您 2·WQIN 第二人称尊称。

ning

宁（寧）2·PS ①安宁，使安宁：～静｜息事～人。②在外的人回家探望父母：～亲｜归～。③南京的别称。④宁夏回族自治区的简称。

宁（寧）4·PS ①宁可：～死不屈。②难道。③姓。

拧（擰）2·RPS ①两手握物体两端相反转动：～手巾。②用手指捏起皮肉使劲转。

拧（擰）3·RPS ①用力扭转：～螺丝｜～瓶盖。②颠倒，错误：把问题弄～了。

拧（擰）4·RPS 倔强，别扭，不驯服：～脾气。

苧（薴）2·APSJ 有机化合物，无色液体，有香味，存在于柑橘类果皮。
另见 zhù，"苎"的异体字。

咛（嚀）2·KPS【叮咛】叮嘱同"丁宁"。

甯 2·PNE "宁"（níng）的异体字。

甯 4·PNE ①姓。②"宁"（nìng）的异体字。

狞（獰）2·QTP（面目）凶恶：～笑｜狰～｜～恶。

柠（檸）2·SPS【柠檬】常绿小乔木，果汁极酸，可供制饮料及香料。

聍（聹）2·BPS【耵聍】耳屎，耳垢：若有干～，耳无闻也。耵（dīng）。

凝 2·UXT ①凝结：～固。②集中（注意）：～视｜～目｜～思。

泞（濘）4·IPS ①烂泥：泥～。②泥浆粘着：～车轮。

佞 4·WFV ①用花言巧语吹捧人：奸～｜～人。②有才智：不～（旧时谦称自己）。

niu

妞 1·VNF〈方〉女孩子：小～｜洋～｜傻～。

牛　2·RHK　①六畜之一。②比喻固执或倔强:~性子。③星宿名,二十八宿之一。

扭　3·RNF　①掉转:~头。②拧:~开|~了腰。③揪住:~送。④身体扭动:~秧歌。⑤不正:歪歪~~。

狃　3·QTNF　因袭,拘泥:~于习俗|~于旧制。

忸　3·NNF　【忸怩】不大方或不好意思的样子:~作态。

纽(紐)　3·XNF　①器物上可以提挂的东西:秤~。②扣结:衣~|布~。③联结:~带|枢~。④音韵学名称,指声母。

杻　3·SNFG　古书上说的一种树,可制作弓弩。
另见chǒu。

钮(鈕)　3·QNF　①同"纽"②。②器物上用手操作、转动的部分:电~|旋~。③印章上的雕饰物,印鼻,印把子:虎~。

拗　4·RXL　固执,不顺从:执~|~不过他。
另见ǎo,ào。

农(農)　2·PEI　①农业,农事。②农民。③姓。

侬(儂)　2·WPE　①〈方〉你。②我(多见于旧诗文)。

哝(噥)　2·KPEY　【哝哝】小声说话。

浓(濃)　2·IPE　①浓厚,稠密:~茶|~墨。②程度深:兴趣~。

脓(膿)　2·EPE　脓汁:化~|~血。

秾(穠)　2·TPEY　①花木繁盛:柳暗花~步步迷|~艳。②浓厚:知君却是为情~|③体态丰满。

酿(釀)　2·〈SGPE〉①酒味浓厚。②味浓的酒。

弄　4·GAJ　①拿着玩,逗引;戏耍:玩~|戏~|~孩子。②搞,做:~饭。③设法取得:~点水来。
另见lòng。

耨　4·DID　①古代除草器具,类似锄。②除草:深耕细~。

奴　2·VCY　①丧失人身自由,为主人无偿劳动的人:~仆|~隶|~婢|农~。②年轻女子的自称(见于早期白话)。

孥　2·VCBF　儿女或妻和子女:妻~。

驽(駑)　2·VCC　①驽马,劣马,跑不快的马:~骀|恋栈。②愚钝无能:~才|~钝。

笯　2·TVCU　①鸟笼:凤凰在~②用于地名:黄~(在江西)。

努　3·VCL　①尽力使出:~力。②突出:~目|~嘴。③〈方〉因用力过度而受伤。

弩　3·VCX　弩弓,一种用机械射箭的弓:剑拔~张。

砮 3·VCDF　石制的箭头。

臑 3·VCMW　【臑肉】中医称一种眼球结膜增生的病。

怒 4·VCN　①愤怒:恼羞成～。②气势盛大:～涛|百花～放|狂风～号。

傉 4·WDFF　见于人名。秃发傉檀,东晋时南凉国君。

nü

女 3·VVV　①女性。②女儿。③星宿名,二十八宿之一。④古同"汝"。

钕(釹) 3·QVG　一种金属元素,符号 Nd。易氧化,能分解水,多用来制造合金。

恧 4·DMJN　惭愧:惭～|～然自愧。

衂 4·TLNF　①鼻子流血,也泛指出血:齿～。②战败:败～。

nuan

暖 3·JEF　①暖和:风和日～。②使温暖:～一～手。

nüe

疟(瘧) 4·UAGD　疟疾,又叫疟子,一种急性传染病。

另见 yào。

虐 4·HAA　残暴狠毒:暴～|～待|～政|～杀|助纣为～。

nuo

挪 2·RVF　移动:～动|～用|借～|～窝|～个位置。

莉 2·(AVFB)　用于地名:～溪(在湖南)。

另见 nà。

娜 2·VVF　【婀娜】(姿态)柔软美好的样子:～多姿。

另见 nà。

傩(儺) 2·WCWY　旧指腊月迎神赛会,驱逐疫鬼:～神(驱除瘟疫的神)。

诺(諾) 4·YAD　①答应,允诺:～言|一～千金|轻～寡信。②答应的声音:唯唯～～。

喏 4·KADK　①叹词,表示让人引起注意:～,这个给你。②同"诺"。

另见 rě。

锘(鍩) 4·QAD　一种放射性金属元素,符号 No。

搦 4·RXU　①握,持,拿着:～笔|～管。②挑惹:～战。

懦 4·NFDJ　懦弱无能,胆小:～夫|怯～|愚～。

糯 4·OFD　有黏性的(米谷):～稻|～高粱|～米。

O o

o

喔 1·KNGF 同"噢",表示了解和明白。
另见 wō。

噢 1·KTMD 叹词,表示了解和明白:~,原来是这样。

哦 2·KTR 叹词,表示疑问、惊奇等:~,是这样么?

哦 4·KTR 叹词,表示领会、醒悟:~,我知道了。
另见 é。

嚄 3·KAWC 表示惊讶:~,原来这样呀!
另见 huō。

ou

区(區) 1·AQ 姓。
另见 qū。

讴(謳) 1·YAQ ①歌唱:~歌。②民歌:吴~。

沤(漚) 1·IAQ 水泡:浮~(水面上的泡沫)。

沤(漚) 4·IAQ 长时间浸泡:~粪|~麻|绿肥。

瓯(甌) 1·AQGN ①小盆。②〈方〉杯子:茶~|酒~。③浙江温州的别称:~绣。
【瓯江】水名,在浙江温州。

欧(歐) 1·AQQ ①欧洲:西~|~化。②姓。③电阻单位欧姆的简称,符号 Ω。④欧元的简称:五十~。

殴(毆) 1·AQM 打(人):~打|~伤|斗~。

鸥(鷗) 1·AQQG 鸟类的一种,多生活在海边,如海鸥、银鸥。

呕(嘔) 3·KAQY 呕吐:作~|~血。

炝(熰) 3·(OAQY) ①柴草燃烧不充分。②用燃烧艾草等烟雾驱蚊蝇。

偶 3·WJM ①双数:~数|无独有~。②偶然:~发事件。③用木头、泥土等制成的人像:木~|~像。④配偶:佳~|择~。

耦 3·DIJ ①两人并耕。②同"偶"(偶数,配偶)。

藕 3·ADIY 莲的根茎:~粉|~断丝连。
【藕荷色】淡紫微红的颜色。

怄(慪) 4·NAQ ①引逗:~人笑。②怄气。

P p

pa

趴 1·KHW 身子俯卧或向前靠在桌子上：～在地上｜～在桌子上。

派 1·IRE 【派司】〈方〉指出入证、通行证等。英语 pass。
另见 pài。

舥 1·TEC ①古书中说的一种船。②用于地名：～艚（在浙江）。

葩 1·ARC 花：奇～异草。

啪 1·KRR 象声词，形容枪声、掌声或撞击声。

扒 2·RWY ①用手或耙等聚拢或拨开东西：～土。②一种煨烂的烹调方法：～猪头｜～鸡。③从别人身上摸取财物：～手。
另见 bā。

杷 2·SCN 姓。

【枇杷】常绿乔木。果实也叫枇杷。

爬 2·RHYC ①爬行。②攀缘，攀登：～树｜～山。③〈方〉指起床：清早～起。
【爬山虎】落叶藤本植物。结球形浆果，能附着在岩石或墙壁上。

钯（鈀） 2·QCN ①同"耙"，一种平土除草工具。②耙地。
另见 bǎ。

耙 2·DIC ①耙子，扒翻谷物及聚散柴草等的农具：钉齿～｜竹～。②用耙子耙。
另见 bà。

笆 2·TRC 筢子，搂柴草的竹制器具，有齿。

琶 2·GGC 【琵琶】一种弹拨弦乐器名。

浥 2·IGGC 浥江，水名，在广东。

帕 4·MHR ①手帕。②包头的绸、布：头～。

怕 4·NR ①害怕。②恐怕，表示疑虑、担心或估计：～要出事。

pai

拍 1·RRG ①拍打：～衣服。②拍子：球～。③节奏：节～。④拍摄：～电影。⑤拍发：～电报。⑥拍马：吹吹～～。

俳 2·WDJD ①古代指滑稽戏或杂耍，也指杂耍或滑稽戏演员:～优。②诙谐,玩笑:～谐。

【俳优】旧指戏曲或杂耍艺人。

【俳句】日本的一种诗体。

【俳谐】诙谐。

排 2·RDJ ①排列:～队。②行列:前～。③军队建制单位:～长。④量词,用于成排的东西:一～树。⑤排练:～戏。⑥排筏:木～|放～。⑦除去,排放:～雷|～水。⑧推开:～开众人|～门而入。⑨食品:牛～。

排 3·RDJ 【排子车】大板车,一种运货的人力车。

徘 2·TDJD 【徘徊】①在一个地方来回地走。②犹疑不定。

牌 2·THGF 【牌子】门～|招～。②商标:品～。③娱乐用品或赌博:打～。④词曲的调子:曲～|词～。⑤盾牌:挡箭～。

箄 2·TTHF ①筏子。②用于地名:～洲(在湖北)|～形铺村(在湖北)。

迫 3·RPD 【迫击炮】一种从炮口装弹的火炮。
另见 pò。

派 4·IRE ①江河的支流:九～。②派别:党～|流～。③作风,风度:正～|～头。④量词,用于景象、声音、派别等:一～风光|一～胡言。⑤分派;委派;摊派:任务|～人|～粮。⑥指责:反～别人不是。
另见 pā。

哌 4·KRE 【哌嗪】一种有机化合物,作驱肠虫药。嗪(qín)。

蒎 4·AIR 一种有机化合物,用以制合成树脂和樟脑等。

湃 4·IRD 【澎湃】波浪相激。比喻声势浩大。

pan

番 1·TOL 【番禺】地名,在广东。
另见 fān。

潘 1·ITOL ①淘米水。②姓。

攀 1·SQQ ①抓住东西往上爬,攀登。②主动接近,牵扯:～谈|～附|～亲|诬～。

爿 2·NHDE 〈方〉①劈开成块的竹木:柴～。②量词:一～店。

胖 2·EUF 舒适:心广体～。
另见 pàng。

盘(盤) 2·TEL ①盘子;像盘子的东西:茶～|磁～。②回绕:～山公路。③垒砌:～坑。④仔细问或清点:～问|～货。⑤转让(产业等):～店。⑥商品的行情:开～|评～。⑦搬运:～运。⑧量词,用于成盘的东西或某些比赛:一～菜|一～棋。

【盘陀】①形容石头不平。②曲折回旋:～路。

【盘古】我国古代神话中开天辟地的人:自从～开天地。

【盘亘】(山势)连绵不断。

槃 2·TEMS 【涅槃】佛教用语,超脱生死的精神境界。代指佛或僧人死亡。

磐 2·TEMD 【磐石】巨大的石头:安如～石。也作盘石。

磻 2·DTO 【磻溪】地名,在陕西、福建和贵州。

蟠 2·JTOL 屈曲,环绕:龙～虎踞。

蹣(蹒) 2·KHAW 【蹒跚】腿脚不灵便,走路缓慢、摇摆的样子。也作盘跚。

判 4·UDJH ①分辨,分开:~断|~明。②明显的区别:~若两人。③评定,决判:~卷|~案。

泮 4·IUF ①分散,融解:~散。②泮宫,古代指学宫:入~(指考中秀才)。

叛 4·UDRC 背叛:~徒|众~|亲离|离经~道|~逆。

畔 4·LUF ①田界,地界:疆~|田~。②旁边,附近:湖~|枕~|耳~。

衅 4·PUU ①同"襻"。②【袷衅】维吾尔语指上衣。

拚 4·RCA 〈方〉舍弃不顾:~命|~弃。

盼 4·HWV ①盼望:企~|渴~。②看:左顾右~。

襻 4·PUSR ①布做的扣套;形状或功用像襻的东西:扣~|鞋~。②用绳子或针线等把物体连住:~上几针|用绳子~上。

pang

乓 1·RGY 象声词,形容枪声、关门声、东西砸破声。

雱 1·FYB 雨雪下得很大的样子:北风其凉,雨雪其~。

滂 1·IUP 水大涌流的样子:~湃|~沱大雨。

膀 1·EUP 浮肿:~肿。

膀 2·EUP 【膀胱】人或高等动物体内储存尿的器官。
另见 bǎng。

彷 2·TYN 【彷徨】走来走去,犹豫不决。

另见 fǎng。

庞(龐) 2·YDX ①大:~然大物。②多而杂乱:~杂。③脸盘:脸~。④姓。

逄 2·TAH 姓。

旁 2·UPY ①旁边:路~。②另外:~人|~证。③汉字偏旁:双人~|形~|声~。

磅 2·DUP 【磅礴】盛大,雄伟:气势~。
另见 bàng。

螃 2·JUP 【螃蟹】节肢动物,生活在水中。

鳑(鰟) 2·QGUY 【鳑鲏】淡水鱼名。像鲫鱼而小,色彩鲜艳。

耪 3·DIUY 用锄翻松土地:~地|~玉米。

胖 4·EUF 肥胖:~子。
另见 pán。

pao

抛 1·RVL ①扔、投掷:~锚。②丢下:~弃|把对手~下一圈。③暴露:~头露面。④指大量卖出:~售|~股票。

泡 1·IQN ①鼓起而松软的东西:豆腐~儿|眼~。②不硬:~桐|~枣。③〈方〉小湖,多用于地名:月亮~。④量词,用于屎、尿:一~尿。

泡 4·IQN ①气泡:~沫。②形状像泡的东西:电灯~。③浸泡:~茶。④故意消磨时间:~蘑菇。

脬 1·EEB ①【尿脬】〈方〉膀胱。②量词,用于屎、尿:一~尿。

刨 2·QNJH ①挖掘:～地。②减,除去:～去成本。
另见 bào。

咆 2·KQN 猛兽嗥叫:～哮。

狍 2·QTQN 狍子,鹿类动物,产于我国东北部地区。

庖 2·YQNV ①厨房:～厨。②厨师:名～|～丁|越俎代～。

炮 2·OQ 【炮制】①中药制作方法。②编造,制订,含贬义。

炮 4·OQ ①一种武器:大～|火～。②爆竹:鞭～|花～。
另见 bāo。

袍 2·PUQ 中式长外衣:旗～|棉～|长～。
【袍泽】旧称军中同事:～之谊。

匏 2·DFNN 【匏瓜】葫芦的一种。俗称瓢葫芦。果实比葫芦大,对半剖开可做水瓢。

跑 2·KHQ 走兽用脚刨地:～槽(牲口刨槽根)|虎～泉。

跑 3·KHQ ①快速行进,跑步,逃走:逃～。②为某种事务而奔走:～资金|～码头。③漏出,移动:～气|～电|船被水冲～了。

疱 4·UQN 皮肤上像水泡的小疙瘩:水～|～疹。也作"泡"。

---

pei

呸 1·KGI 叹词,表示唾弃或斥责:～!没有良心的走狗。

胚 1·EGI 生物体发育的初级阶段:～胎|～盘|～芽|～根。

衃 1·TLGI 黑紫色的淤血。

醅 1·SGUK 没有过滤的酒。

陪 2·BUK ①陪伴:～同。②从旁协助:～审。

培 2·FUK ①在根基部分加土:～土。②培养:～训。

赔(賠) 2·MUK ①赔偿:～款。②赔本:～钱。③道歉,认错:～不是。

锫(錇) 2·QUKG 一种放射性金属元素。符号 Bk。

裴 2·DJDE 姓。

沛 4·IGMH 盛大,旺盛:精力充～|丰～。

旆 4·YTG ①古时末端像燕尾的旗子。②泛指旌旗。

霈 4·FIG ①大雨:甘～。②雨多的样子:～然。

帔 4·MHHC 古代披在肩背上的服饰:凤冠霞～。

佩 4·WMG ①佩带,挂:～玉|～剑。②心悦诚服:可敬可～。③古时系在衣带上的饰物:玉～。

配 4·SGN ①两性结合:婚～。②交配:～种。③以一定的比例调和:～药。④衬托,陪衬:～角。⑤把缺少的东西补足;分配:～零件|～货|～音|～售。⑥相配:～不上你。⑦流放充军:发～。

辔(轡) 4·XLX 驾驭牲口的嚼子和缰绳:鞍～。

---

pen

喷(噴) 1·KFA 喷射:～泉|～火器|井～。

喷(噴) 4·KFA ①香味浓厚:～香。②开花结实,成熟收获的次数:二~棉花。③瓜蔬鱼虾等大量上市的时节:苹果~儿。

盆 2·WVL ①盆子:脸~|花~。②形状像盆的:~地。

溢 2·IWVL ①水往上涌:~涌。②溢水,水名,在江西。今名龙开河。

peng

抨 1·RGUH ①开弓。②指责攻击;弹劾:~击|~弹。
【抨弹】抨击。

怦 1·NGU 象声词,形容心跳:~然心动。

砰 1·DGU 象声词,形容撞击或重物落地声。

烹 1·YBO ①煮:~调|~饪|~茶|兔死狗~。②烹饪方法。先用热油略炒,再加入调料汤汁翻炒几下出锅:~对虾。

嘭 1·KFKE 象声词,形容敲门声等:一阵~~~的敲门声。

芃 2·AMYU 草木茂盛的样子。

朋 2·EE ①朋友:良~好友|亲~。②结党:~党|~比为奸。③相比:硕大无~。

堋 2·FEE 古代一种分水堤,作用是减弱水势。为战国时李冰所创。

溯 2·IEEG ①波涛涌起:山水发~。②〈方〉堤坝,又用于地名:普~(在云南)|大石~(在云南)。

弸 2·XEEG ①弓弦。②充满:彼贤者道~于中。

棚 2·SEE ①棚子:凉~。②简陋的房屋:车~|牛~|窝~。

硼 2·DEE 一种非金属元素,符号 B。化合物广泛应用于医药和玻璃工业:~酸|~砂。

鹏(鵬) 2·EEQ 传说中的大鸟:鲲~|~程万里。

彭 2·FKUE 姓。

澎 2·IFKE 【澎湃】波浪相激,比喻声势浩大。

膨 2·EFK 胀大:~胀|~大。

蟛 2·JFKE 【蟛蜞】一种小蟹,头胸甲略呈方形,生活在海边或江河口。

搒 2·RUPY 用棍子或竹板打:~杀。
另见 bàng。

蓬 2·ATDP ①飞蓬,一年生或多年生草本植物,叶子像柳叶,花白色,子实有毛:~蒿。②松散,杂乱:~松|~头垢面。③量词,用于枝叶茂盛的花草。
【蓬莱】①传说中的神山仙境。②地名,在山东。
【蓬蒿】①茼蒿。②飞蓬和蒿子,借指草野民间。

篷 2·TTDP ①遮蔽日光、风雨的设备:船~|帐~|敞~车。②船帆:~帆。

捧 3·RDW ①用双手托:~碗。②奉承人或代人吹嘘:吹~|~场。③量词,用于能捧的东西:一~米。

椪 4·SUOG 【椪柑】即芦柑。果实扁圆形,汁多味甜。

碰 4·DUO ①碰撞:~壁。②遇见:~见。③试探:~运气。

pi

丕 1·GIGF 大：～业｜～绩｜～变｜～基（宏大的基业，指帝位）。

伾 1·WGIG ①姓。②用于地名：大～山（在河南）。

【伾伾】有力的样子。

邳 1·GIGB 姓。

【邳州】地名，在江苏。

坯 1·FGIG ①未经烧制的砖、瓦、陶、瓷等的半成品：砖～。②特指土坯：打～。

狉 1·QTGG 狸猫。

【狉狉】野兽奔走的样子：草木榛榛，鹿豕～～。

驱（駓） 1·（CGI） 毛色黄白相间的马。

批 1·RXX ①对文章表示意见或进行评判；批注：～阅｜～示。②批判，批评：～斗｜～驳。③批发，批购：～零兼营。④量词，用于货物或人：一～人马｜一～货。⑤（用手）击：～颊（打耳光）。

纰（紕） 1·XXXN 布帛丝缕等破坏散乱：线～了。

【纰缪】错误。

【纰漏】因疏忽造成的差错。

砒 1·DXX ①砒霜，一种无机化合物，剧毒，可做杀虫剂。②"砷"的旧名。

披 1·RHC ①披盖或搭在肩上：～星戴月｜～衣。②打开；剖开：～露｜～荆斩棘｜～肝沥胆。③翻阅：～览群书。

劈 1·NKUV ①用刀斧劈开。②正对着：～头盖脸。③雷击：老树让雷～了。

劈 3·NKUV ①分；分开：～一半给你｜～成三股。②腿或手指等过分叉开：～叉。

【劈叉】体操动作。两腿向相反方向分开，臀部着地。

【劈柴】供取暖或做饭的小木块或小木条。

噼 1·KNK 象声词：～啪｜～里啪啦。

霹 1·FNK 【霹雳】响声巨大的雷。

皮 2·HC ①表皮。②皮子，皮草：～衣。③包在外面的和某些皮状的东西：书～｜铁～｜粉～。④顽皮。⑤橡皮：～筋。⑥有韧性的：牛～糖｜～纸。⑦松脆的东西受潮变软：花生～了不好吃。⑧姓。

【皮棉】轧去种子的棉花。

【皮黄】戏曲声腔西皮和二黄的合称。

陂 2·BHC 【黄陂】地名，在湖北武汉。

另见 bēi，pō。

铍（鈹） 2·QHC 一种金属元素，符号 Be。应用于航天和核工业。

疲 2·UHC 疲劳，疲乏：精～力尽｜～于奔命。

【疲癃】老年多病。

【疲塌】松懈拖沓，也作疲沓。

鲏（鲏） 2·QGHC 【鳑鲏】淡水鱼名。像鲫鱼而小，色彩鲜艳。

芘 2·AXX 【芘芣】草名。即锦葵。一名荆葵。芣（fú）。

另见 bǐ。

枇 2·SXXN 【枇杷】常绿乔木。果实可吃,叶和核有镇咳作用。

毗 2·LXX ①连接:～连|～邻。②辅助:～补|～助。
【毗邻】同"比邻"。毗连。

蚍 2·JXXN 【蚍蜉】大蚂蚁:～撼大树。

琶 2·GGX 【琵琶】一种弹拨弦乐器。

貔 2·EETX 传说中的一种似熊的猛兽。

郫 2·RTFB 【郫县】地名,在四川。

陴 2·BRT 城墙上的女墙,城垛子。

埤 2·FRT ①矮墙。②增加:～益。

埤 4·FRT 【埤堄】城上有孔的小墙。也作埤倪。

啤 2·KRT 啤酒:生～。

脾 2·ERT 脾脏。

裨 2·PURF 辅佐的,偏的:～将。
另见 bì。

蜱 2·JRT 蜘蛛一类的动物,害虫,也叫壁虱。

鼙 2·FKUF 【鼙鼓】古代军中的一种小鼓。

罴(羆) 2·LFCO 熊的一种,也叫人熊或马熊。

匹 3·AQV ①量词,用于布匹、骡马等。②相称,相当:～配。
【匹夫】泛指平民百姓,多指男性。

芘 3·AAQB 有机化合物,存在于煤焦油中。

庀 3·YXV ①具备。②治理:～其家事。

圮 3·FNN ①毁坏,倒塌:坍~|石墙颓～。② 摧伤:肝心～裂。

仳 3·WXX 【仳离】夫妻离散,特指妻子被遗弃。

否 3·GIK ①恶,坏:～极泰来(事情坏到极点,就可变好)。②贬斥:臧～人物。
另见 fǒu。

痞 3·UGI ①恶棍,流氓:地～|～子。②痞块,痞积。
【痞块】中医指腹腔内可以摸得到的硬块,也叫痞积。

嚭 3·FKUK 大。多见于人名。

擗 3·RNK 用力使离开原物体,掰:～玉米棒子。

癖 3·UNK 积久成习的嗜好:烟～|酒～|怪～。

屁 4·NXX 由肛门排出的臭气:放～。

媲 4·VTL 匹敌,比得上:～美。

睥 4·HRT "睥"(bì)的又读:～睨(眼睛斜着看,引申为看不起)。

渒 4·ILGJ 【渒河】水名,在安徽。

辟(闢) 4·NKU ①开辟:开天～地。②批驳,排除:～谣。③透彻:精～。
另见 bì。

辟 4·NKU 法令,法律。
【大辟】古代指死刑。

僻 4·WNK ①偏僻:～静|～巷。②性情古怪:孤～|乖

~。③不常见的(多指文字):冷~|生~。

澼　4·INKU　漂洗:洴~。

甓　4·NKUN　砖。

鷿(鸊)　4·NKUG　【鷿鷈】鸟名。似鸭而小,羽毛黄褐,生活在河流湖泊。鷈(tī)。

譬　4·NKUY　打比方:~如|~喻|设~。

pian

片　1·THG　①片儿:画~|相~。②电影片,唱片:上映新~。

片　4·THG　①平而薄的小东西:卡~。②用刀横割成片(多指鱼肉)。③整体内划分的一部分:~段|分~|布置。④零星的,不全的:~面|~言|~纸只字。⑤量词,用于成片的东西或面积、景象、心意等。

扁　1·YNMA　【扁舟】小舟:一叶~。
另见 biǎn。

偏　1·WYNA　①不正,歪斜:~差|~西。②偏向;不公正:重~|食~|信。③次要的;辅助的:~师|~将|~房。④副词,偏偏,与愿望和通常情况不同:~不听。

犏　1·TRYA　犏牛,公黄牛和母牦牛的杂交种,力大易驯,公的无生殖能力,产于我国西南。

篇　1·TYNA　①首尾完整的诗文:~章。②量词:一~文章。

翩　1·YNMN　很快地飞:~若惊鸿|~然而至。

【翩翩】形容轻快地跳舞,也形容动物飞舞:~起舞|~飞鸟。

【翩跹】形容轻快地跳舞。

便　2·WGJ　【便便】形容肥胖:大腹~。
另见 biàn。

梗　2·SWGQ　古书上说的一种树名,多用于地名:~树岔(在福建)。

骈(騈)　2·CUA　①两马并列驾车:~车|~翼驱。②并列成双的,对偶的:~文|~俪。

胼　2·EUA　【胼胝】俗叫老茧。胝(zhī)。

蹁　2·KHYA　【蹁跹】也作"翩跹",形容轻快地旋转舞动。

谝(諞)　3·YYNA　〈方〉显示,夸耀:~能。

骗(騙)　4·CYNA　用谎言和诡计使人上当或谋利:~人|~钱。

piao

剽　1·SFIJ　①抢劫,掠夺:~窃。②矫捷:~悍|~疾。

漂　1·ISF　漂浮,漂流:~移|~泊|~萍。

漂　3·ISF　①漂白:~染。②用水冲去杂质:~朱砂。

漂　4·ISF　【漂亮】①美观,美丽。②出色;事情办得~。

缥(縹)　1·XSF　【缥缈】也作飘渺,形容若有若无,隐隐约约:虚无~。

缥(縹) 3·XSF ①青白色丝织品。②淡青色。

飘(飄) 1·SFIQ 随风飞扬：~若浮云｜~着雪花。

【飘忽】①风云等轻快地移动。②摇摆，浮动。

【飘悠】在空中或水上轻轻浮动。

【飘渺】同"缥缈"。

【飘零】凋谢零落。

藻 2·AISI 浮萍。

螵 1·JSF 【螵蛸】螳螂的卵块。蛸(xiāo)。

朴 2·SHY 姓。
另见 pō、pò、pǔ。

嫖 2·VSF 嫖娼：~妓｜~客｜吃喝~赌。

瓢 2·SFIY 舀水或其他东西的用具，多用剖开的葫芦做成。

莩 3·AEBF 同"殍"。
另见 fú。

殍 3·GQEB 【饿殍】饿死的人。也作"饿莩"：野有~。

瞟 3·HSF 斜着眼看一下：偷偷~了他一眼。

票 4·SFIU ①纸币。②票证。③旧指被土匪绑架勒赎的人质：绑~｜撕~。④量词：一~货物｜一~生意。

【票友】旧称业余的戏曲演员。

薸 4·ASFI 用于地名：~草乡（在重庆）。
另见(biāo)。

嘌 4·KSFI 【嘌呤】一种有机化合物，人体内嘌呤氧化成尿酸，尿酸过高会引起痛风。

骠(驃) 4·CSF ①骁勇：~勇｜~悍。②马快跑的样子：~骑。

另见 biāo。

pie

氕 1·RNTR 氢的同位素之一。

撇 1·RUMT ①撇开，丢开。②由液体表面舀取：~油。

撇 3·RUMT ①平着向前扔：~砖头。②汉字笔画：~捺。③量词：两~小胡子。

镲(鑔) 3·(QIMT) 烧盐用的敞口铁锅。多用于地名：曹~（在江苏）。

瞥 1·UMIH 很快地看一下：~了他一眼。

苤 3·AGIG 【苤蓝】也叫擘蓝、甘蓝，草本植物。为普通蔬菜。

pin

拼 1·RUA ①连合，拼合：~盘。②不顾一切地干：~命｜~搏。

姘 1·VUA 非夫妻而发生性行为：~居｜~头｜~妇｜~识。

玭 2·GXXN 蚌珠。

贫(貧) 2·WVM ①贫穷；不足：清~｜~血。②话多烦人：~嘴薄舌。

频(頻) 2·HID 屡次，接连：~繁｜~仍｜~~发生。

蘋(蘋) 2·(AHIM) 多年生蕨类植物。茎横卧在浅水中，又叫田字草。

颦（顰）2·HIDF　皱眉头：东施效~丨~蹙(cù)。

嫔（嬪）2·VPR　皇帝的妾；皇宫里的女官：妃~。

品 3·KKK　①物品：商~。②种类：~种丨~类。③级别：七~官丨极~。④本质，实质：~质丨~学兼优。⑤品味，品评：茶~丨头论足。⑥吹奏：~箫。⑦姓。

榀 3·SKK　量词，一个屋架叫一榀。

牝 4·TRX　雌性的（鸟兽），跟"牡"相对：~马。

聘 4·BMG　①聘请：招~丨延~。②旧指定亲或女子出嫁：~礼丨出~丨~姑娘。③古代国与国之间遣使访问：~问丨通~丨报~丨~使往来。

ping

乒 1·RGT　①象声词，形容枪声等：~的一声枪响。②乒乓球的简称：~坛丨世~赛。

俜 1·WMGN　【伶俜】形容孤独的样子：料他也有无常日，空手~到夜台。

涄 1·IMGN　水流的样子。

娉 1·VMGN　【娉婷】形容女性姿态美好的样子：~过我庐。

平 2·GU　①平坦；使平坦。②平等；均等；公正：~辈丨~分秋色丨抱不~。③平静：风~浪静。④平定：~乱。⑤平常的：~信。⑥平声：~仄。⑦姓。

【平明】天亮的时候。
【平身】旧指行跪拜礼后起立。

评（評）2·YGU　①评论：短~丨好~。②评判：~分。

坪 2·FGU　①山区或黄土高原上的平地，多用于地名：茨~丨杨家~。②平地：草~丨停机~。

苹 2·AGU　一种多年生蒿类草本植物。

苹（蘋）2·AGU　【苹果】落叶乔木。果实为普通水果。

洴 2·IGUH　①形容水声。②河谷。③姓。

珄 2·GGUH　玉名。

枰 2·SGU　棋盘：棋~。

萍 2·AIGH　浮萍，在水面浮生的一年生草本植物。茎扁平像叶子，根垂在水里。可供药用和作饲料：~踪丨~水相逢。

蚲 2·JGUH　古书上称米虫。

【蟛蚲】古书上说的一种甲虫。

鲆（鮃）2·QGG　鱼名，身体侧扁，两眼在左侧，生活在浅海中。

凭（憑）2·WTFM　①靠着：~栏丨~几。②凭借，倚靠：~力气吃饭丨~险丨~仗。③证据：文~丨~据。④根据：~空诬陷。⑤任凭：海阔~鱼跃。

荓 2·AUAJ　古书上指马蔺，草本植物，别名铁扫帚。

帡 2·MHUA　【帡幪】古代指帐幕之类的覆盖物。

洴 2·IUAH　【洴澼】漂洗（丝绵）。

屏 2·NUA　①屏风：画~。②屏条，成组的条幅：挂~。③遮挡:~障丨~风。④荧光屏:~幕。

另见 bǐng。

瓶 2·UAG 口小,颈细,腹大的容器:酒~。

po

朴 1·SHY 【朴刀】一种旧式兵器,刀身狭长,双手使用。

朴 4·SHY 朴树,落叶乔木,树皮光滑,可造纸。

另见 piáo、pǔ。

【朴硝】含有食盐、硝酸钾和其他杂质的硫酸钠,可用于硝皮革、做泻药和利尿药。也叫皮硝。

钋(鉕) 1·QHY 一种放射性金属元素,符号 Po。

陂 1·BHC 【陂陀】倾斜不平坦的样子:山势~。

另见 bēi、pí。

坡 1·FHC ①斜坡:上~。②倾斜:~度丨板子~着放。

颇(頗) 1·HCD ①偏:偏~。②很,相当:~好丨~久。

泊 1·IR 湖:湖~丨梁山~丨罗布~丨血~(大摊的血)。

另见 bó。

泺(濼) 1·IQI "泊"的异体字。

另见 luò。

泼(潑) 1·INTY ①泼洒:~水。②蛮不讲理:撒~丨~皮丨~妇。

酦(醱) 1·SGNY 酒重酿:遥看汉水鸭头绿,恰似葡萄初~醅。

铍(鏺) 1·(QNTY) ①用镰刀、钐刀等割。②一种镰刀。

婆 2·IHCV ①年老的妇女。②指从事某些职业的妇女:媒~。③婆婆:~媳。④称祖母或与祖母同辈的女性亲属:外~丨姑~。

【婆娑】①盘旋舞动的样子:~起舞。②枝叶扶疏的样子:树影~。③泪水滴落的样子:泪眼~。

鄱 2·TOLB 【鄱阳】湖名,在江西。

皤 2·RTOL ①形容白色:白发~然。②大(腹):~其腹。

繁 2·TXGI 姓。

另见 fán。

叵 3·AKD 不可:居心~测丨白云~揽撷,但觉沾人衣。

钷(鉕) 3·QAK 一种人造放射性元素,符号 Pm。用于制造荧光粉、航标灯等。

笸 3·TAKF 【笸箩】用柳条或竹条编成的盛器:针线~。

迫 4·RPD ①压迫,逼迫:~害丨~使。②接近,逼近:~近。③急迫:~切丨从容不~。

另见 pǎi。

珀 4·GRG 【琥珀】古代松脂变成的化石。作饰品,也可入药。

粕 4·ORG 【糟粕】酿酒等剩下的废料,渣滓。

魄 4·RRQC ①迷信指依附人体的精神为魂魄;能离开躯体的为魂,不能离开的为魄。②魄力,精力:气~丨体~。

破 4·DHC ①破损,破裂。②剖开:~西瓜。③突破,破除:~格丨~例。④打败,击破:~敌丨~城。⑤使真相清楚:~案。⑥花费:~钞丨~财。⑦冲开:~门而

入|乘风～浪。⑧破烂的,不好的:
～衣烂衫|～电影。

椑 5·SFPB 【椑棠】落叶灌木或
小乔木,叶椭圆形,花淡红色
或白色,果实味酸,可食用或入药。

pou

剖 1·UKJ ①破开:解～|～开|
～面。②分析:～析|～白|～
明事理。

掊 2·RUK ①挖掘:～坑。②聚
敛:峻～亟敛。

掊 3·RUK ①打破,剖:～斗折
衡。②打击:～击(抨击)。

抔 2·RGIY ①用手捧东西:～
饮。②量词,用手捧的东西:
一～土。

裒 2·YVEU ①聚:～集|～敛。
②减少,取出:～多益寡。

pu

仆 1·WHY 向前跌倒:前～
后继。

仆(僕) 2·WHY ①仆人:奴
～|女～。②古代官
名,太仆。③姓。

扑(撲) 1·RHY ①轻轻拍打:
～粉。②冲扑:猛～上
去。③扑打;进攻:～灭害虫|直～
敌营。④伏:～在桌上看书。⑤用
力向前冲:～向怀里。

铺(鋪) 1·QGE ①把东西展
开放平:～平|～轨。
②详细叙述:平～直叙|～陈。

【铺陈】①铺开陈述,也叫敷陈。②
布置陈设。

铺(鋪) 4·QGE ①商店:药
～|饭～。②床:床～。
③旧时驿站,多用于地名:三十
里～。

噗 1·KOG 象声词,形容短促的
声音:～,一口气吹灭了灯|～
～冒烟。

【噗嗤】形容笑声或水、气挤出声。
也作扑哧。

潽 1·IUOJ 液体因沸腾而溢出:
锅里的粥～出来了。

匍 2·QGEY 【匍匐】也作“匍
伏”。①爬行:～前进。②趴:
瓜蔓～在地上。

葡 2·AQG 【葡萄】落叶藤本植
物。普通水果。

莆 2·AGE 姓。

【莆田】地名,在福建。

脯 2·EGE 指胸脯:挺着～子
鸭～|鸡～。
另见 fǔ。

匍 2·ARGY 【摴蒲】古代博
戏,似后代的掷色子。

蒲 2·AIGY 姓。

【香蒲】多年生水生草本植物,叶子
可制蒲包、蒲扇、蒲席等。

酺 2·SGGY 古代官方特许的聚
会饮酒,也泛指聚饮:～宴|
～聚。

菩 2·AUK

【菩萨】佛教称修行程度仅次于佛的
人。也泛指佛和某些神。

【菩提】佛教指觉悟的境界。

【菩提树】落叶乔木,原产亚洲热带地区,树干汁液可制树胶。

璞 2·FOGY　土块。

璞 2·GOGY　①含玉的石头或未雕琢的玉:浑金～玉。②比喻人的纯真本质:返～归真。

镤(鏷) 2·QOG　一种放射性金属元素,符号 Pa。

穄 2·TOGY　①堆积谷类作物。②禾草密集。

濮 2·IWO　姓。

【濮阳】地名,在河南。

朴(樸) 3·SHY　质朴:～素|～实|简～|淳～。

另见 piáo、pō、pò。

埔 3·FGEY　【黄埔】地名,在广州。

另见 bù。

圃 3·LGEY　种植花草、果蔬等的园地:花～|苗～|菜～。

浦 3·IGEY　①水边或河流入海地区,多用于地名。②姓。

溥 3·IGEF　①广大:～原|宏～。②姓。

普 3·UO　①普遍,全面:～查|～选|～天同庆。②姓。

谱(譜) 3·YUO　①记录事物系统的书:家～。②用来指导练习的格式或图形:画～|棋～。③乐谱,曲谱。④配(曲):～曲。⑤把握,准则:心中没～。

氆 3·TFNJ　【氆氇】藏族地区产的一种毛织品,可做毯子、衣服等。

镨(鐠) 3·QUO　一种金属元素,符号 Pr。用于制造合金和特种玻璃。

蹼 3·KHO　鸡鸭鸟类、青蛙、龟鳖、水獭等等脚趾间的膜,可用来划水。

堡 4·WKSF　地名用字:十里～。也作“铺”。

另见 bǎo、bǔ。

瀑 4·IJA　瀑布:飞～。

另见 bào。

曝 4·JJA　晒:一～十寒。又作“暴”。

另见 bào。

Q q

qi

七 1·AG ①数目字。②旧俗,人死后每隔七天祭奠一次,共有七个"七":头～。
【七窍】指耳、鼻、口、目七孔。

柒 1·IAS 数目字"七"的大写。

沏 1·IAV 用开水冲泡:～茶。

妻 1·GV 妻子:夫～|发～。
【妻孥】妻子和儿女的统称。

郪 1·GVHB 【郪江】水名,在四川,涪江支流。

凄 1·UGVV ①寒冷,冷落:～风苦雨|～凉|～清。②悲伤:～惨|～惶。

萋 1·AGV 【萋萋】形容草生长得茂盛:芳草～。

栖 1·SSG ①鸟停留在树上或巢中。②停留,居住:～息|两～动物。
另见 xī。

桤(榿) 1·SMNN 桤木,落叶乔木,生长较快。

戚 1·DHI ①亲戚:～谊|～友|外～。②忧愁,悲哀:休～相关|哀～。③古兵器,像斧。④姓。

嘁 1·KDHT 【嘁嘁】象声词,形容细碎的说话声:～喳喳。

期 1·ADWE ①限定或约定的时间:按～完成。②约会:不～而遇。③希望:～待。④一段时间:假～。⑤学期:～中。⑥量词,用于分期的事物:第二～杂志。
另见 jī。

欺 1·ADWW ①欺骗:自～～人。②欺压:～人太甚。
【欺罔】欺骗蒙蔽。

欹 1·DSKW 倾斜,歪向一边:～侧|～倾。
另见 yī。

踦 1·KHDK ①一只脚。②跛脚两～不能相扶。
另见 jī、yǐ。

缉(緝) 1·XKB 一种缝法,针脚相连紧密:～鞋口。
另见 jī。

漆 1·ISW ①黏状涂料的统称:本～|清～。②涂漆:～门。③黑的:～黑|～车。④姓。

蹊 1·KHED 【蹊跷】奇怪,可疑:这事有点～。
另见 xī。

亓 2·FJJ 姓。
【亓官】复姓:(孔子)娶于宋之～氏。

岐 2·MFC ①岐山,山名,在陕西。②同"歧"。

歧 2·HFC ①岔道:~途。②不同的,不一致的:~义|~视。

跂 2·KHFC 多长出的脚趾。

跂 3·KHFC 踮着脚站着:~望。

齐(齊) 2·YJJ ①整齐:长短不~。②同样,一致:~心。③全,完备:~全。④一块儿,同时:一~|~唱|并驾~驱。⑤周代诸侯国名,在今山东东北部和河北东南部。⑥朝代名。1.南朝之一,建都建康,在今南京。2.北朝之一,建都邺,今河北临漳。⑦姓。

荠(薺) 2·AYJJ 【荠荠】草本植物,地下块茎可吃。有的地区叫地梨或地栗。
另见jì。

脐(臍) 2·EYJ ①肚脐:~带。②指螃蟹腹下的甲壳:团~|尖~。

蛴(蠐) 2·JYJ 【蛴螬】金龟子的幼虫,俗称地蚕,吃农作物的根茎。

祁 2·PYB ①大:~寒。②姓。

【祁门】地名,在安徽:~红。

【祁连山】也叫南山,在甘肃西部和青海东北部。

圻 2·FRH 地的边界:边~。古同"垠"。

祈 2·PYR ①祈祷:~福。②请求,祈望:~求|~雨。③姓。

顾(頎) 2·RDM 身材高大的样子:~长|秀~。

蕲(蘄) 2·AUJR ①香草。②祈求:~生。③用于地名:~春(在湖北)。④姓。

【蕲州】旧州名,在今湖北蕲春。

芪 2·AQA 【黄芪】多年生草本植物,花浅黄色,根可药用。

祇 2·PYQY 古代称地神:神~。

其 2·ADW ①他;他们。②他的;他们的。③那个;那样:若无~事。④文言助词,表示揣测、反诘或命令。⑤词尾:极~|尤~。

萁 2·AADW 豆茎:豆~|~在釜下燃,豆在釜中泣。

淇 2·IADW 淇河,水名,在河南,源出淇山。

骐(騏) 2·CADW 青黑色花纹的马。

【骐骥】骏马:~一跃,不能十步。

琪 2·GAD 美玉,珍奇:~花瑶草(仙境里的花草)。

棋 2·SAD ①娱乐用具和体育项目:围~。②指棋子:举~不定。

祺 2·PYA 吉祥、福气,多用于书信祝颂之词:秋~|春~|即颂夏~。

綦 2·ADWI ①青黑色。②穷尽:目欲~色,耳欲~声。③极:~难|希望~切。

蜞 2·JAD 【蟛蜞】一种生活在海涂上的小螃蟹。

旗 2·YTA ①旗子。②清代满族的军队组织或户口编制:八~。③八旗的;满族的:~军|~人|~袍。④内蒙古自治区相当于县的行政区划单位。

鳍(鰭) 2·QGAW 【鲯鳅】海鱼名,体侧扁而长,头大眼小。

麒 2·YNJW 【麒麟】古代传说中的动物,形状像鹿,有角和鳞甲,古人用来象征吉祥。

奇 2·DSKF ①奇怪;惊异。②特殊的;奇异的:～事|～才。③非常的:～耻大辱。④出人意料的:出～制胜。⑤姓。
另见 jī。

埼 2·FDSK 弯曲的岸:触穹石,激堆～。

崎 2·MDS 【崎岖】形容山路高低不平:～坎坷|～不平。

骑(騎) 2·CDS ①双腿跨坐:～马。②骑兵,泛指骑马的人:铁～|千里走单～。③骑坐的马等:坐～。

【骑缝】单据和存根或两联单等相连的地方:盖～章。

【骑楼】沿街楼房下为避雨留出的人行道。

琦 2·GDS ①美玉。②不平凡的,美好的:～行。③奇异:～珍。

锜(錡) 2·QDSK ①古代烹煮器具,底部有三足。②古代的一种凿木工具。

俟 2·WCT 【万俟】复姓。
另见 sì。

耆 2·FTXJ 年老,六十岁以上的人:～年。

惬 2·NFTJ 恭顺,畏惧。

鳍(鰭) 2·QGFJ 鱼鳍,鱼类的运动器官:背～|胸～。

畦 2·LFF 田园中用土埂分成的小块:菜～|田～|～菜。

乞 3·TNB ①求,讨:～食|～讨|～怜|行～。②姓,明代有乞贤。

芑 3·ANB 古书上说的一种野菜:薄言采～。

屺 3·MNN 没有草木的山。

岂(豈) 3·MN 副词,表示反问:～有此理|～敢|～但|～非怪事。

玘 3·GNN 古代佩带的玉。

杞 3·SNN 周朝诸侯国名,在今河南杞县:～人忧天。

【杞柳】落叶灌木,生长在水边,枝条可编器物。

【枸杞】落叶灌木,果实叫枸杞子,有滋补作用。

起 3·FHN ①站立;站起来。②起床。③升起,出现,发生,长出:～雾|～火|～疱。④新建,建立:高楼新～|另～～炉灶。⑤取出,领取:～货|～票。⑥拟写:～草。⑦开始:～程。⑧任用:～用。⑨量词,表示件,批,次或群:一～|一～案件。⑩在动词后面表示能或不能承受:经得～考验|买不～。⑪跟"来"连用,表示开始:做～来。

【起解】旧指押送犯人。

【起承转合】旧指写文章起始承转结尾常用顺序,泛指文章作法。

企 3·WHF ①提起脚跟站着:～足而待。②仰望,盼望:～待|～盼|～及。

杏 3·IKF 明亮的星。
另见 mèn。

启(啓) 3·YNK ①开,打开:～封。②开导,启发:～示。③开始:～用|～程|承上～下。④陈述,说明:～事|敬～者。

⑤较短的信:书～|小～。

【启衅】首先挑起争端。

棨 3·YNTS ①古代官吏出入关卡的凭证。②古代官吏出行时用的仪仗,形似戟。也叫棨戟。

綮 3·YNTI 同"棨",古时官吏出入关卡的凭证。
另见 qìng。

婍 3·VDSK 容貌美好。

绮(綺) 3·XDS ①有花纹的丝织品:～罗粉黛|纨～。②美丽:～丽。

稽 3·TDNJ 【稽首】即叩头,跪下来以头触地并拱手至地。
另见 jī。

气(氣) 4·RNB ①气体,空气。②气息:没～了。③气候:天～|～象|节～。④气味:香～。⑤作风习气:娇～。⑥生气,发怒:～得发抖。⑦欺负:受～。⑧景象,气氛:喜～洋洋。⑨命运,气数:运～|福～。⑩中医指人的元气:～虚。⑪中医指某种病象:湿～|脚～。

【气臌】中医指气滞引起的鼓胀。

汽 4·IRN ①由液体或固体受热变成的气体。②特指水蒸气:～轮机|～笛|～船。

讫(訖) 4·YTNN ①完结,终了:收～|付～。②截止:起～。

迄 4·TNP ①至,到:～今未至。②始终:～未成功|～无音信。

汔 4·ITN 庶几,差不多:～可小康。

弃 4·YCA 抛弃:舍～|～之可惜|前功尽～|～权。

泣 4·IUG ①低声哭:哭～|抽～|～诉|～不成声。②眼泪:～下如雨|饮～。

呕 4·BKC 屡次:～来问讯|～经洽商。
另见 jǐ。

契 4·DHV ①雕刻:～而不舍。②契约:地～|房～。③投合:默～|～合|～友。④刻的文字:书～|～文。
另见 xiè。

碶 4·DDHD 用石头砌的拦水闸。

砌 4·DAV ①垒砌:～墙。②台阶:雕栏玉～|石～。

涑 4·IGMI 古水名,在今甘肃。

葺 4·AKB 用茅草覆盖房顶,现泛指修理房屋:修～房屋。

碛(磧) 4·DGM ①水中沙石浅滩。②沙漠:沙～。

【沙碛】沙漠。

槭 4·SDHT 一种落叶乔木,叶子秋天变红或变黄,木材坚硬。也叫枫树。

碏 4·DWFI 用于地名:～头(在福建)|山阳～(在江西)。

器 4·KKD ①用具:铁～。②器官:脏～。③人才,才能:大～晚成|不成～。④重视:～重。⑤度量:～量|小～。

【器宇】外表,风度:～轩昂。

憩 4·TDTN 休息:小～|～息|游～|休～。

揢 1·RQV ①用手指卡住;用指甲按住或截断。②用拇指点

着别的指头:~指一算。③用手的
虎口紧紧卡住:~脖子。④量
词,拇指和食指握着的数量:一~
韭菜。

袷 1·PUWK "夹"(~袄|~
被)的异体字。

【袷祥】维吾尔、塔吉克等民族的对
襟长袍。
另见 jiá。

葜 1·ADHD 【菝葜】一种藤本
植物,叶椭圆形,根茎可入药。

拤 2·RHHY 双手掐住:~住歹
徒的脖子。

卡 3·HHU ①卡子:发~。②关
卡:边~|哨~。③夹住,扣
住:~纸|~住资金。
另见 kǎ。

洽 4·IWGK ①商量;跟人联系:
~谈|接~。②融合一致:融
~|~款|~意见不~。

恰 4·NWGK ①恰当,合适:不
~之处。②刚刚,正巧:~好。

髂 4·MEP 【髂骨】在腰部下
面,腹部两侧的骨头。

qian

千 1·TFK ①数目字。②比喻多:
~万|~重山。③姓。

千(韆) 1·TFK 【秋千】运动
和游戏用具:荡~。

仟 1·WTFH 数目字"千"的
大写。

阡 1·BTF ①田间南北方向的小
路:~陌。②墓道。③姓。

圲 1·FTFH 用于地名:清~(在
安徽)。

扦 1·RTFH ①金属、竹木等制
成的一头尖的器物:竹~|蜡

~。②〈方〉插:~门。

芊 1·ATF 形容草木茂盛:郁郁
~~|~~莽莽。

迁(遷) 1·TFP ①迁移:
都。②转变,变更:事
过境~|变~。③官职调动,一般
指提升:升~。

【迁延】拖延:~时日。

【迁客骚人】泛指失意文人。迁客:
贬谪流放的官吏。骚人:诗人。

杆 1·STFH ①常绿乔木,有青
杆、白杆。②用于地名:~树
底(在河北)。

钎(釺) 1·QTF 一头尖的钢
棍,凿孔眼工具:
钢~。

岍 1·MGAH 【岍山】山名,在
陕西。

汧 1·IGAH ①流水停积处,水
泽。②水名,今作千河,源于
甘肃,流经陕西。

【汧阳】旧县名,在陕西。今作千阳。

佥(僉) 1·WGIF 全,都:众意
~同。

签(簽) 1·TWGI ①在文件等
上面写名字或画记号:
~名|~押。②用简明的文字提出
要点或意见:~证|~注。

签(籤) 1·TWGI ①细小的竹
木条:牙~|竹~儿。
②占卜、赌博、比赛等用的刻有文
字的竹片或小木条:抽~|求~。
③用作标志的纸片等:书~|标~。
④旧时官府交给差役拘捕犯人的
凭证:火~|朱~。⑤粗粗地缝合:
~上几针。

牵(牽) 1·DPR ①引领:
手。②牵累,牵连:牵
挂:~制|~扯。

铅(鉛) 1·QMK ①金属元素，符号 Pb。用于制合金和蓄电池等。②指石墨：～笔。
另见 yán。

悭(慳) 1·NJC ①吝啬：～吝。②欠缺：缘一面。

谦(謙) 1·YUV 谦虚，虚心：～让｜～恭｜自～。

礝 1·DUVO 用于地名：大～（在贵州）。
另见 lián。

愆 1·TIFN 〈书〉①罪过，过失：罪～｜～尤｜引～自责。②错过，耽误：～期｜～滞。

鸽(鴿) 1·QVQG 鸟或家禽用嘴啄：被鹰～眼。

骞(騫) 1·PFJC ①高举，飞起，多用于人名：张～（西汉人）。②亏损：如南山之寿，不～不崩。

搴 1·PFJR ①拔取：斩将～旗。②同"褰"。

褰 1·PFJE 撩起，揭起（衣服等）：～裳｜～帷。

荨(蕁) 2·AVF 【荨麻】多年生草本植物，茎皮可作纺织原料。
另见 xún。

钤(鈐) 2·QWYN ①印章：～记。②盖印章：～印。

黔 2·LFON ①黑色：～首（古代称百姓）。②贵州的别称：～驴技穷。

前 2·UE ①向前，前进。②正面，前面。③时间或次序较前的。④从前的；未来的：生～｜～程。

虔 2·HAY 恭敬：～诚｜～敬｜～心祝祷。

钱(錢) 2·QG ①货币，钱财。②指铜钱，一串～。③某种费用：饭～。④像铜钱的东西：榆～。⑤市制重量单位，10 厘等于 1 钱，10 钱等于 1 两。

钳(鉗) 2·QAF ①钳子。②夹住，约束：～制。

箝 2·TRAF 同"钳"，夹住，紧闭：～制。

捐 2·RYNE 〈方〉用肩扛东西。
【捐客】旧时替人介绍买卖，从中取得佣金的人。

乾 2·FJT ①八卦之一，代表天：～坤。②与男性有关的：～宅（婚姻中的男家）。③"干"（干燥）的繁体。

墘 2·FFJN ①〈方〉旁边，边沿。②用于地名：田～（在广东）｜港～（在台湾）。

轩 2·AFFH 【骊轩】古代县名，在今甘肃永昌。

犍 2·TRV 【犍为】地名，在四川。
另见 jiān。

潜 2·IFW ①隐没水中：～泳。②隐藏：～伏｜～移默化。③偷偷地：～逃｜～遁。④姓。

胲 3·EQW 身体肋骨和胯骨之间的部分。

浅(淺) 3·IGT ①不深。②不久：年代～｜人命危～。③浅显易懂：深入～出。④颜色淡。⑤浅薄：浮～。
另见 jiān。

遣 3·KHGP ①派遣，打发：～送。②消除，排遣：消～｜～闷。

谴(譴) 3·YKHP ①责备，申斥：～责｜自～。②官吏获罪贬谪：～谪。

缱(繾) 3·XKHP 【缱绻】形容情意缠绵，难舍难分。

欠 4·QW ①困倦时张口出气：哈～。②身体稍稍向上移动：～身。③不够：～好。④借财物未还或应给的东西未给：～款。

芡 4·AQW ①一种水草，叶子像荷叶，种子叫芡实，也叫鸡头米。可食用，亦可入药。②做菜用的淀粉浓汁：勾～。

嵌 4·MAF 把较小的物体镶入较大的物体，镶～｜～花。

倪(倪) 4·WMQN ①如同，好比。②古代船上用来观察风向的羽毛。

纤(縴) 4·XTF 拉船前进的绳：～手｜拉～｜～夫。
另见xiān。

茜 4·ASF ①茜草，草本植物。根可作红色染料，也可药用。②红色：～纱。
另见xī。

倩 4·WGEG ①美好，美丽：～影。②请，让人为人做：～人代笔｜～医调治。

绮(綺) 4·（XGEG 青赤色的丝织品。

蒨 4·AWGE ①同"茜"，多用于人名。②姓。

堑(塹) 4·LRF ①护城河，壕沟：长江天～。②比喻挫折：吃一～，长一智。

椠(槧) 4·LRS ①古代记事用的木板。②书的刻本：宋～｜古～。③简札，书信。

慊 4·NUV 不满，恨：～～于怀。
另见qiè。

歉 4·UVOW ①收成不好：～收。②对不住人的心情：道～。

抢 1·RWB 碰撞：呼天～地。

抢(搶) 3·RWB ①抢夺。②争先：～着上前｜～着吃。③赶紧，突击：～修｜～险。④刮擦表层：～菜刀｜～破皮。

呛(嗆) 1·KWB ①水或食物进入气管引起咳嗽：慢点喝，别～着｜吃饭吃～了。②〈方〉咳嗽。

呛(嗆) 4·KWB 刺激性气味使人难受：烟～嗓子。

枪(槍) 1·SWB ①长竿上装有金属尖头的兵器：红缨～。②能发射子弹的武器。③形状像枪的东西：烟～。

戗(戧) 1·WBA ①逆，反：～风。②（言语）冲突：两人说～了，吵了起来。

戗(戧) 4·WBA 支持，支撑：够～（形容很难支持）｜用木头～住墙。

羌 1·UDNB ①我国古代游牧民族。②羌族，我国少数民族，主要分布在四川。③姓。

蜣 1·JUDN 【蜣螂】昆虫，吃动物粪便或尸体。也叫屎壳郎。

戕 1·NHDA 杀害：自～｜～害｜～杀无辜。

腔 1·EPW ①动物体内空的部分：腹～。②说话的声音和语气：～调。③曲调，唱腔：花～。

锖(錆) 1·QGEG 【锖色】矿物表面氧化形成的颜色。

锵(鏘) 1·QUQF 象声词,形容金属或玉石撞击声:铿～。

镪(鏹) 1·QXK 【镪水】强酸的俗称。

镪(鏹) 3·QXK 古代指成串的钱。

强 2·XK ①强壮,力量大:～弱|～大。②优越,好:～得多。③程度高:责任心～。④表示强力,强迫:～占|～加。⑤略多于:二分之一～。

【强死】死于非命。

强 3·XK 硬要;勉强:牵～|～迫|～词夺理。
另见 jiàng。

蔷 2·AXKJ 用于地名:木～(在广东)。

【蔷莱】药草名,即百合。

墙(墻) 2·FFUK ①墙壁。②器物上像墙或起隔断作用的部分:炉～。

蔷(薔) 2·AFU 【蔷薇】落叶灌木,蔓生多刺,花白色或淡红色,供观赏,果实药用。

嫱(嬙) 2·VFUK 古代宫廷里的女官:妃～。

樯(檣) 2·SFU 桅杆:帆～|如林|桅～。

羟(羥) 3·UDCA 【羟基】氢和氧组成的原子团。

褯 3·PUX 背小孩的宽带子。

【褯褓】包婴儿的被毯等。

炝(熗) 4·OWB 烹饪方法。①在沸水中稍煮后加作料拌。②肉加葱等用油略炒,再加作料烹调。

跄(蹌) 4·KHWB 【踉跄】走路不稳的样子。

qiao

悄 1·NI 【悄悄】没有声音或声音很小:静～|～地走。

悄 3·NI ①没有声音或声音很低:～然无声|低声～语。②忧愁:～怆|～然泪下。

硗(磽) 1·DAT 土地坚硬不肥沃:～薄|～土。

跷(蹺) 1·KHAQ ①抬起(脚后跟、腿):～足而待(比喻即可成功)|～起腿。②竖起:～着大拇指。③〈方〉跛:～脚。④高跷。

雀 1·IWYF 【雀子】雀斑。

雀 3·IWYF 义同"雀"(què),用于一些口语:黄～儿|家～儿。
另见 què。

锹(鍬) 1·QTO ①挖泥掘土工具。②用锹挖掘。

劁 1·WYOJ 骟,阉割:～猪。

敲 1·YMKC ①敲击:～钟。②叩:～门。③敲诈:～他一下。

橇 1·STF ①在冰雪中滑行的交通工具:雪～。②古代在泥路上行走的用具。

缲(繰) 1·XKK 衣服边藏针脚的缝法:～边。
另见 sāo。

乔(喬) 2·TDJ ①高:～木。②假装:～装打扮。③姓。

侨(僑) 2·WTD ①侨居:～民|～胞。②侨民:华～。

荞（蕎）2·ATDJ 【荞麦】草本植物,生长期较短,子实磨粉食用:~饼。

峤（嶠）2·MTDJ ①山尖而高:~岳。②尖而高的山。
另见 jiào。

桥（橋）2·STD ①桥梁:立交~|长江大~。②姓。

硚（礄）2·DTDJ 用于地名:~头(在四川)|~口(在湖北)。

鞒（鞽）2·AFTJ 马鞍上拱起的部分:鞍~。

翘（翹）2·ATGN ①抬起(头):~首。②翘棱,木、纸等因挤压或由湿变干而不平:桌面~了。

翘（翹）4·ATGN 向上仰起:~~板|~尾巴。

谯（譙）2·YWYO 【谯楼】古代建在城门上的望楼。

憔2·NWYO 【憔悴】形容人黄瘦,脸色不好:面容~。

樵2·SWYO ①打柴:~夫。②木柴:砍~。③指打柴人:问~~不答,问牧牧不言。

瞧2·HWY 看:~书|病|~不起|让我~一~。

巧3·AGNN ①思想、动作灵敏,技艺高巧:~干|能工~匠。②恰巧:~遇|~合。③虚浮不实:花言~语|~立名目。

愀3·NTO 【愀然】脸色变得严肃或不高兴:~然作色。

壳（殼）4·FPM 坚硬的外皮:地~|甲~|金蝉脱~。
另见 ké。

俏4·WIE ①俊俏:~丽。②货物畅销:~货|紧~商品。

诮（誚）4·YIE ①责备:呵|~责。②讽刺:讥~。

峭4·MI ①山势高而陡:陡~|~壁|~立|~拔。②比喻严厉:~直(严峻刚直)|~正。③尖厉:春寒料~。

鞘4·AFIE 刀剑的套子:刀~|剑~。
另见 shāo。

窍（竅）4·PWAN ①孔:七~流血|心~。②事情的关键:~门|诀~|一~不通。

撬4·RTFN 用棍棒等插入缝隙用力扳:把门~开|~杠。

切1·AV ①用刀切开:~瓜。②几何学上指直线、圆或面等与圆、弧或球只有一个交点:~线|两圆相~。

切4·AV ①符合:不~实际|~题|真~。②贴切,亲近:亲~|~身|~近。③切实,务必:~记|~要。④急切:迫~。⑤旧时注音方法,取上字声母,下字韵母,合成一音,称反切,简称切。
【切脉】中医指诊脉。
【切口】帮会或某些行业的暗语。

伽2·WLK
【伽蓝】指佛寺。
【伽南香】即沉香,常绿乔木。
另见 gā,jiā。

茄2·ALKF 茄子,一年生草本植物,为普通蔬菜。

另见 jiā。

且 3·EG ①暂且,姑且:~慢|~等一下。②尚且:君~如此,况他人乎? ③表示同时:~说~走。④并且,而且:又高~大。⑤将近:年~九十。⑥姓。

另见 jū。

窃(竊) 4·PWAV ①偷:行~。②暗中;偷偷地:~~私语|~听。③谦辞:~以为。

郤 4·QDC 姓。古又同"郄"(xì)。

妾 4·UVF ①旧时男子在妻子以外再娶的女子。②古时女子表示谦卑的自称。

怯 4·NFCY 胆怯:~场|~阵|~懦|畏~|~生生。

挈 4·DHVR ①提,提起:提纲~领。②带领:~眷|扶老~幼。

锲(鍥) 4·QDH 用刀子刻:~而不舍。

惬(愜) 4·NAG 满足,畅快:~意|~心|~怀。

箧(篋) 4·TAGW 小箱子:书~|行~|翻箱倒~。

趄 4·FHE 倾斜:~坡儿|~着身子。

【趔趄】立脚不稳,脚步踉跄。

另见 jū。

慊 4·NUV 满足,满意:不~|意犹未~。

另见 qiàn。

qin

钦(欽) 1·QQW ①恭敬:~佩|~仰|~慕。②对

有关皇帝所做事的敬称:~定|~赐|~命|~差大臣。

【钦迟】敬仰。

嵚(嶔) 1·MQQW 【嵚崟】山势高峻的样子。崟(yín)。

侵 1·WVP ①侵犯:入~。②接近:~晨|~晓。③姓。

【侵晨】拂晓。

【侵凌】侵犯欺负。

【侵越】侵犯(权限)。

骎(駸) 1·CVPC 【骎骎】马跑得很快的样子。比喻事业进展迅速:~日上。

亲(親) 1·US ①父母:双~。②有血统婚姻关系的:~属|~兄弟。③婚姻:定~。④指新妇:娶~|迎~。⑤亲密:信~|疏。⑥亲自:~临。⑦亲吻:~嘴。

另见 qìng。

衾 1·WYNE ①被子:~枕|布~。②殓尸的包被:衣~棺椁。

芹 2·ARJ 芹菜,草本植物,为普通蔬菜:西~|水~。

芩 2·AWYN 古代指芦苇一类的植物。

【黄芩】多年生草本植物,根供药用。

矝 2·CBTN 矛或戟的柄:起矝巷,奋棘~。

另见 guān,jīn。

梣 2·SMWN 梣(chén)的又读。

琴 2·GGW ①我国古代一种拨弦乐器,俗称古琴:对牛弹~|鼓瑟鼓~。②泛指某些乐器:钢~|提~。③姓。

秦 2·DWT ①周朝国名:朝~暮楚。②朝代名:先~|~汉。

③陕西的别称:～腔。④姓。

嗪 2·KDWT 【哌嗪】药名,用于驱除蛔虫等。哌(pài)。

溱 2·IDW 【溱潼】地名,在江苏。潼(tóng)。
另见 zhēn。

蟓 2·JDWT 古书上指一种像蝉的昆虫。

罨 2·SJJ 姓。
另见 tán。

禽 2·WYB ①鸟类动物的统称:飞～|鸣～。②泛指鸟兽:五～戏。③古通"擒"。

擒 2·RWYC 捕捉:～拿|欲～故纵|束手就～。

噙 2·KWYC 含:～了一口水|～着眼泪。

檎 2·SWYC 【林檎】落叶小乔木,也叫花红,果实似小苹果。

勤 2·AKGL ①尽心尽力:～奋|～勉。②经常:～换衣|雨水～。③勤务:值～|外～。④在规定时间的工作:出～|考～。⑤帮助:～王。⑥姓。
【勤勉】勤奋努力。
【勤王】①尽力于王事。②臣子兵援君王。

廑 2·YAKG 古同"勤"。
另见 jǐn。

懔 2·NAKG 勇敢:立～于天下。

锓(鋟) 3·QVP 雕刻(书版):～版|～梓。

寝(寢) 3·PUVC ①睡,睡觉:废～忘食|～室。②卧室:就～|寿终正～。③皇帝的陵墓:陵～。④平息,停止:其议～寝。

吣 4·KNY ①猫、狗呕吐。②比喻漫骂:满口胡～。

沁 4·IN 渗入,浸润:～人心脾|～出豆大的汗珠。

揿(撳) 4·RQQ 〈方〉用手按:～电铃。

qing

青 1·GEF ①草绿色或蓝色:～草|～天。②指黑色:～布|～丝|脸色铁～。③指黑眼珠:～睐|垂～。④青草或未成熟的庄稼:踏～|～黄不接。⑤指青年:～工。⑥姓。
【青史】史书。古代用竹简写书,因借指史书:名垂～。
【青铜】铜锡等的合金,具有耐腐蚀、坚韧的特性。
【青稞】大麦的一种,粒大皮薄,产于青藏地区。

圊 1·LGED 厕所:～土|～肥|～粪。

清 1·IGE ①干净;纯净:～洁|～澈。②单纯:～茶。③寂静:冷～。④清楚:没听～。⑤使清洁纯净:～党|～洗。⑥了结;彻底:结～款子|～查。⑦清理;清点:～仓。⑧正直;清廉:～官。⑨敬辞:～览。⑩朝代名。⑪姓。
【清玩】金石书画等供玩赏的东西。
【清越】①清脆悠扬。②清秀出众。

蜻 1·JGEG 【蜻蜓】昆虫,雌的用尾点水而产卵于水中。

鲭(鯖) 1·QGGE 鱼类的一科。身体呈梭形而侧扁,头尖口大,产于沿海,如鲐、马鲛等。

轻(輕) 1·LC ①重量小;数量少;程度浅:～装|年～|～伤。②用力小:小心～放。

③轻松,轻快:~音乐。④不严肃,不庄重:~浮。⑤轻视:~慢。⑥随便,不慎重:~率|~信。

氢(氫) 1·RNC 最轻的化学元素,符号H。

倾(傾) 1·WXD ①歪,斜:~斜|~耳。②倾向:左~。③倒塌:~覆。④倒出:~泻|~吐。⑤向往:钦佩:~慕|~心。⑥专心尽力:~听|~全力。

卿 1·QTVB ①国君对臣子的称呼:爱~。②古代高级官名:三公九~。③古代夫妻或朋友间的昵称。

勍 2·YILN 强劲,强大:~者|~敌。

黥 2·LFOI ①古代犯人脸上刺刻涂墨的刑罚,后来也施于士兵,以防逃跑。②在人体上刺成带颜色的文字、花纹或图案。

情 2·NGE ①感情。②情面:求~。③爱情。④情欲,性欲:春~|发~。⑤情形,状况:国~。
【情愫】也作情素。①感情。②真情。

晴 2·JGE 晴朗:~空|~光|~霁|~丽|~爽。

氰 2·RNGE 碳和氮的化合物,无色气体,有剧毒。

檠 2·AQKS ①灯架,也指灯:灯~|孤~。②矫正弓弩的器具。

擎 2·AQKR 向上托,举:~天柱|~起|众~易举。

苘 3·AMK 【苘麻】一年生草本植物,茎皮可制绳索。

顷(頃) 3·XD ①市制土地面积单位,1顷合100亩。②一会儿:~刻间|少~|有~|俄~即去。③刚才:~闻。

顾(顧) 3·YXDM 小厅堂。

请(請) 3·YGE ①请求。②邀请,聘请。③敬辞:~说。④旧指买香烛、纸马等。
【请缨】自告奋勇,请求杀敌或给予任务。

謦 3·FNMY 【謦欬】①轻轻咳嗽。②借指谈笑:亲承~。

庆(慶) 4·YD ①祝贺;庆祝:~贺|~丰收。②可庆祝的周年纪念日:国~|校~。③姓。

亲(親) 4·US 两家儿女婚配的亲戚关系:~家|~家公|~家母。
另见qīn。

碃 4·DGEG 用于地名:大金~(在山东)。

箐 4·TGE 山间的大竹林,泛指树木丛生的山谷:山广~深。

綮 4·YNTI 【肯綮】筋骨结合的地方,比喻关键和要害。
另见qǐ。

磬 4·FNMD ①古代打击乐器,用玉石制成,形状如曲尺:编~。②佛教打击乐器,铜制钵状。

罄 4·FNMM 尽,空:告~|~竹难书|~其所有|家资~尽。

qiong

邛 2·ABH 【邛崃】山名,在四川。

筇 2·TAB ①古代指一种可做拐杖的竹子。②手杖:扶~。

穷（窮） 2·PWL ①贫困。②完了:无～无尽。③极端:～凶极恶。④彻底:～追不舍。

劳（藭） 2·（APWX）【芎䓖】即川芎。多年生草本植物,叶像芹菜,根茎可入药。

茕（煢） 2·APN ①孤独:～独|～～孑立。②忧愁。

穹 2·PWX ①中间高起成拱形的:～隆|～顶。②指天空:苍～|天～。③高大:～石。④幽深:～谷幽林。

琼（瓊） 2·GYIY ①美玉。借指精美的东西:～楼玉宇。②指海南琼崖或琼州。③海南的简称。

【琼脂】植物胶,用石花菜制成,用来制作冷菜。通称洋菜、洋粉。

【琼浆】指美酒:～玉液。

蛩 2·AMYJ ①蟋蟀:草堂～响临秋急。②蝗虫。

跫 2·AMYH 【跫然】脚踏地声:闻人足音～而喜矣。

銎 2·AMYQ 斧子上装柄的孔。

qiu

丘 1·RGD ①小土山:沙～。②坟墓:～墓。③用砖石在地面上封闭灵柩待葬。④量词,用于田块等:一～瓜田。⑤姓。

邱 1·RGB ①姓。②同"丘",小土山。

蚯 1·JRGG 【蚯蚓】环节动物,通称曲蟮,生活在土壤中。

龟（龜） 1·QJN 【龟兹】汉代西域国名,在今新疆库

车一带。
另见 guī, jūn。

秋 1·TO ①秋季:～天。②庄稼成熟的季节:麦～|大～|～收。③年:千～万代|一日不见,如隔三～。④一段时间(多指不好的):多事之～。

【秋毫】鸟兽在秋天新长出的细毛,比喻非常细微的东西:洞察～。

【秋闱】即秋试。明清时乡试在秋天进行。

秋（鞦） 1·TO 【秋千】运动或游戏用具:荡～。

萩 1·ATOU 古书上说的一种蒿类植物。

湫 1·ITOY 水池:火井龙～|大龙～(瀑布名,在浙江)。
另见 jiǎo。

楸 1·STO 落叶乔木,叶子近三角形,种子可药用。

鹙（鶖） 1·TOQG 古书上说的一种水鸟名,即秃鹙,头颈无毛,性凶残。

鳅（鰍） 1·QGTO 【泥鳅】生活在泥水中的一种小鱼,身体圆柱形。

鞧 1·AFUG 【后鞧】套车时拴在牲口臀部的皮带、帆布带等。

仇 2·WVN 姓。
另见 chóu。

犰 2·QTVN 【犰狳】一种哺乳动物,有鳞片,善于掘土,穴居,产于南美。

逑 2·VYD 逼迫。

鼽 2·THLV 鼻子堵塞不通气。

囚 2·LWI ①拘禁:～禁。②被拘禁的人:～犯|死～。

泅 2·ILW 游泳:～渡|～水|～泳|～游。

求 2·FIY ①寻求,追求。②请求,要求。③需求:供不应～。

俅 2·WFIY 【俅人】我国少数民族独龙族的旧称。

述 2·FIYP 配偶,匹配:窈窕淑女,君子好～。

球 2·GFI ①球形:像球的东西。②星球,特指地球:月～|北半～。③某些体育用品和体育运动:足～|～迷。

赇(賕) 2·MFI 贿赂:受～枉法。

铢(銖) 2·(QFIY) 古代指凿子一类的工具。

裘 2·FIYE ①裘皮的衣服:集腋成～。②姓。

虬 2·JNN 传说中的龙:玉～。

【虬髯】两腮上蜷曲的胡子:～老翁。

酋 2·USGF ①部落的首领:～长。②盗匪和侵略者的头目:敌～|匪～。

遒 2·USGP 强健有力:～劲|～健|笔势～放。

蝤 2·JUS 【蝤蛴】天牛的幼虫,色白身长。古时用以形容女子头颈美丽。

另见 yóu。

巯(巰) 2·CAY 【巯基】由氢和硫两种原子组成的一价原子团。是氢和硫的合音。

璆 2·GNWE 美玉。

糗 3·OTHD ①炒熟的米、麦等谷物,干粮。②〈方〉饭或面食连成块状或糊状的。

qu

区(區) 1·AQ ①分开,划分:～分|～别。②地区,地域:～域|特～。③我国行政区划单位。

另见 ōu。

岖(嶇) 1·MAQ 【崎岖】形容山路或地面高低不平。

驱(驅) 1·CAQ ①赶,驾驶:～马|～车。②行进;快跑:长～而入|并驾齐～。③赶走:～逐|～虫|为渊～鱼。

【驱策】用鞭子赶,驱使。

躯(軀) 1·TMDQ 身体:身～|～壳|为国捐～。

【躯干】人体除头、四肢以外的部分。

曲 1·MA ①弯曲:～线。②弯曲或偏僻隐秘的地方:河～|山～|乡～|心～。③不公正,不合理:是非～直|歪～。④使弯曲:肱而枕(肱:胳膊)。⑤姓。

【曲蟮】蚯蚓的俗称。

曲(麯) 1·MA 用来酿酒、制酱的发酵物:酒～。

曲 3·MA ①歌曲:～调|小～。②歌谱:作～。③一种韵文,出现于宋代,盛行于元代:散～|～牌～。

【曲牌】曲的调子的名称,如"一枝花"。

蛐 1·JMA

【蛐蛐儿】〈方〉蟋蟀。

【蛐蟮】即曲蟮。

诎(詘) 1·YBMH ①嘴笨:口～|辩于心而～于口。

②弯曲。③屈服，折服。④姓。

屈 1·NBM ①弯曲：～膝｜～体。②屈服：宁死不～。③亏：理～词穷。④委屈，冤枉：受～｜叫～。

菌 1·(ANBM) 有机化合物，在紫外线下可发荧光，有毒。

䐀 1·FEGG ①混合蚯蚓粪便的土。②用于地名：东～坡(在河北)。

趄 1·MEGG "趄(jū)"的又读。带土的石山。

蛆 1·JEGG 苍蝇的幼虫，多生于粪便和动物尸体。

胠 1·EFCY ①腋下。②从旁边打开，撬开：～箧。

袪 1·SFCY 放在驴背上驮物的木板。

祛 1·PYFC ①祭祷消除：～灾。②除去：～痰止咳｜～疑。

祛 1·PUFC 袖口。

焌 1·OCWT 烹饪方法，油热后先放作料，再放菜：～锅。
另见 jùn。

黢 1·LFOT 形容黑：～黑｜黑～～。

趋(趨) 1·FHQV ①快走：～之若鹜(像野鸭一样跑过去，比喻追逐不当的事物)｜～前。②倾向：～势｜大势所～。

麹(麴) 1·GTQO ①姓。②"曲"(酒曲)的异体字。

劬 2·QKL ①劳苦：虽日夕而忘～｜～劳。②慰劳。

朐 2·EQK 【临朐】地名，在山东。

鸲(鴝) 2·QKQG ①鸟名，体小尾长，羽毛美丽。

【鸲鹆】鸟名，又叫八哥，能模仿人说话。

鼩 2·VNUK 【鼩鼱】哺乳动物，外形像老鼠，背长而尖，毛栗褐色，生活在山林中。

渠 2·IANS ①渠道：沟～。②〈方〉他，他们。③大：～魁。④姓。

蕖 2·AIAS 【芙蕖】荷花的别称。芙(fú)。

磲 2·DIAS 【砗磲】软体动物，壳大，呈三角形，生活在热带海底。砗(chē)。

璖 2·GHAE ①古代玉制的耳环。②姓。

蘧 2·AHAP ①通"蕖"，荷花。②姓。

【蘧麦】即瞿麦。石竹科多年生草本植物，可入药。

瞿 2·HHWY ①戟一类的兵器。②姓。

灈 2·IHHY 古水名，多用于地名：～阳(在河南)。

氍 2·HHWN 【氍毹】毛织的地毯，后因演戏时多用来铺地，因此又代称舞台。毹(shū)。

癯 2·UHH 瘦：面容清～｜心愁忧苦，形体羸～。

衢 2·THHH 大路，四通八达的道路：南北通～｜康～。

蠷 2·JHHC 【蠷螋】一种黑褐色昆虫，体扁平狭长，生活在潮湿的地方。螋(sōu)。

苣 3·AAN 【苣荬】野菜名，茎叶嫩时可食。
另见 jù。

取 3·BC ①拿，取得。②招致：自～灭亡。③采取，选取：录～。

娶 3·BCV 娶妻:嫁～｜～亲｜
～妻。

姁 3·UQKG 高大雄壮。

齲(齲) 3·HWBY 牙齿因被
腐蚀而残缺:～齿。

去 4·FCU ①离开:～留。②
往,到:～上海。③去除:～
皮。④距离:相～千里。⑤失去:
大势已～。⑥过去的:～年。⑦
寄发:派～信｜～人。⑧表示去
向或持续:做下～。⑨去声:
阴～。

阒(闃) 4·UHD 形容寂静:
～无一人｜～寂。

趣 4·FHB ①趣味,兴味:情｜
意～。②有兴味的:～事。③
志趣:异～。

觑(覰) 4·HAOQ 看,窥探:
偷～｜面面相～｜小～。

quan

悛 1·NCW 改过:怙恶不～(坚
持作恶,不思悔改)。

圈 1·LUD ①圈子,环形物。②
用圆圈做记号:～点｜～阅。
③一定的范围:文化～。④围:
～地。
另见 juān,juàn。

棬 1·SUDB 曲木制成的饮器:
杯～(一种未经雕饰的木质饮
酒器。也作杯圈)。

权(權) 2·SC ①秤锤:铜～。
②衡量:～衡。③权
力:当～。④权利:公民～。⑤有
权力的:～贵。⑥姑且:～当。⑦
有利的形势:制空～。⑧姓。

全 2·WG ①完全,都。②保
全,使完备:两～其美。③全
部,整个:～球。④姓。
【全息】反映物体在空间存在的全部
信息:～摄影。

佺 2·WWGG 【偓佺】古代传说
中的仙人名。

诠(詮) 2·YWG ①解释,阐
明:～释。②事物的道
理:真～。

荃 2·AWGF ①古书上说的一
种香草:～不察余之中情兮。
②通"筌",捕鱼器。
【荃察】希望对方谅解的敬辞,语出
《离骚》。

辁(輇) 2·LWGG ①古指没
有辐的车轮。有车辐的
叫"轮"。②浅薄,低劣:～才。

铨(銓) 2·QWG ①秤。②称
量,衡量:～度。③选
拔:～擢｜～选。

痊 2·UWG 【痊愈】病好,恢复健
康:伤口～。

筌 2·TWGF 捕鱼的竹器:得鱼
忘～。

醛 2·SGAG 有机化合物的一
类:甲～｜乙～。

泉 2·RIU ①泉水,泉眼。②钱
币的古称:～币｜～布。

璚 2·(GRIY) 玉名。

鲸(鯮) 2·QGRI 淡水鱼名。
身体略侧扁,深棕
色,有斑纹。

拳 2·UDR ①拳头。②拳术:太
极～。③拳曲:～着腿坐。
【拳拳】形容恳切:～之心。

婘 2·VUDB 美好的样子。

蜷 2·JUDB ①虫行屈曲的样子。②身体蜷曲:～缩|～作一团。

鬈 2·DEU ①头发美好。②毛发卷曲:～发|～毛狮子。

颧(顴) 2·AKK 颧骨,眼下腮上突出的颜面骨。

犬 3·DGTY 狗:鸡～不宁。

甽 3·LDY 田地中间的水沟,泛指沟渠:～亩。

绻(綣) 3·XUDB 【缱绻】形容情意缠绵,难舍难分。

劝(勸) 4·CL ①劝解,劝导:规～|奉～|～戒。②勉励:～勉|～酒。

券 4·UDV ①契约:～契。②票据或作凭证的纸片:入场～|国库～|稳操胜～。
另见 xuàn。

que

炔 1·ONW 炔烃,有机化合物的一类:乙～。

缺 1·RMN ①缺少,不够。②残缺:完美无～。③空缺:肥～。④该到而未到:～课。

阙(闕) 1·UUB ①过失,错:～失。②同"缺":～如|～疑。③姓。

阙(闕) 4·UUB ①古代皇宫、寺庙和陵墓前两边的楼台,泛指宫殿:城～|宫～|天～。②神庙陵墓两边的石雕。

瘸 2·ULKW 跛,腿脚有毛病,走路不稳:～腿|～子。

却 4·FCB ①退却,使退却:望而～步|～敌。②拒绝:盛情难～。③去;掉:忘～|冷～。④但是:东西很好～太贵。

确(確) 4·DQE ①确实的,真实的。②坚固;坚定:～立|～信。

埆 4·FQEH ①土地多石瘠薄。②多用于地名:黄～坪区(在重庆)。

悫(愨) 4·FPMN 诚实,谨慎。

雀 4·IWYF 鸟的一种,如麻雀、燕雀等:～跃。
另见 qiāo,qiǎo。

阕(闋) 4·UWGD ①停止,终了:乐～。②量词,指词或歌曲:弹琴一～|填一～词。

榷 4·SPWY ①专营,专卖:～茶|～酒|～税(专卖业的税)。②商讨:商～。

鹊(鵲) 4·AJQG 喜鹊:～巢鸠占|～桥。

碏 4·DAJG 人名用字,春秋时卫有石碏。

qun

囷 1·LTI 古代一种圆形的粮仓:不稼不穑,胡取禾三百～兮。

逡 1·CWT 退让,退:～巡不前(有所顾虑而徘徊不前)。

裙 2·PUVK ①裙子。②像裙子的东西:连衣～|围～|墙～。
【裙钗】旧时指妇女。
【裙带】比喻跟妻女姐妹等有关的:～官|～关系|搞～风。
【裙带菜】一种藻类植物,可食用。

群 2·VTK ①聚在一起的人或物:人～。②成群的,众多的:～居|～山。③量词:一～牛。

麇 2·YNJT 成群:～集(聚集)|～至。

另见 jūn。

R r

ran

蚺 2·JMF 【蚺蛇】蟒蛇。

髯 2·DEM 两颊上的胡子,泛指胡子:美~|虬~|白发苍~。
【髯口】戏曲演员所戴的假胡子。

然 2·QD ①是,对:~否|不以为~。②如此,这样:所以~|其实不~。③然而,但是。④助词,表示状态:显~。

燃 2·OQDO ①燃烧:~煤|内~机。②点燃:~灯|~香。

翀 3·MFNG 绒羽,鸟翅膀下的细毛。

冉 3·MFD 姓。
【冉冉】慢慢地:太阳从东方~升起。

苒 3·AMF 【荏苒】形容时光渐渐过去:光阴~。

染 3·IVS ①染色。②感染,沾染:~上疾病|耳濡目~。

rang

嚷 1·KYK 【嚷嚷】①喧哗,吵闹:别再~了|大声~。②声张:别~出去。

嚷 3·KYK 大声叫喊:大叫大~|别~了。

儴 2·WYKE 因循,遵从:~道者众归之。

蘘 2·AYKE 【蘘荷】多年生草本植物,叶披针形,花白色或淡黄色。花穗和嫩芽可食,根茎入药。

瀼 2·IYKE 【瀼河】水名,在河南。

瀼 4·IYKE 【瀼渡河】水名,在重庆。

禳 2·PYYE 祈祷鬼神,消除灾殃:~灾|~解。

穰 2·TYK ①庄稼脱粒后的茎秆。②丰盛:人稠物~。③通"瓤"。

瓤 2·YKKY ①瓜类的肉,果实的肉或瓣,瓤子:瓜~|橘子~。②泛指某些皮或壳里包着的东西:秫秸~|信~。

壤 3·FYK ①泥土,特指松软的土:红~。②地:天~之别。③地区,地域:接~|穷乡僻~。

攘 3·RYK ①排斥:~除|~外。②抢:~夺。③捋起袖子:~臂高呼。
【攘攘】形容纷乱:熙熙~。

让（讓）

4·YH ①退让,谦让。②请人接受:～坐｜～茶。③让给,转给:割～｜禅～。④允许,使:谁～你来的?⑤被:钱人偷了。

rao

荛（蕘）

2·AAT ①柴草:刍～｜薪～既积。②打柴草;打柴草的人。

饶（饒）

2·QNA ①富足,多:富～｜丰～｜～有风趣。②额外添加:～头｜卖了这么多橘子,能否再～我一个｜你去就行了,何必再～上我。③饶恕;宽容:～他一回｜不依不～。④〈方〉尽管,虽然:～这么让着他,他还是不满意。⑤姓。

【饶舌】唠叨,多嘴。

【饶头】买卖中多给的少量东西。

娆（嬈）

2·VAT

【妖娆】娇艳美丽:江山分外～。

【娇娆】娇艳妖娆:体态～。

娆（嬈）

3·VAT 烦扰:除奇解～。

桡（橈）

2·SAT ①划船的桨。②借指船。③划桨。

扰（擾）

3·RDN ①乱:世事纷～。②扰乱;搅扰:庸人自～｜纷～。③因受人款待而表示客气:有～｜清神｜叨～。

绕（繞）

4·XAT ①缠,缠绕:～毛线。②环绕:～场。③绕道,走弯路:～行。④纠缠,弄糊涂:这问题把它～住了。

re

喏

3·KADK 古时表示敬意的声音:唱～（一边作揖,一边出声致敬）。

另见 nuò。

惹

3·ADKN 招引,挑逗,触犯:～事｜～人注意｜不是好～的。

热（熱）

4·RVYO ①温度高。②加热。③发热,发烧:退～。④感情深:亲～。⑤风行,流行,受欢迎:外语～｜～门。⑥旺,盛:～烈。⑦羡慕,盼望:眼～。

ren

人

2·W ①人类;人民。②别人;每人;一般人:先～后己｜～手一册｜才智过～。③人的品质性格:他～很好。④人的身体或意识:这几天～不舒服。⑤人手;人才:厂里正缺～。

【人丁】①旧指成年人。②人口:～兴旺。

【人夫】旧指受雇用或服差役的人。

【人寰】人间世:惨绝～（世上没有的惨痛）。寰(huán):宇宙。

壬

2·TFD 天干的第九位;表示次序的第九位。

任

2·WTF 姓。

【任县】地名,在河北。

任

4·WTF ①任用:～命。②担任:～课。③职务;责任:上

~|重~。④放任,听凭:~性。⑤量词,用于任职次数:两~厂长。⑥不论,任何:~谁来也不行|~人皆知。

仁 2·WFG ①仁爱,仁德:~至义尽|~人君子。②果仁:杏~。③敬辞,用于朋友:~兄。

忍 3·VYNU ①容忍,忍受:相~为国。②克制:~俊不禁。③忍心:惨不~睹。④顽强:坚~。

【忍冬】半常绿灌木,茎蔓生,花和茎入药。又叫金银花。

荏 3·AWTF ①白苏,一年生草本植物,嫩叶可吃,种子可榨油。②软弱:色厉内~|~弱。

【荏苒】时间渐渐过去:光阴~。

稔 3·TWYN ①庄稼成熟:丰~|登~。②熟悉:~知|素~。

刃 4·VYI ①刀口,锋刃:迎~而解|刀不血~。②刀:白~战|利~。③用刀杀:手~敌酋。

仞 4·WVY 古时以八尺或七尺为一仞:万~高山。

㓎(訒) 4·YVYY 说话谨慎,缓慢:仁者,其言也~。

纫(紉) 4·XVY ①穿线入针眼:~针。②缝:缝~。③深深感激:感~|至~高谊。

韧(靭) 4·FNHY 柔软而结实,不易折断:坚~|~性|柔~。

【韧带】连接骨与骨之间的一种韧性物质。

轫(軔) 4·LVY 支住车轮不使旋转的木头:发~(拿掉支住车轮的木头。比喻新事

物或某种局面开始)。

认(認) 4·YW ①认识;分辨:~人|~字。②承认;同意:~可|~输。③认吃亏:既然这样,你就~了吧。④与人建立某种关系:~干娘。

饪(飪) 4·QNTF 烹调,做菜:烹~。

妊 4·VTF 怀孕:~娠|~妇。

纴(紝) 4·XTFG ①织布帛的丝缕:抽茧作~。②纺织:~织。

袵 4·PUTF ①衣襟:披发左~。②床席:~席(睡觉用席)。

葚 4·AADN 【葚儿】桑葚儿,用于口语。
另见 shèn。

reng

扔 1·RE ①投,掷:~手榴弹。②抛弃,丢弃:把果皮~掉。

仍 2·WE ①仍然:~须努力。②依照:一~其旧。③频繁:频~。

ri

日 4·JJJJ ①太阳。②白天:~班。③每天:~记|~新月异。④一昼夜,一天:一周七~。⑤泛指一段时间:春~。

【日晷】也作日规。古代利用太阳光线投射测定时间的装置。

驲(馹) 4·CJG ①古代驿站专用马车,也指驿马。

②用于地名:~面(在广西)。

rong

戎 2·ADE ①军队,军事:投笔从~|~装|~马生涯。②古代兵器的总称:兵~。③我国古代西部民族。

【戎马】①军马。②从军作战:~生涯。

狨 2·QTAD 金丝猴。

绒(絨) 2·XAD ①柔软细小的毛:鸭~。②表面有一层细绒的纺织品:灯芯~。

肜 2·EET ①古代祭祀的名称。即祭祀的第二天再祭祀。②姓。

茸 2·ABF ①草初生纤细柔软的样子:绿~~。②鹿茸:参~。

荣(榮) 2·APS ①草木茂盛:本固枝~|枯~|欣欣向~。②兴盛:繁~|~华。③光荣:~誉|虚~。④姓。

【荣膺】光荣地接受或承当。

嵘(嶸) 2·MAPS 【峥嵘】山势高峻,形容突出,非凡。

蝾(蠑) 2·JAPS 【蝾螈】一种两栖动物,形似蜥蜴。

容 2·PWW ①容纳;包容:~器|无地自~。②宽容:~情|~人。③允许:义不~辞。④容貌:花~月貌。⑤神情;气色;景象:病~|~光焕发|市~。⑥姓。

蓉 2·APW ①用瓜果等制成的粉状物:椰~|莲~。②成都

的别称。

【芙蓉】①荷花。②木芙蓉。

【苁蓉】肉苁蓉和草苁蓉的统称。均为草本植物,可入药。

溶 2·IPWK 溶解,在液体中化开:~液|~剂|~质。

瑢 2·GPWK 【瑽瑢】佩玉碰击声。

榕 2·SPWK ①榕树,热带常绿乔木。②福州的别称。

熔 2·OPW 熔化,固体受热变成液体:~炉|~铁|~岩|~融。

镕(鎔) 2·QPWK ①铸造金属的模具。②旧同"熔"。

融 2·GKM ①冰雪等化成水:~解|消~|~雪。②融合;调和:水乳交~|~洽|~会贯通。③流通:金~。

【融融】①和睦快乐的样子。②暖和:春光~。

冗 3·PMB ①多余的:~员|~长|~笔|~词赘句。②繁忙或繁忙的事:拨~|~务缠身。③烦琐:~杂|~余。

rou

柔 2·CBTS ①柔和:温~|~顺。②软:~枝嫩叶|~风细雨。③使变软:~麻。④姓。

揉 2·RCBS ①揉搓;团弄:~脚|~面团。②使木条等弯曲:~木为耒。

輮(輮) 2·(LCBS) ①古代车轮的木制外框。②同"揉",使弯曲。

糅 2·OCBS 混杂:古今杂~|
~合。

蹂 2·KHCS ①践踏。②摧残:
~躏(用暴力欺压、侮辱、侵害)。

鞣 2·AFCS 使兽皮柔软的制革方法:~皮子。

肉 4·MWW ①肌肉;肉类。②瓜果里可以吃的部分:桂圆~。

ru

如 2·VK ①往,到:~厕。②按照:~实汇报。③好像:恰~。④及,比得上:他不~我。⑤如果。⑥词尾,表示情况:空空~也。⑦例如。⑧表示超过:一年强~一年。⑨适合,依照:~意|~愿。⑩姓。
【如兄】旧称结拜的哥哥。
【如许】①如此,这样。②这么些,那么些。

茹 2·AVK ①吃:~毛饮血|含辛~苦。②姓。

铷(銣) 2·QVK 金属元素,符号 Rb。遇水激烈反应而爆炸。用于制光电管等。

儒 2·WFD ①儒家:~术。②旧指读书人:腐~|老~|鸿~。

薷 2·AFDJ 【香薷】一种芳香草本植物,茎叶供药用,也可提取芳香油。

嚅 2·KFD 【嗫嚅】嘴唇略动,欲言又止,吞吞吐吐的样子。

濡 2·IFD ①沾湿,沾染:耳~目染|~笔|~毫作画。②停留,迟滞:~缓|~滞。

孺 2·BFD 小孩子:妇~皆知|~子不可教也。

嬬 2·VFDJ 柔弱的样子。

襦 2·PUFJ 短衣,短袄:妾有绣腰~|至大寒,母方为~。

颥(顬) 2·FDMM 【颞颥】头部两侧耳朵上方的部位。颞(niè)。

蠕 2·JFDJ 蠕动,像蚯蚓一样慢慢移动:~形动物。

汝 3·IVG ①你:~辈|~曹。②姓。

乳 3·EBN ①乳房;乳汁。②像乳汁的东西:豆~。③幼小的;初生的:~鸽|~儿。④喂奶。

辱 3·DFEF ①羞耻;羞辱;玷辱:耻~|污~|~没|丧权~国|~命。②谦辞,表示承蒙:临~|~蒙。

入 4·TY ①进入。②参加:~伍|~学。③合乎:~情~理|~时。④收入:岁~一万。⑤入声,古汉语四声之一:平上去~。
【入闱】科举时代进入考场。后泛指进入一定的范围或达到一定的标准。也作入围。
【入药】用作药物。
【入赘】男子到女家结婚安家。

洳 4·IVKG 【沮洳】低湿地带。沮(jù)。

蓐 4·ADFF 草席,草垫:坐~(妇女临产,俗称坐月子)。

溽 4·IDFF 潮湿:~暑(夏天潮湿而闷热的天气)|~热。

缛(縟) 4·XDFF 繁多,繁复:繁文~节。

褥 4·PUDF 褥子,睡觉时垫在身下:被~|~单。

ruan

埄 2·FDMD ①水边或城边的空地。②用于地名:坑~(在江西)。

阮 3·BFQ ①古代诸侯国名。②阮咸,乐器名,略像月琴。因西晋阮咸善弹这种乐器而名。简称阮。③姓。

朊 3·EFQ 蛋白质。

软(軟) 3·LQW ①柔软;柔和。②软弱。③能力弱,质量差:功夫~|笔头~。④容易被感动或动摇:心~|耳~|心活。⑤姓。

娪 3·VDMD 【娪娪】柔美的样子:帘前三寸宫鞋露,知是~小姐来。

瓀 3·GFDJ 像玉的美石。

rui

蕤 2·AETG 【葳蕤】草木茂盛的样子。葳(wēi)。

蕊 3·ANN ①花蕊,俗叫花心:雄~|雌~。②花蕾。

芮 4·AMWU ①周代诸侯国名。②絮:~温。③姓。

汭 4·IMWY 河流汇合或弯曲的地方。

枘 4·SMW 榫头:圆凿方~(形容不相匹配,格格不入)。

蚋 4·JMW 一种形体如蝇的昆虫。幼虫生活在水中。吸人畜

的血,能传播疾病。

锐(銳) 4·QUK ①锋利:尖~。②锋利的武器:披坚执~。③急剧:~减。④勇往直前的气势:~气|养精蓄~。

瑞 4·GMD 吉祥:~雪(应时的好雪)|祥~|~签(写着吉利话的纸条,用于春节张贴)。

睿 4·HPGH 通达,明智,看得深远:聪~|~智。

run

闰(閏) 4·UG 余数。历法纪年与地球实际运行时间有差数,每隔若干年设闰日、闰月、闰年加以调整。

润(潤) 4·IUGG ①润滑:~一下嗓子。②湿润:气候温~。③利益:利~|分~。④修改,使有光彩:~色|~饰。⑤细腻光滑:丰~|光~|红~。

ruo

若 4·ADK ①好像:~无其事。②如果:假~|如~。③你;你的:~辈|~翁。

鄀 4·ADKB 春秋时期国名,在今湖北、河南、陕西一带。

偌 4·WAD 这么;那么:~大年纪|~大一个房间。

媶 4·VADK 【媶羌】旧县名,在新疆,今作若羌。

箬 4·TADK ①箬竹,竹的一种,叶面宽大,可制斗笠等。②箬竹的叶子,可供防雨、包物、包

粽子:粽~。

弱 4·XU ①弱小;虚弱。②差;不如:不~于你。③在分数后面,表示略少于此数:十分之一~。④年纪小:老~病残。

蒻 4·AXUU 嫩的香蒲,又指这种草编的席子。

爇 4·AFWO ①点燃,焚烧:~烛|~香。②烘烤:煨湿木以~衣。

S s

sa

仨 1·WDG 三个:咱们～一起
走|他们哥儿～。

挲 1·IITR 【摩挲】用手轻按物
体轻轻移动。摩(mā)。
另见 shā,suō。

撒 1·RAE ①放,放开:～手|～
网|～脚就跑。②发出,放出:
～传单|～尿。③尽量施展:～娇|
～泼|～赖。④姓。
【撒手锏】打斗招数。比喻关键时刻
最拿手的办法。

撒 3·RAE ①散播,散布:～种|
～盐。②散落:米全～了。
③姓。

洒(灑) 3·IS ①使液体散开:
～水。②散落:～落。
【洒家】我。宋元时关西一带人的自
称,多见于早期白话小说。

靸 3·AFEY 〈方〉把鞋的后帮踩
在脚后跟下,穿(拖鞋):～着
鞋向外走。

撒 3·IAET 【撒河】水名,在
河北。

卅 4·GKK 三十:五～运动。

脎 4·EQS 有机化合物的一类。

飒(颯) 4·UMQY 形容风雨
声:秋风～～。
【飒爽】形容豪迈而矫健:英姿～。

萨(薩) 4·ABU 姓。

sai

腮 1·ELNY 两颊的下半部,也
叫腮帮子:抓耳挠～。

鳃(鰓) 1·QGL 某些水生动
物的呼吸器官,用来吸
收水中的氧:鱼～。

塞 1·PFJF ①堵塞,填塞:～满|
～洞。②强给:～钱给他。③
塞子:瓶～。

塞 4·PFJF 边界险要之处:要
～|边～。
另见 sè。

噻 1·KPF
【噻唑】一种有机化合物,供制药和
染料。唑(zuò)。
【噻吩】一种有机化合物,供有机
合成。

赛(賽) 4·PFJM ①比赛。②
胜过,比得上:一个～
过一个。③旧时祭祀酬神:～神|

祭~。④姓。

san

三 1·DG ①数目字。②表示多数或多次:~令五申。

【三皇】传说中古代三个帝王,通常指伏羲、燧人、神农,也有指天皇、地皇、人皇。

【三藏】佛教经典分经、律、论三部分,总称三藏。

叁 1·CDD 数目字"三"的大写。

毵(毵) 1·CDEN 【毵毵】毛发、枝条等细长的样子:绿岸~杨柳垂。

伞(傘) 3·WUH ①遮挡雨点或阳光的用具。②像伞的东西:降落~。③姓。

散 3·AET ①松散;零散:~漫|~装。②闲散的:~职|~官。③药末,用于中药名:膏丹丸~|健胃~。

散 4·AET ①分散:~会|烟消云~。②排遣,消除:~心。③散布,散发:~播|~传单。

馓(饊) 3·QNAT 【馓子】〈方〉一种油炸的食品,细条相连扭成花样。

糁(糝) 3·OCD ①煮熟的饭粒。②散落,分离。
另见 shēn。

sang

丧(喪) 1·FUE 丧事:吊~|治~。

丧(喪) 4·FUE 失去:~失|~命|~偶|~心病狂。

桑 1·CCCS ①桑树,落叶乔木,叶子可喂蚕。②姓。

【桑葚】桑树的果穗,可吃。

【桑梓】古代宅边常栽桑树和梓树,因以代指家乡。

搡 3·RCCS 猛推:推推~~|了他一把。

嗓 3·KCC ①喉咙:~子。②嗓音:尖~。

磉 3·DCC 柱子下面的石墩:~盘|石~。

颡(顙) 3·CCCM 前额,脑门子:稽~|谢罪。

sao

搔 1·RCYJ 用指甲挠:~头皮。

蛳 1·ICYJ 水蚤,节肢动物,身体小而透明。也叫鱼虫。

骚(騷) 1·CCYJ ①扰乱,骚乱:~动|~扰。②举止轻佻,行为下流:卖弄风~|~货。③〈方〉雄性的(牲口):~驴。④泛指诗文:~人墨客。⑤通"臊",腥臭。⑥诗中指屈原的《离骚》:~体。

缫(繅) 1·XVJ 把蚕茧泡在热水里抽丝:~丝。

缲(繰) 1·XKK 同"缫"。缲丝。
另见 qiāo。

臊 1·EKKS 像尿或狐狸的难闻气味:尿~气|腥~|狐~。

臊 4·EKKS 害羞,难为情:害~|~得脸上通红。

鳋（鰠）1·QGCJ 传说中的一种似鳝的鱼。

扫（掃）3·RV ①清扫:～地。②除去,消灭:～盲|～雷。③横着掠过:～射。④全,所有的:～数归还。⑤祭扫:～墓。

扫（掃）4·RV 【扫帚】扫地工具。

嫂 3·VVH ①嫂子。②泛指年纪不大的已婚妇女:李～。

埽 4·FVP 河堤上堵缺用的设施:千金筑堤～,九曲慎防维。

瘙 4·UCY 皮肤发痒的病:～痒病。

se

色 4·QC ①颜色。②脸色,神情,神气:察言观～|和颜悦～。③姿色:天姿国～。④情景,景象:景～。⑤种类:花～。⑥质量:成～|足～纹银。⑦情欲:～情。
另见 shǎi。

铯（銫）4·QQCN 一种金属元素,符号 Cs。银白色,质软,用于制造光电池和火箭推进器等。

涩（澀）4·IVY ①不滑溜,不润滑:滞～。②涩味,使舌头感到麻木干燥的味道:柿子很～。③文字难读,不通畅:艰～|晦～。

啬（嗇）4·FULK 小气:吝～。

穑（穡）4·TFUK 收割庄稼,也泛指耕作:稼～。

瑟 4·GGNT 古时一种像筝的乐器,通常有 25 根弦。

【瑟瑟】①形容轻微的声音:秋风～。②形容颤抖:～发抖。

【瑟缩】因惊吓,寒冷而哆嗦蜷缩。

瑧 4·GGGT 玉色鲜明洁净的样子。

塞 4·PFJF 堵住,用于某些合成词:堵～|闭～|责～|音|茅～|语～|充～。
另见 sāi,sài。

【塞责】对责任敷衍了事。

sen

森 1·SSS ①树木众多而密:～林。②繁密:～罗万象。③阴暗:阴～～。④姓。

seng

僧 1·WUL 梵语"僧伽"的省称,和尚,僧人,出家修行的男性佛教徒。

sha

杀（殺）1·QSU ①杀死。②战斗:厮～|～出重围。③消除;减弱:～歪风|～价|～暑气。④用在词尾,表示程度深:气～人。⑤同"煞",结束,收尾:～尾。

【杀青】①著作结尾定稿。②茶叶加工的一道工序。

刹 1·QSJ 止住(车、机器等):～车|～闸。
另见 chà。

铩（鎩）1·QQS ①古代一种长矛,锋端有双刃。②

摧残,伤害:~羽之鸟。

杉 1·SET 义同"杉(shān)",用于"杉篙""杉木"。

另见 shān。

沙 1·IIT ①沙子,细小石粒:黄~。②像沙的东西:豆~。③沙哑:~音。④沙皇:~俄。⑤姓。

【沙果】落叶小乔木,又叫花红。果实像苹果而小。

【沙棘】落叶灌木或小乔木,又叫醋柳、酸刺,可防风固沙。

【沙砾】沙子和碎石。

莎 1·AIIT 用于人名、地名:~东(地名,在新疆)|~士比亚。

另见 suō。

【莎鸡】虫名,俗称纺织娘:六月~振羽。

痧 1·UII 中医指霍乱、中暑等急性病:发~|绞肠~|刮~。

【痧子】〈方〉麻疹。

挲 1·IITR 【䞋挲】〈方〉(手、头发、树枝等)张开,伸开。也作挓挲。

另见 sā,suō。

袈 1·IITE 【袈裟】和尚的法衣。

鲨(鯊) 1·IITG 鲨鱼,一种凶猛的海洋大型鱼类。鳍制成食品叫鱼翅。

纱(紗) 1·XI ①纱线:棉~|纺~。②轻薄透明的织物:~布|乔其~|婚~。③像纱布的制品:铁~|窗~。

砂 1·DI 同"沙"。细小的石粒,多指颗粒较大的:~布|轮~|糖。

【砂礓】一种矿石,可代替砖石做建筑材料。

【砂型】用潮湿型砂制成的铸造模型。

煞 1·QVT ①结束,收尾:~笔|~尾。②止住:~住|~车。③同"杀",削弱:~威风。④同"杀",在动词后表示程度深:气~人。

煞 4·QVT ①很,极:~费苦心|~白。②凶神:恶~。

【煞白】脸色苍白。

【煞有介事】装模作样,像真有那么一回事一样。

唅 2·KWFK 〈方〉什么:~东西|有~吃~。

傻 3·WTLT ①愚蠢,糊涂:~子。②死板,不知变通:~干。③发愣;失神:~眼。

唼 4·KUV 鱼或水鸟争食的样子。

【唼喋】形容鱼、水鸟吃东西的声音。喋(zhá)。

厦 4·DDH ①(高大的)房子:高楼大~|广~。②房子里靠后墙的部分:前廊后~。

另见 xià。

嗄 4·KDHT 嗓音嘶哑。

另见 á。

歃 4·TFVW 用嘴吸取:~血为盟(古代举行盟会时,嘴唇涂上牲畜的血以表诚意)。

霎 4·FUV ①小雨。②形容时间极短:~时|~时间|一~。

shai

筛(篩) 1·TJGH ①筛子;筛选:过~|~米|~糠。②使酒热:把酒~一~再喝。③斟(酒):~一杯酒来。

色 3·QC 颜色,用于口语:变~｜掉~｜褪~｜走~。
另见 sè。
【色子】一种赌博或娱乐用具,在小方块每面刻一至六个点。也叫骰子。

晒(曬) 4·JSG ①日光照射:日~雨淋。②在阳光下吸收光和热:~太阳｜~网。

shan

山 1·MMM ①山或山形的东西:高~｜坡｜冰~。②蚕簇:蚕上~了。③山墙:房。④姓。
【山岚】山间的云雾。岚(lán)。
【山坞】山坳。
【山魈】①猕猴的一种。②传说中的山中怪物。魈(xiāo)。
【山里红】山楂。

舢 1·TEMH 【舢舨】近海用桨划进的小船,也叫舢板。

芟 1·AMC ①割草。②除去,删掉:~除。③镰刀。

杉 1·SET 杉树,常绿乔木,树干高而直,叶子披针形,果实像球。
另见 shā。

钐(釤) 1·QET 一种放射性金属元素,符号 Sm。

钐(釤) 4·QET 用钐刀割:~草。
【钐刀】一种把手很长的大镰刀。

衫 1·PUE 单上衣,泛指衣服:汗~｜衬｜长~。

删 1·MMGJ 删除:~改｜~繁就简。

姗 1·VMM 【姗姗】形容走路从容缓慢的样子:~来迟。

珊 1·GMM 【珊瑚】珊瑚虫分泌的石灰质骨骼堆积成的树枝状物体。

栅 1·SMM 【栅极】电子管中的一个电极。
另见 zhà。

跚 1·KHMG 【蹒跚】走路迟缓、摇晃的样子:步履~。也作盘跚。蹒(pán)。

苫 1·AHK 草编成的用来遮盖或铺垫的东西:草~子。

苫 4·AHK 用席、布等遮盖:~布｜下雨了,快把砖坯~上。

埏 1·FTH 用水和(huó)土,和泥:陶人~埴而为器。
另见 yán。

烻 1·OTHP 闪光的样子。
另见 yàn。

扇 1·YNND ①摇动扇子或其他东西使生风:~风。②同"煽",鼓动:~动。③用手掌或手背打人:~耳光。

扇 4·YNND ①扇子。②指板状或片状的东西:门~｜隔~。③量词,用于门窗等:一~门。

煽 1·OYNN ①煽火:~炉子。②鼓动,煽动:~惑｜~诱。

潸 1·ISSE 【潸然】形容流泪的样子:~泪下。

膻 1·EYL 像羊肉的气味:~气｜~味｜如蚁附~。

闪(閃) 3·UW ①闪电:打~。②闪亮:~眼。③闪避:~开。④因动作过猛而扭伤:~腰。⑤突然出现:一~念。
【闪石】矿物,如石棉和软玉等。

晱 3·JOO ①闪电。②晶莹的样子。

陕(陝) 3·BGU ①指陕西：～甘宁｜～北。②姓。

掺(摻) 3·RCD 持，握：～手。
另见 càn，chān。

讪(訕) 4·YMH ①毁谤，讥笑：～笑。②难为情的样子：～～离去｜脸上发～。

汕 4·IMH 抄网。捕鱼用具。
【汕头】地名，在广东。

疝 4·UMK 某一脏器通过周围组织较薄弱的地方鼓起，通常指小肠疝气。

单(單) 4·UJFJ 姓。
【单县】地名，在山东。
另见 chán，dān。

掸(撣) 4·RUJF ①古代称傣族。②缅甸民族之一。
另见 dǎn。

禅(禪) 4·PYUF ①禅让，古代帝王让位给人：受～｜～位。②古代帝王祭地的一种活动：封～。
另见 chán。

剡 4·OOJ 【剡溪】水名，在浙江，曹娥江上游。
另见 yǎn。

掞 4·ROOY ①舒展。②尽：上穷王道，下～人伦。
另见 yàn。

骟(騸) 4·CYNN 割掉牲畜的睾丸或卵巢：～马。

善 4·UDUK ①善良，良好：～事｜～本。②友好，和好：友～。③善于：～辩。④容易：～变。⑤熟悉：面～。⑥好好地：～自保重｜～待。⑦姓。
【善本】①指难得的古书，珍贵的手稿、孤本，罕见的文献等。②泛指在学术或艺术价值上比一般版本为优的古籍刻本或写本。

鄯 4·UDUB 【鄯善】①古代西域国名。②地名，在新疆。

墡 4·FUDK 白色黏土。

缮(繕) 4·XUD ①修补：修～。②抄写：～发公文。

膳 4·EUDK 饭食：用～｜～食｜～费｜～宿。

蟮 4·JUDK 【蛐蟮】即蚯蚓。

鳝(鱔) 4·QGUK 鳝鱼，又叫黄鳝：炒～丝。

擅 4·RYL ①擅自：～离岗位｜～断｜专～。②独揽：～权｜～国。③善于：～长｜不～辞令。

嬗 4·VYLG ①更替。②变迁：～变。③通"禅"，禅让。

嶦 4·MQDY 山坡。

赡(贍) 4·MQD ①供给人财物，特指晚辈供给长辈：～养。②丰富，充足：丰～｜富～｜力不足，财不～。

shang

伤(傷) 1·WTL ①损害，伤害。②悲伤：～感。③妨害：无～大体。④因过度而感到厌烦：～食。⑤伤痛，伤病：内～。
【伤逝】悲伤地怀念逝去的人。

汤(湯) 1·INR 【汤汤】大水激流的样子：河水～｜

浩浩～。

另见 tāng。

殇（殤） 1·GQTR ①未成年就死亡:夭～。②战死的人:国～。

觞（觴） 1·QETR 古代称酒杯:举～｜同贺｜曲水流～。

商 1·UM ①商量:～议。②商人,商业:经～｜客～。③除法中的得数:8 除以 2 的～是 4。④朝代名:夏～周。⑤星宿名,二十八宿之一。⑥古地名,在今河南商丘。⑦古代五音之一,相当于简谱的"2"。⑧姓。

墒 1·FUM 田地里土壤的湿度:～情｜保～｜抢～｜下种。

熵 1·OUM ①热力系统中指不能利用来做功的热能,用热量的变化量除以温度所得的商。②科技上泛指某些物质系统状态的一种度量,或为某些系统状态可能出现的程度。

上 3·H 上声(四声之一)的"上"的又音:平～去入。

上 4·H ①位置、等级处于高的,次序或时间在前的,也指久远:～级｜～午｜～古。②由低处向高处:～山。③去:～街。④指皇帝:～谕。⑤向上呈送:～书。⑥按规定开始某项工作:～班。⑦达到一定的程度或数量:～年纪｜～百人。⑧安装;登载;涂抹:～锁｜～封面｜～色。⑨陷入:～当。⑩表示动作完成,达到目的或开始并继续:走～一步｜考～大学｜爱～了他。⑪表示范围或方面:书～｜事实～。⑫古代音阶符号,相当于简谱的"1"。

坰 3·FTM 旧时土地计量单位,西北地区每坰合三或五亩,东北地区合十五亩。

晌 3·JTM ①一天以内的一段时间:～午｜前半～。②〈方〉中午:歇～。

赏（賞） 3·IPKM ①赏赐,奖赏。②赏赐或奖赏的东西:悬～。③敬辞:～光｜～脸。④欣赏,观赏:～花｜孤芳自～。⑤赏识:赞｜～称～。

尚 4·IMKF ①推崇;注重:崇～｜～武。②匹配:～主。③犹,还:～好｜～早。④风气习惯:时～｜风～。⑤姓。

绱（緔） 4·XIM 把鞋帮、鞋底缝合成鞋:～鞋。也作上鞋。

裳 5·IPKE 【衣裳】衣服的通称。

另见 cháng。

shao

捎 1·RIE 捎带:～个口信｜～脚(运输中顺便载客或拉货)。

梢 1·SIE ①树枝或条状物的末端:树～｜眉～。②一段时间的末尾;事情的结局:春～｜下～。

稍 1·TIE 略微:～微｜～～｜～事休息｜～纵即逝。

稍 4·TIE 【稍息】军事或体操口令,从立正变为休息姿势。

蛸 1·JIE 【蟏蛸】蜘蛛的一种,通称喜蛛。

另见 xiāo。

筲 1·TIEF ①古时盛放粮食或饭食的竹器:～箕(现称淘米用的竹器)。②水桶:一～水。

艄 1·TEIE ①船尾:船～。②舵:掌～|～公。

鞘 1·AFIE 鞭鞘,拴在鞭子头上的细皮条等。
另见 qiào。

烧(燒) 1·OAT ①燃烧。②用火加热物体使变化:～水|～砖。③发烧:～得厉害。④烹调方法,烤:～鸡|～烤|叉～。⑤施肥过度使植物枯死。

勺 2·QYI ①勺子,一种有柄的舀东西用具:饭～。②旧制容量单位。十抄为一勺,十勺为一合。

芍 2·AQY 【芍药】多年生草本植物,花供观赏,根供药用。

杓 2·SQYY ①同"勺":～子。②用勺舀。
另见 biāo。

苕 2·AVKF 【红苕】〈方〉甘薯。
另见 tiáo。

珧 2·GVKG 美玉。

招 2·SVKG ①树摇动的样子。②箭靶。

韶 2·UJV ①传说中虞舜时代的乐曲名:子在齐闻～,三月不知肉味。②美好:风云～丽|～华。

【韶光】美好的春光,借指美好的青年时代。

【韶华】美好的时光或年华。

少 3·IT ①数量小;缺少。②稍微;暂时:～候。③丢失:～了钱。

少 4·IT ①年轻的:～女|～年。②少爷:阔～。③姓。

召 4·VKF ①周朝国名。在今陕西凤翔一带。②姓。
另见 zhào。

邵 4·VKB 姓。

劭 4·VKL ①劝勉:～农。②美好:年高德～。

绍(紹) 4·XVK ①接续;继承:～述|～复大业。②指浙江绍兴:～酒|～剧。

哨 4·KIE ①为警戒或侦察设立的岗位:～卡|放～。②巡逻侦查:～兵。③哨子:吹～。④鸟叫。

睄 4·HIEG 〈方〉匆匆看一眼。

潲 4·ITI ①雨斜着落下来:～雨|雨水～进来。②〈方〉用泔水、米糠、野菜等煮成的饲料:猪～。

she

畲(畬) 1·(MDLJ) 同"畲",多用于地名:樟～村(在广东)。

奢 1·DFT ①奢侈:穷～极欲|～华|～靡。②过分的:～望。

赊(賒) 1·MWF 赊欠:～购|～账|～销。

畲 1·WFIL 畲族,我国少数民族,主要分布在福建、浙江和江西、广东。

猞 1·QTWK 【猞猁】哺乳动物,似猫而大,善爬树,皮毛珍贵。

舌 2·TDD ①舌头。②像舌的东西:帽～。③铃或铎中的锤。

【舌耕】旧指靠教书谋生。

【舌敝唇焦】比喻说话太多,费尽

口舌。

折 2·RRH ①断:棍子~了|打~他的腿。②亏损:~耗|~本。
另见 zhē,zhé。

佘 2·WFIU 姓。

蛇 2·JPX 爬行动物,吃蛙、鼠、鸟等小动物。
另见 yí。
【蛇蜕】中药指蛇蜕下的皮。

阇(闍) 2·UFTJ 【阇梨】梵语音译,高僧,泛指僧人。
另见 dū。

舍(捨) 3·WFK ①舍弃:~己救人。②施舍:~僧。

舍 4·WFK ①房屋:房~|宿~。②谦辞,用于称自己的辈分较低或年纪较小的亲属:~弟|~侄|~亲。③古代以三十里为一舍:退避三~。④姓。

拾 4·RWGK 轻步登上:~级而上。
另见 shí。

厍(厙) 4·DLK ①〈方〉村庄,多用于村庄名。②姓。

设(設) 4·YMC ①建立:~立。②布置:陈~。③筹划:~计。④假如:假~。

社 4·PY ①古代指土神和祭祀土神的地方。②指某些团体或机构。

射 4·TMDF ①放箭,发射:~箭|~击。②喷射:注~。③放射:反~|折~。④有所指:影~。

麝 4·YNJF ①哺乳动物,分泌麝香,通称香獐子。②指麝香。

涉 4·IHI ①涉水:爬山~水|远~重洋。②经历:~险。③牵涉:~嫌。

赦 4·FOT 免除刑罚:大~|特~|十恶不~。

摄(攝) 4·RBCC ①吸取:~取。②摄影:~制。③保养:~生|~护|珍~|调~。④代理:~政|~理。
【摄政】代君主处理政务。

溻(灄) 4·IBCC
【溻水】水名,在湖北。
【溻口】地名,在湖北。

慑(懾) 4·NBC 恐惧,害怕:威~|~服|震~。

歙 4·WGKW 【歙县】地名,在安徽。
另见 xī。

---

shei

谁(誰) 2·YWYG 又读 shuí。疑问代词。①何人:你找~? ②虚指,表示不能肯定的人:~把书拿走了? ③任指,表示任何人:这事~也不知道。

---

shen

申 1·JHK ①说明;申述:~言|~说|三令五~。②地支的第九位。③申时,下午3点到5点。④上海的别称。⑤姓。
【申饬】①告诫。②斥责:严受~。
【申屠】复姓。
【申雪】表白或洗雪冤屈。

伸 1·WJH ①展开,拉长:～展。②表白,说明:～冤。

呻 1·KJH ①吟咏:～毕。②呼痛;低哼:～呼|无病～吟。

绅(紳) 1·XJH ①古代士大夫束在腰间的大带子。②绅士,旧时地方上有势力、有地位的人:土豪劣～|乡～。

珅 1·GJHH 一种玉。多用于人名,清代有和珅。

砷 1·DJH ①一种非金属元素,符号As。有毒。砷的化合物用做杀菌剂和杀虫剂。旧称砒。②姓。

岫 1·MMH 并立的两山。

身 1·TMD ①躯体。②物体的主要部分:树～|车～。③指生命:以～殉职。④本身,自己:～临其境|以～作则。⑤品格;地位:修～养性|～败名裂。⑥量词,用于衣服:一～衣服。

优 1·WTFQ 有优氏,古国名。

诜(詵) 1·YTFQ 姓。

【诜诜】形容众多。

参(參) 1·CD ①星宿名,二十八宿之一。②人参、党参等的统称,通常指人参。

另见cān,cēn。

【参商】参、商都是二十八宿之一,两者不同时在天空出现,比喻分离不得相见,也比喻感情不和。

糁(糝) 1·OCD 谷类磨成的碎粒;玉米～。

另见sǎn。

鯵(鯵) 1·QGCE 海水鱼,体侧扁鳞细,尾鳍分叉。

莘 1·AUJ 姓。

另读xīn。

【莘莘】形容众多:～学子|～征夫。

【莘县】地名,在山东。

娠 1·VDF 妇女怀孕:妊～|～期。

深 1·IPW ①从上到下或从外到里距离大:～浅|～山。②深度;深奥;深刻;深入:～入浅出|～谈|～思。③深厚,深切:～情。④色浓:～红。⑤历久:～秋|夜～。⑥很,极:～信。

【深邃】①幽深:～的山谷。②深奥;含义～。

【深藏若虚】比喻真才不露。虚:空。

棽 1·SSWN 又读chēn。树木茂密纷垂的样子。

燊 1·OOOS 炽盛。

什 2·WFH 【什么】代词,表示疑问、虚指或任指。

另见shí。

甚 2·ADWN 同"什"(shén)。

甚 4·ADWN ①很,极:～好。②超过,胜过:日～一日。③过分:欺人太～。④〈方〉什么:～事。

【甚嚣尘上】原指人声喧扰,尘土飞扬。后形容议论纷纷或言论非常嚣张。

神 2·PYJ ①神灵,鬼神:～仙。②神奇的,高超的:～力|～速|～医。③精神,注意力,表情:～思|走～|～情。④姓。

钟(鉮) 2·(QJHH) 一类具有特定结构的含砷的有机化合物。

沈 3·IPQ 姓。

沈（瀋）³·IPQ　汁:墨~淋漓。

【沈阳】地名,在辽宁。

另见 chén。

审（審）³·PJ　①详细;周密:详~|~慎。②检查:审定:~查|~稿。③审讯:~案子。④知道:~悉。⑤的确,果然:~如其言。

婶（嬸）³·VPJ　①婶母。②称呼与母亲同辈而年纪较小的已婚女子。

哂³·KSG　①微笑:不值一~|~纳|乞望~留。②讥笑:~笔。

矧³·TDXH　①况,况且。②亦。

谂（諗）³·YWYN　①知道:~悉。②劝告规谏。

瞫³·HSJH　往深处看。

肾（腎）⁴·JCE　肾脏,俗称腰子,人或高等动物的泌尿器官。

葚⁴·AADN　【桑葚】桑树的果穗,味甜可食。

另见 rèn。

椹⁴·SADN　同“葚”。

另见 zhēn。

胂⁴·EJHH　有机化合物的一类,是砷化氢分子中氢被烃基替换而成,有剧毒。

渗（滲）⁴·ICD　慢慢地透过或漏出:~透|~漏。

瘆（瘮）⁴·UCDE　①生病打寒战。②可怕,使人害怕:~人|~得慌。

蜃⁴·DFEJ　①大蛤蜊。②蜃景:海市~楼。

慎⁴·NFH　谨慎,小心:谨小~微|审~|~言|~独(指人独处时仍然谨慎地遵守道德原则)。

sheng

升¹·TAK　①上升,提升。②公升。③市升。④量粮食的器具,为斗的十分之一。

昇¹·JTAJ　①“升”的异体字,上升,提升。②见于人名:毕~(宋代人,发明活字印刷)。

陞¹·BTAF　①“升”的异体字,登上,提升。②姓。

生¹·TG　①生长。②诞生,生育。③生存。④生命。⑤一辈子:今~。⑥发生:~病。⑦生计:谋~。⑧未成熟;未煮熟。⑨未经加工或锻炼的:~石膏|~铁。⑩生疏:~手。⑪使燃烧:~火。⑫生硬:~造词语。⑬很:~怕。⑭弟子;门徒;学生。⑮旧称读书人:书~。⑯戏曲中扮演男人的角色:小~。⑰副词后缀:好~。

牲¹·TRTG　①家畜:~口。②古代祭祀用的牛羊等:献~。

笙¹·TTGF　管乐器名,用长短不一的若干装有簧的竹管和一根吹气管组成。

【笙歌】泛指奏乐唱歌。

甥¹·TGLL　外甥,姐姐或妹妹的儿子。

声（聲）¹·FNR　①声音。②说话,发声:不~不响。③名声:~望|蜚~海外。④宣扬;宣称:~援|~讨。⑤声母;声调:~韵|四~。

【声色犬马】形容享乐荒淫的生活。

声色：声乐女色。犬马：畜养狗马。

渑(澠) 2·IKJ 古水名,在今山东。

另见 miǎn。

绳(繩) 2·XKJN ①绳子。②纠正;约束;制裁:~正|~之以法。

省 3·ITH ①行政区划单位。亦指省会。②节省;减去;免去:~钱|~略|一道手续。③简略:~称。④古官署名:中书~。

另见 xǐng。

眚 3·TGHF ①眼睛生翳:目~昏花。②灾祸:灾~。③过错。

圣(聖) 4·CFF ①最崇高的;庄严的:~地|神~。②智能和某种技艺极高的人:诗~。③指品德高尚、智慧高超的人,圣人:~贤。④对帝王的尊称:~旨。⑤宗教徒尊称与宗教有关的事物:~经。

胜(勝) 4·ETG ①胜利。②超过,胜过;打败:略~一筹|以弱~强。③优美的:~景|引人入~|名~。④尽:数不~数。⑤能够承担或承受:~任。

晟 4·JDN ①光明。②兴盛,兴旺。

另见 chéng。

盛 4·DNNL ①兴旺:昌~。②强烈;旺盛:~怒|年轻气~。③流行:~行。④深厚:~情。⑤大;深:~夸|~赞。

另见 chéng。

乘 4·TUX ①量词,古代指四匹马拉的车:千~之国。②春秋时晋国的史书叫"乘",后通称史书:史~|野~。

另见 chéng。

剩 4·TUXJ 剩余;多余:过~|~饭。

嵊 4·MTU 【嵊州】地名,在浙江。

shi

尸 1·NNGT 尸体:~骨|僵~|~骸(尸骨)。

【尸位】空占着职位而不做事:~误国|~素餐。

鸤(鳲) 1·NQYG 【鸤鸠】古书上指布谷鸟。

失 1·RW ①失去。②把握不住:~手。③未能达到目的:~意。④改变常态:~声|~色。⑤违背:~约。⑥错误,过失:~误。

师(師) 1·JGM ①教师;学习的榜样。②掌握某种专门知识和技艺的人:医~。③对佛教、道教修行者的尊称:法~|禅~。④军队编制单位:~团。⑤军队:出~|班~。⑥姓。

狮(獅) 1·QTJH 狮子。

浉(溮) 1·LJGH 浉河,水名,在河南,流入淮河。

鲥(鰤) 1·(QGJH) 海鱼名,纺锤形,背部蓝褐色,尾鳍分叉。

鸤(鳾) 1·(GMHG) 鸟名,体小嘴长,生活在树林中,主食害虫。

邿 1·FFBH ①春秋时古国名,在今山东济宁。②姓。

诗(詩) 1·YFF ①一种文学体裁。②指《诗经》。

虱 1·NTJ　虱子,昆虫,寄生在人畜身上吸血,能传染疾病。

鲺(鯴) 1·QGN　一种节肢动物,与臭虫相似,寄生于鱼体表面。

施 1·YTB　①施行;施展:～工｜无计可～。②给予,施舍:～食｜布～。③用,加:～肥。

湿(濕) 1·IJO　①潮湿,湿润。②沾湿。

【湿气】中医指湿疹、手癣、脚癣等症。

【湿疹】皮肤病,常发生在面部、阴囊或四肢弯曲的部分,症状是皮肤发红,发痒,形成丘疹或水疱。

蓍 1·AFTJ　【蓍草】多年生草本植物,俗称蚰蜒草或锯齿草,古人用以占卜。全草入药。

酾(釃) 1·SGGY　又读 shāi　①滤(酒)。②斟(酒)。③疏导(河渠)。

嘘 1·KHAG　叹词,表示反对、制止等:～!别作声。

另见 xū。

十 2·FGH　①数目字。②表示多或达到极点:～全～美｜～足。

【十恶】古代规定的十种重大罪行,即:谋反、谋大逆、谋叛、恶逆、不道、大不敬、不孝、不睦、不义、内乱。隋代开始用于法律,一直沿用至清代。

什 2·WFH　①同数目字"十"。②多种的;杂样的:～物｜～锦。

另见 shén。

石 2·DGTG　①岩石。②指石刻:金～书画。③姓。

另见 dàn。

【石鼓文】战国时秦国在石鼓上刻的文字,为我国发现的最早的石刻文字。

炻 2·ODG　【炻器】介于陶器和瓷器之间的制品,比陶器坚硬致密,如砂锅、水缸等。

祏 2·PYDG　古代宗庙里藏神主的石匣。

鼫 2·VNUD　古书上指鼫鼠一类动物,也称梧鼠、五技鼠。

时(時) 2·JF　①时间:～空。②时代;时候:古～｜准～。③小时;时辰:三～｜辰～。④季节:四～。⑤现在的;当时的;时尚的:～事｜～兴｜合～。⑥时常;有时候:～有客来｜～好～坏。⑦时机:天～。⑧一种语法范畴,时态:现在～。⑨姓。

【时乖运蹇】时运不好,命运不佳。乖、蹇(jiǎn):不顺利。

坿(塒) 2·FJFY　在墙上凿的鸡窝:鸡栖于～。

鲥(鰣) 2·QGJF　鲥鱼,为名贵食用海鱼。

识(識) 2·YKW　①认识,知道:～字。②辨识,鉴别:～别｜～货。③见识;知识:常～｜学～。

另见 zhì。

实(實) 2·PU　①果实:结～。②实际,事实:求～｜如～。③真实;实在:真才～学｜华而不～。④充实:～弹｜～心。⑤确实:～难从命。

拾 2·RWGK　①捡:～取｜路不～遗。②收拾:～掇。③数目字"十"的大写。

另见 shè。

食 2·WYV　①吃;吃饭。②食物;饲料。③供食用的:～油。

④一种天文现象:月～。
另见 sì。

蚀(蝕) 2·QNJ　①虫蛀:蛀～。②受到侵害,损伤:腐～|侵～。③亏损:～本。

湜 2·LJGH　水清澈见底。

史 3·KQ　①历史:～书。②古代掌管记载史事的官:太～。

【史乘】史书。乘(shèng)。

驶(駛) 3·CKQ　①(车马等)快跑:急～。②开动(车船等):驾～|行～。

矢 3·TDU　①箭:众～之的|有的放～。②发誓:～忠|～志不移|～口抵赖。③同"屎":遗～|蝇～。

豕 3·EGT　猪:狼奔～突。

使 3·WGKQ　①派遣,支使:指～|～人前往。②用:～劲。③让,叫:～你满意。④使臣;被派遣的人:大～|公～|专～|学～。⑤假如。

【使君子】落叶藤本植物,花供观赏,果实可入药。也作留犬子。

始 3·VCK　①最初,开始:～终。②才,方才:千呼万唤～出来。

【始作俑者】开始用俑殉葬的人。比喻恶劣风气的首创者。

屎 3·NOI　①大便,粪。②眼耳等的分泌物:眼～|耳～。

士 4·FGHG　①古指男子,特指未婚男子。②古代介于卿大夫和庶民之间的阶层。③古指读书人:寒～。④从事某种工作或有某种技能的人:护～|谋～。⑤军人:～兵。⑥军衔的一级:上～。⑦对人的美称:烈～|勇～。

【士女】①古指未婚男女,后泛指男女。②同"仕女",以美女为题材的中国画。

【士绅】绅士。

【士人】古称读书人。

【士大夫】古代指官僚阶层,有时也指没有做官的读书人。

仕 4·WFG　古代指做官:出～|～宦|学而优则～。

【仕女】①宫女。②以美女为题材的中国画,也作士女。

【仕宦】古代指做官:～之家。

氏 4·QA　①姓:姓～|王～兄弟。②远古传说人物或名人专家的称号:神农～|华～温度计。③旧时用于称呼已婚女子:顾～。
另见 zhī。

舐 4·TDQA　舔:老牛～犊|～犊情深(比喻父母的慈爱)。

示 4·FI　①给人看;显示;表示:出～|～意。②对别人来信的敬称:惠～|赐～|来～。

世 4·AN　①古代三十年为一世。②血统相继的辈分:第十～孙。③一辈子:一生一～。④时代;朝代:盛～。⑤世界:公之于～。⑥有世交关系:～兄。⑦辈辈相传的:～袭。⑧姓。

【世族】旧指世代相传的官僚地主家族。

贳(貰) 4·ANM　①出赁;出借。②赊款:～酒。③宽纵,赦免:～罪。

市 4·YMHJ　①做买卖或做买卖的地方:开～|集～。②城市:～郊。③行政区划单位:县级～。④购买:～义|～恩。⑤市制的:～尺。

柿 4·SYMH 柿树,落叶乔木,果实圆形或圆锥形:~饼。

铈(鈰) 4·QYMH 一种金属元素,符号 Ce。合金可做打火石。

式 4·AA ①式样:新~。②格式:程~。③仪式,典礼:开幕~。④自然科学中表示某种规律和关系的一组符号:公~|方程~。

【式微】指国家或世族等的衰落。式:文言助词。微:衰落。

试(試) 4·YAA ①实验,尝试:~制|~航。②考试:~题|~卷。

拭 4·RAA 擦:~泪|拂~|~目以待。

枙 4·SAAG 古代占卜时日的器具,形似罗盘。

轼(軾) 4·LAA 古代车厢前用作扶手的横木。

弑 4·QSAA 古代称臣杀君、子杀父的行为:~君|~父。

似 4·WNYW 【似的】助词,表示跟某种事物或情况相似:瓢泼~大雨。也作是的。
另见 sì。

势(勢) 4·RVYL ①势力:权~|人多~众。②事物的状态或趋向:山~|风~|大~所趋。③姿态:手~|装腔作~。④雄性生殖器:去~。

事 4·GK ①事情。②事故:出~了。③职业,工作:谋~。④关系或责任:没~了|没你的~。⑤侍奉,服侍:~父母。⑥从事:不~生产|大~宣扬。

侍 4·WFF 伺候;陪伴:服~|~从|~立|~奉。

【侍郎】古代官名,相当于政府各部的副长官。

【侍应生】旧时银行、餐饮等新式企业中年轻的勤杂人员。

峙 4·MFF 【繁峙】地名,在山西。
另见 zhì。

恃 4·NFF 依赖;倚仗:有~无恐|凭~|~才傲物。

饰(飾) 4·QNTH ①装饰;饰品:修~|首~。②扮演角色:~演。③遮掩:文过~非。

视(視) 4·PYM ①看;看待:~力|一~同仁。②考察:~察|巡~。

是 4·J ①对,正确。②表示答应。③这;这个:如~|~日天雨。④表示肯定的判断:他~学生。⑤表示强调:他~好嘛。⑥表示存在:前面~一条河|满身~汗。⑦凡是:~活都干。⑧正是;正好:~时候了。⑨用于问句:~走路,~坐车?⑩表让步、转折:好~好,可是没有了。

諟(諟) 4·(YJGH) 订正。

媞 4·VJGH 灵巧,聪慧。

适(適) 4·TDP ①适合:~用。②舒服:安~。③恰好:~得其反。④刚才:~才。⑤去,往:无所~从。⑥旧指出嫁:~人。

室 4·PGC ①屋子:教~。②机关团体内的工作单位:科~。

③星宿名,二十八宿之一。④妻子:正～|侧～|继～。⑤家,家族:十～九空|皇～。⑥器官的内部空间:心～。

逝 4·RRP ①去,往:～者如斯夫,不舍昼夜|光阴如～。②去世:病～。

誓 4·RRYF ①发誓:～师|～两立。②誓言:信～旦旦。

莳(蒔) 4·AJFU ①移栽:～秧|～田。②种植:～花。

释(釋) 4·TOC ①解释:～义。②放开;放下:爱不～手。③消除,消散:～疑|消～|冰～。④释放:保～。⑤释迦牟尼的简称;泛指佛教:～门|～典|～子。

谥(諡) 4·YUW 古代帝王或其他有特殊地位的人死后追加的称号,如"武帝""宣王""隐公"等。

嗜 4·KFTJ 特别爱好:～好|～欲|～酒。

筮 4·TAW 古代用蓍草占卦。

噬 4·KTA 咬:吞～|反～|～脐莫及(比喻后悔莫及)。

奭 4·DDJJ ①盛大。②姓。

襫 4·PUDJ 【袯襫】古代蓑衣一类的雨具。

蜇 4·FOTJ 蜇蜂、蝎等用毒刺刺人。

匙 5·JGHX 【钥匙】开锁的用具。
另见 chí。

殖 5·GQFH 【骨殖】尸骨。
另见 zhí。

shou

收 1·NH ①收割:秋～。②收回:～兵|～复。③接到;接收:～信|～容。④收集;聚拢:～藏|～口。⑤结束:～工。⑥约束;控制:～心|～住脚步。⑦逮捕:～押。

熟 2·YBV "熟"(shú)的又读,用于口语。

手 3·RT ①人的上肢。②拿:人～一册。③亲手:～植|～稿|～记。④某种工作或有某种技能的人:炮～|能～。⑤可用手拿的:～机|～册|～枪。⑥手法;手段:妙～回春|心狠～辣。⑦量词,用于技能,本领:一～好字。
【手炉】烘手取暖用的小铜炉。
【手札】亲手写的信。
【手版】臣见君时拿的笏。也作手板。
【手泽】先人的遗物或手迹。

守 3·PF ①护卫;防守。②遵守:～法。③看守;守候:～门|～着病人。④靠近;依傍:村边～着一条河。

首 3·UTH ①头:昂～|顿～。②为首的人,首脑:匪～|～长。③开头:～尾呼应。④最高的;第一:～席代表|～次。⑤首先:～创。⑥量词,用于诗词歌曲:一～诗。⑦出头告发:自～|～出～。

艏 3·TEU 船体的前端。

寿(壽) 4·DTF ①寿命。②长寿:人～年丰。③寿

辰:做~|~面。④为死后准备装
殓物品的婉称:~衣|~材。

受 4·EPC ①接纳,接受:~教育。②遭受:~灾。③忍受,禁受:~不了。④适合:~用。

授 4·REP ①交付,交给:~权|~勋|~意。②传授:~课|教~。

绶(綬) 4·XEP 一种丝织带子,用来系官印或勋章:~带|印~。

狩 4·QTPF 打猎,狩猎:冬~|~获。

售 4·WYK ①卖:销~。②实现;施展:其计不~|以~其奸。

兽(獸) 4·ULG ①通称有四条腿,全身长毛的野生哺乳动物。②比喻野蛮下流:~行。

瘦 4·UVH ①不肥;不胖:~肉|精~。②衣服等窄小:衣服太~了。③不肥沃:~田。

shu

殳 1·MCU ①古代一种竹制兵器,有棱无刃。②姓。

书(書) 1·NNH ①书籍。②记载,写字:大~特~|手~。③信:~信|家~。④字体:行~。⑤弹词、评话等曲艺:说~。⑥文件:公证~|白皮~。
【书简】书信。也作书柬。
【书札】书信。

抒 1·RCB ①抒发;表达:~写|~情。②同"纾"①。

纾(紓) 1·XCB ①解除:~难|~忧。②宽裕:民

力稍~。③延缓:~死。

舒 1·WFKB ①舒展:~经活血。②从容:~徐|~缓。③舒畅,舒适。

枢(樞) 1·SAQ ①门上的转轴:户~不蠹。②借指重要的或关键的部分:~纽|中~|~要。

叔 1·HIC ①叔父。②小叔,丈夫的弟弟:~嫂。③兄弟排行第三:伯仲~季。④称与父亲同辈而年小者。

菽 1·AHI ①豆的总称:不辨~麦|布帛~粟。②专指大豆。
【菽粟】泛指粮食。

淑 1·IHIC 善良,美好:贤~|~女。

陈 1·BRIY 姓。

姝 1·VRI ①美丽,美好:~好。②美女:丽~。

殊 1·GQR ①不同:悬~|~途同归。②特别:~荣|~勋|绩~|~遇。③很,极:~佳。④断,绝:~死战斗。

倏 1·WHTD 极快地;忽然:~忽|~地|~尔|~已半年。

梳 1·SYC ①梳子:木~。②梳理:~洗|~妆打扮。

疏 1·NHY ①疏通:~导。②稀疏:~落|~松。③关系不亲近:生~|亲~。④粗心:~忽。⑤不熟悉:人地生~。⑥分散:~散。⑦对帝王陈述事情的奏章:上~。⑧古书中解释"注解"的文字:注~。⑨浅薄,空虚:志大才~。

蔬 1·ANH 蔬菜,可以做菜吃的草本植物:布衣~食。

鄃 1·WGEB 古地名,在今山东。

输(輸) 1·LWG ①运送:~送。②败:~球。③捐献:~诚 l~财 l~战。

毹 1·WGEN 【氍毹】毛织的地毯,常用来铺于舞台,因借指舞台。

摅(攄) 1·RHAN 表示,发表:~意 l~怀 l 各己见。

秫 2·TSY ①黏高粱,可做烧酒。②泛指高粱:~秸 l~米。

孰 2·YBVY 文言代词。①谁:人非圣贤,~能无过? ②什么:是可忍,~不可忍? ③哪个:~是~非。

塾 2·YBVF 旧时私人开设的教学场所:私~l家~。

熟 2·YBV 又读 shóu。①煮熟:半生不~。②成熟:瓜~了。③熟练;精通:~能生巧。④习惯;熟悉:~视无睹 l~人。⑤锻炼加工过的:~铁。⑥仔细,深入:深思~虑。

【熟谙】熟悉。

【熟稔】很熟悉。

娵 2·VHIC 古代宫廷女官名。

赎(贖) 2·MFN ①用财物换回抵押品或人身:~当 l~身。②用行动抵消、弥补:将功~罪。

暑 3·JFT 热:酷~l~热 l 中~l 寒来~往。

署 3·LFTJ ①办公的地方:官~l~行。②布置,安排:部~。③签署:~名。④暂时代理:~理。

薯 3·ALFJ 甘薯、马铃薯等薯类作物的统称。

【薯莨】多年生草本植物,块茎含有胶质,可用来染棉麻织品。

【薯蓣】也叫山药。多年生藤本植物,块茎供食用和药用。

曙 3·JL 天刚亮时,破晓:~光 l~色。

黍 3·TWI 黍子,粮食作物,碾成的米叫黄米,比小米稍大。

属(屬) 3·NTK ①类别:金~。②生物学的分类:猫~。③隶属,归属:直~l 附~l~于我们。④家属;亲属:军~l 烈~。⑤是;符合:~实。⑥用十二属相记生年:~龙。
　另见 zhǔ。

蜀 3·LQJ ①周朝国名,在今四川成都一带。②蜀汉,三国之一,为刘备所建。③四川的别称。

【蜀锦】四川出产的丝织工艺品。

【蜀葵】多年生草本植物,花有多种颜色,供观赏。

【蜀犬吠日】唐代文学家柳宗元的散文曾说,四川多雾少晴,逢日出,狗都叫起来。比喻少见多怪。

鼠 3·VNU ①老鼠。②隐忧:~思。③骂词:~子 l~辈。

数(數) 3·OVT ①数数;点数:~一~l 如~家珍。②比较起来最突出:~一~二 l 他最聪明。③责备;一一列举:~说 l~落。

【数典忘祖】数说本国历史上的典章制度,却忘记了自己的祖先。比喻忘本,也比喻对本国历史无知。

数(數) 4·OVT ①数目:人~。②几;几个:~次 l~十种。③天命;命运:气~l 天~l 劫~l 寿~。④比喻知道得很清楚的情况或底细:心中有~。

另见 shuò。

术(術) 4·SY ①方法,策略:权~I战~。②学术;技术;技艺:~语I医~。

另见 zhú。

述 4·SYP 叙述,讲述:口~I~而不作I~职I~评。

沭 4·ISYY 【沭河】水名,发源于山东,流入江苏。

钵(鉢) 4·(QSY) ①长针:一锥一~。②刺:~肝剐骨。

戍 4·DYNT (军队)防守:卫~I~边I~守I屯~。

束 4·GKI ①捆绑,系:~缚I~之高阁。②量词,用于成捆的东西:一~花。③约束,拘束:~手~脚。④聚集成条的东西:光~I电子~。

树(樹) 4·SCF ①树木。②种植:十年~木。③树立,建立:~雄心I独~一帜。

竖(豎) 4·JCU ①垂直的:~井。②竖立:~起来。③上下或前后的方向:~着写I~着挖沟。④古称童仆:小~。

腧 4·EWGJ 腧穴,人体上的穴位:肺~I~穴。

隃 4·BWGJ 【西隃】古山名,又称雁门山,在今山西。

恕 4·VKN ①儒家之道,将心比心,仁爱待人:~道I忠~。②宽恕:饶~I~罪。

庶 4·YAO ①众多:富~I~类。②庶几,差不多:~免误会I~乎可行。③宗法制度中家庭的旁支:~出I~母。④杂:~务(旧称总务工作)。

【庶民】百姓:王子犯法,与~同罪。

墅 4·JFCF ①村舍:草~。②别墅,园林式住宅。

漱 4·IGKW 含水洗(口腔):~口I~洗。

澍 4·IFKF 及时的雨:~霖I嘉~。

刷 1·NMH ①刷子:衣~。②用刷子刷:~牙I~墙。③同"唰"。

刷 4·NMH 【刷白】〈方〉色白而略发青:脸色~。

唰 1·KNM 象声词。形容迅速擦过或摩擦的声音:雨~~地下I汽车~地一声开过。

耍 3·DMJV ①玩:玩~。②玩弄,戏弄:~猴I~刀。③施展,表现出来:~手腕。

衰 1·YKGE 衰弱,衰败:~落I盛~I经久不~。

另见 cuī。

摔 1·RYX ①身体失去平衡而倒下,跌跤:~跟斗。②用力扔:把鞋子~在地上。③掉下:不小心杯子~在地上。④使落下而破损:把杯子~了。

甩 3·EN ①抡;扔:~胳膊I~袖子I~石块。②丢开;抛弃:~掉I把他~在后面。

帅(帥) 4·JMH ①军中最高指挥员:元~I将~。②英俊,漂亮:小伙子真~I字写得真~。③姓。

率 4·YX ①带领:~领。②轻率:草~。③直爽坦白:直~I

坦~。④大概:大～如此。⑤顺
着,由着:～性|～意。
另见 lǜ。

【率尔】轻率地:～应战。

蟀 4·JYX 【蟋蟀】昆虫,俗称促
织、蛐蛐儿等。

---

shuan

闩(閂) 1·UGD ①门后的横
插:门～。②用闩插
门:把门～上。

拴 1·RWG ①用绳子系上:～
马|～车|～船。②比喻被缠
住而不自由:琐事～身。

栓 1·SWG ①供开关的机件:枪
～|消火～。②塞子;像塞子
的东西:脑血～|～塞|～剂|螺～。

涮 4·INM ①摇动、摆动着冲洗:
～瓶子|～手巾。②把生肉片
等放在沸水里烫一下即取出来蘸
作料吃:～羊肉。③〈方〉被耍弄、
欺骗:别拿我开～。

腨 4·EMDJ 腿肚子。

---

shuang

双(雙) 1·CC ①两个:～手。
②量词,用于成对的东
西:一～袜子。③偶数的:～号。
④加倍的:～料货。⑤姓。

【双簧】曲艺的一种,一人在前面表
演,一人在后面说唱。

【双声】音韵学指两个字的声母相
同,如"改革""犯法"。

【双氧水】3%的过氧化氢水溶液,无
色,味微酸,用于消毒,防腐。

泷(瀧) 1·IDX 【泷水】地
名,罗定的旧称,在
广东。
另见 lóng。

潨 1·IMPI 用于地名:～缺(在
上海)。
另见 chóng。

霜 1·FS ①水气遇冷在地面结
成的冰晶。②像霜的东西:柿
～|盐～。③比喻白色:～鬓。④
指油脂:护肤～。

孀 1·VFS 寡妇:遗～|孤～|～
居|～妇。

骦(驦) 1·CFSH 【骕骦】古
书中的良马名。

礵 1·DFSH 用于地名:观音～
(在福建)。

鹴(鸘) 1·FSHG 【鹔鹴】古
书上说的一种鸟。

爽 3·DQQ ①明朗,清亮:秋高
气～|神清目～。②直爽:豪
～|～利。③舒服,畅快:身体不
～|令人神～。④使爽快:～口。
⑤违背,差失:丝毫不～|～约。

【爽然若失】形容心中无主,空虚恍
惚。爽然:空虚恍惚的样子。

---

shui

谁(誰) 2·YWYG "谁"(shéi)
的又读。

水 3·II ①氧和氢的化合物。②
河流:汉～。③江、河、湖的总
称:～域。④附加费用或额外的收
入:汇～|贴～|外～。⑤液汁:药
～|橘子～。⑥洗的次数:这条裤
子洗了两～了。⑦姓。

【水碓】利用水力舂米的机具。

【水袖】古戏装衣袖拖下的部分。

【水碱】硬水煮沸后留在容器内的白色沉积物,也叫水锈。

【水牌】临时记账、记事用的木板等。漆成白色的也叫粉牌。

【水门汀】〈方〉水泥,也指混凝土、水泥地面。英语 cement。

说(说) 4·YU 劝说别人听从自己的意见:游~。
另见 shuō,yuè。

帨 4·MHUQ 古代一种佩巾。

税 4·TUK 政府无偿征收的货币或实物。

睡 4·HT 睡觉:~眠|~梦|入~。

shun

吮 3·KCQ 吮吸,嘬:~乳|~笔。

楯 3·SRFH 栏杆的横木。

顺(顺) 4·KD ①向着同一个方向:~风|~水。②沿,循:~着路走。③顺利。④顺从,依顺:归~|百依百~。⑤随:~口|~手。⑥通顺:文通字~。⑦适合,如意:~心|~意。⑧依次:~延。

舜 4·EPQH 传说中的上古帝王。

瞬 4·HEPH 一眨眼:~间|~息万变|转~即逝。

shuo

说(说) 1·YU ①讲,论,解释:~话|长~短~|

明。②言论,主张:学~。③批评:~了他一顿。④说和,介绍:~对象。
另见 shuì,yuè。

妁 4·VQY 女方的媒人:媒~之言|男曰媒,女曰~。

烁(爍) 4·OQI ①光辉,发光:闪~|繁星~~|震古~今。②同"铄"。熔化金属。

铄(鑠) 4·QQI ①熔化金属:众口~金|~石流铁(比喻天气极热)。②削弱,耗损。③同"烁"。

朔 4·UBTE ①农历每月初一:~望(朔日和望日)。②北方:~风|~方。

搠 4·RUB ①打。②刺,扎。

蒴 4·AUB 【蒴果】果实的一种,成熟后自动裂开,如芝麻、凤仙花等的果实。

槊 4·UBTS ①长矛,古代的一种兵器。②古代一种博戏,又名握槊。

硕(碩) 4·DDM 大:~果|丰~|~鼠|~大无朋。

数(數) 4·OVT 屡次:~见不鲜|频~|~犯边境。
另见 shǔ,shù。

si

厶 1·CNY ①"私"的古字。②古同"某":~地|~人。

私 1·TCY ①私人的,自己的:~房|~事。②私心:大公无~。③秘密的,不合法的:~通|

~货。④私下:~语|~了。

司 1·NGK ①主持,掌管:~机|各~其事|~仪。②部级机关的部门:~局。③姓。

【司南】古代用于辨别方向的勺形仪器。

丝(絲) 1·XXG ①蚕丝。②像丝的东西:粉~。③极小,细微:~毫。④计量单位,十忽为一丝,十丝为一毫。

【丝竹】泛指管弦乐器:江南~。

【丝锥】加工内孔螺纹的工具。

咝(噝) 1·KXXG 象声词,形容枪弹飞过等的声音。

鸶(鷥) 1·XXGG 【鹭鸶】水鸟名,即白鹭。

思 1·LN ①思考,想。②思念:~亲|哀~。③思路,思绪:文~|愁~。

偲 1·WLNY 【偲偲】相互勉励督促:朋友切切~。另见 cāi。

缌(緦) 1·XLNY ①细麻布,古时用来制丧服。②丧服"缌麻"的简称。

榹 1·SLNY ①相思树,豆科植物,蔓生灌木。②用于地名:~栗(在重庆)。

飔(颸) 1·MQLN ①疾风:一举必千里,乘~举帆幢。②风:一阵阵的凉,讨人喜欢地吹来。③凉爽:秋风肃肃晨风~。

锶(鍶) 1·QLNY 一种金属元素,符号 Sr。用于制造光电管和焰火等。

虒 1·RHAM ①传说中的兽名,似虎有角。②用于地名:

~亭(在山西)。

斯 1·ADWR ①这,此,这个:~里:~时|如~|~人|生于~,长于~。②则,于是,就。③姓。

厮 1·DADR ①男性仆人:小~。②对人轻视的称呼:这~|那~。③互相:~打|~混|~守。

澌 1·UADR 解冻时流动的冰。

撕 1·RAD 扯开:把衣服~开|把纸~下来。

嘶 1·KAD ①马叫:战马~鸣。②声音哑:声~力竭。

澌 1·IADR ①尽,灭:~灭。②通"澌",解冻时流动的冰。

螄(螄) 1·JJG 【螺螄】淡水螺的通称,通常较小。

死 3·GQX ①死亡。②拼死:~守。③达到极点:高兴~了。④不可调和:~对头。⑤不灵活,死板:~水|~心眼。⑥不通的:~胡同。

巳 4·NNGN ①地支第六位。②巳时,上午9点到11点。

汜 4·INN 由主流分出而又汇入主流的河水。

【汜河】水名,在河南。

祀 4·PYNN ①祭祀:~祖|~天|奉~。②殷代特指年:惟十有三~。③世,代:传于后~。

四 4·LH ①数目字。②古代乐谱记音符号,相当于简谱的"6"。③姓。

泗 4·ILG 鼻涕:涕~滂沱。

【泗河】水名,在山东。

驷(駟) 4·CLG ①古代指同拉一辆车的四匹马:~

马难追。②马:若~之过隙。

寺 4·FF ①古代官署名:大理~|太常~。②佛教庙宇:~院|少林~。③伊斯兰教徒礼拜和讲经的地方:清真~。

似 4·WNY ①像,如同:相~。②似乎:~可。③用于比较,表示超过:一天好~一天。
另见shì。

姒 4·VNY ①古代称丈夫的嫂子:娣~。②古称姐姐。③姓。

兕 4·MMGQ 古代犀牛一类的野兽,一说为雌的犀牛:虎~出于柙。

耜 4·DIN ①古代似锹的农具。②古指犁上与铧相似的部件。

伺 4·WNG 观察,守候侦察:~敌|~机|窥~。
另见cì。

饲(飼) 4·QNNK 饲养,饲料:~育|打草储~。

笥 4·TNG ①盛饭或衣物的方形竹器:衣裳在~。②装,藏。

嗣 4·KMA ①接续,继承:~位|~子。②子孙:后~|子~。
【嗣后】以后。

俟 4·WCT 等待:~机进攻。
另见qí。

涘 4·ICTD ①水边:在河之~。②用于地名:南港~(在山东)。

食 4·WYV 供养,以食物与人:~饮之~之。
另见shí。

肆 4·DV ①肆意:放~|~行|~虐。②店铺:酒~|书~。③数目字"四"的大写。
【肆力】尽力:~农事。

【肆虐】任意施暴破坏:台风~。

song

忪 1·NWC 【惺忪】刚睡醒,眼睛模糊不清的样子:睡眼~。
另见zhōng。

松 1·SWC ①松树:马尾~|黑~|油~。②姓。

松(鬆) 1·SWC ①松散;使宽~:蓬~|~绑。②宽裕:手头~了一些。③松脆。④一种食品:鱼~|肉~。

凇 1·USW 水气在物体表面结成的冰花:雾~|雨~。

菘 1·ASW 菘菜。古书上指白菜。

崧 1·MSW 同"嵩",山高而大。也指嵩山。

淞 1·ISWC 【淞江】又叫"吴淞江",发源于太湖,流经上海入海。

娥 1·VAD 【有娥】古国名,在今山西。

嵩 1·MYM ①山高而大。②指嵩山,五岳中的中岳,在河南。

㧐(攏) 3·RCCY ①挺立,耸立。②〈方〉推:把他~出大门。

悚(慫) 3·WWN 惊惧,害怕:~惊。
【怂恿】扇动、撺掇别人去做某事。

耸(聳) 3·WWB ①高起,直立:~立|~肩|~峙。②使人吃惊:危言~听。

悚 3·NGKI 恐惧:毛骨~然|惶~|~栗(恐惧得发抖)。

竦 3·UGKI ①恭敬:~然起敬。②同"悚"。③伸长脖子,踮脚直立:～立以听。

讼(訟) 4·YWC ①打官司,法庭辩论:诉～｜～事｜～案。②辩论是非:聚～纷纭。

颂(頌) 4·WCD ①称赞,称颂:歌～。②祝颂:敬～大安。③《诗经》的一部分,主要是用于祭祀的乐歌舞曲。④一种为颂扬而作的诗文。

宋 4·PSU ①周朝国名,在今河南商丘一带。②朝代名,南朝之一。③朝代名,宋朝,赵匡胤所建。④姓。

送 4·UDP ①运送,递交。②赠送。③送行,陪着走。④断送:～命｜葬～。

【送灶】旧俗,在农历十二月二十三或二十四日灶神升天的日子祭送灶神。

诵(誦) 4·YCEH ①大声念,朗读:朗～。②背诵:过目成～。

SOU

搜 1·RVH ①寻找,寻求:～集｜～罗。②搜查:～身｜～捕。

嗖 1·KVH 形容东西很快飞过的声音。

馊(餿) 1·QNVC ①食物变质:饭～了。②不高明:～主意。

廀 1·YVHC ①隐藏,隐匿:人焉～哉？②山水等弯曲的地方:步从容于山～。

溲 1·IVH 大小便,特指小便:～溺。

飕(颼) 1·MQVC 象声词,同"嗖":风～～地吹过。

锼(鎪) 1·QVHC 镂刻,用钢丝锯挖刻木头。

蝼 1·JVH 【蝼蝼】昆虫,体扁平狭长,黑褐色,尾部像夹子,生活在潮湿的地方。

艘 1·TEVC 量词,用于船只:三～大船。

蒐 1·ARQC ①草名,即茜草。②春天打猎。

叟 3·VHC 年老的男人:童～无欺｜老～｜樵～｜智～。

瞍 3·HVH ①眼睛没有瞳仁,看不见东西。②盲人。

嗾 3·KYT ①指使狗时发出的声音。②教唆:～使。

擞(擻) 3·ROVT 【抖擞】振作:精神～。

擞(擻) 4·ROVT 〈方〉用捅条捅炉灰:～一～炉子。

薮(藪) 3·AOVT ①多草的湖泽:山林～泽。②人或物聚集的地方:渊～｜盗～。

嗽 4·KGKW 咳嗽:干～。

SU

苏(蘇) 1·ALW ①植物名:紫～。②江苏和苏州的简称。③指苏联。④苏醒:复～。⑤指须状下垂物:流～。

苏(囌) 1·ALW 【噜苏】〈方〉啰唆,说话多而不干脆。

甦 1·GJQG ①"苏"的异体字,复活,恢复:死而复～。②

用于人名。

酥 1·SGTY ①酥油。②酥松:～糖。③含油而松脆的食品:桃～。④身体软弱无力:～软。

【酥油】从牛奶或羊奶中提取出来的脂肪。

稣(穌) 1·QGTY ①"苏"(苏醒)的本字,苏醒:死而复～。②译音用字:耶～。

窣 1·PWYF 【窸窣】形容细小的摩擦声。

俗 2·WWWK ①风俗,民俗:入乡随～。②大众化的,流行的:通～。③趣味不高的,肤浅的:庸～|～气。④世俗的,非宗教的:还～。

夙 4·MGQ ①早晨:～兴夜寐。②旧有的,素有的:～愿。

诉(訴) 4·YR ①告知,叙说:告～。②倾吐:～苦。③控告:起～|～状(起诉书)。

【诉讼】法院、检察机关和民事、刑事案件的当事人解决案件时所进行的活动。

肃(肅) 2·VIJ ①恭敬:～立|～然。②严肃,庄重:～静。③清除:～贪。④凋萎:～杀。

骕(驌) 4·CVIJ 【骕骦】古书中的良马名。

鹔(鷫) 4·VIJG 【鹔鹴】古书上说的一种鸟。

素 4·GXI ①白色,本色:～色。②非荤的:～食。③本来的,原始的:～质|～材。④质朴,朴～。⑤构成事物的基本成分:要～。⑥素向:～不相识|我行我～。

傃 4·WGXI ①面向:～关西而东。②平素,平常:～得适其

～。③遵守:循其分,～其分。

嗉 4·KGX 【嗉子】①嗉囊,鸟类的消化器官。②小酒壶。

愫 4·NGX 真情实意,诚意:情～(真实的情意)。

速 4·GKIP ①迅速:～递。②速度:风～。③邀请:不～之客。

涑 4·IGKI 【涑河】水名,在山西。

觫(觫) 4·(QNGI) 鼎中的食物,泛指精美食物。

觫 4·QEGI 【觳觫】因恐惧而发抖:吾不忍其～,若无罪而就死地。觳(hú)。

宿 4·PWDJ ①晚上睡觉,过夜:住～。②老的,长期从事某种工作的:～将|～儒。③平素,一向:～愿。④姓。
另见 xiǔ, xiù。

【宿愿】同"夙愿"。

【宿根】某些二年生或多年生草本植物的根。

【宿将】久经沙场的老将。

缩(縮) 4·XPW 【缩砂密】草本植物,也叫缩砂,种子入药,叫砂仁。
另见 suō。

蹜 4·KHPJ 【蹜蹜】小步快走的样子。

粟 4·SOU ①谷子,去皮后称小米。②泛指粮食。③姓。

僳 4·WSO 【傈僳族】我国少数民族之一,主要分布在云南。僳(lì)。

谡(謖) 4·YLW 起,起来。

【谡谡】挺拔刚劲的样子。

塑 4·UBTF ①塑造:泥～|雕～。②具有可塑性的化合物:

~胶丨~料。

溯 4·IUBE ①逆流而上:~江而上。②向上推求或回想:追~。

蔌 4·AGK 蔬菜:山肴野~。

籁 4·TGKW 【籁籁】①象声词,形容风吹草动的声音。②形容眼泪等纷纷落下的样子。

---

suan

狻 1·QTCT 【狻猊】传说中的一种像狮子的猛兽。猊(ní)。

酸 1·SGC ①酸味。②一类化学物:硫~丨盐~。③伤心,悲痛:心~丨~楚。④迂腐,寒酸:穷~相。⑤微痛无力:腰~背痛。

蒜 4·AFI 大蒜:~苗丨~泥。

算 4·THA ①计算。②算数,承认有效:我说了~。③作为,当作:你~什么丨~我没说。④推测:推~。⑤计谋:老谋深~。⑥作罢:不来~了。⑦总算:这事最后~弄清了。⑧打算,计划:盘~。

---

sui

尿 1·NII 小便,限于口语名词:小孩又尿(niào)了一泡~。另见 niào。

虽(雖) 1·KJ ①虽然:个子~小力很大。②即使:~死犹生。

荽 1·AEV 【芫荽】俗称香菜,果实可制芫荽油,叶供食用,也

可入药。芫(yán)。

眭 1·HFF 姓。

睢 1·HWYG 姓。

【恣睢】任意胡为。

滩 1·IHW 【滩河】水名,发源于安徽,流入江苏。

绥(綏) 2·XEV ①安抚:~靖丨~抚。②平安:顺颂台~丨时~。

隋 2·BDA ①朝代名,隋文帝杨坚所建。②姓。

随(隨) 2·BDE ①跟从:跟~。②顺从,任凭:~你便丨~意。③顺便:~手。④〈方〉相像:长相~母亲。

遂 2·UEP 顺意,听从使唤:半身不~。

遂 4·UEP ①称心如意:~心②成功:杀人未~。③于是,就:~与之俱出。

髓 3·MED ①骨髓。②像骨髓的东西:脑~。③比喻事物的精华:精~。⑤植物茎的中心部分。

岁(歲) 4·MQU ①年:~末。②表示年龄的单位:三~。③年景,年成:丰~。

谇(誶) 4·YYW ①责骂:诟~。②诘问:~候。③直言规劝。④告知。

碎 4·DYW ①破碎,使破碎。②碎的,零星的:~屑丨~布。③唠叨:嘴~丨闲言~语。

祟 4·BMF 原指鬼神给人带来灾祸,借指不正当的行动:邪~丨祸~丨作~丨鬼鬼~~。

隧 4·BUE 地道,在山中或地下凿成的通路:~洞丨~道。

璲 4·GUEP 佩带用的瑞玉。

镱(鐩) 4·(LUEP) 古代一种车饰。

燧 4·OUE ①上古取火器具:~石|钻~取火。②古代边防报警的烽烟,夜间点的火叫烽,白天烧的烟叫燧:烽~。

镲(鐩) 4·(QUEP) 古代利用日光取火的凹镜。

穟 4·TUEP ①同"穗"①。②禾穗成熟茂盛的样子。

邃 4·PWUP ①深远:深~|~古|~谷。②精深:精~。

襚 4·PUUP ①向死者赠衣被,泛指赠送衣物。②系佩玉的丝织绶带。

旞 4·YTUP 古代导车用五彩羽毛装饰的旌旗。

穗 4·TGJN ①谷类植物簇生的花或实:稻~|~轴(玉米等穗中间的轴)。②穗子,丝线、布条等成束下垂的长条:旗~。③广州的别称。④姓。

sun

孙(孫) 1·BI ①儿子的儿女。②孙子以后的各代后裔:曾~|玄~|二十一世~。③与孙子同辈的亲属:外~|侄~。④植物再生的:~枝|~竹。

荪(蓀) 1·ABIU 古代指一种香草。也叫荃。

狲(猻) 1·QTBI 【猢狲】猴子的别称:树倒~~散。

飧 1·QWYE ①晚饭,泛指饭食。②熟食。

损(損) 3·RKM ①减少:~益|增~。②损害:~人利己。③损坏,丧失:破~|~兵折将。④尖刻,刻薄:说话太~。⑤用刻薄的话挖苦人:说话别太~人。

笋 3·TVT ①竹笋。②像笋的东西:石~。

【笋瓜】一年生草本植物,蔓生,果实可做蔬菜。

隼 3·WYFJ 一种凶猛的鸟,善于袭击其他鸟类。也叫鹘。

榫 3·SWYF 榫子,榫头:用凿子打~眼。

suo

莎 1·AIIT 【莎草】多年生草本植物。地下块根叫香附子,有调经、止痛等作用。
另见 shā。

娑 1·IITV 【婆娑】①盘旋,舞蹈的样子:~起舞。②形容枝叶纷披、扶疏:树影~。③泪水滴落的样子:泪眼~。

桫 1·SII 【桫椤】蕨类植物,茎含淀粉,可供食用。

挱 1·IITR 【摩挱】用手抚摩:~着脸。
另见 sā,shā。

唆 1·KCW 唆使,指使或挑动别人去做坏事:教~|挑~。

梭 1·SCW 梭子,织布时牵引纬线的工具,两头尖,中间粗:穿~不息|日月如~。

【梭镖】传统冷兵器,装上长柄的两边有刃的尖刀。

睃 1·HCW ①看。②斜着眼看。

羧 1·UDCT 羧基,有机化合物中含碳、氧和氢的基。

蓑 1·AYK 蓑衣,用草、棕等制成的雨披:孤舟~笠翁,独钓寒江雪。

嗍 1·KUB 用唇舌裹食吮吸:~奶。

缩(縮) 1·XPW ①后退:退~。②收缩,变小:萎~|~水|压~。
另见 sù。

所 3·RN ①处所,地方:寓~|各得其~。②机关或其他办事地方的名称:派出~|研究~。③量词,用于房屋,学校等。④助词:为人~知|不为~动|~提出的。⑤姓。
【所向披靡】比喻力量所至,障碍全被扫除。披靡:草木被吹倒。

索 3·FPX ①粗绳子,泛指绳索,引申为链条:绞~|铁~。②搜寻:搜~|按图~骥。③索取,讨要:~价|~欠。④孤单:离群~居。⑤寂寞,没有意味:兴致~然|~然无味。⑥姓。

溹 3·IFPI 【溹泸河】水名,即索泸河,在河北。

唢(嗩) 3·KIM 【唢呐】簧管乐器,形状像喇叭,木身铜口,有八孔。

琐(瑣) 3·GIM ①细小,零碎:~事|~闻|~碎|~屑。②卑微:猥~。

锁(鎖) 3·QIM ①须用钥匙方能启开的封缄器:门~。②锁住:~门。③锁链:枷~。④皱眉:愁眉双~|愁眉~眼。⑤用于衣物边缘或扣眼的一种缝纫方法:衣服~边|~扣眼。

葰 3·AWCT 姓。
另见 jùn。

嗦 5·KFPI 【哆嗦】颤动,发抖。

T t

ta

他 1·WB　代词。①第三人称。一般指男性，也泛指不分性别。②别的，另外的：～人|～山之石。③虚指，用于动词和数量词之间：喝～两杯。

她 1·VBN　①女性第三人称代词。②代称祖国等事物，以表敬爱之情。

它 1·PX　代称人类之外的事物。

铊(鉈) 1·QPX　一种金属元素，符号Tl。质地很软，用于制造合金、光电管、低温温度计、光学玻璃等。
另见 tuó。

跿 1·KHEY【跿拉】脚后跟踩着鞋后帮走路：～着鞋走路|～儿(拖鞋)。

塌 1·FJN　①倒塌；下陷：～顶|～鼻梁。②安定，安心：死心～地|～实。

溻 1·IJN　〈方〉汗水把衣服等弄湿：天真热，把衣服都～了。

褟 1·PUJN　①贴身的单衫：汗～儿。②在衣物上缝(花边等)：～花边。

踏 1·KHIJ【踏实】①切实，不浮躁：工作～。②情绪安定：这下～了。

踏 4·KHIJ　①用脚踩，践：～步|～青。②到现场(查勘)：～勘。

塔 3·FAWK　①佛塔，佛教的多层尖顶建筑物。②塔形建筑：水～。

碥(礄) 3·(DDP)　用于地名：～石(在浙江)。
另见 dá。

獭(獺) 3·QTGM　哺乳动物，旱獭、水獭等的统称，多指水獭。

鳎(鰨) 3·QGJN　鳎目鱼，鱼类的一科。体侧扁，两眼均在右侧。

拓 4·RD　用纸摹印器物上的文字图表，拓印：～片|～本。
另见 tuò。

沓 4·IJF　多而重复：杂～|重～|纷至～来。
另见 dá。

挞(撻) 4·RDP　用鞭子、棍子等打人：鞭～|～伐。

闼(闥) 4·UDPI　①门，小门：排～直入。②门楼上的小屋。

嗒 4·KAWK　失意、懊丧的样子：～然若丧|～丧而归。
另见 dā。

鞳 4·AFAK　【镗鞳】形容钟鼓声。

阘(闒) 4·UJND　①楼上小户。②(地位)低下，卑贱：～茸|～懦。

榻 4·SJN　低矮狭长的坐卧用具：下～|竹～|藤～。

蹋 4·KHJN　踩，踏。

【糟蹋】浪费或损坏，也指侮辱、蹂躏。

濌 4·ILX　【濌河】古水名，在今山东。
另见 luò。

邋 5·JNP　【邋遢】〈方〉不整洁，不干净。

tai

台 1·CK

【天台】地名，又山名，在浙江。

【台州】地名，在浙江。

台(臺) 2·CK　①平而高的建筑物：亭～楼阁。②讲台，戏台。③像台一样的设备，器物的座子：蜡～|窗～。④量词：一～戏|一～车。⑤台湾的简称：～商。⑥电视台或电台的简称：中央～。⑦姓。

【台地】四周陡峭，中间平广的高地。

台 2·CK　①敬称对方或与对方有关的：～甫|兄～|～鉴|～启。②姓。

【台鉴】书信用语，指敬请对方阅读。

【台端】敬辞，旧时称对方。

【台甫】敬辞，用于询问对方表字。

台(檯) 2·CK　桌子或类似的器具：写字～|梳妆～。

台(颱) 2·CK　【台风】发生在太平洋西部海洋和南海上的极猛烈的风暴。

苔 1·ACK　舌苔，舌面垢腻。中医常根据舌苔状况诊病。

苔 2·ACK　苔藓植物的一纲，又叫水衣、地衣。生长在阴湿处。

胎 1·ECK　①母体内未出生的幼体：～儿。②衬在衣被里的东西：棉花～。③某些器物的坯：泥～。④轮胎：车～。⑤比喻事物的根源：祸～。⑥怀孕或生育的次数：头～。

【胎衣】胎盘或胎膜的总称。

邰 2·CKB　姓。

抬 2·RCK　①往上托，举：～手。②共同用手或肩搬东西。③往上仰：～头。④提高：～价。

骀(駘) 2·CCK　劣马：驽～(劣马，比喻庸才)。
另见 dài。

炱 2·CKO　烟气凝结而成的黑灰，俗称煤烟子：煤～|松～。

跆 2·KHCK　踩踏：～籍。

【跆拳道】一种手脚并用的搏击运动，源自朝鲜族。

鲐(鮐) 2·QGC　鲐鱼，体呈纺锤形。属鲭鱼科，又称油筒鱼。

薹 2·AFKF　①薹草，多年生草本植物，茎叶可制蓑、笠。②薹菜，即油菜。又名芸薹。③蒜、韭菜等的花茎,可食用。

呔 3·KDYY 〈方〉说话带外地口音。

另见 dāi。

太 4·DY ①至高;极大;最:～空|～湖|～古。②称大两辈的尊长:～老伯|～夫人|～老师。③副词,表示过于、极、很:～热|～好了。

【太岁】①木星的别称,古代以木星为岁星,以其公转12年周期纪年。②迷信指值岁的凶神,与天上的岁星相应而行,兴土木、迁徙、嫁娶等均应禁忌其运行方位。③旧时对土豪劣绅的憎称。

【太保】①辅导太子的官。②辅佐国君的官。

【太阴】月亮。

【太学】我国古代的最高学府。

【太上老君】道教对老子的尊称。

汏 4·IDY ①淘汰,涤除:裁～|优胜劣～。②洗涤。

态(態) 4·DYN ①体态:姿～。②情状,样子:事～|状～|常～|～势。

肽 4·EDY 一种有机化合物。也叫胜(shēng)。

钛(鈦) 4·QDY 一种金属元素,符号Ti。合金比重小、强度高、耐腐蚀,广泛用于航空、宇宙工业。

酞 4·SGDY 一种有机化合物,如酚酞。

泰 4·DWIU ①平安,安宁:～然自若|全家康～|国～民安。②极,最:～西。③古代酒器。④指泰山,五岳中的东岳,在山东。⑤姓。

【泰斗】泰山北斗。比喻学问高

超,德高望重的人。

【泰西】旧时指西洋,主要指欧洲。

---

tan

坍 1·FMYG 倒塌:～台|～方|～缩(指天体体积缩小,密度加大)。

贪(貪) 1·WYNM ①贪污:～官。②贪婪:～杯|～玩|～得无厌。③贪图:～便宜。

啴(嘽) 1·KUJF 【啴啴】形容牲畜喘息的样子。

另见 chǎn。

摊(攤) 1·RCW ①展开,平铺:把书一～开。②分摊;落到:～派|～到棘手的事。③烹饪方法:～鸡蛋。④路边的简易售货点:水果～。⑤量词,指摊开的糊状物:一～血。

滩(灘) 1·ICW ①河、海、湖边深水时淹没、浅水时露出的地方,泛指水边低于岸的地方:海～|沙～。②江河中水浅流急多石的地方:险～。

【滩簧】流行于江浙的说唱艺术。

【滩涂】海涂。

瘫(癱) 1·UCWY 瘫痪:偏～|截～|风～。

坛(壇) 2·FFC ①土筑的高台,古代用于祭祀、誓师等大典:天～|地～|登～拜将。②用土堆成的台,多用于种花。③指文艺界、体育界或舆论阵地,某些职业、专业活动领域:体～|文～|政～。④讲解或发表言论的场所:讲～|论～。⑤某些宗教活动

的场所:法～。

坛(罎) 2·FFC 一种口小腹大的陶器:酒～。

昙(曇) 2·JFCU 云彩密布,多云。

【昙花】常绿灌木。花夜间开放,花期极短。常用以比喻一出现就很快消失的事物:～一现。

俶 2·WOOY 安然不疑。

郯 2·OOB 【郯城】地名,在山东。

谈(談) 2·YOO ①谈说:～天|～论。②言谈:美～|无稽之～。③姓。

惔 2·NOOY 燃烧:如～如焚。

锬(錟) 2·QOO 古时的一种长矛。

痰 2·UOO 肺泡、支气管和气管分泌的黏液。

弹(彈) 2·XUJF ①弹击:～土|～琴|～棉花。②有弹力的:～簧。③用力发射:～射。④抨击:讥～|～劾。
另见 dàn。

【弹词】流行于南方的一种自弹自唱的曲艺。

【弹劾】政府或检察机关对政府官员罪状的抨击检举。劾(hé)。

覃 2·SJJ ①深:～思。②姓。
另见 qín。

谭(譚) 2·YSJ ①旧同"谈":天方夜～。②姓。

潭 2·ISJ ①深的水池:龙～虎穴|清～。②坑:泥～。

礑 2·DSJH 用于地名:～口(在福建)。

镡(鐔) 2·QSJH 姓。
另见 chán,xín。

替 2·SSLF 〈方〉坑,水塘。多用于地名:～滨(在广东)。

澹 2·IQDY 【澹台】复姓。
另见 dàn。

檀 2·SYL ①树名。青檀、紫檀等的统称,通常指黄檀:坎坎伐～兮。②姓。③梵文音译字:～越(施主)|～那(布施)。

【檀香】檀香科常绿小乔木,木材坚硬浓香,为著名香料,可入药。

【紫檀】豆科常绿大乔木,木质坚硬,通称红木,可制优质家具。

【青檀】榆科落叶乔木,木质坚硬,果实有圆形翅,树皮为制造宣纸主要原料。

【黄檀】豆科落叶乔木,果实豆荚状,木质坚硬。

忐 3·HNU 【忐忑】心神不定:～不安。忑(tè)。

坦 3·FJG ①平坦:～途。②直爽:～率。③心里安定:～然。

钽(鉭) 3·QJG 一种金属元素,符号 Ta。具有超导性、单向导电性、抗酸碱性和良好的延展性,广泛用于化工、电子工业和医学。

祖 3·PUJG ①敞开上衣,露出身体一部分:～胸露臂|～露。②祖护:偏～。

莜 3·AOOU 初生的荻,形似芦苇:鳣鲔发发,葭～揭揭。

毯 3·TFNO 毯子,厚实的织品:毛～|地～|壁～。

璮 3·GYLG 玉名。

叹(嘆) 4·KCY ①叹气,叹息:感～。②吟咏:一唱三～。③赞叹:～为观止|～服。

炭 4·MDO ①木炭:烧~。②像木炭的东西:山楂~(中药)。③〈方〉煤。

碳 4·DMD 一种非金属元素,符号C。金刚石、石墨是自然界中的纯碳。

【碳化钙】即电石。

探 4·RPWS ①寻找,探索:~矿。②侦察,打听:~子|侦~|~口气。③看望:~亲访友。④向上,向前伸:~头。

tang

汤(湯) 1·INR ①热水,开水:赴~蹈火。②食物煮后的汁:米~|菜~。③中药汤剂:柴胡~。④商朝第一个君主,又称商汤、成汤。⑤姓。
另见 shāng。

【汤头】中药汤剂的配方。

【汤池】①热水浴池。②沸水似的护城河,形容护卫严密:金城~。

【汤锅】宰杀家畜用以去毛的大锅。

锡(鍚) 1·QIN 【锡锣】小铜锣。

耥 1·DIIK ①耥耙,一种有钯齿的农具,用于平地、松土、除草。②用耥耙松土除草。

喥 1·KIPF 象声词,形容敲锣、撞钟、放枪等声音。

镗(鏜) 1·QIPF 象声词,形容钟鼓或锣的声音。

镗(鏜) 2·QIPF 对工件已有的孔进行加工:~床。

踄 1·KHIF ①从浅水里走过去:~水。②翻土除草:~地。

羰 1·UDM 羰基,由碳氧构成的原子团。

唐 2·YVH ①夸大,虚夸:荒~|~大无验。②空,徒然:~捐。③朝代名。1. 唐朝,建都长安,也称李唐。2. 五代之一,建都洛阳,史称后唐。3. 五代时十国之一,建都金陵,史称南唐。

【唐突】言语举动冒犯别人。

【唐人】古代外国对中国人的称呼,也用于海外华侨的自称:~街。

塘 2·FYV ①堤岸:海~。②水池:鱼~。③浴池:澡~。

搪 2·RYV ①抵挡:~饥|~风。②敷衍,糊弄:~塞|~差事|~账。③涂抹:~瓷|~炉子。

溏 2·IYVK ①泥浆:~泥。②不凝结,半流动的:~蛋|~便。

郳 2·YVHB ①古国名。②用于地名:~郿(在山东)。

瑭 2·GYVK 古代的一种玉名。

螗 2·JYVK 一种较小的蝉:~蜩。

糖 2·OYVK ①食糖,水果糖。②有机化合物的一类,分单糖(如葡萄糖、果糖)、双糖(如蔗糖、麦芽糖)和多糖(如淀粉、纤维素),也叫碳水化合物,人体产生热量的主要物质。旧也作"醣"。

醣 2·SGYK 旧同"糖"。有机化合物的一类

堂 2·IPKF ①正房(古代房屋正为堂,侧或后为室):登~入室。②专供某种用途的高大房屋:课~|会~。③堂房,同祖父的同辈亲属:~兄。④旧时官府中审案的地方:大~|过~。⑤量词,表示成套家具、课程和审案次数等:一~课|一~家具|过了两次~。

【堂会】旧时为庆贺喜事,请人来家演出戏曲等。

棠 2·IPKS 【棠棣】木名,即郁李。《诗经》中有周公欢宴兄弟的诗,题名棠棣,故借指兄弟。也作唐棣、常棣。

鄣 2·IPKB 古地名,在今江苏南京。

樘 2·SIP ①门框或窗框:窗~。②量词,指连框的成套门窗:一~门。

膛 2·EI ①胸腔:开~剖腹。②器物的中空部分:炉~|枪~。

螳 2·JIP 螳螂,有的地区叫刀螂:~臂当车。

帑 3·VCM 国库或国库所藏的钱财:国~|公~。

倘 3·WIM 假设,假如:~若|~或|~有意外。
另见 cháng。

堂 3·FIMK 〈方〉山间平地,多用于地名:贾~(在宁夏)|都家~(在陕西)。

淌 3·IIM 流下:~水|~汗|~眼泪。

躺 3·TMDK 倒下,平卧:~在床上|~倒。

傥(儻) 3·WIPQ 同"倘"(tǎng)。
【倜傥】洒脱,不拘束:风流~。

铴(鐋) 3·QIPQ 古代兵器,形状像叉。

烫(燙) 4·INRO ①被火或高温灼痛,烫伤。②利用一种温度高的物体使另一物体升温:~酒。③熨烫:~衣服。④物体温度高:水太~。⑤烫发:电~。

趟 4·FHI ①量词,用于往来次数:来了一~。②〈方〉量词,用于成行的东西:一~树苗。

叨 1·KVN 承受好处:~光|~教|~扰。
另见 dāo。

弢 1·XBHC ①"韬"的异体字。②多用于人名。

涛(濤) 1·IDT 大波浪:波~汹涌|浪~|~声。

焘(燾) 1·DTFO 焘(dào)的又音。多用于人名。

绦(縧) 1·XTS 用丝线编织的绳、带:丝~|~带。
【绦子】用丝线编织的花边或扁平的带子,用于衣物边沿装饰。
【绦虫病】绦虫寄生于人的小肠引起的病,有腹痛、消化不良等症。

掏 1·RQR ①挖:~一个洞。②从里面拿取:~钱|~耳朵。

滔 1·IEV 大水弥漫:波浪~天|~~江水。

慆 1·NEVG ①喜悦:~耳之声。②隐藏:以~乐忧。③贪:~天之功。
【慆慆】长久:我徂东山,~不归。

韬(韜) 1·FNHV ①弓或剑的套子。②隐藏:~晦。③用兵的计谋:~略。
【韬晦】"韬光晦迹"的简称。
【韬略】指古代兵书《六韬》《三略》。后指用兵的计谋。
【韬光晦迹】将锋芒或才能隐蔽起来。晦:不清楚。

饕 1·KGNE 贪:~贪|老~。

【饕餮】①古代传说中的一种贪食的恶兽,比喻凶恶贪吃的人。②丰盛的:～大餐。餮(tiè)。

【饕餮纹】古代装饰鼎等铜器上的饕餮兽图案。

逃 2·IQP ①逃跑:～脱。②躲避:～学|～荒。

【逃之夭夭】《诗经》诗句"桃之夭夭"。原指桃树茂盛,因"桃"与"逃"同音,后表示逃跑。

洮 2·IIQ 盥洗。

【洮河】水名,在甘肃:前军夜战～北。

桃 2·SIQ ①桃子,桃树。②形状像桃的:棉～。③指核桃:～酥。④姓。

【桃符】古时挂在两扇门上画着门神或写有神名的桃木板,用来避邪。后作为春联的别称。

【桃花汛】初春桃花盛开季节发生的河水暴涨。也叫桃汛、春汛。

鼗 2·IQF 乐器名,长柄的摇鼓,俗称拨浪鼓。

陶 2·BQR ①用黏土烧成的器物,陶器:～俑|彩～。②烧制陶器:～冶。③比喻教育、培养:熏～。④快乐的样子:～醉|～～然。

另见 yáo。

萄 2·AQR 【葡萄】落叶藤本植物,常见水果:～酒。

啕 2·KQRM 大哭:嚎～|号～大哭。

淘 2·IQR ①用水冲去杂质:～米|～金。②挖浚:～井。③寻找,购买:～宝|～旧书。④耗费:～神。

绹(綯) 2·XQRM ①绳索:昼尔于茅,宵尔索～。②绞制绳索。

騊(騊) 2·(CQR)【騊駼】古代良马名。駼(tú)。

梼(檮) 2·SDTF 【梼杌】①古代传说中的恶兽,借指恶人。②楚史名:楚之～,鲁之春秋。

讨(討) 3·YFY ①征伐,抨击:征～|声～。②研究:探～。③乞求,请求:乞～|～教。④招惹:自～没趣。⑤娶:～老婆。

套 4·DDU ①做成一定形状,罩在外面的东西:手～。②罩上。③互相衔接或重叠:～种|～色。④河流或山势弯曲的地方:河～|葫芦～。⑤模仿:～用|照～。⑥诱取:～出真话。⑦拉拢:～近乎。⑧用套拴住:～车|～马。⑨套子。⑩应酬的话:客～。⑪量词,用于成组的东西:一～房。

te

忐 4·GHNU 【忐忑】心神不定:～不安。忑(tǎn)。

忒 4·ANI 差错:差～|日月不过,四时不～。

另见 tuī。

铽(鋱) 4·QANY 一种金属元素,符号 Tb。化合物可制杀虫剂,也作药用。

特 4·TRF ①特别的,非常:～色|～长|～好。②专门的:～供。③但:不～如此。④特地,专门:～意|～供。⑤特务:敌～。

慝 4·AADN ①邪恶,邪恶之心:奸～|邪～|隐～。②邪恶之

人:国平而民无～矣。③灾害:芒种节后,阴气始亏,阴～将萌。④古通"忒":差～。

teng

熥 1·OCEP 把凉了的熟食再蒸或烤热:～白薯|馒头～热了。旧读 tōng。

疼 2·UTU ①痛:～痛。②爱怜,宠爱:心～人|妈最～你了。

腾(騰) 2·EUD ①奔驰,跳跃:奔～。②向上升:～空而起。③使空:～出位置。④表示动作反复:折～|翻～。

誊(謄) 2·UDYF 转录,抄写:～清|～印|～写。

滕 2·EUDI ①古代诸侯国名,在今山东滕州一带。②姓。

螣 2·EUDJ 【螣蛇】古书上说的一种能飞的蛇。

縢 2·EUDI ①封闭,约束。②绳索。

藤 2·AEU ①蔓生植物名,有白藤、紫藤等多种,可编箱子、椅子等。②某些植物的匍匐茎或攀援茎:瓜～|葡萄～。

䲢(䲢) 2·(EUDO) 鱼名。体粗壮,青灰色,头大眼小,下颌突出,栖息海底。

ti

体(體) 1·WSG 【体己】①私房钱。②亲近的,贴心的:～人|～话。也作梯己。

体(體) 3·WSG ①身体,身体的某部分:～重。②物体:固～|整～。③文字、文章的形式:草～|旧～诗。④亲身经历:～会|身～力行。⑤体制:国～。

剔 1·JQRJ ①从骨头上把肉刮下来:～骨。②从缝隙中挑:～牙。③剔除:挑～。④汉字笔画,即挑。

踢 1·KHJ 抬起腿用脚撞击:～球|～毽子|～腿。

梯 1·SUX ①梯子:电～|楼～。②梯状的:～田|～形。

䂪 1·EUXT 锑化氢中氢原子被烃基取代的有机化合物。

锑(銻) 1·QUX 一种金属元素,符号 Sb。合金多用来制造铅字、轴承等。

鹈(鷈) 1·RHAG 【鹈鹕】鸟名,似鸭而小,黄褐色。

擿 1·RUMP 指摘,揭露:发奸～伏。
另见 zhì。

葽 2·AGX ①草木初生的叶芽。②种子一类的草。
另见 yì。

绨(綈) 2·XUXT 光滑厚实的丝织品:～袍。

绨(綈) 4·XUXT 一种丝和棉混纺织品,以丝作经线,纱作纬线。

鹈(鵜) 2·UXHG 【鹈鹕】水鸟名,翼大嘴长,嘴下皮囊可兜食鱼类,善于游泳捕鱼。也叫淘河、塘鹅。

提 2·RJ ①悬空拿着东西。②往上提:～升。③往前移动时间:～早进行。④指出:～意见。

⑤取出:～款。⑥说起:别～了。⑦舀酒、油的器具:酒～。⑧汉字的一种笔形。

另见 dī。

【提子】①一种原产美国的葡萄。②〈方〉葡萄。

騠(騠) 2·(CJGH)【駃騠】①马和驴交配所生，也称驴骡。②古代骏马名。

缇(緹) 2·XJGH　橘红色:～缦。

瑅 2·GJGH　玉名。

題(題) 2·JGHM　①题目:标～|试～。②写,签:～词|～名。

醍 2·SGJH【醍醐】①精制的奶酪。②佛教比喻最高的佛法,也用于比喻智慧:～灌顶(灌输智慧,使人大彻大悟)。

鯷(鯷) 2·QGJH　海鱼名。体小侧扁,幼鱼干制品称海蜒。

啼 2·KU　①出声地哭:哭哭～～|～笑皆非。②动物鸣叫:鸡～|月落乌～|两岸猿声～不住。

遆 2·UPMP　①用于地名:北～(在山西)。②姓。

蹄 2·KHUH　兽类生在脚上的角质物,或指具有角质物的脚。

屉 4·NAN　①器物中可以随意拿出盛物的部分:抽～|笼～。②量词,指装在笼屉内的东西:一～包子。

剃 4·UXHJ　用刀刮去毛发、胡须等:～头|～胡子。

涕 4·IUXT　①眼泪:痛哭流～|感激～零。②鼻涕。

悌 4·NUX　敬爱、顺从哥哥:孝～。

倜 4·WMF　【倜傥】洒脱,不拘束:风流～。

逖 4·QTOP　①遥远:～矣,西土之人。②使之远离:诛逐仁贤,离～骨肉。

惕 4·NJQ　小心:警～敌人来犯|～厉(警惕,戒惧)。

褆 4·PUJR　婴儿的包被。

另见 xī。

替 4·FWFJ　①更替,代替:我来～他。②介词,为:谁都～他高兴。③衰落:衰～|隆～。

嚏 4·KFPH　喷嚏:打～。

趯 4·FHNY　①跳跃:趯者～其股。②踢:～倒葫芦掉却琴。③汉字笔形之一,今称钩。

tian

天 1·GD　①天空。②顶部的;凌空的:～棚|～桥。③一天;白天。④一天里某一段时间:五更～。⑤季节;天气:伏～|晴～。⑥自然;天然的;天生的:人定胜～|～性|～资。⑦迷信指自然界的主宰:～意。⑧迷信指仙佛的住处:～堂|一命归～。

【天禀】天资:～聪颖。

【天车】行车,厂房里的起重设备。

【天籁】自然界风吹、鸟鸣、流水等声音。

【天堑】自然形成的阻碍交通的大沟,多指长江。堑(qiàn):壕沟。

【天头】书页上端的空白。

【天干】古代表示顺序的符号体系之一,分别为甲、乙、丙、丁、戊、己、庚、辛、壬、癸。

【天罡】古代星名，指北斗星，泛指天神：～地煞。罡（gāng）。

【天荒】从未开垦的土地：破～。

【天字第一号】《千字文》首句"天地玄黄"，第一个字为"天"。因借指最高、最大或最强。

添 1·IGD 增添：～丁｜～饭｜画蛇～足｜～枝加叶。

黇 1·AMWK 白黄色。

【黇鹿】鹿的一种，毛黄褐色，有白色斑纹，角的上部扁平或呈掌状。

田 2·LLLL ①耕地，有时专指水田：～野｜沧海桑～。②蕴藏矿物可供开采的地带：油～。

【田畴】田地，田野。

【田塍】〈方〉田埂。塍（chéng）。

【田鳖】昆虫，生长在池沼中，捕食小鱼、小虫等，危害淡水养殖。

佃 2·WLG ①佃作，耕种田地。②通"畋"，打猎。

另见 diàn。

沺 2·ILG 用于地名：～泾（在江苏）。

【沺沺】水势浩大的样子：汗汗～。

畋 2·LTY ①打猎：～猎。②耕种：大～江北，缮治甲兵。

钿（鈿） 2·QLG 〈方〉钱；硬币：铜～。

另见 diàn。

昀 2·HQUY 眼珠转动着看。

恬 2·NTD ①安静：～静。②满不在乎，坦然：～不知耻｜～不为怪。③淡然：～淡无为｜～于荣辱。

甜 2·TDAF ①甜味。②比喻幸福、美好：～蜜的生活。③舒适、甜美：睡得真～｜嘴～。

湉 2·INTD 【湉湉】水流平静的样子。

填 2·FFH ①填平，填塞：～坑。②补充：～补。③填写：～表。

阗（闐） 2·UFH 充满，宾客～门。

【和阗】地名，在新疆，今作和田。

忝 3·GDNU 谦辞，表示辱没他人：～列门墙｜～官｜～任师傅。

舔 3·TDGN 用舌头接触或取食：～碗｜～饭粒儿。

殄 3·GQWE 尽，绝：～灭｜～绝｜～夷｜暴～天物。

【暴殄天物】任意糟蹋东西。天物：自然界的草木鸟兽等。

洮 3·IMAW 污浊，污垢：～浊。

畖 3·JMAW 明亮。

腆 3·EMA ①丰厚：不～之仪。②〈方〉胸腹部挺起：～肚。

掭 4·RGDN ①〈方〉拨动：～灯芯。②毛笔蘸墨后在砚台上理顺笔毛或除去多余墨汁。

瑱 4·GFHW 挂在冠冕两侧的玉质饰品，用来塞耳。

tiao

佻 1·WIQ 轻薄，不庄重：轻～｜～薄。

【佻巧】①轻佻巧诈。②文辞细巧而不严肃。

挑 1·RIQ ①担：～水。②挑选：～肥拣瘦。③挑剔：～毛病｜

~眼。④挑子：撂～子。⑤量词，用于成挑的东西：一～白菜。

挑 3·RIQ ①用竹竿等一头支物：～起帘子。②用细长的东西拨：～灯｜～刺。③刺绣：～花。④挑动，挑拨：～衅｜～战。⑤汉字斜着向上笔划。

桃 1·PYIQ ①祖庙，远祖庙。②迁移（神主）：不～之主。③承继为后嗣：承～｜一子兼～。

条（條） 2·TS ①枝条：柳～。②项目：～目。③长条的东西和形状：面～｜～纹。④条理：井井有～。⑤量词：一～鱼｜一～烟｜一～意见。

【条陈】旧时下级对上级陈述意见的文件。

鲦（鰷） 2·QGTS 一种小型淡水鱼，体侧扁。

苕 2·AVKF ①芦苇的花。②古指凌霄花，也叫紫葳，落叶藤本植物。③苕饶，即紫云英，花红色，一年生草本植物，可作绿肥。另见 sháo。

迢 2·VKP 远：千里～～。

笤 2·TVK 【笤帚】也作苕帚，扫地、扫炕用具，用去粒的高粱穗等做成，比扫帚小。

韶（齠） 2·HWBK 儿童换牙：～年稚齿（指童年）。

髫 2·DEVK 小孩下垂的头发：～年（童年）｜～龄（童年）。

调（調） 2·YMFK ①协调；调和：营养失～｜风～雨顺。②调剂；调配：～味｜～节。③调解：～停｜～处。④挑逗；调拨：～笑｜～词架讼。另见 diào。

【调谑】调笑。谑（xuè）。

蜩 2·JMFK 古书上指蝉：五月鸣～。

朓 3·EIQN 古代称农历月末月亮在西方出现。

窕 3·PWIQ 【窈窕】女子文静美好：～淑女。窈（yǎo）。

嬥 3·VNWY ①身材匀称美好。②古代巴蜀一带流行的歌舞。

眺 4·HIQ 远望：～望｜登高远～。

跳 4·KHI ①跳跃。②跳动：心～。③跳过，越过：～级｜～行。

粜（糶） 4·BMO 卖粮食：二月卖新丝，五月～新谷。

tie

帖 1·MHHK ①合适，妥当：妥～。②驯顺：安～｜俯首～耳。③本指中药方剂，后用作量词：一～药。

帖 3·MHHK ①便条：字～儿。②邀客的纸片：请～。

帖 4·MHHK 写字绘画的摹本：碑～｜字～｜画～。

贴（貼） 1·MHKG ①粘贴。②紧挨：～身。③补贴：～饭钱。④津贴：房～。⑤同"帖"（tiē）。⑥量词，用于膏药。

【贴现】未到期票据到银行兑现或做支付手段，扣除未到期利息。

萜 1·AMHK 有机化合物的一类，多为有香味的液体，松节油、薄荷油等都含萜。

铁（鐵） 3·QR ①一种金属元素，符号 Fe。②形容

坚硬有力:～拳。③形容强暴:～
蹄。④形容确定不移:～案|～定。
⑤指刀枪等兵器:手无寸～。

餮 4·GQWE 【饕餮】古代传说
中的一种贪食的恶兽。比喻
凶恶贪吃的人。餮(tāo)。

---

ting

厅(廳) 1·DS ①聚会或招待
客人的房间:会议～|
客～|～堂。②机关或部门的名
称:办公～|人事～。

汀 1·ISH 水中或水边平地,小
洲,常用作地名。
【汀线】海水冲蚀海岸留下的线状
痕迹。

听(聽) 1·KR ①用耳听。②
听从:言～计从。③治
理;判断:～政|～讼。④任凭:～
天由命|～便。⑤量词,用于马口
铁桶或罐子:一～香烟。

烃(煙) 1·OC 碳氢化合物的
总称,有机合成化工的
主要原料。

綎(綖) 1·(XTFP) 古人系佩
玉的丝带。

程 1·SKGG ①床前几。②横木:
门～。③锥子等工具的杆。

廷 2·TFPD ①朝廷:宫～。②
古时地方官办公的地方:
县～。

莛 2·ATFP 草本植物的茎:麦
～|油菜～。

庭 2·YTFP ①厅堂:大～广众。
②法庭:刑～|开～。③正房
前的院子,庭院:前～后院。

蜓 2·JTFP 【蜻蜓】昆虫,幼虫生
活在水中:～点水。

霆 2·FTF 暴雷,霹雳:雷～万钧
之力。

蟶 2·JTT 古代无脊椎动物,外
壳纺锤形,又叫纺锤虫。

亭 2·YPS ①亭子;像亭的小房
子:凉～|书～。②适中;均
匀:～午|～匀。

停 2·WYP ①停止;停留。②停
放;停泊。③妥当:～当。

葶 2·AYP 【葶苈】一年生草本
植物,种子入药。苈(lì)。

淳 2·IYPS ①水积聚不流:～
蓄|淤～。②深:如海之～。

婷 2·VYP 【婷婷】形容人或花
木美好的样子:～玉立。

町 3·LSH ①田间小径。②田地。
③日本的长度单位,1公里为
9.167町。
另见 dīng。

圢 3·FSH ①平坦。②用于地名:
上～坂(在山西)。

侹 3·WTFP 平直。

挺 3·RTFP ①直:笔～|～进。
②伸直或突出:～拔|～胸。
③勉力支持:～住。④量词,用于
机枪:一～机枪。⑤很:～好的。

珽 3·GTFP 天子手中所持
玉笏。

桯 3·STFP ①棍棒。②门或窗的
两侧直立的边:门～。

珽 4·STFP ①杀猪后,在猪腿上
割一个口子,用铁棍贴着腿皮
往里捅,待形成沟后再往里吹
气,使猪皮绷紧,以便去毛。②珽
猪用的铁棍。

烶 3·OTFP 火燃烧的样子。

铤(鋌) 3·QTFP 快走的样
子:兽～亡群|～而走

险(因无路可走而冒险)。

颋(頲) 3·TFPM　头部挺直的样子,比喻正直。

艇 3·TET　①轻快的小船和吨位不大的军用船只:汽～|游～|炮～。②习称某些特殊用途的船只:潜水～。

tong

通 1·CEP　①通畅;通达。②明了,熟悉:精～|中国～。③通顺。④连接;来往:沟～|～商。⑤传达,通知:～报。⑥全部:～力|～盘。⑦普通:～病。⑧量词:一～电报。⑨姓。

【通衢】大道,四通八达的道路。

通 4·CEP　量词,用于动作:敲了三～鼓|挨了一～说。

恫 1·NMG　痛苦,病痛。
另见 dòng。

嗵 1·KCE　象声词,形容脚步和心跳声:心～～直跳|～～往前走。

仝 2·WAF　①姓。②"同"的异体字。

砼 2·DWAG　混凝土。

同 2·M　①相同;一样:～样|～上。②共同,一起:～去|～甘共苦。③和,跟:～你商量|我～你都是。

同 4·M　【胡同】小巷。

侗 2·WMGK　①幼稚无知。②幼童。

侗 3·WMGK　【倥侗】同"笼统"。
另见 dòng。

调(調) 2·(YMGK　共同。

峒 2·KMGK　胡言乱语。

垌 2·FMG　【垌冢】地名,在湖北。
另见 dòng。

茼 2·AMG　【茼蒿】一年生或二年生草本植物,嫩茎叶可吃。也叫蓬蒿。

峒 2·MMGK　【崆峒】①山名,在甘肃。②岛名,在山东。
另见 dòng。

桐 2·SMGK　①树名,如泡桐、油桐、梧桐等。②专指油桐:～油|～子。

烔 2·OMGK　用于地名:～炀(在安徽)。

【烔烔】热气升腾的样子。

铜(銅) 2·QMGK　一种金属元素,符号 Cu。

酮 2·SGMK　有机化合物的一类,由羰基和烃基连接而成。

鲖(鮦) 2·QGMK　①鳢鱼,俗称黑鱼。②用于地名:～城(在安徽)。

佟 2·WTUY　姓。

崊 2·MTUY　用于地名:～峪(在北京)。

彤 2·MYE　①赤色:红～～|～辉。②朱漆:～丹|～管。

童 2·UJFF　①儿童。②没结婚的:～男。③指未成年仆人:书～。④秃:～山|头～齿豁。⑤姓。

僮 2·WUJ　未成年仆人:书～。也作"童"。
另见 zhuàng。

曈 2·JUJF　【曈昽】形容太阳初升由暗渐明。

潼 2·IUJF 【潼关】地名，在陕西。

橦 2·SUJF 古书上指木棉树。

瞳 2·HU 瞳孔，眼球中心的圆孔。俗叫瞳人、瞳仁。

穜 2·TUJF 早种晚熟的谷类。

筒 3·TMGK ①粗大的竹管：竹~。②像竹筒的东西：笔~。

统(統) 3·XYC ①总括，总起来：~称。②事物之间的连续关系：血~｜传~｜道~。③筒状的衣物：长~靴｜皮~子。④统辖，统管：~兵｜~治。

捅 3·RCE ①刺，扎：~个洞。②揭露：~出问题来。③碰触：~了他一下。

桶 3·SCE ①盛器：水~。②石油容量单位，1吨为7.3桶。

婳 3·VCE 用于地名：黄~铺（在江西）。

恸(慟) 4·NFCL 极悲哀；痛哭：哀~｜~哭｜~悲。

痛 4·UCE ①疼：镇~。②悲伤：~心。③尽情；彻底：~饮｜~改前非。

tou

偷 1·WWGJ ①偷窃。②瞒人做事：~听。③抽出（时间）：~空。④贼：小~。⑤苟且：~生。

头(頭) 2·UDI ①脑袋。②头发或发型：剃~｜平~。③顶端或末梢：山~｜顶~。④起点或终点：话~｜苦日子没个~。⑤在前的，在先的：~一遍｜~年。⑥第一：~等仓。⑦头目：~子。⑧量词：一~牛｜一~蒜。⑨方面：多~领导。⑩物品的残余部分：布~。⑪词缀：木~｜外~｜甜~。⑫临近，接近：~五点就去。

【头寸】①旧指银行、钱庄等拥有的款项：~多｜轧~｜拆~。②指银根：~紧｜~松。

【头面】妇女头饰的总称。

投 2·RMC ①投掷。②投放：~资｜~票。③跳进：~河。④投射：~影。⑤寄送：~递｜~稿。⑥投奔，投入：~宿｜~军。⑦迎合：~机｜情~意合。⑧临近：~暮。

【投畀豺虎】(把坏人)投去喂豺狼虎豹，比喻对敌人无比憎恨。畀(bì)：给予。

【投鞭断流】士兵的马鞭投到江里就可截断水流，比喻兵力强大。

骰 2·MEMC 【骰子】也叫色(shǎi)子，赌具。

斜(斜) 3·QUF 姓。另见dǒu。

透 4·TEP ①通过；穿过：~水｜~视。②泄露；显露：~消息｜~出红色。③详尽，充分：说~了｜了解~｜熟~。④极度：恨~了。

【透过】〈台〉通过(方式、途径、手段)：~合作，双方都有收益。

tu

凸 1·HGM 突出：~版｜~起｜~轮｜挺胸~肚。

秃 1·TMB ①没有毛发。②没有树木枝叶:～枝|～山。③失去尖端:～笔。

突 1·PWD ①突然:～变。②猛冲:～围|冲～。③突起:～立。④古指烟囱:烟～|灶～。

【突兀】①高耸:奇峰～。②突然,意外:事情来得～。兀(wù)。

葵 1·APWD

【菁葵】骨朵儿,花蕾。

【菁葵果】果实的一类,单室,多籽,成熟时果皮仅一面开裂,如芍药、八角、茴香等。

瑢 1·GFFN 【瑢珲】一种玉名。

图(圖) 2·LTU ①用线条和颜色绘制的图像。②谋划:～谋|～财害命。③贪图:唯利是～。④规划:宏～。

荼 2·AWT ①一种苦菜。②茅、芦的白花:如火如～。

【荼毒】苦菜和毒蛇,比喻毒害:～生灵。

途 2·WTP 道路:路～|～径|长～|～次(途中住宿之处)。

涂(塗) 2·IWT ①涂抹。②涂改,涂写:～鸦|～去。③泥:～炭。④海涂:～田。

涂 2·IWT 姓。

【涂炭】烂泥和炭火。比喻极困难的生活:生灵～。

【涂鸦】①唐代卢仝《添丁诗》:"忽来案上翻墨汁,涂抹诗书如老鸦。"后多用"涂鸦"谦称字差。②随意涂画:街头～。

骓 2·(CWTY) 【骓骓】古代良马名。

椮 2·SWTY 用于地名:～圩(在广东)。

稌 2·TWTY 稻子:丰年多黍多～。

酴 2·SGWT ①酒曲。②酴酒,重酿的酒。

徒 2·TFHY ①徒弟,学生。②信徒:佛教～。③同一派系的人:党～。④某种不好的人:赌～|暴～。⑤步行:～步。⑥空的:～手。⑦仅仅,只有:家～四壁。⑧徒然:～劳|～有虚名。⑨徒刑。

菟 2·AQKY 【於菟】老虎的别称。於(wū)。

菟 4·AQKY 【菟丝子】一年生草本植物,种子可入药。

屠 2·NFT ①宰杀,屠杀:～羊|～城|～戮。②姓。

【屠苏】古代酒名。

【屠龙之技】杀龙的技术,比喻有较高造诣却没有实际用处的技术。

腯 2·ERFH 猪肥,泛指肥壮。

土 3·FFFF ①泥土,土壤;土地。②家乡:故～|～乡。③本地的:～产|～话。④民间的:～办法。⑤不合潮流的,不雅的:～气。⑥未熬制的鸦片:烟～。

【土司】元、明、清时期授予少数民族头领的世袭官职。

【土拨鼠】旱獭。

【土狗子】〈方〉蝼蛄。

吐 3·KFG ①使东西从嘴里出来:～痰|～丝。②说出:～露真情。③生出,露出:～穗。

【吐谷浑】我国古代西北部的一个民族,为鲜卑族的一支。谷(yù)。

吐 4·KFG 呕吐,不自主地从嘴里涌出:呕～|～血。

钍(釷) 3·QFG 一种放射性金属元素，符号 Th。能在空气中燃烧，用于原子工业。

兔 4·QKQY 兔子：～死狗烹。

堍 4·FQK 桥两头靠近平地的地方：桥～。

tuan

猯 1·QTMJ ①猪獾。②用于地名：～卧梁(在陕西)。

湍 1·IMD ①急流的水：急～。②水流得快：～流|～急。

煓 1·OMDJ 火旺盛的样子。

团(團) 2·LFT ①圆形的：～扇|～桌|～脐。②揉成团：～煤球。③团形的东西：纸～|线～。④会合在一起：～聚|～结。⑤团体：代表～。⑥军队编制单位。⑦量词，用于成团的东西。⑧在我国特指共产主义青年团。
【团练】旧时地主编练的地方武装。
【团鱼】即甲鱼。

团(糰) 2·LFT 结成球形的食品：饭～|汤～。

抟(摶) 2·RFN ①同"团"②。②揉捏(成团)：～纸团|～泥。②盘旋：～扶摇而上者九万里。

疃 3·LUJ ①禽兽践踏的地方：姑苏麋鹿～，风月有书堂。②村庄，屯，常用于地名：柳～(在山东)|蒋～(在安徽)。

彖 4·XEU 【彖辞】《易经》中论卦义的文字。也叫卦辞。

tui

忒 1·ANI 太，过于：风～大|屋子～小。
另见 tè。

推 1·RWYG ①推动。②推移。③使事情开展：～广。④推断：～算。⑤推让；推诿：～辞。⑥推迟。⑦推崇；推举。

颓(頹) 2·TMDM ①坍塌：～垣断壁|倾～。②衰败：衰～|～势。③委靡：～丧|～靡。

隤(隤) 2·(BKHM) 古同"颓"。
【虺隤】也作虺颓。疲劳生病，多用于马。

魋 2·RQCY ①古书上说的一种像小熊的兽。②高大，魁伟。③姓。

腿 3·EVE ①人和动物支持躯体的部分。②器物的脚：桌～。

退 4·VEP ①后退；使后退。②退还：～货。③取消：～婚|佃。④离去，辞去：引～。⑤逐步衰减或消失：消～。

煺 4·OVE 宰好的禽畜用开水烫后去毛：～猪。
另见 tūn。

褪 4·PUVP 减退，脱落：～色|～毛。
另见 tùn。

蜕 4·JUK ①昆虫、爬行动物脱皮去壳：～化|～皮。②蛇、蚕等脱下的皮和壳：蛇～。

tun

吞 1·GDK ①吞咽。②并吞;吞没:~并|侵一公款|私~。③忍受不作声:忍气~声。④姓。

焞 1·OYBG 明,光明。

暾 1·JYB 刚出来的太阳:朝~。

屯 2·GB ①聚集,储存:~粮。②军队驻扎:~兵。③村子:马家~。
另见 zhūn。

坉 2·FGB 寨子,多用于地名:石~(在贵州)。

囤 2·LGB 储存:~积|~货|~粮|~聚。
另见 dùn。

饨(飩) 2·QNGN 【馄饨】一面食。

忳 2·NGBN 忧伤,忧郁。

鲀(魨) 2·QGGN 河豚。鱼名,生活在海中,少数进入淡水,内脏和血液有毒。

豚 2·EEY 小猪,泛指猪。

臀 2·NAWE 屁股:~部。

汆 3·WIU 〈方〉①漂浮。②用油炸:油~花生。

褪 4·PUVP 使穿着、套着的东西脱离。
另见 tuì。

tuo

扡 1·FTAN 用于地名:~坎|黎~(均在湖南)。

托 1·RTA ①用手掌等承载物体。②陪衬:衬~|烘~|烘云~月。③承托器物的座子:茶~|枪~。④委托:~付。⑤推托:~辞。⑥寄托,托付:~身|~孤。⑦托赖:~福。⑧假托:~名。⑨帮助行骗的使人上当的人。

伲 1·WYTA 委托,寄托。

拖 1·RTB ①拉。②用拖把擦:~地板。③拖延,推迟:~时间。④垂挂着:~着尾巴。
【拖驳】由拖轮牵引的驳船。

脱 1·EUK ①脱落;除去:~发|~衣。②离开:~身。③遗漏:~句|~漏。
【脱兔】逃走的兔子。比喻行动迅速。

驮(馱) 2·CDY 用背部负载人和物:~运。
另见 duò。
【驮轿】驮在马背上的轿子。

佗 2·WPX 负荷,通"驮"。
【华佗】三国时的名医。

陀 2·BPX 【陀螺】一种形似海螺,用绳子抽打旋转的玩具。

坨 2·FPXN ①成块成堆的东西:面~|泥~。②面条煮熟后粘在一块:面条煮~了。

沱 2·IPX
【沱江】长江支流,在四川。
【沱茶】压制成碗状小块的茶叶,产于云南、四川等地。

驼(駝) 2·CPXN ①指骆驼:~峰|~绒。②驼背:背也~了。

柁 2·SPX 房柁,房架大横梁:房~|~上~。

另见 duò。

砣 2·DPX ①秤砣。②碾砣。③量词,团,块:一~肉。

铊(鉈) 2·QPX 同"砣":秤~。

另见 tā。

鸵(鴕) 2·QYNX 鸵鸟。

酡 2·SGPX 喝了酒脸色发红:~颜|~然。

跎 2·KHPX 【蹉跎】时间白白地耽误过去:~岁月。

橐 2·GKHS ①一种口袋。②象声词,形容很重的脚步声:楼上响起~~的皮鞋声。

【橐驼】骆驼。

鼍(鼉) 2·KKL 鼍龙,鳄鱼的一种,也叫扬子鳄。

妥 3·EV ①适当,稳妥:处理欠~。②齐备,停当:事已办~。

庹 3·YANY ①成人两臂左右伸直的长度。②姓。

椭(橢) 3·SBD 椭圆形。

拓 4·RD ①开辟,开拓:~荒|~展|~宽。②姓。

另见 tà。

柝 4·SRYY 打更用的梆子。

萚(蘀) 4·ARCH 草木上脱落的皮或叶:八月其获,十月陨~。

箨(籜) 4·TRCH 竹笋的皮,笋壳。

唾 4·KTG ①唾液:~沫。②吐唾沫:~弃|骂|~手可得。

W w

wa

㧀 1·FRCY 用于地名:朱家~｜王~子(均在陕西)。
另见 guà。

㿙 1·LRCY 用于地名:~底(在山西)。

窊 1·PWRY 同"洼"。多用于地名:东~(在山西)。

凹 1·MMGD 〈方〉同"洼",用于地名:核桃~(在山西)。
另见 āo。

挖 1·RPWN ①掘:~土。②探求,深入研究:~根求源。③抓:~破了皮。

哇 1·KFF 象声词,形容哭声、呕吐声:~~大哭。

哇 5·KFF 助词,表示赞叹、祈使、疑问:多好~!｜快走~!｜怎么走~?

洼(窪) 1·IFFG ①低陷的地方,小水坑:水~。②凹下:~地。

蛙 1·JFF 两栖动物,常见的有青蛙。也叫蛤蟆。

娲(媧) 1·VKM 【女娲】传说中的补天女神。

娃 2·VFF ①小孩子:女~。②〈方〉某些幼小的动物:猪~。

瓦 3·GNY ①用陶土烧成的:~盆。②盖屋顶的瓦:红砖绿~。③电功率单位瓦特的简称。
【瓦当】滴水瓦的瓦头,上有图案或文字。

瓦 4·GNY 盖(瓦):~瓦(wǎ)。
【瓦刀】瓦工用的工具,形状像刀。

佤 3·WGNN 【佤族】我国少数民族,主要分布在云南。

袜(襪) 4·PUG 袜子。

膃 4·EJL 【膃肭兽】即海狗。

wai

歪 1·GIG ①偏,斜。②不正当的,不正确的:~风邪气。

崴 3·MDGT ①山路弯曲不平。②地名用字:海参~。③(脚)扭伤:脚~了。
另见 wēi。

外 4·QH ①外面,外部,和"内""里"相对。②非自己一方的,外国的:~人｜~语。③非原有的,非正式的:~加｜~号｜~传｜

史。④称母亲、姐妹、女儿方面的亲属：～婆|～甥|～孙。⑤另外：～加。⑥旧时戏曲角色名，多指老年男子。⑦关系疏远的：～人|见～。

【外戚】指皇帝的母族或妻族。

wan

弯（彎） 1·YOX ①弯曲；使弯曲。②弯曲的部分：转～。③拉（弓）：盘马～弓。

堎（壋） 1·FYOX 山沟里的小块平地。

湾（灣） 1·IYO ①水流弯曲或海岸凹入处：河～|港～。②停泊：把船～在港口。

剜 1·PQBJ 用刀挖：～肉补疮。

蜿 1·JPQ 【蜿蜒】①蛇类爬行的样子。②弯曲延伸：～的小河。

豌 1·GKUB 【豌豆】一年生或二年生草本植物，结荚果，种子球形。

媋 1·VPN 体态美好：～妠（体态美好的样子）。

丸 2·VYI ①小而圆的东西：弹～。②丸药：～散膏丹。③量词，用于丸药。

【丸泥封关】形容很少的兵力就能把住关口。丸泥：一小粒泥丸。

芄 2·AVY 【芄兰】多年生蔓草植物，茎叶可入药。

纨（紈） 2·XVYY 细绢，很细的丝织品：～扇。

【纨绔子弟】游手好闲的富贵子弟。纨绔：细绢做的裤子。

完 2·PFQ ①完整、完全、完善。②尽，结束：做～。③交纳：～税。

玩 2·GFQ ①玩耍，游戏。②耍弄：～花招。③观赏：赏|～味。④供观赏的东西：古～。⑤轻视，用不严肃的态度来对待：～忽职守|～世不恭。

顽（頑） 2·FQD ①愚蠢无知：冥～|痴～。②固执：顽固：～梗|～敌。③顽皮：～童。

【顽石点头】指佛教讲经能使石头感化点头，说明使人心服口服。

烷 2·OPF 烷烃，化合物的一类，是天然气和石油的主要成分。

宛 3·PQ ①曲折：～转。也作婉转。②宛然，仿佛：～如。

菀 3·APQB 【紫菀】多年生草本植物，小花蓝紫色，根和根茎入药。

另见 yù。

惋 3·NPQB 叹惜：～惜|叹～。

婉 3·VPQ ①柔顺温和：～转。②美好：～丽。③委婉：～言|～劝|～谢|～约。

琬 3·GPQ 美玉：～圭。

椀 3·SPQB 【橡椀】橡树果实的碗状外壳。

碗 3·DPQ ①餐具。②像碗的东西：轴～。

畹 3·LPQ 古代称三十亩为一畹。

【畹町】地名，在云南。

挽 3·RQKQ ①拉：～弓。②使情况好转或恢复：～救。③哀悼死者：～联|～歌。④向上卷：～

起袖子。

晚 3·JQ ①晚上。②时间靠后的,后来的:～年|～辈。③姓。

莞 3·APFQ 【莞尔】微笑的样子:～一笑。
另见 guǎn。

脘 3·EPF 【胃脘】中医指胃内的空腔。

皖 3·RPF ①山名。又名天柱山,在安徽。②安徽的别称。

绾(綰) 3·XPN ①长条形的东西盘绕起来打个结:～结。②卷:～起袖子。③系挂,佩戴。④牵挂:～住我的心。

万(萬) 4·DNV ①数目字。②比喻很多:～水千山。③极;很;绝对:～全|～不得已。④姓。
另见 mò。

【万福】旧时妇女行礼,两手松松抱拳于右胸下,略作鞠躬。

沴(澫) 4·(IDN) 用于地名:～尾(在广西)。

妧 4·VFQ 形容女子美好。
另见 yuán。

腕 4·EPQ 手的腕部。

【腕足】墨鱼等长在嘴旁边能蜷曲的器官。

蔓 4·AJLC 细长能缠绕的茎:瓜～。
另见 mán、màn。

---

wang

尢 1·DNV 同"尪",用于人名。
另见 yóu。

尫 1·GQGD ①中医名词,胸、脊等部位骨骼弯曲的病症:～痹。②羸弱。

汪 1·IG ①水深广:～洋。②量词,用于液体:两～眼泪。③形容狗叫声。④聚集:泪～～。

亡 2·YNV ①逃走;失去:流～|～羊补牢。②死;灭亡:伤～|～国。③死去的:～灵。
另见 wú。

王 2·GGG ①君主或最高爵位:国～|亲～。②同类中最突出的;首领,头目:花～|百兽之～|占山为～。③指辈分的尊大,用于祖父母:～父|～母。④最强的:～水|～牌。

【王水】浓盐酸和浓硝酸的混合液,有极强的腐蚀性。

王 4·GGG 称王,占有天下:～天下。

网(網) 3·MQQ ①鱼～。②像网的东西或系统:蛛～|电～。③网捕:～鸟|～鱼。④特指互联网:上～。

罔 3·MUYN ①蒙蔽:欺～。②无,没有:置若～闻。

惘 3·NMU 不得志,失意:怅～|～然若失。

辋(輞) 3·LMUN 旧式车轮周围的框子。

魍 3·RQCN 【魍魉】传说中的鬼怪:魍魉。

枉 3·SGG ①弯曲或歪斜:矫～过正。②使歪曲:贪赃～法。③冤屈:冤～。④白白地,徒然:～然|～费口舌。

【枉法】执法者为私利歪曲破坏法律。

【枉驾】敬辞。请对方来访或请对方去某处。

往 3·TYG ①去,到:～来。②过去的:～年。③向,朝:～西。

旺 4·JGG ①火势炽烈:炉火正~。②盛:兴~|人畜两~。

望 4·YNEG ①探望;看,往远处看:看~|眺~|一~无际。②期望:盼~|大喜过~|丰收在~。③声誉,名望:威~|德高~重。④向,朝:~他看了一下。⑤农历十五日:朔~。⑥望子:酒~。

【望子】也叫幌子,店铺的标志。

【望月】望日的月亮,也叫满月。

【望日】月圆之日,指农历十五日。

妄 4·YNVF ①荒谬无理:狂~|~人。②胡乱;非分:~加猜疑|胆大~为|轻举~动。

忘 4·YNNU 忘记,遗忘:~我|得意~形。

wei

危 1·QDB ①危险;危急。②危害:~及。③高:~楼高百尺。④端正:正襟~坐。⑤星宿名,二十八宿之一。⑥姓。

【危殆】危险到难以维持:形势~。

委 1·TV 【委蛇】①敷衍,应付:虚与~。②同"逶迤"。

委 3·TV ①委托:~以重任。②抛弃:~弃|~之于地。③推诿:~罪|~过。④曲折:~婉。⑤末尾:穷源究~。⑥不振作:精神~靡|~顿。⑦确实:~实。⑧委员或委员会的简称:部~|编~。

逶 1·TVP 【逶迤】道路、河道等弯曲绵延的样子。也作委蛇。迤(yí)。

巍 1·MTV 高大:~然屹立|~峨|崔~|~~群山。

【巍峨】形容高大的山或建筑。

威 1·DGV ①威力;威风;威望:~振四海|示~|声~。②凭借威力:~逼。

葳 1·ADG 【葳蕤】草木茂盛的样子。蕤(ruí)。

嵬 1·MDGT 【嵬嵬】山高的样子。
另见 wǎi。

偎 1·WLGE 紧挨着,亲密地靠着:~依|~在母亲怀里。

限 1·BLGE 山、水等弯曲的地方:山~|城~。

煨 1·OLG ①用微火煮:~肉。②在火灰里烤:~白薯。

鳂(鰃) 1·QGLE 鱼名。身体侧扁,多为红色,有银白色纵带,口大而斜,生活在热带海洋。

微 1·TMG ①微小,轻微。②衰败:衰~。③精深奥妙:~妙。④微贱:卑~。⑤(某些计量单位的)百万分之一:~米|~安。

【微词】隐晦的批评:颇有~。

【微言大义】精微的语言中包含深奥的意义。

溦 1·IMGT 小雨。

薇 1·ATM 多年生草本植物,又叫巢菜,俗称野豌豆。可入药。

口 2·LHNG ①"围"的古字。②汉字部首。

韦(韋) 2·FNH ①皮革:~编三绝。②姓。

违(違) 2·FNHP ①违反;违背:~约|~纪。②离别:久~。

围(圍) 2·LFNH ①围绕,包围:突~|~攻。②周

围:四~。③量词,两手拇指和食指合拢或两臂合抱的长度。④某些物体周围的长度:腰~。⑤姓。

帏(幃) 2·MHF ①同"帷",帐子,幔幕。②香囊:佩~。

闱(闈) 2·UFN ①古代宫室的侧门:宫~(宫廷)。②科举考场:春~|~墨|入~。

【闱墨】古代科举考试选出的范文,供应考用。

沣(灃) 2·(IFNH) ①沣水,古水名,源于陕西。②用于地名:~源口(在湖北)。

涠(潿) 2·ILF 【涠洲】岛名,在广西北海。

为(爲) 2·O ①做,作为:~人|宁~玉碎。②当,充任:任命~主任。③变成,成为:一分~二。④是:自以~是。⑤被:~人耻笑。⑥助词,表示疑问:何以家~(要家干什么)? ⑦表示程度、范围和加强语气:大~高兴|广~流传|极~重视。⑧姓。

为(爲) 4·YL ①替,给:~人民服务。②表目的:一切~了胜利。③对,向:不足~外人道。④因为:~何?

沩(潙) 2·IYL 【沩水】水名,在湖南。又名沩水河。

圩 2·FGF ①低洼地区防水护田的堤岸:~堤。②有圩围的地区:~田。另见 xū。

【圩田】圩内的田。

【圩垸】圩内的小圩。

峗 2·MQDB 用于地名:~家湾(在四川)。

沱 2·IQDB ①水名,在湖北。②古山名,在今湖北。

桅 2·SQD 桅杆:船~|~樯。

鮠(鮞) 2·(QGQB) 淡水鱼名,体扁平,有须无鱼鳞。

硙(磑) 2·DMNN 【硙硙】形容很高的样子。

硙(磑) 4·DMNN ①同"碨",石磨。②用于地名:水~(在陕西)。

唯 2·KWYG ①独,只,仅:~有|~独|~心论。②只是,但是:~交通不便。③答应的声音:~~诺诺。

帷 2·MHW 帷幔子,四周围幕:运筹~幄|~幕|车~。

惟 2·NWY ①同"唯",单单,只,只是。②思想:思~。③文言助词,用在年、月、日前:~二月既望。

维(維) 2·XWY ①系,连接:~系。②保持,保全:~护|~持。③思考:思~。④文言助词,表示加强语气:~妙~肖|步履~艰。⑤构成空间的每一个因素:三~空间。⑥姓。

琟 2·GWYG 一种像玉的石头。

潍(濰) 2·IXW 【潍河】水名,在山东。

嵬 2·MRQ 高大:~然|~峨(高大雄伟的样子)。

伟(偉) 3·WFN 高大;伟大:魁~|~岸|~业。

苇(葦) 3·AFN 芦苇:~子|~塘|~箔。

纬(緯) 3·XFNH ①纬线,编织物的纬线。②纬度:

经～｜北～。

【**纬书**】汉代以神学附会儒家经义的一类书。

帏（暐） 3·(JFNH) 光很盛的样子。

玮（瑋） 3·GFN ①玉名。②珍奇,贵重:～宝。

炜（煒） 3·OFN 红而发亮:彤管有～。

韪（韙） 3·JGHH 是,对:冒天下之大不～。

伪（僞） 3·WYL ①虚伪;虚假:～装｜～钞。②不合法的:～政府｜～军。

芛（蒍） 3·(AYL) 姓。

尾 3·NTF ①尾巴。②末尾,末端:有头无～｜排～。③次要的,末尾的:扫～｜～数。④量词,用于鱼。⑤星宿名,二十八宿之一。⑥姓。
另见 yǐ。

【**尾大不掉**】尾大得不能摆动。比喻部下势力强大,难以驾驭。

娓 3·VNTN 【娓娓】谈论不倦的样子:～动听｜～而谈。

艉 3·TEN 船体的尾部。

诿（諉） 3·YTV 同"委",推托:推～｜争功～过。

萎 3·ATV ①干枯:枯～｜～缩｜～谢。②衰落(口语中多读 wēi):买卖～了。

瘘 3·UTV 身体某些部分萎缩或失去机能:阳～。

洧 3·IDEG 【洧川】地名,在河南。

鲔（鮪） 3·QGDE ①鱼名,体呈纺锤形,生活在热带

海洋。②古书上指鲟鱼。

隗 3·BRQ 姓。
另见 kuí。

嵬 3·YRQC 见于人名:慕容～(西晋鲜卑族首领)。
另见 guī。

颒（頮） 3·(QDBM) 安静,安闲。

猥 3·QTLE ①污秽,下流:～亵。②杂,多:～杂｜～滥。

卫（衛） 4·BG ①保卫;保护。②保卫、护卫人员:警～｜后～。③周代诸侯国名,在今河南北部和河北南部。④明代驻军的地方,人数约五千人,后也用于地名:～所｜威海～。⑤姓。

【**卫矛**】落叶灌木,叶椭圆形,开黄花,结紫果,木质坚硬。

【**卫戍**】驻军警备(多用于首都)。

未 4·FII ①地支第八位。②未时,下午一点至三点。③没,不:～去｜～必。

【**未雨绸缪**】下雨之前先把住处修好。比喻事先做好准备工作。

味 4·KFI ①滋味;气味。②形容情调,情趣:趣～｜～意。③体味:玩～｜品～。④某些菜肴:山珍海～。⑤量词,用于中药:三～药。

位 4·WUG ①位置:部～。②职位:地～｜身居高～。③皇位:在～｜篡～。④数位:个～｜百～。⑤量词,用于人:诸～｜两～。

畏 4·LGE ①畏惧:望而生～｜～罪。②敬佩:敬～｜后生可～。

喂 4·KLGE ①喂食;喂养:～饭｜～牲口。②叹词,用于招

呼人。

碨 4·DLGE 石磨。多用于地名：
～峪(在陕西)。

胃 4·LE ①消化器官的一部分。
②星宿名，二十八宿之一。
【胃脘】中医指胃内的空腔。

谓(謂) 4·YLE ①说，告诉：
所～｜可～。②称
呼，叫作：称～｜何～大洋？

猬 4·QTLE 刺猬。嘴尖，身上长
硬刺，昼伏夜出。

渭 4·ILE 【渭河】水名，源于甘
肃，经陕西流入黄河：泾～
分明。

煟 4·OLEG 光明，旺盛。

尉 4·NFIF ①古代官名：太～｜
都～。②军衔，指尉官：上～｜
中～。③姓。
另见yù。

蔚 4·ANF ①茂盛；兴旺；盛大：
～然成风｜～为大观。②云气
弥漫：云蒸霞～。
另见yù。
【蔚蓝】像晴空般的蓝色：～的天空｜
～的海洋。
【蔚然】形容茂盛，盛大：～成风｜～
成林。

慰 4·NFI ①使人心情安适：安
～｜～问。②心安：宽～｜
欣～。

蝵 4·NFIJ 白蚁。

霨 4·FNFF 云起的样子。

鳂(鰄) 4·QGNF ①鱼名，体
小侧扁，无鳞，生活在
近海。

遗(遺) 4·KHGP 赠与：～
赠｜～之千金。
另见yí。

魏 4·TVR ①周代诸侯国名，在
今河南北部，山西西南部。②
三国之一，曹丕所建。③北朝之
一，史称北魏，鲜卑族拓跋珪所建。

軎 4·GJFK 古代车上的零件，形
如圆筒，套在车轴的两端。

---

wen

温 1·IJL ①温暖；使温暖：～带｜
～酒。②温和：～柔。③温
度：保～。④温习：～课｜故而知
新。⑤同"瘟"。⑥中医指温热病：
春～。⑦姓。

楎 1·SJLG 【楎椊】落叶灌木或
小乔木。花淡白色或白色。
果实味酸，可食用或入药。

辒(轀) 1·LJLG 【辒辌】古代
一种可以躺卧的车，后
来用作丧车。

瘟 1·UJL 泛指流行性急性传染
病：～疫｜鸡～｜～神(传说中
能散播瘟疫的恶神)。

蕰 1·AIJL 【蕰草】〈方〉指水生
的杂草，可做肥料。

鳁(鰛) 1·QGJL 【鳁鲸】鲸的
一种，背部黑色，腹部
白色。

文 2·YYGY ①字，文字：甲骨
～｜中。②文章，文件：
书～｜笔～｜～采。③文言：～白对
照。④指礼仪制度：繁～缛节。⑤
非军事的：～职人员。⑥柔和：
雅｜～火。⑦自然界的某些现象：

水~|天~。⑧在身上脸上刺花纹:~身|~面。⑨掩盖:~过饰非。⑩文科:~理分班。⑪量词,用于铜钱:一~不名。⑫姓。

【文翰】指信札,公文。

芠 2·AYU 古代指一种草。

驋(驋) 2·(CYY) 古代指赤鬣白身黄目的马。

纹(紋) 2·XYY 花纹;纹路:~理|指~|皱~。

【纹银】旧称成色好的银子。

玟 2·GYY 玉的纹理。
另见 mín。

炆 2·OYY ①没有火焰的微火。②〈方〉用微火炖食物或熬菜。

蚊 2·JYY 蚊子。幼虫和蛹生长在水中。雌蚊吸食人畜血液,传播疾病。

雯 2·FYU 成花纹状的云彩:~华。

闻(聞) 2·UB ①听见:~名。②消息,见闻:新~|传~。③用鼻子嗅:~味。④有名望的:~人。⑤姓。

阌(閿) 2·UEPC 【阌乡】旧地名,在河南。

刎 3·QRJ 割脖子:拔刀自~|~颈之交(生死之交)。

吻 3·KQR ①嘴唇:接~|亲~。②用嘴唇接触人或物:~她一下。③动物的嘴:鱼~。

紊 3·YXIU 杂乱,纷乱:~乱|有条不~。

稳(穩) 3·TQV ①稳定;稳固;稳重。②可靠;准确:十拿九~。③使稳定:~住敌人。

问(問) 4·UKD ①询问。②审问,查究:拷~|~案|胁从不~。③慰问:~候。④向:~人借钱。⑤姓。⑥管,干预:过~。

【问津】打听渡口。比喻尝试探问。

【问鼎】春秋时楚庄王向王孙满打听周代传国之宝九鼎的大小轻重。后比喻图谋夺取政权或力争夺取冠军。

汶 4·IYY ①汶河,水名,在山东。②汶川,地名,在四川。③姓。

璺 4·WFM 器物上的裂痕:碗上有一道~|打破砂锅~到底。

weng

翁 1·WCN ①年老的男子:老~|富~|渔~。②父亲。③丈夫的父亲:~姑(公公和婆婆)。④妻子的父亲:~婿(岳父和女婿)。⑤姓。

嗡 1·KWC 象声词:蜜蜂~地一声都飞走了。

滃 1·IWC 【滃江】水名,在广东。

滃 3·IWC ①云气腾起的样子。②形容水盛。

鎓(鎓) 1·(QWCN) 锹。

鶲(鶲) 1·WCNG 鸟名。身体小,喙稍扁平,捕食飞虫。

蓊 3·AWCN 形容草木茂盛:松柏~|郁于山峰。

瓮 4·WCG ①一种口小腹大的陶器:水~|酒~。②形容声

蕹 4·AYXY 蕹菜,俗称空心菜、藤藤菜。

音沉闷:~声~气。

WO

挝(撾) 1·RFP 【老挝】国名。另见 zhuā。

莴(萵) 1·AKM 【莴苣】一年生或二年生草本植物,通称莴笋。

涡(渦) 1·IKM ①旋涡:水~。②样子像涡的:酒~。另见 guō。

窝(窩) 1·PWKW ①动物居住的地方。特指坏人聚居之处:鸟~|匪~。②凹陷处:酒~|山~。③窝藏:~赃|~家(窝主)。④郁积不得发挥或发作:~工|~火。⑤使弯曲:用铁丝~个圈。⑥量词,用于一胎或一次孵出的动物:一~小猪。

蜗(蝸) 1·JKM 蜗牛:~居(比喻窄小的居室)。

倭 1·WTV 我国古代称日本:~国|~人。

【倭瓜】〈方〉南瓜。

【倭寇】指明代时期屡次在朝鲜和我国沿海抢掠骚扰的日本海盗。

踒 1·KHTV 肢体猛折而筋骨受伤:手~了|脚脖子~了。

喔 1·KNGF 象声词,形容公鸡叫声。另见 ō。

我 3·Q ①第一人称代词。②我们:~校。③我国;我方。④自己:忘~。

肟 4·EFN 有机化合物的一类,由羟胺与醛或酮缩合而成。

沃 4·ITDY ①肥沃:~土|~野。②灌溉;浇:~田|如汤~雪。

卧 4·AHNH ①躺下;趴伏:~倒|~伏。②睡觉用的:~具。③卧铺:软~。

偓 4·WNGF 【偓佺】古代传说中的仙人。

握 4·RNG ①用手攥:~手|~拳|~别。②掌握:~权|把~。

幄 4·MHNF 帐幕:运筹帷~。

渥 4·ING ①沾湿,沾润。②厚;重:待遇优~。

龌(齷) 4·HWBF 【龌龊】肮脏,不干净。

涴 4·IPQB 〈方〉污染,弄脏。另见 yuān。

硪 4·DTR 砸地基或打桩工具,一般用圆石或铁饼,在它周围系几根绳子:打~。

斡 4·FJWF 旋转:~流|~旋(调解)。

WU

乌(烏) 1·QNG ①黑:~云。②乌鸦:月落~啼|~鹊南飞。③文言疑问词,何,哪里:又~足道。④姓。

乌(烏) 4·QNG 【乌拉】北方一种垫乌拉草的皮鞋。

也作靰鞡。

邬(鄔) 1·QNGB　姓。

呜(嗚) 1·KQNG　象声词，形容汽笛呜叫声。

钨(鎢) 1·QQN　一种金属元素，符号 W。耐高温，用于制造灯丝或合金钢。

圬 1·FFN　①泥瓦工涂墙用的工具。②抹墙。

污 1·IFN　①肮脏；脏物；弄脏：～水 l 油～l～染。②不廉洁：玷～l 贪～l 贪官～吏。

巫 1·AWW　①从事祈祷、卜筮、星占，并兼用药物为人治病的人，特指女巫：～婆 l～师 l～医。②姓。

於 1·YWU　文言叹词，表示感叹。
另见 yū, yú。

诬(誣) 1·YAW　捏造事实冤枉人：～告 l～害。

洿 1·IDFN　①浊水池：～池 l～泽。②低洼：～下。③挖掘。④污浊，污秽：～泥 l～邪。

屋 1·NGC　①房子；房间：茅～l 里～。②家：回～l～里。③某些店铺：发～。

恶(惡) 1·GOGN　①同"乌"，文言疑问词，哪，何：～足道哉。②文言叹词，表示惊讶：～！是何言也！

恶(惡) 4·GOGN　憎恨，讨厌：可～l 厌～。
另见 ě, è。

亡 2·YNV　古同"无"。
另见 wáng。

无(無) 2·FQ　①没有：～力。②不：～须。③不论：

事～大小，都须认真。

芜(蕪) 2·AFQB　①长满乱草：荒～l～城。②杂乱：～词 l～文 l 去～存菁。

【芜杂】杂乱，多指文章。

毋 2·XDE　①不要；不可以：宁缺～滥。②姓。

【毋宁】不如：不自由，～死。

【毋庸】不用，无须：～置疑。

吾 2·GKF　①文言第一人称代词，我，我们：～国 l～辈 l～侪。②姓。

部 2·GKBH　古国名，在今山东。

【郚部】地名，在山东昌乐。

唔 2·KGKG　同"嗯"(ń)。

【咿唔】形容读书声。
另见 ńg。

峿 2·MGKG　用于地名：～山（在山东）。

浯 2·IGKG　【浯河】水名，在山东。

琨 2·GGK　【琨琨】①一种像玉的美石。②古书上说的山名。又作昆吾。

梧 2·SGK　【梧桐】落叶乔木。木材白色，质轻坚韧，可制乐器等。

铻(鋙) 2·QGKG　【锟铻】古剑名，产于琨琨山而得名。

鼯 2·VNUK　鼯鼠，也叫飞鼠，尾长，前后肢间有薄膜，能滑翔。以树皮、果、虫为食。

吴 2·KGD　①周代诸侯国名，在今江苏南部和浙江北部。②三国之一，孙权所建，也称东吴或孙吴。③五代十国之一,建都扬州。④指苏南和浙北一带。⑤姓。

蜈 2·JKG

【蜈蚣】节肢动物,头部有钩状脚,能分泌毒液。可入药。

【蜈蚣草】多年生草本植物,可作饲料。

鹀(鵐) 2·AWWG

鸟名,像麻雀,善于鸣叫。

五 3·GG

①数目字。②我国古代音乐音阶上的一级的符号,相当于简谱的"6"。

【五行】指水、火、木、金、土,古人认为是构成万物的元素。

【五岭】指南岭中的越城岭、都庞岭、萌渚岭、骑田岭、大庾岭。

【五岳】我国五大名山,即东岳泰山、南岳衡山、西岳华山、北岳恒山、中岳嵩山。

【五音】①古代五声音阶中的宫、商、角、徵、羽五个音阶,相当于简谱中的1、2、3、5、6。②音韵学指唇、舌、齿、牙、喉五类声母。

【五帝】传说中我国原始社会黄帝、颛顼、帝喾、尧、舜等五位帝王。

【五胡】我国古代指居住在北方地区的五个少数民族,即匈奴、鲜卑、羯、氐、羌。

【五香】指茴香、花椒、八角、桂皮、丁香花蕾等五种香料。②用五种香料制成的:~茶叶蛋。

伍 3·WGG

①古代军队编制,五人为一伍。后泛指军队。②同伙:羞与为~。③数目五的大写。④姓。

午 3·TFJ

①日中之时:中~|下~。②地支的第七位。③午时,上午十一点到下午一点。

仵 3·WTFH

姓。

【仵作】旧时官府中验尸的人。

连 3·TFPK

①相遇:相~。②逆,相背:违~。

忤 3·NTFH

违拗;不顺从;不和睦:~逆|与人无~。

昈 3·JTFH

光明。

庑(廡) 3·YFQ

正房周围的小屋:东~|廊~。

沅(㴑) 3·(IFQN)

沅水,水名,在贵州和湖南。

怃(憮) 3·NFQ

①怜爱。②失意:~然。

妩(嫵) 3·VFQ

【妩媚】(女子)姿态美好可爱。

武 3·GAH

①与"文"相对:文~双全。②勇猛;威武:英~|孔~有力。③关于技击的:~打|~艺。④半步,泛指脚步:步~整齐。⑤姓。

斌 3·GGAH

【斌珷】像玉的石块。也作珷砆。

鹉(鵡) 3·GAHG

【鹦鹉】鸟名,能模仿人说话,又叫鹦哥。

侮 3·WTX

欺负,轻慢:~辱|欺~|外~|~蔑。

捂 3·RGKG

掩盖,捂住:~鼻子|~着嘴笑|~上棉被。

牾 3·TRGK

【抵牾】抵触,冲突,矛盾:观点前后~。

舞 3·RLG

①舞蹈:跳~。②挥动:~剑|挥~|手~足蹈。③耍弄:~弊|~文弄墨。

【舞美】①舞蹈美术。②舞美人员。

兀 4·GQV ①高耸突起的样子：突~|~立。②秃：~鹫。

屼 4·MGQN 山秃的样子。

杌 4·SGQN 小凳：~凳。

【杌陧】不安定。也作阢陧、兀臬。

靰 4·AFGQ 【靰鞡】东北冬天穿的内垫靰鞡草皮鞋。也作乌拉。

阢 4·BGQ 【阢陧】不安定。陧（niè）也作杌陧、兀臬。

勿 4·QRE 别，不要：请~吸烟。

【勿忘我】紫草科多年生草本植物，花蓝色，供观赏。

苭 4·AQRR ①一年生草本植物，供观赏，兼作蔬菜。也称菲、蓁葖、诸葛菜、二月兰。②一种有机化合物，存在于煤焦油中，用于制燃料、杀虫剂和药物等。

物 4·TR ①事物，东西。②内容，实质：言之有~。③别人，与自己相对的环境：待人接~。

坞（塢） 4·FQNG ①村子周围的土堡。②山坞，中间凹下的地方：山~|梅花~。③在水边修建的停船或修造船只的地方：船~。

戊 4·DNY ①天干的第五位。②五的代称：~夜（五更时）。

务（務） 4·TL ①事情，事务：任~|公~。②从事，致力：农~|~实|不~正业。③旧时收税的关卡，用于地名：商酒~、（在河南）。④务必：除恶~尽|~须。

雾（霧） 4·FTL ①雾气。②像雾的东西：烟~。

【雾凇】雾气遇冷在树枝等上面结成的松散冰晶。

误（誤） 4·YKG ①谬误，错误：笔~|讹~。②耽误：~事。③使受损害：~人子弟|~国~民。④非故意的：~伤。

悟 4·NGKG 了解，明了，觉悟：~出道理来|恍然大~。

晤 4·JGK 会面，会见：会~|~面|~谈|见信如~。

焐 4·OGKG 用热的东西使凉的东西变暖：~手。

瘟 4·UGKD 【瘟子】突起的痣。

寤 4·PNHK 睡醒：~寐|~生。

婺 4·CBTV ①水名，即金华江，钱塘江支流，在浙江中部。②星宿名，即婺女星，简称女，二十八宿之一。

【婺江】水名，在江西。也指金华江。

【婺州】旧州名，今浙江金华一带：~剧|八~。

骛（騖） 4·CBTC ①乱跑。②追求，致力：好高~远。

鹜（鶩） 4·CBTG 鸭，古代也泛指野鸭：趋之若~|落霞与孤~齐飞。

鏊 4·ITDQ ①白铜、白银之类的白色金属。②镀上。

X x

xi

夕 1·QTNY ①日落的时候:朝~|~阳。②泛指晚上:除~|七~。

汐 1·IQY 夜间的海潮:潮~。

矽 1·DQY 硅的旧称:~钢片|~谷。

夯 1·PWQ 【窀夯】墓穴。窀(zhūn)。

兮 1·WGNB 文言助词,相当于"啊":大风起~云飞扬。

西 1·SGHG ①西面:~风。②西洋,多指欧美:~装。③姓。

【西子】西施的别称。

【西域】汉时指现玉门关以西的新疆和中亚细亚等地区。

茜 1·ASF 译音用字,多用于人名。

另见 qiàn。

恓 1·NSG 忧伤烦恼:悲~。

【恓惶】惊慌不安的样子:~奔走。

栖 1·SSG 【栖栖】形容匆忙不安的样子。

另见 qī。

牺(犧) 1·TRS 古代称做祭品用的牲畜:~牛|~牲。

硒 1·DSG 一种非金属元素,符号 Se。导电能力随光而变,用于制造光电池和光电管。

舾 1·TESG 船舶装备品:~装。

粞 1·OSG 碎米:米~|糠~。

吸 1·KE ①吸入,吸收:~水。②吸引:~铁石。

希 1·QDM ①希望:~冀。②同"稀",事物出现得少:~有。③姓。

俙 1·WQDH ①当面对质。②感动:~然改容。

郗 1·QDMB 姓。

唏 1·KQD 【唏嘘】哭泣后不由自主地抽搭。也作欷歔。

浠 1·IQDH 【浠水】地名,在湖北。

欷 1·QDMW 【欷歔】哭泣后不由自主地抽搭。也作唏嘘。

烯 1·OQD 烯烃,有机化合物的一类:乙~。

晞 1·JQDH ①干:晨露未~。②破晓,天亮:东方未~。

睎　1·HQDH　①远望：～秦岭。②仰慕。

稀　1·TQD　①稀疏：月明星～。②稀薄：～饭|～释。③稀少：～罕|～有。④用在某些形容词前面表示程度深：～烂|～松。⑤指稀的东西：糖～。

稀　1·EQDH　【稀莶】一年生草本植物。茎上有灰白色的毛，花黄色，全草入药。

昔　1·AJF　从前：～日|～年|今胜于～|往～。

惜　1·NAJG　①爱惜：珍～|～别|体～。②吝惜：不～|～代价。③可惜：痛～。

腊　1·EAJ　干肉：脯～。另见 là。

析　1·SR　①分开，分散：～产|分崩离～。②解释：分～|～疑。

薪　1·ASR　【薪蓂】遏蓝菜，叶可做蔬菜，种子可榨油，全草入药。

淅　1·ISR　淘米。

【淅沥】形容轻微的风雨声、落叶声。

晰　1·JSR　明白，清楚：明～|清～。

皙　1·SRR　①皮肤白：白～。②枣名。

蜥　1·JSRH　【蜥蜴】爬行动物，俗称四脚蛇。

肸　1·EWFH　①见于人名：羊舌～（春秋时晋国大夫）。②振动：振～。

【肸响】散布，弥漫。

饻　1·QNYE　量词。中国老解放区使用过的货币单位，一饻等于几种实物价格的总和。

息　1·THN　①气息：一～尚存。②停息：休～。③消息：信～。④繁育：生～。⑤利息：年～。

熄　1·OTHN　熄灭：～火|～灯。

螅　1·JTHN　水螅，一种腔肠动物，身体圆桶形，上端有口，常附着在水草或石块上。

奚　1·EXD　①被役使的人：～奴。②文言疑问词，相当于"何"。③姓。

【奚落】嘲笑，讥讽，挖苦人。

傒　1·WEXD　①等待。②古代少数民族名。③姓。

【傒倖】烦恼，焦躁。也作傒幸。

溪　1·IEX　山里的小河沟，泛指小河沟：～沟|～流。

蹊　1·KHED　小路：～径|桃李不言，下自成～。另见 qī。

【蹊径】途径：独辟～。

豀　1·EXDK　①姓。②"溪"的异体字。

【勃豀】家庭争吵。

鼷　1·VNUD　【鼷鼠】小家鼠。

悉　1·TON　①知道：获～。②尽，全：～心照料|～数。

窸　1·PWTN　【窸窣】形容轻微细碎的摩擦声。

蟋　1·JTO　【蟋蟀】昆虫，俗称促织、蛐蛐儿。

翕　1·WGKN　①合，和顺。②收敛：～张。

【翕动】（嘴唇等）一张一合。

歙　1·WGKW　①吸气：～张。②收敛。

另见 shè。

熻 1·OWGN ①燃烧。②明亮。

犀 1·NIR 犀牛。

【木犀】即桂花。

【犀利】形容语言、目光等锐利:文笔~|目光~。

樨 1·SNIH 木樨,也作木犀,桂花。

锡(錫) 1·QJQ 金属元素,符号 Sn。延展性强,不易氧化,用作镀铁、焊接金属和制造合金。

【锡嘴】一种鸟,似雀而大,嘴粗大。

裼 1·PUJR 脱去上衣,露出身体一部分:袒~。

另见 tì。

熙 1·AHKO ①光明:~天曜日。②和乐:~攘|笑语~~。

僖 1·WFKK 快乐。

嘻 1·KFK ①形容笑声:笑~~|~~哈哈。②叹词,表示惊奇、轻蔑等。

嬉 1·VFK 游戏,玩耍:~戏|~笑|~闹。

熹 1·FKUO 天亮,光明:~微(天色微明)。

巂 1·MWYM 中国古代西南少数民族。

【越巂】地名,在四川。今作越西。

酅 1·MWYB ①古地名,在今山东。②姓。

觿 1·QEMK 古代用骨玉等制成用于解结的用具,也作佩饰。

膝 1·ESW 膝盖:护~|促~谈心|奴颜婢~。

羲 1·UGT ①伏羲,传说中远古的一个帝王。②姓。

曦 1·JUG 阳光(多指早晨的):晨~微露。

爔 1·OUGT 同"曦"。

鳌 1·FITF ①古同"禧",幸福吉祥。②姓。

醯 1·SGYL 醋。

巇 1·MHAA 险峻,险恶:险~。

习(習) 2·NU ①学习,复习,练习:温~|研~|~字。②熟悉:~闻|~以为常。③习惯:积~|恶~。④姓。

嶍 2·MNRG 【嶍山】山名,与峨山合称嶍峨山,在云南。

鳛(鰼) 2·QGNR 泥鳅。

【鳛水】地名,在贵州,今作习水。

席 2·YAM ①席子。②席位:出~。③量词:一~话|一~酒。④酒席:宴~。⑤姓。

觋(覡) 2·AWWQ 男巫。

袭(襲) 2·DXY ①量词,用于成套的衣服:一~棉衣。②照样做:因~|沿~|抄~。③继承:承~。④袭击:奇~。⑤侵袭:寒气~人。⑥姓。

媳 2·VTHN 子、弟或其他晚辈的妻子:儿~|弟~|侄~。

隰 2·BJX ①低湿的地方。②新开垦的田。

檄 2·SRY 檄文,古代官方用以征召、晓谕或声讨的文书。

冼 3·ITF ①洗涤;清除:~衣丨清~。②洗礼:受~。③洗雪:~冤。④抢光;杀尽:~劫丨~城。⑤冲洗(照片)。⑥掺和整理:~牌。

另见 xiǎn。

铣(銑) 3·QTFQ 用铣床切削:~削。

另见 xiǎn。

枲 3·CKSU 枲麻,大麻的雄株,只开花,不结果。也泛指麻。

玺(璽) 3·QIGY 印信,秦以后专指皇帝的印:玉~。

徙 3·THH ①迁移:~居丨迁~。②升迁官职:官职积年不~。

葰 3·ATH 五倍:倍~(数倍)。

屣 3·NTHH 鞋:如弃敝~。

喜 3·FKU ①高兴,快乐:狂~。②喜事:报~。③指身孕:有~。④喜爱:~闻乐见。⑤适合,适配:~阴植物。

憙 3·FKUN 喜悦,喜好。

禧 3·PYFK ①福,吉祥。②喜庆:新~丨年~。

镭(鐪) 3·(QFKK) 人造放射性金属元素,符号 Sg。

鱚(鱚) 3·(QGFK) 鱼名,圆筒形,生活在近海沙底。

葸 3·ALNU 害怕,畏惧:畏~不前。

戏(戲) 4·CA ①玩耍,游戏:嬉~丨~儿。②戏弄,开玩笑:调~丨~谑丨~言。③戏

剧;杂技:看~丨马~。

【戏谑】用有趣的话开玩笑、逗乐。谑(xuè)。

【戏文】①戏曲中唱词和说白的总称。②南戏,南宋形成于温州,流行于南方,用南曲演唱的戏曲形式。

饩(餼) 4·QNRN ①谷物;饲料。②赠送。③活的牲口;生肉。

系 4·TXI ①世系,系统:直~丨水~。②大学的系科。③地层系统分类的第三级世纪以下:寒武~。

系(係) 4·TXI ①联结,关联:干~丨维~丨成败所~。②是:确~实情。

系(繫) 4·TXI ①关联,联结:干~丨维~丨成败所~。②拴,绑:~马丨~缚丨解铃还需~铃人。③牵挂:~念。④拘禁:~狱丨囚~丨拘。⑤捆住后往上提或往下送。

另见 jì。

屃(屓) 4·NMI 【赑屃】传说中一种像龟的动物,旧时大石碑基座多雕刻此形。赑(bì)。

细(細) 4·XL ①和"粗"相对:~纱。②颗粒小:~沙。③音量小:嗓音~。④精细:~瓷。⑤仔细,详细:~想丨~算。⑥细微,具体:~节丨事无巨~。

咥 4·KGCF 形容大笑的样子。

郤 4·WWKB ①同"隙",缝隙,间隙。②姓。

绤(綌) 4·XWWK 粗葛布。

阋（鬩） 4·UVQ　争吵，争斗：兄弟～于墙。

乌 4·VQOU　古代一种复底鞋，泛指鞋。

潟 4·IVQO　盐水浸渍的土地。

【潟湖】浅水海湾湾口淤积封闭形成的湖，也指珊瑚环礁围成的水域。

隙 4·BIJ　①裂缝：缝～｜门～。②漏洞，机会：无～可乘。③空闲：～地｜空～｜农～。④感情上的裂痕：嫌～｜仇～。

禊 4·PYDD　古人于春秋两季为驱除不祥在水边举行的祭祀。

---

xia

呷 1·KLH　〈方〉小口地喝：～酒。

另见 gā。

虾（蝦） 1·JGHY　节肢动物：鱼～｜明～。

另见 há。

瞎 1·HP　①失明。②胡乱：～忙｜～说。③炮弹打不响：～炮。

匣 2·ALK　方形小盒，匣子：镜～｜木～。

狎 2·QTL　亲近而态度不庄重：～昵｜～弄｜～侮｜～亵。

【狎昵】过分亲近而不庄重。

柙 2·SLH　关猛兽的木笼，也指囚笼或囚车。

翙 2·LNG　羽瓣，羽干两侧的部分。

侠（俠） 2·WGU　①侠客：武～。②侠义：～肝义胆。

峡（峽） 2·MGU　两山夹水之处：海～｜三～。

【峡谷】狭长而深的谷地。

狭（狹） 2·QTGW　狭窄，不宽阔：～小｜～路相逢。

硖（硤） 2·DGUW　【硖石】地名，在浙江。

叚 2·NHFC　①姓。②"假"的异体字。

遐 2·NHF　①远：闻名～迩｜～思。②长久：～龄（高龄）。

瑕 2·GNH　玉上面的斑点，比喻缺点：～疵｜～玷｜～瑜互见。

暇 2·JNH　空闲：自顾不～｜闲～｜目不～接｜～日。

霞 2·FNHC　因受日光斜照而出现的彩云：朝～｜～光。

【霞帔】①古代妇女礼服的彩色大披肩：凤冠～。帔（pèi）。

辖（轄） 2·LPD　①车轴头上固定轮子的插销。②管辖：统～｜直～市。

黠 2·LFOK　聪明而狡猾：狡～｜慧～｜～敏｜～狯。

下 4·GH　①低处：山～。②低等的：～级。③在后的：～次｜～半月。④向下：～达｜～山。⑤降落：～雪。⑥去；到；离开：～乡｜～馆子｜～班。⑦投放：～面条｜～注。⑧去除：～了他的枪。⑨用：～功夫。⑩攻陷：连～数城。⑪做出：～结论。⑫生：～蛋。⑬表示时间、方位：时～｜部～｜四～里。⑭表示结果、趋向等：吃～三碗｜走～山。⑮表示有空间：放得～。⑯量词：打一～｜有两～子。⑰少于：不～五十人。

吓(嚇)

4·KGH 害怕;使害怕:~唬。

另见 hè。

夏

4·DHT ①夏天。②我国历史上第一个朝代,为禹所建。③指中国:华~。④姓。

厦

4·DDH 【厦门】地名,在福建。

另见 shà。

唬

4·KHAM 同"吓":~人。

另见 hǔ。

罅

4·RMHH ①缝隙:~隙|石~|窗~。②疏漏,缺陷:~漏|修弊补~。

【罅漏】缝隙,漏洞:~之处,有待补订。

---

xian

仙

1·WM ①神仙:八~过海|~人|~境。②婉称人死:~去。

氙

1·RNM 一种气体元素,符号Xe。大气中含量极少,用来充填光电管等。

籼

1·OMH 籼稻,水稻的一种,米粒细长,胀性大,黏性小:~米。

先

1·TFQ ①时间或次序在前面的:事~|~进。②祖先:~人。③已故的:~烈|~哲|~帝|~考|~妣。④暂时:~等等再说。⑤姓。

酰

1·SGTQ 【酰基】含氧酸分子失去羟基后的原子团。

纤(纖)

1·XTF 细小:微|~尘|~弱。

另见 qiàn。

跹(躚)

1·翩跹【翩跹】轻快地旋转舞动:~起舞。

忺

1·NQWY ①高兴,愉悦:丝竹久已懒,今日遇君~。②乐意。

掀

1·RRQ ①揭开:~锅盖。②翻腾,兴起:大海~起巨浪|~起建设新高潮。

锨(鍁)

1·QRQ 掘土或铲东西的工具:铁~|木~。

袄

1·PYGD 【袄教】即拜火教,起源于古波斯的一种宗教。

莶(薟)

1·AWGI 【豨莶】一年生草本植物,花黄色,全草入药。

鲜(鮮)

1·QGU ①鱼:小~。②新鲜:~花。③有光彩的:~艳|~红。④鲜美:这汤真~。⑤鲜美的食物,特指鱼虾等水产品:时~|海~。⑥姓。

騘

3·JXXO 用于人名。赵騘,南宋恭帝。

鲜(鮮)

3·QGU 少:~见|~为人知|寡廉~耻。

藓(蘚)

3·AQGD 苔藓植物的一类,生长在阴暗潮湿的地方。

暹

1·JWY 【暹罗】泰国的旧称。

鶱(鶱)

1·(PFJG) 振翅高飞:将~复敛翮。

孅

1·VWWG 细小:至~至悉。

伭

2·WYXY ①凶狠,忿恨。②姓。

弦 2·XYX ①半圆的月相:上～。②古代称直角三角形的斜边。③弓弦,琴弦。④钟表的发条:上紧～。⑤比喻妻子。旧以琴瑟喻夫妻,故称妇死叫断弦,续娶叫续弦。⑥数学名词,连接圆周任意两点的线。

玹 2·GYXY 姓。另见 xuán。

舷 2·TEYX 飞机、船的左右两侧:船～|机～|～窗。

闲(閑) 2·USI ①空闲,空闲的时候:～逛|～着没事|发～。②安静:～庭|～静。③平常:等～之辈。④空着,放着不用:～房|车子～着。⑤与正事无关的:～话|～人莫入|管～事。

娴(嫻) 2·VUS ①熟练:～熟|～于辞令。②文雅:～静|举止～雅。

痫(癇) 2·UUS 【癫痫】俗名"羊癫风",发病时突然昏倒,口吐白沫,四肢抽搐,声如羊叫。反复发作。

鹇(鷳) 2·USQ 【白鹇】一种有名的观赏鸟。

贤(賢) 2·JCM ①有德行的,有才能的:～人。②贤人:任人唯～|选～举能。③表示尊敬:～弟|～侄。

挦(撏) 2·RVFY 撕,拔(毛发):～鸡毛。

咸 2·DGK 全,都:～受其益|老少～宜。

咸(鹹) 2·DGK 咸味:～淡|～盐|菜太～了。

诚(誠) 2·(YDGT) ①融洽,和谐。②真诚。

涎 2·ITHP 口水:～水|流～|垂～三尺|馋～欲滴。

衔(銜) 2·TQF ①用嘴含:燕子～泥。②包含:～远山,吞长江。③心怀着:～恨。④头衔;称号:军～|学～|大使～。⑤奉:～命。⑥连:～接。

【衔尾相随】比喻队伍中人与人紧紧相随。衔:马嚼子。尾:马尾。

嫌 2·VU ①嫌疑:避～。②厌恶,不满意:～不好|讨人～。③怨恨,怨仇:捐弃前～|挟～报复。

狝(獮) 3·QTQI 秋天打猎:秋～冬狩。

冼 3·UTF 姓。

冼 3·ITF 姓。另见 xǐ。

铣(銑) 3·QTFQ 有光泽的金属。另见 xǐ。

【铣铁】铸铁。

筅 3·TTFQ 用竹丝等制成的洗刷用具。

跣 3·KHTQ 光着脚:～足|越人～行|～出。

显(顯) 3·JO ①明显:～而易见。②显露,显示:大～身手。③显赫,尊贵:～达|～贵。

【显圣】圣人死后显灵。

【显学】著名的学说、学派。

险(險) 3·BWGI ①危险。②地势险要:天～|～关。③狠毒:阴～|～恶。④差一点儿:～胜。

崄(嶮) 3·MWGI 【嶙崄】〈方〉两山之间像马鞍

子的地方,多用于地名:沙~(在陕西)。

猃(獫) 3·QTWI 长嘴的狗。

【猃狁】我国古代北方的一个民族。战国后称匈奴,也作"猃狁"。

蚬(蜆) 3·JMQ 一种淡水软体动物,两扇贝壳为心形,可食用。

褖 3·PYXE 祭祀剩余的肉。

燹 3·EEOU 野火:兵~(因战乱所受到的焚烧破坏)。

见(見) 4·MQB 显露。同"现⑤"。

另见 jiàn。

苋(莧) 4·AMQ 苋菜,一种蔬菜,一年生草本植物。

岘(峴) 4·MMQN 【岘山】山名,在湖北。

现(現) 4·GM ①眼前:~在|~状。②当时,临时:~做。③当时就有的:~金。④现款:兑~。⑤显露,露出:~原形。

眖(睍) 4·(JMQ) ①日光。②明亮。

睍(睍) 4·(HMQ) 用于人名。嵬名睍,西夏末帝。嵬名,复姓。

县(縣) 4·EGC 行政区划单位:郡~|~市。

限 4·BV ①限度,规定的范围:无~|权~|期~。②限定:于本国|~期。③门坎:门~。

线(綫) 4·XG ①用棉麻、金属等制成的细长物:毛~|电~。②线条,像线的东西:曲

~|直~|~香。③交通线路:航~。④边界,前沿:国境~|前~。⑤接近某种边际:死亡~。⑥量词,用于某抽象事物,数词限用"一":一~希望。⑦线索:眼~|~人。

宪(憲) 4·PTF ①法令:~章。②宪法:立~|~政。

陷 4·BQV ①陷入:~阱。②凹陷:眼睛~进去。③陷害:诬~|构~于人。④攻破:攻~|沦~。⑤缺点:缺~。

馅(餡) 4·QNQV 馅子:饺子~|~饼。

羡 4·UGU ①羡慕:称~|欣~|艳~。②多余,超出:~余。

腺 4·ERIY 生物体内分泌某些化学物质的组织:汗~。

献(獻) 4·FMUD ①奉献,进献:~花|~礼。②向人表现:~技|~丑|~媚。

霰 4·FAET 空中降落的白色不透明小冰粒,俗叫雪子。

xiang

乡(鄉) 1·XTE ①乡村。②家乡:背井离~。③我国行政区划:~政府。

芗(薌) 1·AXT ①古代用以调味的香草。②五谷的香,泛指香:~泽。

相 1·SH ①相互:~视而笑|~依为命。②表示一方对另一方的动作:好言~劝|~煎何急。

③亲自观看:～亲。④姓。

相 4·SH ①外貌:长～|貌～。②物体的外观姿态:月～|星～|坐～。③察看:～机行事。④官名:宰～|丞～|首～。⑤辅佐,帮助:吉人天～。⑥交流电路的组成部分:三～电。⑦姓。

厢 1·DSH ①厢房,正房两边的房屋:西～。②边,方面:这～|那～。③像房子那样分隔开的地方:包～|画～|车～。④靠近城的地方:城～。

莃 1·ASH 【青莃】一年生草本植物,也叫野鸡冠,花淡红,供观赏,种子可入药。

湘 1·ISHG ①湘江,水名,发源于广西,流入湖南。②湖南的别称:～绣。

【湘妃竹】即斑竹,也叫湘竹。

缃(緗) 1·XSH 浅黄色:～绮为下裙,紫绮为上襦。

箱 1·TSH 箱子;像箱子的东西:木～|风～|镜～|冰～。

【箱笼】泛指出门所带的各种盛衣物的器具。

香 1·TJF ①芳香,味美。②形容胃口、睡眠好:吃饭不～|睡得正～。③受欢迎,受器重:吃～。④香料及制品:沉～|烧～。

襄 1·YKK 帮助:～理|共～义举|～助。

【襄理】旧时银行或大企业中协助经理工作的人。

骧(驤) 1·CYK ①马抬起头奔跑。②(头)仰起:龙～虎视。

纕(纕) 1·(XYKE) 佩在身上的带子:佩～。

瓖 1·GYKE ①马带上的玉饰。②同"镶",镶嵌。

镶(鑲) 1·QYKE 把东西嵌进去或在外围加边:～嵌|～牙|～边。

详(詳) 2·YUD ①详细:～谈。②说明,细说:内～。③清楚:地址不～。④从容安详:～言正色|举止～妍。

庠 2·YUDK 古代的学校:～序。《孟子·滕文公上》:"夏曰校,殷曰序,周曰庠。"

祥 2·PYU ①吉利,吉祥:不～之兆|～云。②姓。

【祥瑞】好的兆头或征兆。

降 2·BTAH ①投降:诱～|归～。②降伏:～龙伏虎|一物～一物。
另见 jiàng。

翔 2·UDNG 盘旋地飞而不扇动翅膀:飞～|如鹰～空|滑～。

【翔实】详细而确实。也作详实。

享 3·YBF 享受:～用不尽|福～|～乐。

响(響) 3·KTM ①回声:～应。②声音:声～。③发出声音:枪～了。④响亮,声音大:广播太～。

【响马】旧称抢劫旅客的强盗,因抢劫时先放响箭而得名。

饷(餉) 3·QNTK ①军饷:薪～|关～。②同"飨":以～读者。

飨(饗) 3·XTW 用酒食款待人。泛指请人享受:～客|以～读者。

想 3·SHN ①思考。②想念。③推测,料想:～必如此。④希望:非分之~。

鲞（鯗） 3·UDQG　剖开晾干的鱼:鳗~|白~。

向 4·TM　①介词,表示动作的方向:~前走。②一向,向来:~无此例。③偏袒:偏~。④姓。

向（嚮） 4·TM　①目标,方向:志~|航~。②朝向,面对:~阳。③将近:~晚。④从前,旧时:~日。

珦 4·GTMK　玉名。

项（項） 4·ADM　①颈的后部:颈~。②脖子:~链。③条目,条款:事~|款~。④代数中不用加减号连接的单式。⑤量词,分项目的事物:八~注意。⑥姓。

巷 4·AWN　胡同,里弄:小~|街头~尾。

另见 hàng。

象 4·QJE　①大象。②形状,样子:景~|天~|气~|印~。③仿效,摹拟:~形|~声。

像 4·WQJ　①相似:~他妈一样。②好像:~要下雨了。③比如,如:~英雄一样战斗|~这样的事不能再发生。④肖像,画像:人~|塑~。

橡 4·SQJ　①橡树,也叫栎树。②橡胶树。

蟓 4·JQJ　蚕的古名。

xiao

肖 1·IE　姓。

肖 4·IE　像,相似:惟妙惟~|~像(人的画像或相片)。

削 1·IEJ　用刀削去表皮:~铅笔|~面(刀削面)。

另见 xuē。

逍 1·IEP　【逍遥】自由自在,无拘无束:~自在|~法外。

消 1·IIE　①消失,消除:烟~云散|~肿|~毒。②消遣:~夜|~夏。③〈方〉需要:不~说。

宵 1·PIE　夜:通~|春~|良~|通~达旦。

绡（綃） 1·XIEG　生丝,又指生丝织品:鲛~|红~。

硝 1·DIE　①硝石,矿物,用于制炸药或化肥。②芒硝,成分硫酸钠,用于制造玻璃和纯碱等。③用芒硝加黄米面处理毛皮,使之柔软:~皮子。

销（銷） 1·QIE　①去除,解除,消失:报~|撤~|~声匿迹。②出售:~货。③消费:开~|花~。④销子:插~。⑤熔化金属:~铄|~金。

【销铄】①熔化,消除。②因久病而枯瘦。

蛸 1·JIE　【螵蛸】螳螂的卵块。

另见 shāo。

霄 1·FIE　①云:云~。②天空:重~|九~|云外|~壤之别。

【霄汉】云霄和天河,指天空极高处:气冲~。

【霄壤】天和地,形容相距极远。

魈 1·RQCE　【山魈】猕猴的一种。也指传说中山里的鬼怪。

枭（梟） 1·QYNS　①一种凶猛的鸟。②勇健,凶猛:

~雄。③旧指贩卖私盐的人:盐~。④魁首,首领:毒~。⑤悬头示众:~首。

【枭雄】强横而有野心的人。

【枭首】酷刑,把人头割下来示众。

枵 1·SKG ①空虚:~腹从公。②布的丝缕稀而薄。

【枵腹从公】饿着肚子办公事。

鸮(鴞) 1·KGNG 【鸱鸮】猫头鹰一类的鸟。

哓(嘵) 1·KATQ 【哓哓】①形容争辩的声音:~不休。②因害怕而发出的乱叫声。

骁(驍) 1·CATQ ①好马。②勇健:~将|~悍。

虓 1·VHAM ①猛虎怒吼。②勇猛:~将。

猇 1·QTHM ①同"虓"。②用于地名:~亭(在湖北)。

萧(蕭) 1·AVI ①草名,即香蒿。②清静,冷落:~条|~瑟|~疏。③姓。

【萧墙】照壁。比喻内部:祸起~。

【萧然】寂寞冷落,空虚:四壁~。

【萧索】冷落凄凉的样子。

【萧瑟】①风吹树木的声音。②形容景色凄凉。

潇(瀟) 1·IAVJ ①水清而深。②潇水,水名,湘江上游支流,在湖南。

【潇潇】形容风急雨骤。

【潇湘】①湘江的别称,因湘江水清得名。②泛指湖南地区。

蟏(蟵) 1·JAVJ 【蟏蛸】蜘蛛的一种,脚很长,多在室内结网,通称喜蛛。

箫(簫) 1·TVIJ 一种管乐器,也叫洞箫,单管直吹。

翛 1·WHTN 自然超脱的样子:~然。

【翛翛】羽毛破残的样子。

嚣(嚻) 1·KKDK 喧哗,嘈杂:叫~|喧~|~张。

洨 2·IUQ 姓。

崤 2·MQDE 【崤山】山名,在河南。

淆 2·IQD 混乱,错杂:混~|~杂|~惑(混淆迷惑)。

小 3·IH ①在体积、面积、数量、力量、声音、年龄等方面相对不大。②短时间地:~坐。③排行最末的:~儿子。④小孩:老~无欺。⑤谦辞:弟|~女|~店。⑥指妾:娶~。⑦略微少于:距北京~二百里。⑧稍微:~试牛刀。

晓(曉) 3·JAT ①天刚亮:春眠不觉~|行夜宿。②知晓:家喻户~。③使人知道:~以大义。

谀(謏) 3·(YVHC) 小:~才|~闻(小有名声)。

筱 3·TWH ①小竹子。②同"小",多用于人名。③姓。

皛 3·RRRF ①明亮,皎洁:天~无云。②洁白:~白。③用于地名:~店(在河南)。

孝 4·FTB ①孝顺:~子。②居丧期间的礼俗:守~|戴~。③丧服:披麻带~。④姓。

哮 4·KFT ①吼叫:咆~。②急促地喘气:~喘。

涍 4·IFTB 古水名,在今河南。

【涍泉】泉名,在今湖南。

恔 4·NUQY　畅快。
另见 jiǎo。

校 4·SUQ　①学校:～舍。②军衔的一级:大～。
另见 jiào。

效 4·UQT　①效果:功～|无～。②仿效:～法|上行下～。③效力:～劳|～命。
【效尤】明知不对而仿效。

激 4·IUQT　用于地名:五～(在上海)。

笑 4·TTD　①愉悦的表情;欢乐的声音:含～|大～。②讥笑:耻～|见～。
【笑靥】①酒涡。②笑脸。靥(yè)。

啸(嘯) 4·KVI　①撮口发出长而高的声音:仰天长～。②兽类拉长声音的吼叫:虎～|猿啼。③自然界发出的某种声音:风～|海涛呼～。④飞机、子弹等飞过的声音。

敩(斆) 4·IPBT　①教导:盘庚～于民。②学,效法。

xie

些 1·HXF　①表示不定的数量,一些:有～|那么～。②表示略微:热了～|～许。

揳 1·RDHD　把楔子、钉子等打进物体:墙上～个钉子。

楔 1·SDH　同"楔子"①②。
【楔子】①塞在榫子缝里使接榫牢固的木片。②钉在墙上的木钉。③我国古代小说的开头,又叫引子。④元杂剧加在第一折前或两折之间的小段。

歇 1·JQW　①休息:～一会|～脚。②停止:～工|～业。

蝎 1·JJQ　蝎子,节肢动物,可入药,治抽搐、破伤风、半身不遂等症。

叶 2·KF　和谐,相合:～音|～韵。
另见 yè。

协(協) 2·FL　①共同:齐心～力|～商|～奏。②帮助:～助|～理。③调和,和协:～调。

胁(脅) 2·ELW　①从腋下到肋骨以下的部分:两～。②胁迫:威～|～从|～持。

邪 2·AHTB　①不正当:～说|～念|改～归正。②中医指引起疾病的环境因素:风～|瘟～。③迷信指妖魔鬼怪:中～|～术。
另见 yé。

挟(挾) 2·RGU　①用胳膊夹住:～着书包。②胁迫人服从:要～|～持|～制。③怀着:～恨|～嫌|～怨。
【挟制】倚仗势力或抓住别人的弱点,强使服从。
【挟嫌】怀恨:～报复。

偕 2·WXXR　共同:～行|同|白头～老。

谐(諧) 2·YXXR　①和谐:～音|～调。②逗趣:诙～。③(事情)办妥:事～。

斜 2·WTUF　不正:倾～|歪～|～阳。

鍪 2·WTUF　地名用字:麦～(在江西)。

絜 2·DHVI　①度量物体的粗细。②度量,衡量:～名索实。

另见 jié。

颉（頡） 2·FKD 【颉颃】鸟上下飞。比喻不相上下。
另见 jié。

撷（擷） 2·RFKM ①摘下：采～。②用衣襟包东西。

缬（纈） 2·XFKM 有花纹的丝织品。

携 2·RWYE ①携带：扶老～幼｜～眷。②拉着：～手。

鞋 2·AFFF 鞋子。

飔 2·LLLN 和协：～律。

写（寫） 3·PGN ①书写；写作。②描写；绘画：～景｜～实｜～生｜～真。③绘画：～生。

【写意】国画作法，用笔不求工细，注重神态和情趣，与"工笔"相对。

血 3·TLD 血液，用于口语。
另见 xuè。

泄 4·IANN ①排泄，发泄：～洪｜～恨。②泄漏：～气｜～密。

绁（紲） 4·XANN ①绳索：缧～。②系，拴。

渫 4·IANS ①淘除泥污。②泄，疏通。③姓。

泻（瀉） 4·IPGG ①向下急流：一～千里。②拉肚子。

契 4·DHV 传说中商代的始祖。帝喾之子，为舜之臣。
另见 qì。

偰 4·WDHD ①姓。②"契"的异体字。

卸 4·RHB ①拿下，搬下；拆下：～货｜～零件。②解除，推脱：～任｜～责｜～肩。

屑 4·NIED ①碎末：木～。②细微：琐～。③值得：不一一顾。

楣 4·SNI 【楣石】矿物名。是提炼钛的原料。

械 4·SA ①器械：机～。②武器：～斗（用武器打群架）｜缴～。③镣铐和枷之类的刑具。

亵（褻） 4·YRV ①轻慢：～渎｜淫狎：猥～。③居家贴身的衣服：～衣。

谢（謝） 4·YTMF ①感谢。②道歉，认错：～罪｜～过。③推辞，拒绝：辞～。④凋落；衰退：花开花～｜新陈代～。

榭 4·STMF 建筑在台上的敞屋：水～｜歌台舞～。

解 4·QEV ①姓。②杂技武术的技艺：～数｜卖～。
另见 jiě, jiè。

薢 4·AQEH 【薢茩】菱的别称。

獬 4·QTQH 【獬豸】传说中一种异兽，能用角顶理亏的人。

邂 4·QEVP 【邂逅】偶然遇到：不期～。

廨 4·YQE 古代称官吏办事的地方：公～｜官～。

澥 4·IQEH ①糊状物或胶状物由稠变稀，或使变稀：粥～了｜加点水～一～。②伸入陆地的海湾，特指勃澥，即渤海，也泛指海：溟～。

懈 4·NQ ①松懈，不紧张：坚持不～｜～怠（懒散，松劲）。②漏洞：无～可击。

蟹 4·QEVJ 螃蟹：～黄｜石～。

薤
4·AGQG　多年生草本植物，鳞茎像蒜可食，也叫藠头。

瀣
4·IHQ

【沆瀣】夜间的水气。

【沆瀣一气】形容彼此臭味相投。

爕
4·OYOC　①调和，谐和：调~|~理。②姓。

躞
4·KHOC　【蹀躞】①小步走路：婵娟~春风里。②徘徊。

xin

心
1·NY　①心脏。②通常也指思想的器官和思想感情等：~思|谈~|~得。③中心：江~|重~。④星宿名，二十八宿之一。

芯
1·ANU　①灯芯，去皮的灯心草。②某些物体的中心部分：岩~|机~。

芯
4·ANU　①【芯子】装在器物中心的捻子：蜡烛~。②蛇舌。

䜣(訢)
1·YRH　①同"欣"，喜悦，高兴。②姓。

忻
1·NRH　①同"欣"。②姓。

昕
1·JRH　太阳将要升起的时候。

欣
1·RQW　①快乐，喜悦：~然|~赏|欢~。②姓。

炘
1·ORH　【炘炘】火焰炽盛的样子。

辛
1·UYGH　①辣味：~辣。②辛苦：~勤|艰~。③痛苦：~酸。④天干的第八位，也作次序的第八位。⑤姓。

莘
1·AUJ　【莘庄】地名，在上海。另见 shēn。

锌(鋅)
1·QUH　一种金属元素，符号 Zn。质脆，可用来制合金。

歆
1·UJQW　①鬼神享用祭品的香气：~享。②羡慕，喜爱：~羡|~慕。

新
1·USR　①初次出现的，与"旧"相对：~事物。②还未用过的：~书。③进步的：~思潮。④更新，变成新的：改过自~。⑤结婚的或结婚不久的：~房|~娘。⑥新近，刚刚：~建。⑦姓。

薪
1·AUS　①柴火：杯水车~|釜底抽~。②薪水：月~。③姓。

馨
1·FNM　散布得很远的香气：清~|温~|芳~|如兰之~。

鑫
1·QQQF　财富兴盛。多用于人名或商店字号。

镡(鐔)
2·QSJH　①剑鼻，剑柄的顶端。②古代兵器，形似剑而小。另见 chán, tán。

伈
3·WNY　【伈伈】小心恐惧的样子：~下气地苦求。

囟
4·TLQI　囟门，婴儿头顶骨未合拢的地方。

信
4·WY　①确实：~史。②信用：守~。③相信：~任。④信奉：~教。⑤听凭，随意：~口开河|~手。⑥凭据：~物|印~。⑦书信，信息：家~|报~。⑧引信：~管。⑨信石，即砒霜：红~|白~。⑩姓。

衅(釁)
4·TLU　①争端：挑~|寻~闹事。②古代

祭祀时用牲血涂钟、鼓的缝隙。

xing

兴(興) 1·IW ①兴盛;流行;使盛行:复~|时~|~旺|大~|助人为乐之风。②举办,发动:~办|~修水利。③允许:不~这样做。④起:夙~夜寐。

【兴替】兴盛和衰败。

【兴居】日常生活,饮食起居。

兴(興) 4·IW 兴趣,兴致:高~|助~|雅~|游~。

星 1·JTG ①星星。②星宿名,二十八宿之一。③古代以星象推测凶吉的方术:医、卜、~、相。④秤杆上的标点:称~|定盘~。⑤微小,点点:~~之火|唾沫~子。⑥某些特殊的人物:影~|救~。⑦姓。

【星辰】星星的总称:日月~。

【星斗】星星的总称:满天~。

【星河】指银河。

【星汉】指银河。

猩 1·QTJG 猩猩,也叫褐猿,大于猴,两臂长,长赤褐色长毛。

【猩红】鲜红色的。

惺 1·NJT 聪明,醒悟。

【惺忪】刚醒时眼视物模糊不清:睡眼~。

【惺惺作态】装模作样,故作姿态。

【惺惺惜惺惺】聪明人怜惜聪明人。泛指个性、才能和境遇相似之人相互爱怜。

瑆 1·GJTG 玉的光彩。

腥 1·EJT ①指鱼肉一类食物:荤~。②腥气:~膻|~臊。

煋 1·OJTG 光芒四射。

骍(騂) 1·CUH 赤色的马或牛。

刑 2·GAJH ①刑罚:徒~|死~。②对犯人的体罚:酷~。

【刑名】①古代指法律。②刑罚的名称,如徒刑、死刑。

邢 2·GAB 姓。

【邢台】地名,在河北。

形 2·GAE ①形状;形体:山~|~影不离。②显露,表现:喜~于色。③对照:相~见绌。

【形胜】地势优越:山川~。

型 2·GAJF ①模型,铸造用的模子:砂~。②类型:体~|中~|小~|旧~。

【型钢】断面呈不同形状的钢材的统称,如工字钢、角钢。

钘(鈃) 2·QGAH 古代盛酒的器皿。

硎 2·DGAJ ①磨刀石:刀刃若新发于~。②磨制。

铏(鉶) 2·QGAJ 古代盛羹的器皿,像鼎而小,多用于祭祀。

行 2·TF ①走:~路。②跟旅行有关的:~装。③流通;流行:发~|风~|~销。④做,从事:实~|~医。⑤行为:品~|德~。⑥可以:不~。⑦将要:~将胜利|~及。⑧能干:真~。⑨进行:即~

查办。⑩乐府和古体诗的体裁:兵车~。⑪姓。

另见 háng，héng。

饧（餳）2·QNNR ①糖稀，含水分较多的麦芽糖。②糖块等变软。③精神不振，眼睛半睁:眼睛发~。

陉（陘）2·BCA 山脉中断的地方，山口。

【井陉】地名，在河北。

婞（娙）2·（VCAG）女子身材修长美丽。

荥（滎）2·API 【荥阳】地名，在河南。

另见 yíng。

省 3·ITH ①检查:反~。②觉悟，明白:~悟|不~人事。③探望，问候(多对尊长):~亲|~视。

另见 shěng。

醒 3·SGJ ①神志清醒;睡醒或还未睡着。②觉悟:~悟|猛~。③明显，清楚:~目。

擤 3·RTH 按住鼻孔，用气排出鼻涕。

杏 4·SKF 落叶乔木，果实叫杏子，果仁可食用或药用。

幸 4·FUF ①幸福;高兴:荣~|欣~。②希望:~勿推辞。③侥幸:~亏|~存|~免。④帝王的宠爱:得~|~臣。⑤指帝王到达某地:帝~太原。

悻 4·NFUF 愤怒、怨恨的样子:~~然|~~而去。

婞 4·VFUF 倔强，刚直。

性 4·NTG ①特性，个性，性能:药~|先进~。②性别。③有关生育或性欲的。④性情:任~。⑤名词后缀，表示范畴:地区~|思想~。

姓 4·VTG 表示家族系统的称谓:百家~|指名道~。

荇 4·ATFH 【荇菜】多年生水生植物，嫩叶可供食用。

xiong

凶 1·QB ①凶残:~狠。②伤害人的行为:行~。③厉害:病势很~。④不幸;不吉:~信|~多吉少。⑤年成不好:~年饥岁。⑥行凶作恶:元~|帮~。

匈 1·QQB 【匈奴】我国古代北方的一个民族。

讻（詾）1·YQBH 争辩。

【讻讻】形容喧哗吵闹。

汹 1·IQBH 水往上涌的样子:~涌|来势~~。

胸 1·EQQ ①胸部。②胸怀，心中:有成竹|心~。

兄 1·KQB ①哥哥:~弟。②同辈而年长的男性:表~。③对男性朋友的尊称:学~|张~。

芎 1·AXB 【芎䓖】即川芎，多年生草本植物，根茎入药。

雄 2·DCW ①雄性的。②强劲有力的;有气魄的:~师|~辩|~心|~姿。③强有力的人或国家:英~|群~|战国七~。

熊 2·CEXO ①哺乳动物，有棕熊、黑熊、白熊等。②姓。

诇（詗）4·YMKG ①侦察，刺探:~探。②探求:~

诸史乘，历历可稽。

复 4·QMWT　①远，久：～远。②姓。

xiu

休 1·WS　①休息：～假。②停止，罢休：～战。③休妻：～书。④不要：～提他。⑤吉庆；欢乐：～戚相关｜～咎（吉凶）。
【休憩】休息。憩（qì）。

咻 1·KWS　吵，乱说话，喧扰。
【咻咻】形容喘气声和某些小动物的叫声。

庥 1·YWS　①止息。②庇荫，保护。

鸺（鵂） 1·WSQ　【鸺鹠】俗称猫头鹰。鹠（chī）。

貅 1·EEW　【貔貅】传说中的一种猛兽。貔（pí）。

髹 1·DEWS　把漆涂在器物上：木器～者千枚。

修 1·WHT　①修饰，装饰：装～。②修理：～机器。③修建，修造：～楼｜～路。④撰写：～志。⑤学习，研究：自～｜进～。⑥修炼：～行。⑦剪修：～枝。⑧修长：茂林～竹。⑨姓。
【修葺】修理（建筑物）：小楼～一新。葺（qì）。

脩 1·WHTE　①干肉。②"修"的异体字。
【束脩】古代指送给老师的酬金。

蠵 1·JWHE　昆虫，竹节虫，形像竹节，生活在树上。

羞 1·UDN　①难为情：害～。②羞耻；感到羞耻：～与共事。③同"馐"。
【羞赧】害羞脸红的样子。赧（nǎn）。

馐（饈） 1·QNUF　美味食物：珍～美味。

朽 3·SGNN　①腐烂：腐～｜～木｜永垂不～。②衰老：老～。

宿 3·PWDJ　量词，夜：住了一～｜三天两～。

宿 4·PWDJ　星宿，我国古代对星体的分类：二十八～。
另见 sù。

滫 3·IWHE　淘米水，泔水，引申为污臭水：兰槐之根是为芷，其渐之～，君子不近，庶人不服。

秀 4·TE　①抽穗开花：～穗｜苗而不～。②清秀，美好：～丽｜山清水～｜眉清目～。③优异：优～。④优秀人物：新～｜后起之～。⑤聪明，灵秀：内～。⑥表演：真人～。

绣（綉） 4·XTEN　①刺绣：～花。②绣品：湘～。

琇 4·GTEN　像玉的美石。

锈（銹） 4·QTEN　①金属表面的氧化物，生锈：铁～｜铜～｜～蚀。②像锈的东西：水～｜茶～。③锈病，植物茎叶出现铁锈色斑点的病害。

岫 4·MMG　①山洞：白云出～。②山，山峰：远～｜～色。

袖 4·PUM　①衣袖。②藏在袖子里：～手旁观。

珛 4·GDEG　有瑕疵的玉。

臭 4·THDU　①气味：无声无～｜铜～。②同"嗅"。

另见 chòu。

嗅 4·KTHD　用鼻子闻：~觉
灵敏。

溴 4·ITHD　一种非金属元素，符
号 Br。液体，有强刺激性，可
制染料或镇静剂。

xu

讦(訏) 1·（YGFH）① 大。
②欺诈，夸口。

圩 1·FGF　〈方〉集市：赶~｜上
~买东西。
另见 wéi。

吁 1·KGFH　①叹息：长~短叹。
②叹词，表示惊异。
另见 yù。

旴 1·JGFH　①太阳刚出时的样
子。②用于地名：~江（在江
西）。

盱 1·HGF　①睁开眼睛向上看。
②大。③忧愁。
【盱眙】地名，在江苏。眙（yí）。

戌 1·DGN　①地支的第十一位。
②戌时，晚上七点到九点。

耆 1·DHDF　象声词，形容皮骨
相离的声音。
另见 huā。

须(須) 1·EDM　必要，应当：
~知｜务~。
【须臾】一会儿。

须(鬚) 1·EDM　①胡子。②
像胡须的东西：根~。
【须眉】胡须和眉毛，指男子：巾帼不
让~。

婿(嬃) 1·EDMV　古代楚国
人称姐姐为婿。

胥 1·NHEF　①古代的小官：~
吏。② 全，都：万事 ~ 备。
③姓。

谞(諝) 1·YNHE　才智，计谋：
谋无遗~，举不失策。

顼(頊) 1·GDM　【颛顼】传说
中的上古帝王名。颛
（zhuān）。

虚 1·HAO　①空虚：乘~而入｜
~无。②虚假：~有其名。③
虚心：谦~。④徒然：~度光阴｜不
~此行。⑤虚弱：气~。⑥指理论
和思想等的层面：务~。⑦星宿
名，二十八宿之一。⑧怯懦：做贼
心~。

墟 1·FHAG　①废墟：殷~。②
同"圩"，集市：赶~。

嘘 1·KHAG　①慢慢地吐气：~
气。②叹气：一声长~。③火
或蒸气熏烫：热气~着手了｜把馒
头~一~。④发出嘘的声音来制
止或驱赶。
另见 shī。
【嘘寒问暖】形容对别人生活的
关心。

歔 1·HAOW　【歔欷】哭泣后不
由自主地抽搭。也作唏嘘。

欻 1·OOQW　忽然：灾祸~降。

需 1·FDM　①需要：~求｜必~。
②需要的东西：军~。

缬(纈) 1·（XFDJ）①彩色的
丝织品。②古代用帛
制的通行证。

魖 1·RQCT　【黑魖魖】形容黑
暗：山洞里~的。

徐 2·TWT　①慢慢地：~~升
起｜清风~~。②姓。

许（許）3·YTF　①准许,许可。②可能:或~。是如此。③称赞:赞～。④地方,处所:何～人也。⑤订婚:～配。⑥这样,此:水清如～。⑦表示大约的数目:四十～|少～。

浒（滸）3·IYTF　用于地名:～湾|～墅关(在江苏)。
另见 hǔ。

诩（詡）3·YNG　夸耀,说大话:自～为才子。

珝　3·GNG　玉名。

栩　3·SNG　【栩栩】形容生动的样子:～如生。

冔　3·JKGF　殷代的一种帽子。

湑　3·INHE　①过滤酒,引申为清:尔酒既～,尔殽伊脯。②茂盛:裳裳者华,其叶～兮。

渭　4·INHE　【渭水河】水名,在陕西。

糈　3·ONH　①粮食:饷～。②古代祭神用的精米。

醑　3·SGNE　①美酒。②醑剂的简称,挥发性物质溶解在酒精中而成的制剂:樟脑～。

旭　4·VJ　初出的阳光:～日东升|朝～。

序　4·YCB　①古代地方学校。②堂屋的东西墙:东～|西～。③次序:工～。④序文:作～|～言。⑤开头的:～曲。

垿　4·FYCB　古代放食物,酒的土台。也称反坫。

昫　4·JQKG　①旧同"煦",温暖。②用于人名。

煦　4·JQKO　温暖:阳光和～|微风拂～。

叙　4·WTC　叙述,谈:～事|畅友情|请来寒舍一～。

溆　4·IWTC

浟　4·(IDYT　水流的样子。

洫　4·ITLG　①田间的水道,沟渠:沟～。②护城河:城～。

恤　4·NTL　①怜悯:体～|怜～。②救济:抚～|～慰。

畜　4·YXL　饲养禽兽:～牧|～养|～产品。
另见 chù。

蓄　4·AYX　①储藏,蓄积:～养|储～|～发。②心里藏着:～谋已久|～意。

酗　4·SGQB　沉迷于酒,经常过分地喝酒而撒酒疯:～酒。

勖　4·JHL　勉励:～勉|～其向上。

绪（緒）4·XFT　①丝头。②头绪,开端:千头万～|端～。③心情:心～|愁～。④开头的:～言|～论。⑤前人留下的事业:未竟之～。⑥姓。

续（續）4·XFN　①接连不断:连～。②接续:～编|～集。③添加:～水。④妻死再娶。

婿　4·VNHE　①女婿:翁～。②丈夫:夫～。

絮　4·VKX　①棉絮。②古代指粗的丝绵。③像棉絮的东西:柳

【溆浦】地名,在湖南。
【溆水】水名,在湖南。

~。④在衣服里铺棉花和丝绵等：~棉袄。⑤唠叨：~叨。

蓿 5·APWJ【苜蓿】多年生草本植物，开紫花，作牧草和绿肥。也叫紫花苜蓿。

xuan

轩（軒） 1·LF ①高：~昂|~敞|~然大波。②有窗的长廊或小屋：听雨~。③窗子：开~。④古代大夫以上乘坐的车，泛指车。⑤姓。

【轩昂】形容精神饱满振奋：气宇~。

【轩敞】房屋高大宽敞。

【轩轾】古代车前高后低叫轩，前低后高叫轾。喻高低优劣：不分~。

宣 1·PGJ ①宣扬；宣布：~告。②召唤：~大臣上殿。③疏通：~泄。④指安徽宣城：~纸。⑤指云南宣威：~腿。⑥姓。

揎 1·RPG ①捋袖子露出手臂：玉腕半~云碧袖。②用手推：~开大门。③拳打。

萱 1·APGG【萱草】多年生草本植物，花供观赏。古人以为此草可以忘忧，故又称忘忧草。

喧 1·KP 声音大：~哗|~嚣|~嚷|~宾夺主|锣鼓~天。

愃 1·NPGG 心宽体胖的样子。②忘记。

瑄 1·GPGG 古代祭天用的大璧。

暄 1·JPG ①（太阳）温暖：寒~|~暖。②〈方〉松软，松散：馒头可~了|~土。

煊 1·OPG 同"暄"，（太阳）温暖。

【煊赫】形容名声很大。

谖（諼） 1·YEF ①忘：永世弗~。②欺诈：虚造诈~。

僐 1·WLGE 轻浮而有点小聪明：~薄|轻薄。

譞（譞） 1·(YLGE) 聪慧。

嬛 1·VLGE 美好。另见 huán。

【便嬛】轻丽的样子：靓妆刻饰，~绰约。

翩 1·LGKN 轻快地飞翔。

襺 1·PYLN 姓。明代有襺明德。

玄 2·YXU ①黑色：~青|~狐。②深奥：~妙|~机。③玄虚：这话真~。

驮（駇） 2·(CYXY) ①一岁的马。②马黑色。

玹 2·GYXY ①次于玉的石。②玉的色泽。另见 xián。

痃 2·UYX 中医疾病名，指腹中痃块。

悬（懸） 2·EGCN ①悬挂：~梁。②公开揭示：~赏。③没有着落：~案。④距离远，差别大：~殊。⑤危险：这事真~。⑥凭空：~拟。

【悬拟】凭空设想。

【悬壶】指行医。

旋 2·YTN ①转动：~转。②回来：凯~。③不久：~即离去。

④毛发呈旋涡状的地方。⑤姓。

旋 4·YTN 旋转:～风。

旋(鏇) 4·YTN ①旋转着切削:～床|～果皮。②旋子,温酒器具。

漩 2·IYTH 回旋的水流:～涡。

璇 2·GYTH 美玉。

暶 2·JYTH ①明亮。②容貌美好。

暅 3·JGJG ①日光,光明。②干燥。

烜 3·OGJG 盛大,显著:～赫。

选(選) 3·TFQP ①挑选:～种。②选举:～民。③挑选出来的:人～|人～|文～。

癣(癬) 3·UQG 感染霉菌而引起的皮肤病:脚～|牛皮～。

券 4·UDV【拱券】门窗、桥洞等成弧形的部分。另见 quàn。

泫 4·IYX【泫然】水珠滴下的样子:～泪下。

眩 4·JYXY 日光。

炫 4·OYX ①强烈的光线:～目。②夸耀:～耀。

眩 4·HY ①眼花,眩晕:头晕目～。②迷乱,迷惑:～于名利。

铉(鉉) 4·QYX 古代横贯鼎耳以扛鼎的器具。

衔 4·TYX ①沿街叫卖:～卖。②"炫"的异体字,炫耀。

绚(絢) 4·XQJ ①华丽灿烂:文采～丽|～烂的朝霞。②照耀:光彩～目。

珚 4·GKEG 佩玉。

镟(鏇) 4·QYTH 旧同"旋"(xuàn):～子|～床。

渲 4·IPGG 中国画一种画法:～染(也用以比喻夸大的形容)。

楦 4·SPG ①楦子,制鞋所用的模型。②用楦子撑:～鞋。

碹 4·DPGG ①桥梁、涵洞的弧形部分。②用砖石筑成弧形。

xue

削 1·IEJ 义同"削"(xiāo),用于复合词:剥～|～职|～价|山高岭～。另见 xiāo。

靴 1·AFWX 靴子,有长统的鞋:雨～|马～|皮～。

薛 1·AWNU ①草名。②姓。③周代诸侯国之一。

穴 2·PWU ①洞穴:虎～。②墓穴:寿～。③穴位,穴道。④姓。

茓 2·APWU ①茓子,用竹篾、苇篾等编成的狭长粗席,围起来屯粮。②用茓子围起来屯粮。

嵧(㟖) 2·IPMJ 用于地名:～口(在浙江)。

㟖(㟖) 2·IPI ①㟖泉。②夏有水、冬无水的山溪。【㟖口】地名,在浙江。

学（學） 2·IP ①学习;模仿。②学校:办～。③学科,学说,学派:文～|法～|儒～。④学问:真才实～|博～。

趐 2·RRKH ①来回走。②中途折回。③盘旋。

噱 2·KHAE 〈方〉笑:发～|～头。
另见 jué。

【噱头】〈方〉①引人发笑的话或举动。②花招:摆～。

雪 3·FV ①天空降落的白色晶体:冰～。②颜色或光彩像雪的:～白|～亮。③洗掉(耻辱等):～耻|～恨|昭～。④姓。

【雪青】浅紫色。

【雪里蕻】芥菜的变种,也叫雪里红。

鳕（鱈） 3·QGFV 鱼名,俗名大头鱼。肝可制鱼肝油。

血 4·TLD ①血液。②有血统关系的:～亲。③比喻刚强、激烈:～性|～战。
另见 xiě。

【血球】血细胞,分红血球、白血球和血小板三类。

谑（謔） 4·YHA 开玩笑:戏～|谐～|调～。

xun

勋（勛） 1·KML 特殊功劳:功～|～章|奇～。

埙（壎） 1·FKMY 古代一种陶制乐器,形状像鸡蛋。

熏 1·TGL ①用火烟接触,熏炙:～蚊子|～肉。②受某些事物的影响:利欲～心。③气味等侵袭:臭气～人。④和暖:～风。

熏 4·TGL 〈方〉(煤气)使人窒息中毒。

薰 1·ATGO ①薰草,一种香草。②泛指花草的香气。③旧同"熏"。

獯 1·QTTO 【獯鬻】我国古代北方民族。虞称山戎,殷称鬼方,殷周之间叫獯鬻,周代称猃狁,秦汉称匈奴。

缥（纁） 1·(XTGO) 颜色浅红。

曛 1·JTGO ①日落时的余光:夕～。②黄昏。③昏暗。

醺 1·SGTO 酒醉:醉～～|微～。

窨 1·PWUJ 同"熏",用于"窨茶叶",把茉莉花等放在茶叶中进行熏制。
另见 yìn。

旬 2·QJ ①十天:上～|下～。②十岁:年过七～。

郇 2·QJB ①周代诸侯国名,在今山西临猗。②姓。
另见 huán。

询（詢） 2·YQJ 征求意见:～问|查～|咨～。

荀 2·AQJ 姓:～子。

峋 2·MQJG 【嶙峋】①山石重叠不平的样子:怪石～。②形容人消瘦露骨:瘦骨～。

洵 2·IQJ 诚然,实在:～属可贵|～不虚传|～～。

恂　2·NQJ　①相信。②恐惧。

【恂恂】诚实、恭敬的样子。

珣　2·GQJG　玉名。

栒　2·SQJG　【栒子木】落叶或常绿灌木。叶子卵形,果实红色球形,供观赏。

寻(尋)　2·VF　①找:~求|~觅。②古代长度单位,一般为八尺。③姓。

郇(郇)　2·(VFB)　姓。

荨(蕁)　2·AVF　【荨麻疹】皮肤病。症状是皮肤上出现成片红肿,发痒。

另见 qián。

浔(潯)　2·IVFY　①水边:江~。②九江的别称。

焐(燖)　2·(OVF)　①肉煮成半熟。②用热水脱毛,煺。

鲟(鱘)　2·QGV　鲟鱼,淡水鱼:中华~。

纼(紃)　2·(XKH)　绦子,用作装饰的圆形细带。

巡　2·VP　①往来察看,巡视:~夜。②量词,遍:酒过三~。

循　2·TRFH　①沿着,顺着:~着河走。②遵守:~规蹈矩。

训(訓)　4·YK　①教诲,训诫:~导|~教。②训导的话,准则:古~|家~|遗~。③解释:~诂。

驯(馴)　4·CKH　①使顺服:~马|桀骜不~。②善良,顺服的:温~。

讯(訊)　4·YNF　①讯问:审~。②消息:音~。

汛　4·INF　定期的涨水现象:春~|大潮|防~|凌~。

迅　4·NFP　快速:~跑|~猛|~即|~雷不及掩耳。

徇　4·TQJ　①依从,曲从:~私。②同"殉":~国。③示众。

殉　4·GQQ　①以人从葬。②为一定目的而死:~国|以身~职。

逊(遜)　4·BIP　①让出(王位):~位。②谦虚,谦恭:出言不~。③差,比不上:~色。

浚　4·ICWT　【浚县】地名,在河南。

另见 jùn。

巽　4·NNA　八卦之一,代表风。

噀　4·KNNW　把口中的液体喷出:~水。

蕈　4·ASJ　某些高等菌类植物,如香菇、蘑菇。

Y y

ya

丫 1·UHK ①上端分叉的东西:
~杈丨枝~。②〈方〉女孩
子,丫头:二~。

压(壓) 1·DFY ①施加压力。
②压制;抑制:镇~丨~
惊。③逼近:大军~境。④搁置:
货~了多天。⑤下注:~宝。

压(壓) 4·DFY 【压根儿】根
本,从来:~没来过。

呀 1·KA ①叹词,表示惊奇:
~,你来啦! ②象声词:~的
一声,门开了丨~~学语。

呀 5·KA 助词,"啊"受前字韵母
影响发生的音变:你来~。

鸦(鴉) 1·AHTG 鸟的一类,
多为黑色,如乌鸦。

押 1·RL ①画押:~尾丨花~。
②抵押:~金。③扣押:拘~丨
看~。④押送:~运丨~解。⑤同
"压":~宝。⑥姓。

鸭(鴨) 1·LQY 鸭子:家~丨
板~。

垭(埡) 1·FGO 〈方〉两山之
间的狭窄地方,山口。

哑(啞) 1·KGO 象声词,形容
乌鸦和小儿学语声:哑
~丨~~学语。

哑(啞) 3·KGO ①不能说话:
聋~。②沙哑:嗓子~
了。③无声的:~剧丨~谜。④炮
弹、子弹等打不响:~炮。

桠(椏) 1·SGOG ①用于科
技术语:五果~枝。
②用于地名:~溪镇(在江苏)。

牙 2·AH ①牙齿。②像牙的东
西:~轮。③特指象牙:~雕。
④牙子,介绍双方成交的中间单位
或个人:~行丨~婆。

【牙口】①指牲口的年龄。②指老人
牙齿的功能。

【牙行】旧时为买卖双方说合生
意,从中牟利的商号或个人。

伢 2·WAH 〈方〉小孩儿:春
~子。

芽 2·AAH ①植物刚生出来的
幼体:豆~。②像芽的东西:
肉~(伤口愈合后长出来的肉)。

崖 2·MAH 【嵖岈】山名,在
河南。

玡 2·GAHT 【琅玡】①山名,分
别在安徽滁州和山东诸城。
②古代郡名,在今山东诸城。也作

琊　2·GAHB 【琅琊】山名,在
山东。

蚜　2·JAH 蚜虫,通称腻虫,吸食
植物的汁液,是农业的害虫。

垭　2·FDFF 用于地名:洛河~
(在山东)。

崖　2·MDFF 高峻的山边或岸
边:悬~|云~|摩~。

【崖略】大略,大概。

涯　2·IDF 水边。泛指边际、极
限:天~海角|一望无~。

睚　2·HDF 眼角。

【睚眦】发怒时瞪眼睛,借指极小的
仇恨:~必报。

衙　2·TGK 衙门,旧指官署:~
役|~署|官~。

【衙内】泛指官僚子弟。

【衙役】衙门里的差役。

雅　3·AHTY ①规范的,标准的:
~言|~正。②高雅的:~乐|
~致|文~|~座|~兴。③敬辞:
~意|~教|~正。④西周朝廷乐
歌;《诗经》中诗篇的一类。⑤平
素,向来:~不相识。⑥很:~以为
美。⑦交情:无一日之~。

轧(軋)　4·LNN ①碾,滚压
:~棉花。②排挤:倾
~。③象声词,形容机器开动时发
出的声音:机声~~。④姓。
另见 gá,zhá。

亚(亞)　4·GOG ①次一等
的,较差的:~军|水平
不~于你。②亚洲的简称。

【亚细亚】即亚洲。英语 Asia。

娅(婭)　4·VGO 亲家或连
襟,泛指姻亲。

氩(氬)　4·RNGG 一种惰性
化学元素,符号 Ar。

应用于电子和冶金工业。

讶(訝)　4·YAH 惊异:惊~|
怪~|~然|~异。

迓　4·AHTP 迎接:迎~|恭~|
使跛者~跛者,眇者~眇者。

研　4·DAH 用卵石或弧形石块
等碾压或摩擦布和皮革,使光
滑密实:~光|~皮子。

揠　4·RAJV ①拔:~苗助长。
②提拔,提升:~士为相。

猰　4·QTDD 【猰貐】传说中一种
吃人的野兽。

yan

咽　1·KLD 口腔后部连通食道和
喉头的部分,为消化和呼吸的
共同通道。

咽　4·KLD 下咽:狼吞虎~|
~气。
另见 yè。

胭　1·ELD 【胭脂】一种红色化
妆品,也作国画颜料。

烟　1·OL ①物质燃烧时所产生
的混有未完全燃烧的微小的
颗粒气体。②像烟的东西:~雾|
~尘。③受烟刺激:~了眼睛。④指
烟草和纸烟等:~叶|吸~。⑤指
鸦片:~土|大~。

恹(懨)　1·NDDY 【恹恹】有
病而精神疲乏的样子:
~欲睡。

殷　1·RVN 黑红色:~红的血
迹|朱~。
另见 yīn。

焉　1·GHG ①相当于"于此":心
不在~。②怎么:不入虎
穴,~得虎子。③才,乃:~祭之。

④助词:心有戚戚～|语～不详|有厚望～。

鄢 1·GHGB 我国古代诸侯国名。

【鄢陵】地名,在河南。

堰 1·FGHO 用于地名:梁家～(在山西灵石)。

滜 1·IGHO 用于地名:～城(在四川夹江)。

嫣 1·VGH 鲜艳,美好:丰韵～然|姹紫～红。

【嫣红】鲜艳的红色:姹紫～。

【嫣然】常指笑容美好:～一笑。

崦 1·MDJ 【崦嵫】①山名,在甘肃。②古代指太阳落山的地方:日薄～。嵫(zī)。

阉(閹) 1·UDJN ①阉割,割去睾丸或卵巢,使失去生殖能力:～鸡|～猪。②旧称太监:～人|～宦|～党。

淹 1·IDJ ①淹没:水～。②汗液等浸渍皮肤感到痛或痒。③久,延迟:～留|～滞|～迟。

【淹博】广博:学问～。

【淹留】长期逗留。

腌 1·EDJN 用盐、糖等浸渍食物:～肉|～鱼。
另见 ā。

阏(閼) 1·UYWU 【阏氏】古代匈奴称君主的正妻。氏(zhī)。

湮 1·ISFG ①埋没:～没|～灭。②淤塞:河道久～。
另见 yīn。

燕 1·AU ①战国七雄之一,在今河北、辽宁一带。②姓。

燕 4·AU ①燕子,鸟类的一科。②通"宴",安乐,安闲:～安|～居|～处。

延 2·THP ①延长:～年益寿。②推延:～期。③聘请:～师|～医。④姓。

【延宕】拖延。

【延聘】聘请。

埏 1·FTH ①地的边际。②墓道。
另见 shān。

缑(綖) 2·(XTHP) 古代冠冕上的装饰物。

蜒 2·JTHP

【蚰蜒】节肢动物,像蜈蚣而小。

【蜿蜒】蛇类爬行的样子,比喻山川等弯曲延伸。

筵 2·TTHP ①古人席地而坐时用的竹席。②酒席:喜～。

【筵席】酒席:大摆～。

闫(閆) 2·UDD 姓。

芫 2·AFQB 【芫荽】俗叫香菜,果实可制芫荽油,叶供食用,也可入药。
另见 yuán。

严(嚴) 2·GOD ①紧密,周密:～密|戒～。②严厉,严格:～办。③猛烈,程度深:～刑|～寒。④指父亲:家～。

言 2·YYYY ①话:发～|一～以蔽之。②字:洋洋万～|五～诗。③说,讲:不～而喻。④姓。

阽 2·BHKG "坫"(diàn)的又音,临近危险:～危。
另见 diàn。

妍 2·VGA 美丽:百花争～|不辨～媸(不辨美丑、好歹)。

研 2·DGA ①细磨:～成粉末|～药。②研究:～讨|研～调～。

岩 2·MDF ①岩石:花岗～|～洞。②岩峰:七星～。

炎 2·OO ①极热:~热。②比喻权势:趋~附势。③炎症:发~。④指炎帝:~黄子孙。

沿 2·IMK ①顺着:~江而下|~途。②靠近:~岸|铁路~线。③顺着衣物的边再镶一条边:~鞋口。④照旧,沿袭:~用|相~成习。⑤边,水边:帽~|河~。

【沿革】事物发展变化的历程。

铅(鉛) 2·QMK 【铅山】地名,在江西。

另见 qiān。

盐(鹽) 2·FHL ①食盐的通称。②酸的氢原子被金属原子所置换产生的化合物,如硫酸铵等。

阎(閻) 2·UQVD ①姓。②古代里巷的门,也指里巷:闾~。

颜(顏) 2·UTEM ①面容,脸上的表情:容~|和~悦色|正~厉色。②面子,体面:厚~无耻|无~见人。③色彩:~料|五~六色。

【颜体】唐代书法家颜真卿所写的书法字体。

虤 2·HAMM 老虎发怒的样子。

檐 2·SQDY ①屋顶向前伸出的部分:房~|~下|廊~。②像檐的物体:帽~。

沇 3·ICQN ①沇水,古水名,在今河南。济水的别称。②用于地名:~河村(在河南)。

兖 3·UCQ 【兖州】①古九州之一,包括现在山东西部及河北一小部分。②地名,在山东。

奄 3·DJN ①覆盖,包括:~有四海。②忽然:~然。③姓。

掩 3·RDJN ①遮盖,遮蔽:~人耳目|~埋。②关闭,合上:~卷|~门。③乘人不备袭击或逮捕:~杀|~捕。

【掩涕】掩面哭泣。

【掩映】互相映衬:高楼大厦~于湖光山色之中。

罨 3·LDJN ①覆盖,掩盖:热~(一种治疗方法)。②捕鱼或鸟的网。

龑(龑) 3·(UEGD) 五代时南汉高祖刘龑为自己名字造的字。

俨(儼) 3·WGO ①庄重,庄严:~然。②很像:~若。

【俨然】①形容庄严的样子。②形容很像:~像个英雄。③形容整齐:屋舍~。

衍 3·TIF ①展延,推广:推~|铺~|繁~|敷~。②多余的:~文。③低而平坦的土地:广~沃土。④沼泽。⑤姓。

弇 3·WGKA ①覆盖,遮蔽。②深,深邃。

渰 3·IWGA ①云兴起的样子:有~萋萋,兴雨祁祁。②用于地名:店~(在山东)。

剡 3·OOJ ①尖,锐利。②削尖:~木为矢。③狭路。

另见 shàn。

琰 3·GOO 一种美玉。

棪 3·SOOY ①古书上说的一种树:又东三百里曰堂庭之山,多~木。②用于地名:~树村(在福建云霄)。

扊 3·YNOO 【扊扅】门闩。扅(yí)。

厣（厴）3·DDL ①螺类贝壳口上的软盖。②蟹腹下的薄壳。

魇（魘）3·DDR 梦魇,做一种感到压抑和呼吸困难的梦:~住了。

郾 3·AJV 古国名,燕国的自称。

偃 3·WAJV ①仰面倒下,放倒:~卧|~旗息鼓。②停止:~武修文。③隐藏。④姓。

鹇（鷳）3·(AJVG) 凤的别名。

蝘 3·JAJV 古书上指蝉一类的昆虫。

眼 3·HV ①眼睛。②小洞:炮~。③戏曲音乐中的弱拍:一板三~。④量词,用于井:一~井。⑤事物的关键或精彩之处:节骨~儿。

演 3·IPG ①推演,阐发:~义|~绎|~说。②不断地发展变化:~化|~变|~进。③演习:~兵|~算。④表演:~戏|~唱。
【演义】以历史素材为基础创作的章回小说:三国~。

缐（繏）3·(XPGW) 长,延长。

戬 3·PGMA 一种长戈,长枪。

巘（巘）3·(MFMD) 山峰,山顶:绝~。

甗 3·HAGN 古代用于蒸或煮的青铜或陶制炊具。

鼹 3·VNUV 鼹鼠,形似鼠,昼伏夜出,善于掘洞,伤害作物。

厌（厭）4·DDI ①腻烦:住~了|学而不~。②憎恶,嫌弃:讨~。③满足:贪得无~。

餍（饜）4·DDW ①吃饱:~饱。②满足:~足。

尥（尦）4·MQBD 【尥口】地名,在浙江富阳。

砚（硯）4·DMQ ①砚台:端~。②旧指有同学关系的:~友|~兄。

彦 4·UTER ①古代指有才德的人:硕~|~士|俊~。②姓。

谚（諺）4·YUT 谚语:农~|古~|谣。

艳（艷）4·DHQ ①色彩鲜明:~丽。②有关爱情的:~史|~情|~诗。③羡慕:~羡。
【艳羡】十分羡慕。
【艳情】关于男女爱情的:~小说。
【艳阳天】风光明媚的春天。

滟（灧）4·IDHC 【滟滪堆】长江瞿塘峡口的巨石,1958 年整治航道时炸平。

晏 4·JPV ①迟:~起|早朝~退。②同"宴",安闲,安逸。③姓。

唁 4·KYG 对遇丧事者表示慰问:~电|吊~。

烻 4·OTHP 光炽烈的样子。另见 shān。

宴 4·PJV ①用酒席招待客人:~客。②筵席,宴会:设~|赴~。③安闲,安逸:~乐|~安。
【宴安鸩毒】贪图安乐如喝毒酒。鸩（zhèn）:传说中的毒鸟,其羽毛可浸成毒酒。

堰 4·FAJV 较低的挡水堤坝:塘~|都江~|修堤筑~。

验（驗）4·CWG ①查验:~血。②应验,有效果:

灵~|效~。③凭据:何以为~。

【验方】经临床证明有效的药方。

扻 4·ROOY　①光照。②美艳:~丽。

另见 shàn。

焱 4·OOOU　火花,火焰。多用于人名。

雁 4·DWW　大雁,略像鹅,羽毛淡紫褐色,常成行列飞行。

【雁行】雁飞的行列,借指兄弟。

赝(贗) 4·DWWM　假的,伪造的:~品|~本(假造的名人书画碑帖)。

焰 4·OQV　①火苗:火~|烈~。②比喻气势:气~|势~。

醶(釅) 4·SGGD　汁液浓,味重:~茶。

谳(讞) 4·YFM　〈书〉审判定罪:定~。

嬮 4·VAUO　①美好:~服而御。②安乐:生无荣~,没望归魂。

yang

央 1·MD　①中心:中~。②尽,完结:夜未~。③恳求:~求。

唉 1·KMDY　应答声。

泱 1·IMDY　【泱泱】①水面广阔。②气魄宏大:~大国。

殃 1·GQM　①祸害,灾难:灾~|遭~。②使受祸害:祸国~民。

鸯(鴦) 1·MDQ　【鸳鸯】①水鸟名,常成对生活在水边。②比喻夫妻。

秧 1·TMDY　①植物的幼苗:~苗。②特指稻苗:插~。③某些植物的茎:豆~。④用来饲养某些动物的幼体:鱼~|猪~子。

鞅 1·AFMD　牛、马拉车时套在牛、马脖子上的皮套。

鞅 4·AFMD　【牛鞅】牛拉车时套在脖子上的东西。

扬(揚) 2·RNR　①高举,上升:~手|~帆。②往上撒:~场。③传播出去:张~|宣~|~言。④赞扬:颂~|表~。⑤古代九州之一,辖今苏、皖、赣、浙、闽等省。⑥指江苏扬州:~剧。⑦姓。

场(瑒) 2·GNRT　玉名。

杨(楊) 2·SN　①杨树,落叶乔木,有山杨、毛白杨、小叶杨等。②姓。

【杨柳】①杨树和柳树。②特指柳树。

【杨桃】即五敛子,常绿灌木,也叫羊桃、阳桃,果实有五条棱,可吃。

旸(暘) 2·JNRT　①太阳升起。②晴天。

炀(煬) 2·ONRT　①火旺。②熔化金属,也作烊。

钖(鍚) 2·QNRT　马额上的金属装饰物。

疡(瘍) 2·UNR　①疮。②皮肤或黏膜溃烂:胃溃~。

羊 2·UDJ　反刍类哺乳动物,常见的有山羊、绵羊、羚羊等。

佯 2·WUDH　假装,假的:~攻|~死|~狂|~言。

垟 2·FUDH　〈方〉田地,多用于地名:~毛坞(在浙江)。

徉 2·TUD 【徜徉】闲游,安闲自在地走。徜(cháng)。

洋 2·IU ①多,盛大:热情～溢|～～大观。②比海更大的水域:太平～。③称外国或国外来的:～货|～人。④现代化的:土～结合。⑤旧称银圆:大～。

烊 2·OUD ①熔化金属。②〈方〉溶化:糖～了。

焊 4·OUD 【打烊】〈方〉商店晚上关门停止营业。

蛘 2·JUD ①〈方〉生在米中的一种小黑虫。②古同"痒"。

阳(陽) 2·BJ ①太阳。②山的南面,水的北面:洛～(在洛水之北)|衡～(在衡山之南)。③凸出的,外露的,表面的:～文|～沟|奉阴违。④迷信指活人和人世的:～间|～寿。⑤阳性的,男性的。⑥带正电的:～极。⑦古同"佯":～狂。⑧古代哲学概念,与"阴"相对。⑨姓。

【阳春】春天。

【阳燧】古代用阳光聚焦取火的器具,类似铜镜。

仰 3·WQBH ①脸朝上:～望。②敬慕:敬～。③依靠:～仗。

养(養) 3·UDYJ ①生育:～了一个女儿。②抚养,供养:～家糊口。③领养的:～子。④饲养;培植:～鸡|～花。⑤修养:涵～。⑥调养:保～|疗～。⑦养护:～路。⑧蓄:～发。⑨扶助:以工～农。

氧 3·RNUD 气体元素,符号O。

痒(癢) 3·UUD 皮肤或黏膜受到轻微刺激时引起的想挠的感觉:搔～|无关痛～。

快 4·NMDY 不高兴,不满意:～～|～～不乐。

样(樣) 4·SU ①形状,模样:图～。②典范,标准:榜～|～品。③量词,表示种类:一～东西。

恙 4·UGN 疾病:别来无～|安然无～|微～。

羕 4·UGYI 水流长的样子。

漾 4·IUGI ①水面微微动荡:荡～。②液体溢出:汤～了一地。

yao

么 1·TC 同"幺"。

另见 ma,me。

幺 1·XNNY ①〈方〉排行最末的:～妹。②数目"一"的另一种说法,用于电话号码等。③姓。

【幺蛾子】鬼点子,坏主意:出～。

吆 1·KXY 大声呼喊:～喝|大～小喝。

夭 1·TDI ①短命:～折|～亡。②草木茂盛的样子:桃之～～。

妖 1·VTD ①艳丽,美丽:～娆。②妖怪:～魔鬼怪。③邪恶的,迷惑人的:～言惑众。④装束奇特,作风不正派:～艳|～冶|～里～气。

约(約) 1·XQY 用秤称:～一斤糖。

另见 yuē。

要 1·S ①求:～求。②威胁,强迫:～挟(利用对方的弱点,强迫对方就范)。

要 4·S ①重要,重要的内容:~闻|摘~。②想要,希望得到:~钱。③请求,要求:~我去|不~忘记。④将要:~下雨了。⑤如果:~不你就回家。⑥表示比较:比过去~好多了。⑦要么:~就去上海,~就去北京,快定下来。⑧应该,必须:~好好学习。

堙(FSV) 地名用字:寨子~(在山西)。

腰 1·ESV ①腰部:胯阔=圆。②肾脏的俗称:~花。③事物的中间部分:墙~|山~。④姓。

邀 1·RYTP ①邀请:应=出席|~客。②希求:~功|~准。③阻拦:~截|~路。

爻 2·QQU 组成易卦的长短横道。短横为阳爻,长横为阴爻,每三爻合成一卦。

肴 2·QDEF 烧熟的鱼肉等荤菜:菜~|酒~。

尧(堯) 2·ATGQ ①传说中的上古帝王:~舜。②姓。

【尧天舜日】比喻太平盛世。尧舜:传说中两位贤明的上古帝王。

侥(僥) 2·WATQ 【僬侥】古代传说中的矮人。
另见 jiǎo。

峣(嶢) 2·MATQ 高,高峻。

轺(軺) 2·LVK 轺车,古代的一种轻便马车。

姚 2·VIQ 姓。

珧 2·GIQ 【江珧】一种海蚌,壳略成三角形,表面苍黑色,肉柱干品称干贝。

铫(銚) 2·QIQ ①古代一种大锄。②姓。
另见 diào。

陶 2·BQR 【皋陶】人名,传说中舜时掌管刑法的官。
另见 táo。

窑 2·PWR ①烧制砖瓦陶瓷或煅烧石灰的建筑物:砖~|石灰~。②土法采煤的矿:煤~。③窑洞:土~。④〈方〉妓院:~姐。

谣(謠) 2·YER ①歌谣:民~|童~。②谣言:辟~。

摇 2·RER 摆动:~摆|~动|飘~|~~欲坠|~尾乞怜。

【摇曳】摇荡。曳(yè)。

徭 2·TERM ①劳役:~役|轻刑薄~。②姓。

遥 2·ER 远:~望|~远|~~无期|~测|~感。

猺 2·QTEM 瑶族的旧称。

媱 2·VERM ①美好,艳丽。②游玩,游乐。

瑶 2·GER ①美玉。②瑶族,我国少数民族,分布在两广、湖南、贵州、云南等地。

【瑶池】神话中西王母住的地方。

繇 2·ERMI 〈书〉同"徭""谣"。
另见 yóu,zhòu。

鳐(鰩) 2·QGEM 一种软骨鱼的总称。身体扁平,尾成鞭状,身体带电。

杳 3·SJF ①深远,高远:~渺。②远得不见踪影:~无音信。

【杳渺】形容遥远或深远。

咬 3·KUQ ①上下牙齿紧合或将物品切断。②钳子夹住或齿

轮、螺丝等互相卡住:～合。③把话说死,也指诬攀:一口～定|反一口～。④狗叫:狗～。⑤正确地念出字音或辨识字(词)义:～字|文嚼字(常指过分斟酌字句)。

舀 3·EVF 用勺等取东西:～水|～子(舀取液体的器具)。

窅 3·PWHF ①眼睛深陷的样子。② 幽静深远:归径～如迷。

窈 3·PWXL 幽深,幽远:～深|～冥|有穴～然。

【窈窕】①形容女子美好、文静:～淑女,君子好逑。②深远貌:～连亘。

疟(瘧) 4·UAGD 【疟子】〈口〉疟疾:发～。

另见 nüè。

药(藥) 4·AX ①药物。②某些化学品:炸～|焊～。③毒杀:～死。④医治:无可救～。

崾 4·MSV 【崾崄】〈方〉两山之间像马鞍子的地方,多用于地名:沙～|张～(均在陕西)。

钥(鑰) 4·QEG 钥匙,开锁的用具。

另见 yuè。

鞥 4·AFXL 靴筒,袜筒。

鹞(鷂) 4·ERMG ①一种猛禽,似鹰而小。②风筝的俗称:纸～。

曜 4·JNWY ①日光:日出有～。②照耀:明月～夜。③古代称日月及火、水、木、金、土五星为七曜,并分别用来表示一个周期的七天。

耀 4·IQNY ①强光照射:～眼|照～。②显耀:～武扬威。③

光荣:荣～。

ye

耶 1·BBH 译音用字:～稣。

耶 2·BBH 文言疑问语气词:是～非～?|松～柏～?

郰 1·WBBH 【伽郰琴】朝鲜族的弦乐器,形状像古筝。

椰 1·SBB 椰树;椰子:～蓉(椰肉的粉末,用来加工糕点)。

掖 1·RYW 把东西塞入,塞紧:～藏|把钱～在兜里|～好被子。

揶 4·RYW 搀扶,提携:扶～|奖～|提～。

噎 1·KFP ①食物堵住食管:因～废食。②因呛风而呼吸困难:～得人透不过气。

邪 2·AHTB 古同疑问词"耶"。

另见 xié。

铘(鋣) 2·QAHB 【镆铘】宝剑名,也作莫邪。

爷(爺) 2·WQB ①祖父。②对长一辈或年长男子的尊称:大～。③旧时对主人、官吏或尊贵者的称呼:王～|相～|老～|少～|县太～。④对某些神佛的称呼:老天～|土地～。⑤父亲:军书十二卷,卷卷有～名。

揶 2·RBB 【揶揄】耍笑,嘲弄:受人～。揄(yú)。

也 3·BN ①副词,表示同样、加强语气、转折让步、别无办法、并列或对待等。②文言助词,表示判断疑问、感叹或停顿等。

冶 3·UCK ①熔炼金属:~金。②过分修饰:妖~|~容。

野 3·JFC ①野外,郊外:旷~|~战|~炊。②界限,范围:视~|分~。③非饲养或培植的:兽~|~菜。④粗鄙:~蛮|村~|撒~。⑤指民间的:~史|下~|朝~。⑥不受约束:心~。

业(業) 4·OG ①指某些固定的行业和社会活动:工~|职~|学~|事~。②财产,产业:家~|~主。③从事:~工|~商。④已经:~已|~经。⑤佛教用语,指一切行为、言语、思想,分别叫身业、口业、意业。

邺(鄴) 4·OGB 古地名,在今河北临漳。

叶(葉) 4·KF ①叶子;像叶子的东西:枫~|肺~。②较长时期的分段:二十世纪中~。③姓。
另见 xié。

页(頁) 4·DMU ①书册的一张:活~|插~。②书册的一面:第一~|扉~。④互联网网页:主~。

曳 4·JNT 拉,牵引:~光弹|弃甲~兵|摇~|拖~。

拽 4·RJX 同"曳"。
另见 zhuài,zhuài。

夜 4·YWT 夜间,黑夜:宵~|昼伏~出。

液 4·IYW 液体:血~|输~|~果(指浆果、核果等多汁、多肉的果实)。

腋 4·EYWY ①胳肢窝:~下。②兽类腋下的毛皮:集~成裘。③植物叶柄与枝条连接处的两侧。

咽 4·KLDY 声音阻塞:鸣~|哽~|悲~。
另见 yān,yàn。

晔(曄) 4·JWX ①光,明。多用于人名。②同"烨"。

烨(爗) 4·OWX 明亮,光辉灿烂。

谒(謁) 4·YJQ 拜见:~见|拜~|~陵|进~。

馌(饁) 4·QNFL 给在田间耕作的人送饭:冀缺薅,其妻~之。

靥(靨) 4·DDDL 酒窝儿:笑~|酒~。

yi

一 1·G ①数目字。②专一:~心~意。③同一:~回事|四海~家。④全,满:~身汗。⑤才:~来就走。⑥另一个:玉米~名玉蜀黍。⑦表示动作是一次的、短暂的或尝试性的:歇~歇|笑~笑|商量~下。⑧用在表示结果的文字之前,表示先做某个动作:~跳跳过去了。⑨助词,加强语气:~何速也。⑩我国古代乐谱中的记音符号,相当于简谱的"7"。

伊 1·WVT ①代词,彼,他,她。②文言助词:下车~始。③姓。
【伊人】那个人:秋水~。
【伊始】开始:新春~。

咿 1·KWVT 【咿哑】象声词,形容小孩学话或摇桨的声音:~学语|桨声~。也作咿呀。

衣 1·YE ①衣服:~裳。②包在物体外面的一层东西:糖

~丨炮~丨花生~。③胞衣。
④姓。

衣 4·YE　穿：~布衣丨~锦还乡丨
解衣~人。

依 1·WYE　①依靠：相~为命。
②依照：~你的办丨~次排队。
③依从：让他回来就是不~。

铱（銥） 1·QYE　一种金属元
素，符号 Ir。脆而
硬，是化学性质极稳定的金属。

医（醫） 1·ATD　①治疗：~
疗。②医生：军~。③
医学：~科丨中~。

祎（禕） 1·PYFH　美好：汉帝
之德，侯其~而。

猗 1·QTDK　①文言助词，用如
"兮"：河水清且涟~。②文言
叹词，表示赞美：~哉。

椅 1·SDS　落叶乔木，叶卵形，又
叫山桐子。花黄色，果实
球形。

椅 3·SDS　椅子，有靠背的坐具：
太师~。

欹 1·DSKW　①通"猗"。②文
言叹词，表示赞美。
另见 qī。

漪 1·IQTK　水波纹：清~丨~澜。

揖 1·RKB　旧时的拱手礼：作~丨
~让丨开门~盗。

壹 1·FPG　数目字"一"的大写。

噎 1·KUJN　文言叹词，表示悲
痛或叹息：~嘻。

繄 1·ATDI　文言助词，相当于
"惟"：~我独无。

黟 1·LFOQ　很黑的样子。

【黟县】地名，在安徽。

匜 2·ABV　①一种洗手器具。②
一种盛酒器具。

迤 2·TBP　【迤逦】曲折连绵：瞿
塘~尽，巫峡峥嵘起。

迤 3·TBP　【逶迤】形容山脉、道
路、河道等曲折绵延的样子。
也作委蛇。

桅 2·SYTB　衣架：室无完器，
~无完衣。

仪（儀） 2·WYQ　①外表，举
止：~表丨威~。②礼
节，仪式：司~。③礼物：贺~丨谢
~。④仪器：绘图~。⑤姓。

圯 2·FNN　桥。

夷 2·GXW　①我国古代统称居
住东部的民族：~狄丨~越。
②近代泛指外国或外国人：以~
制~。③平坦；平安；铲平：化险为
~丨~为平地。④消灭：~族。

荑 2·AGXW　割去田里的野草：
芟~。
另见 tí。

咦 2·KGX　叹词，表示惊讶：
~，这是怎么回事？

姨 2·VG　①姨母，母亲的姐妹。
②妻之姐妹：小~子。

【姨娘】①旧时子女称父亲的妾。②
〈方〉姨妈。③与母亲年龄相近无
亲属关系的女性。

胰 2·EGX　胰腺，人或高等动物
体内的腺体之一，能分泌胰液
帮助消化，分泌胰岛素调节糖的新
陈代谢。

痍 2·UGXW　伤，创伤：满目疮
~丨创~。

沂 2·IRH　姓。

【沂河】水名,源出山东,流入江苏。

诒(詒) 2·YCK 通"贻"。① 遗留:~训。②送给。

饴(飴) 2·QNC 麦芽等做成 的糖:~糖|甘之 如~。

怡 2·NCK 和悦;愉快:心旷神 ~|~然自得|~情悦性。

贻(貽) 2·MCK ①赠给:馈 ~。②遗留:~害|~ 笑大方|~人口实。

眙 2·HCK 【盱眙】地名,在江 苏。盱(xū)。

宜 2·PEG ①适合:适~|~人。 ②应该:事不~迟。③姓。

宦 2·PAHH ①房屋的东北角。 ②用于地名:杨~村(在江 苏)。

颐(頤) 2·AHKM ①面颊, 腮:支~(手托住腮)。 ②休养,保养:~神|~养天年。

庨 2·YNQQ 【庨庨】门闩。庨 (yǎn)。

移 2·TQQ ①移动:~居。②改 变:~风易俗。

【移樽就教】端起酒杯主动前往 求教。

簃 2·TTQQ 楼阁旁边的小屋: 妆就慵来坐矮~。

蛇 2·JPX 【委蛇】也作逶迤,道 路、山脉、河道等弯曲绵延的 样子。
另见 shé。

遗(遺) 2·KHGP ①遗失;遗 漏;失物:~忘|补~| 路不拾~。②留下:~憾|不~余 力|~嘱。③不自觉的排泄:~尿| ~矢。
另见 wèi。

疑 2·XTDH ①不太相信,怀疑: ~心|迟~。②不能确定,不 能解决的:~问|~案。

【疑窦】可疑的问题。

嶷 2·MXTH 【九嶷】山名,在 湖南。

彝 2·XGO ①古代酒器,泛指祭 器。②彝族,我国少数民 族,分布在四川、云南、贵州、广西。 ③法度,常规。

乙 3·NNL ①天干的第二位,表 示次序的第二。②古代乐谱 中的记音符号,相当于简谱的"7"。

钇(釔) 3·QNN 金属元素,符 号 Y。用于创造特种 玻璃和合金。

已 3·NNNN ①已经。②停止:后 悔不~。③随后,不久:~而 悔之。④太,过:不为~甚。

以 3·C ①用,拿:~身作则|晓 之~理|~少胜多。②依照: ~姓氏笔画为序。③因:不~成败 而论。④表示目的:~保证生产需 要。⑤表示时间、方位或数量界 限:~前|~东|十个~内。

苢 3·ANY 【薏苢】多年生草本 植物,果仁叫薏米,供食用或 酿酒。中医用根和种仁入药。

怡 3·WCKG ①痴呆的样子。② 静止:日光下澈,影布石上, ~然不动。

尾 3·NTF ①指马尾上的毛:马 ~罗。②蟋蟀等尾部的针 状物。
另见 wěi。

矣 3·CT 文言助词。①用在句 末,同"了":悔之晚~。② 表示感叹:甚~! ③表示命令: 行~!

酏 3·SGB ①酿酒用的薄粥。②酏剂,含有糖和挥发油或另含有主要药物的酒精溶液的制剂。

蚁(蟻) 3·JYQ ①蚂蚁:蝼~之穴。②酒面上的浮沫:浮~。③姓。

舣(艤) 3·TEYQ 停船靠岸:~舟。

倚 3·WDS ①靠着:~门。②依仗:~势欺人。③偏,歪:不偏不~。

旖 3·YTDK 【旖旎】柔和美丽:风光~。旎(nǐ)。

踦 3·KHDK ①用力抵住:足之所履,膝之所~。②倚立:~闾而语。
另见jī,qī。

齮(齮) 3·(HWBK) ①咬:~嚼。② 侵 犯:~ 我海疆。

宸 3·YNYE ①古代宫殿窗和门之间的屏风。②借指君位。③姓。

颕(顠) 3·(MNDM) 安静。

乂 4·QTY ①"刈"的古字,割草。②治理:保国~民。③安定:海内~安。④杰出的人:才德过千人为俊,百人为~。

刘 4·QJH ①割(草或谷类):~草。②古代镰刀一类的农具。

艾 4·AQU ①治理。②惩治,改正:自怨自~(本义为悔恨自己的错误并改正,现只指悔恨)。
另见ài。

弋 4·AGNY 带着绳子的箭,古代用来射鸟:~获。

杙 4·SAY 小木桩,橛子。

钆(釓) 4·(QAY) ①附耳在外的一种方鼎。②姓。

亿(億) 4·WN ①数目字,万万。②古代指十万。

忆(憶) 4·NN 回想,记得:回~|记~犹新。

义(義) 4·YQ ①正义:~不容辞|大~灭亲。②意义,意思:字~|望文生~。③情谊:忘恩负~。④为公益的:~演|~学。⑤名义上的:~父。⑥人工制造的:~齿|~肢。⑦姓。

议(議) 4·YYQ ①讨论,商量:评~|报告公~。②意见,言论:建~|提~。③议论,批评:评~|非~。

艺(藝) 4·ANB ①技能,技术:手~。②艺术:曲~。③种植:树~五谷。④姓。

呓(囈) 4·KAN 梦话:梦~|~语。

仡 4·WTNN 【仡仡】①强壮勇敢。②高大。
另见gē。

屹 4·MTNN ①山峰直立的样子:~立。②比喻坚定不可动摇:~然不动。

亦 4·YOU ①也,也是:反之~然|~无不可。②又:~文~武。③姓。

弈 4·YOA ①古代称围棋。②下棋:对~|~棋。

奕 4·YOD 【奕奕】精神饱满的样子:神采~。

裔 4·YEM ①后代,子孙:苗~|华~。②边远的地方:四~。③姓。

异 4·NAJ ①不同:大同小~。②分开:离~。③特别突出

的:优～。④另外的,别的:～日|～国他乡。⑤惊奇:深以为～|诧～。

抑 4·RQB ①向下按,压制:～制|压～|贬～|平～|物价。②连词,表示抉择或转折。

邑 4·KCB ①都城,城市:城～|通都大～。②旧时县的别称:～宰(县令)。

挹 4·RKC ①舀:～注。②拉,牵引。

浥 4·IKCN ①沾湿,润湿:渭城朝雨～轻尘,客舍青青柳色新。②香气浓郁:～～野梅香入袂。

悒 4·NKCN 愁闷,不安:～～不乐。

佚 4·WRW 同"逸":～书|名|安～亡。

轶(軼) 4·LRW ①超过:～群|～材。②通"逸",散失,隐逸:～事|～闻|～民。

昳 4·JRW 【昳丽】美丽:形貌～。另见 dié。

役 4·TMC ①兵役,劳役。②役使:奴～。③仆役,差役:衙～。④战役:毕其功于一～。

疫 4·UMC 瘟疫,急性传染病的总称:～苗|防～。

毅 4·UEM 果断,坚决:～然|弘～|坚|刚～|～力。

译(譯) 4·YCF 翻译:口～|～文|～音|～著。

峄(嶧) 4·MCF 【峄山】山名,在山东邹城。

怿(懌) 4·NCFH 欢喜,高兴:悦～。

驿(驛) 4·CCF 驿站,古代供传递官府文书的人中途换马或过夜的处所。

绎(繹) 4·XCF ①抽出,理出:寻～|演～|抽～。②连续不断:络～不绝。

枒 4·SWGN 古书上说的一种树。

易 4·JQR ①容易:简～。②平和:平～近人。③改变:移风～俗。④交换:以物～物。⑤修治:～其田畴。⑥姓。

埸 4·FJQ ①田界。②边境:疆～。

蜴 4·JJQR 【蜥蜴】爬行动物,俗叫四脚蛇。

佾 4·WWE 古时乐舞的行列:八～舞于庭。

诣(詣) 4·YXJ ①前往,拜访:～京|～前请教。②所达到的程度或境界:造～|苦心孤～。

羿 4·NAJ ①后羿,传说中夏代有穷国君主,善于射箭。②姓。

翊 4·UNG 辅佐,帮助:～赞|～卫。

翌 4·NUF 明,次:～日|～年|～晨。

翳 4·ATDN 遮盖:阴～|云～。

翼 4·NLA ①翅膀;像翅膀的:羽～|机～。②侧:左～|两～。③帮助:～佐。④星宿名,二十八宿之一。

益 4·UWL ①好处,有益的,有用的:有～|鸟～|友。②更加:精～求精。③增加:延年～寿|损～。

嗌 4·KUW 咽喉:～不容粒|饮食下～。

另见 ài

溢 4·IUW ①水漫出，超出：充~丨洋~。②过分：~美丨~誉。

缢(縊) 4·XUW ①绞杀：~杀。②吊死：自~。

镒(鎰) 4·QUW 古代重量单位，合20两或24两。

鹢(鷁) 4·UWLG ①古书上说的一种似鹭的水鸟。②船头画有鹢的船，泛指船。

螠 4·JUWL 无脊椎动物，身体圆柱形，生活在海底泥沙中。也叫海肠子，可用作鱼饵。

谊(誼) 4·YPE 交情：交~丨情~丨乡~丨深情厚~。

勚(勩) 4·ANML ①劳苦：莫知我~。②器物棱角锋芒等磨损。

逸 4·QKQP ①安乐；安闲：安~。②逃跑，奔跑：逃~。③散失，亡失：~书丨~文丨~事丨~闻。④超越：超~丨~群。⑤退隐，避世隐居：~民丨~士。

肄 4·XTDH 学习：~习丨~业（学习课程，后指没有毕业离校停学）。

意 4·UJN ①意思：大~。②愿望：满~丨好~。③意料：出其不~。④情态：春~。

薏 4·AUJN 【薏苡】多年生草本植物，果仁叫薏米，供食用及酿酒。中医用根和种仁入药。

缋(繶) 4·(XUJN) 古代用于饰鞋的圆丝带。

臆 4·EUJ ①胸：直抒胸~。②主观地：~造丨~测丨~想。

镱(鐿) 4·QUJN 一种金属元素，符号Yb。用于制特种合金和激光材料等。

癔 4·UUJN 【癔病】一种神经官能症，发作时大叫大闹，哭笑无常，语言错乱。又称歇斯底里。

廙 4·YLAW ①帐篷之类可搬移的房子。②恭敬。

湏 4·ILAW 【清湏河】水名，在河南。

瘗(瘞) 4·UGUF 掩埋，埋葬。

嫕 4·VATN 性情和善柔顺。

鹝(鷁) 4·GKMG 古书上说的一种水鸟。

蘱(藚) 4·(AGKO) 蘱草，多年生草本植物。叶扁平，秆可编织和造纸。

熠 4·ONRG 光耀鲜明：光彩~耀丨~~发光。

殪 4·GQFU ①死，杀死。②仆，跌倒。③灭绝。

懿 4·FPGN ①美，好：~德丨~行。②特称美妇：~范丨~旨（皇太后或皇后的命令）。

劓 4·THLJ 古代一种割鼻子的酷刑。

燚 4·OOOO 火势猛烈的样子，多用于人名。

yin

因 1·LD ①因袭：~循守旧。②凭借；根据：~势利导丨~地制宜。③原因，为因：~果丨~故。

茵 1·ALD 古代用于车上的席垫，泛指垫、褥、毯：~褥丨绿草如~。

洇 1·ILDY 墨水等着纸向四周渗透：这种纸写字要~丨鲜血

～红了衣服。

姻 1·VLD ①婚姻:～缘。②因通婚而产生的亲戚关系,如姑夫、姐夫等:～亲。

细(絪) 1·(XLDY)【絪缊】同"氤氲"。

骃(駰) 1·CLDY 毛色浅黑带白的马。

氤 1·RNL【氤氲】烟云弥漫的样子:云烟～。氲(yūn)。

铟(銦) 1·QLDY 一种金属元素,符号In。用于制作低熔合金、轴承合金、半导体等。

阴(陰) 1·BE ①与"阳"相对,我国古代哲学概念。②凹进的,隐蔽的,背面的:～文|～沟|碑～。③太阴,月亮:～历。④山之北,水之南:华～|江～。⑤阴天:～晴|～雨。⑥阴暗,不见阳光的地方:～森|树～|林～道。⑦冥间,阴间:～司|～魂。⑧阴险:～谋。⑨光阴:寸～。⑩带负电的:～极。⑪生殖器,特指女性生殖器。⑫背面:碑～。⑬姓。

荫(蔭) 1·ABE ①树荫:绿树成～。②日影。

荫(蔭) 4·ABE ①不见阳光,又凉又潮:～凉|小屋里太～。②庇护:～庇。③封建时代因父祖有功子孙享受的做官权利:封妻～子。

音 1·UJF ①声音。②消息:～信|佳～。③指音节:双～词。

喑 1·KUJ ①哑,不能说:～哑。②默默无语:～默|万马齐～究可哀。

愔 1·NUJG【愔愔】安闲和悦或默默无语的样子。

殷 1·RVN ①富足;丰盛:～实|～富。②深厚;周到:～切|～勤。③朝代名,商代迁都到殷后改用的国号。④姓。
另见yān。

溵 1·IRVC ①古水名,在今河南登封。②用于地名:～溜(在天津)。

谭(諲) 1·(YSFG) ①恭敬。②用作人名,唐代有吕谭。

堙 1·FSF ①堵塞:移灶～井。②埋没:～灭。③土山。

闉(闉) 1·(USFD) ①瓮城的门,泛指瓮城或城:城～。②堵塞。

湮 1·ISFG 同"洇"。
另见yān。

歅 1·SFQW ①通"湮",淤塞,凝滞。②见于人名:九方～(春秋秦国人,善相马)。

禋 1·PYSF 升烟以祭天,泛指祭祀。

吟 2·KWYN ①吟咏:～诗。②因痛苦而发出哼声:呻～。③鸣,叫:蝉～|熊咆龙～。④古诗体的一种:秦妇～。

垠 2·FVE 边岸,界限:一望无～。

珢 2·GVEY 像玉的石头。

硍 2·DVEY 用于地名:六～圩(在广西)。

银(銀) 2·QVE ①金属元素,符号Ag。②银子;银钱;与货币有关的:～两|～行|收～台|～根。③像银子的颜色:～白|火树～花。④姓。

龈(齦) 2·HWBE 齿龈,通称牙床:牙～。

另见 kěn。

龂(齗) 2·（HWBR）【龂龂】争辩的样子。

狺 2·QTYG 【狺狺】象声词，形容狗叫声：猛犬～。

闉(闉) 2·UYD ①和颜悦色地争辩。②谦和恭敬的样子。

崟 2·MQF ①高。②用于地名，枚～（在江西）。

淫 2·IET ①过多，过度：～雨｜～威。②纵欲放荡：骄奢～逸｜～荡。③不正当的性关系：～乱。
【淫雨】连绵不停、过量的雨。也作霪雨。

霪 2·FIEF 【霪雨】连绵不断，下得过量的雨。也作淫雨。

寅 2·PGM ①地支的第三位。②寅时，夜间3点至5点。

夤 2·QPGW ①深：～夜。②攀附：～缘。

鄞 2·AKGB 古指浙江宁波，现为宁波市辖的区名。

蟫 2·JSJH 古书上指衣鱼，一种蛀蚀衣服、书籍的小虫。又叫蠹虫。

囂 2·KKAK ①愚蠢顽固。②奸诈。

尹 3·VTE ①旧时官名：令～｜府～｜道～。②姓。

引 3·XH ①拉；伸：～弓｜～车卖浆｜～领。②引导：～路。③离开：～避｜～退。④引起；招惹：抛砖～玉｜～火烧身。⑤引证：～经据典。⑥牵引棺材的白布：发～｜执～。⑦长度单位，古代10丈为1引，15引为1里。⑧文体名：小～。⑨古代纸币名：钞～｜

钱～。

吲 3·KXH 【吲哚】一种有机化合物，可制香料、染料等。

蚓 3·JXH 【蚯蚓】环节动物，生活在土壤中，能使土壤疏松、肥沃。

饮(飲) 3·QNQ ①喝：～水。②饮料：冷～。③饮子，宜于冷着喝的汤药：金果～。④心存，含着：～恨｜～泣。
【饮片】供制汤剂的中药。

饮(飲) 4·QNQ 给牲畜水喝：～马｜～牲口。

隐(隱) 3·BQ ①隐藏；隐蔽：～匿｜～居。②藏在深处的；内在的：～患｜～情。③模模糊糊的，隐约：～～作痛。

瘾(癮) 3·UBQ ①长期形成的癖好：烟～。②浓厚的兴趣：电视看上了～。

印 4·QGB ①印章，图章：盖｜～鉴。②痕迹：烙～｜脚～。③印刷：铅～。④符合：～证｜心心相～。⑤姓。

茚 4·AQGB 一种有机化合物，用于制造合成树脂等。

胤 4·TXEN 后代，后嗣。

窨 4·PWUJ 地窨：地～子｜～井。
另见 xūn。

慭(慭) 4·GODN ①愿意，宁愿。②损伤。
【慭慭】谨慎的样子，倔强的样子。

---

ying

应(應) 1·YID ①应该：～有尽有。②答应，应承：

叫他不~|~他完成。③姓。

应（應）4·YID ①应答；接受：答~|~邀|~聘|有求必~。②应和：~声|响|一呼百~。③顺应；适应：~时|得心~手。④应付；对付：~战|接不暇|~变。

【应景】①勉强做某事，敷衍：~文章。②适合时令：~果品。

英 1·AMD ①花：落~。②杰出的，杰出的人：~明|群~|~杰。③指英国。④姓。

娱 1·VAMD 对女子的美称。

瑛 1·GAMD ①似玉的美石。②玉的光彩。

锳（鍈）1·QAMD 铃声。多用于人名。

莺（鶯）1·APQ 鸟名，叫声清脆：~歌燕舞|黄~（即黄鹂）。

罃（罃）1·APRM 古代一种长颈瓶。

罌（罌）1·MMR 大腹小口的坛子。

婴（嬰）1·MMV ①婴儿：女~。②缠绕：~疾。

撄（攖）1·RMM ①接触；触犯：~怒|莫之敢~。②扰乱纠缠。

嘤（嚶）1·KMM 象声词，形容鸟叫声。

缨（纓）1·XMM ①穗子状的饰物：帽~子|红~枪。②像缨子的东西：萝卜~子。③绳子，带子：长~|请~。

璎（瓔）1·GMMV 【璎珞】古代用珠玉穿成的项链。

樱（櫻）1·SMMV ①樱花，落叶灌木或小乔木，花供观赏。②樱桃，落叶乔木，果实味甜可吃。

鹦（鸚）1·MMVG 【鹦鹉】鸟名，也叫鹦哥，上嘴大，呈钩状，能模仿人说话的声音。

膺 1·YWWE ①胸：义愤填~。②承受；承当：荣~|~赏。③讨伐；打击：~惩。

鹰（鷹）1·YWWG 鸟类的一科，嘴呈钩形，性凶猛。

迎 2·QBP ①迎接：~来送往。②对着；向着：~面|~刃而解|~头赶上。③逢迎，迎合。

茔（塋）2·APFF 坟墓；坟地：~地|坟~|荒~。

荥（滎）2·API 【荥经】地名，在四川。
另见 xíng。

荧（熒）2·APO ①微弱的光亮：~光。②眼光迷乱：~惑。

【荧惑】①迷惑：~人心。②古代指火星。

【荧荧】形容星光或灯烛光：明星~|一灯~。

莹（瑩）2·APGY ①一种光洁像玉的石头。②光亮透明：晶~|澄~。

萤（螢）2·APJ 萤火虫，一种能发光的小昆虫。

【萤石】氟化钙矿，加热能发荧光，为制氟和氢氟酸等的原料。

营（營）2·APK ①营地：军~。②军队编制单位。③谋求：~生。④经营：~业|造|合~。⑤姓。

萦（縈）2·APX 缠绕：~怀|~绕|琐事~身。

【萦怀】牵挂在心。

【萦纡】旋转弯曲,萦回。

滢（濴）2·IAPS ①水回旋的样子。②用于地名:~湾(在湖南)。

鋈（鋈）2·APQF 【华鋈】山名,在四川。

滢（瀅）2·IAPY 清澈。

潆（瀠）2·IAPI 【潆洄】水流回旋。

盈 2·ECL ①充满:热泪~眶|充~|丰~|喜~|门。②多出来,多余:~余|~利。

楹 2·SEC ①堂屋前部的柱子:~联。②量词,房屋的一列或一间:有屋三~。

蝇（蠅）2·JK 苍蝇:~拍|灭~|~蛆。

蠃 2·YNKY 姓。

瀛 2·IYNY ①大海:东~|~洲|~寰(世界)。②姓。

赢（贏）2·YNKY ①胜:~球|输~。②获得;获利:~得掌声|~利|~余。

郢 3·KGBH 【郢都】古代楚国都城,在今湖北荆州。

颍（潁）3·XID 【颍河】水名,源于河南,流入安徽。

颖（穎）3·XTD ①禾本植物子实带芒的外壳:~果。②物体尖端:锋~|短~|羊毫脱~而出。③聪明:~慧|聪~|~异|~悟。

影 3·JYIE ①影子:树~|倒~|捕风捉~。②形象,照片:合~|摄~|剪~。③电影:~院。④描摹;照相:~写|~印|~宋本。

瘿（癭）3·UMM ①中医指生在脖子上的一种囊状瘤子,多指甲状腺肿大。②植物体受害虫或真菌刺激而发育形成的瘤状物:虫~。

映 4·JMD ①因光线照射而显出物体的形象:~射|倒~|反~|掩~|相~成趣|交相辉~。②播映:上~|放~。

硬 4·DGJ ①坚硬:~木|~币。②刚强;强硬:~汉子|~是不肯。③勉强:~撑|~说|生搬~套。④扎实;经得起考验:~本事|过得~。⑤顽固:~不承认。

媵 4·EUDV ①陪送出嫁。②随嫁或陪嫁的人。③婢,妾。

yo

哟（喲）1·KXQ 表示惊讶或赞叹。

哟（喲）5·KXQ 助词。①用在句末表示祈使:大家用力~！②用在歌词中作衬字:呼儿嗨~。

唷 1·KYC 【哼唷】集体做重体力劳动时发出的有节奏的声音。也作"杭育"。

yong

佣（傭）1·WEH ①雇用:~工。②仆人:女~。

佣（傭）4·WEH 佣金,交易中付给中间人的报酬:~钱|回~(回扣)。

拥（擁） 1·REH ①抱：～抱。②围着；拥挤：前呼后～｜一～而入｜蜂～。③拥有：～兵百万。④拥护：～军｜～戴。

痈（癰） 1·UEK 一种毒疮：～疽｜养～遗患。

邕 1·VKC 广西南宁的别称。

庸 1·YVEH ①平常；不高明：～俗｜～言｜～才。②用，须（多用于否定）：毋～讳言。③文言虚词，表示疑问：～可弃乎？④姓。

鄘 1·YVEB 周代诸侯国名，在今河南新乡。

墉 1·FYVH 城墙；高墙。

慵 1·NYVH 困倦，懒：～困｜～懒。

镛（鏞） 1·QYVH 钟，古时的一种乐器。

鳙（鱅） 1·QGYH 鳙鱼，又叫胖头鱼，一种淡水鱼。

雍 1·YXTY ①和谐。②姓。

【雍容】文雅大方，从容不迫：～华贵｜态度～。

壅 1·YXTF ①堵塞：～塞。②一种施肥方法，把肥料直接培在根上：～肥。

臃 1·EYXY 肿，膨大：～肿（过度肥胖，也指机构过分庞大）。

饔 1·YXTE ①熟食。②早饭：～飧不继（吃了上顿没有下顿）。

喁 2·KJM 鱼口向上，露出水面唼动。

另见 yú。

【喁喁】比喻众人景仰期待的样子：天下～，若儿思母。

颙（顒） 2·JMHM ①大头，引申为大：四牡修广，其大有～。②仰慕，企盼：～仰。

永 3·YNI ①水流长。②永远，久长：～别｜～垂不朽。

咏 3·KYN ①唱；有腔调地念：～叹｜歌～｜吟～。②用诗词等来描写叙述：～梅｜～史｜～怀。

泳 3·IYNI 游泳：蛙～｜蝶～｜～将｜～装。

栐 3·SYNI 古书上说的一种树。

甬 3·CEJ 宁波的别称。

【甬道】①大的庭院、墓地中间对着主要建筑的通道。也叫甬路。②走廊；过道。

俑 3·WCE 古时殉葬用的偶像：陶～｜女～｜兵马～。

勇 3·CEL ①勇敢：智～双全。②清代指地方临时招募的兵卒：散兵游～｜乡～。③姓。

埇 3·FCEH ①给道路培土。②用于地名：～桥（在安徽）。

涌 3·ICE ①水向上冒出来：～泉。②像泉水一样涌出，上升：～现｜风起云～。

另见 chōng

恿 3·CEN 【怂恿】鼓动、煽动别人做某事。怂（sǒng）。

蛹 3·JCEH 从幼虫到成虫的过渡状态：蚕～｜蝇～。

踊（踴） 3·KHC 跳，跳跃：～跃。

鲬（鯒） 3·QGCE 鲬科鱼的总称。身体长而扁平，黄褐色，没有鳔，生活在海中。

用 4·ET ①使用：～力｜～脑。②开支，费用：家～。③用处：真没～。④需要：不～来了。⑤吃喝（敬辞）：～茶｜～饭。⑥因此

（多用于书信）：～特函达。⑦姓。

you

优（優） 1·WDN ①优良；美好。②充足；富裕：～渥｜～裕。③优待：拥军～属。④旧指艺人，演员：～伶｜名～。

忧（憂） 1·NDN 担忧，忧虑的事：～伤｜后顾之～。

攸 1·WHTY 所：责有～归｜性命～关。

悠 1·WHTN ①久；远：长：～久｜～扬｜～远。②闲适：～然自得｜～闲。③悠荡：晃～｜飘～｜站在秋千上来回～。④稳住，控制：～着点。

呦 1·KXL 叹词，表示惊讶：～！你怎么来啦？

幽 1·XXM ①阴暗；深远：～谷｜～深｜～暗。②隐秘；僻静：～会｜～居｜～静。③阴间：～冥｜～界｜～灵。④关闭，幽禁：～闭｜～囚。⑤古州名，在今河北和辽宁一带。⑥姓。

【幽思】①沉思，深思。②蕴藏着的思想感情。

【幽咽】形容低微的哭声。咽（yè）。

麀 1·YNJX 母鹿，也泛指雌兽。

耰 1·DIDT ①古代用来碎土平地的农具，形如木槌。②播种后用耰翻土，盖土。③泛指耕种：农不辍～。

尢 2·DNV ①古同"尤"。②姓。另见 wāng。

尤 2·DNV ①优异的；突出的：～物｜～花异木｜无耻之～。②尤其，更加：～甚｜～妙。③过失，罪过：罪～｜以儆效～。④怨恨，归咎：怨天～人。⑤姓。

【尤物】优异的人或物。

犹（猶） 2·QTDN ①如同：虽死～生｜过～不及。②还，仍：记忆～新｜困兽～斗。

疣 2·UDNV 一种皮肤病，也叫肉赘，俗称瘊子。

莸（蕕） 2·AQTN ①古代指一种有臭味的草。比喻坏人。②落叶小灌木，花供观赏。

鱿（魷） 2·QGD 【鱿鱼】软体动物，枪乌贼的通称。

由 2·MH ①原因：事～。②由于：咎～自取。③经过：必～之路。④自，从：～此及彼｜言不～衷。⑤顺随，听从：不～自主。⑥介词，归：～我负责。⑦介词，凭借：～此可见。⑧介词，表示起点：～此出发。⑨姓。

邮（郵） 2·MB ①邮寄，邮汇：～去一封信。②有关邮政的：～费。③指邮票：集～。

油 2·IMG ①动植物体内所含的脂肪或矿产的碳氢化合物的混合液体：猪～｜麻～｜石～。②以桐油、油漆等涂抹：～漆｜～家具。③油滑：～子｜～腔滑调。④姓。

柚 2·SMG 柚木，落叶乔木，木材暗褐色，纹理美观，坚硬耐腐蚀。

柚 4·SMG 常绿乔木，果实叫柚子，也叫文旦。

铀（鈾） 2·QMG 放射性金属元素，符号 U。主要用来产生原子能。

蚰 2·JMG 【蚰蜒】一种似蜈蚣的虫。

鲉（鮋）2·QGMG　海鱼名。身体侧扁，头部有许多突起。

莜　2·AWH　【莜麦】也作油麦，与燕麦相似，子实供食用。

浟　2·IWHT　【浟浟】水流动的样子。

游　2·IYTB　①在水中浮行：～泳。②河流的一段：上～｜～③流动的：～民｜～资｜～击。④游玩，游览：郊～｜～山玩水。⑤交往：交～。⑥姓。

【游方】云游四方：～和尚｜～僧。

【游弋】（军舰等）巡逻。

蝣　2·JYTB　【蜉蝣】昆虫的一科，成虫常在水面飞行，生命周期很短。

辀（輈）2·(LSGG)　①古代一种轻便的车。②轻；德～如毛。

猷　2·USGD　计谋，打算：大展鸿～｜宏～｜新～。

蝤　2·JUS　【蝤蛑】也叫梭子蟹，海蟹的一种。

另见 qiú。

繇　2·ERMI　古同"由"。

另见 yáo，zhòu。

友　3·DC　①朋友：亲～。②友好，亲近：～情｜～人｜～邦。

有　3·E　①占有，拥有。②表示存在：屋里～人。③某，某些：～时｜～人说。④表示客气：～劳大驾｜～请。⑤前缀，用于某些朝代名和官名：～夏｜～司。⑥表示估量或比较：他～哥哥那么高。

【有司】古代设官分职，各有专司，故称官吏为"有司"。

有　4·E　古同"又"：十～五年。

铕（銪）3·QDEG　金属元素，符号 Eu。用于原子反应堆中吸收中子的材料。

酉　3·SGD　①地支的第十位。②酉时，下午5点到7点。

櫾　3·SSGO　①积木柴以备燃烧。②柴：躬负薪～。

卣　3·HLN　古代青铜制盛酒器具，口小腹大，有盖和提梁。

羑　3·UGQY　【羑里】古地名，在今河南汤阴。

莠　3·ATE　①草名，俗称狗尾草。②恶草的通称。常用以比喻品质坏的：良～不齐。

牖　3·THGY　窗户：户～｜天龙闻下之，窥头于～，施尾于堂。

黝　3·LFOL　黑色；黑暗：～黑的脸｜～暗。

又　4·CCC　①复，再：～来了。②表示同时存在：～快～好。③表示进一步：天气很热，～下不雨。④在否定或反问句中用作加强语气：～不是你的错！⑤表示零数：一～二分之一。⑥表示转折：他想去，～不想去。

右　4·DK　①右边。②保守的；反动的：～倾｜～翼。③古时尚右，故指较高的地位：～姓｜～族。④崇尚，重视：～武｜～贤。⑤方位名，地理上以西为右：江～｜山～。⑥古同"佑"。⑦姓。

佑　4·WDK　保护；帮助：保～｜辅～｜庇～。

幼　4·XLN　①幼小：～儿｜～苗｜～稚。②小孩：扶老携～。

蚴　4·JXL　绦虫、血吸虫等寄生虫的幼体：胞～｜毛～｜尾～。

侑　4·WDE　劝人（吃、喝）：～食｜～饮｜～觞。

囿 4·LDE ①古代帝王畜养动物的园子:鹿~|园~。②局限,拘泥:~于成见|拘~。

宥 4·PDEF 宽恕,原谅:~谅|原~|宽~|见~|~恕。

釉 4·TOM ①涂在陶瓷外面增加光彩并起保护作用的物质:~子|~彩。②牙齿表层的硬组织:~质。

鼬 4·VNUM 黄鼬,哺乳动物,肢短尾粗,俗叫黄鼠狼。

诱(誘) 4·YTE ①诱导,教导:~发|劝~|循循善~。②引诱,诱惑:~骗|~敌。③引发:~因。

yu

纡(紆) 1·XGF ①弯曲:萦~。②系,结:~金佩紫(指地位显贵)。

迂 1·GFP ①曲折;回绕:~回|~曲|~道。②拘泥;迂腐:~阔|~论|~拙|~夫子。

於 1·YWU 姓。

於 2·YWU 同"于"。
另见 wū。

淤 1·IYWU ①水底沉积的泥沙:河~|沟~。②淤积,堵塞:~泥|~塞|~血|~滞。

瘀 1·UYWU 血液凝滞:~血。

于 2·GF ①介词,在,向,对,给,到,自,从,表示比较和被动。②形容词和动词后缀:属~|在~。③姓。

邘 2·GFBH ①周代诸侯国名,在今河南沁阳。②姓。

孟 2·GFL 盛液体的敞口器具:水~|痰~。

竽 2·TGF 古代一种似笙的乐器:滥~充数。

与(與) 2·GN 文言助词,同"欤"。

与(與) 3·GN ①给:赠~|交~本人。②交往;友好:相~|~国。③连词,和,及:父~子。④介词,跟,同:~你同行。⑤赞许;赞助:~人为善。

与(與) 4·GN 参加:参~|~会|~闻(参与并获知)。

玙(璵) 2·GGNG 美玉。

欤(歟) 2·GNGW ①文言助词,表示疑问和反诘。②表示感叹,与"啊"相同。

予 2·CBJ 文言代词,我。

予 3·CBJ 给:~以重奖|免~处分|~人口实。

好 2·VCBH 【婕妤】汉代宫中女官名,帝王妃嫔的称号。

余(餘) 2·WTU ①剩余的,多余的:~粮。②整数后不定的零:十~人。③以外,以后:业~|工~|兴奋之~。

余(餘) 2·WTU ①文言代词,我。②姓。

馀(餘) 2·QNW ①同"余(餘)"。在余、馀意义上可能混淆时,仍用"馀":~年无多。②姓。

狳 2·QTWT 【犰狳】哺乳动物,有角质鳞片。昼伏夜出,遇敌缩成一团,善于掘土。产于南美。犰(qiú)。

艅 2·TEWT 【艅艎】古代大船名。

舆 2·VWI 【须臾】极短的时间,片刻。

谀(諛) 2·YVWY 谀媚,奉承:阿~｜奉承｜~辞。

茰 2·AVW 【茱萸】灌木或小乔木,有浓烈香味,果实供药用。古人重阳佩茱萸囊以去邪避恶。

腴 2·EVW ①胖:丰~。②肥沃:膏~之地。

鱼(魚) 2·QGF ①水生脊椎动物。②姓。

渔(漁) 2·IQGG ①捕鱼:~船。②不正当的谋取:~利｜侵~。

禺 2·JMHY 传说中的大猴。

【番禺】地名,在广东。

隅 2·BJM ①角落:城~｜墙~｜向~一一之地。②靠边的地方:海~。

喁 2·KJM 【喁喁】①形容低声细语。②随声附和。

另见 yóng。

嵎 2·MJMY ①山势弯曲险峻的地方。②通"隅"。③古山名。

【嵎谷】传说日落之处。

愚 2·JMHN ①愚蠢,傻:~人节。②欺骗:~弄｜~民政策。③自称谦辞:~兄｜~见。

髃 2·MEJY 肩前骨。

舁 2·VAJ 抬;扛:~夫。

俞 2·WGEJ ①文言叹词,表示允许:~允。②姓。

揄 2·RWGJ 牵引;挥动:~扬(赞扬,表扬)｜~袂。

崳 2·MWG 【昆崳】山名,在山东。

逾 2·WGEP ①越过,超过:~越｜~期。②更,越发:~甚。

渝 2·IWGJ ①改变:始终不~。②重庆的别称,重庆自隋至宋为渝州治。③姓。

愉 2·NW 愉快:~悦｜欢~｜面有不~之色。

瑜 2·GWG ①美玉。②玉石的光彩,比喻优点:瑕不掩~。

榆 2·SWGJ 榆树,落叶乔木,木质坚韧,可做车辆和农具。果实成串像铜钱,通称榆钱。

觎(覦) 2·WGEQ 【觊觎】非分的希望或企图。觊(jì)。

窬 2·PWWJ 越墙而过:穿~之盗。

褕 2·PUWJ ①(衣服)华美:~衣甘食。②短衣。

蝓 2·JWGJ 【蛞蝓】软体动物,没有壳,俗称蜒蚰、鼻涕虫。为害蔬菜、果树。蛞(kuò)。

娱 2·VKGD 快乐;使快乐:~乐｜欢~｜自~｜~亲。

虞 2·HAK ①料想,预测:以备不~。②欺骗:尔~我诈。③忧虑:衣食无~。④传说中的朝代名,为舜所建。⑤周代诸侯国名,在今山西平陆。⑥姓。

雩 2·FFNB ①古代求雨的一种祭祀。②古地名,春秋宋地。

舆(輿) 2·WFL ①车:舟~｜~马。②轿:肩~｜彩~。③众人的:~论｜~情。④地:~地｜~图。⑤抬着:~地。

屿(嶼) 3·MGN 小岛:岛~。

伛（傴）3·WAQY 驼背:～人|～偻|～着背坐。

宇 3·PGF ①房檐。②房屋,屋宇:琼楼玉～|庙～|屋～。③上下四方,所有的空间,世界:～宙～|航～寰～。④风度,气质:气～神|～器|～轩昂。⑤地层系统分类的第一级:太古～。

羽 3·NNY ①鸟毛,羽毛:～冠|～扇纶巾。②古代五音之一,相当于简谱的"6"。③量词,用于鸟类:一～信鸽。

雨 3·FGHY 从云层降落的水:～下～|大～|～后春笋。

雨 4·FGHY 降（雨雪等）:～雪|～我公田。

俣 3·WKG 大:～～（身材高大）。

禹 3·TKM ①夏代的君主,亦称大禹、夏禹,为鲧之子,治水有功。②姓。

郿 3·TKMB ①周代诸侯国名,在今山东临沂。②姓。

瑀 3·GTKY 像玉的石头。

语（語）3·YGK ①语言:～重心长。②说话:胡言乱～。③成语,谚语:～云。④某种信号系统:手～|旗～。

语（語）4·YGK 告诉:不以～人。

圄 3·LGKD 【囹圄】古称监狱:身陷～。圄(líng)。

敔 3·GKTY ①古代一种打击乐器,乐曲将终时奏。②用于地名:～山(在江苏)。

龉（齬）3·HWBK 【龃龉】上下齿不合。比喻意见分歧,相互抵触。龃(jǔ)。

圉 3·LFU ①牢狱,囚禁。②边境:守～。③养马处;养马人:马有～,牛有牧。④畜养,养马:～马。

庾 3·YVWI ①露天的谷仓,泛指一般的谷仓。②古代容量单位,一庾等于十六斗。③姓。

瘐 3·UVW 【瘐死】囚犯因刑、冻、饿、病而死在监狱里。

貐 3·QTWJ 【猰貐】传说中的一种吃人的野兽。

窳 3·PWRY ①恶劣,坏:良～|～败|～劣。②懒惰:～惰。

玉 4·GY ①温润而有光泽的美石,狭义的玉,专指翡翠和软玉。②比喻洁白美好:～颜|～貌|琼浆|～液|～宇。③敬称对方的身体等:～照|～音|～体。④姓。

钰（鈺）4·QGYY ①珍宝。②坚硬的金属。

驭（馭）4·CCY ①驾车:驾～|～手。②统帅,控制:治国～民。

芋 4·AGF ①芋艿,芋头。②泛指马铃薯、甘薯等:洋～|山～。

吁（籲）4·KGFH 为某种要求而呼喊:呼～|请|～求。
另见 xū。

聿 4·VFHK ①笔。②文言助词,用在句首或句中。

谷 4·WWK 【吐谷浑】我国古代西部民族。
另见 gǔ。

彧 4·AKGE 有文采。

峪 4·MWWK 山谷(多用于地名):嘉~关|慕田~|马兰~(在河北)。

浴 4·IWW 洗澡:沐~|~室|淋~。

欲 4·WWKW ①欲望:食~。②想要,希望:~罢不能。③将要:东方~晓。

鹆(鵒) 4·WWKG 【鸲鹆】鸟名,即"八哥"。鸲(qú)

裕 4·PUW ①丰富;宽绰:富~|丰~|充~|宽~。②姓。
【裕如】从容自如的样子:应付~。

饫(飫) 4·QNTD 饱:饱~。

妪(嫗) 4·VAQ 年老的女人:老~|~翁~。

郁 4·DEB ①有文采:文采~|时文载~。②香气浓厚:馥~|~烈。③姓。

郁(鬱) 4·DEB ①草木繁盛的样子:苍~|葱~。②忧郁:~闷|悲~|~~寡欢|~积。

育 4·YCE ①生育;培育:生儿~女|~苗。②教育:德~|智~。

堉 4·FYCE 肥沃的土地。

淯 4·IYCE 淯河,水名,发源于河南,流入湖北。

昱 4·JUF ①日光,明亮。②"煜"的古字,照耀:日~乎昼,月~乎夜。

煜 4·OJU ①照耀。②火焰。

狱(獄) 4·QTYD ①监牢:入~。②讼事,官司:~讼|断~|文字~。

域 4·FAKG ①区域;疆域:地~|~外|领~|西~|异~。②范围:音~。

阈(閾) 4·UAK ①门坎。②界限,范围:视~|听~。

棫 4·SAKG 古书上说的一种树。

蜮 4·JAK 传说中在水里的一种害人动物:鬼~伎俩。

预(預) 4·CBD ①事先,预先:~备|~告。②同"与"(yù),参与:~会|不~国事。

蓣(蕷) 4·ACBM 【薯蓣】通称山药,多年生草本植物,块根供食用和药用。

滪(澦) 4·ICBM 【滟滪堆】长江瞿塘峡口的巨石,1958年整理航道时炸平。

豫 4·CBQ ①悦乐,安适:逸~亡身。②六十四卦之一。③河南的别称:~剧。

菀 4·APQB 茂盛。
另见 wǎn。

忩 4·WTNU ①喜悦:忆我苏杭时,春游亦多~。②舒适:不~。

谕(諭) 4·YWGJ ①告诉,吩咐:面~|手~|~圣上~。②使明白:晓~。

喻 4·KWGJ ①知晓;说明:晓~|~之以理|不言而~。②比喻:借~|比~。③姓。

愈 4·WGEN ①副词,越,更加:~来~好。②病好:痊~|病~。

尉 4·NFIF 【尉迟】复姓。
另见 wèi。

蔚 4·ANF 【蔚县】地名,在河北。
另见wèi。

熨 4·NFIO 【熨帖】①(用字、用词)贴切,妥帖。②心里平静。也作熨贴。③〈方〉(事情)完全办妥。
另见yùn。

遇 4·JM ①相逢:相～。②遭遇:～难。③对待:礼～。④机会:机～|际～。

寓 4·PJM ①居住:～居|～所。②居处:公～|赵～。③寄托:～言|～意。

御 4·TRH ①驾御:～车|～者。②治理,统治:～下|～众。③与帝王有关的:～膳|～驾。

御(禦) 4·TRH 抵挡,阻挡:防～|～敌|～寒。

喬 4·CBTK ①以锥穿物。②柔和瑞云,彩云。

潏 4·ICBK ①水涌流的样子:江水初荡～,蜀人几为鱼。②堤堰,水碓等工程设施。

逪 4·CBTP ①邪僻。②遵循。

燏 4·OCBK 火光。

鷸(鷸) 4·CBTG 一种水鸟,嘴细长,腿长,常在水边吃小鱼:～蚌相争,渔翁得利。

誉(譽) 4·IWYF ①称赞:赞～|称～。②名誉,声名:～满全球|荣～。

毓 4·TXGQ ①同"育",生育,养育:钟灵～秀。②姓。

蒮 4·ATMD 【蕵蒮】落叶藤本植物,茎叶可入药。
另见ào。

燠 4·OTM 暖,热:寒～失时|～热(闷热)。

鬻 4·XOXH 卖:卖儿～女|卖官～爵|～文|～画。

---

yuan

鸢(鳶) 1·AQYG 鸟名,即老鹰。

瞀 1·QBHF ①眼睛枯陷,失明。②干枯,枯竭:～井。

鸳(鴛) 1·QBQ 【鸳鸯】水鸟,多雌雄成对生活。

洹 1·IPQB 古水名,用于地名:～市(在湖北)。
另见wò。

筥 1·TPQB 【筥箕】竹篾编的盛物器具。

冤 1·PQK ①冤屈:～案|申～。②冤仇:～家|～孽。③上当,吃亏:白跑一趟,真～|花～钱。④〈方〉欺骗:别～人。

渊(淵) 1·ITO ①深水潭:深～|天～之别|为～驱鱼|临～羡鱼。②深,深远:～源|～博|～深。③姓。

【渊薮】鱼和兽居之处。比喻人或事物聚居的地方:宛为大都,士之～。渊:鱼类聚处。薮:水边草地,兽类聚处。

蜎 1·JKEG ①孑孓,蚊子的幼虫。②弯曲。③姓。

元 2·FQB ①开始;第一:～月|～配。②为首的:～帅|～老。③主要的,根本的:～素|～气|～音。④货币单位。⑤朝代名:～曲。⑥元素:一～论。⑦构成一个整体的:单～。

【元戎】主将。

芫 2·AFQB 【芫花】落叶灌木,供观赏,花蕾药用。

另见 yán。

园(園) 2·LFQ ①种蔬菜、花果、树木的地方:菜~|花~。②供人游览玩乐的地方:公~|乐~。

沅 2·IFQ 姓。

【沅江】水名,源于贵州,流入湖南。

妧 2·VFQ 常用于女子名。

另见 wàn。

鼋(鼋) 2·FQKN 鳖的一种,也称绿团鱼、癞头鼋。

员(員) 2·KM ①人员,成员:学~|会~。②周围:幅~。③量词,用于武将:一~武将。

另见 yún,yùn。

圆(圓) 2·LKMI ①圆形,圆圈。②完整,周全:~满|团~。③使圆满:~场|~谎|自~其说。④像球的形状:汤~。⑤我国的本位货币单位,也作元。⑥圆形的货币:银~。⑦姓。

垣 2·FGJG ①墙;矮墙:断瓦颓~|城~。②城:省~(省城)。

爰 2·EFT ①才,于是:乐土乐土,~得我所。②何处,哪里:~其适归。③改换,更动:自~其处。

援 2·REF ①以手牵引:攀~。②引用:~引|~例。③援助:~军|~救|声~。

湲 2·IEFC 【潺湲】水缓缓流动的样子:溪水~。

媛 2·VEFC 【婵媛】①婵娟,美好。②牵连,相连:垂条~。③眷恋:心~而伤怀兮。

媛 4·VEFC 美女:名~|才~。

袁 2·FKE 姓。

猿 2·QTFE 灵长类哺乳动物,像猴,无尾,特征与人类相近,如大猩猩、黑猩猩、长臂猿等。

辕(轅) 2·LFK ①车前驾牲口的两根直木。②辕门,军营的营门或官署的外门,借指官署:行~。

原 2·DR ①起初的:~始|~生动物。②原来,本来:~著|~籍|~有。③未经加工的:~木|~油。④原谅:情有可~。⑤宽广平坦的:平~|~野。⑥姓。

塬 2·FDR 我国西北黄土地区的一种地貌,四周为流水切割的陡坡,顶面广阔平坦,适于耕种。

源 2·IDR ①水源,源头:发~地|渊~|~远流长。②来源,起源:资~|货~|病~。③姓。

嫄 2·VDRI 【姜嫄】传说中周代祖先后稷的母亲。

骉(驥) 2·(CDRI) 赤毛白腹的马:檀车煌煌,驷~彭彭。

螈 2·JDR 【蝾螈】两栖动物,类似蜥蜴,生活在水中。

羱 2·UDDI 北山羊,一种生活在高山地区的野羊。

缘(緣) 2·XXE ①边:边~。②沿着,顺着:攀缘:~

溪而行丨~丨木求鱼。③缘故:~由丨无~无故。④缘分,机缘:有丨~丨良~丨姻丨人~。⑤为了:~何到此。⑥关系:血丨~丨亲~。

橼(櫞)　2·SXXE　【枸橼】也叫香橼,常绿小乔木或大灌木。果皮清香,可入药。

圜　2·LLG　①指天体:~则九重,孰营度之?②古通"圆"。另见 huán。

远(遠)　3·FQP　①距离长。②时间久:~古。③差距大:~不相同。④疏远的:~亲。

苑　4·AQB　①养禽兽、种树木的地方(多指帝王的花园):林~丨鹿~丨禁~丨御~。②(学术、文艺)荟萃之处:文~丨艺~。③姓。

怨　4·QBN　①仇恨:恩~丨~尤。②埋怨,责怪:~天尤人。

【怨艾】怨恨。艾(yì)。

院　4·BPF　①院子。②某些机关、学校和公共场所的名称:国务~丨科学~丨电影~丨工学~。③特指医院,学院:出~丨~校。

垸　4·FPF　〈方〉挡水堤圩:~田。

掾　4·RXE　古代官署属员的通称:~吏丨~属。

瑗　4·GEFC　大孔的璧:问士以璧,召人以~。

愿　4·DRIN　老实谨慎:谨~丨诚~。

愿(願)　4·DRIN　①愿望:心~。②乐意;愿意:自~丨情~。③愿心,迷信的人祈求神佛时对神佛许下的酬谢:许~。

yue

曰　1·JHNG　①说:孔子~。②叫做:名~泰山。③文言助词,用于句首或句中,无义:我东~归,我心西悲。

约(約)　1·XQ　①提出或商量:预~丨~期。②邀请:~请。③共同议定的要遵守的条款:条~丨和~。④限制,拘束:~束丨制~。⑤含蓄,不明显:婉~丨隐~。⑥大概:~数。⑦算术上指约分。⑧俭省:节~。⑨简单:由博返~。另见 yāo。

矱　1·TDAC　尺度,法度:求矩~之所同。

彠(彠)　1·VFAC　尺度。

哕(噦)　3·KMQ　①呕吐:干~(想吐而吐不出)。②呕吐时发出的声音:~的一声,吐了。另见 huì。

月　4·EEE　①月球。②月份:年~。③每月的:~刊。④像圆月的:~饼。

【月氏】汉代西域国名。氏(zhī)。

刖　4·EJH　古代一种砍脚的酷刑。

玥　4·GEG　古代传说中的神珠。

钥(鑰)　4·QEG　①锁:门~。②钥匙:北方锁~(北方重镇)。另见 yào。

乐(樂)　4·QI　音乐。另见 lè。

【乐清】地名,在浙江。

栎(櫟) 4·SQI 【栎阳】地名,在陕西。
另见lì。

轫(軔) 4·LGQN 车辕前端与车衡连接处的销钉。

岳 4·RGM ①高大的山:三山五~。②称妻的父母或叔伯:~父|叔~。③姓。

钺(鉞) 4·QANT 一种古代兵器,形似斧而大。

越 4·FHA ①越过:翻山~岭。②超越:~级|~轨。③抢劫:杀人~货。④昂扬:激~|清~。⑤同"愈",表示程度加深:~战~勇。⑥周代诸侯国名,也称"于越",在今江苏、浙江、安徽、江西一带,国都会稽。⑦古族名。秦汉以前分布于长江中下游以南,部落众多,故又称百越、百粤。⑧指浙江东部地区:吴~|~剧。⑨姓。

樾 4·SFHT 树荫:牧童骑黄牛,歌声振林~道~。

说(說) 4·YU 古通"悦"。另见shuì、shuō。

阅(閱) 4·UUK ①看:批~。②检阅:~兵。③经历,经过:~历|~世。

悦 4·NUK ①高兴:喜~。②使愉快:~君|耳|赏心~目。

跃(躍) 4·KHTD 跳:跳~|~进|飞~|欢呼雀~。

粤 4·TLO ①广东的别称。②合称广东、广西:两~。

龠 4·WGKA ①古代管乐器,形状像笛。②古代容量单位,等于半合(gě)。

瀹 4·IWGA ①以汤煮物:~茗。②疏导河流:~济漯。

爚 4·OWGA ①火光。②照耀:珠光~海。

籥 4·TWGA ①古代一种管乐器。②通"钥"。

晕(暈) 1·JP ①昏眩:头~|~船。②昏厥:~倒。

晕(暈) 4·JP ①昏眩:头~|~船。②日月周围的光圈:月~|日~。③光影色泽模糊的地方:霞~|墨~。

氲 1·RNJL 【氤氲】烟云弥漫的样子:云烟~。氤(yīn)

煴 1·OJLG ①暖,暖和。②无焰的微火。

煴 4·OJLG 通"熨"。

韫 1·TJJL 香,香气。

頵(頵) 1·VTKM 头大的样子。

赟(贇) 1·YGAM 美好。

云 2·FCU ①说:诗~。②文言助词,无义,用于句首、句中和句末:~如之何。

云(雲) 2·FCU ①空中悬浮的水滴和冰晶聚成的物体:白~|~雾。②云南的简称:~烟|~腿。③姓。

【云鬟】妇女多而美的鬓发。

【云锦】我国的一种提花丝织物,因花纹色彩如云彩而得名。

芸 2·AFCU 姓。

芸(蕓) 2·AFCU 【芸薹】油菜的一种。薹(tái)。

沄 2·IFCY 水流回转的样子。

【沄沄】①水流汹涌的样子:大江～。②形容迅速消失:日月～去不回。③形容长远流传:声容～。

沄(澐) 2·IFCY 江水大波。

妘 2·VFCY 姓。

纭(紜) 2·XFC 形容多而乱:众说纷～|头绪纷～。

耘 2·DIFC 田地里除草:～田|耕～。

匀 2·QU ①均匀;使均匀:～称|两份～成一样多。②抽出:～出一部分给他。

昀 2·JQU 日光。多用于人名。

鋆 2·FQUQ 金子(在人名中也读jūn)。

筼 2·TFQU ①竹子的青皮。②竹子的别称:松～。
另见jūn。

员(員) 2·KM 人名用字:伍～(春秋时人)。

员(員) 4·KM 姓。
另见 yuán。

郧(鄖) 2·KMB

【郧县】旧县名,在湖北。现为十堰郧阳。

涢(溳) 2·IKMY 涢水,水名,在湖北,汉江支流。

筼(篔) 2·TKMU 【筼筜】①一种生长在水边的大竹子。②湖名,在福建厦门。③用于地名:～街(在福建厦门)。

允 3·CQ ①答应:～许|应～|～诺。②公平,得当:公～|～当。

狁 3·QTC 【猃狁】我国古代北方民族,战国后叫匈奴。

陨(隕) 3·BKM (星体等)坠落:～石|～星|～落。

殒(殞) 3·GQK 死亡:～命|～灭。

孕 4·EBF ①怀胎:～育|～妇。②身胎:有～。

运(運) 4·FCP ①运动;运转:～行|～营。②运输,搬运:～货|空～。③运用;使用:～兵|～笔。④命运;运气:财～|官～|时来～转。⑤姓。

酝(醞) 4·SGF 酿酒;也指酒:～酿|佳～。

郓(鄆) 4·PLB 姓。

【郓城】地名,在山东。

恽(惲) 4·NPL 姓。

愠 4·NJLG 怒;怨恨:面有～色|～怒。

缊(縕) 4·XJLG 乱麻,旧絮:～缕。

韫(韞) 4·FNHL 包含,收藏:石～玉而山辉。

蕴(蘊) 4·AXJ ①包含:～藏|～含|～蓄|～涵。②事理深奥的地方:精～|底～。

韵 4·UJQU ①和谐好听的声音:松声竹～。②韵母。③韵脚:押～。④情趣,风度:神～|风～|～致|～味。⑤姓。

熨 4·NFIO 熨烫:～斗|～衣服。
另见 yù。

Z z

za

扎 1·RNN ①捆,缠束:用绳子~|~篱笆。②量词,用于成束的东西:一~线|一~花。
另见 zhā。

匝 1·AMH ①周,圈:绕树三~。②满,遍:~月(满一个月)|柳荫~地。

咂 1·KAM ①用嘴唇吸:~一口酒。②仔细辨别:~滋味。③用舌尖抵住上腭发出声音:~嘴。

拶 1·RVQ 逼迫,压紧:~逼|~榨。
另见 zǎn。

杂(雜) 2·VS ①多种多样:~货|~粮。②杂乱,混合:夹~|心烦事~|男女~坐。③正项以外的:~费。
【杂沓】杂乱:人声~。

砸 2·DAMH ①撞击,敲打:~门窗|~碗。②沉重的东西落到地上:冰雹~坏了庄稼。③打坏,失败:事情办~了|碗~了。

咋 3·KTHF 怎,怎么:~办|~样。
另见 zé,zhā。

臜(臜) 5·ETFM 【腌臜】〈方〉不干净。腌(ā)。

zai

灾 1·PO 灾害;灾难;祸害:水~|~区|兵~。

甾 1·VLF 有机化合物的一类,又叫类固醇,如胆固醇等都属于甾类化合物。

哉 1·FAK 文言助词,表示感叹、疑问或反诘:哀~!|而此独以钟名,何~?|岂有他~!

栽 1·FAS ①种植:~树。②插上:~绒。③硬被安上:~赃。④跌倒:~跟头。⑤比喻失败或出丑:生意~了。

仔 3·WBG ①〈方〉小孩。②幼小的动物:猪~|下~。也作崽。
另见 zī、zǐ。

载(載) 3·FA ①年:一年半~。②刊登,记载:登~|入史册。

载(載) 4·FA ①装运:~货|装~。②充满:怨声~道。③又,且:~歌~舞。④姓。

宰 3·PUJ ①杀牲:~猪|~杀。②掌握,控制:主~|~制。③

古代官名:～相|太～。④比喻抬高物价,使人上当:～人。

崽 3·MLN 同"仔"(zǎi)。

再 4·GMF ①又一次,继续:～次|不～。②表示动作先后:看了～去。③更加:～上台阶。④表示另有补充:～则。⑤表示如果继续就怎样:～不去就晚啦。

在 4·D ①存在,生存:青春常～|健～。②处于,居于:～位|～职。③正在:～吃饭。④参加;属于:～党|～教。⑤在于:事～人为。⑥介词,表示时间、处所、范围等。⑦姓。

---

zan

糌 1·OTHJ 【糌粑】青稞面炒熟后加上酥油茶或青稞酒捏成的团,是藏族的主食。

簪 1·TAQ ①簪子,别住发髻的条状物:玉～。②插,戴:～花。

咱 2·KTH 我;咱们。

拶 3·RVQ 压紧:～子|～指。
另见 zā。

昝 3·THJ 姓。

走 3·PGVH 迅速,快捷。

攒(攢) 3·RTFM 积蓄,储蓄:积～|～钱。
另见 cuán。

趱(趲) 3·FHT 赶快走:～路|星夜～行|～赶。

暂(暫) 4·LRJ 临时的,短时间的:～行|短～。

錾(鏨) 4·LRQ ①刻凿金石的小凿子、小刀:刀～|～子。②在金石上雕刻:～字|～金。

赞(贊) 4·TFQM ①帮助:～助。②称赞:～美。③旧时一种文体,多用韵文写成:像|～传。

鄼(酇) 4·TFQB ①周代地方居民组织:五家为邻,五邻为里,五里为。②古地名,在今湖北老河口。③用于地名:～阳,在湖北。
另见 cuó。

瓒(瓚) 4·GTFM ①古代祭祀时盛酒的器具,玉柄铜勺。②质地不纯的玉。

---

zang

赃(贓) 1·MYF 赃物:～款|贪～枉法|～官。

脏(髒) 1·EYFG 不干净:～衣服|～话|肮～。

脏(臟) 4·EYFG 内脏器官:心～|五～六腑。

牂 1·NHDD 母羊。

臧 1·DND ①善,好:～否|何用不～。②姓。
【臧否】褒贬,评论:～人物。否(pǐ)。

驵(駔) 3·CEG ①骏马。②旧时马匹交易经纪人。

奘 4·NHDD 壮大,健壮,多用于人名:玄～(唐代高僧法名)。
另见 zhuǎng。

葬 4·AGQ ①埋葬,安葬:～身。②泛指处理死者遗体:火～。

藏 4·ADNT ①储藏财物的地方:宝～|府～。②佛教、道教经典的总称:大～经|道～。③指西藏和藏族。
另见 cáng。

zao

遭 1·GMAP ①遭到:～殃|～劫。②周,圈:多绕两～。③次,回:还是头一～去。
【遭际】①境遇,遭遇:不幸的～。②碰到,遇到。
【遭逢】①遇到,碰到。②遇到的事情,遭遇:一生曲折的～。

糟 1·OGMJ ①酿酒剩下的渣滓:酒～|～粕。②用酒或酒糟腌制食物:～鱼|～瓜。③朽烂,不结实:木头～了。④坏:事情～了。⑤浪费,作践:～蹋。
【糟蹋】①浪费破坏:～粮食。②作弄,侮辱:～民众。

凿(鑿) 2·OGU ①凿子,用以挖槽或打孔的工具。②凿孔;挖掘:～洞|～井。③(旧读 zuò)卯眼:圆～方枘。④(旧读 zuò)明确;真实:确～|～～有据。

早 3·JH ①早晨。②很久以前,时间在先的:～年|～稻。③超前的:～熟|～婚。④招呼、问候语:老师～。

枣(棗) 3·GMIU 枣树,落叶乔木,果实叫枣子。

蚤 3·CYJ ①跳蚤,通称虼蚤。②古同"早"。

澡 3·IK 沐浴:洗～|～堂|～身浴德(磨炼品行,纯洁自身

心)。

璪 3·GKKS 古代冠冕前成串的玉石。

藻 3·AIK ①藻类植物:海～|水～。②文采:辞～|～饰。
【藻井】我国传统建筑天花板上的装饰,多为方格形,有彩色图案。
【藻饰】用美丽的文词修饰文章。

皂 4·RAB ①黑色:不分清红～白。②差役:～隶。③肥皂。

唣 4·KRA 【啰唣】纠缠,吵闹(多见于早期白话)。

灶(竈) 4·OF ①炉灶:～具|～神。②指灶神:祭～。

造 4·TFKP ①制做:～船|～计划。②编造:～谣。③前往:～访|登峰～极。④诉讼的两方:甲～|乙～。⑤培养:～就人才。⑥成就:～诣。
【造次】①匆忙:～之间。②鲁莽,轻率:休得～|～行事。
【造化】①自然的创造者,也指自然。②福气,运气。
【造诣】学问、技术等达到的程度。

慥 4·NTFP 【慥慥】忠厚诚实的样子。

簉 4·TTFP ①副的,附属的:～室(指妾)。②汇集。

噪 4·KKKS ①虫或鸟群叫:蝉～。②喧嚷:喧～|聒～。③名声广为传扬:名～一时。

燥 4·OKK 干燥:～热|～风。

磝 4·(DKKS) 地名用字:～头|～口(均在江西)。

躁 4·KHKS 急躁,不冷静:急～|戒骄戒～|～狂。
【躁动】①因急躁而活动。②不停地

跳动。

ze

则(則) 2·MJ ①规范；规则：准~｜以身作~｜法~。②量词，用于分项或成段落的文字：一~消息｜试题三~。③仿效：~先烈之言行。④是：此~岳阳楼之大观也。⑤连词，表示对比、因果、转折和承接。⑥做：~甚｜不~声。⑦用在数词后面列举原因或理由：一~下雨，二~没时间，所以不去。

责(責) 2·GMU ①责任：尽~｜~无旁贷。②要求：~成｜~令。③责备，责问：~怪｜~难｜指~。④惩罚：杖~。

啧(嘖) 2·KGM 形容咂嘴或说话的声音：~~称赞｜人言~~。

帻(幘) 2·MHGM 古代的一种头巾。

簀(簀) 2·TGMU ①用竹片编成的床席。②泛指竹席，苇席。

赜(賾) 2·AHKM 深奥，玄妙之处：探~索隐。

咋 2·KTHF 咬住：令人~舌。
另见 zǎ，zhā。

迮 2·THFP ①逼迫：压~。②狭窄。③姓。

笮 2·TTH ①铺在椽上瓦下的竹席。②姓。
另见 zuó。

舴 2·TETF 【舴艋】小船：只恐双溪~舟，载不动许多愁。

择(擇) 2·RCF 挑选：选~｜~善而从。

另见 zhái。

泽(澤) 2·ICF ①水洼：沼~｜~国｜深山大~。②湿：润~。③恩惠：恩~｜德~。④光亮：色~。
【泽国】河流湖泊多的地区，也指遭水灾的地区。

仄 4·DWI ①心里不安。②狭窄：逼~。③偏斜。④指仄声：平~。

昃 4·JDW ①太阳偏西：日~。②倾斜。

侧(側) 4·WMJ 同"仄"，指仄声。
另见 cè，zhāi。

zei

贼(賊) 2·MADT ①偷东西的人。②指出卖和危害阶级、民族、国家利益的人：工~｜民~。③邪恶的，不正派的：~心｜~头~脑。④狡猾。⑤〈方〉很：~亮。

鲗(鰂) 2·QGMJ 【乌鲗】同"乌贼"。

zen

怎 3·THFN 如何，怎么：~样｜~办｜~不早来?

谮(譖) 4·YAQJ 说坏话，诬陷别人：~言｜~害。

zeng

曾 1·UL ①重，中间隔两代的亲属关系：~祖｜~祖母｜~孙。

②姓。

另见 céng。

鄫 1·ULJB　周代诸侯国名，在今山东枣庄。

增 1·FU　增加：～产｜～补｜～援。

憎 1·NUL　厌恶，憎恨：爱～分明｜～恶｜面目可～。

缯(繒) 1·XUL　古代丝织品的总称。

罾 1·LUL　一种用竹竿作支架的方形渔网。

赠 1·TDUJ　古代系有丝绳用来射鸟的短箭。

综(綜) 4·XPF　织布机上使经线交错着上下分开使梭子通过的装置。

另见 zōng。

锃(鋥) 4·QKG　器物经擦磨后闪光发亮：～亮。

赠(贈) 4·MU　赠送：捐～｜～阅｜～言｜～品。

甑 4·ULJN　①甑子，古代蒸食用的陶制器皿，底部有许多小孔，后代用竹木制，称蒸笼。②蒸馏加热用的器皿：曲颈～。

zha

扎 1·RNN　①刺：～针｜～花。②钻：～猛子｜～根。③驻扎：～营｜安营～寨。④量词，用于大杯的啤酒：一～啤酒｜～啤。英语 Jar。

另见 zā。

吒 1·KTAN　①【哪吒】神名，《西游记》《封神演义》中人物。②"咤"的异体字。

挓 1·RPTA　【挓挲】〈方〉张开，伸开。

咋 1·KTHF　【咋呼】〈方〉①大声叫喊：瞎～。②炫耀；张扬。也作咋唬。

另见 zǎ、zé。

唭 1·KRRH　【唭唭】形容声音杂乱、细碎，也作喈唭。

查 1·SJ　①姓。②通"楂"：山～。

另见 chá。

揸 1·RSJ　①用手指撮物。②把手指伸开张：～开五指。

喳 1·KSJ　①喳喳，象声词：叫～～。②旧时仆役对主人的应诺声。

另见 chā。

渣 1·ISJG　①渣子：豆腐～｜油～｜煤～。②碎屑：面包～。

楂 1·SSJ　【山楂】落叶乔木，果实味酸，供食用。

另见 chá。

夈 1·DQQU　用于地名：～山（在湖北）。

夈 4·DQQU　①张开：头发～着。②夸大：～言无验不必用。

齄 1·THLG　鼻子上长的红色小疱，俗称酒糟鼻。

齇 1·THLG　同"齄"。

札 2·SNN　①古代书写用的小木片。②书信：信～｜手～｜来～。

【札记】读书时摘记的要点和心得。

轧(軋) 2·LNN　压（钢坯）：～钢｜冷～｜热～。

另见 gá、yà。

闸(閘) 2·ULK　①水闸：船～。②制动器：车～。

③把水截住。④指电闸:拉~。

炸 2·OTH 用油炸:~鱼|~油条。

炸 4·OTH ①炸裂,爆炸:暖瓶~了|轰~。②因气愤而发怒:气~了。③因受惊而四处跳散:~窝。

铡(鍘) 2·QMJ ①铡刀。②用铡刀切:~草。

喋 2·KANS 【喋喋】形容鱼、水鸟吃东西的声音。喋(shà)。
另见 dié。

劄 2·TWGJ ①"札"的异体字:信~|~子。②用于科技术语:目~(中医指不停眨眼的疾病)。

拃 3·RTHF ①张开拇指和中指量长度。②张开拇指和中指的长度。

鲊(鮓) 3·QGTF ①腌糟加工的鱼,也泛指腌制食品。②用米粉等加盐拌制切碎的菜:茄子~了。③用于地名:鱼~(在四川)。

砟 3·DTH 砟子,小的石块、煤块等:煤~子|炉灰~子。

眨 3·HTP 眼睛迅速开合:一~眼|眼睛一~不~。

鲝(鮺) 3·UDQG 同"鲊"。

【鲝草滩】地名,在四川。

乍 4·THF ①忽然:~冷~热。②初,刚:~暖还寒|新来~到。

诈(詐) 4·YTH ①假装:~死。②欺骗:欺~。

柞 4·STH 【柞水】地名,在陕西。
另见 zuò。

痄 4·UTHF 【痄腮】流行性腮腺炎的俗称。

蚱 4·JTHF 【蚱蜢】一种害虫,像蝗虫,吃稻叶等。

榨 4·SPW ①挤压物体的汁液:~油|压~。②挤压汁液的器具:油~|酒~。

栅 4·SMM 栅栏:铁~|木~|~门。
另见 shān。

咤 4·KPTA 怒喝,生气时大声嚷:叱~风云。

溠 4·IUDA 溠水,水名,在湖北随州。又名扶恭河。

蜡 4·JAJ 古代年终的一种祭祀名。
另见 là。

磋 4·(DDQQ) 地名用字:大水~(在甘肃)。
另见 là。

霅 4·FYF 【霅溪】水名,在浙江。

zhai

侧(側) 1·WMJ 〈方〉倾斜,不正:~歪|~棱(向一边斜)。
另见 cè、zè。

斋(齋) 1·YDM ①斋戒,祭祀前沐浴、更衣、吃素、戒欲,以示虔诚:~祭。②素食:吃~|念佛。③施饭给僧人:~僧。④指学舍、书房,也作书画店的名称:书~|荣宝~。

【斋戒】①封斋。②祭祀前沐浴更衣,不饮酒吃荤,以表虔诚。

摘 1·RUM ①采摘;取下:~花|~灯泡。②选取:~录|~要。③因急用临时借钱:东~

西借。

宅 2·PTA ①房子,住所:住～。②待在家里不出门:～女。

择(擇) 2·RCF 〈口〉挑选:～菜|～日子。
另见 zé。

【择席】换一个地方就睡不好觉的习惯。

翟 2·NWYF 姓。
另见 dí。

窄 3·PWTF ①狭小:狭～|～路。②气量小:心眼～。

豸 4·EER 【冠豸山】山名,在福建。
另见 zhì。

债(債) 4·WGMY 欠人的钱财:借～|公～|还～。

砦 4·HXD ①姓。②"寨"的异体字。

寨 4·PFJS ①防卫用的栅栏:山～。②旧时驻兵的地方:安营扎～。③寨子:村～。

【寨子】①栅栏或围墙。②四周有栅栏或围墙的村子。

瘵 4·UWF 病,多指痨病。

zhan

占 1·HK ①占卜:～卦|～课|～星。②姓。

占 4·HK ①占据:～领|～霸。②处在某种情势上:～上风|～便宜。

沾 1·IHK ①浸湿:泪水～衣。②因接触而附上:～水|～上了泥。③碰上,挨上:～边|脚不～

地。④因带有关系得到好处:利益均～。

毡(氈) 1·TFNK 毡子:毛～|油～|～帽|～靴。

【毡房】我国牧民居住的蒙有毡子的圆顶帐篷。

【毡子】用羊毛等压成的像厚呢子的东西。

粘 1·OH 胶着,粘贴:两张纸～住了|～邮票。
另见 nián。

栴 1·STMY 【栴檀】古书上指檀香。

斿 1·YTMY ①赤色的曲柄旗。②"之焉"合音。③同"旃"。

詹 1·QDW 姓。

谵(譫) 1·YQDY 多言。特指病中说胡话:～语。

瞻 1·HQD ①往上或往前看:～仰|高～远瞩。②姓。

饘(饘) 1·(QNYG) 稠粥。

鹯(鸇) 1·YLKG 古书上说的一种似鹞鹰的猛禽。

鱣(鱣) 1·QGYG ①鲟鳇鱼的古称。②通"鳝"。

斩(斬) 3·LR ①砍;杀:～首|～草除根|披荆～棘。②〈方〉比喻敲竹杠;讹诈。

崭(嶄) 3·ML ①高峻突出的样子:～露头角。②极,全:～新。

飐(颭) 3·MQHK 风吹使物体颤动:惊风乱～芙蓉水。

盏(盞) 3·GLF ①小杯子:酒～。②量词,用

于灯。

展 3·NAE ①伸开,展开:～翅|～卷。②施展:一筹莫～|大～鸿图。③推迟,放宽:～期|～缓。④展览:～出。⑤姓。

【展限】放宽期限。

【展缓】推迟,放宽期限。

撰 3·RNAE 轻轻地擦抹或按压:用药棉～一～|书打湿了,用毛巾～一下。

辗(輾) 3·LNA 【辗转】也作展转。①身体翻来覆去:～反侧。②经过许多人手或地方:～传递。

战(戰) 4·HKA ①战争,打仗:游击～|征～。②泛指争胜负,比高低:论～|舌～。③发抖:～栗|打寒～。

站 4·UH ①站立。②停留。③古时传递军政文书的人换马住宿之处:驿～。④客货运停车处:车～。⑤某种业务机构:粮～。

栈(棧) 4·SGT ①养牲畜的栅栏:马～|羊～。②栈房,存放货物的地方,也指旅店:客～|货～。③栈道。

【栈道】在险峻的山崖上凿岩或用竹木搭建的道路。

【栈房】①存放货物的地方。②旅馆。

【栈桥】港口、车站或厂矿用于装卸货物或上下旅客的像桥的通道。

偡 4·WADN 齐整。

湛 4·IAD ①深:技术精～|学问深～|～蓝的天。②清澈:湖水清～|澄～。③姓。

绽(綻) 4·XPG 裂开:破～|皮开肉～|鞋子～

开了。

颤(顫) 4·YLKM 同"战"③,发抖:～抖。

另见 chàn。

蘸 4·ASGO 在液体或粉末里沾一下:～糖|～酱油|～墨。

zhang

张(張) 1·XT ①给弓上弦,把弦拉紧:～弓射箭|改弦更～。②张开:～嘴|目～|～牙舞爪。③紧,急:紧～|慌～|～皇失措。④夸大:～大其事|虚～声势。⑤望:东～西望。⑥陈设:～灯结彩|铺～浪费。⑦量词,用于桌椅、纸张、嘴巴、弓箭等。⑧星宿名,二十八宿之一。

【张皇】惊慌:～失措。

【张目】①睁大眼睛:～怒视。②助长声势:为他人～。

章 1·UJJ ①歌曲诗文的段落:～节。②条文:法规:典～|规～。③条理:杂乱无～。④标志:领～|袖～|勋～。⑤印章:公～。⑥奏章。

【章草】草书的一种,似隶书,因用于奏章而得名。

郇 1·UJB 周代诸侯国名,在今山东东平。

獐 1·QTUJ 獐子,一种似鹿而小,无角的哺乳动物。

彰 1·UJE ①明显:昭～|欲盖弥～|相得益～。②显扬:表～。

漳 1·IUJ 【漳河】水名,发源于山西,流入河北。

嫜 1·VUJH 古时女子称丈夫的父亲:姑～(婆婆和公公)。

璋 1·GUJ 古代一种玉器,形状像半个圭。

樟 1·SUJ 樟树,常绿乔木。能防虫蛀,枝叶可提取樟脑。

暲 1·JUJH 日光明亮。

蟑 1·JUJH 【蟑螂】昆虫,身体扁平,黑褐色。也叫蜚蠊。

长(長) 3·TA ①生长;成长:~大。②增长,增加:~见识。③生:~锈|~满了草。④年龄较大的:年~|他~我两岁。⑤辈分大;排行第一:师~|~亲|~兄。⑥领导人:首~|部~。另见 cháng。

涨(漲) 3·IX 水位和物价等上升:~价|水~船高。

涨(漲) 4·IX ①固体吸收液体后,体积增大:豆泡~了。②头部充血:~红了脸|头昏脑~。③充满:烟尘~天。④多出,超出:~出十元钱。

仉 3·WMN 姓。

掌 3·IPKR ①手掌,脚掌。②掌管:~权。③马蹄铁:马~。④鞋底前后补丁的皮或橡胶:钉~儿。⑤用手掌打:~嘴。⑥姓。

丈 4·DYI ①旧市制长度单位。②丈量:~地征税。③亲戚的丈夫:姑~|姐~|姨~。④对老年男子的尊称:老~。

仗 4·WDYY ①刀戟等兵器的总称:明火执~|仪~。②凭借,依靠:~势欺人。③战争或战斗:打~|胜~。④拿着兵器:~剑。

杖 4·SDY ①拐杖:手~|禅~。②泛指棍棒:拿刀动~|擀面

~。③杖击,古代刑罚。

帐(帳) 4·MHT ①四周围起来,用作遮蔽的用具:蚊~|~篷|营~。②像帐幕的东西:青纱~。③同"账"。

账(賬) 4·MTA ①财物出入的记录:算~|~册。②债务:欠~。

胀(脹) 4·ETA ①膨胀:热~冷缩。②体内充塞压迫的感觉:腹~。

障 4·BUJ ①阻隔;遮挡:~碍|~蔽。②用来遮挡的东西:屏~|路~。

嶂 4·MUJ 高而险,像屏障的山峰:层峦叠~。

幛 4·MHUJ 幛子,题了词句的整幅绸布,用作祝贺或吊唁:贺~|喜~|寿~|挽~。

瘴 4·UUJK 瘴气,热带山林中易使人生病的湿热空气。

【瘴疠】亚热带潮湿地区流行的恶性疟疾等传染病。

zhao

钊(釗) 1·QJH ①勉励,多用于人名。②姓。

招 1·RVK ①举手摆动:~手。②招引,使来:~唤|~集。③招致,引来:~祸|~人笑。④承认罪状:~供。⑤武术动作,计策,手段:~数|高~。⑥姓。

昭 1·JVK 明白,显著:~然若揭|~示|~著|~雪|~彰。

铞(銹) 1·(QVKG) 镰刀。

啁 1·KMF 【啁哳】形容声音杂乱细碎。也作嘲哳。哳

（zhā）。

另见 zhōu。

着 1·UDH ①下棋的一步走一子：棋错一~。②指计策或手段：这一~真厉害。

着 2·UDH ①穿：~装。②接触，附着：上不~天，下不~地。③受到：~凉。④着火：一点就~。⑤入睡：躺下就~了。⑥表示达到目的或有了结果：找~了。

另见 zhe，zhuó。

朝 1·FJE ①早晨：~阳｜~夕。②日，天：今~。

另见 cháo。

嘲 1·KFJ 【嘲哳】同"啁哳"，形容声音杂乱细碎。哳（zhā）。

另见 cháo。

爪 3·RHYI ①动物的脚趾甲。②鸟兽的脚：鹰~｜虎~｜鳖~。

另见 zhuǎ。

找 3·RA ①寻：~人。②退回，补还：~钱｜~零。

沼 3·IVKG 天然水池：湖~｜~泽。

【沼泽】因湖泊长期淤积而形成的水草茂密的泥泞地带。

召 4·VKF ①呼唤使来：~集。②招致，引来：~祸。③傣族姓。

另见 shào。

诏（詔） 4·YVK ①告诉，多用于上对下：~示。②告诫：~告。③诏书，皇帝所发的命令：~令｜奉~。

照 4·JVKO ①照射：阳光普~。②日光：夕~。③对着镜子等看：~镜子。④拍照，照片：相｜近~。⑤明白：心~不宣｜肝胆相

~。⑥对着，向着：~准这里打。⑦依照：~此办理。⑧凭证：护~。⑨对比；查看：对~｜查~。⑩通告；通知：知~｜关~。⑪照料：~应。

兆 4·IQV ①预兆：~头｜瑞雪~丰年。②数目，一百万为一兆，古代指万亿。③姓。

旒 4·YTIQ ①古代画有蛇的旗帜。②魂幡。

鲩（鮡） 4·（QGIQ）鱼名。无鳞，头扁平，有的胸部前方有吸盘，生活溪水中。

赵（趙） 4·FHQ ①周代国名，在今山西中北部和河北南部。②姓。

【赵公元帅】赵公明，传说中的财神。

笊 4·TRHY 【笊篱】一种用铁丝、竹丝等编成的往汤里捞东西的炊具。

棹 4·SHJ ①形状似桨的划船工具。②指船：归~。

罩 4·LHJ ①覆盖，遮盖：笼~。②遮盖用的器物：灯~｜口~。③捕鱼或养鸡用的竹笼。

肇 4·YNTH ①开始；引起：~始｜~端｜~事｜~祸。②姓。

墨 4·JEPA 唐代女皇武则天为自己名字造的字。

<hr>

zhe

折 1·RR ①翻转；倒腾：~跟头｜~腾。②倒过来倒过去：用两个碗把开水~一~就凉了。

折 2·RR ①折断：骨~。②挫折，损失：损兵~将。③弯曲：~腰。④折合：~旧｜~价。⑤折

扣:打九～。⑥杂剧的段落,相当于现代戏剧的"场"和"幕"。可单独上演的称为折子戏。⑦使人信服:～服。⑧转回:～回原路。⑨汉字笔画。

折(摺) 2·RR ①折叠:～衣服。②折叠成的册子:存～|奏～。
另见 shé。

蜇 1·RRJ ①蝎子、蜂等用尾部的毒刺叮刺。②某些物质刺激皮肤或黏膜使发生微痛:洋葱～眼睛。

蜇 2·RRJ 海蜇,腔肠动物,有伞状冠,生活在海洋。

遮 1·YAOP ①掩蔽;掩盖:～蔽|～人耳目。②阻拦;挡住:横～竖挡|乌云～不住太阳。

哲 2·RRK ①聪明,智慧:～人。②有智慧的人:圣～。

喆 2·FKFK ①用于人名。②"哲"的异体字。

晢 2·RRJF 明亮,光亮。

辄(輒) 2·LBN 总是,就:动～得咎|动～打骂|浅尝～止。

蛰(蟄) 2·RVYJ 动物冬眠,蛰伏:惊～|入～。
【蛰居】像动物冬眠一样隐居。

詟(讋) 2·DXYF ①恐慌,恐惧:～服。②震慑:北～群夷。

讁(讁) 2·YUM ①谴责,责备:众人交～。②贬官或流放:贬～|～居|～迁。

摺 2·RNRG "折"的繁体字,用于折衣服、存折等。在折与摺意义可能混淆时,仍用"摺"。

礵 2·DQAS ①古代分裂肢体的一种酷刑。②书法的捺笔。

辙(轍) 2·LYC ①车轮的痕迹:前车之～。②行车规定的路线方向:上～|下～。③杂曲、戏曲、歌曲所押的韵:十三～|合～。④〈方〉办法:没～。

者 3·FTJ ①与形容词、动词等组成指人或事物的名词:学～|读～|作～|革命～。②用在数词、方位词等后表示上文所说的事:二～必居其一|后～。③助词,表示语气停顿:陈胜～,阳城人也。④这,多见于古诗词及早期白话:～个|～回。

啫 3·KFTJ 【啫喱】从海藻或某些动物的皮、骨中提取制作的胶性物质,可作为食物和化妆品的原料。英语 jelly。

锗(鍺) 3·QFT 金属元素,符号 Ge。用于制造半导体晶体管的材料。

赭 3·FOFJ 红褐色:～石(矿物,由氧化铁或带氧化铁等的黏土构成,主要用于做颜料)。

褶 3·PUNR ①衣服折叠或折叠缝制后留下的痕迹:百～裙。②泛指折皱:满脸～子|皱～。

这(這) 4·P ①指示代词,指称较近的人和物:～人|～里。②这时:我～就走。

柘 4·SDG 落叶灌木或乔木,也叫黄桑,根皮供药用。

浙 4·IRR 【浙江】①水名,钱塘江的古称。②省名:～东。

蔗 4·AYA 甘蔗:～糖。

蟅 4·YAOJ 【蟅虫】即地鳖,昆虫,可入药。

鹧(鷓) 4·YAOG 【鹧鸪】鸟名,不能久飞而善走。

着 5·UDH 助词。①表示动作和状态的持续:说～。②表示命令和嘱咐:慢～。③在某些动词后便变成介词:沿～街走。④在形容词后面表示程度:好～呢|坏～呢!
另见 zhāo,zháo,zhuó。

zhen

贞(貞) 1·HM ①占卜,问卦。②坚定不移:坚～|忠～不屈。③贞节:～妇|～烈。

侦(偵) 1·WHM 暗中察看:～察|～探|～缉。

帧(幀) 1·MHHM 量词,用于书画、相片等。
【装帧】书画等的装潢设计。

滇(滇) 1·IHM 【滇江】水名,在广东。

桢(楨) 1·SHM ①木名,即女贞。②古代打土墙时所立木桩:～干(比喻骨干人员)。

祯(禎) 1·PYHM 吉祥:～祥。

针(針) 1·QF ①缝织工具:穿～引线。②针形的东西:大头～|松～。③扎针治病:～灸。④注射器或针剂:打～。
【针砭】比喻发现或指出错误,以求改正。砭:古代治病的石头针。

珍 1·GW ①宝贵的东西:奇～异宝|山～海味。②宝贵的,贵重的:～品。③看重:～视|～惜。
【珍摄】保重身体。摄:保养。

朕 1·EWE 鸟类的胃:鸡～|鸭～。

真 1·FHW ①真实;确实:～情|你～好!②清楚:～切。③指楷书:～书|草隶篆。④本性:返璞归～。⑤人和物的本样:写～。⑥姓。
【真书】楷书:～草隶篆。

禛 1·PYFW 用真诚感动神灵而得福。

砧 1·DHKG 切物和锻锤金属等用的垫具:～板|刀～|铁～。
【砧木】供接穗嫁接的植物体。

葴 1·ADGT ①即马蓝,多年生草本植物,花紫色,茎叶可制蓝靛。②酸浆草,多年生草本植物。

箴 1·TDGT ①同"针"(针线)。②劝告,劝诫:～言。③一种以告诫规劝为主的文体。

蓁 1·ADWT 草木茂盛或荆棘丛生的样子:～莽。

溱 1·IDW 古水名,在今河南。
另见 qín。

瑧 1·GDWT 玉名。

榛 1·SDWT ①榛树,落叶乔木。果仁可吃,也可榨油。②树丛:鸤鸠在桑,其子在～。
【榛莽】丛生的草木。
【榛榛】草木丛杂的样子。

臻 1·GCFT ①达到:日～完善。②至:百福并～。

斟 1·ADWF 往杯子里倒(酒、茶):～酒|～茶|自～自饮。

椹 1·SADN 砧板,特指古代斩人用的垫板:铁～。
另见 shèn。

甄 1·SFGN ①审查鉴定:～别|～选|～录|～用。②姓。

诊（診）3·YWE　诊察，验证：～断|～脉|门～。

轸（軫）3·LWE　①古代车厢底部后面的横木，借指车。②悲痛，伤痛：～恤|～念|～悼|～怀。③星宿名，二十八宿之一。

畛 3·JWET　明亮。

畛 3·LWET　①田地间的小路。②界限：～域。

疹 3·UWE　皮肤上起的很多小红疙瘩：风～|湿～|疱～。

袗 3·PUWE　①穿单衣。②衣服华美。

枕 3·SPQ　①枕头，似枕的东西：～套|～木。②躺着时把头放在枕头或别的东西上：～戈待旦。

【枕藉】(很多人)交错倒地或躺在一起。

缜（縝）3·XFH　【缜密】周密，细致：文思～。

稹 3·TFHW　①草木丛生。②同"缜"，细密。

鬒 3·DEFW　头发黑而密。

圳 4·FKH　〈方〉田野间的小沟渠，多用于地名：深～(在广东)。

阵（陣）4·BLH　①作战队伍的行列：～线|严～以待。②阵地；战场：～亡|冲锋上～。③一段时间：这～他很忙。④量词，表示事情或动作经过的段落：一～雨|一～风|一～掌声。

纼（紖）4·XXHH　①牛鼻绳。②牵引柩车的绳索。

鸩（鴆）4·PQQ　①传说中的毒鸟，用它的羽毛浸的酒可以毒死人。②毒酒：饮～止渴。③用毒酒害人。

振 4·RDF　①摇动；挥动：～翅|～臂。②奋发，奋起：～作。③振动：共～|谐～。④"赈"的本字，救济：～乏绝。

赈（賑）4·MDFE　赈济，救济：～灾|～饥|以工代～。

震 4·FDF　①震动：地～。②情绪过分激动：～惊|～怒。③八卦之一，代表雷。

朕 4·EUDY　①秦以后皇帝的自称。②预兆：～兆。

揿 4·RADN　用刀剑等刺。

镇（鎮）4·QFHW　①压；抑制：～痛|～定|～静|～尺。②镇守；镇守的地方：坐～|军事重～|藩～。③市镇：村～。④用冰或冷水冷却食物、饮料等：冰～啤酒。⑤整日，时常，长久：～相随，莫抛躲|～日。

zheng

丁 1·SGH　【丁丁】形容伐木、弹琴声。

另见 dīng。

正 1·GHD　正月：新～|～旦(农历正月初一日)。

正 4·GHD　①正中；正面：～前方|～房|～午。②正直；正派：刚～不阿|～人君子。③公正；正当：～道|～义。④端正；纠正：～本清源|～音。⑤纯正：颜色不～|～文|～部长。⑦

大于零的;失去电子的:~数|~
电。⑧正在;正好:~说着|~合我
意。⑨图形的每个边均相等:~方
形。⑩姓。

【正史】旧时称《史记》《汉书》等纪传
体史书为正史。

征 1·TGH ①走远路:长~|远
~。②出兵讨伐:~伐|~战。

征(徵) 1·TGH ①征召:~
兵。②寻求,征求:~
稿。③征收,征用:~税|~地。④
证验:文献足~。⑤预兆,迹象:~
兆|特~。
"徵"另见 zhǐ。

怔 1·NGH 【怔忡】病名,中医指
心悸。

钲(鉦) 1·QGHG 古代军中
一种打击乐器,形
似钟。

症(癥) 1·UGH 【症结】中医
指腹中结硬块的病,比
喻问题的关键所在。

症 4·UGH 疾病:急~|炎~|对
~下药。

争 1·QV ①力求得到:争夺:~
分夺秒|~光|~先。②争
执,争论:~辩|~吵。③怎么,如
何(多用于古诗词曲):~不|~知|
~奈。

挣 1·RQVH 【挣扎】用力支撑:
垂死~。

挣 4·RQVH ①用力摆脱:~脱。
②用劳动换取:~钱。
【挣揣】挣扎。

峥 1·MQV 【峥嵘】①形容山势
高峻,突出:山石~。②比喻
不平常,不平凡:~岁月|才气~。

狰 1·QTQH 【狰狞】样子凶恶:
~的面目。

睁 1·HQV 张开(眼睛):~眼瞎
子(比喻文盲)。

铮(錚) 1·QQV 象声词,多指
金属相击的声音。

筝 1·TQVH 古代弦乐器,也叫
古筝。
【风筝】一种玩具。

烝 1·BIGO ①祭祀,特指冬祭。
②古同"蒸"。③众多:~民。
④长久。

蒸 1·ABIO ①蒸发:水~气|~
馏水。②用热气蒸物:~
馒头。

徵 1·TMGT "征"的繁体字:~
兵|~税|~兆。
另见 zhǐ。

拯 3·RBI 援救:~救|~民于水
深火热之中。

整 3·GKIH ①有次序,整齐:~
洁|~然有序。②完整:~月|
十点~。③修理;整理:~修|~装
待发。④使吃苦头:~人。

证(證) 4·YGH ①凭据:人
~。②证明:~实|
~人。

政 4·GHT ①政治:从~。②国
家某一部门主管的业务:财
~|民~。③家庭或团体的事务:
家~|校~。④姓。

郑(鄭) 4·UDB ①姓。②周代
诸侯国名,在今河南。

诤(諍) 4·YQVH 直言相劝:
~谏|~言|~友。

之 1·PP ①前往:君将何~。②
这,这个:~子于归,宜其室

家。③代词。他，它：置～不理。④的:赤子～心。⑤代词，虚指:总～久而久～。

芝 1·AP ①灵芝，真菌的一种,中医入药,古人以为瑞草。②白芷,一种香草。
【芝兰】芝和兰均为香草,古人比喻德行高尚或友情、环境的美好：～之室。

支 1·FC ①支持:体力不～。②指使:～派|～不动他。③支付;领取:～款|预～。④分支的:～局。⑤地支的简称:干～。⑥量词:一～军队。⑦姓。

吱 1·KFC 象声词:咯～|～地响。
另见 zī。

枝 1·SFC ①枝条:树～|节外生～。②量词,用于杆状物和带枝条的花朵:一～笔|一～花。

肢 1·EFC 人的胳膊、腿和动物的腿:上～|四～。

氏 1·QA 【月氏】汉代西域国名。
另见 shì。

泜 1·IQAY 【泜河】水名,在河北。

胝 1·EQA 【胼胝】俗称"老茧"。胼(pián)。

祇 1·PYQY 恭敬:～候回音|～仰(敬仰)。

只(隻) 1·KW ①单独;孤独的:～身|～字不提|形单影～。②量词。用于成对东西的一个,某些动物和船只等:一～鸡|两～手|一～船。

只(祇) 3·KW ①副词,表示限于某个范围:～见树木,不见森林|～可意会,不可言传。②仅仅:～有一人。

织(織) 1·XKW 用丝、棉等编织:～布|～网|～锦。

茋 1·(AKWU) 用于地名:～荄梁(在内蒙古)。

卮 1·RGBV ①古代盛酒的器具:漏～。②古代一种野生植物,可制胭脂。

栀 1·SRGB 【栀子】常绿灌木,花白色,有浓香,供观赏。果实叫栀子,可入药。

汁 1·IFH 含有某种物质的液体:乳～|墨～|桃～。

知 1·TD ①知道;使知道:通～|～晓。②知识:求～。③旧指主管:～县|～府。

蜘 1·JTDK 【蜘蛛】节肢动物,有足四对,能分泌细丝结网捕食昆虫。

脂 1·EX ①泛指动植物所含的油脂:～肪|松～。②胭脂:涂～抹粉|～粉。
【脂粉】胭脂和粉:～气(女人气)。

稙 1·TFHG 〈方〉庄稼种得较早或熟得较早。

褆 1·PYJH ①安宁,安享。②福,喜。

楮 1·SFTJ ①柱脚,柱下的木础或石础。②支撑。

执(執) 2·RVY ①拿着;掌握:～笔|～政。②坚持:～意|各～己见。③执行:～法|～勤。④凭单:回～|～照。⑤捉,捕。
【执绋】原指送葬时牵引灵柩,泛指送丧。绋(fú):牵引棺材的大绳。
【执牛耳】古时候诸侯割牛耳饮血结盟,由盟主拿盛牛耳的盘子。后比喻某一方面的权威。

縶（縶） 2·RVYI ①拴,捆;以～其马。②拴马脚用的绳:执～马前。

直 2·FH ①成直线的;垂直的。②使直:～腰。③公正;直爽:正～|～言。④一直;直接:～达。⑤不断地:～点头。⑥竖:～排。⑦汉字笔画,即"竖"。⑧姓。

填 2·FFHG 黏土。

值 2·WFHG ①价值;数值:币～|产～。②相当;值得:～五元钱|～～钱。③碰到:正～节日。④数学运算的结果:函数～。⑤担任轮到的职务:～日|～星。

植 2·SFHG ①种植:～树。②树立:扶～|～党营私。③植物:～被|～保。

殖 2·GQF ①生育;孳生:繁～|增～。②经商营利:货～|～利。
另见 shi。

侄 2·WGCF 侄子,也称朋友的儿子:叔～|内～|舍～。

职（職） 2·BK ①职务;责任:尽～|～天～。②职位:就～。③旧时下属对上司的自称:卑～|～等奉命。④掌管:～掌。⑤只,仅:～是之故|～此而已。

跖 2·KHDG ①脚面上接近脚趾的部分。②脚掌。

摭 2·RYA ①摘取,收集:采～英华|～言。②拾取:～拾。

踯（躑） 2·KHUB 【踯躅】徘徊不前。躅(zhú)。

蹢 2·KHUD 【蹢躅】同"踯躅"。
另见 dí。

止 3·HH ①停止。②阻止;制止:禁～|～血。③截止:到今天为～。④仅:～此一家。

址 3·FHG 地点:住～|地～|遗～|旧～。

芷 3·AHF 【白芷】多年生草本植物,根有香气,可入药。

沚 3·IHG 水中的小块陆地。

祉 3·PYH 幸福:福～。

趾 3·KHH ①脚:～高气扬。②脚指头:～骨|方～圆颅。

枳 3·SKWY 落叶灌木或小乔木,通称枸橘,常做柑橘砧木,果实可入药。

轵（軹） 3·LKW 古代指车轴的末端。

咫 3·NYKW 古代指八寸长度:～尺。
【咫尺】比喻距离很近:～天涯|～之间。

旨 3·XJ ①意义;目的:要～|～意|宗～|主～|～在。②帝王的意见或命令:圣～|遵～。③美味:～酒|甘～。
【旨趣】宗旨,主旨和意图。
【旨要】要旨:得其～。也作指要。

指 3·RXJ ①手指:～纹。②指给人看;指点:～鹿为马|～示。③指斥;指责:摘～|～控。④竖起:令人发～。⑤一个手指的宽度或长度:下了三～雨。⑥依靠:～望。
【指摘】指出缺点、错误或挑错。
【指麾】指挥。旧小说中常见。

酯 3·SGX 有机化合物的一类,是脂肪的主要成分。

抵 3·RQAN ①拍,击:～破书案|～掌。②投掷。

纸（紙） 3·XQA ①纸张。②量词,用于书信、文件等:

一～空文｜一～禁令。

芷 3·AQAY 古书上指嫩的蒲草。

另见 dǐ。

蒳 3·OGUI 缝纫、刺绣等针线活:针～。

徵 3·TMGT 古代五音之一,相当于简谱的"5"。

另见 zhēng。

至 4·GCF ①到:从古～今。②最,极:不幸之～｜～少｜～诚｜～亲。③至于:何～如此。

【至当】非常恰当。

郅 4·GCFB ①极,最:～隆｜～治之世(盛世)。②姓。

桎 4·SGCF 古代拘束犯人双脚的刑具。

【桎梏】脚镣和手铐。比喻束缚人的东西。

轾(輊) 4·LGC 【轩轾】车子前高后低和前低后高分别称轩轾,比喻高低优劣:～不分。

致 4·GCFT ①给予;向人表达:～函｜～敬。②精力集中于某个方面:～力｜专心～至。③招致;达到:～病｜～富。④情趣,样子:兴～｜别～｜景～｜错落有～。

致(緻) 4·GCFT 精密,细密:精～｜细～｜工～。

晊 4·JGCF ①大。②明。多用于人名,汉代有岑晊。

铚(銍) 4·QGCF ①短镰刀。②收割下来的禾穗。③古地名,在今安徽宿州。

窒 4·PWG 阻塞不通:～碍｜～息｜～塞｜～闷。

蛭 4·JGCF 环节动物。体长而扁平,首尾有吸盘,如蚂蟥、水蛭、

鱼蛭、山蛭等。

膣 4·EPWF 阴道的旧称。

志 4·FN ①决心;意志:立～｜～向。②记住:永～不忘。③用文字记录:杂～｜方～｜航海～｜墓～铭。④记号:标～。⑤姓。

【志士】有坚强意志和节操的人。

梽 4·SFNY 用于地名:～木山(在湖南邵阳)。

痣 4·UFNI 皮肤上的有色斑点或小疙瘩。

豸 4·EER 无脚的虫,如蚯蚓等:虫～(旧时对虫子的通称)。

另见 zhài。

忮 4·NFCY 嫉妒:～心｜～刻。不～不求。

识(識) 4·YKW ①记住:博闻强～。②标志;记号:款～｜封～。

另见 shí。

帜(幟) 4·MHKW ①旗子:旗～｜独树一～。②标志。

帙 4·MHRW ①包书画的套子。②量词,用于装套的线装书:一～书。

秩 4·TRW ①次序:～序。②指十年:八～寿辰。③俸禄,也指官的品级:加官进～。

制 4·RMHJ ①拟订;规定:～定｜创～。②制度;规章:所有～民主集中～。③限制;管束:抑～｜压～｜～伏～｜～约。

制(製) 4·RMHJ 造;作:～版｜～图｜～造。

质(質) 4·RFM ①性质:本质:实～。②朴素:～朴。③质量:保～保量。④物质:

流~。⑤询问;质问:~疑|~难。⑥抵押;抵押品:典~|人~|以此物为~。

【质素】〈港〉①素质。②质量。

椹(椹) 4·(SRFM) ①器物的脚。②砧木,垫木。

锧(鑕) 4·QRFM ①古代腰斩人用的锧刀座。②砧板,铁砧:斧~(斩人的刑具)。

踬(躓) 4·KHRM ①被东西绊倒:颠~。②比喻事情不顺利,失败:屡试屡~。

炙 4·QO ①烤:~手可热|~肉。②烤熟的肉:脍~人口。

治 4·ICK ①治理,管理,处理:~国|~家。②太平,有序:天下大~。③研究:~学|~经。④治疗:~病。⑤消灭:~蝗。⑥惩办:~罪|处~。⑦地方政府所在地:县~|省~。⑧姓。

栉(櫛) 4·SAB ①梳子和篦的总称:~比。②梳理(头发):~发|~风沐雨。

【栉比】像梳子的齿一样密排着:鳞次~。

【栉风沐雨】以风雨梳头洗发。比喻经常在外奔波劳累。

峙 4·MFF 直立;耸立:对~|两峰相~|群山耸~。
另见 shì。

庤 4·YFFI 储备,储存:仓~。

痔 4·UFFI 痔疮,肛门或直肠末端的静脉由于瘀血等原因形成:内~|外~。

跱 4·KHFF 站立,伫立:鹤~而不食。

陟 4·BHI ①登高:~彼南山。②进用;擢升:黜~。

骘(騭) 4·BHIC ①公马。②安定,安排:惟天阴~下民。③评:评~高低。

赞(贄) 4·RVYM 初次拜见长辈所送的礼物。

【赞见】拿着礼物求见。

【赞敬】旧时拜师送的礼物。

挚(摯) 4·RVYR 亲密;诚恳:~友|诚~|真~。

鸷(鷙) 4·RVYG 凶猛:~鸟(鹰、雕等凶猛的鸟)。

掷(擲) 4·RUDB 扔,抛:~铁饼|投~|孤注一~。

【掷还】套语,请人归还自己原物:拙稿阅后请~。

智 4·TDKJ ①聪明:明~。②智慧,知识:~力|~能。③姓。

滞(滯) 4·IGK 凝滞,不流通:~涩|~销|~留|淤~。

豵 4·XGX 猪,也指野猪。

置 4·LFHF ①搁;放:安~|置之不理。②立;设立:设~|配~。③购买:购~|添~|~办。

【置喙】插嘴:不容~。

雉 4·TDWY ①野鸡。②城墙长三丈高一丈叫一雉。

【雉堞】城墙上的齿状小墙。

稚 4·TWY 幼小:幼~|~童|~子。

踬 4·FPLH ①遇到障碍。②跌倒:踬前~后(形容进退两难)。

觯(觶) 4·QEUF 古时饮酒的器皿,用青铜制成。

摘 4·RUMP ①搔,抓。②同"掷"。

另见 tī。

zhong

中 1·K ①当中:～心。②里面:家～。③中国:～文。④一半或中间:～途。⑤中间人;媒介:～人|作～|～保。⑥中等的:～学。⑦适中:～庸|～允。⑧内心:无动于～。⑨适合:～用。⑩〈方〉成,行:～不～? ⑪用在动词后表示进行中:发展～。

【中岳】指嵩山。

【中州】古代指中土、中原,现河南一带。

中 4·K ①适合;符合:～意。②打中:～弹。③考取:～状元。④遭受:～暑|～毒。

忠 1·KHN 忠诚:～良|～心|效～|～于人民。

盅 1·KHL 饮酒或喝茶用的无柄的杯子:酒～|茶～。

钟(鍾) 1·QKHH ①(情感)集中:～爱|～情。②同"盅",古代盛酒器。③古代容量单位,六石四斗为一钟。

钟(鐘) 1·QKHH ①古代青铜乐器,中空,敲击发声:警～|～楼|晨～暮鼓。②时钟;钟点:～表|一点～|十分～。

【钟数】〈港〉钟点,时间。

舯 1·TEKH 船体长度的中点或中部。

衷 1·YKHE ①内心:由～|苦～|～心感谢。②同"中":折～。

【衷曲】衷情,内心的话。曲(qū)。

【衷肠】内心的话:倾诉～。

忪 1·NWC 【怔忪】惊惧的样子。怔(zhēng)。

另见 sōng。

终(終) 1·XTU ①最后;完结:～点|年～。②死亡:临～。③全;整:～年|～身大事。④到底,终归:～将胜利。⑤姓。

柊 1·STUY 【柊叶】草本植物,叶似芭蕉,长约一尺,可包粽子,根叶可入药。

螽 1·TUJJ 昆虫名,有草螽,土螽等。旧说为蝗类的总称。

【螽斯】昆虫。身体绿色或褐色,触角细长,善跳跃,翅能发声,也作斯螽:五月～动股。

锺(鍾) 1·QTGF ①姓。②"钟"的繁体字。

肿(腫) 3·EKH ①痈:囊～。②皮肤、肌肉等浮胀:红～|水～|脓～。

种(種) 3·TKH ①种子;物种:麦～|变～。②人种:白～|黄～。③种类,类别:各～|两～|兵～。④胆量:有～。⑤量词,表示种类:多～货物。⑥生物分类之一,在属之下。⑦姓。

种(種) 4·TKH 把植物的种子或幼苗植入泥土:～田|～瓜。

另见 chóng。

冢 3·PEY 坟墓:衣冠～|荒～|义～|古～。

踵 3·KHTF ①脚后跟:摩肩接～。②亲自到:～门相告|～谢。③跟踪,跟随:～至。④继承,沿袭:～其成法。

仲 4·WKHH ①排行老二:～兄|～尼。②在当中的:～春|

茽 4·AWKH 草丛生的样子。

众(眾) 4·WWW ①许多:~多。②许多人:大~。

重 4·TGJ ①重量;分量:举|多~。②分量大:~于泰山|话说得太~。③声音强,色味浓:~读|~彩|烈味~酒。④程度深:~情|~病。⑤重要:军事~地|~任。⑥庄重;谨慎:自~|郑~。⑦重视:器~。

另见 chóng。

zhou

舟 1·TEI 船:小~|一叶扁~|~楫|积羽沉~。
【舟楫】泛指船只。楫(jí):桨。

辀(輈) 1·LTEY 车辕,也指车。

鸼(鵃) 1·TEQG 【鹘鸼】又名鹘鸼,古代的一种鸟。

州 1·YTYH ①旧时行政区划名,现多存于地名:苏~。②指少数民族自治州。

洲 1·IYT ①水中的陆地:沙~|绿~|汀~。②一个大陆及附近岛屿的总称:亚~。

诌(謅) 1·YQVG 随口编造(言辞):胡~|瞎~。

周 1·MFK ①完备;周到:~全|招待不~。②时间的一轮:期|~年。③圆形的外围:~长|围。④接济;救济:~济|~急。⑤全:众所~知|~身。⑥朝代名,分别指西周、东周、北周和后周。⑦星期:上~。⑧量词,用于圈数:绕湖一~。
【周济】接济,救济。

啁 1·KMF 【啁啾】象声词,形容鸟鸣声。啾(jiū):
另见 zhāo。

婤 1·VMFK 美好的样子。
【婤姶】人名,东周卫襄公的宠妾。姶(è)。

赒(賙) 1·MMFK 用财物救助别人:~济。

粥 1·XOX 稀饭:僧多~少|麦片~|腊八~。
另见 yù。

妯 2·VMG 【妯娌】哥哥和弟弟的妻子的合称:~俩。

轴(軸) 2·LM ①穿在轮子中间的圆柱形零件:车~。②圆轴形的东西:线~|画~。③对称平分物体的平面的线:中线。④量词:一~画|两~线。

轴(軸) 4·LM 【大轴子】旧时戏曲演出的最后一个节目,倒数第二出戏叫压轴子。

肘 3·EFY 上臂与前臂相接处向外突起的部分,胳膊肘:掣~|捉襟见~。

帚 3·VPM 笤帚,扫帚:敝~自珍。

纣(紂) 4·XFY 商(殷)朝末代君主,相传为暴君:~王|助~为虐。

酎 4·SGFY ①重酿的醇酒。②酿酒。

偶(儵) 4·WQV ①凶狠,厉害。②乖巧,伶俐,漂亮。

怡(懰) 4·NQV 固执,刚愎:情性~。

绉(縐) 4·XQV 一种有皱纹的丝织品:双~｜湖~。

皱(皺) 4·QVHC ①皱纹:起~。②起皱纹:这衣服容易~｜~眉头。

咒 4·KKM ①咒骂:诅~。②咒语:念~｜符~｜紧箍~。

宙 4·PM 古往今来时间的总称:宇~。

胄 4·MEF ①盔:甲~｜介~。②帝王贵族的后代:贵~｜华~。

繇 4·ERMI 古代占卜的文辞。另见 yáo,yóu。

昼(晝) 4·NYJ 白天:白~｜~夜。

骤(驟) 4·CBC ①(马)奔跑:驰~。②迅速,急速:暴风~雨。③突然:~然｜~起。

籀 4·TRQL ①籀文,古代的一种字体,也叫大篆。②阅读:~读。

碡 5·DGX 【碌碡】一种用来脱粒或轧平场院的圆柱形石头。碌(liù)。

zhu

朱 1·RI ①朱红,大红色:~笔｜~唇。②姓。

【朱门】古代只有权贵家庭能用朱

门,后借指豪富人家。

【朱槿】即扶桑。落叶灌木,花供观赏。

朱(硃) 1·RI 朱砂,一种红色或棕红色的含汞矿物,可药用或制颜料。也叫丹砂。

邾 1·RIB ①周代诸侯国名,后称"邹"。②姓。

侏 1·WRI 矮小:~儒(身材异常矮小的人)。

诛(誅) 1·YRI ①把罪人杀死:害民者~｜~杀。②责罚:口~笔伐。

茱 1·ARI 【茱萸】一种药用植物,有强烈香味,古代重阳佩带以避邪恶。萸(yú)。

洙 1·IRI 【洙水河】水名,在山东。

珠 1·GRI ①珍珠:~宝。②珠状的小粒:佛~｜泪~｜露~。

株 1·SRI ①露出地面的树根和茎:守~待兔。②量词,棵:一~树。③植株:~距｜幼~。

【株连】一人犯罪而牵连他人。

铢(銖) 1·QRI 古代重量单位,一两的二十四分之一,六铢为一锱:锱~必较。

蛛 1·JRI 蜘蛛:~网｜~丝马迹。

诸(諸) 1·YFT ①众,许多:~位｜~事。②"之于""之乎"的合音:付~行动。③姓。

猪 1·QTFJ 六畜之一:~肉｜~皮｜~倌。

【猪獾】哺乳动物,在夜间活动,有冬眠现象。也叫沙獾。

槠(櫧) 1·SYFJ 槠木,常绿乔木,木材坚硬。

潴 1·IQTJ ①水停聚的地方。②水积聚:停~｜~积。

【潴留】医学上称液体聚集停留:尿～。

潴 1·QTFS　拴牲口的小木桩。

术 2·SYI　【白术】多年生草本植物,根状茎可入药。
另见 shù。

竹 2·TTG　①竹子:～林。②指竹简:罄～难书。③箫、笛一类乐器:丝～。④姓。

【竹帛】竹简和绢,古代书写用的材料。借指书籍。

竺 2·TFF　姓。

【天竺】印度的古称。

逐 2·EPI　①追赶:追～|～鹿|随波～流。②驱赶:驱～|～客。③竞争:角～。④依次:～渐|～门～户|～日。

瘃 2·UEY　①冻疮。②冻,受冻。

烛(燭) 2·OJ　①蜡烛。②照明:火光～天。③烛光。

蠋 2·JLQJ　蝴蝶、蛾子等的幼虫。

躅 2·KHLJ　【踯躅】徘徊不前。踯(zhí)。

舳 2·TEMG　船尾:宏舸连～,巨舰接舻。

【舳舻】指首尾相接的船只:～相继|～千里。

主 3·Y　①主人:宾～|失～。②主持:～办|～讲。③主要的,基本的:～力|～课。④主张:～战。⑤负主要责任的:～席|～谋。⑥基督教徒对上帝、伊斯兰教徒对真主的称呼。⑦对事物的确定的见解:心里无～。

拄 3·RYG　用手杖或棍棒支撑:～拐棍。

砫 3·DYGG　古代宗庙中藏神主的石函。

砫 4·DYGG　用于地名:石～(在重庆,今作石柱)|碌～湾(在甘肃)。

渚 3·IFT　水中间的小块陆地:江～|沙～。

煮 3·FTJO　把食物等放在有水的锅里烧。

褚 3·PUFJ　①在衣服里铺丝绵。②口袋。③储藏。
另见 chǔ。

属(屬) 3·NTK　①连缀:～文|前后相～。②意念集中:～意|～目。
另见 shǔ。

嘱(囑) 3·KNTY　嘱咐,嘱托,关照:叮～|遗～|～我写信。

瞩(矚) 3·HNT　看,注视:～望|～目|高瞻远～。

【瞩望】①期望。②注视。

麈 3·YNJG　古代指鹿一类的动物,尾可以做拂尘:～尾(拂尘)。

伫 4·WPG　长时间站着:～立|～候|凝神～望。

苎(苧) 4·APGF　【苎麻】多年生草本植物,茎皮纤维可以做纺织原料。

纻(紵) 4·XPGG　用苎麻纤维织成的粗布。

贮(貯) 4·MPG　储存:～藏|～存|屋里～满了粮。

助 4·EGL　帮助:～人为乐|推波～澜。

住 4·WYGG　①居住;住宿。②停止:～手|～口。③做动词的补语,表示牢固、停顿或胜任等:

逮～|问～|禁得～。

注 4·IYG ①灌注,灌入:～射|暴雨如～。②专注:～意|全神贯～。③赌注:下～|孤～一掷。④用文字解释字句:～解|加～。⑤解释文字的字句:备～|脚～。⑥记载;登记:～册|～销。

驻(駐) 4·CY ①停留:～足|细听|～马。②驻扎,驻守:～地|～军。③派驻:～京办事处|～外使馆。

柱 4·SYG ①柱子:石～。②像柱子的东西:冰～|光～。

炷 4·OYG ①灯心。②量词,用于点燃的香:一～香。

疰 4·UYGD 【疰夏】①中医指由排汗机能发生障碍引起的夏季长期发烧的病。②〈方〉苦夏。夏天食量减少、食欲减退。

蛀 4·JYG ①蛀虫,咬衣服、书籍、粮食、树木的小虫。②被蛀虫咬坏:～蚀。

杼 4·SCB 织布机上的筘,古代也指梭。

柷 4·SKQN 古代打击乐器,木制,形似方斗,用于演奏开始。
另见 chù。

祝 4·PYK ①祝愿;祝颂:～酒|敬～。②剪断,断绝:～发为僧。③姓。

著 4·AFT ①明显;显著:～名|卓～。②撰写:～书。③作品;著作:名～|译～。
另见 zhuó。

翥 4·FTJN 鸟向上飞:轩～|龙翔凤～。

箸 4·TFT 筷子。

铸(鑄) 4·QDT ①铸造:～铁|熔～|浇～|～字。

②造成:～成大错。

筑(築) 4·TAM 建造,修盖:～路|建～。

筑 4·TAM ①古代一种弦乐器,像琴,用竹尺敲击。②贵阳的别称。③姓。

抓 1·RRHY ①抓取:～一把米。②逮捕,捉拿:～特务。③搔:～痒。④加强某方面的工作:～生产。⑤引人眼球:～人眼球。

挝(撾) 1·RFP 打,敲打:～鼓。
另见 wō。

鬏 1·DEWF ①妇女的丧髻,用麻束发。②女孩子梳在头顶两旁的发髻:～髻。

爪 3·RHYI 鸟兽有尖甲的脚:鸡～子|狗～子。
另见 zhǎo。

拽 1·RJX 〈方〉用力扔:～皮球。

拽 4·RJX 拉,拖:～不动|生拉硬～。
另见 yè。

专(專) 1·FNY ①集中,专一:～心|～注。②独占,独享:～卖。③独断:～制。④

在学术技能上有专长。⑤姓。

【专擅】擅自独断专行。

【专署】行政公署的简称。

砖(磚) 1·DFNY　①砖块:~瓦。②形状像砖的:茶~。

颛(顓) 1·MDMM　愚昧:~蒙。

【颛顼】传说中上古帝王名。顼(xū)。

【颛孙】复姓。

转(轉) 3·LFN　①转动:~身。②转移:~战南北。③转送:~交。④转变:危为安。

【转蓬】像蓬草一样随风飘转,比喻行踪不定或身世飘零。

【转圜】挽回,斡旋:~余地。

【转捩点】转折点。捩(liè)。

转(轉) 4·LFN　①旋转:打~|车轮~得很快。②游览;转游:~悠|到处~~。③量词,绕一圈为一转:绕了三~。

【转悠】①闲逛,漫步。②转动:眼珠子直~。也作转游。

传(傳) 4·WFNY　①解释或阐述经义的文字:经~。②传记:自~|鲁迅~。③以人物历史故事为中心的文学作品:水浒~|说岳全~。

另见 chuán。

啭(囀) 4·KLFY　鸟婉转地叫:莺啼鸟~。

沌 4·IGBN　【沌河】水名,在湖北。

另见 dùn。

瑑 4·GXEY　玉器上雕饰的凸纹。

篆 4·TXE　①汉字字体:~书|大~。②指印章:~刻。③对人名字的敬称:尊~|台~。

赚(賺) 4·MUV　(做生意)获利:~钱|~头。

另见 zuàn。

僎 4·WNNW　具备,完备。

撰 4·RNNW　写作,著书:~稿|~写|编~|杜~。

馔(饌) 4·QNNW　①食物,多指美食:盛~|美~|用~。②饮食,吃喝。

zhuang

妆(妝) 1·UV　①修饰,打扮:化~|梳~。②指女子身上的装饰,也指演员的装饰:红~|卸~。③嫁妆:~奁。

庄(莊) 1·YFD　①庄重,严肃:~严。②村落:村~|农~。③别墅;庄园。④旧称较大的商号:布~|钱~。⑤庄家:轮流做~。

【庄户】①农户。②田庄中的佃农或雇农家庭。

桩(樁) 1·SYF　①桩子:打~|桥~。②量词,表示事情的件数:小事一~|两~案子。

装(裝) 1·UFY　①服装:西~。②假装:~糊涂。③装饰,打扮:~扮|~点。④安装,装配:~电灯。⑤装运,装入:~货。⑥装订:精~|平~。⑦行装:轻~。⑧包装:瓶~。⑨姓。

奘 3·NHDD 〈方〉粗大:这棵树很|身高腰~。
另见 zàng。

壮(壯) 4·UFG ①强壮;健~|~实。②加强,使壮大:~声势|~胆。③雄壮;豪壮:波澜一阔|理直气~。④壮族,我国少数民族之一。原作僮族。
【壮工】从事简单体力劳动的工人。
【壮锦】壮族妇女手工织出的锦。

状(狀) 4·UDY ①形状:~态。②状况:病~|罪~。③陈述或描绘:自~其事|~语。④陈述事件或记载事迹的文字:供~|行。⑤褒奖、委任等的证件:奖~|委任~。⑥指诉状:~纸|告~。

僮 4·WUJ 壮族旧作"僮族"。
另见 tóng。

撞 4·RUJ ①碰撞;敲击:~车|~钟。②碰见,偶然相遇:偶然~上了他。③冲,闯:横冲直~。④试探:~~运气。
【撞骗】到处寻找机会行骗。

幢 4·MHUF 量词,用于房屋:一~楼。
另见 chuáng。

戆(戇) 4·UJTN 刚直:~直(憨厚而刚直)。
另见 gàng。

zhui

佳 1·WYG 古书上指短尾鸟。

骓(騅) 1·CWYG 青白杂色的马。

椎 1·SWYG 构成脊柱的短骨:脊~|骨|颈~。
另见 chuí。

锥(錐) 1·QWY ①锥子;像锥子的东西:冰~|改~|圆~体。②用锥等钻孔。

追 1·WNNP ①追赶。②追究:~问|~查。③追求:~寻。④追念;追溯:~悼|~忆。⑤补救;补办:~加|~认|~肥。

坠(墜) 4·BWFF ①落下:~落|~马。②沉重的东西往下垂:果子~弯了树枝。③垂在下面的东西:耳~|扇~。

缀(綴) 4·XCC ①缝合:补~。②联结,组合文字:~音|~文(作文)|~辑。③装饰:点~|~以珠玉

惴 4·NMDJ 忧愁;害怕:~~不安|人人~恐。

缒(縋) 4·XWNP 用绳子拴住人、物往下送:~城而出。

赘(贅) 4·GQTM ①入赘:~婿。②多余的;无用的:累~|~述|~疣。

zhun

屯 1·GBN ①困难。②六十四卦之一。③姓。
另见 tún。

肫 1·EGB ①鸟类的胃:鸡~|鸭~。②诚恳:~挚|~笃。

窀 1·PWGN 【窀穸】墓穴:死者悲于~,生者戚于朝野。穸(xī)。

谆(諄) 1·YYBG 恳切:~~教导|~嘱。

衡 1·TFHH 纯粹，纯正，尽是。

准 3·UWY 允许：批～｜不～这样。

准(準) 3·UWY ①水平：水～。②标准：～心｜绳～｜则。③准确：放之四海而皆～。④确定：～能来。⑤依照：此进行。⑥比照，作某类事物看待：～将｜～平原。⑦把握：心里没～。

缚(綧) 3·(XYBG) ①布帛的宽度。②古同"准"，标准，准则。

zhuo

拙 1·RBM ①笨拙：～劣｜弄巧成～。②谦辞：～作｜～见。

捉 1·RKH ①握；抓：～笔｜～襟见肘。②捉拿，抓捕：～逃犯。

桌 1·HJS ①桌子。②量词：一～菜。

倬 1·WHJH ①广大。②显著；高大。

焯 1·OHJ 明显；明白。另见 chāo。

棁 1·SUKQ 房梁上的短柱。

涿 1·IEYY 【涿州】地名，在河北。

镯(鐯) 1·(QAFJ) ①大锄。②〈方〉用镐刨地或刨茬：～玉米。

汋 2·IQYY ①水流激荡的声音。②水涌出。

灼 2·OQY ①烧炙：～热｜～伤。②明亮：目光～～。③明彻：

真知～见｜～然无疑。

酌 2·SGQ ①斟(酒)；饮(酒)：自斟自～。②酒饭：便～｜菲～。③商量；斟酌：～办｜～情处理。

茁 2·ABM 草初生的样子，也指植物旺盛生长：～壮｜～长。

卓 2·HJJ ①高而直：～立。②不平凡，高明：～越｜～见｜～绝。③姓。

晫 2·JHJH 明盛。

叕 2·CCCC ①连缀。②短：圣人之思修，愚人之思～。

斫 2·DRH 用刀斧砍削：拔剑地～｜伐树木｜～柴。

浊(濁) 2·IJ ①浑浊：～流｜声音低沉：粗声气。③混乱：～世。

镯(鐲) 2·QLQJ 镯子：手～｜玉～｜金～。

涴 2·IKHY ①〈方〉淋：让雨～了｜衣服～湿了。②用于地名：～河(水名，在山东潍坊)。

诼(諑) 2·YEY 毁谤：谣～。

啄 2·KEYY ①鸟类用嘴取食：鸡～米｜～木鸟。

琢 2·GEY 雕琢：～磨｜精雕细～。另见 zuó。

椓 2·SEYY ①敲击。②宫刑，古代割去男性生殖器的酷刑。

著 2·AFT "着"(zhuó)的本字，附着，穿着。另见 zhù。

着 2·UDH ①穿：～衣｜穿～。②接触；挨上；附着：～地｜不～边际｜～墨。③着落：寻找无～。

④派遣:~人前往。⑤命令之词,旧时公文用语:~即施行。
另见 zhāo、zháo、zhe。

禒 2·PYUO ①姓。②春秋时齐邑名。

鷟(鷟) 2·（YTTG）【鸑鷟】古代的一种水鸟。

缴(繳) 2·XRY ①系在箭上的绳,射鸟用。②带缴的箭。
另见 jiǎo。

擢 2·RNWY ①拔:~发难数。②提拔:~用|~升。

【擢发难数】比喻罪恶像头发一样多。

濯 2·INW 洗:~足|洗~。

---

zi

仔 1·WBG 【仔肩】所担负的责任。

仔 3·WBG 幼小的(禽畜):~鸡|~猪。

【仔密】纺织品质地紧密。
另见 zǎi。

孜 1·BTY 【孜孜】努力不懈,勤勉:~以求|~不倦。

吱 1·KFCY 象声词,形容小动物的叫声和燃烧的响声。
另见 zhī。

呲 1·KHXN 露出牙齿:~牙嘴。也作"龇"。
另见 cī。

赀(貲) 1·HXM ①计算:所费不~。②"资"的异体字。

觜 1·HXQ 星宿名,二十八宿之一。

另见 zuǐ。

訾 1·HXY 姓。

訾 3·HXY ①说别人的坏话:~议。②厌恶;恨:~食|~怨。

龇(齜) 1·HWBX 露出牙齿,也叫呲:~牙咧嘴。

髭 1·DEH 嘴上边的胡子:~须皆白。

谘(諮) 1·UQWK ①跟别人商量:~询|~商|~访。②嗟叹声:~叹。

【咨文】①旧时用于同级机关的一种公文。②某些国家元首向国会提出的国情报告:国情~|预算~。

姿 1·UQWV 姿态,容貌:舞~|~势|~容|~色。

资(資) 1·UQWM ①钱财,费用:投~|合~。②资助:~敌。③提供:可~借鉴。④资质:天~。⑤资格:~历。⑥物资,材料:~源|谈~。⑦姓。

谘(諮) 1·YUQK 同"咨":~询。

粢 1·UQWO 古代供祭祀用的谷类,也用作谷类的总称。

趑 1·FHUW 【趑趄】①行走困难。②欲行又止:~不前。

兹 1·UXX ①这,这个:~日|~事。②现在:~介绍|于~已有三载。③年:今~|来~。
另见 cí。

嗞 1·KUXX 象声词。①同"吱",小动物的叫声。②水喷射或者遇热时汽化的声音。

崰 1·MUX 【嵫崰】①山名,在甘肃。②太阳下山的地方:日薄~。

孳 1·UXXB　滋生,繁殖:～生|～乳(动物繁殖,泛指派生)。

滋 1·IUX　①滋生:～事|～蔓。②润泽:～润。③增添:～益|～补。④味道:有～有味。

镃(鎡) 1·QUXX　【镃錤】古代称锄头:虽有～,不如待时。

淄 1·IVL　【淄河】水名,在山东。

缁(緇) 1·XVL　黑色:～衣。

辎(輜) 1·LVL　有帷盖的车:～车|～重(行军时由运输部队携带的军需物资)。

锱(錙) 1·QVL　古代重量单位,六铢为一锱,四锱为一两。

【锱铢】形容琐事或极少的钱:～必较。

鲻(鯔) 1·QGVL　鱼名,生活在浅海或河口咸淡水交接处。为常见食用鱼。

鄑 1·GOGB　①春秋古地名,在今山东昌邑。②用于地名:徐家～水(在山东)。

鼒 1·FTHN　古代一种口小的鼎。

子 3·BB　①儿子:～女。②泛指人:男～|女～。③古代对男子的美称和尊称:夫～|孔～。④古代指对方,你:以～之矛,攻～之盾。⑤图书四部分类法的第三部:经史～集。⑥种子:瓜～。⑦卵:鸡～。⑧幼小的:～鸡|～猪。⑨小而硬的颗粒:～弹|棋～。⑩铜钱,铜元,泛指钱:一个～也没有。⑪古代爵位的第四等:～爵。⑫地支的第一位。⑬子时,夜里11点至1点~~夜。⑭姓。

子 5·BB　名词、动词、形容词和量词后缀:桌～|垫～|胖～|一下～|一辈～。

籽 3·DIB　①植物的种子:菜～。②给苗根培土:今适南亩,或耘或～。

蚜 3·JBG　【蚜蚄口】地名,在河北。蚄(fāng)。

籽 3·OB　某些植物的种子:菜～|棉～|花～。

姊 3·VTNT　姐姐:～妹。

秭 3·TTNT　古代数目,一万亿。

【秭归】地名,在湖北。

第 3·TTNT　用竹子编的床垫子:床～。

茈 3·AHX　茈草,即紫草,根可作染料,也可入药。另见cí。

紫 3·HXX　紫色,是蓝红合成的颜色:万～千红。

梓 3·SUH　①梓树,落叶乔木。②雕版,刻版:付～。③故乡的代称:桑～|～里(故乡)。

滓 3·IPU　①渣子:渣～。②污垢:垢～|泥～。

自 4·THD　①自己:～学。②当然,自然:～不待言。③从,由:～上而下|～古而来。

字 4·PB　①文字。②字音:～正腔圆|咬～不清楚。③字体:篆～|草～。④书法作品:～画。⑤水表、电表的消费数量:电表走了10个～。⑥表字,根据人名的意义,另取的别名。⑦字据:立～为凭。⑧旧时称女子许配:未～。

恣 4·UQWN 放纵:~意|~情|~肆|暴戾~睢(suī)。

【恣肆】①放纵,无所顾忌。②言谈文笔豪放不拘。

【恣睢】放纵骄横的样子:暴戾~。

眦 4·HHX 眼角,靠近鼻子的叫内眦,靠近两鬓的叫外眦。

渍(漬) 4·IGM ①浸泡:浸~|麻|淹~。②地面积水:防洪排~。③难以除去的油、泥等痕迹:油~|茶~。

zong

枞(樅) 1·SWW 【枞阳】地名,在安徽。

另见 cōng。

宗 1·PFI ①祖宗,祖先。②家族:同~|~室。③宗派,派别:正~|禅~。④尊奉,为人所尊崇的人:文~|一代~师。⑤根本,主旨:~旨|万变不离其~。⑥量词,桩,批:一~心事|大~款项。⑦姓。

【宗匠】在学术上或艺术上有很大成就和影响的人。

【宗室】帝王的家族。

倧 1·WPFI 传说中的上古神人。

综(綜) 1·XP 总,合:~合|~观|错~。

另见 zèng。

棕 1·SP ①常绿乔木,即棕榈,棕毛可制绳索和刷子等。②棕毛:~绳。③棕毛的颜色,即褐色。

腙 1·EPFI 有机化合物的一类。

踪 1·KHP 脚印,足迹:~迹|~影|失~|跟~。

鬃 1·DEP 马、猪等颈上的长毛:猪~|马~。

鬷 1·GKMT ①古代的一种锅,釜的一种。②姓。

总(總) 3·UKN ①全部的;全面的:~工会|~额。②汇总:~而言之。③统领:~兵。④概括全部的,为首的:~纲|~店|~司令。⑤总是,老是:天~不晴。⑥毕竟,总归:事情~得先商量一下。

傯 3·WQRN 【倥傯】①急迫,匆忙:戎马~。②穷困:~困厄。

纵(縱) 4·XWW ①纵向,南北向的:~贯南北。②从前到后的:~深。③与物体的长的一边平行的:~剖面。④释放,放走:欲擒故~|~虎归山。⑤放纵:~情。⑥向上或向前跳:1~身。⑦纵然:~有千条理由也不行。⑧广泛地:~论天下大事。

疭(瘲) 4·UWWI 【瘛疭】中医指痉挛的症状,也叫抽风。瘛(chì)

粽 4·OPFI 粽子:肉~。

zou

邹(鄒) 1·QVB ①周代诸侯国名,在今山东邹城。②姓。

驺(騶) 1·CQV ①古代养马驾车的官。②骑士。③马的侍从。

诹(諏) 1·YBC 商量;咨询:咨~|~吉(商订吉日)。

陬 1·BBC 角落;山脚:山~|海隅。

鲰(鯫) 1·QGBC ①小鱼。②形容小:~生(小人,也谦称自己)。

鄹 1·BCTB ①春秋时鲁国邑名,在今山东曲阜。②周代诸侯国名,即"邹"。

走 3·FHU ①行走,前进。②跑;奔~相告。③移动:~棋|钟不~了。④离开;去:人刚~|~一趟|拿~。⑤来往:~亲戚。⑥泄漏:~漏风声|说~了嘴。⑦改变;失去:~样|~味。⑧经过:~账。

奏 4·DWG ①演奏:~乐。②产生;取得:~效|~功。③臣向君主进言,上书:启~|~上一本|~疏(奏章)。

揍 4·RDWD 打(人):~他一顿。

zu

租 1·TEG ①租用;出租:~车|~书。②租金:房~。③旧指田赋:~税。

葅 1·AIE ①酸菜。②多水草的沼泽地。③切碎。

足 2·KHU ①脚;腿。②充足;富~。③值得:不~惜。④足以:不~为外人道。

卒 2·YWWF ①兵;士~。②差役:走~|隶~。③结束:~业(毕业)|不忍~读。④终于:~为天下人笑。⑤死:生~|病~。另见 cù。

崒 2·MYWF ①山势险峻。②高超,独特。

族 2·YTT ①家族:宗~。②种族,民族:汉~|部~。③族类:语~|水~。④灭族,封建时代一人有罪,诛灭三族或九族的人:罪人以~。

镞(鏃) 2·QYTD 箭头:箭~。

诅(詛) 3·YEG ①原指祈求鬼神加祸于人,后指咒骂:~咒。②盟誓:~盟。

阻 3·BEGG 阻止;阻碍:劝~|通行无~|~止|遏~|梗。

组(組) 3·XEG ①组织;组合:~队|~字。②因工作、学习等需要,由不多的人员组成的单位:工作~|互助~。③合成一组的(文艺作品):~诗|~歌。④量词,用于系列成套的事物:一~电池。

俎 3·GEGG ①珪、琮上的浮雕花纹。②美好。

俎 3·WWEG ①砧板:刀~|~上肉。②古代盛祭品的器具:越~代庖。③姓。

祖 3·PYE ①祖先,祖宗:始~|~传。②父母的上一辈:~父。③学说,宗派的首创者:~师|鼻~。④姓。

【祖率】即圆周率,为南北朝人祖冲之求得。

【祖母绿】一种因含铬而显鲜绿色的宝石。词属波斯语译音。

zuan

钻(鑽) 1·QHK ①穿孔,打眼:~孔|~探。②穿

过,进入:~洞。③钻研:~数学。

钻(鑽) 4·QHK ①钻子:电~|风~。②钻石:~戒。

躜(躦) 1·KHTM 向上或向前冲。

缵(纘) 3·XTFM 继承;继续:载~武功|~禹之绪。

纂 3·THDI ①编纂,编辑:~修。②〈方〉纂儿,妇女的发髻。

赚(賺) 4·MUV 〈方〉诳骗:~人|你~我白来一趟。
另见zhuàn。

攥 4·RTHI 用手握住:手里~一把斧子|~紧拳头。

---

zui

咀 3·KEG "嘴"的俗写。
另见jǔ。

觜 3·HXQ 同"嘴"。
另见zī。

嘴 3·KHX ①嘴巴,口:张~。②物体像嘴的部分:壶~|山~。③指说话:多~。

最 4·JB ①极,顶:~好。②首位:世界之~。

蕞 4·AJBC 【蕞尔】形容小,多指地区小:~小国。

醉 4·SGY ①因喝酒过多而神志不清。②沉迷,过分爱好:~心|陶~。③用酒浸泡:~枣。

罪 4·LDJD ①罪行;罪名:犯~|杀人~。②刑罚:免~。③错误,过失:归~于人|~过。④苦难;痛苦:受~。

樶(檇) 4·SWYE 【檇李】①李子的一种,果皮鲜红,产于浙江嘉兴。②古地名,在今浙江嘉兴。

---

zun

尊 1·USG ①地位或辈分高:~贵|~长。②敬重:~敬。③敬辞:~府|~驾|~姓大名。④量词,用于塑像或大炮等:一~佛像|一~大炮。⑤同"樽"。

嶟 1·MUSF 山势高峻的样子。

遵 1·USGP 依照:循|~守|~命|~从。

樽 1·SUSF 古代盛酒器具,酒杯:莫使金~空对月。

镈(鐏) 1·(QUSF) ①戈柄下端圆锥形金属套。②通"樽",盛酒器。

鳟(鱒) 1·QGUF 鱼名,体长,前部圆筒形,银白色,背部略带黑。

僔 3·WUSF ①聚:~沓。②谦逊,恭敬。

撙 3·RUS 节省:~节(节约)|节饮食,~衣服。

噂 3·KUSF 【噂沓】聚在一起讨论。引申为喧闹。

---

zuo

作 1·WT 作坊:石~|小器~|洗衣~。

作 4·WT ①做;工作:劳~|日出而~|~息。②从事某种活

动,进行:～战|～乱。③创作:～文|～曲。④作品:杰～。⑤兴起:兴风～浪。⑥装作:装模～样|～态。⑦当作,作为:～废|认贼～父。⑧发作:～呕。

嘬 1·KJB　吮吸:小孩～奶。
另见 chuài。

昨 2·JT　①昨天:～已回家|～夜。②过去:觉今是而～非。

笮 2·TTH　用竹子做成的绳索:～桥。
另见 zé。

捽 2·RYWF　①揪,抓:～头发。②拔取:～草。

琢 2·GEY　【琢磨】思索,考虑。
另见 zhuó。

左 3·DA　①左边。②地理上指面南靠东的一边:江～(江东)。③进步的,革命的:～派。④偏,邪,不正派:～道旁门。⑤差错:想～了|听～了。⑥相反,违背:意见相～。⑦姓。
【左迁】古指降职(古人以右为上)。
【左袒】露出左臂,指偏护某一方。

佐 3·WDA　①辅助:辅～|～理|～餐(下饭)。②辅佐别人的人:～僚。

撮 3·RJBC　量词,用于成丛的毛发:一～毛。
另见 cuō。

阼 4·BTH　①大堂前东面的台阶,为主人迎客处。②通"胙"。

岝 4·MTHF　用于地名:～山(在山东)

作 4·NTH　惭愧:惭～|面无～色。

柞 4·STH　①柞树,也叫蒙子树,常绿灌木或小乔木,树皮可入药。②麻栎的通称,叶可养蚕。
另见 zhà。

胙 4·ETH　①古代祭祀时用的肉,祭后分给参与祭祀的人。②通"祚",帝位。

祚 4·PYT　①福:门衰～薄。②皇帝的地位:卒践帝～(终于登上帝位)。

酢 4·SGTF　客人向主人敬酒:酬～。
另见 cù。

坐 4·WWF　①把臀部放在地面或其他物体上,支撑身体重量:席地而～。②乘,搭:～船。③守定,留守:～守|～办。④不劳,不动:～享其成。⑤坐落:～南朝北。⑥放置:炉子上～了一壶茶。⑦物向后施加压力;下沉:后～力|房子向下～了。⑧指判罪:反～|连～。⑨瓜果等结实:～果。⑩因为:～此解职。⑪通"座",座位。

唑 4·KWW　译音用字:咔～|磺胺噻～。

座 4·YWW　①座位。②底座,器物的底托:钟～|碗～。③星座:大熊～。④旧时对长官的尊称:军～|参～。⑤量词,用于较大而固定的物体:一～山|一～水库。

做 4·WDT　①干,从事某种工作或活动。②制作;创作:～衣服|～文章。③担任,充当:～教师。④用做:错误言论可以～反面教材。⑤结成:～亲家|～朋友。⑥用作:垃圾可以～肥料。

附录：

一、第一批异体字整理表

中华人民共和国文化部
中国文字改革委员会

关于发布《第一批异体字整理表》的
联 合 通 知

（1955 年 12 月 22 日）

中国文字改革委员会根据全国文字改革会议讨论的意见，已经把第一批异体字整理完毕，我们现在随文发布，并且决定从 1956 年 2 月 1 日起在全国实施。从实施日起，全国出版的报纸、杂志、图书一律停止使用表中括弧内的异体字。但翻印古书须用原文原字的，可作例外。一般图书已经制成版的或全部中分册尚未出完的可不再修改，等重排再版时改正。机关、团体、企业、学校用的打字机字盘中的异体字应当逐步改正。商店原有牌号不受限制。停止使用的异体字中，有用作姓氏的，在报刊图书中可以保留原字，不加变更，但只限于作为姓用。

说明：

　　根据 1986 年 10 月 10 日重新发表《简化字总表》的说明，确认《简化字总表》收入的"䜣、讅、晔、耆、诃、鲭、绌、刬、鲙、诓、雠"11 个类推简化字为规范字，不再作为淘汰的异体字。根据 1988 年 3 月 25 日国家语言文字工作委员会与中华人民共和国新闻出版署"关于发布《现代汉语通用字表》的联合通知"中的规定，确认《印刷通用汉字字形表》收入的"翦、邱、於、澹、骼、彷、菰、溷、徵、薰、黏、桉、愣、晖、涠"等 15 个字为规范字，收入《现代汉语通用字表》，不再作为淘汰的异体字。

　　这是经过上述调整后的《第一批异体字整理表》，它由原来的 810 组异体字减少到 796 组，淘汰的异体字由原来的 1053 个减少到 1027 个。

——《语言文字规范手册》编者

A

an

庵　[菴]

暗　[闇晻]

鞍　[鞌]

岸　[㟁]

ao

坳　[坳]

拗　[抝]

鳌　[鼇]

翱　[翺]

B

ba

霸　[覇]

bai

柏　[栢]

稗　[粺]

ban

坂　[岅]

bang

帮　[幫幇]

膀　[髈]

榜　[牓]

bao

刨　[鉋鑤]

褓　[緥]

寶　[寳]

褒　[襃]

bei

背　[揹]

備　[俻]

悖　[誖]

杯　[盃桮]

ben

奔　[犇奔逩]

beng

绷　[繃]

bi

痹　[痺]

逼　[偪]

毙　[斃]

秘　[祕]

弊　[獘]

秕　[粃]

bian

遍　[徧]

biao

膘　[臕]

bie

鳖　[鼈]

瘪　[癟]

bing

冰　[氷]

并　[併並竝]

禀　[稟]

bo

钵　[缽盋]

博　[慱]

驳　[駮]

脖 [頗]	chen	chun
bu	嗔 [瞋]	唇 [脣]
布 [佈]	趁 [趂]	春 [旾]
	cheng	醇 [醕]
C	乘 [乘椉]	蠢 [惷]
cai	撑 [撐]	淳 [湻]
睬 [倸]	澄 [澂]	莼 [蓴]
踩 [跴]	塍 [堘]	ci
采 [寀採]	chi	词 [䛐]
彩 [綵]	吃 [喫]	辞 [辤]
can	翅 [翄]	糍 [餈]
惭 [慙]	耻 [恥]	鹚 [鷀]
参 [叅]	痴 [癡]	cong
cao	敕 [勅勑]	匆 [怱悤]
草 [艸]	chou	葱 [蔥]
操 [撡捼]	仇 [讐]	cou
ce	瞅 [䁪䀦]	凑 [湊]
册 [冊]	酬 [酧詶醻]	cu
厕 [廁]	chu	粗 [觕麤]
策 [筞筴]	锄 [鉏耡]	蹴 [蹵]
cha	蹰 [躕]	cuan
碴 [䃎]	橱 [櫉]	篡 [篹]
查 [査]	厨 [廚厨]	cui
察 [詧]	chuan	脆 [脃]
插 [挿]	船 [舩]	悴 [顇]
chan	chuang	cun
鑱 [劖]	创 [剙刱]	村 [邨]
chang	窗 [窓窻牕牎悤]	cuo
尝 [嘗甞]	床 [牀]	锉 [剉]
肠 [膓]	chui	
场 [塲]	捶 [搥]	**D**
che	棰 [箠]	da
扯 [撦]	锤 [鎚]	瘩 [瘩]

dai
呆　[獃騃]
玳　[瑇]
dan
啖　[啗噉]
耽　[躭]
dang
擋　[攩]
蕩　[盪]
dao
搗　[擣擣]
島　[㠀]
de
德　[悳]
deng
凳　[櫈]
di
堤　[隄]
抵　[牴觝]
蒂　[蔕]
diao
雕　[彫鵰琱]
吊　[弔]
die
蝶　[蜨]
叠　[疊疉曡]
喋　[啑]
ding
碇　[椗矴]
dong
動　[働]
dou
兜　[兠]
鬥　[閗鬪鬭]
豆　[荳]
du
睹　[覩]
妒　[妬]
dun
敦　[敼]
惇　[惽]
遁　[遯]
墩　[墪]
duo
朵　[朶]
垛　[垜]
跺　[跥]

E

e
額　[頟]
扼　[搤]
萼　[蕚]
峨　[峩]
鵝　[鵞䳘]
婀　[娿媕]
厄　[阨戹]
鰐　[鱷]
腭　[齶]
訛　[譌]
en
恩　[恖]
er
爾　[尒]

F

fa
罰　[罸]
筏　[栰]
法　[灋泫]
珐　[琺]
fan
繁　[緐]
翻　[飜繙]
凡　[凢]
帆　[帆颿]
泛　[汎氾]
fang
仿　[髣倣]
fei
痱　[疿]
廢　[癈]
fen
氛　[雰]
feng
蜂　[蠭逢]
峰　[峯]
fu
俯　[俛頫]
佛　[彿髴]
婦　[媍]
附　[坿]
麸　[粰麫]

G

ga
嘎　[嘎]
gai
丐　[匄匃]

概 [槩]	雇 [僱]	恒 [恆]
gan	鼓 [皷]	hong
赣 [贑灨]	gua	哄 [閧鬨]
秆 [稈]	挂 [掛罣]	hou
杆 [桿]	guai	糇 [餱]
乾 [乹乾]	拐 [枴]	hu
幹 [榦]	怪 [恠]	呼 [虖嘑謼]
gang	guan	糊 [粘餬]
杠 [槓]	管 [筦]	胡 [衚]
扛 [摃]	館 [舘]	hua
肛 [疘]	罐 [鑵]	話 [譮]
gao	gui	嘩 [譁]
皋 [皐臯]	規 [槻]	花 [芲蘤]
槁 [槀]	瑰 [瓌]	huan
糕 [餻]	guo	獾 [貛貆]
稿 [稾]	果 [菓]	歡 [懽讙驩]
ge	椁 [槨]	浣 [澣]
閣 [閤]		huang
胳 [肐]	**H**	恍 [怳]
歌 [謌]	han	晃 [提]
個 [箇]	函 [圅]	hui
gen	悍 [猂]	毀 [燬譭]
亘 [亙]	焊 [釬銲]	蛔 [蛕蚘痐蜖]
geng	捍 [扞]	輝 [煇]
耕 [畊]	hao	匯 [滙]
鯁 [骾]	嗥 [嘷獋]	迴 [廻逈]
gong	皓 [皜暠]	徽 [微]
躬 [躳]	蚝 [蠔]	hun
gou	he	魂 [寬]
够 [夠]	盍 [盇]	昏 [昬]
鈎 [鉤]	核 [覈]	huo
構 [搆]	和 [龢咊]	禍 [旤]
gu	heng	

J

ji

羁　[羈]

鸡　[雞]

楫　[檝]

绩　[勣]

迹　[跡蹟]

期　[朞]

赍　[賫齎]

jia

假　[叚]

夹　[袷袷]

戛　[戞]

jian

笺　[牋椾]

剑　[劍]

鉴　[鑑鑒]

缄　[械]

奸　[姦]

硷　[礆]

碱　[堿]

减　[減]

蔺　[蠤]

jiang

缰　[韁]

僵　[殭]

奖　[奬]

jiao

侥　[傲]

叫　[呌]

剿　[勦劋]

脚　[腳]

jie

秸　[稭]

届　[屆]

阶　[堦]

潔　[絜]

劫　[刧刦刼]

杰　[傑]

捷　[捷]

jin

斤　[觔]

晋　[晉]

紧　[緊]

jing

阱　[穽]

径　[逕]

净　[淨]

胫　[脛]

粳　[粳秔]

jiong

炯　[烱]

迥　[逈]

jiu

韭　[韮]

救　[捄]

纠　[糾]

揪　[揫]

厩　[廄廐]

ju

巨　[鉅]

矩　[榘]

局　[侷跼]

据　[據]

举　[舉]

飓　[颶]

juan

狷　[獧]

眷　[睠]

倦　[勌]

jue

橛　[欐]

撅　[噘]

决　[決]

jun

俊　[儁傷]

浚　[濬]

隽　[雋]

K

kai

慨　[嘅]

kan

刊　[栞]

瞰　[矙]

侃　[偘]

坎　[埳]

kang

糠　[穅粇]

炕　[匟]

kao

考　[攷]

ke

咳　[欬]

疴　[痾]

剋　[尅]

ken

肯　[肎]

keng

坑　[阬]	lang	鄰　[隣]
kou	螂　[蜋]	淋　[痳]
寇　[宼冦]	琅　[瑯]	磷　[燐粦]
叩　[敂]	lei	ling
扣　[釦]	泪　[涙]	菱　[蔆]
ku	leng	liu
裤　[袴]	棱　[稜]	留　[畱畄畱]
kuan	li	琉　[瑠瑠]
款　[欵]	厘　[釐]	瘤　[癅]
kuang	裏　[裡]	柳　[栁桺]
况　[況]	歷　[歴厯]	long
礦　[鑛]	曆　[厤]	弄　[挵挵]
kui	茬　[蒞涖]	lu
饋　[餽]	犁　[犂]	櫓　[艣樐艪樐]
愧　[媿]	狸　[貍]	碌　[磟]
窺　[闚]	梨　[棃]	戮　[剹勠]
kun	隸　[隸隷]	爐　[鑪]
昆　[崐崑]	藜　[蔾]	虜　[虜]
捆　[綑]	栗　[㮚慄]	lü
坤　[堃]	璃　[琍瓈]	綠　[菉]
kuo	荔　[茘]	lüe
闊　[濶]	lian	略　[畧]
括　[捪]	廉　[亷廉]	lun
	鐮　[鎌鐮]	侖　[崘崙]
L	奩　[匳匲籨]	luo
la	煉　[鍊]	裸　[躶臝]
辣　[辢]	斂　[歛]	騾　[贏]
臘　[臈]	liang	
lai	梁　[樑]	**M**
賴　[頼]	凉　[涼]	ma
lan	lin	罵　[駡傌]
懶　[嬾]	麟　[麐]	麻　[蔴]
婪　[惏]	吝　[恡]	蟆　[蝦]

mai	谟 [謩]	涅 [湼]
脉 [脈脉衇]	mu	孽 [孼]
mao	幕 [幙]	ning
冒 [冐]	畝 [畂畞畮畆畒畝]	宁 [寧寗]
帽 [㡌]		nong
卯 [夘夗]	**N**	农 [辳]
猫 [貓]	na	nü
牦 [犛氂]	拿 [舎拏拏]	衄 [衂衄]
mei	nai	nuan
梅 [楳槑]	奶 [嬭妳]	暖 [煖煗煖]
meng	乃 [迺廼]	nuo
虻 [蝱]	nan	糯 [稬稉]
mi	楠 [枏柟]	挪 [捼挼]
幂 [羃]	nao	
眯 [瞇]	闹 [鬧]	**P**
觅 [覓]	nen	pao
秘 [祕]	嫩 [嫰]	疱 [皰]
mian	ni	炮 [砲礮]
绵 [緜]	霓 [蜺]	pei
麺 [麪]	你 [妳]	胚 [肧]
miao	昵 [暱]	peng
眇 [䁾]	拟 [儗]	碰 [揰踫]
渺 [淼森]	nian	pi
妙 [玅]	拈 [撚]	毗 [毘]
mie	念 [唸]	匹 [疋]
咩 [哔哶]	年 [秊]	piao
min	niang	飘 [飃飄]
泯 [㴐]	娘 [孃]	ping
ming	niao	凭 [凴]
命 [龠]	裊 [嫋嬝褭]	瓶 [缾]
冥 [㝠冥]	nie	po
mo	嚙 [齧囓]	迫 [廹]
馍 [饝]	捏 [揑]	pu

鋪 ［舖］	勤 ［懃］	冗 ［宂］
	琴 ［琹］	絨 ［羢毧］
Q	撒 ［撽］	熔 ［鎔］
qi	qiu	融 ［螎］
戚 ［慼慽］	丘 ［坵］	ru
启 ［啟啓］	虬 ［虯］	蠕 ［蝡］
棋 ［碁棊］	秋 ［秌穐］	ruan
栖 ［棲］	球 ［毬］	软 ［輭］
凄 ［淒悽］	qu	rui
旗 ［旂］	麴 ［麯］	蕊 ［蕋橤蘂］
弃 ［棄］	驱 ［駈敺］	睿 ［叡］
憩 ［憇］	quan	ruo
qian	券 ［券］	箬 ［篛］
铅 ［鈆］	que	
潜 ［潛］	榷 ［推榷］	**S**
慊 ［嗛］	却 ［卻刼］	sa
qiang	qun	飒 ［颯］
强 ［彊強］	群 ［羣］	sai
襁 ［繈］	裙 ［帬裠］	腮 ［顋］
墙 ［牆］		san
樯 ［艢］	**R**	伞 ［傘繖］
羌 ［羌羗］	ran	散 ［散］
枪 ［鎗］	冉 ［冄］	sang
qiao	髯 ［髥］	桑 ［桒］
憔 ［顦癄］	rao	se
跷 ［蹺］	绕 ［遶］	涩 ［澁濇］
峭 ［陗］	ren	sha
荞 ［荍］	韧 ［靭靱靷］	厦 ［廈］
锹 ［鍫］	韧 ［靭］	shan
qie	饪 ［餁］	鳝 ［鱓］
惬 ［愜］	衽 ［袵］	删 ［刪］
qin	妊 ［姙］	姗 ［姍］
寝 ［寑］	rong	栅 ［柵］

珊 [珊]

膳 [饍]

膻 [羶羴]

shao

筲 [籍]

she

蛇 [虵]

射 [躲]

慑 [慴]

shen

深 [湥]

慎 [昚]

参 [葠蔘]

sheng

升 [陞昇]

剩 [賸]

shi

虱 [蝨]

是 [昰]

尸 [屍]

湿 [溼]

谥 [諡]

实 [寔]

时 [旹]

视 [眎眡]

柿 [枾]

shu

倏 [倐儵]

庶 [庻]

竖 [竪]

漱 [潄]

疏 [疎]

薯 [藷]

si

饲 [飤]

祀 [禩]

厮 [廝]

俟 [竢]

似 [佀]

sou

嗽 [嗽]

搜 [蒐]

su

溯 [泝遡]

宿 [宿]

诉 [愬]

苏 [蘇甦]

sui

岁 [崴]

sun

笋 [筍]

飧 [飱]

suo

琐 [瑣]

锁 [鎖]

蓑 [簑]

挲 [挱]

T

ta

塔 [墖]

拓 [搨]

它 [牠]

tan

叹 [歎]

罈 [罎壜]

祖 [禮]

tang

趟 [跿蹚踼]

糖 [餹]

tao

掏 [搯]

縧 [絛綯]

teng

藤 [籐]

ti

剃 [薙鬀]

啼 [嗁]

蹄 [蹏]

tiao

眺 [覜]

tong

筒 [筩]

同 [仝衕]

峒 [峝]

tou

偷 [媮]

tu

兔 [兎兔]

tui

腿 [骽]

颓 [穨]

tun

臀 [臋]

tuo

驮 [馱]

托 [託]

驼 [馳]

拖 [扡]

W

wa

蛙［鼃］

襪［韤韈］

wan

挽［輓］

玩［翫］

碗［盌椀瓷］

wang

亡［亾］

望［朢］

往［徃］

罔［冈］

wei

喂［餵餧］

猬［蝟］

wen

吻［脗］

蚊［螡䘇］

weng

瓮［甕罋］

wu

污［汙汚］

塢［隖］

忤［啎］

X

xi

嘻［譆］

溪［谿］

晰［晳晢］

席［蓆］

熙［熈煕］

戲［戯］

膝［厀］

xia

狹［陜］

xian

銜［啣卿］

弦［絃］

仙［僊］

鮮［尠鱻尟］

閑［閒］

嫻［嫺］

涎［次］

綫［線］

秈［秈］

xiang

享［亯］

餉［饟］

嚮［曏］

厢［廂］

xiao

笑［咲］

效［効傚］

淆［殽］

xie

脅［脇］

邪［衺］

蟹［蠏］

燮［爕］

蝎［蠍］

泄［洩］

紲［絏］

鞋［鞵］

携［攜擕攜攜］

xing

幸［倖］

xiong

汹［洶］

凶［兇］

胸［胷］

xiu

修［脩］

綉［繡］

銹［鏽］

xu

叙［敘敍］

勖［勗］

恤［卹賉卹］

婿［壻］

xuan

喧［諠］

楦［楥］

萱［萲蕿蘐藼］

璇［璿］

xue

靴［鞾］

xun

熏［燻］

徇［狥］

勛［勳］

塤［壎］

尋［尋］

巡［廵］

Y

ya

鸦 [鴉]	移 [逐]	猿 [猨蝯]
丫 [枒椏]	以 [㠯㠯]	yue
yan	yin	岳 [嶽]
臁 [臙]	因 [囙]	yun
雁 [鴈]	殷 [慇]	韵 [韻]
验 [驗]	饮 [歁]	
烟 [煙菸]	淫 [婬滛]	**Z**
胭 [臙]	暗 [瘖]	**za**
燕 [鷰]	堙 [陻]	杂 [襍]
黡 [黶]	阴 [陰]	匝 [帀]
腌 [醃]	吟 [唫]	zai
咽 [嚥]	荫 [廕]	灾 [災裁菑]
檐 [簷]	姻 [婣]	再 [再再]
岩 [巖巗嵒]	ying	zan
焰 [燄]	嚣 [嚚]	咱 [喒喒偺偺]
艳 [豔豓]	颖 [頴]	赞 [贊讚]
宴 [醼]	映 [暎]	簪 [簮]
yang	鹰 [鷹]	暂 [蹔]
扬 [颺敭]	yong	zang
yao	咏 [詠]	葬 [塟塟]
肴 [餚]	涌 [湧]	zao
耀 [燿]	惠 [憅愳]	喿 [啅]
咬 [齩]	雍 [雝]	糟 [蹧]
窑 [窰窑]	you	噪 [譟]
夭 [殀]	游 [遊]	皂 [皁]
ye	yu	zha
野 [埜壄]	寓 [庽]	札 [剳劄]
夜 [亱]	欲 [慾]	闸 [牐]
烨 [爗]	逾 [踰]	榨 [搾]
yi	愈 [癒瘉]	扎 [紥紮]
殪 [殹]	郁 [鬱欝]	咤 [吒]
异 [異]	yuan	zhai
咿 [吚]	冤 [寃冤]	寨 [砦]

齋　[亝]

zhan

盞　[琖醆]

氈　[氊]

占　[佔]

嶄　[嶃]

沾　[霑]

zhang

獐　[麞]

zhao

照　[炤]

棹　[櫂]

zhe

浙　[淛]

輒　[輙]

謫　[讁]

哲　[喆]

zhen

針　[鍼]

鴆　[酖]

砧　[碪]

珍　[珎]

偵　[遉]

zhi

卮　[巵]

帙　[袠裹]

址　[阯]

置　[寘]

跖　[蹠]

栀　[梔]

祇　[祇衹]

志　[誌]

稚　[稺穉]

侄　[姪妷]

zhong

冢　[塚]

衆　[眾]

zhou

周　[週]

咒　[呪]

帚　[箒]

zhu

煮　[煑]

箸　[筯]

伫　[佇竚]

注　[註]

豬　[豬]

zhuan

磚　[甎塼]

撰　[譔]

專　[耑]

饌　[籑]

zhuang

妆　[粧]

zhuo

斫　[斲斵斮]

桌　[槕]

zi

姊　[姉]

资　[貲]

眦　[眥]

zong

偬　[傯]

鬃　[騣騌鬉]

踪　[蹤]

棕　[椶]

粽　[糭]

zu

卒　[卆]

zuan

纂　[篹]

鑽　[鑚]

zui

最　[冣冣]

罪　[辠]

zun

樽　[罇]

二、第一批异形词整理表

（中华人民共和国教育部、国家语言文字工作委员会 2001 年 12 月 19 日发布，2002 年 3 月 31 日试行）

前　言

本规范规定了普通话书面语中异形词的推荐使用词形。

本规范由教育部语言文字应用管理司提出立项。

本规范由国家语言文字工作委员会语言文字规范（标准）审定委员会审定。

本规范由教育部、国家语言文字工作委员会发布试行。

本规范起草单位：中国语文报刊协会。

本规范起草人：李行健、应雨田、谢质彬、孙光贵、邹玉华、张育泉、郗凤岐等。曹先擢、傅永和、高更生、苏培成、季恒铨任顾问。湖南常德师范学院、山东潍坊学院和湖南长沙师范学校有关人员参加了研制工作。

1　范围

本规范是推荐性试行规范。根据"积极稳妥、循序渐进、区别对待、分批整理"的工作方针，选取了普通话书面语中经常使用、公众的取舍倾向比较明显的 338 组（不含附录中的 44 组）异形词（包括词和固定短语）作为第一批进行整理，给出了每组异形词的推荐使用词形。

本规范适用于普通话书面语，包括语文教学、新闻出版、辞书编纂、信息处理等方面。

2　规范性引用文件

第一批异体字整理表(1955 年 12 月 22 日中华人民共和国文化部、中国文字改革委员会发布)

汉语拼音方案(1958 年 2 月 11 日中华人民共和国第一届全国人民代表大会第五次会议批准)

普通话异读词审音表(1985 年 12 月 27 日国家语言文字工作委员会、国家教育委员会和广播电视部发布)

简化字总表(1986 年 10 月 10 日经国务院批准国家语言文字工作委员会重新发表)

现代汉语常用字表(1988 年 1 月 26 日国家语言文字工作委员会、国家教育委员会发布)

现代汉语通用字表(1988 年 3 月 25 日国家语言文字工作委员会、中华人民共和国新闻出版署发布)

GB/T 16159－1996 汉语拼音正词法基本规则

3　术语

3.1　异形词 variant forms of the same word

普通话书面语中并存并用的同音(本规范中指声、韵、调完全相同)、同义(本规范中指理性意义、色彩意义和语法意义完全相同)而书写形式不同的词语。

3.2　异体字 variant forms of a Chinese character

与规定的正体字同音、同义而写法不同的字。本规范中专指被《第一批异体字整理表》淘汰的异体字。

3.3　词形 word form/lexical form

本规范中指词语的书写形式。

3.4　语料 corpus

本规范中指用于词频统计的普通话书面语中的语言资料。

3.5　词频 word frequency

在一定数量的语料中同一个词语出现的频度，一般用词语的出现次数或覆盖率来表示。本规范中指词语的出现次数。

4　整理异形词的主要原则

现代汉语中异形词的出现有一个历史发展过程，涉及形、音、义等多个方面。整理异形词必须全面考虑、统筹兼顾。既立足于现实，又尊重历史；既充分注意语言的系统性，又承认发展演变中的特殊情况。

4.1　通用性原则

根据科学的词频统计和社会调查，选取公众目前普遍使用的词形作为推荐词形。把通用性原则作为整理异形词的首要原则，这是由语言的约定俗成的社会属性所决定的。据多方考察，90%以上的常见异形词在使用中词频逐渐出现显著性差异，符合通用性原则的词形绝大多数与理据性等原则是一致的。即使少数词频高的词形与词源或理据不完全一致，但一旦约定俗成，也应尊重社会的选择。如"毕恭毕敬 24——必恭必敬 0"（数字表示词频，下同），从源头来看，"必恭必敬"出现较早，但此成语在流传过程中意义发生了变化，由"必定恭敬"演变为"十分恭敬"，理据也有了不同。从目前的使用频率看，"毕恭毕敬"通用性强，故以"毕恭毕敬"为推荐词形。

4.2　理据性原则

某些异形词目前较少使用，或词频无显著性差异，难以依据通用性原则确定取舍，则从词语发展的理据性角度推荐一种较为合理的词形，以便于理解词义和方便使用。如"规诫 1——规戒 2"，"戒""诫"为同源字，在古代二者皆有"告诫"和"警戒"义，因此两词形皆合语源。但现代汉语中"诫"多表"告诫"义，"戒"多表"警戒"义，"规诫"是以言相劝，"诫"的语素义与词义更为吻合，故以"规诫"为推荐词形。

4.3　系统性原则

词汇内部有较强的系统性，在整理异形词时要考虑同语素系

列词用字的一致性。如"侈靡 0——侈糜 0| 靡费 3——糜费 3"，根据使用频率，难以确定取舍。但同系列的异形词"奢靡 87——奢糜 17"，前者占有明显的优势，故整个系列都确定以含"靡"的词形为推荐词形。

以上三个原则只是异形词取舍的三个主要侧重点，具体到每组词还需要综合考虑决定取舍。

另外，目前社会上还流行着一批含有非规范字（即国家早已废止的异体字或已简化的繁体字）的异形词，造成书面语使用中的混乱。这次选择了一些影响较大的列为附录，明确作为非规范词形予以废除。

5　《第一批异形词整理表》说明

5.1　本表研制过程中，用《人民日报》1995～2000 年全部作品作语料对异形词进行词频统计和分析，并逐条进行人工干预，尽可能排除电脑统计的误差，部分异形词还用《人民日报》1987～1995 年语料以及 1996～1997 年的 66 种社会科学杂志和 158 种自然科学杂志的语料进行了抽样复查。同时参考了《现代汉语词典》《汉语大词典》《辞海》《新华词典》《现代汉语规范字典》等工具书和有关讨论异形词的文章。

5.2　每组异形词破折号前为选取的推荐词形。表中需要说明的个别问题，以注释方式附在表后。

5.3　本表所收的条目按首字的汉语拼音音序排列，同音的按笔画数由少到多排列。

5.4　附录中列出的非规范词形置于圆括号内，已淘汰的异体字和已简化的繁体字在左上角用"＊"号标明。

A	**B**
按捺——按纳	百废俱兴——百废具兴
按语——案语 ànyǔ	bǎifèi-jùxīng

百叶窗——百页窗
　bǎiyèchuāng

斑白——班白、颁白
　bānbái

斑驳——班驳 bānbó

孢子——胞子 bāozǐ

保镖——保镳 bǎobiāo

保姆——保母、褓姆
　bǎomǔ

辈分——辈份 bèifèn

本分——本份 běnfèn

笔画——笔划 bǐhuà

毕恭毕敬——必恭必敬
　bìgōng-bìjìng

编者按——编者案
　biānzhě'àn

扁豆——萹豆、稨豆、藊豆
　biǎndòu

标志——标识 biāozhì

鬓角——鬓脚 bìnjiǎo

秉承——禀承 bǐngchéng

补丁——补靪、补钉
　bǔdīng

C

参与——参预 cānyù

惨淡——惨澹 cǎndàn

差池——差迟 chāchí

掺和——搀和 chānhuo ①

掺假——搀假 chānjiǎ

掺杂——搀杂 chānzá

铲除——划除 chǎnchú

徜徉——倘佯 chángyáng

车厢——车箱 chēxiāng

彻底——澈底 chèdǐ

沉思——沈思 chénsī ②

称心——趁心 chènxīn

成分——成份 chéngfèn

澄澈——澄彻 chéngchè

侈靡——侈糜 chǐmí

筹划——筹画 chóuhuà

筹码——筹马 chóumǎ

踌躇——踌蹰 chóuchú

出谋划策——出谋画策
　chūmóu-huàcè

喘吁吁——喘嘘嘘
　chuǎnxūxū

瓷器——磁器 cíqì

赐予——赐与 cìyǔ

粗鲁——粗卤 cūlǔ

D

搭档——搭当、搭挡

---

① "掺""搀"实行分工:掺表"混合义","搀"表搀扶义。

② "沉"本为"沈"的俗体,后来"沉"字成了通用字,与"沈"并存并用,并形成了许多异形词,如"沉没——沈没 | 沉思——沈思 | 深沉——深沈"等。现在"沈"只读shěn,用于姓氏。地名沈阳的"沈"是"瀋"的简化字。表示"沉没"及其引申义,现在一般写作"沉",读 chén。

搭讪——搭赸、答讪 dādàn

答复——答覆 dáfù

戴孝——带孝 dàixiào

担心——耽心 dānxīn

担忧——耽忧 dānyōu

耽搁——担搁 dānge

淡泊——澹泊 dànbó

淡然——澹然 dànrán

倒霉——倒楣 dǎoméi

低回——低徊 dīhuí①

凋敝——雕敝、雕弊 diāobì②

凋零——雕零 diāolíng

凋落——雕落 diāoluò

凋谢——雕谢 diāoxiè

跌宕——跌荡 diēdàng

跌跤——跌交 diējiāo

喋血——蹀血 diéxuè

叮咛——丁宁 dīngníng

订单——定单 dìngdān③

订户——定户 dìnghù

订婚——定婚 dìnghūn

订货——定货 dìnghuò

订阅——定阅 dìngyuè

斗拱——科拱、科栱 dǒugǒng

逗留——逗遛 dòuliú

逗趣儿——斗趣儿 dòuqùr

独角戏——独脚戏 dújiǎoxì

端午——端五 duānwǔ

E

二黄——二簧 èrhuáng

二心——贰心 èrxīn

F

发酵——酦酵 fājiào

发人深省——发人深醒 fārén-shēnxǐng

繁衍——蕃衍 fányǎn

吩咐——分付 fēnfù

分量——份量 fènliàng

---

① 《普通话异读词审音表》审定"徊"统读 huái。"低回"一词只读 dīhuí，不读 dīhuái。

② "凋""雕"古代通用，1955 年《第一批异体字整理表》曾将"凋"作为"雕"的异体字予以淘汰。1988 年《现代汉语通用字表》确认"凋"为规范字，表示"凋谢"及其引申义。

③ "订""定"二字中古时本不同音，演变为同音字后，才在"预先约定"的义项上通用，形成了一批异形词。不过近几十年二字在此共同义项上又发生了细微的分化："订"多指事先经过双方商讨的，只是约定，并非确定不变的；"定"侧重在确定，不轻易变动。故有些异形词现已分化为近义词，但本表所列的"订单——定单"等仍为全等异形词，应依据通用性原则予以规范。

分内——份内 fènnèi

分外——份外 fènwài

分子——份子 fènzǐ①

愤愤——忿忿 fènfèn

丰富多彩——丰富多采
　　fēngfù-duōcǎi

风瘫——疯瘫 fēngtān

疯癫——疯颠 fēngdiān

锋芒——锋铓 fēngmáng

服侍——伏侍、服事
　　fúshi

服输——伏输 fúshū

服罪——伏罪 fúzuì

负隅顽抗——负嵎顽抗
　　fùyú-wánkàng

附会——傅会 fùhuì

复信——覆信 fùxìn

覆辙——复辙 fùzhé

G

干预——干与 gānyù

告诫——告戒 gàojiè

耿直——梗直、鲠直
　　gěngzhí

恭维——恭惟 gōngwei

勾画——勾划 gōuhuà

勾连——勾联 gōulián

孤苦伶仃——孤苦零丁
　　gūkǔ-língdīng

辜负——孤负 gūfù

古董——骨董 gǔdǒng

股份——股分 gǔfèn

骨瘦如柴——骨瘦如豺
　　gǔshòu-rúchái

关联——关连 guānlián

光彩——光采 guāngcǎi

归根结底——归根结柢
　　guīgēn-jiédǐ

规诫——规戒 guījiè

鬼哭狼嚎——鬼哭狼嗥
　　guǐkū-lángháo

过分——过份 guòfèn

H

蛤蟆——虾蟆 háma

含糊——含胡 hánhu

含蓄——涵蓄 hánxù

寒碜——寒伧 hánchen

喝彩——喝采 hècǎi

喝倒彩——喝倒采
　　hèdàocǎi

轰动——哄动 hōngdòng

弘扬——宏扬 hóngyáng

红彤彤——红通通
　　hóngtōngtōng

---

① 此词是指属于一定阶级、阶层、集团或具有某种特征的人,如"地主～|知识～|先进～"。与分母相对的"分子"、由原子构成的"分子"(读 fēnzǐ)、凑份子送礼的"份子"(读 fènzi),音、义均不同,不可混淆。

宏论——弘论 hónglùn

宏图——弘图、鸿图 hóngtú

宏愿——弘愿 hóngyuàn

宏旨——弘旨 hóngzhǐ

洪福——鸿福 hóngfú

狐臭——胡臭 húchòu

蝴蝶——胡蝶 húdié

糊涂——胡涂 hútu

琥珀——虎魄 hǔpò

花招——花着 huāzhāo

划拳——豁拳、搳拳 huáquán

恍惚——恍忽 huǎnghū

辉映——晖映 huīyìng

溃脓——殨脓 huìnóng

浑水摸鱼——混水摸鱼 húnshuǐ-mōyú

伙伴——火伴 huǒbàn

J

机灵——机伶 jīling

激愤——激忿 jīfèn

计划——计画 jìhuà

纪念——记念 jìniàn

寄予——寄与 jìyǔ

夹克——茄克 jiākè

嘉宾——佳宾 jiābīn

驾驭——驾御 jiàyù

架势——架式 jiàshi

嫁妆——嫁装 jiàzhuang

简练——简炼 jiǎnliàn

骄奢淫逸——骄奢淫佚 jiāoshē-yínyì

角门——脚门 jiǎomén

狡猾——狡滑 jiǎohuá

脚跟——脚根 jiǎogēn

叫花子——叫化子 jiàohuāzi

精彩——精采 jīngcǎi

纠合——鸠合 jiūhé

纠集——鸠集 jiūjí

就座——就坐 jiùzuò

角色——脚色 juésè

K

克期——刻期 kèqī

克日——刻日 kèrì

刻画——刻划 kèhuà

阔佬——阔老 kuòlǎo

L

褴褛——蓝缕 lánlǚ

烂漫——烂缦、烂熳 lànmàn

狼藉——狼籍 lángjí

榔头——狼头、锒头 lángtou

累赘——累坠 léizhui

黧黑——黎黑 líhēi

连贯——联贯 liánguàn

连接——联接 liánjiē

连绵——联绵 liánmián①

连缀——联缀 liánzhuì

联结——连结 liánjié

联袂——连袂 liánmèi

联翩——连翩 liánpiān

踉跄——踉蹡 liàngqiàng

嘹亮——嘹喨 liáoliàng

缭乱——撩乱 liáoluàn

伶仃——零丁 língdīng

囹圄——图圉 língyǔ

溜达——蹓跶 liūda

流连——留连 liúlián

喽啰——喽罗、偻㑩 lóuluó

鲁莽——卤莽 lǔmǎng

录像——录象、录相 lùxiàng

络腮胡子——落腮胡子 luòsāi-húzi

落寞——落漠、落莫 luòmò

M

麻痹——痳痹 mábì

麻风——痳风 máfēng

麻疹——痳疹 mázhěn

马蜂——蚂蜂 mǎfēng

马虎——马糊 mǎhu

门槛——门坎 ménkǎn

靡费——糜费 mífèi

绵连——绵联 miánlián

腼腆——覥觍 miǎntiǎn

模仿——摹仿 mófǎng

模糊——模胡 móhu

模拟——摹拟 mónǐ

摹写——模写 móxiě

摩擦——磨擦 mócā

摩拳擦掌——磨拳擦掌 móquán-cāzhǎng

磨难——魔难 mónàn

脉脉——眽眽 mòmò

谋划——谋画 móuhuà

N

那么——那末 nàme

内讧——内哄 nèihòng

凝练——凝炼 níngliàn

牛仔裤——牛崽裤 niúzǎikù

纽扣——钮扣 niǔkòu

P

扒手——掱手 páshǒu

盘根错节——蟠根错节 pángēn-cuòjié

盘踞——盘据、蟠踞、蟠据 pánjù

盘曲——蟠曲 pánqū

---

① "联绵字""联绵词"中的"联"不能改写为"连"。

盘陀——盘陁 pántuó

磐石——盘石、蟠石
　pánshí

蹒跚——盘跚 pánshān

彷徨——旁皇 pánghuáng

披星戴月——披星带月
　pīxīng-dàiyuè

疲沓——疲塌 píta

漂泊——飘泊 piāobó

漂流——飘流 piāoliú

飘零——漂零 piāolíng

飘摇——飘飖 piāoyáo

凭空——平空 píngkōng

Q

牵连——牵联 qiānlián

憔悴——蕉萃 qiáocuì

清澈——清彻 qīngchè

情愫——情素 qíngsù

拳拳——惓惓 quánquán

劝诫——劝戒 quànjiè

R

热乎乎——热呼呼
　rèhūhū

热乎——热呼 rèhu

热衷——热中 rèzhōng

人才——人材 réncái

日食——日蚀 rìshí

入座——入坐 rùzuò

S

色彩——色采 sècǎi

杀一儆百——杀一警百
　shāyī-jǐngbǎi

鲨鱼——沙鱼 shāyú

山楂——山查 shānzhā

舢板——舢舨 shānbǎn

艄公——梢公 shāogōng

奢靡——奢糜 shēmí

申雪——伸雪 shēnxuě

神采——神彩 shéncǎi

湿漉漉——湿渌渌
　shīlūlū

什锦——十锦 shíjǐn

收服——收伏 shōufú

首座——首坐 shǒuzuò

书简——书柬 shūjiǎn

双簧——双锁 shuānghuáng

思维——思惟 sīwéi

死心塌地——死心踏地
　sǐxīn-tādì

T

踏实——塌实 tāshi

甜菜——菾菜 tiáncài

铤而走险——挺而走险
　tǐng'érzǒuxiǎn

透彻——透澈 tòuchè

图像——图象 túxiàng

推诿——推委 tuīwěi

W

玩意儿——玩艺儿 wányìr
魍魉——蜽蛃 wǎngliǎng
诿过——委过 wěiguò
乌七八糟——污七八糟 wūqībāzāo
无动于衷——无动于中 wúdòngyúzhōng
毋宁——无宁 wúnìng
毋庸——无庸 wúyōng
五彩缤纷——五采缤纷 wǔcǎi-bīnfēn
五劳七伤——五痨七伤 wǔláo-qīshāng

X

息肉——瘜肉 xīròu
稀罕——希罕 xīhan
稀奇——希奇 xīqí
稀少——希少 xīshǎo
稀世——希世 xīshì
稀有——希有 xīyǒu
翕动——噏动 xīdòng
洗练——洗炼 xǐliàn
贤惠——贤慧 xiánhuì
香醇——香纯 xiāngchún
香菇——香菰 xiānggū
相貌——像貌 xiàngmào
潇洒——萧洒 xiāosǎ
小题大做——小题大作 xiǎotí-dàzuò
卸载——卸儎 xièzài
信口开河——信口开合 xìnkǒu-kāihé
惺忪——惺松 xīngsōng
秀外慧中——秀外惠中 xiùwài-huìzhōng
序文——叙文 xùwén
序言——叙言 xùyán
训诫——训戒 xùnjiè

Y

压服——压伏 yāfú
押韵——压韵 yāyùn
鸦片——雅片 yāpiàn
扬琴——洋琴 yángqín
要么——要末 yàome
夜宵——夜消 yèxiāo
一锤定音——一槌定音 yīchuí-dìngyīn
一股脑儿——一古脑儿 yīgǔnǎor
衣襟——衣衿 yījīn
衣着——衣著 yīzhuó
义无反顾——义无返顾 yìwúfǎngù
淫雨——霪雨 yínyǔ
盈余——赢余 yíngyú
影像——影象 yǐngxiàng
余晖——余辉 yúhuī
渔具——鱼具 yújù

渔网——鱼网 yúwǎng

与会——预会 yùhuì

与闻——预闻 yùwén

驭手——御手 yùshǒu

预备——豫备 yùbèi①

原来——元来 yuánlái

原煤——元煤 yuánméi

原原本本——源源本本、元元本本

　　yuányuán-běnběn

缘故——原故 yuángù

缘由——原由 yuányóu

月食——月蚀 yuèshí

月牙——月芽 yuèyá

芸豆——云豆 yúndòu

Z

杂沓——杂遝 zátà

再接再厉——再接再砺 zàijiē-zàilì

崭新——斩新 zhǎnxīn

辗转——展转 zhǎnzhuǎn

战栗——颤栗 zhànlì②

账本——帐本 zhàngběn③

折中——折衷 zhézhōng

这么——这末 zhème

正经八百——正经八摆 zhèngjīng-bābǎi

芝麻——脂麻 zhīma

肢解——支解、枝解 zhījiě

直截了当——直捷了当、直接了当 zhíjié-liǎodàng

指手画脚——指手划脚 zhǐshǒu-huàjiǎo

周济——赒济 zhōujì

---

① "预""豫"二字,古代在"预先"的意义上通用,故形成了"预备——豫备|预防——豫防|预感——豫感|预期——豫期"等 20 多组异形词。现在此义项已完全由"预"承担。但考虑到鲁迅等名家习惯用"豫",他们的作品影响深远,故列出一组特作说明。

② "颤"有两读,读 zhàn 时,表示人发抖,与"战"相通;读 chàn 时,主要表物体轻微振动,也可表示人发抖,如"颤动"既可用于物,也可用于人。什么时候读 zhàn,什么时候读 chàn,很难从意义上把握,统一写作"颤"必然会给读音带来一定困难,故宜根据目前大多数人的习惯读音来规范词形,以利于稳定读音,避免混读。如"颤动、颤抖、颤巍巍、颤音、颤悠、发颤"多读 chàn,写作"颤";"战栗、打冷战、打战、胆战心惊、冷战、寒战"等词习惯多读 zhàn,写作"战"。

③ "账"是"帐"的分化字。古人常将账目记于布帛上悬挂起来以利保存,故称日用的账目为"帐"。后来为了与帷帐分开,另造形声字"账",表示与钱财有关。"账""帐"并存并用后,形成了几十组异形词。《简化字总表》《现代汉语通用字表》中"账""帐"均收,可见主张分化。二字分工如下:"账"用于货币和货物出入的记载、债务等,如"账本、报账、借账、还账"等;"帐"专表用布、纱、绸子等制成的遮蔽物,如"蚊帐、帐篷、青纱帐(比喻用法)"等。

转悠——转游 zhuànyou

装潢——装璜 zhuānghuáng

孜孜——孳孳 zīzī

姿势——姿式 zīshì

仔细——子细 zǐxì

自个儿——自各儿 zìgěr

佐证——左证 zuǒzhèng

【附录】

含有非规范字的异形词（44 组）

抵触（*牴触）dǐchù

抵牾（*牴牾）dǐwǔ

喋血（*啑血）diéxuè

仿佛（彷*佛、*髣*髴）

　　fǎngfú

飞扬（飞*颺）fēiyáng

氛围（*雰围）fēnwéi

构陷（*搆陷）gòuxiàn

浩渺（浩*淼）hàomiǎo

红果儿（红*菓儿）

　　hóngguǒr

胡同（*衚*衕）hútòng

糊口（*餬口）húkǒu

蒺藜（蒺*蔾）jílí

家伙（*傢伙）jiāhuo

家具（*傢具）jiājù

家什（*傢什）jiāshi

侥幸（*傲*倖、*儌*倖）

　　jiǎoxìng

局促（*侷促、*跼促）júcù

撅嘴（*噘嘴）juēzuǐ

克期（*剋期）kèqī

空蒙（空*濛）kōngméng

昆仑（*崑*崙）kūnlún

劳动（劳*働）láodòng

绿豆（*菉豆）lǜdòu

马扎（马*剳）mǎzhá

蒙眬（*矇眬）ménglóng

蒙蒙（*濛*濛）méngméng

弥漫（*瀰漫）mímàn

弥蒙（*瀰*濛）míméng

迷蒙（迷*濛）míméng

渺茫（*淼茫）miǎománg

飘扬（飘*颺）piāoyáng

憔悴（*顦*顇）qiáocuì

轻扬（轻*颺）qīngyáng

水果（水*菓）shuǐguǒ

趟地（*蹚地）tāngdì

趟浑水（*蹚浑水）

　　tānghúnshuǐ

趟水（*蹚水）tāngshuǐ

纨绔（纨*裤）wánkù

丫杈（*桠杈）yāchà

丫枝（*桠枝）yāzhī

殷勤（*慇*懃）yīnqín

札记（*剳记）zhájì

枝丫（枝*桠）zhīyā

跖骨（*蹠骨）zhígǔ

三、关于重新发表
《简化字总表》的说明

为纠正社会用字混乱，便于群众使用规范的简化字，经国务院批准重新发表原中国文字改革委员会于1964年编印的《简化字总表》。

原《简化字总表》中的个别字，作了调整。"叠"、"覆"、"像"、"囉"不再作"迭"、"复"、"象"、"罗"的繁体字处理。因此，在第一表中删去了"迭〔叠〕"、"象〔像〕"，"复"字字头下删去繁体字〔覆〕。在第二表"罗"字字头下删去繁体字〔囉〕，"囉"依简化偏旁"罗"类推简化为"啰"。"瞭"字读"liǎo"（了解）时，仍简作"了"，读"liào"（瞭望）时作"瞭"，不简作"了"。此外，对第一表"余〔餘〕"的脚注内容作了补充，第三表"讠"下偏旁类推字"雠"字加了脚注。

汉字的形体在一个时期内应当保持稳定，以利应用。《第二次汉字简化方案（草案）》已经国务院批准废止。我们要求社会用字以《简化字总表》为标准：凡是在《简化字总表》中已经被简化了的繁体字，应该用简化字而不用繁体字；凡是不符合《简化字总表》规定的简化字，包括《第二次汉字简化方案（草案）》的简化字和社会上流行的各种简体字，都是不规范的简化字，应当停止使用。希望各级语言文字工作部门和文化、教育、新闻等部门多作宣传，采取各种措施，引导大家逐渐用好规范的简化字。

国家语言文字工作委员会
1986 年 10 月 10 日

四、繁简转换不对应汉字表

本表收入在电脑繁简转换时不能一一对应的简繁体字 92 组，都是一个简体字对应多个繁体字，在电脑进行自动简繁体或繁简体转换时，需要人工干预的字。本表可以为电脑繁简体、简繁体转换提供参照。限于篇幅，本表未收不常见义项。详细内容请读者参考字典正文。

摆〔擺〕 ～设|事实|～架子|～手|大摇大～。

摆〔襬〕 衣～|下～。

表 ～面|～示|～格|～率|水～|电～|出师～。

表〔錶〕 手～|钟～。

板 木～|死～|快～|～着脸。

板〔闆〕 老～。

别 分～|～字|～人|～针|～说。

别〔彆〕 (biè) 心里～扭|闹～扭。

卜 (bǔ) ～课|～辞|未～先知|～居。

卜〔蔔〕 (bo) 萝～。

才 口～|～能|天～。

才〔纔〕 刚～|～五个|这样～能。

冲 ～茶|～刷|～关|～淡|～账。

冲〔衝〕 (chōng) 要～|缓～|～锋|～突|怒发～冠。

冲〔衝〕 (chòng) ～南|～着我笑|～劲|酒味很～|～床。

丑 ～时|辛～年|～角|姓～。

丑〔醜〕 ～态|～恶|出～。

出 进～|～名|～事|～差。

出〔齣〕 一～戏。

当〔當〕 (dāng) 担～|～兵|～家|～局|相～|该～|～面|一马～先|～即|～初。

当〔當〕 (dàng) 恰～|得～|安步～车|～真|我～他不来了|一个人～两个人用|～典。

当〔噹〕 (dāng) ～啷|叮～。

淀 ～河|白洋～|荷花～。

淀〔澱〕 沉～|～粉|～山湖。

冬 ～天|～寒～。

冬〔鼕〕 形容鼓声和敲门声。

斗 一～粮|车载～量|～漏。

斗〔鬥〕 ～争|～智|～鸡。

恶〔惡〕（è）　～习｜～狗。

恶〔噁〕（ě）　～心。

恶〔惡〕（wū）　疑问词和叹词。

恶〔惡〕（wù）　憎～。

发〔發〕　～货｜～信｜～言｜～光｜～汗｜～冷｜～现｜一～炮弹。

发〔髮〕　头～｜毛～。

范　姓。

范〔範〕　模～｜～围｜防～。

丰　～采｜～韵。

丰〔豐〕　～收｜～盛｜～碑。

复〔復〕　反～｜往～｜～古｜～仇｜～兴｜～试｜～返。

复〔複〕　～写｜～制｜～姓｜～句｜～杂。

干（gān）　～戈｜～犯｜～连｜～政｜～涉｜不相～｜～禄｜江～｜～支｜姓～。

干〔乾〕（gān）　～燥｜～柴｜饼～｜外强中～｜～着急｜～妈。

干〔幹〕（gàn）　树～｜～线｜部～｜～事｜～活｜才～｜强～｜革命～。

谷　山～｜姓～。

谷〔穀〕　五～｜～子｜～粒。

刮　～脸｜刀～｜搜～｜目相看。

刮〔颳〕　～风｜～倒一棵树。

合　～力｜～眼｜～身｜百年好～｜苟～｜回～。

合（gé）　容量单位。

合〔閤〕（hé）　～村｜～家。

后　皇～｜～妃。

后〔後〕　～面｜～代。

胡　～琴｜～同｜～桃｜～说｜～来｜姓～。

胡〔鬍〕　～须。

划（huá）　～船｜～算｜～拳｜～不来。

划〔劃〕（huà）　～分｜规～｜～归｜计～｜～线｜～一。

回　～家｜～头｜～信｜一～｜～族｜姓～。

回〔迴〕　巡～｜迁～｜～肠｜～风｜～形针。

汇〔匯〕　～款｜电～｜百川所～｜外～。

汇〔彙〕　～编｜总～｜～报｜词～｜～集。

伙　搭～｜～食｜开～。

伙〔夥〕　团～｜合～｜～计｜同～｜一～人。

获〔獲〕　～取｜破～｜～胜。

获〔穫〕　收割庄稼:收～。

饥〔饑〕　庄稼收成不好或没有收成:～馑。

饥〔飢〕　饿:～不择食。

几（jī）　小桌子:茶～。

几〔幾〕（jī）　～乎｜～不可辨。

几〔幾〕（jǐ）　～天｜～岁｜十～人｜所剩无～。

家 (jiā) 大～｜～庭｜作～。

家〔傢〕(jiā) ～伙｜～具｜～什。

价 (jiè) 信使,仆役。

价〔價〕(jià) ～格｜原子～｜身～。

价 (jie) 别～｜成天～闹。

姜 他姓～｜～太公钓鱼。

姜〔薑〕生～。

借 ～书｜～用。

借〔藉〕～故｜～机。

尽〔儘〕(jǐn) ～东头｜～量｜管｜～快。

尽〔盡〕(jìn) 用～｜～心｜～是水｜自～｜～职｜～人情。

据 拮～。

据〔據〕占～｜～理力争｜字～。

卷 画～｜试～｜第一～｜～宗。

卷〔捲〕～门帘｜～入｜～烟｜两～纸｜龙～风。

克 ～勤～俭｜毫～。

克〔剋〕～日完成｜～扣｜攻～。

困 ～境｜～乏｜～守。

困〔睏〕～倦｜～了想睡。

累〔纍〕(léi) 积～｜危如～卵。

累 (léi) 牵～｜连～｜～及。

累 (lèi) 又苦又～｜～劳～。

累〔纍〕(léi) ～囚｜～绁｜果实～～｜～赘。

里 公～｜故～｜～党。

里〔裏〕～面｜～子｜被～｜夜｜

这～。

历〔歷〕经～｜～史｜～来｜～览。

历〔曆〕日～｜～书。

帘 酒～｜～职｜青～。

帘〔簾〕窗～｜门～｜眼～。

了〔瞭〕明～｜一目～然。

了 不～～之｜～当｜～结｜办得～。

卤〔鹵〕～水｜～盐｜～素｜～莽。

卤〔滷〕～汁｜肉～｜～鸭。

霉 发～｜～烂。

霉〔黴〕～菌｜青～素。

蒙 (mēng) 头发～｜～头转向｜打～了。

蒙 (méng) ～骗｜启～｜～昧｜～童｜～头盖脑｜承～｜～难｜姓～。

蒙 (měng) 蒙古族:～医。

蒙〔矇〕(mēng) ～人｜～对了｜瞎～。

蒙〔濛〕(méng) ～～细雨。

蒙〔懞〕(méng) 忠厚的样子:～厚。

弥〔彌〕～补｜欲盖～彰｜～封｜陀佛｜沙～。

弥〔瀰〕～漫｜～天大罪。

面 ～孔｜～对｜表～｜～对一～旗。

面〔麵〕白～｜～条。

蔑 轻～｜～视｜～以复加。

蔑〔衊〕污～｜造谣诬～。

辟 复~|大~(死刑)。

辟〔闢〕 开~|谣|精~。

朴 pō ~刀。

朴 pò 朴树,落叶乔木。

朴 piáo 姓。

朴〔樸〕 ~质|~素。

仆 向前倾倒:前~后继。

仆〔僕〕 ~人|主~。

千 ~万|~百。

千〔韆〕 秋~。

签〔簽〕 ~名|~约。

签〔籤〕 竹~|标~|求~。

秋 ~天。

秋〔鞦〕 ~千。

曲 ~折|~解|~径|河~|姓~。

曲〔麯〕 酒~。

舍 (shè) 房~|退避三~|~弟|~侄。

舍〔捨〕 (shě) ~弃|施~|~僧。

沈 姓~。

沈〔瀋〕 墨~未干|~阳。

术 (zhú) 白~|苍~。

术〔術〕 (shù) 技~|算~|~语。

松 ~树|马尾~。

松〔鬆〕 ~散|轻~|肉~。

苏〔蘇〕 紫~|白~|复~|江~|~州|~东坡。

苏〔囌〕 噜~。

台 (tāi) 天~|~州。

台〔臺〕 (tái) ~阶|凉~|电~|戏~|讲~|站~|启~|灯~|蜡~|窗~|一~戏|一~拖拉机|~湾。

台〔檯〕 (tái) 写字~|梳妆~。

台〔颱〕 (tái) ~风。

坛〔壇〕 天~|文~|论~。

坛〔罎〕 菜~|酒~。

团〔團〕 ~桌|~聚|~长|~员。

团〔糰〕 饭~|汤~。

系 (xì) 直~|水~|~统|中文~。

系〔係〕 (xì) 维~|干~|感慨~之|确~实情。

系〔繫〕 (xì) 维~|~马|舟~|~狱抵罪|~词|~念。

系〔繫〕 (jì) ~鞋带。

咸 天下~服|~丰年间。

咸〔鹹〕 ~菜|~肉。

向 ~你学习|偏~|~无此例|~前看|姓~。

向〔嚮〕 志~|风~|~阳|~晓雨止。

须〔須〕 必~|~臾。

须〔鬚〕 胡~|根|触~。

旋 (xuán) ~归|~即|~转|~律。

旋 (xuàn) ~风。

旋〔鏇〕 (xuàn) ~子|酒~|~床。

叶 xié ~洽|~韵|~光。

叶〔葉〕 (yè) ~子|~轮|中

～|姓～。

余　～立|侍左右|姓～。

余〔餘〕　～粮|十～人|业～。

郁　馥～|～烈|～金香|姓～。

郁〔鬱〕　忧～|抑～|～～葱葱。

御　驾～|～者|～史|～旨。

御〔禦〕　抵～|～防。

吁(yū)　吆喝牲口声。

吁(xū)　长～短叹|气喘～～。

吁〔籲〕(yù)　呼～|～请。

云　古人～。

云〔雲〕　～彩|～南|～母|～岗。

芸　～香(一种香草)。

芸〔蕓〕　～薹(一种油菜)。

脏〔髒〕(zāng)　肮～。

脏〔臟〕(zàng)　内～|五～。

折(shé)　～本|桌子腿～了。

折(zhē)　瞎～腾|～跟头。

折(zhé)　～断|～骨|～射|～回|～冲|～服|～换|～扣|～旧|～子戏。

折〔摺〕(zhé)　～叠|～纸|～扇|皱～|～子|奏～。

征　远～|～讨|南～北战。

征〔徵〕　～兵|～用|～求|～象|特～。

只〔祇〕(zhǐ)　～有|～是。

只〔隻〕(zhī)　一～鸡|～身。

症〔癥〕(zhēng)　～结。

症(zhèng)　～状|急～|病～|不治之～。

致　～信|～病|兴～|大～。

致〔緻〕　精～|细～。

制　～定|限～|～度。

制〔製〕　～版|～图|～造。

钟〔鍾〕　酒～|～情。

钟〔鐘〕　～鼎|～楼|警～|座～|～表|八点～。

朱　～红|～笔|～门|～批|姓～。

朱〔硃〕　～砂。

准　～许|～此进行。

准〔準〕　水～|标～|～确|保～|～备|～将。

筑　一种古代乐器。

筑〔築〕　建～。

五、部分计量单位名称统一用字表

中国文字改革委员会
国家标准计量局

关于部分计量单位名称统一用字的通知

（1977 年 7 月 20 日）

1959 年，国务院发布关于《统一我国计量制度的命令》，确定以米制（即公制）为基本计量制度，是我国计量制度统一的重大措施。自从命令发布以来，"公分""公厘"等既表示长度概念，又表示重量概念的混乱状况，在语言中澄清了；表示长度的"粍、糎……"，重量的"甅、瓱……"，容量的"竓、瓼……"，这些特造的汉字也淘汰了。在公制中，目前只遗留一个"瓩"字仍在使用。

现在，我国生产和科研等领域，英制计量制度基本上淘汰了，可是提到外国事物时，英制计量单位名称在语言、文字中还不能不使用。但是，当前按几种命名原则翻译的英制计量单位名称同时并用，言文不一致。例如，在书面上，"盎斯""温司""英两""唡"并用；在语言上，"唡"有 liǎng，yīngliǎng 两种读法，这些混乱状况主要是由特造计量单位名称用字引起的。

计量单位名称必须个性明确，不得混同。否则名异实同（例如，海里、海浬、浬）或名同实异（例如，说"浬"，包含里、哩、浬三义），人们就难以理解，甚至引起误解，造成差错事故。

一个计量单位名称，人们口头说的都是双音，书面却只印一个字,如果读单音(例如,把表示"英里"的"哩"读作ǐ),那就违反言文一致的原则,人为地造成口头语言同书面语言脱节。

　　把本来由两个字构成的词,勉强写成一个字,虽然少占一个字篇幅,少写几笔,但特造新字,增加人们记认负担和印刷、打字等大量设备,得不偿失。不考虑精简字数,只求减少笔画,为简化而简化,这样简化汉字的做法并不可取。

　　这些不合理的计量单位名称用字,在语言文字中造成的混乱状况,是同我国日益发展的社会主义经济建设和文化建设不相适应的。长时期来,不少单位和个人通过各种形式指出这一问题,希望有关单位加以改变。我们认为,群众的批评是正确的,要求是合理的。为了澄清计量单位用语的混乱现象,清除特造计量单位名称用字的人为障碍,实现计量单位名称统一化,特将部分计量单位名称用字统一起来(见附表)。从收到本文之日起,所有出版物、打印文件、设计图表、商品包装,以及广播等,均应采用附表选定的译名,淘汰其他旧译名。库存的包装材料,不必更改,用完为止,于重印时改正。对外文件,外销商品已在外国注册的商标,可不更改。

　　在实施过程中,有什么问题,请及时告诉我们。

　　请将本"通知"转发各有关单位,并在刊物上登载。

附表：

部分计量单位名称统一用字表

类别	外文名称	译名[淘汰的译名]	备注
长度	nautical mile	海里[浬、海浬]	
	mile	英里[哩]	
	fathom	英寻[㖊、浔]	
	foot	英尺[呎]	
	inch	英寸[吋]	
面积	acre	英亩[嗽、喵]	
容量	litre	升[公升、竔]	
	bushel	蒲式耳[嘝]	
	gallon	加仑[呏、嗧]	
重量	hundredweight	英担[啪]	1英担=112磅
	stone	英石[呫]	1英石=14磅
	ounce	盎司[唡、英两、温司]	
	grain	格令[喱、英厘、克冷]	
各科	kilowatt	千瓦[瓩]	功率单位
	torr	托[乇]	压力单位
	phon	方[昉]	响度级单位
	sone	宋[咮]	响度单位
	mel	美[嗼]	音调单位
	denier	旦[紞]	纤度单位
	tex	特[纮]	纤度单位

六、五笔字型输入法简介

五笔字型输入法自 1983 年诞生以来,先后推出了 86 版、98 版和新世纪版。目前 86 版是主流的应用版本,常用的万能五笔、极品五笔、极点五笔、陈桥五笔、QQ 五笔等输入法大多在 86 版的基础上编制的。本文主要介绍 86 版输入法的基本原理。

一、汉字的结构及拆分原则

汉字的笔画是指一次连续写成的线段。汉字的笔画可分为横、竖、撇、捺、折五种。在这五种笔画中,要说明的几个问题是:

1. 提笔视为横。如"现"、"场"、"特"、"找"、"冲"等字中的提。

2. 左竖钩为竖。如"则"、"刚"等字中的左竖钩。

3. 点点均为捺。也就是说,所有的点均归入捺笔。如"学"、"家"、"寸"、"冗"等字中的点。

4. 带折均为折。即除上面说的左竖钩外,凡是带折的笔画,均视作折。如"渴"、"炼"等字中的折。

汉字是由笔画组成的,或者说是由字根组成的。所谓字根,就是汉字中由单独笔画或一些笔画组成的一些相对不变的结构。如"李"字,是由"木"和"子"两个字根组成的。

五笔字型编码中把汉字的 200 多个部首归纳为 130 个字根,由此来构成成千上万个汉字。这 130 个字根,又根据起笔的笔画分为五类,分别放在 25 个英文键盘上。或者说,根据计算机的键盘,把 130 个字根划为五个区。即:

1. 横起笔的字根放在一区,即键盘上的 GFDSA 五个键。

2. 竖起笔的字根放在二区,即键盘上的 HJKLM 五个键。

3. 撇起笔的字根放在三区,即键盘上的 TREWQ 五个键。

4. 捺起笔的字根放在四区,即键盘上的 YUIOP 五个键。

5. 折起笔的字根放在五区,即键盘上的 NBVCX 五个键。

记住这一点很有用,它可以帮助您方便地找到你要找的字根。

基本字根可以组成所有的汉字。在组成汉字时,字根间的位置关系可以分为单、散、连、交四种类型。

所谓单,就是字根单独组成汉字。在 130 个字根中,大约有三分之二可以单独成字。如"日"、"王"、"大"、"子"等。

所谓散,就是字根与字根之间不相连,也不相交,保持一定的距离。如"汉"、"明"、"笔"、"根"等字。

所谓连,不是指字根之间的相连关系,如"充"、"交"、"首"、"右"等字都不当作相连关系。这里指的相连是指以下两种情况:

1. 一个基本字根连一个单独笔画。如"自"、"千"等。

2. 带点的结构。如"勺"、"术"、"主"、"头"等。

所谓交,就是两个或多个字根交叉套叠。如"农"、"申"、"果"、"必"等字。

在字根组字中,还有一种是混合型,即几个字根之间既有连的关系,又有交的关系,如"重"等字。

字根的位置关系对汉字字型结构的分类是非常重要的。归纳起来,我们可以把单字根以外的汉字分为三种类型。属于"散"的汉字,可以分为左右型、上下型汉字;属于"连"、"交"不能分左右、上下的汉字,一律称为杂合型汉字。至于由单字根组成的字,不包括在这三种类型中,这类字有单独的编码方法,称之为单独结构。除了单字根组成的以外,属于"散"、"连"、"交"的汉字结构可归纳为:

1. 左右型,如:汉洒结到

2. 上下型,如:字室花型

3. 杂合型,如:困凶这司乘国为

五笔字型汉字拆分字根主要是指对以上三种结构的拆分,其原则可以掌握以下四句话:

能散不连,兼顾直观,能连不交,取大优先。

前两句意思是说:如果一个结构可以视为几个基本字根的散关系,就不要认为是连的关系。实际上,连只存在于单笔与基本字根之间,而基本字根之间,一般不存在连的关系,这样常常有较好的直观性。

能连不交,指的是一个单体结构能按连的关系拆分,就不要按相交的关系拆分。如"于",可按连的关系拆成"一"和"十",就不要拆分成"二"和"丨"。

取大优先,指的是在各种可能的拆分中,保证按书写顺序每次拆分出尽可能大的基本字根,也叫"能大不能小"。如"缶"字,应该拆成 RM 两码,而不是 TGM 三码。

交叉结构或交连混合结构,要保证拆分的都是基本字根。如"果"字,要拆成"日"和"木",不能拆成"旦"和"小"。因为"旦"已不是基本字根。

二、五笔字型键盘字根区位表

五笔字型键盘字根区位表见文末附图。

如上所述,在记字根区位图时,一定要注意掌握字根五种笔画的区位分布规律,并以记键名为主线,进行类推。键名是指每个键左上角的那个字根。如一区横笔类和二区竖笔类的各 5 个键名是:

G F D S A　　　　H J K L M
王 土 大 木 工　　　目 日 口 田 山

此外,25 个键每个键都安排了一个一级高频字,即击一下键,再加一个空格键就可以打出一个汉字来,我们把它叫作一级码。

三、单字输入的规则和方法

五笔字型单字的编码规则可以编成一首码歌:

五笔字型均直观,依照笔顺把码编。

键名汉字打四下,基本字根请照搬。

一二三末取四码,顺序拆分大优先。

不足四码要注意,交叉识别补后边。

这首码歌说明了五个拆字取码原则:

1. 拆分要按书写顺序从左到右,从上到下,从外到内的原则。

2. 以基本字根为单位原则。

3. 按一、二、三、末字根,最多只取4码的原则。

4. 汉字拆分取大优先的原则。

5. 末笔与字型交叉的识别原则。

根据以上原则,我们分别介绍各种单字拆分取码方法:

1. 键名字的输入。

键名字的输入方法就是连击该键名四下。如:

　　　　王　　GGGG

　　　　木　　SSSS

　　　　金　　QQQQ

　　　　月　　EEEE

其实,许多键名字都不是完整的四级码,不需要击键四次。如"王禾水"等只要击三次,"大立之"等只要击两次。

2. 成字字根的输入。

所谓成字字根,是指字根总表中除键名、笔画外本身即是汉字(包括"亻"、"氵"等国标码的部首在内)的字根。输入方法为:键名+首笔码+次笔码+末笔码。键名即所在键的字母,按此键又称"报户口"。首笔码、次笔码、末笔码是指单笔画取码,即指横、竖、撇、捺、折五个笔画取码。如:

　方　YYGN　　小　IHTY　　虫　JHNY

　力　LTN　　乃　ETN　　厶　CNY

3. 合体字的输入。

合体字是指除键名和成字字根外的任何汉字,它由基本字根组成,取码规则为:

①依书写顺序取第一、二、三、末字根编码。

②不足四码者,要加末笔字型交叉识别码,此后还不足四码时,打空格键表示结束。如:

给	纟人一口	XWGK	键	钅彐二廴	QVFP
同	冂一口	MGK	无	二儿	FQ
汉	氵又	CYI	人	人	W

4.末笔识别码。

末笔字型的交叉识别适用于取不够四个字根的汉字,可以避免重码。识别码一般由字的末笔笔画代号与该汉字的字型代号结合而成。

末笔字型交叉识别码表:

	左右型	上下型	杂合型
横笔	G	F	D
竖笔	H	J	K
撇笔	T	R	E
捺笔	Y	U	I
折笔	N	B	V

如"血"字,属于杂合结构,末笔为横,所以识别码为横区的第三个键 D。再如"旦"字,末笔也是横,但它是上下结构,所以识别码为横区的第二个键 F。再如"叉"字,末笔为点,杂合结构,因此,识别码为点区的第三个键 I。由此类推。

5.万能键"Z"的功能。

"Z"键为万能键,它不但可以代替识别码,并可以代替任何一个一时记不清或分不清的字根。如"张"字不知道第 3 个字根,就可以输入 XTZY,就会出现"张"字和其他字供选择。"Z"键可以连续使用,可以用在任何一个位置。"Z"键用得越多,重码字自然就会更多,有时要在几十个,甚至一百多个重码字中翻找所需要的字。如果连打四个 Z,屏幕上将会显示全部一二级汉字。也有一些五笔版本不提供万能键功能。

6.简码输入。

五笔字型提供了一、二、三级简码的输入。

一级简码为最常见的 25 个汉字。如前面所述,只要打一字母键,再打空格键就可输入。这 25 个一级简码是:

Q W E R T Y U I O P A S D
我 人 有 的 和 主 产 不 为 这 工 要 在
F G H J K L X C V B N M
地 一 上 是 中 国 经 以 发 了 民 同

　　二级简码约 600 多个，打两个字母键，再加一个空格键输入。二级简码也是比较常用的汉字，因为字数比较多，所以很多人不注意记忆。记住二级简码对于提高汉字输入速度有很大好处。二级简码如下表：

	G F D S A	H J K L M	T R E W Q	Y U I O P	N B V C X
G	五于天末开	下理事画现	玫珠表珍列	玉平不来	与屯妻到互
F	二寺城霜载	直进吉协南	才垢圾夫无	坟增示赤过	志地雪支
D	三夺大厅左	丰百右历面	帮原胡春克	太磁砂灰达	成顾肆友龙
S	本村枯林械	相查可楞机	格析极检构	术样档杰棕	杨李要权楷
A	七革基苛式	牙划或功贡	攻匠菜共区	芳燕东菱芝	世节切芭药
H	睛睦睚盯虎	止旧占卤贞	睡睥肯具餐	眩瞳步眯瞎	卢眄眼皮此
J	量时晨果虹	早昌蝇曙遇	昨蝗明蛤晚	景暗晃显晕	电最归紧昆
K	呈叶顺呆呀	中虽吕另员	呼听吸只史	嘛啼吵咪喧	叫啊哪吧哟
L	车轩因困轼	四辑加男轴	力斩胃办罗	罚较　辚边	思团轨轻累
M	同财央朵曲	由则迥崭册	几贩骨内风	凡赠峭嵝迪	岂邮　凤嶷
T	生行知条长	处得各务向	笔物秀答称	入科秒秋管	秘季委么第
R	后持拓打找	年提扣押抽	手折抓失换	扩拉朱搂近	所报扫反批
E	且肝须采肛	胆肿肋肌	用遥朋脸胸	及胶膛膦爱	甩服妥肥脂
W	全会估休代	个介保佃仙	作伯仍从你	信们偿伙伫	亿他分公化
Q	钱针然钉氏	外旬名甸负	儿铁角欠多	久匀乐炙锭	包凶争色锴
Y	主计庆订度	让刘训为高	放诉衣认义	方说就变这	记离良充率
U	闰半关亲并	站间部曾商	产瓣前闪交	六立冰普帝	决闻妆冯北
I	汪法尖洒江	小浊澡渐没	少泊肖兴光	注洋水淡学	沁池当汉涨
O	业灶类灯煤	粘烛炽烟灿	烽煌粗粉炮	米料炒炎迷	断籽类烃糨
P	定守害宁宽	寂审宫军宙	客宾家空宛	社实宵灾之	官字安　它
N	怀导居怵民	收慢避惭屈	必怕极愉懈	心习悄屡忱	忆敢恨怪尼

B	卫际承阿陈 耻阳职阵出 降孤阴队隐 防联孙耿辽 也子限取陛
V	姨寻姑杂毁 叟旭如舅妯 九姝奶妗婚 妨嫌录灵巡 刀好妇妈姆
C	骊对参骒戏 骒台劝观 矣牟能难允 驻骈 驼 马邓艰双
X	线结顷细红 引旨强细纲 张绵级给约 纺弱纱继综 纪弛绿经比

三级简码数量最多,计有 4400 字之多,所以不再一一列出。

有时,一个字可以有多种简码。如"经"字,用一级码,二级码,三级码,四级码(全码)都可以输入。

7. 容错码。

五笔字型输入法提供了容错功能。容错码的设计是一种因势利导的办法,即承认那些容易错的码其产生的合理性,把它作为一类正常的可用码保留,使那些和规则不完全相符的码也可以正常使用。五笔字型容错码主要包括拆分容错、字型容错、异体容错、笔顺容错、版本容错等。如"长"字,既可以打 ATY,也可以打 TAY。读者需根据不同情况灵活运用。

四、词组输入方法

词组输入分二字词、三字词、四字词和多字词。

1. 二字词。每字取其前两码,共四码组成。如:

经济	XCIY	文化	YYWX
政治	GHIC	教育	FTYC

2. 三字词。前两字各取首码,最后一字取前两码,共四码组成。如:

计算机	YTSM	办公室	LWPG
现代化	GWWX	生产率	TUYX

3. 四字词。每字各取首码,共四码。如:

知识分子	TYWB	科学技术	TIRS
中共中央	KAKM	信息处理	WTTG

4. 多字词。取第一、二、三及末字的首码,共四码。如:

中华人民共和国	KWWL
中央电视台	KMJC

后　记

　　五笔字型（王码）的发明，开创了汉字输入法的新纪元，有效解决了进入汉字信息化时代的汉字输入难题，推动了计算机在我国的普及发展。

　　五笔字型输入法被称为汉字输入法中的专业级输入法，是排版、编辑、商务、教学、数据处理等汉字专业输入的首选，在输入准确性、输入速度、盲打输入等方面有独特的优势，使用人数上千万。因此，五笔字型汉字输入法工具书也成为图书市场和电脑培训市场的宠儿。但多年来，市场上的五笔字型编码工具书绝大多数以编码检索为主要功能，缺少五笔字型编码查询与汉语字典功能相结合的字典型工具书。为此，我们编撰了这本《五笔字型汉语小字典》，以便使用者一册在手，汉字编码和内容查考一并解决，同时也希望借此推动五笔字型汉字检字法应用于更多的汉语工具书。

　　在字典付梓之际，我最想说的一句话是感谢。一部字典，一定是集体智慧和劳动的成果。所以，首先要感谢商务印书馆各位领导和编辑的厚爱与支持，感谢为字典出版付出辛勤劳动的责任编辑金欣欣、段濛濛老师，以及为字典进行审稿、校订的专家，和参加编写、收集资料、录入排版的各位老师、同学们。

　　这本字典的编写起步于十多年前，一直得到许多语言学和辞书学界专家、前辈的悉心指导关怀，他们亲自审阅、批改，给予了许多宝贵的意见和建议。其中包括商务印书馆的冯爱珍老师，中国社会科学院语言研究所的杜翔老师，以及浙江师范大学的张磊教授、浙江工商大学的贾芹教授、杭州师范大学的朱恺教授等。我的老师郑骓雄先生一直关心这本字典的编写和出版，亲自审订。语言学家金有景前辈生前也对这本字典的编写给予了很多指导和建议。此外，浙江大学、浙江师范大学等高校的一批博士和硕士研究生，为书稿的编辑、录入、排版、校对、数据处理做出了很多贡献，他们是胡凯莉、杨艳、张旭、吴鑫妍、张子骞、冯凌、刘佳、赵馨、张小蝶、杨梓悦、徐佳等同学。

　　这本字典虽经十余年的磨砺，但一定还有不少错误和不足，恳请广大读者和专家不吝指正。关于五笔字型编码，还要特别说明的是本字典采用目前通行的五笔字型86版，与98版五笔字型编码有所不同，而且各种五笔输入法的版本也会有所差异，请读者注意使用斟别。关于《通用规范汉字表》中GB18030标准不包含的近200个主要用于地名、人名的生僻字，现在大多数输入法还没有很好地解决，这关系到字库安装、输入法选择和WINDOWS等系统的升级。由于本字典功能和容量限制，未对此做具体论述。根据编者经验，建议读者试用陈桥智能五笔等支持《通用规范汉字表》的输入法，并将系统升级到WINDOWS10等更新的版本，或安装相关字库解决这个问题。

编　者

2019年2月26日